电力电子混杂系统动力学表征与控制

赵争鸣　施博辰　袁立强　著

Dynamic Characterization and Control of Power Electronic Hybrid Systems

本书较为系统地论述了电力电子混杂系统动力学表征与控制的理论方法及其实际应用。全书内容分为 10 章，第 1 章概述了电力电子的发展及其混杂系统特征；第 2 章阐述了混杂系统多尺度动力学表征与协同控制的基本概念和基础理论；第 3~5 章分别论述了电力电子混杂系统的建模分析、仿真解算及计算机实现方法，形成相关的动力学表征技术；第 6、7 章论述了电磁脉冲的形态解析和主动驱动控制方法，第 8、9 章论述了电磁能量的表征分析和能量平衡的协同控制方法，它们共同形成相关的协同控制技术；第 10 章则介绍了上述技术的典型应用，包括工业仿真软件 DSIM、电力电子高频功率放大器和兆瓦级多端口电力电子变压器。

本书可供从事电力电子领域工作，特别是从事大容量电力电子系统研究、装置开发和工程应用的专业人士参考，也可作为高等院校相关专业教师和研究生的参考教材。

图书在版编目（CIP）数据

电力电子混杂系统动力学表征与控制/赵争鸣，施博辰，袁立强著. —北京：机械工业出版社，2024. 7

ISBN 978-7-111-75692-7

Ⅰ. ①电… Ⅱ. ①赵… ②施… ③袁… Ⅲ. ①电力电子技术－系统动态学 Ⅳ. ①TM76

中国国家版本馆 CIP 数据核字（2024）第 083004 号

机械工业出版社（北京市百万庄大街22号　邮政编码100037）

策划编辑：李小平　　责任编辑：李小平

责任校对：梁　园　牟丽英　　封面设计：鞠　杨

责任印制：张　博

北京华联印刷有限公司印刷

2024年9月第1版第1次印刷

184mm×260mm・25印张・2插页・572千字

标准书号：ISBN 978-7-111-75692-7

定价：198.00 元

电话服务　　网络服务

客服电话：010-88361066　　机　工　官　网：www.cmpbook.com

010-88379833　　机　工　官　博：weibo.com/cmp1952

010-68326294　　金　书　网：www.golden-book.com

封底无防伪标均为盗版　　机工教育服务网：www.cmpedu.com

电力电子系统已经成为新型电力系统、新能源发电、电力牵引、航空航天和国防军工等关键领域的重大需求和底层支撑系统，其中动力学表征与控制是其高效可靠运行的核心。然而，电力电子系统是通过功率半导体器件的开关特性及其组合来对电磁能量进行可控变换的，是一种比较典型的“连续（电磁能量）-离散（开关事件）”混杂系统。系统中存在着开关过程能量“突”变行为，挑战了能量不能突变的常识，该挑战在大容量电力电子系统中尤为突出。近十几年来国内外电力电子装置烧毁和系统崩溃事故中，由于“突”变原因引发的故障时有发生，带来了巨大损失和危害。常规中，对电力电子系统的认知、分析和控制方法大多建立在连续系统的大时间尺度变化基础上，难以对开关脉冲过程的超短时能量变换进行分析和控制，制约了系统的可靠性和变换能力的提升，以致成为电力电子技术发展中的难题之一。

针对这个难题，国内外都在持续研究攻关，但实际应用中大多仍采用连续时间建模解算和理想脉冲调控技术，主要通过增加开关器件余量以及降低开关频率来冗余设计，以保障可靠运行，代价是增加成本和降低变换能力。我们研究团队在国家自然科学基金重点项目（大容量电力电子系统电磁瞬态过程及其对可靠性的影响，项目号 50737002）和重大项目（大容量电力电子混杂系统多时间尺度动力学表征与运行机制，项目号 51490680）等项目的资助下，针对这个问题也做了一些研究工作。前期首先在电力电子电磁瞬态过程方面做了相关研究工作，取得了一些进展，并于 2017 年总结并出版了专著《电力电子系统电磁瞬态过程》。近十年来，我们进一步深入对电力电子系统再认知，聚焦于电力电子混杂系统动力学表征和控制理论研究，结合对电力电子建模仿真方法的探索和大功率多端口电力电子变压器的研制，在电力电子混杂系统多尺度动力学表征方法和能量平衡协同控制技术等方面有了一些比较深入和具体的认识体会。正是基于这样一个初步的理论探索和技术实践，我们再次总结并出版了本书，希望有机会与同行们交流和探讨电力电子混杂系统的动力学规律及其分析与控制方法。

本书共分为 10 章。第 1 章为绪论，回顾了电力电子的历史与发展，分析了电力电子的内涵与外延，尝试从能量变换的角度概述电力电子混杂系统的概念及分析其系统特征，讨论了电力电子混杂系统理论与实践中面临的问题与挑战。第 2 章针对电力电子“大时间尺度连续包含离散、离散包含小时间尺度连续”的广义混杂动力学行为，概述了电力电子混杂系统动力学表征的基础方法；同时针对系统控制方法进行归纳解析，阐述了“连续（大时间尺度）-离散-连续（小时间尺度）”动力学过程的协同控制方法。第 3 章重点聚焦于电力电子混杂系统的多尺度建模与分析方法，论述在事件驱动下自动运转、完整表征系统不同时间尺度和不同机理的动力学行为时间尺度分层自动机模型，通过不同时间尺度的解耦建模从底层解决多时间尺度系统带来的刚性问题和由此引发的数值解算发散问题，进而提高系统求解速度和数值稳定性。第 4 章论述适合混杂系统仿真解算的新方法：离散状态事件驱动（DSED）方法，分别讨论在事件驱动框架下，基于状态事件开展状态离散的仿真解算与事件驱动的仿真机制；然后将 DSED 框架拓展到刚性系统的解算，讨论事件驱动下的刚性电力电子混杂系统仿真方法。第 5 章进一步将混杂系统建模仿真方法发展成实用的电力电子工业仿真软件，分别针对工业软件计算机自动化实现中的两个关键技术难点，即电力电子混杂系统状态方程自动生成和大规模电力电子混杂系统稀疏化自动求解展开论述。第 6 章针对典型的宽禁带功率半导体器件，论述定量分析脉冲传递与组合规律及其对系统性能影响的方法，讨论针对开关过程电磁瞬态行为的主动控制策略。第 7 章论述针对全控型功率半导体器件的主动驱动控制方法，分别针对开关时间的闭环控制、开关损耗的闭环控制、开关电应力的闭环控制三个方面进行论述，分析其控制稳定性、控制参数整定、控制精度等关键问题。第 8 章聚焦于电磁能量表征，首先建立大时间尺度下电力电子系统的能量拓扑模型和变换系统的能流模型；然后建立电力电子开关瞬变过程的电磁场分析模型并实施解算，可视化地分析电力电子开关瞬变能量现象。第 9 章论述基于电磁能量平衡的协同控制方法，直接以电磁能量为变量推导控制律，依据能量平衡控制律实施协同控制，提升电力电子混杂系统控制性能。第 10 章结合实际应用，介绍了前面所论述理论技术的应用实例，包括面向电力电子系统仿真的工业软件 DSIM、电力电子高频功率放大器和兆瓦级多端口电力电子变压器的设计、分析与控制等。

本书总结了我们研究团队最近十多年来在电力电子混杂系统方面开展理论探索和技术实践的一些研究工作。曾经在我们团队学习和工作过的不少学者和同学为本书内容做出了贡献，他们是虞竹珺、朱义诚、鞠佳禾、李帛洋、李凯、文武松、聂金铜、王旭东、石冰清、冯高辉、顾小程、魏树生、凌亚涛、陈凯楠、姬世奇、郑竞宏、蒋烨、檀添、杨祎、翁幸、萧艺康、贾圣钰、刘伟成、吴宣岑、许涵、谢文皓、陈永霖等，在此对他们表示衷心感谢。同时，在撰写本书的过程中，还得到本研究室其他老师和同学们的大力帮助和校核，如裴家耀、刘壮、韩孟宜、梁鹏、张月月等，在此一并表示感谢。另外，我们参阅了大量的论著文献，主要部分已经列入了全书最后的参考文献中，在此也对这些论著文献的作者表示衷心的感谢。

机械工业出版社为本书的出版给予了大力支持，责任编辑李小平女士为本书的出版做了大量的工作，给予了许多帮助，特此致谢。

本书可供从事电力电子技术，特别是从事大容量电力电子变换系统研究、装置开发和工程应用的专业人士参考，也可供高等院校相关专业的教师和研究生作为参考书籍。

由于作者水平有限，且电力电子混杂系统动力学表征和控制研究仍处在动态发展之中，我们在这方面仅做了一些初步的工作，书中难免存在许多的不足，甚至是错误，恳请广大读者批评指正。

赵争鸣

2024 年 3 月于清华园

目录
Contents

第1章 绪 论

电力电子技术是基于功率半导体器件的开关及其组合模式实现电磁能量的高效变换与精准控制的技术，它已经成为现代电力系统、新能源发电、航空航天电源、电力牵引传动、国防军事工业等国民经济与社会关键领域的重大需求和底层支撑技术。

然而，正是由于功率半导体器件及其开关组合模式的引入，电力电子系统呈现出显著的“连续（电磁能量）”-“离散（开关动作）”混杂特性，构成一类典型的“连续-离散”混杂系统，与传统电气工程所面对的能量变换系统（如电机、变压器等）产生了很大差异。一方面，这一混杂特性源自电力电子系统的底层动力学模式，即：以开关动作实施能量变换，这是电力电子的基本运行原理，也是电力电子能够实现能量高效变换与精准控制的前提和基础；但另一方面，这一混杂特性从根本上带来了“开关过程中的电磁瞬变”的新现象与新问题，使得电气工程面对的能量变换形式从传统的“连续型”转变为“脉冲型”，面对的时间尺度从传统的“毫秒级”拓展到“微纳秒级”，产生了根本性的变化。这种开关过程电磁能量“突”变行为，极大地挑战了能量不能突变，该挑战在大容量电力电子系统中尤为突出。由混杂特性引发的上述根本性转变，在理论上给电力电子系统的动力学表征与控制带来显著的困难，在实践中则严重制约了电力电子装备的变换能力提升与安全可靠运行。

从理论上看，一般认为电力电子学主要包括半导体开关器件、电子电路及其控制相关理论，是一个典型的交叉学科。然而至今，电力电子学主要处在一个基于功率半导体器件、电子电路以及控制等诸多理论的简单合成层面，基本上还处于实验科学的范畴；其理论分析主要还是延续大时间尺度连续过程的分析方法，电力电子混杂系统自身的理论体系还没有形成。理论表征和工程应用等方面的困惑很多，如电力电子混杂系统的建模分析基本上还是采用理想开关和集总参数等效电路，难以分析短时间尺度的电磁瞬态过程（开关过程电磁瞬变）；器件、电路和控制基本上独立表述，没有建立内在的互动关系（连续与离散相互作用）；装置与系统设计主要依赖于经验和实验，难以实现尽限利用与精准设计等。

从实践中看，现代社会和经济的发展对电力电子装置和系统的需求日趋增大，高端大型的电力电子装置研制和系统工程应用正处在一个攻坚阶段，它们普遍面临三大严峻挑战：①电能变换能力不够；②难以进行程式化设计和精细分析；③装置与系统的可靠性问题严重。而作为科学技术发展的关键基础性技术之一，电力电子技术仅限于在经验和实验的基础上进行系统集成和工程应用是远远不够的，必须从电力电子混杂系统的底层动力学机理出发，从电力电子器件、电路和控制等方面的有机结合来综合分析，进而从电力电子自身科学体系对电力电子装置与系统进行分析、设计和控制。

综上，从混杂系统出发，研究电力电子混杂系统的动力学表征与控制理论方法，进而形成工程实践中有效的建模分析与协同控制技术，对电力电子科学与技术的发展具有重要的意义。

本章首先回顾电力电子的历史与发展，以期对电力电子的来龙去脉有一个较为清晰的认识；接着，分析电力电子的内涵与外延，尝试从能量变换的角度对电力电子再认识并讨论其特性与应用；在此基础上，概述电力电子混杂系统的概念，分析电力电子混杂系统特征；最后，从混杂系统的角度出发，讨论电力电子混杂系统理论与实践中面临的问题与挑战。

1.1 电力电子的历史与发展

电力电子的起源是以晶闸管的诞生作为标志的。自 1957 年美国通用电气公司研制出世界上第一只晶闸管以来，电力电子技术已经历了近 70 年的发展，在全球范围内获得了广泛的应用，成为了现代电气科学技术和工程应用的主要支撑技术之一，也随之形成了与时俱进的电力电子学。

1.1.1 电力电子的起源

众所周知，19 世纪 80 年代交流电机发明之后，迎来了世界范围内的电气化时代。20 世纪初，由于电气化学及电力牵引等对直流的需求，需要将交流发电机产生的交流电变成直流电，大功率交流电整流是当时的重大需求，也是变流技术的初期形式。早期将交流电转变成直流电的唯一方法是使用昂贵、低效率和高维修费用的旋转变换器或者电动/发电机组。为克服旋转变换器和电动/发电机组所带来的问题，人们一直在努力地寻找更合适的整流装备。

1904 年人们发明了电子真空管（vacuum tube），它能在真空中对电子流进行控制，具有整流效应，开启了微电子技术之先河。但早期电子真空管体积大、功率小。为提高变流功率，人们进一步发展了离子真空管（闸流管、引燃管）和汞弧整流器。早期汞弧整流器的示意图如图 1.1 所示，它是一种具有冷阴极并充满气体的管子，其阴极由汞液体制成而不是固体。相比充溢其他气体的电子管来说，汞弧整流器的可靠性更高，持续工作时间更长，并能够流过更大的电流，当时被用来为工业电机、电气铁路、汽车、电气机车、收音机发射器和高压直流（High Voltage Direct Current，HVDC）电力传输提供电能。它是大容量整流器的最初方法，然而汞弧整流器仍然存在严重的问题：这种液体整流器中的汞化合物是有毒的，在脆弱的玻璃外壳里使用大量的汞，玻璃灯泡如果被打碎会对环境造成汞泄露问题；同时存在体积大、控制性能差等缺点。

1947 年美国贝尔实验室发明了半导体晶体管（transistor），它具有栅极载流子可控的能力，控制简单、体积小，该发明引发了微电子技术的一场革命，但可控电磁功率仍然很小。1949 年人们提出一种“勾型”结型双极晶体管结构和理论，如图 1.2 所示。实际上，这种

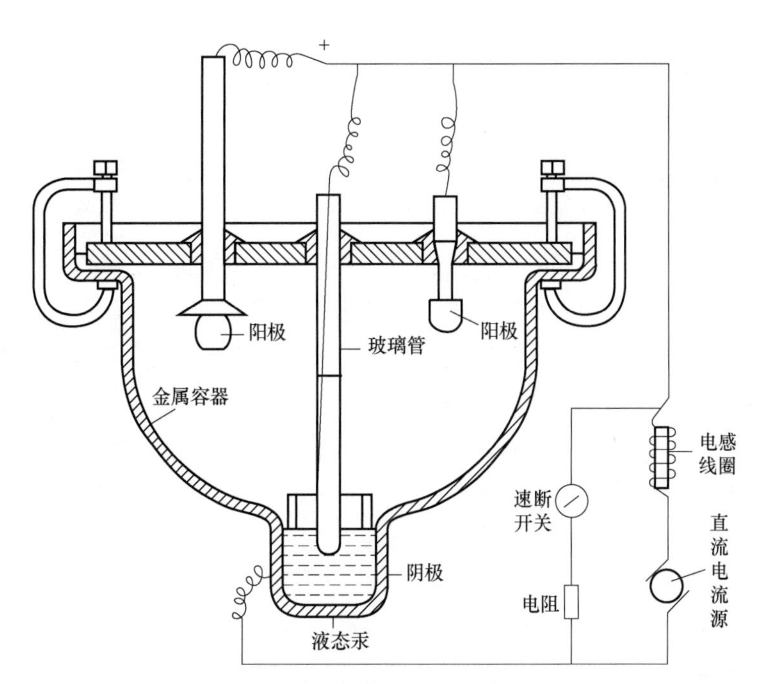

图 1.1 早期的汞弧整流器

"勾型"晶体管结构就是PNPN四层晶闸管结构，它具有二极管的整流效应，同时能够可控开通，特别具有双向少子增强效应，整流功率和效率大大增加。正是这样一种PNPN四层晶闸管结构，使得电子技术从微电子领域中的晶体管发展到了电力电子的晶闸管，从而开启了能量级的电力电子技术。相比于水银液体，晶闸管为固体，故也称之为"固态电力电子（solid-state power electronics）技术"。

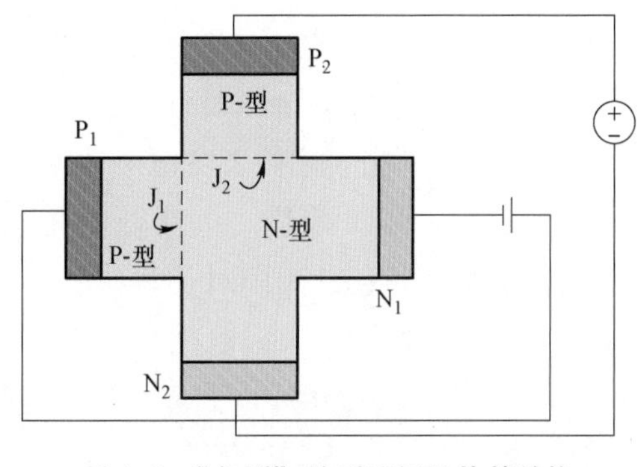

图 1.2 "勾型"结型双极晶体管结构

此后，各种固态功率半导体器件不断产生，如功率场效应管（Power Metal-Oxide-Semiconductor Field-Effect Transistor，P-MOSFET）、大功率晶体管（Bipolar Junction Transistor，BJT）、门极可关断晶闸管（Gate Turn-Off Thyristor，GTO）、绝缘栅双极型晶体管（Insulated Gate Bipolar Transistor，IGBT）、集成门极可关断晶闸管（Integrated Gate Commutated Thyristors，IGCT）等。功率半导体器件的衬基材料也从硒、锗和砷发展到至今广泛应用的硅（Si），近年来进一步发展到宽禁带半导体材料，如碳化硅（SiC）和氮化镓（GaN）等。可以这样说，至今为止，电力电子的发展史主要是功率半导体器件的发展史，"一代器件决定一代电力电子技术"是电力电子业界的普遍共识。

因此，电力电子的起源主要来自于两个方面：①早期电力整流技术的需求，其中汞弧整流器的应用为电力电子变流技术提供了一定的发展基础；②晶闸管的出现开启了功率半导体先河，使得电力变流技术有了根本性的转折。

1.1.2 电力电子的发展

功率半导体器件的发展对电力电子技术的发展起着决定性作用。但是，电力电子发展到今天，并不完全等于功率半导体器件的发展历史。事实上，随着电力电子技术的不断进步和发展，电力电子学的内涵和外延亦不断得到深化和扩展，变流电路、控制技术及应用领域都得到了很大的发展。电路方面：从早期的 AC-DC 整流电路到 DC-DC 斩波电路，从 DC-AC 逆变电路到 AC-AC 的变频电路，直到今天的各种多电平、多重化、多端口、多模块、多级变换等，变换电路已经发展到了一个完全多元化的阶段。控制方面：硬件部分从模拟电路到单板机、单片机、数字信号处理器，直到今天的多核系统高性能信号处理器等；软件部分则更是得到了极大发展，例如在各种脉冲调制方法上，从波形比较、滞环比较、空间矢量调制、特定消谐，到各种智能化的调制技术等，控制技术的发展给电力电子系统带来了一个很大的发展空间。应用方面：更是从早期的电力整流，发展到各种直流电源、逆变电源、变频电源，从早期的电气化学应用、电力牵引和直流传动，到后来的交流传动、直流输电、无功功率补偿，以及现在的新能源发电、电力储能、能源互联网等，应用领域还在不断地扩展和增加。

如前所述，早期的电力电子技术发展主要依托于功率半导体器件的发展。然而自从 20 世纪 80 年代初的全控型代表性器件 IGBT 发明之后，电力电子系统呈现出更加多元化的发展形态。此后功率半导体器件的发展就与电力电子系统的发展不在同一平行线上了。图 1.3 为人们常用来表述关于功率半导体器件发展极限的形态图。

由图 1.3 中可以看到，从性能的角度，大功率和高频化一直是人们对功率半导体器件所追求的性能目标，人们也把器件的“功率×频率”值视为功率半导体器件发展的终极极限值来衡量。当硅基功率半导体器件的“功率×频率”快要接近理论极限时，宽禁带半导体材料由于具有理论上的耐高压、高频率及高耐温等特性，成为人们关注的重点。近年来，基于宽禁带功率半导体（如 SiC、GaN 等）的功率开关器件迅速发展，成为当前电力电子技术领域的一个热点。宽禁带功率半导体器件的发展改善了功率开关器件的开关特性，势必带动一个新的电力电子技术发展阶段，也将给电力电子学增添新的内容。

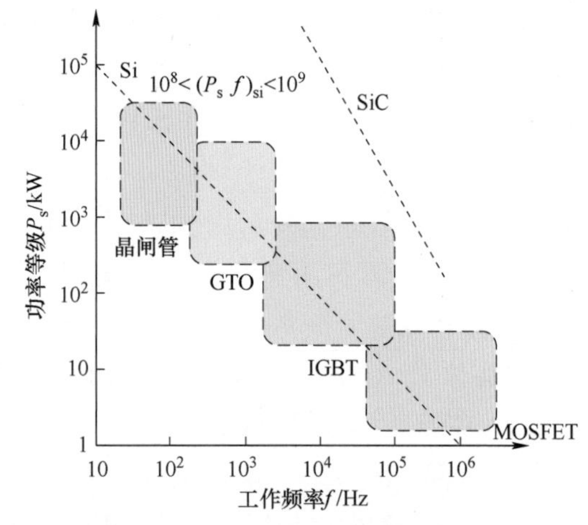

图 1.3 功率半导体器件发展极限形态图

然而，电力电子系统的发展除了大功率以及与高频化相关的高功率密度之外，也需要高效化、高可靠性以及智能化。从器件与系统的发展目标来看，两者有相同之处，也有不同之处，器件是系统的基础，但器件并不等于系统。

装置与系统是器件组合的结果，“电力电子组合化”特性将是未来电力电子系统发展的主要趋势，也是电力电子学包含的主要内容。目前的电力电子组合化表现形式主要体现在模块组合、单元组合和装置组合（也称为网络化组合）的形式上。

1. 模块组合

多个开关器件组合成独立的变流单元，称之为“模块组合”，表现在不同器件的连接方式上。首先是关于功率开关器件的选择问题：同一电路拓扑选用不同的开关器件，其变换特性是有很大差别的。例如，相同的二极管钳位三电平拓扑结构，如图 1.4a 所示，但分别采用 IGBT 和 IGCT，则是两种完全不同的变换装置，这也是西门子三电平变频器与 ABB 三电平变频器的区别，如图 1.4b 和图 1.4c 所示。

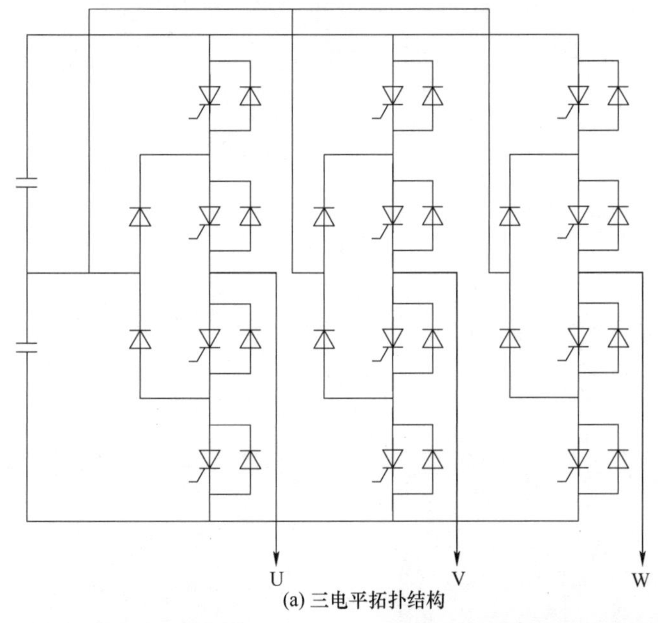

(a) 三电平拓扑结构

(b) 西门子IGBT 三电平变频器

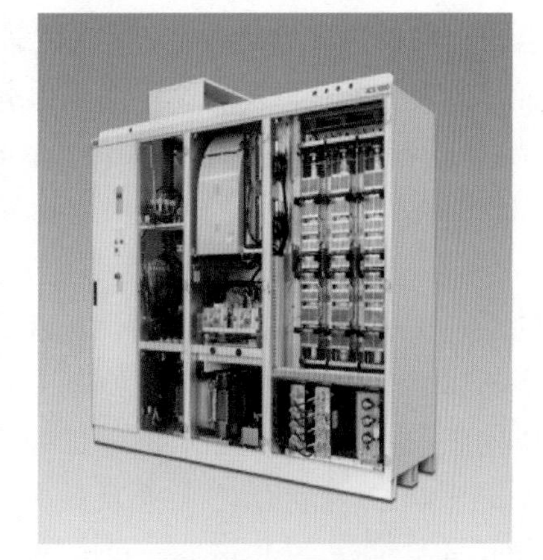

(c) ABB IGCT 三电平变频器

图 1.4　二极管钳位三电平拓扑结构及对应相同结构的不同产品

然后，是器件的连接方式问题，如采用串联还是并联，器件级联还是模块级联，两电平

还是三电平，是焊接还是压接等。原来都将这些连接方式归结为常规的电路拓扑结构，只是连线与节点的关系；实际上，由于连接方式不同，系统所表现出来的特性（均压、均流、dv/dt、di/dt、环流、中点平衡等）有很大的区别。因此，模块组合包括了器件种类及其连接方式等问题。其核心问题是功率半导体器件的开关特性及其可控性问题，即能够实施极短时间尺度的电磁瞬态能量可控变换。其中，功率、效率、电应力以及波形畸变率等都是它的约束条件，对这些问题的研究都是电力电子学中的重要课题，也是目前电力电子技术的发展方向。

2. 单元组合

单元组合定义为多个变换单元的组合，一般指的是一个独立变换器中存在的多级变换单元，其目的是实施更多功能和更高性能的电磁功率变换，如目前实际在用的多级变换器、电力电子变压器、电能路由器等。以电力电子变压器为例，如图 1.5 所示，从左至右，由整流、逆变、高压变频器、再整流、以及再逆变五个变换单元构成，可以分别完成交流变压、直流变压、电磁隔离、频率变换、波形变换、功率因数变换等功能。

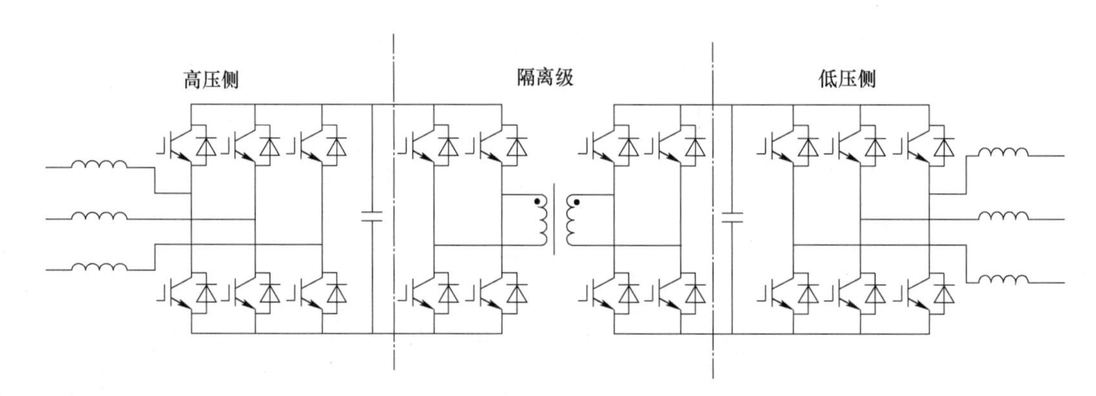

图 1.5　典型的电力电子变压器主电路结构

单元组合首先需要解决的问题是各单元之间的连接关系及其参数匹配。连接关系取决于变换功能和性能的需要，比如图 1.5 中的电力电子变压器，在两边的整流和逆变之间连接一个双向有源桥（Dual Active Bridge，DAB），其功能就是起一个隔离、扩大变压范围和引出直流端口的作用；在性能方面，它可以改善电能质量、提高故障容错能力、减小体积和提高系统效率等；在参数匹配方面就包含有电压、电流、频率、阻抗（电阻、电容、电感等）以及各组件的开关模式等。该层次的组合开启了电力电子学的一个更大的发展空间，产生了许多具有更多新功能的变换装置，如电能路由器就是在电力电子变压器的基础上增加更多交直流母线端口构成。单元组合的核心问题是单元的优化集成问题，特别需要解决高频高压下的组合问题（电磁兼容、高频耐压、损耗最小等）。

3. 网络化组合

电力电子网络化是当今电力电子学发展的一个新趋势。电力电子网络化组合指的是多个电力电子变换器依靠电力和信息传输线有机连接起来，实施电力系统协调作用的组合。其目的就是通过多个电力电子变换器网络化组合以达到多种类型的能源和用户组合在一起，高

效、协调、安全、可靠地构成独立电网、微电网、分布式电网直至大电网。图1.6所示为现代电网中的多种电力电子装置的应用，包括用于潮流控制的统一潮流控制器（Unified Power Flow Controller，UPFC）、用于直流输电的换流阀、用于无功补偿的静止无功补偿器（Static var Compensator，STATCOM）和静止同步串联补偿器（Static Synchronous Series Compensator，SSSC）、用于储能控制的变换器（BTB-DC）、以及用于各种风电光伏并网变换器等。电力电子变换器在系统中的应用越来越多，且相互之间还存在电磁联系和功能性能关系，则这时的电力电子装置就不是一个孤立的装置，而是多个电力电子变换器互联形成一个网络系统。

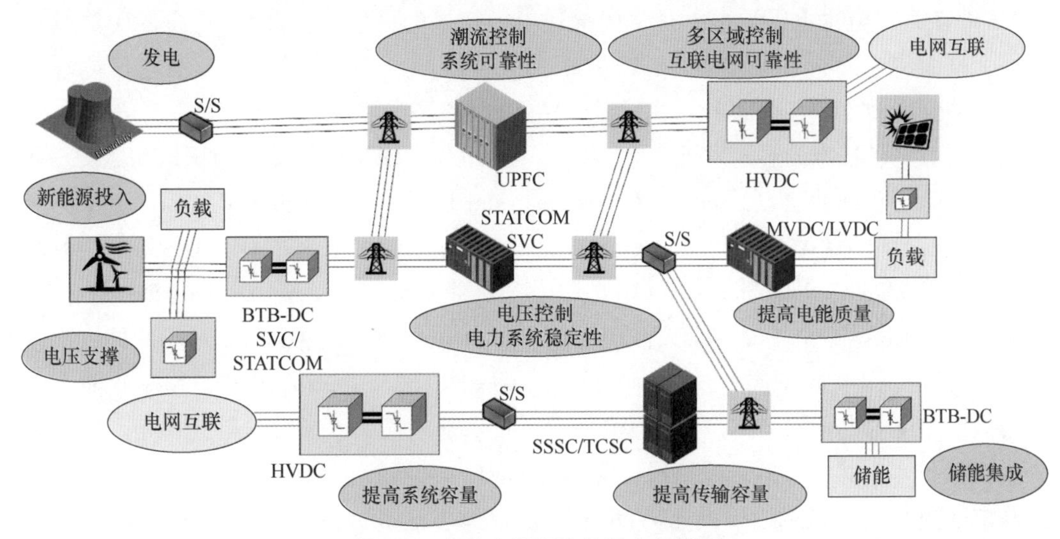

图1.6 电力电子网络化组合示意图

从电力电子学的角度来看，需要实现响应用电需求侧的能力、能量与信息的互动以及提升电力电子本身的可靠性和容错性，其中效率和成本仍是非常重要的指标。核心问题是如何进行网络化的动力学表征，包括能量与信息互动表征、感知量测、系统建模及动态解算等，从而有效实施电力电子装置的协调控制和网络化的能量与信息互动。

1.2 电力电子的内涵与外延

电力电子技术经过近三十年的迅速发展，其应用面更宽，所涉因素更具多元化，当然所面临的问题也更多，如器件、模块及单元如何组合以适应更高电压、更大电流的变换需求，电力电子技术如何适应电力网络化的要求，提高可靠性和降低成本的技术路径等。这些都需要去更准确地认识电力电子系统的内在本质和特性，从而形成一个更接近现状的电力电子学表征，以对电力电子系统建模、分析、设计及其控制的研究有一个更清晰的背景和统一的基础，这是摆在电力电子学界前急需解决的问题。

1.2.1 电力电子学内涵

电力电子学的发展已经进入了一个完全多元化时代，人们也一直在努力发展与之相匹配的电力电子科学理论和学科内涵，以求获得对电力电子系统内在规律更深入的认识和对实际应用更有效的理论指导。事实上，电力电子学一直伴随着电力电子技术的发展而在与时俱进地发展。

早期电力电子学主要面向功率半导体器件而定义，即为“研究功率半导体中电子运动的科学”，或者称之为“功率半导体器件及其应用的科学”。随着电力电子技术的进一步发展，特别是各种变换电路及其控制系统的发展，该电力电子学的定义显然已经不能包括全部电力电子系统的内容了。后来人们把电子学分开，分为信息电子学和电力电子学（功率电子学），即认为“电力电子学主要是一门描述电力变换的科学”。该定义更多的关注电子电路问题，从而将电力电子与微电子截然分开。而事实上，信息电子学（即微电子技术）已经完全渗透到电力电子各个部分，这种定义显然也是不全面的。

面对电力电子技术的迅速发展，急需有一个对电力电子学更加准确的认识和定义。1973年电气与电子工程师协会（Institute of Electrical and Electronics Engineers，IEEE）中的三个学会，即宇航及电子系统学会（Aerospace and Electronic Systems Society，AESS）、工业应用学会（Industry Applications Society，IAS）和电子器件学会（Electron Devices Society，EDS）联合举办了IEEE电力电子专家会议。美国著名电力电子专家William E. Newell博士应邀在该会上发表了一篇主题讲演“Power Electronics——Emerging from Limbo”。Newell博士在讲演中首次给出电力电子的经典定义：“电力电子技术是电气工程三大学科（电子、电力和控制）的交叉技术。其中，电子包括器件和电路；电力包括静止和旋转功率设备；控制包括连续和离散控制”。他采用了一个倒三角形来形象地表征了这三个方面定义及其相互关系，如图1.7所示，首次明确了电力电子是一个交叉学科的概念。但是，当时的认识主要还是基于技术的角度。Newell博士建议尽快建立电力电子学这一新的重要学科和专业。这篇著名讲演引起了人们的广泛关注。1974年IEEE IAS汇刊在特约专题上全文正式发表了这篇讲演。1977年电力电子专家会议（Power Electronics Specialists Conference，PESC）特地设立了以Newell博士的名字命名的Annual William E. Newell Power Electronics Award，2006年该奖项升格为IEEE最高学术大奖。

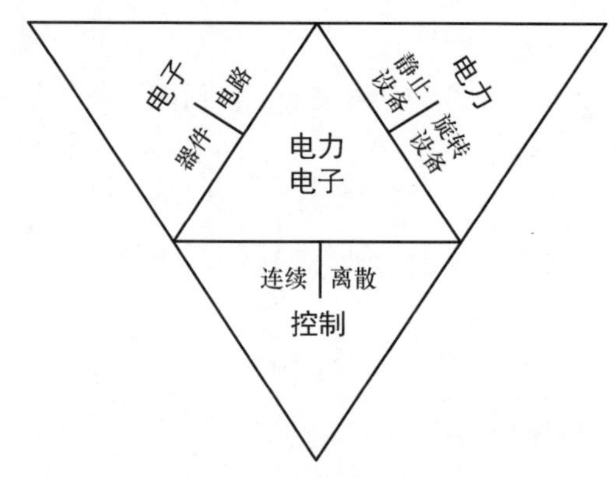

图1.7 Newell电力电子技术的定义

为对电力电子学定义进一步规范，国际电工委员会（International Electrotechnical Commission，IEC）对电力电子学的定义为“以电力技术为对象的电子学”。它定义了电力电子学的应用对象（电力）和所属学科范畴（电子学），但过于笼统，缺乏具体内容。1996年IEEE则定义：“电力电子技术是有效地使用半导体器件，应用电路和设计理论以及分析方法工具，实现对电能的高能效变换和控制的一门技术，它包括电压、电流、频率和波形等方面的变换”。该定义在技术层面来讲应该是比较全面的，一直以来规范着人们对电力电子技术的认识；但仍然是定义在技术层

面，并没有明确指出电力电子学所包含内容。

事实上，电力电子系统包括了半导体开关器件、电子电路及控制等要素，尽管各要素特性不尽相同，但是从整个变换系统的角度来看，由于它们在系统中的有机结合，在物理上已经形成了电力电子变换系统的有机统一，应该有一个更加完整的理论概述来全面系统地表征电力电子系统特性。正如 Newell 博士在 1973 年那篇讲演中指出的那样："电力电子技术迫切需要有效的理论指导，要开发综合性的分析设计方法，以求成本最小、可靠性最高。未来一定会有统一的理论研究新方法，适合于模拟和数字、时域和频域、器件和电路、稳态和瞬态各种情况。换言之，电力电子将成为一门新学科"。

长期的理论研究和应用实践使人们认识到：电力电子系统需要处理好在电力电子特有属性条件下的电磁能量可控变换，涉及电磁能量变换瞬态过程及其平衡；需要处理好器件与装置、控制与主电路、分布参数与集总参数等关系的问题。从早期的整流装置到后来的固态半导体器件的发展，从功率半导体器件的硬开关技术发展到软开关技术，可以看到它们都在关注一个共同的属性：即器件与装置的开关特性；且一直在追求着改善针对电磁能量变换的开关特性：容量大、损耗小、频率高、响应快。器件、电路及控制的发展都在围绕改善变换器的开关特性而进行。基于这种认识，我们提出一个对现阶段电力电子学的再认知框架：认为"电力电子学是一门基于功率半导体开关组合模式的电磁能量高效变换的科学"。该认知框架包含四个关键词："功率半导体"为电磁能量变换的载体和基础；"开关组合模式"则是变换的基本方式；"电磁能量"为作用对象；"高效变换"则是整个电力电子变换系统行为目标。该认知框架试图从原来主要研究电子学（描述电子运动的科学）扩展到研究电磁能量高效变换的科学，从三个独立学科（电力、电子和控制）的简单叠加综合到针对电磁能量开关组合模式的可控变换行为规律中来。

这个认知框架包括两层含义：①以"功率半导体"为中心，以"电磁能量"和"高效变换"为基本点；②以"功率半导体"为中心，以"开关特性"和"组合特性"为基本点。图 1.8 集中地表征了这个认知框架的两层含义关系。从左至右，表示了电磁能量通过可控的功率半导体作用进行高效变换，这是一种关于电力电子系统应用技术层面的描述，包括电力电子学的对象和目标；而从上到下，则表示了围绕功率半导体变换作用的两大关键属性：开关特性和组合特性，前者主要体现单个功率半导体开关器件自身的特性和变换能力，包含功率、效率、响应和频率等指标，后者则主要强调多个功率半导体开关器件构成的电路拓扑特性，包括空间上的连接关系和时间上的顺序关系，体现了开关器件群组特性及其变换能力，这是一种关于电力电子系统科学层面的描述。两层含义相互独立又相互依存，构成一个关于电力电子学的有机整体。

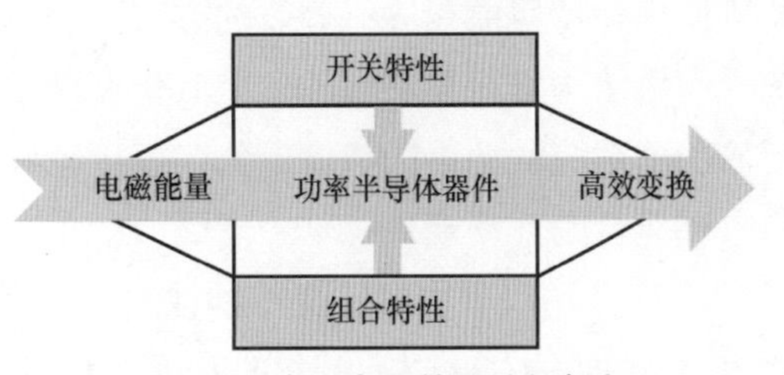

图 1.8 电力电子的再认知框架

1.2.2 电力电子学外延

电力电子装置由于控制灵活、变换能力强、响应速度快等诸多优点，已经广泛应用于国民经济的各个工业领域，展现出极其广阔的应用面。电力电子技术也同时渗透到电气工程和相关学科的各个分支，带动电力电子学科的外延不断丰富和发展。

电力电子学科与电机和电力传动等学科的交叉融合，带动了变频调速、轨道交通、电动汽车、舰船牵引、伺服控制、冶金采矿、风力发电、海上油田等诸多领域的快速发展；与电力系统学科的交叉融合，促进了柔性交流输电、高压直流输电、分布式微电网、无功补偿和谐波治理等先进电力系统技术的进步，支撑了光伏、风电、储能等多种可再生能源的大力发展，成为新型电力系统的基础性技术；作为核心供电系统，电力电子被广泛应用于通信系统、数据中心、雷达导航、火箭电源、卫星供电、电磁弹射等工业电源、航空航天和国防军工等关键领域；同时，电力电子学科与电工电磁场、高电压、材料科学、软件工程、自动控制、计算机与人工智能等诸多学科已经形成深入而广泛的融合，极大地拓展了电力电子学科的外延。

以电力系统为例，近年来，随着可再生能源接入比例的逐步提升和主动配电网的迅猛发展，新一代电网对电力电子装备的应用需求更加迫切，其中的代表性关键设备为多功能多端口电力电子变压器。这一设备兼具电能变换和信息交互的能力，具有多端口、多级联、多流向和多形态的结构特点，可以实现交直流电源和负载的即插即用，极大拓展了电力电子技术的应用领域和应用前景，是电力电子与电力系统两大学科交叉融合的代表，体现了电力电子学科外延的重要发展方向。但与此同时，针对这类大规模、大容量电力电子系统的装备研发和实际应用还存在着诸多问题和挑战有待解决，主要包括以下六个方面的难题：

（1）电网结构与电力电子变压器组合关系：高比例可再生能源和高比例电力电子设备的接入使得新一代电网的结构发生了颠覆性的变化，也带来了许多新问题：电力电子装置与电网运行的互动效应愈发明显，多时间尺度耦合现象更加突出。电网分析理论中将电力电子装置使用外特性曲线进行等效的方法已经不再能满足分析需求。因此，有必要重新对电力系统的网络结构进行顶层设计，尤其是要建立考虑电力电子设备和高比例可再生能源接入的多端输配电系统的源-网-荷-储等值建模理论和方法，探究电力电子变压器装置的组合机理以及与电网运行的互动规律。

（2）多端口电力电子变压器模块组合关系：多端口电力电子变压器为了提升电能变换能力，在内部拓扑结构上往往采用多模块组合的方式。其中，以级联式 H 桥（Cascaded H-Bridge，CHB）串入并出和模块化多电平（Modular Multilevel Converter，MMC）两种拓扑结构最为典型。模块组合方式使得电力电子变压器的电压电流和功率等级大大提升，但也导致系统的复杂度上升，建模分析和控制都更为困难。

1）一方面，在大容量系统中，由于能量变换特征更加突出，电磁瞬态过程对装置整体性能的影响已经不可忽略。但是目前对于给定的多模块化变流器拓扑结构，受到理论计算手段和仿真工具的限制，却很难进行有效的建模和解算。现有方法大多将多个串并联模块简化

等效为一个模块来进行分析，但是实际上多模块组合会带来大量不同的换流拓扑回路可能性，这些换流拓扑回路的时间常数不同，也会呈现出不同的电磁能量变化特征。因此，应当考虑模块的组合规律，将对单个器件、单个模块的电磁瞬态分析方法推广到多模块电力电子变压器中，考虑模块互联对多时间尺度的电磁能量动态变化过程产生的影响。

2）另一方面，现有的模块组合结构方式本身也存在着诸多缺陷，以 MMC 拓扑为例，虽然具有模块化程度高、容错能力强等诸多优点，但是该拓扑采用的功率半导体器件数目多，调制和控制技术十分复杂，还需要考虑分布式储能电容的电压均衡和各桥臂之间的环流问题。因此，有必要研究新的拓扑结构，改善电力电子变压器的性能。

（3）半导体功率器件特性及其组合特性关系：纵观功率半导体器件的发展历史，可以发现，功率半导体器件主要向着两个方向发展：①提高单个器件的功率、频率和耐压等级，以 IGCT、IGBT 以及各种宽禁带半导体材料的应用为代表；②采用小功率器件进行组合而达到大容量应用的目的。但是，器件的发展目标与装置的发展目标并不完全一致，器件主要追求高压和高频，而装置和系统更加注重高电能质量和高可靠性。在装置的实际应用中，由于各个器件的制造工艺不尽相同，往往会出现参数不一致等现象，从而带来种种非理想因素，影响装置的安全可靠运行。因此，应当深入研究器件组合规律，尤其是器件串并联时的开关瞬态电磁能量变化机理和均压均流等控制方法。

（4）电力电子变压器系统建模仿真：电力电子变压器由众多子模块组成，结构复杂、控制精度高，对仿真精度、仿真规模和运算速度都提出了很高的要求。但目前对于电力电子多时间尺度混杂系统的动态行为认知仍然存在诸多技术瓶颈，现有的建模分析方法和仿真工具以单一时间尺度建模和时间离散为主要方式，无法高效准确地对电力电子装置内部的多时间尺度电磁能量变化过程进行描述。而基于多时间尺度解耦思路的电磁瞬态过程仿真算法研究仍然处于起步阶段，在多时间尺度动态过程的自动划分、耦合程度定量表征、多时间尺度同步、界面光滑连接以及计算速度等方面都需要进行深入探究，特别是针对大规模复杂电力电子装备，在仿真时间和仿真收敛性方面的问题亟待解决。

（5）故障保护与半导体开关器件及装置特性：电力电子变压器应当具备故障保护和自主离入网功能，以提升电网的自愈性。但是直流端口的故障保护一直是一大难题：直流电流没有自然过零点，常规电流断路器开断时引起的直流电弧不易熄灭；直流系统阻抗小，短路电流增长极快；在直流系统中，感性元件储存着大量的能量无法瞬时变化。这些因素都显著增加了直流端口故障保护的难度。而在电力电子变压器中，高压直流断路器的隔离和快速恢复不仅要考虑高压直流断路器本身的特性，还要考虑电力电子变压器的特性，考虑各端口之间的耦合关系，避免出现过电压过电流现象从而损坏功率半导体器件。从混杂系统的观点来看，故障保护事实上是对连续变化的电磁能量实施了强制性的“离散”动作，电磁能量在短时间内的快速变化可能会引发一系列后果，因此需要研究连续与离散的混杂保护问题。

（6）电力电子变压器集群系统的协调和解耦控制：在交直流混联配电网中，多个电力电子变压器往往构成集群系统，它们之间可以进行能量与信息的互动，从而实现互补、互联、共享和优化。因此，对这样的多电力电子变压器集群系统，应当考虑到它们之间的物理及信息的互动性，建立相应的分析模型，并针对集群系统提出协调和解耦控制综合策略，从而保证单个电力电子变压器内部和多个电力电子变压器之间的能量平衡，实现集群系统的灵活可控和能量的快速路由，提升整体变换效率和可再生能源的利用率。

上述难题体现出电力电子学科内涵与外延的紧密联系和形成的有机整体。这些问题可以统一于对电力电子学的再认识框架下，即“电力电子学是一门基于功率半导体开关组合模式的电磁能量高效变换的科学”。对功率半导体器件开关电磁能量瞬变过程的建模以及其在装备层级领域的应用、对多时间尺度复杂系统的快速仿真求解以及对“连续-离散”混杂系统的协同控制是解决上述六大问题的必需关键技术。因此，有必要从混杂系统的角度出发，深入分析电力电子混杂系统的概念与特征。

1.3 电力电子混杂系统的概念与特征

基于对电力电子学科的上述认识，不难发现，电力电子系统是基于器件的开关动作来达到实施电磁能量变换的目标的，开关模式是电力电子装置运行的基础。因此，电力电子系统天然具有离散与连续的混杂特性。其中，离散体现在两个方面：①离散的数字控制模式，由控制器发出离散的信号脉冲对功率半导体器件进行控制；②以信号脉冲调制后的能量脉冲为运行基础，主电路电压电流在大时间尺度视角下呈现离散脉冲形式。在离散点前后，系统的拓扑、运行模式都有着很大的不同，也就是表现出不同的动力学行为。

与此同时，电力电子系统的连续性也体现在两个层面：首先是储能元件的电压电流在开关和输入的作用下发生连续变化；其次是小时间尺度视角下主电路的电磁能量脉冲，由于电磁能量不能突变，因此电磁能量脉冲实际上也是一个连续的变化过程，只是在短时间内变化速度极快，而并非一个理想的离散量。

总体而言，电力电子混杂系统中连续与离散的概念非常丰富，且与电力电子学科的内涵与外延紧密相关，构成了电力电子系统运行的基本机制。

1.3.1 混杂系统概念的提出和发展

1. 混杂系统概念的起源

随着自然界和工程领域人类面对的系统越来越复杂，连续与离散动力学行为的相互混杂也逐步受到科学家和工程师的重视。最早在20世纪60年代，一些研究就探讨了连续与离散行为的相互作用，构成了混杂系统概念的雏形。1986年，在美国圣塔克拉拉大学（Santa Clara University）召开的一次控制专题研讨会上，混杂系统的概念被正式提出，并迅速成为数学、控制学、计算机科学、工程学等诸多领域的研究热点。

早期，人们所定义和关注的混杂系统主要集中于离散信号变量控制下的连续状态系统，这类系统也被称作信息物理系统（Cyber-Physical System，CPS），定义为“信息过程（计算过程）和物理过程的集成”。一个包含数字控制器的物理系统即为典型的信息物理系统。发展到今天，混杂系统的概念已经大大扩展，包含了连续状态、离散信号、离散事件和它们的

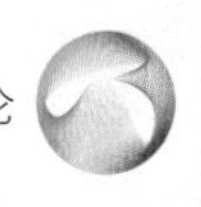

相互作用。为了描述这种更加复杂的连续-离散动力学行为，人们将混杂系统进一步定义为“动力学行为由相互作用的连续和离散过程共同决定的动态系统”。在这里，系统的混杂行为不仅仅来自于数字控制（信息系统），被控制的物理系统本身也含有离散行为，此即离散事件（而非离散信号）的概念。例如，在图1.9中，四冲程发动机运行于吸气、压缩、做功和排气四种工作模式，这四种模式的动力学特征具有根本性的差异，而它们之间的转换就是系统中的离散事件，其发生时刻由系统的控制策略决定，以保证发动机安全、稳定、高效的运行。又如，双足机器人的行走过程中，膝盖的锁闭和脚的触地构成两类离散事件，引起机器人运动模式的变化，完成双足机器人的直立行走。

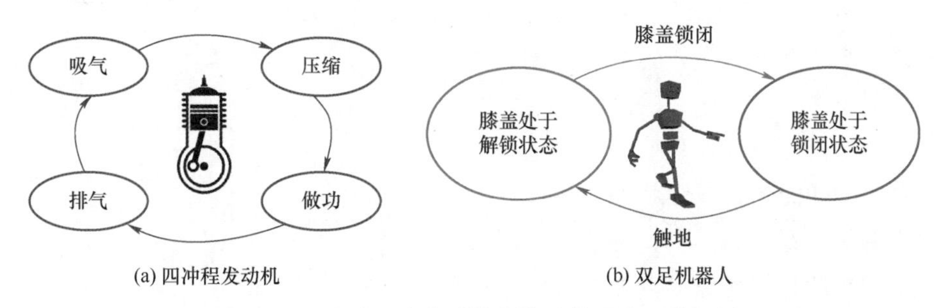

图1.9 工程应用中典型的连续-离散混杂系统示例

2. 混杂系统概念的局限

在这样一种混杂系统中，离散事件会从根本上影响连续状态的变化模式，最终决定整个系统的运行模式。因此，离散事件变量成为系统建模分析和精准控制中非常重要的变量。然而，在目前的研究中，离散事件变量大多被建模成理想事件，即瞬时发生的事件，没有过渡过程。但是在真实世界中，离散事件也一定有其对应的物理过程，只是该过程时间尺度很小、速度很快，难以被人们感知。因此，离散事件的小时间尺度过程对系统运行具有同样重要的影响和意义。将离散事件简单地处理为瞬时发生的理想事件，是不完备的分析和表征方法。

例如，生态系统是一个典型的混杂系统。地壳运动、火山喷发、冰川融化等离散事件会从根本上改变生态系统的演化模式（例如生物多样性）；尤其是考虑到人类活动引起的气候变化等因素，系统的连续-离散混杂特性更加突出。但是，生态系统中的离散事件并不是瞬时发生的，例如火山喷发往往经历数天或数月，造成局部生态系统特性快速且剧烈的变化。火山喷发的时间尺度显著地小于整个生态系统演化的时间尺度（后者往往以千年甚至更长时间作为演化的尺度）。

总而言之，目前对混杂系统的研究和分析方法，主要是将离散事件视作没有过程的理想事件处理，不能形成完整的多时间尺度动力学表征，尤其是对离散事件的小时间尺度瞬变过程无法分析和精准量化。另外，即使在同一时间尺度下，离散事件作为瞬时量表征，但它们与其他变量的互动关系也常常难以有效表征和解算。因此，有必要对现有混杂系统的概念进行拓展。

3. 基于传统混杂系统概念认知电力电子系统的局限性

如前所述，人们已在多个学科领域提出和研究了混杂系统的动力学行为。显然，电力电子系统就是一类典型的混杂系统，它基于功率半导体器件的开关组合模式实现电磁能量的高效变换。这种工作模式与传统电气工程面对的电能变换系统（例如变压器和电机）有根本性的差异。如图 1.10 所示，传统的电能变换系统以“模拟”方式工作，其变化过程较慢(通常在毫秒级以上)，且完全连续；与之相反，电力电子系统以“数字”方式工作，在连续的能量变化基础上，功率半导体器件的开关模式引入了离散行为，离散的时间尺度可到微纳秒级；连续与离散动力学行为相互作用，共同实现电磁能量的“数字化”的高效变换。

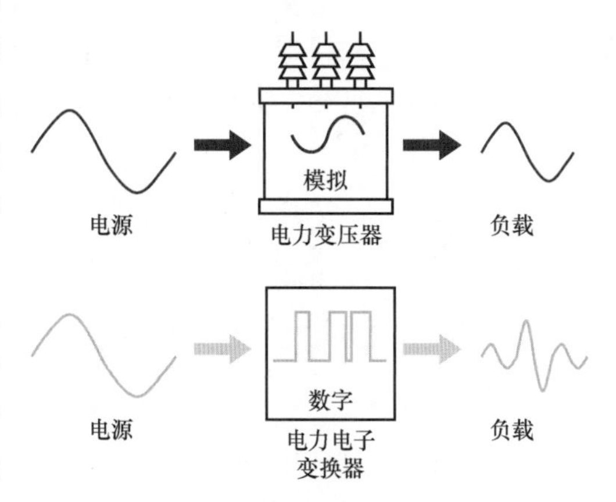

图 1.10 传统电能变换系统与电力电子变换系统的对比

因此，不难用传统混杂系统概念来理解电力电子系统，即同时包含连续状态、离散信号和离散事件的混杂系统。其中，连续状态通常包括系统中的连续状态变量，例如电容电压和电感电流，或者更一般地，系统中储存的电磁能量；离散信号主要包括数字控制系统中的信号变量；离散事件主要包括功率开关器件引入的开关事件，既包括可控开关（例如 IGBT）引入的主动开关事件，又包括不可控开关（例如二极管）引入的被动开关事件。

上述混杂特性无论对何种功率等级的电力电子系统都是成立的。但是，对于大容量电力电子系统来说，功率等级的提升给系统的连续-离散混杂特性带来了更大的差异。能量守恒定律指出，电磁能量一定是守恒的、不能突变的。这与传统混杂系统中离散事件的概念相互矛盾，因为在传统混杂系统的概念里，开关事件是瞬时发生、没有过程的，然而电磁能量的变化一定是有过程和不能突变的，二者构成一对底层矛盾。在小容量电力电子系统中，由于能量等级低，这一矛盾不突出，可以在分析中忽略离散事件的小时间尺度过程，在设计中通过适当放大器件余量等方法较好地处理这一矛盾。然而，对于大容量电力电子系统，由于功率等级高，能量特征明显，“开关模式”与“能量不能突变”的矛盾非常突出，电磁能量的瞬变过程影响很大，在系统分析中不能忽略，在系统设计中由于器件容量限制也难以简单地通过放大余量来“掩盖”这一矛盾。

综上所述，大容量电力电子混杂系统在离散开关事件中还蕴含着一个不能忽略的、小时间尺度的、连续的电磁能量瞬变过程，使得系统的连续-离散混杂特性变得更加复杂。有必要引入新的概念来描述。

1.3.2 电力电子混杂系统

为了更好地描述电力电子混杂系统，这里提出广义混杂系统的概念。广义混杂系统

(General Hybrid System，GHS）定义为同时包含连续状态变量、离散状态变量和离散切换事件的多时间尺度复杂动态系统；其中，大时间尺度状态变量的连续过程包含离散切换事件，而离散切换事件本身又包含小时间尺度的连续过程，呈现出“连续（大时间尺度)—离散—连续（小时间尺度)”的多时间尺度混杂特性。

具体来说，连续状态变量是指取值随着时间连续发生变化的状态变量，例如电路中的电容电压和电感电流。离散状态变量的取值变化在时间轴上离散地发生，典型例子为数字控制系统中离散积分器的输出。离散切换事件包含所有会引起系统结构及其对应的数学模型发生变化的事件，它可能由离散状态对连续状态的控制引发，例如电力电子系统中控制信号引发全控器件的通断；也有可能由连续状态的自然变化引发，例如电力电子系统中的不控器件(如二极管）的开关事件。

作为一类典型的广义混杂系统，图 1. 11 展示了大容量电力电子系统的多时间尺度动力学行为。可以看出，系统的物理部分本身就包含了连续和离散两种行为，构成混杂系统；而其中的连续过程又属于不同时间尺度，构成广义混杂系统。大时间尺度下的离散行为，如果放到小时间尺度下即成为连续瞬变过程，构成广义混杂系统中连续与离散的辩证关系。

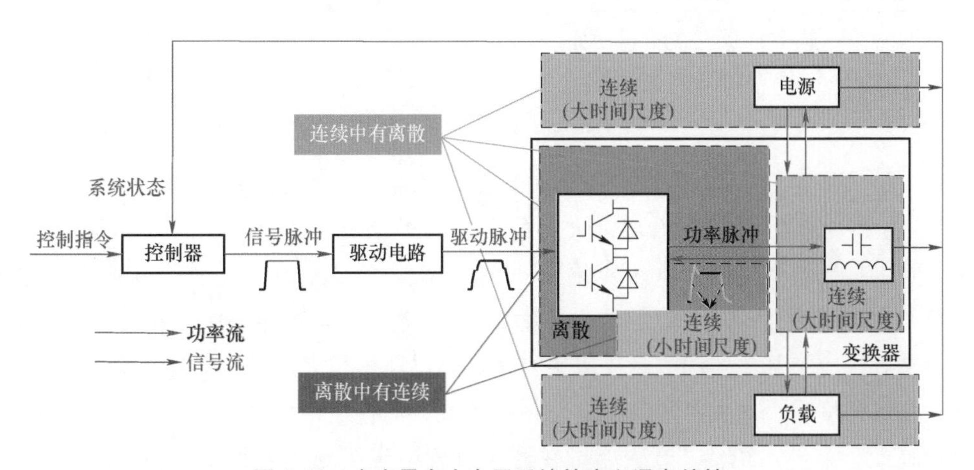

图 1.11 大容量电力电子系统的广义混杂特性

因此，大容量电力电子混杂系统在离散开关事件中还蕴含着一个不能忽略的、小时间尺度的、连续的电磁能量瞬变过程，使得系统的连续-离散混杂特性变得更加复杂。图 1. 12a～图 1. 12c 展示了三组大容量电力电子系统中常用的功率开关器件的关断瞬态过程实验测试波形，包括 SiC MOSFET、Si IGBT 和 IGCT。从图 1. 12 中可以看到，器件的电压电流在很短时间内发生了剧烈的变化，代表着系统电磁能量的小时间尺度快速变化；这一时间尺度对 SiC MOSFET 来说是纳秒级，对 IGBT 和 IGCT 来说是微秒级。这一小时间尺度瞬变过程在大容量电力电子系统中可以产生很大的影响。从图 1. 12d 中可以看到，如果设计和控制不好，开关瞬态过程可以引起控制畸变、电磁干扰、开关损耗、器件电压电流应力/过冲等现象，严重危害和影响系统的稳定性、可靠性和效率。因此，有必要将这一小时间尺度瞬态过程纳入整个大容量电力电子系统的动力学行为分析中。

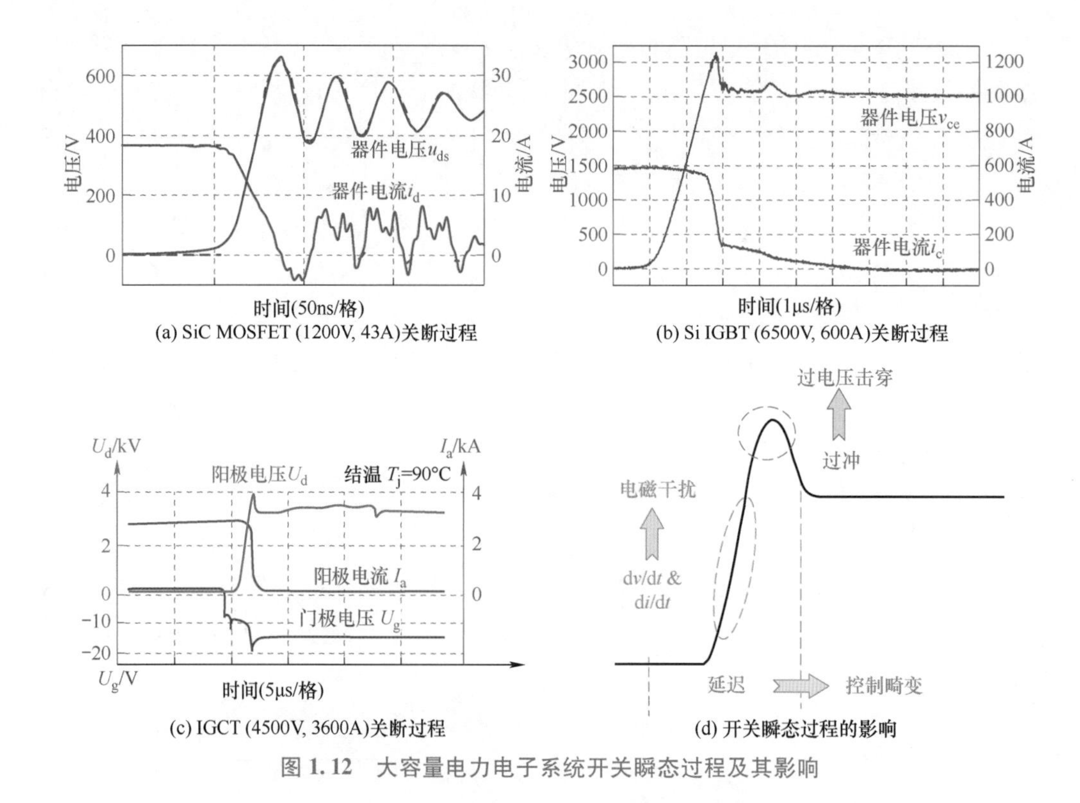

图 1.12　大容量电力电子系统开关瞬态过程及其影响

表 1.1 进一步定量比对了小容量和大容量电力电子系统开关过程的关键参数，其中“~”符号表示“约为”。可以看出，大容量电力电子系统开关过程的时间和延迟更长，易导致更严重的控制波形畸变；电压变化率 dv/dt 更大，电磁场环境更强，易产生电磁干扰；功率回路杂散电感更大，在相似的电流变化率 di/dt 条件下可产生更大的电压过冲导致器件击穿；考虑到大容量开关器件的耐压水平有限，难以留出很大余量，器件击穿的挑战更加突出。从能量的角度看，对大容量电力电子系统来说，储存在杂散电感和器件结电容中的电磁能量显著高于小容量系统，“电磁能量在开关过程中突然变化”的矛盾更加突出，如果分析、设计和控制不好，更易造成系统故障，威胁安全可靠运行。

表 1.1　小容量与大容量电力电子系统开关瞬态过程定量比较

特性	Si MOSFET	SiC MOSFET	Si IGBT
额定电压、电流	25V，40A	1200V，100A	6500V，600A
延迟和上升/下降时间	6-20ns	14-57ns	200-7300ns
dv/dt	~1.7V/ns	~26V/ns	~9V/ns
di/dt	~3.3A/ns	~3.3A/ns	~3A/ns
功率回路杂散电感	~5nH	~50nH	~500nH
开关器件输出结电容	~1.3nF	~0.18nF	~160nF
功率回路杂散电感中储存的能量	~4μJ	~250μJ	~90000μJ
开关器件结电容中储存的能量	~0.09μJ	~57.6μJ	~1036800μJ

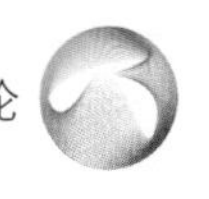

从这些定量分析中可以看出，由于能量和功率等级的提升，大容量电力电子系统的小时间尺度瞬态过程具有更强的破坏性和影响，有必要进行深入的、针对性的分析和设计。而且这种多时间尺度的分析设计应该统一，同时全面地考虑系统的全时间尺度动力学行为，而非将不同时间尺度的行为完全分开、分别处理（在小容量系统中通常是如此处理）。这就导致沿用传统混杂系统的概念再加上单独的、分离的小时间尺度瞬态分析方法不再适合大容量系统。例如，在小容量电力电子系统中，可以通过缓冲吸收电路等单独的硬件设计来保证开关瞬态过程对系统安全可靠运行而不产生影响，这是因为小容量系统通常结构简单（开关器件数量较少）、功能单一（典型例子是控制输出电压和输入功率因数）、运行模式单一（一般能量从电源流向负载）。但是大容量系统结构复杂（例如包含几十、几百甚至更多的开关器件组合）、功能复杂（例如端口恒定电压控制、端口恒定功率控制、有源滤波、功率因数校正、故障穿越等）、运行模式复杂（例如功率双向流动等）。这些都导致单独的、分离的小时间尺度瞬态分析设计难以适用于如此复杂的多工况、多功能和多模式。换言之，系统的多时间尺度行为具有很强的相互作用和耦合关系，有必要在全时间尺度的基础上开展分析、设计和控制，建立更具系统的动力学表征。

综上，有必要将传统混杂系统的概念进一步“广义化”，提出适应于描述多时间尺度混杂特性的新概念，并基于此研究面向电力电子混杂系统的动力学表征与协同控制方法。

1.4 电力电子混杂系统的问题与挑战

电力电子混杂系统“连续（大时间尺度）-离散-连续（小时间尺度）”的多时间尺度特性给电力电子学科及其应用带来了新的问题与挑战，使得电力电子系统的分析、设计和控制难以完全沿用传统电气工程的理论技术方法，在实践中带来装置变换能力和可靠性提升的瓶颈问题。具体而言，从混杂系统的视角出发，电力电子面临的问题与挑战可归纳为以下四个方面。

1.4.1 多时间尺度动力学建模与表征

广义混杂系统中包含着不同时间尺度的动态过程，现有的求解方法多基于单一时间尺度进行建模，因而容易陷入两个极端：

（1）基于大时间尺度的系统动态进行建模的方法仅考虑“连续（大时间尺度）-离散”的部分，将离散切换事件视为理想过程，忽略“离散-连续（小时间尺度）”的动态过程。该方法可以对整体系统进行一定的简化，从而提升计算速度，其代价是丧失了对于小时间尺度动态过程的精确描述；在能量特征突出的系统中，小时间尺度动态过程可能对系统行为产生明显影响，此时采用这种简化方法很可能无法得到正确的数值模拟结果。

（2）而另一类方法直接以小时间尺度动态过程的时间分辨率为基准，对不同时间尺度的动态过程以统一的数学形式进行描述，在整个时间轴上都以小时间尺度（即数值解算中的小步长）进行计算，对动态过程的不同阶段不加以任何区分。该方法能够对“离散—连续（小时间尺度）”的过程进行建模和求解，但是由于整个系统中还存在着时间尺度相差很大的慢动态过程，用这种方法来进行建模和解算，会导致整体的系统呈现刚性性质，求解步长极小，计算效率低下，很容易出现发散问题。

在电力电子混杂系统中，上述难点主要体现在对开关特性的建模方法上。根据考虑的物理机制详细程度的不同，现有的开关建模方法总体可以分为三种类型：平均模型、理想模型和物理模型。平均模型一般基于特定的变换器拓扑进行分析，通过对状态方程进行平均化处理，得到一个或多个开关周期内变换器的等效电压源或电流源模型，用以近似开关动作对外部电路的影响。该方法仅考虑了大时间尺度的连续动态，消除了离散事件的存在，将整体系统转化为纯连续系统求解，解算速度较快，因而广泛地应用于大电网的仿真中。基于这种等效和平均化的模型，结合小信号分析理论，可以比较方便地对装置级闭环控制系统的一些参数进行快速分析和设计。但在该模型下，开关事件被彻底消去，因而更无从谈起对小时间尺度开关过程的详细描述。理想模型将开关建模成开通和关断两个稳态，认为开关过程在瞬时完成，开关脉冲为理想方波。该建模考虑了大时间尺度的动态过程以及开关的离散事件，是目前电力电子系统仿真最常用的模型，但是并未对瞬态开关特性进行建模。而物理模型以Hefner模型为代表，基于半导体物理进行分析，将开关等效为包含非线性电容电感的复杂等效电路，从而将整体电路统一成为小时间尺度的纯连续系统进行求解。该模型可以对开关瞬态波形进行较为准确的描述，也已经应用于一些小规模电路例如开关电源的仿真中。但是，由于对系统的时间尺度不加以区分，物理模型在实际应用中仿真耗时极长，并且经常出现不能收敛的问题。例如，使用某商用软件提供的IGBT物理模型对一个包含24个开关的中等规模固态变压器电路进行仿真，仿真5s的动态过程需要耗时约9h；同样使用该软件中的IGBT物理模型仿真MMC电路，测试结果表明三相两电平以上规模的电路就很难收敛，对参数非常敏感。因此，这种详细的物理模型无法有效应用于大规模电力电子装置的仿真。总体而言，现有的开关建模方法尚不能对“连续（大时间尺度）—离散—连续（小时间尺度）”的混杂系统进行全面建模和表征。

1.4.2 连续-离散动力学行为的高效解算

现有的数值计算方法对纯连续系统的数值模拟已经有相当成熟的理论，出现了众多适用于不同场景的数值积分算法。然而，无论是哪种类型的方法，其本质还是以时间变量为自变量，以离散的时间点来驱动仿真进程。但是在广义混杂系统中，既包含连续状态变量，也包含离散状态变量和离散切换事件，它们三者相互作用、相互影响，使得时间轴上存在大量不连续点，系统的动态行为在不同时间段上呈现完全不同的形式，因此必须对这些不连续点的发生时刻进行精确定位。而以时间为主导变量驱动仿真的数值方法在选择计算的离散点时并没有将这些离散的事件纳入考虑，很可能出现计算时刻与事件发生时刻并不匹配的情况，从而需要在事件发生点附近进行反复迭代，降低了求解的效率，也影响计算的收敛性。

在电力电子混杂系统的求解中，就存在类似问题。在实际仿真计算中，若对开关时刻定位不准，会出现严重的数值振荡问题。而现有的仿真软件全部基于时间离散的仿真机制，无

法与开关点进行匹配。因此若希望得到准确的开关时刻，在开关时刻附近就需要采用小步长反复迭代求解进行定位。而电力电子系统的拓扑结构复杂、开关组合数众多，任意一个开关动作都会导致系统结构的彻底变化，而一个开关的动作也很可能会引起其他开关状态的连锁反应。因此，对开关状态进行翻转尝试和迭代计算所涉及的计算量巨大，相比于一般的广义混杂系统，电力电子混杂系统中对离散切换事件的定位迭代耗时问题就显得更为突出。

1.4.3 连续-离散动力学行为的协同控制

电力电子混杂系统针对电磁能量进行单、多变量的综合控制，包括状态量（电压电流）的量值大小、频率、波形等。能做到如此综合控制主要是该控制机构为半导体功率开关变换组合，通过门极信号来控制开关变换组合的动作来完成的，它相当于对连续状态量进行控制变换采样，得到具有指令特征的离散状态量。主电路上的状态量动态过程时间尺度大，开关过程的状态量瞬态过程时间尺度小，它们通过开关指令连接起来，构成一个多时间尺度的动态混杂系统。对这一系统，连续-离散动力学行为的协同控制是保证系统安全可靠和高效运行的关键技术。

目前大多数电力电子系统控制方法是将功率开关器件当成理想开关，忽略开关后的小时间尺度连续过程。实际中，也没有有效的针对离散后的小时间尺度连续过程实施控制的方法，则只有经过大时间尺度的整形、滤波、补偿等处理，使控制量趋近控制目标。这种方法从大时间尺度来看是可行的，但从开关过程来看，其瞬态过程仍然是一个连续的电磁能量变化过程，由于不能主动控制，使得该开关过程为控制盲区。这一问题在小容量系统中并不突出，但是在大容量装置中，由于开关过程很短，而能量变化很大，能量不能及时平衡，就会出现过流过压应力，进而限制器件本身容量的极限值，处理不好产生故障。因此，开关后的小时间尺度电磁瞬态过程控制成为高压大容量电力电子混杂系统高效可靠运行的主要问题之一，而其中多时间尺度控制策略以及相互平滑连接是其控制的关键。

1.4.4 电磁能量瞬变机理与规律

电力电子的基本目标是实现电磁能量的变换、传输和控制，所以对电磁能量分布、流向和传输的建模可以为系统的动力学认知提供一个底层视角。早在 1988 年，IEEE 电力电子学会（Power Electronics Society，PELS）前主席、著名的电力电子专家 Braham Ferreira 教授就开展了电力电子系统电磁能量流的研究工作。他认为，相较于经典的电路理论，基于坡印廷矢量（Poynting vector）对电磁能量流进行建模和分析可以更深刻和更直接地揭示电力电子变换的机理和规律。他针对一个反激变换器（flyback converter）推导和分析了开关处于导通和阻断两种状态下的能流分布。后续，相关工作又得到了进一步发展，更多地考虑了电磁材料特性，以辅助变换器的磁元件设计和电路板结构设计。

然而，这种针对电力电子电磁能量的建模与分析仍然还停留在开关稳态（导通和阻断状态）之中，没有深入到开关瞬态过程。考虑到电磁能量守恒和不能突变，微纳秒级开关过程中电磁能量是如何变化的？其电磁瞬变现象、机理与规律如何认知？这一问题本质上是对电力电子开关动作下电磁能量动力学行为的认知，也可称为电力电子能量动力学表征；其不仅代表了电力电子学科重要的基础科学问题，同时蕴含着电力电子工程应用中提升变换能力和可靠性的重要思路：在过压过流、电磁干扰、控制失效等制约变换能力和可靠性提升的问题和故障中，开关瞬态过程是最重要的来源之一；而在开关瞬态过程之中，保持电磁能量的平稳传输和有效平衡、避免局部能量过于集中和产生破坏，则是防止产生故障问题的关键。因此，对开关过程电磁能量瞬变机理与规律的研究，是电力电子混杂系统面临的重要难题，也是解决实际工程瓶颈问题重要思路。

本书后续章节尝试着对上述几个重要的问题与挑战进行回答和论述。其中，第 2 章是总体概述，第 3 章聚焦多时间尺度动力学建模与表征，第 4、5 章聚焦连续-离散动力学行为的高效解算，第 6~9 章聚焦连续-离散动力学行为的协同控制，其中第 8 章针对电磁能量瞬变机理与规律进行了初步探讨。最后，第 10 章介绍了上述方法与技术的实际应用。

第2章 混杂系统动力学表征与控制方法概述

电力电子混杂系统蕴含了复杂的“连续（大时间尺度)-离散-连续（小时间尺度)”多尺度动力学行为，动力学表征与控制是系统安全可靠运行的核心。然而，由于常规的分析和控制方法建立在连续系统的大时间尺度变化基础上，难以对电力电子混杂系统基于开关过程的多尺度能量变换进行分析和控制，制约了系统的可靠性和变换能力的提升，成为一个基础性难题。这个难题转化为技术挑战包括：难以准确表征和解算开关微纳秒级电磁瞬态过程；难以精准协同控制多状态变量的多时间尺度电磁瞬态过程。因此，需要建立电力电子混杂系统多尺度动力学表征与协同控制理论方法。

为此，本章首先针对电力电子“大时间尺度连续包含离散、离散包含小时间尺度连续”的广义混杂动力学行为，概述电力电子混杂系统动力学表征的基本方法；然后，基于多时间尺度的混杂系统认知，针对系统控制方法进行归纳解析，概述“连续（大时间尺度)-离散-连续（小时间尺度)”动力学过程的协同控制方法。本章概述的基本概念和方法为后文第3~9章的具体技术实施提供理论框架。

2.1 混杂系统多尺度动力学表征

针对电力电子“大时间尺度连续包含离散、离散包含小时间尺度连续”的广义混杂动力学行为，首先需要建立以建模仿真为目的的动力学表征方法。在纯连续系统中，基于时间变量的建模仿真通常是一种有效方法。然而，在广义混杂系统中，时间只是一种“被动”变量，即用来描述系统状态的标尺；取而代之，状态变量才是系统中的“主动”变量。由于广义混杂系统引入了离散事件及离散事件过程中的小时间尺度瞬态过程，状态变量主导了系统的动力学过程，体现在状态变量不仅是建模仿真本质上要解算的变量，同时也是引起离散事件及系统模式切换的原因。因此，如果改变时间和状态的主从关系，以状态量的离散引发解算事件，来驱动仿真的进行，即有可能使得仿真的离散点与状态量的质变以及系统中的离散事件天然融合，解决常规方法解算速度和收敛性的问题，从而有效建模解算广义混杂系统的多时间尺度动力学过程。

2.1.1 多尺度动力学建模

为了有效表征多时间尺度过程，首先需要建立一个多时间尺度分层的动力学模型，如图 2.1 所示。

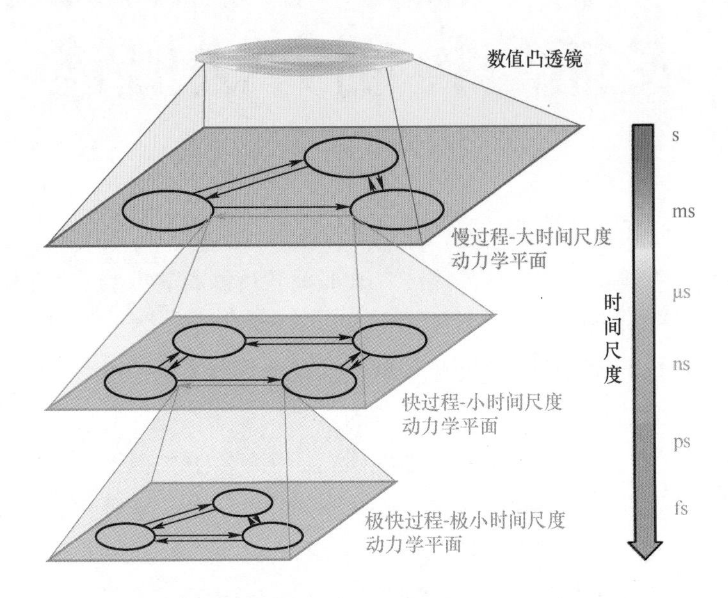

图 2.1 建立多时间尺度分层的动力学模型

该建模方法的基本思想概述如下：

(1) 在图 2.1 所示的分层模型中，系统动力学过程按照时间尺度不同划分成不同的动力学平面，其中变化快的平面动力学过程是变化慢的平面中离散事件放大以后形成的小时间尺度过程。这一思想相当于利用一个“放大镜”将系统中的离散事件放大成像，从而既能观察整体，又能观察局部，因此可以将之类比为一个“数值凸透镜”。

(2) 在每个动力学平面中，利用混杂自动机模型对系统进行建模，具体数学形式下文给出。

(3) 当解算离散事件时，离散事件被放大为一个新的、小时间尺度的动力学平面，数值实验相应转移到该平面进行，解算离散事件的小时间尺度瞬态过程。在这一平面中，小时间尺度行为被建模成一个新的、小时间尺度的混杂自动机模型。当离散事件结束时，数值计算转回原来的大时间尺度动力学平面继续进行。不同平面只包含该平面所对应的时间尺度的状态变量和系统方程。通过这种方式，可以实现系统不同时间尺度过程的解耦解算，从而解决广义混杂系统多时间尺度过程求解的刚性问题，提高解算速度和收敛性。

上述方法通过将离散事件包含的小时间尺度过程放大为一个新的动力学平面，实现多时间尺度过程的解耦表征。下面给出模型的一般数学表述。在每层动力学平面中，广义混杂系统在某一时间尺度下的动力学行为被建模为一个混杂自动机模型，如图 2.2 所示。该模型包含四类基本元素：变量、模式、守卫和事件。下面分别予以介绍：

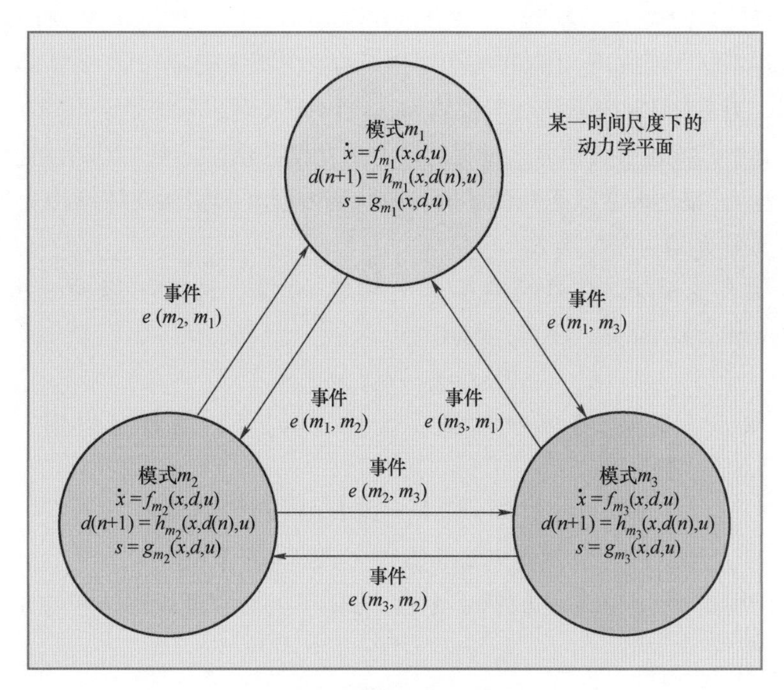

图 2.2　混杂自动机模型

1. 变量

（1）时间变量 t。

（2）状态变量，定义为一组能够完备描述动力学行为的系统内部变量。具体包括连续状态变量 $\boldsymbol{x}$，定义为随时间连续变换的状态变量；离散状态变量 $\boldsymbol{d}$，定义为随时间不连续变化的状态变量。

（3）离散结构变量 $\boldsymbol{s}$，定义为引发混杂系统离散事件的系统内部变量。$\boldsymbol{s}$ 是一组值域不连续的变量，其取值只有有限多种。当 $\boldsymbol{s}$ 的取值发生变化时，即触发系统的离散事件。

（4）输入变量 $\boldsymbol{u}$，定义为能够影响系统内部动力学行为的外部变量。输入变量亦包括连续输入变量 $\boldsymbol{u}_{\mathrm{c}}$ 和离散输入变量 $\boldsymbol{u}_{\mathrm{d}}$。

与第 1 章所述广义混杂系统的概念相对应，$\boldsymbol{x}$ 表征了系统中的连续状态，$\boldsymbol{d}$ 表征了系统中的离散信号，$\boldsymbol{s}$ 与下文定义的事件变量 e（对应于 $\boldsymbol{s}$ 的取值变化）表征了系统中的离散事件。值得说明的是，$\boldsymbol{x}$、$\boldsymbol{d}$、$\boldsymbol{s}$ 和 $\boldsymbol{u}$ 都以向量的形式定义。

对于 $\boldsymbol{d}$ 和 $\boldsymbol{s}$，虽然二者都是离散变量，但这里离散的含义不同。$\boldsymbol{d}$ 表征的是系统中的离散信号，其离散的含义是随时间不连续，即在某些时间点上发生取值的突变（对应于离散信号）；但是 $\boldsymbol{d}$ 的值域是连续的，其大小可以在实数域上任意取值。$\boldsymbol{s}$ 表征的是系统中的离散事件，其离散的含义是值域不连续，即只能取有限多种取值，例如 0 和 1。对应于电力电子系统中，$\boldsymbol{s}$ 即为开关的状态，例如 1 表示导通，0 表示关断。

2. 模式

系统变量及其动力学方程构成的集合定义为系统的一种模式 m。在一种模式中，系统动力学行为是连续的，即描述系统变量的动力学方程是相同的；但是不同模式中，描述系统运行的动力学方程不同。模式 m 由离散结构变量 $\boldsymbol{s}$ 的取值唯一确定，即 m 与 $\boldsymbol{s}$ 的一组取值一一对应。例如，当 $\boldsymbol{s}$ 取 0 时，系统处于模式 m_0；当 $\boldsymbol{s}$ 取 1 时，系统处于模式 m_1。

在一种模式中，描述系统动力学过程的动力学方程主要有三类，即描述连续状态变量 $\boldsymbol{x}$ 的连续状态方程 $\boldsymbol{f}$、描述离散状态变量 $\boldsymbol{d}$ 的离散状态方程 $\boldsymbol{h}$ 和描述离散结构变量 $\boldsymbol{s}$ 的守卫方程 $\boldsymbol{g}$，其中 $\boldsymbol{f}$、$\boldsymbol{g}$ 和 $\boldsymbol{h}$ 均为向量函数。

对于连续状态变量 $\boldsymbol{x}$，在系统的第 k 个模式 m_k 下，通常可以用一组常微分方程（Ordinary Differential Equation，ODE）描述：

$$\dot{\boldsymbol{x}}=\boldsymbol{f}_{m_k}(\boldsymbol{x},\boldsymbol{d},\boldsymbol{u}) \tag{2-1}$$

对于离散状态变量 $\boldsymbol{d}$，在系统的第 k 个模式 m_k 下，通常可以用一组差分方程（difference equation）描述：

$$\boldsymbol{d}(n+1)=\boldsymbol{h}_{m_k}(\boldsymbol{x},\boldsymbol{d}(n),\boldsymbol{u}) \tag{2-2}$$

其中 $\boldsymbol{d}$（n+1）和 $\boldsymbol{d}$（n）分别代表 $\boldsymbol{d}$ 的第 n+1 和第 n 个取值。

对于离散结构变量 $\boldsymbol{s}$，在系统的第 k 个模式 m_k 下，通常可以用一组输出方程（output equation）描述：

$$\boldsymbol{s}=\boldsymbol{g}_{m_k}(\boldsymbol{x},\boldsymbol{d},\boldsymbol{u}) \tag{2-3}$$

其中 $\boldsymbol{g}$ 也称为守卫方程（guard equation），其物理含义在下文具体说明。注意到式（2-1）和式（2-2）是状态方程的形式，即描述了连续状态变量的导数和离散状态变量的下一个取值与所有变量当前值的关系；式（2-3）是输出方程的形式，即描述了离散结构变量（也是输出变量的一类）与所有变量当前值的关系。

对于有些系统，如果存在代数约束，还需在微分和差分方程的基础上加入代数方程描述，形成微分代数方程组（Differential Algebraic Equations，DAE）。通常情况下，代数方程的形式为

$$\boldsymbol{q}_{m_k}(\boldsymbol{x},\boldsymbol{d},\boldsymbol{u})=0 \tag{2-4}$$

3. 守卫

守卫是决定系统是否发生模式切换的逻辑条件，记为 $\boldsymbol{g}$，由式（2-3）表征。守卫函数是决定系统的离散结构变量 $\boldsymbol{s}$ 取值是否发生变化的函数，即“守卫”当前模式不发生变化的条件。当由守卫函数决定的 $\boldsymbol{s}$ 取值发生变化时，即触发离散事件，系统有一种模式切换到另一种模式。

通常情况下，守卫函数可以由一系列不等式的逻辑组合构成，每个不等式具有如下的形式：

$$c>v_{\mathrm{th}} \tag{2-5}$$

其中，c 是该逻辑条件的特征变量，可以由系统状态变量表出；v_{th} 是该逻辑条件的阈值变量，由模型给定。换言之，系统离散事件的守卫函数可以用以下的数学形式表示：

$$\boldsymbol{s}=\boldsymbol{g}(\boldsymbol{x},\boldsymbol{d},\boldsymbol{u})=\begin{Bmatrix}\boldsymbol{a}_1,\text{如果 } c_1(\boldsymbol{x},\boldsymbol{d},\boldsymbol{u})>v_{th1}\\ \boldsymbol{a}_2,\text{如果 } c_2(\boldsymbol{x},\boldsymbol{d},\boldsymbol{u})>v_{th2}\\ \boldsymbol{a}_3,\text{如果 } c_3(\boldsymbol{x},\boldsymbol{d},\boldsymbol{u})>v_{th3}\\ \vdots\end{Bmatrix} \tag{2-6}$$

其中 $\boldsymbol{a}_1$、$\boldsymbol{a}_2$、$\boldsymbol{a}_3$…即为离散结构变量 $\boldsymbol{s}$ 的不同取值。

4. 事件

事件是系统模式的切换，可以用 $e(m_1,\ m_2)$ 表示系统从 m_1 模式切换为 m_2 模式的事件。事件由当前模式守卫条件的量值变化触发，也即由系统离散结构变量 $\boldsymbol{s}$ 的量值变化触发。

系统的一个动力学平面定义为当前时间尺度下所有动力学模式和这些模式之间的切换事件构成的集合。当离散事件发生时，如果数值仿真关心其事件内部的瞬态过程，则可以将事件放大到小时间尺度动力学平面解算。当小时间尺度过程结束时，可以通过定义结束事件的方式触发动力学平面的切换，回到大时间尺度动力学平面继续解算。

以上给出了多尺度动力学模型的一般数学模型，本书第 3 章将给出上述模型在电力电子系统中的具体实现，举例说明模型中的变量、模式、守卫和事件的具体形式，以及给出动力学方程 $\boldsymbol{f}$、$\boldsymbol{g}$ 和 $\boldsymbol{h}$ 的具体形式。

2.1.2　多尺度状态离散解算

为了高效解算图 2.1 和图 2.2 所示的模型，建立相应的解耦型离散状态事件驱动仿真方法。

在图 2.1 和图 2.2 所示的广义混杂系统模型中，对连续状态（即模型中的 $\boldsymbol{x}$）、离散信号（也就是离散状态变量，即模型中的 $\boldsymbol{d}$）和离散事件（模型中的 e，由离散结构变量 $\boldsymbol{s}$ 取值的变化触发）都要进行解算。采用常规时间离散方法解算时，时间的离散点（即选择的时间步长 Δt）经常难以与系统中频繁发生的离散事件匹配，需在离散事件发生时进行迭代解算，或者整体采用极小步长解算，导致仿真耗时长。此即，以时间变量为自变量，状态变量为因变量时，对混杂系统难以实现高效解算。

为了解决这一问题，观察上述广义混杂系统模型可以发现，系统中待解算变量 $\boldsymbol{x}$、$\boldsymbol{d}$、$\boldsymbol{s}$ 和 e 都与系统状态密切相关，其中 $\boldsymbol{x}$ 和 $\boldsymbol{d}$ 本来就是系统中的状态变量，$\boldsymbol{s}$ 则依赖于状态变量的值，其关系用守卫函数式（2-3）描述，而 e 则由 $\boldsymbol{s}$ 的取值变化触发。所以，系统状态才是解算中真正关心的变量，也是对系统动力学行为起决定作用的变量，而时间变量只是描述状态的“标尺”。把系统状态解算准确才是数值仿真的根本任务。所以，一个新的思路是，转换时间变量与状态变量的主从地位，设定状态变量为自变量，时间变量为因变量，数值仿真由时间轴转向状态轴和事件轴，从依靠时间步长来驱动仿真，转为依靠状态量的离散产生的解算事件来驱动仿真，时间步长只是状态量离散的结果和表现，这样就可以使得仿真的离散点与系统状态的变化天然融合，提高广义混杂系统的解算效率。

图 2.3 示出了一组时间离散方法和状态离散方法的对比示意图。从图中可以看出，如果把仿真从时间轴转向状态轴，以状态量的离散代替时间的离散来驱动仿真进行，就可以只在必要的解算点进行计算，并解决离散事件附近的多次迭代问题。

从数学上分析，图 2.3 所示的两种方法的区别在于，时间离散方法是状态量依赖于时间，状态量的数值解是时间步长的函数，以连续状态变量为例，表述为

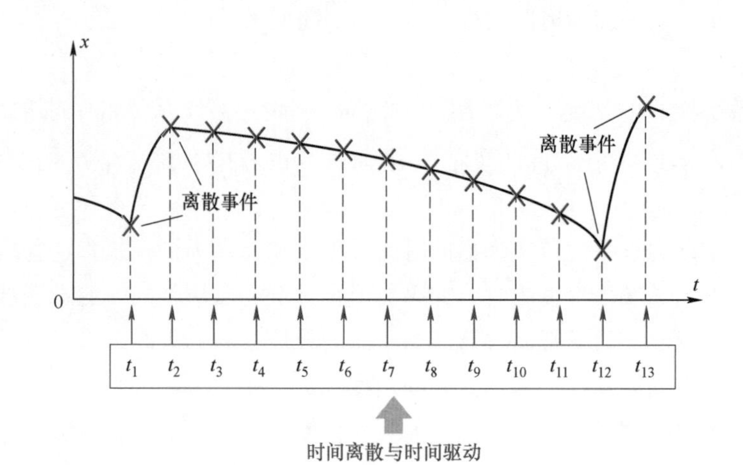

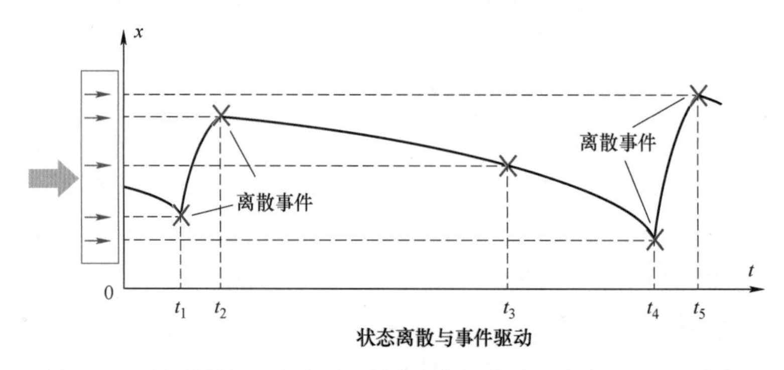

图 2.3　时间离散与驱动方法和状态离散与事件驱动方法对比示意图

$$\boldsymbol{x}(t+\Delta t)=\boldsymbol{l}_{\mathrm{DT}}(\boldsymbol{x}(t),\boldsymbol{d}(n),\boldsymbol{u}(t,n),\Delta t) \tag{2-7}$$

其中$\boldsymbol{l}_{\mathrm{DT}}$的具体形式依赖于数值积分算法，DT 代表时间离散（discrete time）。在时间离散方法中，算法首先选择一个步长，该步长或者是人为固定，或者是算法自动选择；然后基于这一步长根据式（2-7）解算状态量的值；然后检查新的时刻 $t+\Delta t$ 是否触发离散事件。如果发生离散事件，则需要迭代确定离散事件的发生时刻，据此选择新的步长，重新进行积分。如果没发生离散事件，对于变步长算法，还要进行误差检测，对于误差较大的情况还需要进一步缩小步长，以新的步长重新进行积分。总体来说，就是数值仿真依靠时间步长来驱动，在广义混杂系统中需要在每步计算之后不停调整时间步长，达到同时准确解算连续状态、离散信号和离散事件的目的。

相反地，在状态离散算法中，时间步长是状态量的函数，以连续状态变量为例，表述为

$$\Delta t=\boldsymbol{l}_{\mathrm{DS}}(\boldsymbol{x}(t),\boldsymbol{d}(n),\boldsymbol{u}(t,n)) \tag{2-8}$$

其中 $\boldsymbol{l}_{\mathrm{DS}}$ 的具体形式依赖于状态离散算法，DS 代表状态离散（discrete state）。在这一算法中，根据对系统连续状态、离散信号和离散事件实现准确解算的要求，对状态量进行离散，由状态量的离散准则确定相应的时间步长 Δt，按此直接进行解算。

下面给出方法的数学形式，即对于上述广义混杂系统的一般的数学模型，如何实施状态离散、事件驱动的仿真解算。

具体来说，对应于系统中的四类变量：连续状态变量 $\boldsymbol{x}$，离散信号变量（离散状态变量）$\boldsymbol{d}$，离散事件变量 e 和离散结构变量 $\boldsymbol{s}$，以及输入变量 $\boldsymbol{u}$，分别需要确定四类解算原则，分述如下。

对于连续状态变量，其本身的准确求解等价于仿真中每一步长数值解的误差满足精度要求。假设以 ω 表示算法在每一步的局部截断误差（Local Truncation Error，LTE），则 ω 既是状态变量的函数，也是时间步长的函数。连续状态变量的状态离散条件定义为

$$\frac{\omega(x_i,\Delta t)}{b_i}\leqslant\varepsilon \tag{2-9}$$

式中，x_i 是 $\boldsymbol{x}$ 的第 i 个分量，即 $\boldsymbol{x}=\{x_i\}$；b_i 是 $\boldsymbol{b}$ 的第 i 个分量，即 $\boldsymbol{b}=\{b_i\}$，$\boldsymbol{b}$ 是连续状态变量 $\boldsymbol{x}$ 的基值向量，用于对绝对误差进行归一化，得到相对误差；ε 是允许的相对误差容限。

由式（2-9），可以对每一个连续状态变量实施状态离散。为了由状态离散确定仿真解算时刻，需由这些所有状态离散条件给出一个连续状态求解事件的发生时刻，表述为 $t+\Delta t_x$。为最大程度提高仿真效率，Δt_x 应取为使 $\boldsymbol{x}$ 的每个分量 x_i 都满足式（2-9）的前提下，最大的积分步长 Δt，即

$$\Delta t_x=\max\left\{\Delta t\in R^+\left|\max_{1\leqslant i\leqslant N_x}\frac{\omega(x_i,\Delta t)}{b_i}\leqslant\varepsilon\right.\right\} \tag{2-10}$$

其中 N_x 是 $\boldsymbol{x}$ 的分量个数，即系统连续状态变量的个数。由式（2-10）可以确定连续状态求解事件的发生时刻。

对于离散信号变量，即系统中的离散状态变量，由于其基于差分方程描述，只需要在离散的时间点上进行解算。这些离散的时间点是对应于离散信号序列 $\boldsymbol{d}(1)$，$\boldsymbol{d}(2)$，…，$\boldsymbol{d}(n)$ 的时刻序列 $t(1)$，$t(2)$，…，$t(n)$。令函数 $\boldsymbol{T}_d$ 表示第 $n+1$ 个离散点所对应的时间，则 $\boldsymbol{T}_d$ 是连续状态变量 $\boldsymbol{x}$、离散状态变量 $\boldsymbol{d}$ 和序列点数 n 的函数。由此可以确定离散信号变量的求解事件的发生时刻（表述为 $t+\Delta t_d$）所确定的时间步长为

$$\Delta t_d=t(n+1)-t=\boldsymbol{T}_d(\boldsymbol{x}(t),\boldsymbol{d}(n),n)-t \tag{2-11}$$

由式（2-11）即可确定离散信号变量求解事件的发生时刻。这一事件的物理含义是数字控制所对应的控制计算点，例如采样事件、PI 的计算事件等，在电力电子系统中常以数字信号处理器（Digital Signal Processor，DSP）的中断形式存在。

对于系统中的离散事件，需要基于系统的状态变量和输入变量确定事件的发生时刻，然后予以解算，由此确定离散事件的仿真解算事件。这一事件对应的时间步长定义为 Δt_s，可以用下式表示：

$$\Delta t_s=\max\{\Delta t\in R^+\,|\,\boldsymbol{g}(\boldsymbol{x}(t+\Delta t),\boldsymbol{d}(n(t+\Delta t)),\boldsymbol{u}(t+\Delta t))=\boldsymbol{g}(\boldsymbol{x}(t),\boldsymbol{d}(n(t)),\boldsymbol{u}(t))\} \tag{2-12}$$

即使得守卫函数取值不发生变化的最大的时间步长。根据式（2-6），守卫函数的取值由一系列不等式条件确定。所以，式（2-12）等价于确定一系列函数的过零点，找到最先发生的过零事件，即

$$\Delta t_s=\min\{\Delta t\in R^+\mid[c_1(t+\Delta t)-v_{th1}]\cdot[c_2(t+\Delta t)-v_{th2}]\cdot\cdots=0\} \tag{2-13}$$

最后，对于输入变量 $\boldsymbol{u}$，其内部也可能包含事件，例如输入的变化等，相当于系统外部产生的事件，可以称之为外部事件。外部事件是显式地定义在 $\boldsymbol{u}$ 的表达式（数学模型）中的。外部事件也需要进行解算，由此确定的解算步长定义为 Δt_e。

至此，对于系统中的四类变量：连续状态变量、离散状态变量、离散结构变量（及相应的离散事件）和输入变量，已经产生了四类解算事件，根据系统状态可以确定四类解算事件的发生时刻 $t+\Delta t$，对应的解算步长分别记为 Δt_x、Δt_d、Δt_s 和 Δt_e。在事件驱动求解方法中，应该找到最先发生的事件进行仿真解算，即由四类事件中在时间轴上距离最近的事件驱动仿真

$$\Delta t=\min\{\Delta t_x,\Delta t_d,\Delta t_s,\Delta t_e\} \tag{2-14}$$

由此，即改变了时间变量和状态变量的主从关系，根据系统状态变量（以及输入变量）确定四类事件的发生时刻，然后以四类事件来驱动仿真进行，从而在给定精度下提高广义混杂系统数值仿真的效率。

另外，需要说明的是，当发生由结构变量 $\boldsymbol{s}$（守卫函数 $\boldsymbol{g}$）取值变化引发的离散事件时，如果关心其小时间尺度过程，可以按照前述建模方法，将离散事件的过程放大到小时间尺度动力学平面进行解算。

本书第 4 章将在上述理论框架下，阐述具体的离散状态事件驱动仿真求解技术和算法。

2.1.3 多尺度动力学分析方法

上述建模和解算方法共同形成一套多尺度动力学表征分析方法，可以对广义混杂系统进行高效建模求解。其关键点在于采用了“解耦”和“选择性”计算的思路，本质上是对不同状态变量、事件变量的时间尺度以及它们产生的影响进行评估，仅筛选出需要考虑的部分进行计算。

在系统建模层面，这种“解耦”和“选择性”体现在将不同的时间尺度投影到不同的动力学平面。离散切换事件在大时间尺度的动力学平面可以被视作理想过程，若离散切换事件本身的细节需要进行观测，或者该离散切换事件会对大时间尺度的其他变量产生不可忽略的影响时，才“选择性”地对其进行进一步的建模和求解，也就是映射到下层的小时间尺度动力学平面。因此，系统动力学模型的层数以及每层模型的详细程度完全是根据问题的实际需要来确定的。不同时间尺度之间相互解耦，降低了每个时间尺度动力学平面的刚性程度，从而避免了发散问题。

在系统解算层面，这种“解耦”和“选择性”体现在以事件来驱动仿真而非以时间来驱动仿真。在广义混杂系统中，离散切换事件为系统中固有的物理事件；离散状态变量的更新在时间轴上间隔发生，也必然会引入解算事件；而为了对连续状态进行准确的数值模拟，通过状态离散的手段在数学解算层面引入了状态事件。连续状态变量、离散状态变量和离散切换事件共同统一于“事件”的描述框架下并驱动仿真进行，但它们所引发的事件的性质又各不相同，因而有不同的处理方法，体现了“选择性”：

（1）连续状态变量和离散状态变量的变化都可能引发离散切换事件。通过结构变量的条件判别式以及特征变量的输出方程建立了系统状态和离散切换事件之间的联系；通过对离散切换事件赋予强度特性，使得离散切换事件的发生自然地成为驱动仿真的因素。由于离散切换事件会引发系统的结构变化，因此在需要将其瞬态过程和影响纳入考虑时，就可以转入模型的下层动力学平面对其小时间尺度过程进行更详细的求解。

（2）对于连续状态变量的动态变化，由于涉及数值模拟的精确性，即使不引发离散切换事件，也需要对产生较大变化的连续状态进行及时的更新和计算。该方法将这一类计算点归结为状态事件，以状态离散的思想来确定离散时刻，即仅当状态量的特性发生较大变化时才进行解算。单纯的状态事件不会引起动力学平面的切换，且求解步长可随系统状态变化的快慢动态调整。

（3）离散状态变量的更新在时间轴上间隔发生，因此该方法也将其作为事件进行捕捉和定位，但当其不触发离散切换事件时（例如，在电力电子系统中仅进行了采样计算但并没有产生开关动作），就不会引发不必要的小时间尺度过程计算。综上，方法以事件而非时间来驱动仿真，仅当所关注的量引起质变（包括连续状态值需要更新、离散状态值需要更新、出现引发系统结构变化的离散切换事件等）时才进行“选择性”地计算，从而提高了解算效率。

该方法是针对广义混杂系统的一般性概念所提出的一套总体解算框架，还在不断地发展与完善之中。在具体实施时，需要根据所研究物理系统的特点进行针对性建模，并设计解算算法。主要需要解决的问题包括：

（1）应当确定所研究系统的时间尺度划分依据，进行系统动力学平面划分，并针对各个平面建立求解模型；所建立的数学模型应当既能反映该动力学平面的动态特性，又能最大化降低求解难度。

（2）应当确定不同时间尺度动力学平面之间耦合程度的评估方法，进而探究不同动力学平面的连接策略。

（3）应当设计合理的连续状态和离散事件的误差估计方法，从而以尽可能小的成本实现根据状态的离散来确定时刻的离散。

本书后续章节就将针对电力电子混杂系统，对该建模解算框架进行具体阐述，包括电力电子系统多时间尺度模型的建立与求解方法、开关瞬态过程的建模方法、离散状态事件驱动求解算法等。

2.2　混杂系统多尺度协同控制

认知解算是基础，有效控制是目的。电力电子系统的多时间尺度“连续-离散”混杂特性也给控制带来了重大挑战，需要研究与该特性相契合的控制方法。对应于“连续（大时间尺度）—离散—连续（小时间尺度）”特性，电力电子混杂系统总体包含三层时间尺度控制：

（1）变换器两端的连续量输入输出控制，为大时间尺度连续控制，主要是根据测量得到的连续变量（母线电压、负载电流等）进行计算，得到控制指令。

（2）变换器执行机构的开关控制，即根据连续量采样计算的控制指令值确定具体的开关时刻，为离散控制。

（3）对器件开关瞬态过程的控制，由于能量不能突变，因此该过程实际上为对于小时间尺度的连续控制。

连续中包含着离散，离散中蕴含着连续，构成了电力电子系统多时间尺度混杂控制的基本特点。

在这三层控制中，第一层和第二层控制在电力电子系统中往往构成一个整体，二者缺一不可，形成对“连续（大时间尺度）-离散”的过程控制。对于该过程的控制一直是电力电子混杂系统控制理论研究的重点。随着功率等级、开关频率和系统复杂度的提高，电力电子系统大时间尺度连续过程继续细分也呈现更加突出的多时间尺度特性，如何对多种时间尺度过程、多个控制目标进行综合协同控制，是目前的控制技术需要解决的核心问题。

而从第二层控制到第三层控制，即对于“离散-连续（小时间尺度）”瞬态的控制，目前的研究仍处在起步阶段，工程应用较少，甚至很多场景下都并未实施控制，认为从信号脉冲到驱动脉冲再到开关的电磁能量脉冲都是理想方波，因而实际工程应用中存在着这样的控制盲区。但对于大容量电力电子系统而言，能量特征突出，对开关瞬态过程不加以控制可能会引发器件和装置损坏的严重后果。另外，在大容量大规模系统中，器件串并联组合的情况也非常普遍，因此除了考虑对单个器件的开关瞬态过程控制，也应当考虑多个器件组合情况下的控制方法。

因此，本节将对基于多时间尺度混杂系统认知的综合控制方法进行归纳解析，概述“连续（大时间尺度）-离散-连续（小时间尺度）”动力学过程的协同控制方法。

2.2.1 电力电子混杂系统控制规律解析

电力电子混杂系统通过半导体功率开关器件及其变换电路实施信息流对能量流的精确控制，实现电能的有效变换与高效传输。特别是全控型半导体开关器件的应用和脉冲调制技术的引进，使得连续变化的电磁能量转化为准离散型的、可控的电磁能量脉冲序列组合，导致原来在电机学和电力系统暂态分析中所采用的大时间尺度电磁暂态过渡过程分析和控制方法难以适用。这不仅带来对脉冲型电磁瞬态过程分析方法的困惑，更是带来人们对电磁能量变换认识上的变更。

解析现有的电力电子控制方法，可以提炼出其一般结构，主要有两种基本结构，也代表着两种不同的控制器设计思路，如图 2.4 所示。

出现两种不同结构和控制思路的原因，是电力电子系统所具有的与一般控制系统不同的特点，即如前所述的连续与离散的混杂特性，本质上是由于系统中引入了功率开关器件。电力电子控制策略设计的最终目标，是确定系统中的功率开关器件按照什么规律进行动作，在什么时间发生动作。

第一种结构为 PWM 控制器，它实际上可分为两个部分：①调节器输出指令使得目标

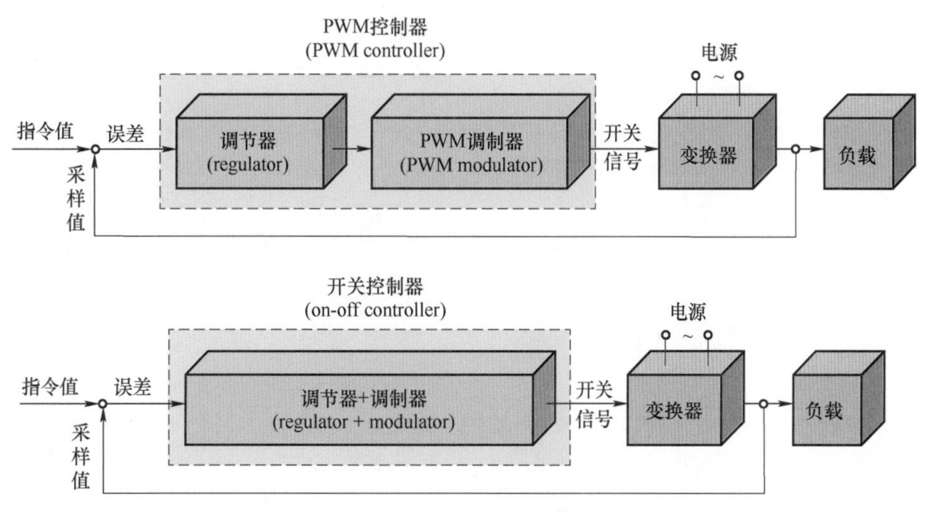

图 2.4　电力电子闭环控制系统的两种结构

跟随给定值，减小稳态误差并优化动态响应，这个部分称之为调节（regulation）；②调制器生成开关信号，从而使得调节的效果能够被有效执行，这个部分称之为为调制（modulation）。调节器的实施可以由已有成熟的控制方法解决，例如经典理论中的频域分析和传递函数，现代理论中的时域分析和状态空间法等，但是这些方法都不能直接产生开关信号。因此，采用 PWM 方法，将调节与调制进行解耦：调节器（regulator）给出占空比或者参考电压矢量，调制器（modulator）依据所给占空比，利用 PWM 的原理决定开关信号。于是，以 PWM 调制器为中间桥梁，已有的连续控制理论成果都可以应用到电力电子系统上，形成了丰富的电力电子混杂系统 PWM 控制方法。PWM 控制策略具有大局观，大时间尺度上的动态过程控制比较平稳。PWM 控制器实施了“连续（大时间尺度）-离散”的控制过程。

第二种结构称为开关控制器，这种控制器目前也在电力电子混杂系统控制中占据着重要的位置。例如最简单的滞环控制器（Hysteresis Controller，HC）、直接转矩控制（Direct Torque Control，DTC）、预测控制中的有限控制集模型预测控制（Finite Control Set-Model Predictive Control，FCS-MPC）以及基于变结构系统理论的滑模控制（Sliding Mode Control，SMC）等等。这种控制器结构的特点是将调节和调制集成于一体来完成，在控制器设计之初就把开关事件纳入控制策略中，控制器的任务就是直接通过设定的控制准则来确定开关状态，从而决定控制指令。与 PWM 控制器的结构相比，开关控制器动作更快速、控制过程更直接，但缺点是一般调制波动较大，大时间尺度的动态过程不会很精细。同样地，开关控制器也实施了“连续（大时间尺度）-离散”的控制过程。

在上述两种基本控制结构的基础上，在应用中发展出了许多针对电力电子混杂系统的控制方法。按照这两种基本结构特点，可以将目前主要在用的电力电子系统控制方法进行初步分类，如图 2.5 所示。表 2.1 则示出这两类大时间尺度控制方法的对比。

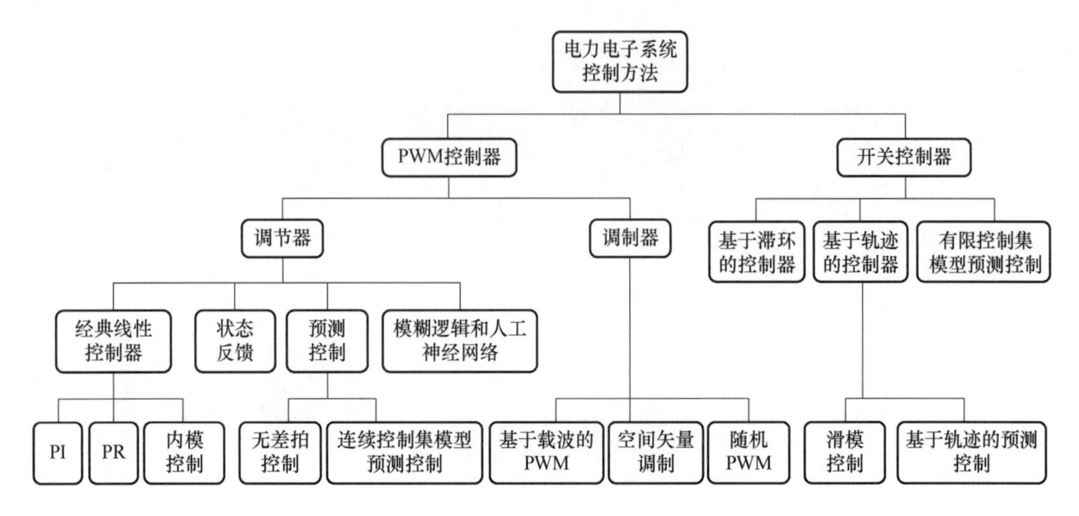

图 2.5 主要的电力电子控制方法分类

表 2.1 大时间尺度控制方法对比

	PWM 控制	开关控制
控制过程	连续（大时间尺度)-离散	连续（大时间尺度)-离散
调节器	连续控制调节器，如 PI	集成一体，如滞环比较器
调制器	PWM 调制器，如载波 PWM	
特点	具有大局观，动态过程平稳	控制更简单，响应速度更快

从图 2.5 中可以看出，对于 PWM 控制器，一部分研究工作集中在调节器的发展，属于常规控制技术的发展；另一条研究主线则是专注于 PWM 调制器的发展，从基于载波的 PWM（Carrier-Based PWM，CB-PWM）到空间矢量调制（Space Voltage Modulation，SVM），再到随机 PWM（random PWM）等；对于开关控制器，大体可分为基于滞环（Hysteresis Based，HB）的控制器、基于轨迹（Trajectory Based，TB）的控制器和有限控制集模型预测控制（FCS-MPC）等。

但如前所述，完整的电力电子混杂系统包含“连续（大时间尺度)-离散-连续（小时间尺度)”一体化过程，上面提到的两种控制结构实质上都只包含前一部分控制，即“连续(大时间尺度)-离散”，不包含“离散-连续（小时间尺度)”的控制，也就是说，针对电力电子混杂系统中的“离散-连续（小时间尺度)”过程并没有实施控制。由于功率开关器件实施的是电磁能量变换，能量是不能突变的，开通和关断都会有一个时间过程，即实际开关器件不是理想开关，一定有一个开关过程，在这个过程中，电磁能量发生一个连续的急剧变化。该过程时间很短，但能量变化很快，图 2.6 即为一个实际的 IGCT 的关断过程：在一个微秒之内，电压从几伏上升为近四千伏，电流从三千多安培下降为几毫安培，器件从晶闸管模式转变为晶体管模式。

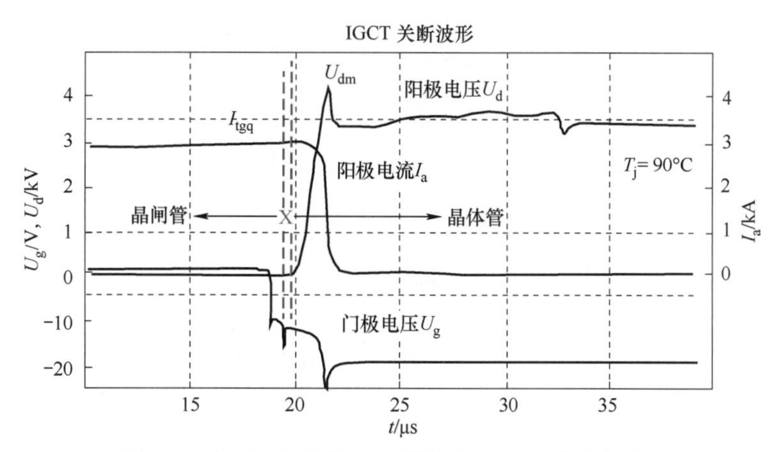

图 2.6　实测的半导体开关器件（IGCT）的关断过程

这个过程通常没有实施控制，这样的过程称为电力电子混杂系统“控制盲区”。虽然“控制盲区”很短（微纳秒级），但带来的影响却很大。由于对该过程不实施控制，在实际的电力电子装置和系统中，输出的电流和电压波形中就会出现许多的异常脉冲，如图 2.7 所

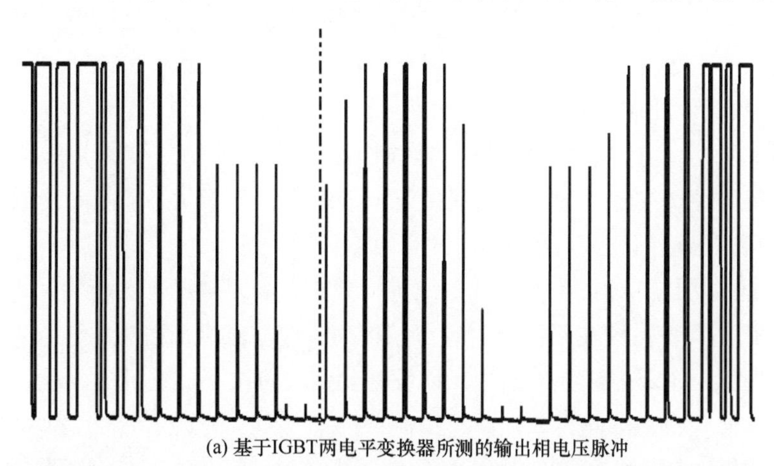

(a) 基于IGBT两电平变换器所测的输出相电压脉冲

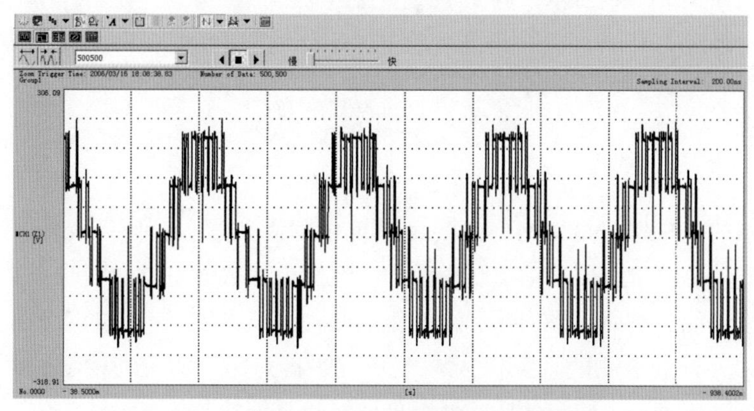

(b) 基于IGCT三电平变换器所测的输出线电压

图 2.7　实际电力电子装置中实测的电压

示即为一些实际电力电子装置中实测的电压波形，存在各种异常脉冲。这些异常脉冲轻则影响输出波形，产生高次谐波，增大波形畸变率，限制器件和装置的出力；重则击穿器件，造成短路，直接损坏器件和装置。因此，亟需在已有“连续（大时间尺度)-离散”过程控制的基础上，进一步发展“离散-连续（小时间尺度)”瞬态控制，进而形成多尺度的协同控制方法。

2.2.2 连续（大时间尺度)-离散过程控制

图 2.5 和表 2.1 已对连续-离散控制进行了总述，解析了其控制规律。这里具体讨论三类具有代表性的控制方法：基于状态空间平均的线性调节器、基于现代控制理论的预测控制和基于变结构系统的滑模控制。

1. 线性调节器

到目前为止，由于其简单性、计算效率和成熟度，比例积分（Proportional Integral，PI)、比例积分微分（Proportional-Integral-Derivative，PID）和比例谐振（Proportional resonance，PR）等线性调节器仍然是大容量电力电子系统应用中主要的控制方法。其基本思想是将线性、时不变和单输入单输出系统的经典控制理论应用于变换器的控制设计。利用经典控制理论，以传递函数作为数学描述，并以波特图作为设计工具，可以适当地放置闭环系统的零点/极点，从而设计控制器。

然而，如上所述，电力电子变换器不是线性和纯连续系统，不属于经典控制理论的范畴。为了使已有的经典控制理论和方法适用于电力电子，基于状态空间平均的小信号模型于 20 世纪 70 年代被提出。该模型的基本假设有两点：

（1）平均化：用纯连续模型对混杂系统进行建模，忽略高频开关行为。

（2）线性化：假设系统在平衡点附近作小扰动，忽略泰勒高阶项。

平均化假设解决了不连续性的问题，而线性化假设解决了非线性的问题。因此，可以推导出变换器的传递函数，以此为基础设计控制回路。例如，电流控制 DC/DC 变换器的低熵表达式统一控制模型如下式所示，其中 i_c 是控制电流，i_l是电感电流，v_g 是输入电压，v 是输出电压，对于降压、升压和降压-升压变换器，α 分别取 1、0 和 1，β 分别取 0、1 和 1。

$$\hat{d}=F_m[(\hat{i}_c-\hat{i}_l)-k(\alpha\hat{v}_g+\beta\hat{v})] \tag{2-15}$$

$$F_m=\frac{2L}{T_s V_{\text{off}}}\frac{1}{(D'/D'_{\min}-1)} \tag{2-16}$$

线性调节器的基本思想是忽略广义混杂系统中的离散过程，使系统转变为纯连续的特性。这样做的好处是可以应用自动控制理论中已经成熟的数学工具。同时，控制器在实现过程中，计算成本较低。然而，平均化和线性化的两种假设带来了一定的问题：平均化没有考虑高频开关行为（开关事件)，且线性化只能保证平衡点附近的模型精度。因此，控制器在参数变化或大扰动下表现出较差的适应性，进而导致系统状态偏离设计工作点。

2. 预测控制

最优化控制是现代控制理论中的代表性方法。预测控制基于最优化控制思想，利用系统

模型预测系统未来行为，然后根据一定的优化准则给出最佳控制指令。在预测控制中，有许多代表性方法已广泛用于电力电子系统，见图 2.5。其中一些属于 PWM 控制器，包括无差拍控制器和连续控制集模型预测控制。前者采用下一周期受控变量的误差为零作为优化准则来确定调节器的输出，而后者则在每个控制周期中求解优化问题，以确定占空比或参考向量。其他方法，包括基于轨迹的预测控制和有限控制集模型预测控制等，属于开关控制器的范畴。它们不使用 PWM 调制来生成开关信号；相反，开关状态的选取是根据成本函数（cost function）的优化来决定的。

图 2.8 展示了有限控制集模型预测控制的典型框图，图 2.9 是预测控制中优化开关状态的流程图，其中 T_S 表示开关周期，F^* 表示目标值，F、F_1、… 、F_n 表示每个开关组合下的优化函数，S_1、S_2、…、S_n 表示开关组合，t_k、t_{k+1}、t_{k+2} 表示每个控制周期的开始时间。

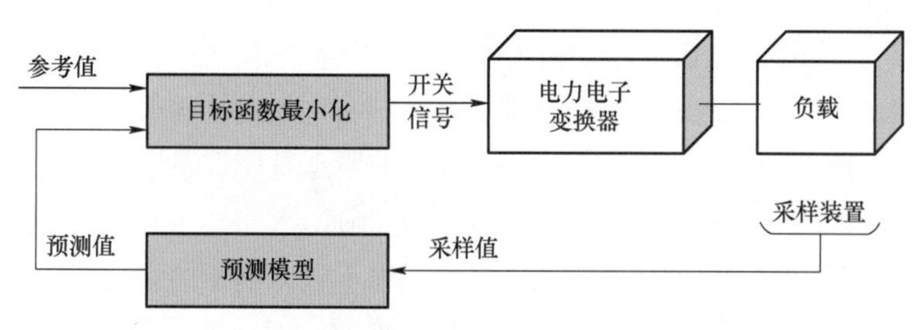

图 2.8 有限控制集模型预测控制（FCS-MPC）的典型框图

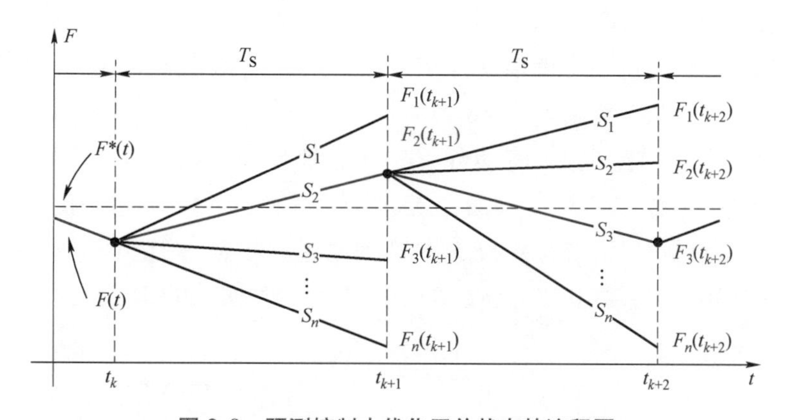

图 2.9 预测控制中优化开关状态的流程图

开关状态是根据成本函数的最小化来选择的，这导致了预测控制具有一个显著优势：任何可以数学建模的因素都可以包含在成本函数中，例如多变量、系统约束、干扰和饱和等等，实现了控制的高度灵活性和自由度。

例如，可以将以下因素添加到成本函数中：

（1）多电平变换器中两个电容之间的电压差，用于电压平衡控制。

（2）总开关损耗，或换流次数，以降低开关损耗。

（3）平均开关频率，以使开关频谱更集中。

（4）共模电压，以抑制电磁干扰。

此外，预测控制采用的模型没有平均或线性化的假设。因此，它具有更高的准确性和更快的响应速度。预测控制的缺点包括：①控制器的性能强烈依赖于模型的精度和参数；②计算成本较高、耗时较长；③它通常具有变化的开关频率。

模型预测控制充分考虑了电力电子系统的混杂特性，直接选择开关组合并相应确定了混杂系统的运行模式。通过比较混杂系统从当前模式出发可能到达的所有下一个模式的成本函数数值（代表控制目标），以成本函数最小化为控制目标，模型预测控制实现了混杂系统的“连续（大时间尺度）-离散”过程控制。然而，通常情况下，“离散-连续（小时间尺度）”瞬态过程控制并未包含在模型预测控制中。

3. 滑模控制

与变结构系统（Variable Structure System，VSS）相关的理论和由此产生的滑模控制方法（SMC）最早是由 Emelyanov 在 1950 年提出的。变结构系统描述的是系统在不同输入下结构发生变化的特征。显然，电力电子混杂系统就是一种典型的变结构系统。

滑模控制是一种典型的变结构控制方法。其基本原理是使得系统状态在控制的作用下沿着预设的状态空间轨迹（或超平面）滑动，直至达到原点。从一开始，滑模控制就是基于变换器的开关动作设计的，这意味着它从底层就考虑了电力电子的混杂特性。

滑模控制在电力电子系统中的一个典型应用如图 2.10 所示，其中 S 代表 MOSFET，D 代表二极管，E 代表电源，L 代表电感，C 代表电容，R_L 代表负载电阻，U_{ref}代表参考电压，U_0 代表输出电压，x_1 和 x_2 是两个状态变量，i_C 是通过电容的电流。该变换器是一个二阶系统，可以选择输出电压与参考值（控制目标）之差 x_1 及其导数 x_2 作为状态变量。显然，优化目标是将系统状态控制到 $x_1=0$ 和 $x_2=0$。定义开关函数 $SF=\alpha x_1+x_2$，其中 α 是系数。在状态空间中，SF 将呈现为一条直线（实际上即为二阶系统的状态平面）。如果将 SF 用作滑模控制的开关函数，在 SF 直线的一侧施加开关信号 $u=1$，在另一侧施加 $u=0$，则在一定条件下，系统状态可以沿着这条 SF 轨迹达到原点。当然，理论上，这需要无穷高的开关频率。在实际应用中，系统状态总是在 SF 周围变化，如图 2.11 所示。

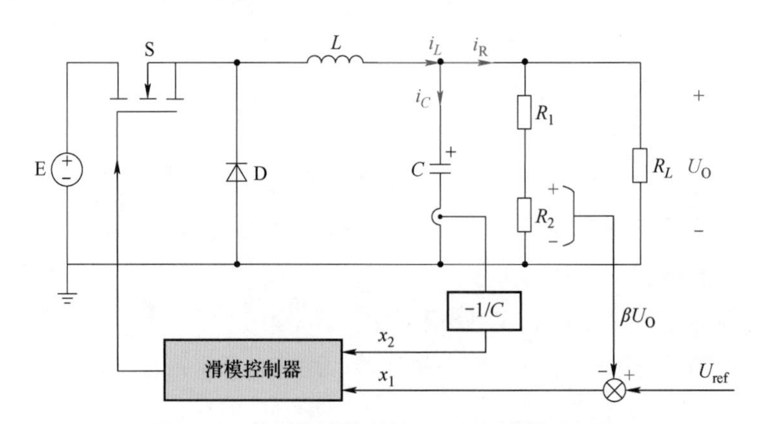

图 2.10　基于滑模控制的 Buck 变换器示意图

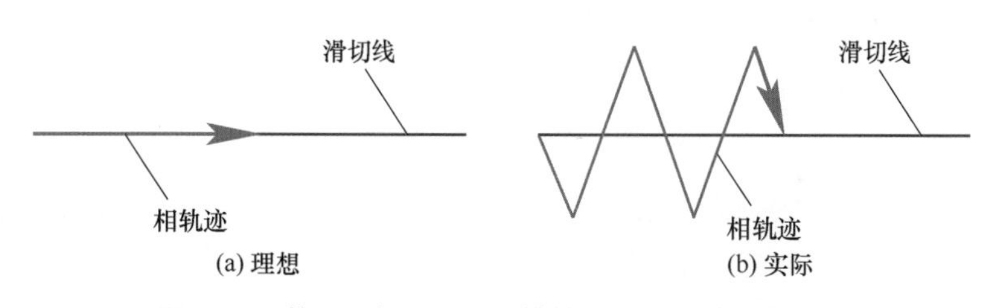

图 2.11　基于理想和实际滑模控制器的系统状态轨迹

基于合理的滑模控制器设计，系统状态可以快速沿着滑动平面达到原点。这一控制最大优点在于控制效果不受外部条件和参数变化的影响，这意味着它具有更好的鲁棒性。这种控制不依赖于系统的精确模型，但是需要提前预测系统参数的范围以确保滑模控制器的合理设计。该控制的问题是理想情况下需要无限高的开关频率。在实际应用中，通常采用包括滞回、恒定采样频率、恒定开通时间等减少开关频率的方法来限制开关频率。滑模控制是一种变开关频率的方法。尽管从底层上考虑了“连续（大时间尺度)-离散”过程控制，但滑模控制通常也不考虑“离散-连续（小时间尺度)”瞬态的控制。

2.2.3　离散-连续（小时间尺度）过程控制

上一节讨论的控制方法只涉及“连续（大时间尺度)-离散”过程的控制。换言之，在生成开关信号后的物理过程都没有被考虑，成为控制设计中的“盲区”。然而如前所述，在电力电子尤其是大容量电力电子系统中，离散的开关过程实际上体现了一个小时间尺度的连续瞬变，如果没有实施有效的控制，可能会对系统造成严重的应力甚至是损坏。因此，虽然小时间尺度的连续瞬变过程在时间上很短，但对电力电子系统的稳定可靠运行具有重要影响，对这一过程实施有效的控制是非常必要的。

为了控制和改善小时间尺度的开关瞬态过程，目前主要有三种方法：第一种是在功率回路中添加缓冲吸收电路，以抑制由开关瞬态引入的电流和电压尖峰。缓冲吸收电路虽然对开关过程中的尖峰应力有较好的抑制效果，且通过合理设计理论上可以实现无损吸收，但该方法一般难以同时优化功率开关器件的各项开关特性，且需要在主电路侧添加较大的储能元件，导致系统体积重量增加。总体而言，缓冲吸收电路并不是“主动”的控制方法，而是用于改善开关性能的“被动”辅助电路。

第二种是软开关方法，即通过谐振电路为开关器件创造零电压或零电流的开关条件，从而有效地降低开关损耗和电磁干扰（EMI)。但谐振电流的存在使得器件的通态电流增大，既增加了开关器件的通态损耗，也提高了变换器对于器件额定容量的需求，使其在高压大容量场合的应用存在一定局限。

近年来，越来越多的学者致力于研究第三种方法：通过调节驱动回路的栅极电阻、输出电压或输出电流来控制开关瞬态。这种控制称为有源栅极控制（AGC)，也可称为栅极驱动主动控制，如图 2.12 所示。与上述两种方法相比，从驱动侧对功率开关器件的开关瞬态过程进行主动控制具有可控性高、无需对主电路进行改动且不会增加器件通态电流应力的优点，在高压大容量应用场合具有独特优势。

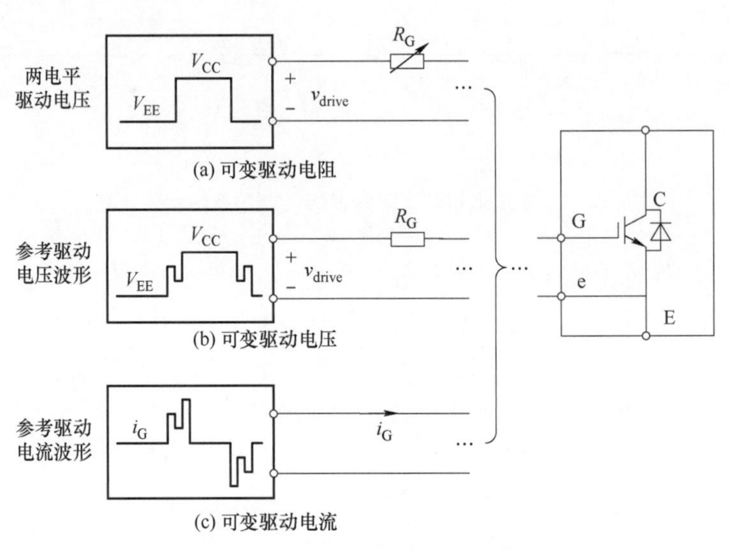

图 2.12　不同的主动驱动控制示意图

一般来说，根据电路结构不同，可将常见的栅极驱动主动控制方法分为开环型与闭环型两类。其中，根据电路实现方式不同，又可将闭环型主动控制方法分为数字信号反馈型、连续状态反馈型与离散事件反馈型三类，如图 2.13 所示。

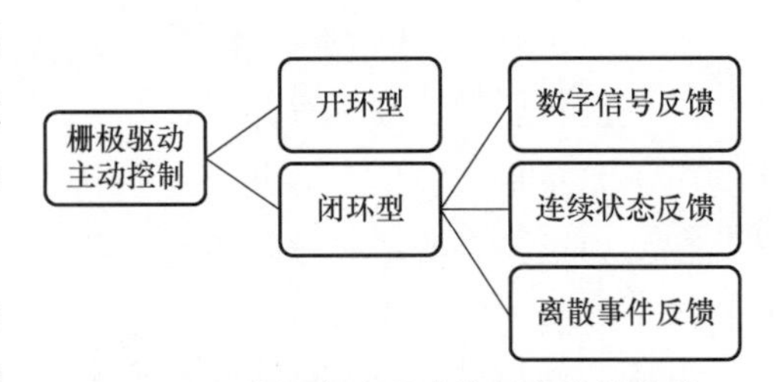

图 2.13　常见主动驱动控制方法的分类

开环型栅极驱动主动控制方法的基本思想为基于器件开关瞬态模型的开环前馈控制，如图 2.14a所示，其驱动电路主要由控制调节与执行机构两个环节构成。开环型栅极驱动主动控制方法的主要优势为：①无需采样与反馈电路，硬件实现相对简单；②控制电路延迟短，响应速度快。当然，开环型主动控制方法的缺点也十分明显，由于缺乏反馈调节机制，该方法对于器件参数与工作点变化的适应性较差，控制精度高度依赖于内置器件瞬态模型的精度。

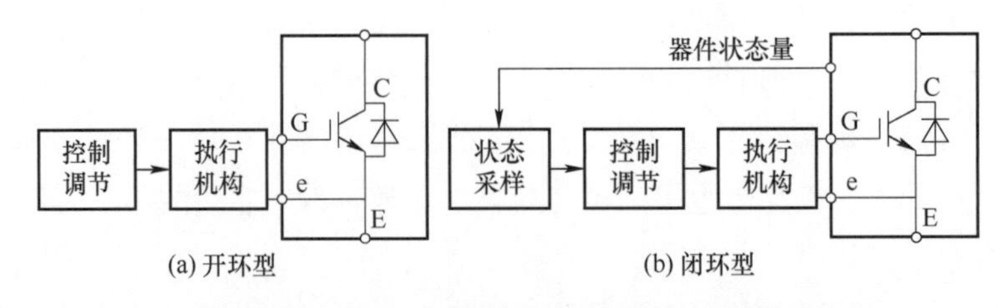

图 2.14　常见主动驱动控制电路结构示意图

为了摆脱开环型主动控制方法对于模型精度的依赖，在器件参数与工作点发生变化时仍能实现精确控制，引入负反馈机制的闭环型栅极驱动主动控制方法得到了更为广泛的关注。

如图 2.14b 所示，与开环型主动控制电路相比，闭环型主动控制电路增加了对于器件状态量（如：IGBT 的管电压 v_{CE}、管电流 i_C、管电压与管电流变化率 dv_{CE}/dt 与 di_C/dt 等）进行采样的状态采样环节。

如图 2.15a 所示，在闭环型主动驱动控制中，数字信号反馈一般采用数字控制单元进行采样信号的调节与控制指令的生成，采用模数转换器（Analog to Digital Converter，ADC）与数模转换器（Digital to Analog Converter，DAC）芯片进行模数转换。该方式的主要优势为便于实现复杂的控制算法与功能，对于器件参数与工作点变化的适应性较强。当然，该方式的缺点也很明显：

（1）采用多个 ADC 与 DAC，控制延迟时间长，可达几十到几百纳秒。这对于 Si 基功率器件来说尚可接受，但对于开关瞬态过程仅为 100~200ns 的 SiC MOSFET 来说难以实现控制功能。

（2）需要采用多个高速 ADC 与 DAC 芯片，硬件成本高。由于开关瞬态通常为微秒级和纳秒级，控制实现中较大的延迟时间可能影响主动驱动控制的可靠性。例如，主动驱动控制的常见思路是在 di/dt 阶段减缓关断瞬态以抑制电压尖峰，并在其他阶段加速瞬态以降低开关损耗。但是，如果控制反馈过程延迟较大，则可能会导致完全相反的结果：di/dt 阶段得到加速，导致更高的电压尖峰和由此引发的设备损坏和系统故障。也就是说，对小时间尺度瞬态过程如果控制无效将严重影响系统的整体行为，这也是需要对多尺度行为实施协同控制的原因之一（协同控制将在下一节详细讨论）。

为了解决数字信号反馈型主动控制方法存在的延迟时间长、硬件成本高的问题，人们提出可采用如图 2.15b 所示的连续状态反馈方式，以更为简单的模拟电路实现器件状态采样与实时误差调节的功能。例如，可以采用一个运算放大器搭建的 PI 控制器进行误差调节，实现开关过程中 dv_{CE}/dt 与 di_C/dt 的全闭环独立控制，硬件电路实现较纯数字信号反馈方式更加简化，具有更高的响应速度。总体而言，相较于对开关过程具有相同可控性的数字信号反馈型主动控制电路，利用模拟元件搭建的连续状态反馈型主动控制电路结构更为简单，响应速度更快，通过合理的电路结构设计可使控制延迟不超过 20ns。但由于纯模拟驱动电路的控制性能由硬件电路的元件参数决定，当器件参数与工作点发生变化时无法在线对控制参数与控制策略进行灵活调整，控制的适应性较数字信号反馈型差。此外，为了使

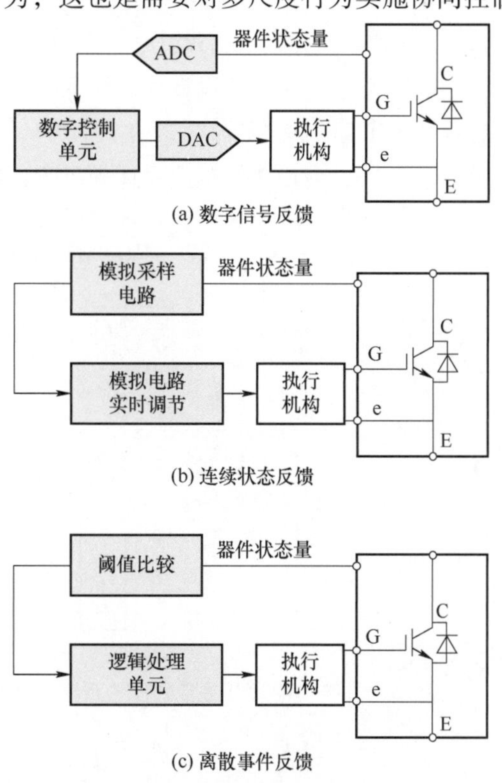

图 2.15　三类典型闭环型主动驱动控制方法的电路结构

驱动电路具备较高的响应速度，该方式一般需要采用具有高带宽的高速运算放大器进行实时跟踪调节。

功率开关器件的开关瞬态过程是多种物理机制、多个非线性参数相互耦合而成的复杂动力学过程，为了简化分析，可将开关过程划分为若干阶段，通过时间分段、机理解耦与参数解耦突出瞬态波形特征，从而对重要的波形特征有针对性地进行分析与控制。离散事件反馈型栅极驱动主动方法正是基于该思路，对开关过程分阶段、抓重点进行控制。如图 2. 15c 所示，与连续状态反馈方式中对器件状态量进行实时跟踪调节不同，离散事件反馈方式为开关过程各个阶段设定阈值条件，当器件状态量越过阈值时判断瞬态过程进入相应阶段，并据此采取相应的控制策略，通过阈值比较环节将连续状态量的跟踪转换为离散事件的识别。该方式不仅响应速度快、对开关过程的可控性高，且由于不需要对器件状态量进行实时跟踪采样与调节，可以用响应速度更快、传输延迟时间更短的集成电压比较器替代连续状态反馈方式中的高速集成运放，降低驱动电路的硬件实现难度。与连续状态反馈方式相同，以纯模拟电路实现的离散事件反馈型主动栅极驱动电路参数固定，不具备在线调整控制参数与控制策略的能力。

主动驱动控制方法也可与缓冲吸收电路等其他技术综合运用，形成对开关瞬态过程的综合控制方法。图 2. 16 为考虑高压 IGBT 串联对均压方法实用性、抗干扰能力和可靠性的要求，提出的一种基于主电路脉冲反馈的高压 IGBT 串联主动均压控制方法。该方法由四部分构成：静态均压电路、动态均压电路、栅极均压控制电路、主动均压控制策略。其中，静态均压电路和动态均压电路设计在高压 IGBT 的负载侧（并联在 CE 端），栅极均压控制电路设计在高压 IGBT 的栅极侧（并联在 CG 端），主动均压控制策略通过控制系统中控制芯片的软件算法实现，主动均压控制集中体现了器件特性和控制之间的互动关系。

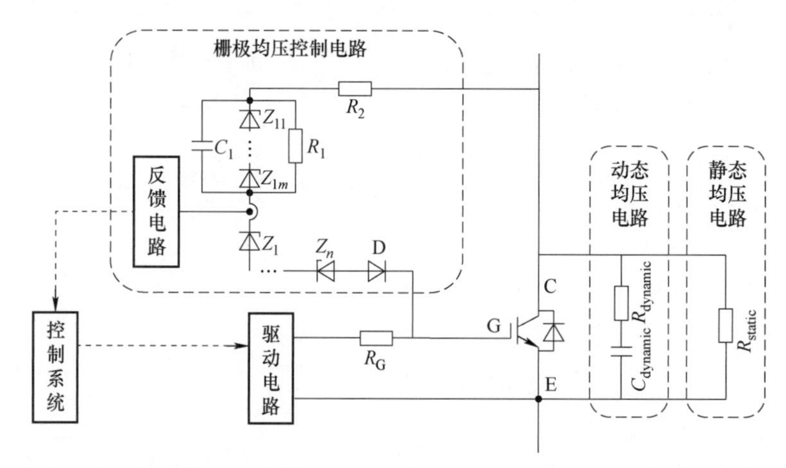

图 2. 16　基于主电路脉冲反馈的高压 IGBT 串联主动均压控制方法基本结构

2. 2. 4　多尺度协同控制

多尺度协同控制指的是对电力电子混杂系统“连续（大时间尺度）-离散”和“离散-连

续（小时间尺度）”两个动力学过程由控制的独立分析和独立设计转变为统一完整分析（尤其是分析二者的相互作用）和综合整体设计，进而实现混杂系统多尺度动力学行为的协同。

如前所述，目前大多数电力电子控制方法聚焦于生成开关信号及开关信号之前的控制。在大多数情况下，“离散-连续（小时间尺度）”瞬变过程不施加控制。近年来，以栅极主动驱动控制为代表的方法也得到了广泛关注和快速发展。但是，“连续（大时间尺度）-离散”和“离散-连续（小时间尺度）”的控制仍然是分开和独立的，往往不能同时分析、同时设计、同时实施，这限制了控制器的能力和系统的稳定性与可靠性等。如果整体控制策略的设计与栅极驱动控制的设计分开考虑，所期望得到的控制脉冲与最终实现的实际电磁脉冲之间可能会产生严重的延迟和失真，不仅对半导体器件造成影响（比如产生电应力），还会影响系统性能（稳定性、效率、THD 和电磁兼容性性能）。因此，在电力电子混杂系统的控制中，多尺度协同控制具有重要的意义。

这里举一个实际案例，以说明为什么应该同时而不是独立考虑多尺度的控制方法。PWM 的最小脉宽是变换器设计时需要考虑的重要参数，它通常由开关瞬变过程的延迟和持续时间决定。一旦 PWM 控制器给出了比最小脉宽更窄的脉宽，就会在变换器的输出端出现明显的失真，或所谓的“异常脉冲”，从而呈现“不可控”的状态。例如，图 2.7a 是电力电子变换器 IGBT 端电压的测量波形，这样的波形会导致变换器输出明显失真，甚至导致系统故障。这一问题是由不完整的控制策略造成的：仅考虑从大时间尺度连续到离散的动态，不考虑离散后的小时间尺度连续瞬态；换句话说，仅基于理想开关事件假设进行控制器的设计。一种对偶的情况是最大脉宽问题：当所期望的控制占空比接近 1 时会出现这一问题。最大脉宽同样会导致输出的“异常脉冲”。考虑到这两个约束条件，实际占空比范围相对于所期望占空比的情况如图 2.17 所示。

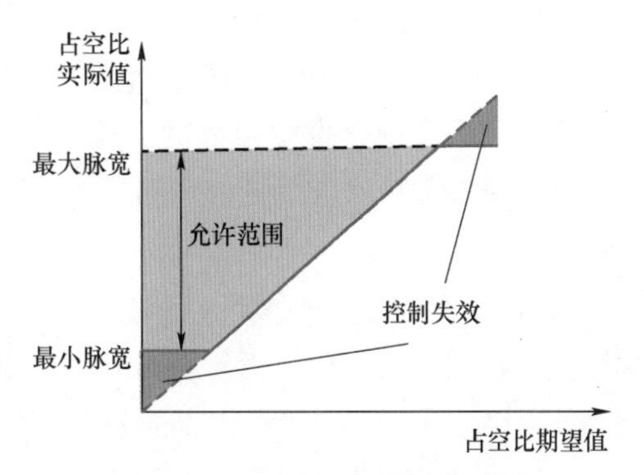

图 2.17　考虑最小和最大脉宽后允许的占空比范围

最小/最大脉宽虽然是由离散后的连续瞬态引起的，但必须与大时间尺度的连续控制同时考虑。这是因为所允许的占空比范围在很大程度上要依赖于系统级行为，而不仅仅依赖于小时间尺度的开关瞬态。例如，与最小/最大脉冲宽度关联密切的电磁脉冲的延迟、上升/下降时间和振荡时间，都可能在不同的工况下产生变化。一个耐压 6500V、最大持续通流 1000A 的 IGBT 的瞬态上升/下降时间随电流的变化情况如图 2.18 所示（硬开关条件），可以看出，当导通电流从 100A 变化到 2000A 时，上升时间从 45ns 变化到 550ns（超过 10 倍）。在面向很多应用的电力电子变换系统中，如此大范围的电流变化是非常常见的，因此所允许的最小/最大脉宽会产生很大变化。更全面而言，最小/最大脉冲宽度是由开关器件、栅极驱动、缓冲电路、系统元件和控制算法等等诸多因素共同决定的；如果进一步考虑电力电子系统的多种不同运行模式（并网/离网/故障穿越/有源滤波/功率因数校正……），最小/最大脉宽的变化将更大。简单地采用统一的极限值（足够保险但过裕量设计）来限制占空比，而不考虑特定的系统工作模式和系统级行为，可能会大幅降低控制性能；而如果“铤而走险”，最小/最大脉宽的保护不足，又可能会损坏器件和系统。总之，同时考虑系统和器件级行为和性能的协同控制在这一问题中很有必要。

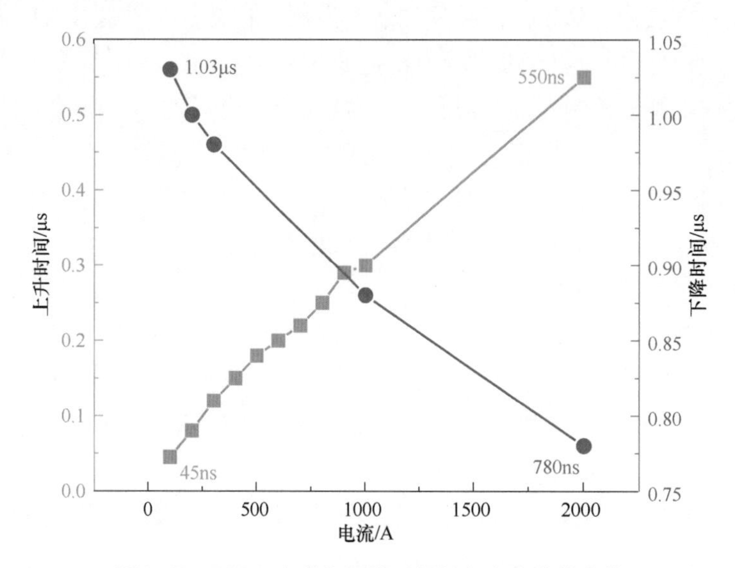

图 2.18 IGBT 上升和下降时间随复杂电流的变换

总体而言，多尺度协同控制的必要性主要包括以下三点：

（1）小时间尺度的开关瞬态行为密切依赖于大时间尺度的系统级行为，并且在不同的系统工况和场景中会发生很大的变化，例如：不同的电压/电流/功率、不同数量的投运模块、开关瞬态前后不同的换流回路等等。因此，需要同时考虑这些因素开展多尺度的协同控制设计。

（2）大时间尺度的系统级行为也同样受到开关瞬态行为的密切影响，例如由于最小/最大脉宽导致的控制失效、由于瞬态开关电磁干扰（Electro Magnetic Interference，EMI）导致的系统故障、由于不平衡的开关损耗分布导致的热分布不均和过热损坏等。所有这些问题都由多时间尺度的行为及其控制共同决定，必须通过一体化的协同控制来解决。

（3）针对小时间尺度瞬态过程带来的挑战，单纯的硬件电路（如缓冲吸收电路）由于结构和参数固定，无法灵活适应电力电子系统（尤其是大容量系统）中多样化运行模式和多场景引起的瞬态行为的较大变化。因此，需要从控制的角度实施一体化的多尺度协同控制。

目前，针对多尺度协同控制的研究较少。这里给出一种可能的多尺度协同控制整体框架，如图 2.19 所示。其中，控制器可以由多种处理器组成，包括 DSP、FPGA、CPLD 或它们的组合，以此支持不同类型的计算任务。可以分别针对两个时间尺度设置两种类型的控制回路，并且设计一种综合控制算法实现两种时间尺度过程的协同控制。基于自适应的栅极主动驱动控制方法，栅极驱动器可以全面实现来自协同控制算法的控制指令，其中不仅包括开

关时刻的控制（对应于 PWM 控制器产生的占空比和开关控制器产生的开关信号），还包括开关轨迹的控制（例如 di/dt 和 dv/dt），以全面协同控制跨越多个时间尺度的系统动力学行为。

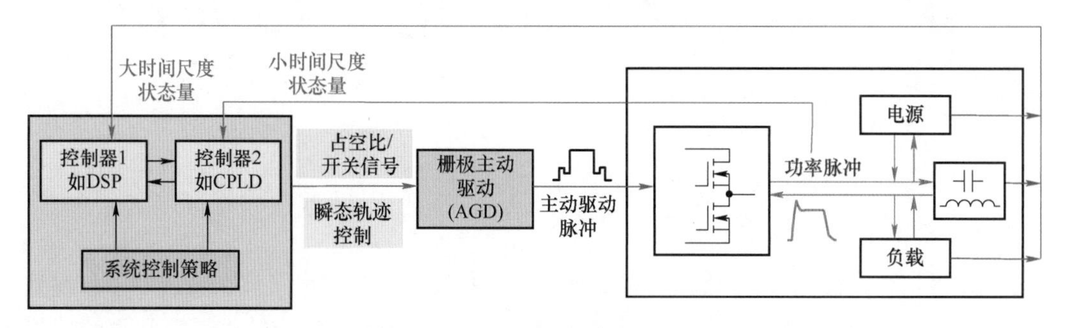

图 2.19　多尺度协同控制整体框架

多尺度协同控制是一个较新的概念，其理论体系、控制方法、性能分析提升、软件硬件实现等诸多基础理论和关键技术都还有待进一步深入研究。本书后续第 3~9 章将从不同角度探讨电力电子混杂系统动力学表征与控制的关键技术，以期为多尺度协同控制的发展提供一些借鉴与探索。

第 3 章　多尺度建模与分析

建模是实现电力电子系统认知与表征的基础。本章论述电力电子混杂系统的多尺度建模与分析方法。首先对常见的电力电子建模方法进行简要概述，分析对比三类常见的建模方法，总结电力电子混杂系统的建模方法目前尚待解决的重要问题；然后论述功率开关器件的分段解析瞬态建模方法，并以 IGBT 和二极管组成的换流单元为例，给出模型的数学表达式、在电路仿真中的实现方式、模型参数的提取方法；进一步地，在有效表征小时间尺度开关瞬态过程的基础上，论述在事件驱动下自动运转，完整表征系统在不同时间尺度和不同机理下动力学行为的时间尺度分层自动机模型，通过不同时间尺度的解耦建模可以从底层解决多时间尺度系统带来的刚性问题和由此引发的数值解算发散问题，提高系统求解速度和数值稳定性；最后，基于上述方法，在器件-模块-系统三个层面各选取一类案例展开分析，通过分析实验和仿真结果、并对比现有其他仿真方法及其结果，验证多尺度建模与分析方法的有效性。

3.1　电力电子混杂系统建模方法概述

常见的建模方法主要包括基于开关周期平均的线性化数学模型（简称开关平均模型）、理想开关模型和开关瞬态模型。这三类模型分别关注了电力电子混杂系统不同时间尺度的动力学行为。

开关平均模型的主要思想是忽略电力电子系统中的开关行为（即离散行为），从而将混杂系统转化为一个纯连续系统，使得针对连续系统的线性控制理论和传递函数方法可以应用于电力电子系统建模仿真和稳定性分析等研究工作中。1980 年前后，美国加州理工学院（California Institute of Technology，Caltech）的 Middlebrook 和 Cuk 等人提出了基于状态空间平均法的小信号模型；此后，大量研究工作基于状态空间平均法研究了电力电子系统的建模方法。开关平均模型有两个重要的方法和假设：①平均化的假设，即用连续模型描述混杂系统，从而忽略高频开关动作的离散行为；②线性化的假设，即假设系统状态在平衡点附近变化，从而得到一个线性化的小信号模型。平均化的假设解决了混杂系统离散行为的问题，线性化的假设解决了非线性的问题，最终使得连续线性系统的经典控制理论和传递函数方法可以应用于电力电子混杂系统的建模和控制研究中。例如，针对控制调节器的设计，可以应用

开关平均模型得到常见 DC/DC 变换器的传递函数，见表 3.1。其中，D 和 D' 分别是 Buck 电路和 Boost 电路的开关占空比，L、C、R 分别是电路中的电感、电容和电阻，V 和 V_g 分别是输出和输入电压。总体而言，由于忽略了离散开关事件对系统的影响，开关平均模型主要适用于系统大时间尺度的分析和控制。

表 3.1　基于开关平均模型的常见 DC/DC 变换器传递函数

	Buck 电路	Boost 电路	Buck-Boost 电路
输入到输出的传递函数	$\dfrac{D}{LCs^2+\dfrac{L}{R}s+1}$	$\dfrac{D'}{LCs^2+\dfrac{L}{R}s+D'^2}$	$-\dfrac{DD'}{LCs^2+\dfrac{L}{R}s+D'^2}$
占空比到输出的传递函数	$\dfrac{V_g}{LCs^2+\dfrac{L}{R}s+1}$	$\dfrac{D'V\left(1-\dfrac{sL}{D'^2R}\right)}{LCs^2+\dfrac{L}{R}s+D'^2}$	$-\dfrac{V\left(\dfrac{D'}{D}-\dfrac{sL}{D'R}\right)}{LCs^2+\dfrac{L}{R}s+D'^2}$

理想开关模型则是考虑了系统中的离散开关事件，但是认为开关器件的开通/关断过程瞬时完成，没有非理想过程，从而利用小电阻（开通）/大电阻（关断）或者电感（开通）/电容（关断）元件等方法对开关器件进行建模。这类模型已经广泛应用于各类电力电子系统的电路仿真和分析设计中。理想开关模型表征了电力电子混杂系统中的大时间尺度连续过程和其中包含的离散事件（理想开关动作），但是其局限性是没有对离散事件中包含的小时间尺度开关瞬态过程建模，因此不能用于分析器件瞬态过压击穿、串并联器件瞬态均压均流、系统电磁干扰、开关损耗和系统效率等问题，难以支撑系统小时间尺度瞬态行为的分析、设计和控制，也无法充分保证系统安全可靠运行。

开关瞬态模型通过对开关器件瞬态过程进行精确建模，准确表征开关器件开通和关断过程的瞬态行为。例如，绝缘栅双极型晶体管（IGBT）建模一般可分为基于半导体物理过程的瞬态模型和基于行为拟合的瞬态模型。对于前者，以 Hefner 模型为代表的一系列开关物理模型能够准确模拟 IGBT 的开关瞬态行为。图 3.1 示出了 Hefner 模型的等效电路和状态方程，该模型已被应用于多款商业仿真软件中。这类模型的特点是充分考虑了 IGBT 内部复杂的载流子运动过程和相应的物理机理，模型精度较高，对不同工况的适应性较好。然而，此类模型通常以高阶非线性等效电路的形式来模拟开关器件；在大容量电力电子系统中，由于大量功率半导体器件组合在一起，开关物理模型求解十分困难，表现为解算速度慢、收敛性差；同时，半导体内部复杂的物理参数经常需要依靠实验来准确提取，这对于系统设计者来说常常是难以实现的。另一类基于行为拟合的开关瞬态模型则不考虑开关器件的物理机理，以外特性拟合来实现瞬态过程的描述，代表性方法包括 Sudhoff 模型和 Hammerstein 模型等。此类模型尽管求解速度得到了提升，但是由于基本不考虑器件物理机理，模型精度和适应性受到较大限制，难以考虑不同条件下的参数变化，无法满足大容量电力电子装置复杂的工况变化和多种功能需求。

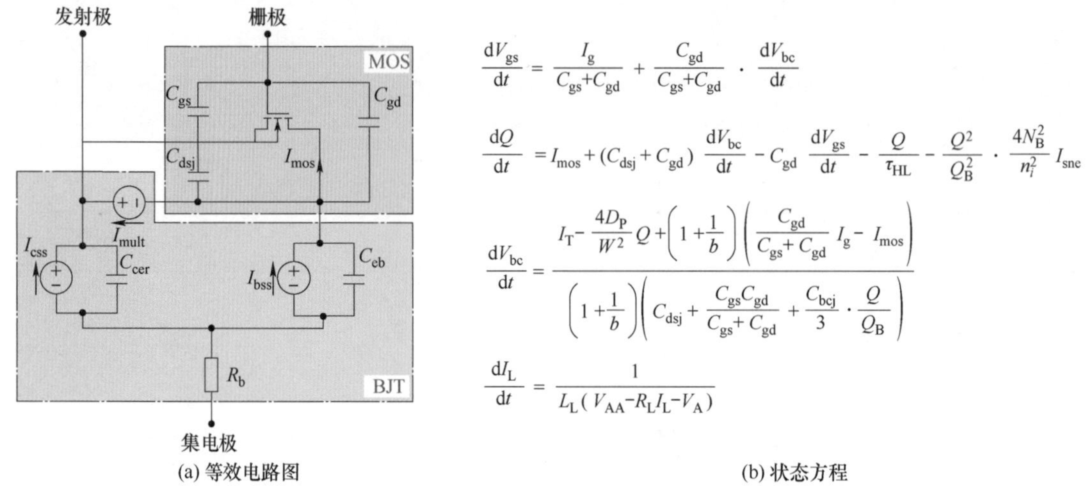

图 3.1 Hefner IGBT 模型

上述针对电力电子混杂系统的建模方法分别关注了混杂系统多时间尺度过程中的不同时间尺度，如图 3.2 和表 3.2 所示。目前还需解决的重要问题是：①对于器件级小时间尺度开关瞬态过程，基于物理机理的开关瞬态模型求解速度慢，收敛性差，器件物理参数难以获取；②对于大容量复杂系统的多时间尺度动力学过程，尚未形成面向系统级仿真分析、跨越多个时间尺度的统一动力学表征。

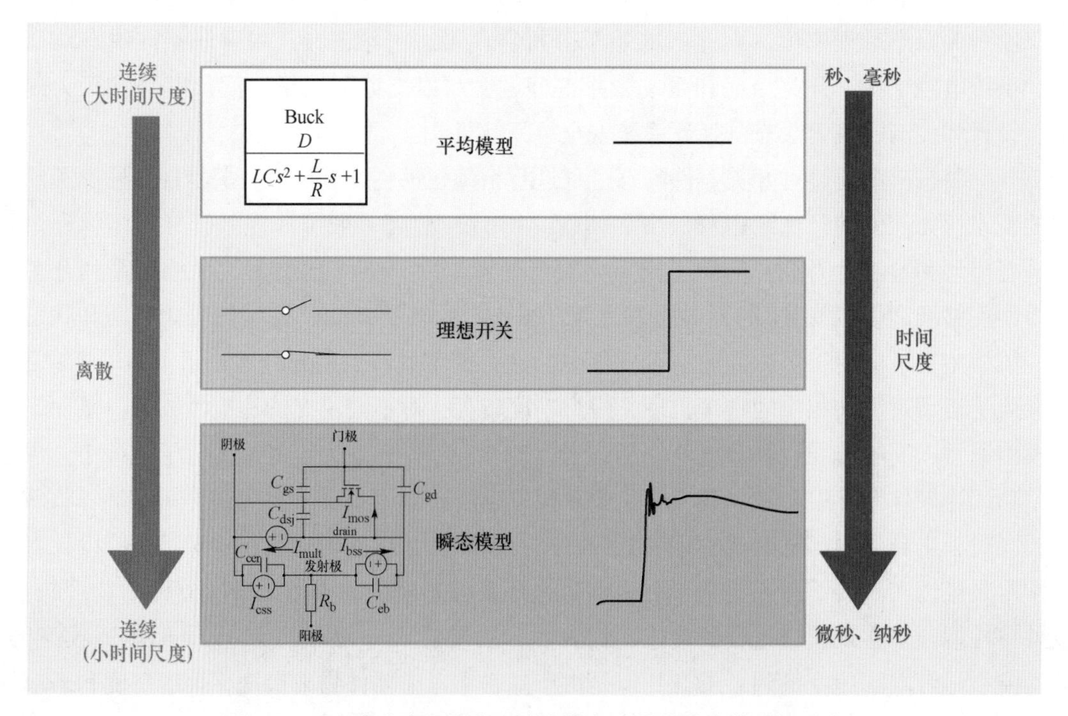

图 3.2 现有电力电子混杂系统建模方法及其关注的时间尺度

表 3.2　现有电力电子混杂系统建模方法的比较

模型	连续/离散过程	时间尺度	适用范围	局限性
平均模型	连续	毫秒级以上	控制参数设计	未考虑离散开关事件
理想开关	大时间尺度连续-离散	百微秒级以上	系统分析和设计	未考虑开关瞬态过程
瞬态模型	离散-小时间尺度连续	十微秒级到纳秒级	开关器件行为分析	难以应用于大容量系统级仿真分析

3.2　小时间尺度分段解析瞬态模型

在第2章论述的多尺度动力学表征方法中，开关瞬态过程建模构成了小时间尺度动力学平面。如何给出该动力学平面的具体数学形式，则是需要解决的问题。3.1节中简要概述了现有的开关瞬态建模方法，如果直接利用这些方法构建分层模型的小时间尺度平面，则面临解算速度慢、收敛性差和参数提取难的问题。因此，为了实现小时间尺度动力学平面的建模，本节论述功率开关器件的分段解析瞬态（Piecewise Analytical Transient，PAT）建模方法，并以IGBT和二极管组成的换流单元为例，给出模型的数学表达式、在电路仿真中的实现方式、模型参数的提取方法。PAT模型通过将瞬态过程分为不同阶段，在每一阶段内将小时间尺度的复杂物理机理解耦建模，只考虑主要物理机理和物理参数，忽略不起作用或作用小的物理机理和参数，提升模型的求解速度和数值稳定性。模型的总体思想可以叙述为：时间分段，机理解耦，参数解耦。

3.2.1　基本假设与总体思想

在电力电子变换系统中，开关器件常常不是单独工作的，而是由两个或多个开关器件组合成基本变换单元。由一对互锁开关组成的基本变换单元如图3.3所示，其中S_1和S_2是IGBT，D_{S1}和D_{S2}是续流二极管，C_{DC}是直流母线电容，L_{load}和R_{load}是负载电感和电阻，L_s是线路上的杂散电感。PAT模型选取基本换流单元为一个整体进行建模。通常情况下，开关瞬态过程速度很快（时间尺度很小，微纳秒级），因此可以假设直流母线电压V_{DC}和负载电流I_L在开关瞬态过程中近似不变；换言之，假设C_{DC}和L_{load}为恒定电压源和恒定电流源。

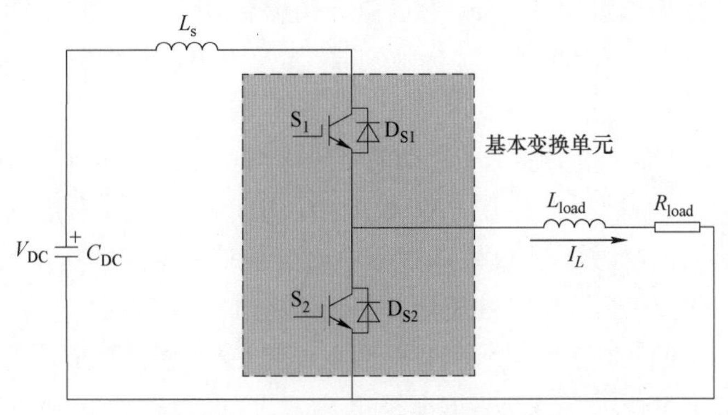

图 3.3　变换电路中的基本变换单元

在图 3.3 所示的基本变换单元电路中，负载电流 I_L 可以有两种不同的方向，这将决定两种不同的电流流通路径，从而产生两组不同的换流单元：S_1 和 D_{S2}，或 S_2 和 D_{S1}，如图 3.4 所示。同时，简单起见，假设 L_S 只存在于直流母排。

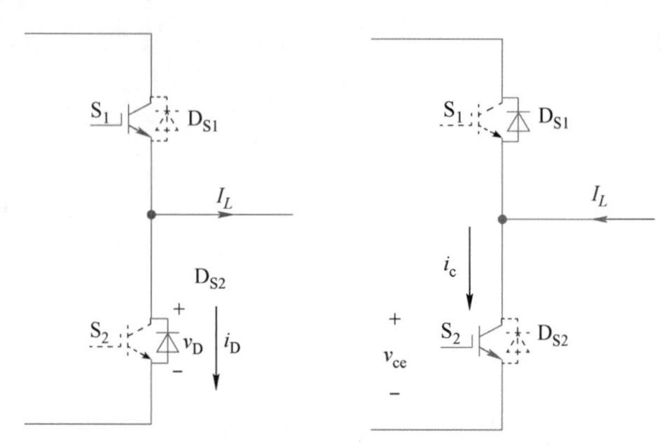

图 3.4　不同负载电流对应的不同换流单元

功率半导体器件的瞬态换流过程被多种复杂的物理机理支配，例如 IGBT 的金属-氧化物-半导体（Metal-Oxide-Semiconductor，MOS）沟道效应，结电容效应，p-i-n 二极管的少子存储和扫除效应等。常规的瞬态建模方法将这些机理统一建模为一个完整的等效电路或一组状态方程（见图 3.1），这样建立的模型阶数高、非线性强、难以解算，同时参数难以获取。

实际上，根据物理过程，一个开关瞬态过程可以被划分为不同的时间阶段。在每个阶段中，起主导作用的物理机理是不同的。例如，IGBT 在获得栅极驱动给出的开通信号后，会经历一个开通延迟过程，主要机理是栅极驱动回路输入电容的充电。此时，只需要对栅极驱动回路建模求解即可准确描述开通延迟过程。以此类推，在 PAT 模型中，通过时间阶段划分，可以在每个阶段中筛选出主要物理机理，从而实现多种机理的解耦建模。

3.2.2　等效电路与物理机理

以 IGBT 器件为例，PAT 模型的建立是基于图 3.5 所示的 IGBT 和二极管换流单元等效电路。IGBT 可以被视为一个 MOSFET 驱动的晶体管（Bipolar Junction Transistor，BJT）。在图中，V_{Gon}，V_{Goff}，R_{Gon}和 R_{Goff}构成栅极驱动电路，R_{Gint}是 IGBT 栅极内电阻，i_c，v_{ce}，i_D 和 v_D 分别代表 IGBT 和二极管的电流和电压，i_{rr}代表二极管的反恢复电流。需要说明的是，二极管电压和电流的正方向定义与传统定义（阳极到阴极为正）不同，目的是为了保证二极管承受直流母线电压时 v_D 为正值。值得说明的是，其中的 L_s 同时包括了由于连线引入的杂散电感（IGBT 外部）和由于封装及 IGBT 引线引入的杂散电感（IGBT 内部）。

对于 BJT 部分的精准建模需要基于复杂的半导体物理方程和参数，而在大规模系统仿真中这种建模方法难以实现。因此，在 PAT 模型中，BJT 部分主要考虑两种主要物理机理：①开通过程中的晶体管放大效应；②关断过程中由少子扫除带来的拖尾效应。在其他阶段，BJT 的物理机理被忽略，从而 IGBT 被简化为 MOS 沟道加三电容模型。

对于图 3.5 中 IGBT 的三电容，PAT 模型主要考虑其中的两个：①栅极-发射极电容 C_{ge}，建模成一个定值电容；②栅极-集电极电容 C_{gc}，也被称作米勒电容（Miller capaci-

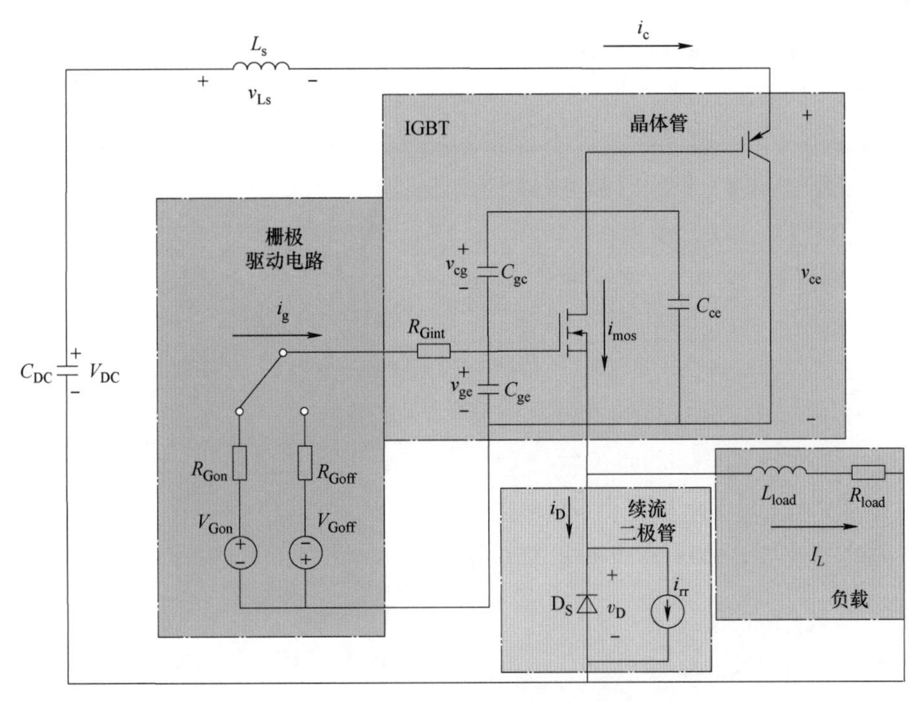

图 3.5　IGBT 和二极管换流单元等效电路

tance）。C_{gc}的容值与 IGBT 的栅极结构有关，一般可以等效为氧化物电容 C_{oxd}和耗尽层电容 C_{gcj}的串联（在图中以一个总的 C_{gc}表示），其中 C_{oxd}是定值电容，C_{gcj}是与电压 v_{cg}相关的非线性电容：

$$C_{gcj}=\frac{\lambda}{\sqrt{v_{cg}+0.7}} \tag{3-1}$$

$$C_{gc}=\frac{C_{oxd}C_{gcj}}{C_{oxd}+C_{gcj}} \tag{3-2}$$

其中 λ 是系数。对于 C_{ce}，考虑到 IGBT 的电压变换率 dv/dt 通常较小，C_{ce}中的充放电电流相比 i_c 来说比较小，可以在 PAT 建模中忽略 C_{ce}的影响。但是对于速度更快的功率器件，例如 SiC MOSFET 和 SiC 肖特基二极管（Schottky Barrier Diode，SBD），C_{ce}的影响通常不能被忽略。

基于上述机理等效电路，可以按照时间分段、机理解耦、参数解耦的方法建立 PAT 模型。下面分别推导开通瞬态和关断瞬态的 PAT 模型。

3.2.3　开通瞬态模型

在 PAT 模型中，IGBT 的开通瞬态过程被划为六个阶段，如图 3.6 所示。下面分别推导各个阶段的模型表达式。

1. 阶段 1

t_0~t_1：在开通信号给出后，通常在经历一个短暂的信号延迟后，器件栅极电压 v_{ge}开始

上升。在 t_0 时刻，器件驱动电源电压从 V_{Goff} 变化为 V_{Gon}。从 t_0 到 t_1，v_{ge} 从 V_{Goff} 上升到导通阈值电压 V_T，由下式表示：

$$v_{ge}(t)=V_{Gon}+(V_{Goff}-V_{Gon})e^{-(t-t_0)/\tau_1} \tag{3-3}$$

式中，时间常数 $\tau_1=(C_{ge}+C_{gc})(R_{Gon}+R_{Gint})$，电容 $C_{gc}=C_{gc}(V_{DC})\approx\lambda/V_{DC}^{0.5}\ll C_{ge}$。

开通延迟时间定义为 $t_{don}=t_1-t_0$，可从式（3-3）导出。

2. 阶段 2

$t_1\sim t_2$：当 v_{ge} 上升至 V_T 时，MOS 沟道开始导通，电流 i_c 开始上升。IGBT 电压 v_{ce} 在这一阶段近似等于直流母线电压 V_{DC}。因此，如果忽略非准静态效应，MOS 的沟道电流可由下式表出：

$$i_{mos}=\frac{1}{2}K_P[v_{ge}(t)-V_T]^2 \tag{3-4}$$

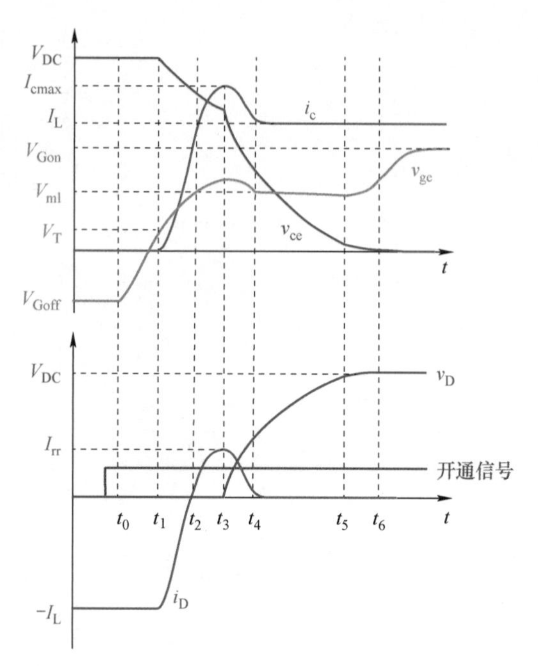

图 3.6　IGBT 开通过程 PAT 模型阶段划分

式中，i_{mos} 是 MOS 的沟道电流；K_P 是 MOS 跨导。

如果将 p-n-p 双极型晶体管纳入考虑，则器件电流 i_c 可以由下式表出：

$$i_c=(1+\beta_0)i_{mos}=K[v_{ge}(t)-V_T]^2 \tag{3-5}$$

式中，β_0 是晶体管的放大系数；K 定义为 IGBT 的跨导。

准确地讲，K 不是一个固定量值的参数，而是随器件电流变化。此处为了简化模型计算，认为 K 是常数。

在阶段 2 中，v_{ce} 缓慢下降，原因是回路杂散电感上产生了电压降落。这一现象可由下式表示出：

$$v_{ce}=V_{DC}-L_s\frac{di_c}{dt} \tag{3-6}$$

在这一阶段，v_{ce} 上的电压变化通常比较小，因此 IGBT 的栅极充电过程仍可用式（3-3）描述。电流上升时间定义为 $t_r=t_2-t_1$，即电流 i_c 从 0 上升到 I_L 的时间。相应地，栅极电压 v_{ge} 从 V_T 上升到米勒电平 V_{ml}，由下式表出：

$$V_{ml}=v_{ge}(t_2)=v_{ge}(i_c=I_L) \tag{3-7}$$

3. 阶段 3

$t_2\sim t_3$：当电流 i_c 上升至负载电流 I_L 时，v_{ce} 仍不能立刻开始快速下降，原因是 p-i-n 二极管中储存的电荷需要被扫除。在阶段 3，由于续流二极管的反恢复效应，i_c 继续上升，直到 t_3 时刻达到最大值 I_{cmax}。相应地，栅极电压 v_{ge} 也会有一个小的升高过程，如图 3.6 所示。但是升高的幅值通常较小，因此仍可以假设 v_{ge} 从 $t_2\sim t_5$ 等于 V_{ml}。

4. 阶段 4

$t_3 \sim t_4$：续流二极管的反恢复过程在 t_4 时刻结束，此时器件电流 i_c 等于负载电流 I_L。反恢复时间定义为 $t_{rr}=t_4-t_2$。

5. 阶段 5

$t_4 \sim t_5$：v_{ce}从 t_3 以后快速下降。由于米勒效应（Miller effect），v_{ge}在阶段 4 和阶段 5 基本保持不变，栅极充电电流 i_g 主要流经米勒电容 C_{gc}，这一过程由下式表出：

$$i_g=\frac{V_{Gon}-V_{ml}}{R_{Gon}+R_{Gint}} \tag{3-8}$$

$$\frac{dC_{gc}(v_{ce}-V_{ml})}{dt}=-i_g \tag{3-9}$$

其中 C_{gc}随 v_{ce}变化而变化，用式（3-1）和式（3-2）表示。

6. 阶段 6

$t_5 \sim t_6$：当 v_{ce}很小时，C_{gc}变大，导致 v_{ce}的下降变慢，即 dv_{ce}/dt 变小。此阶段的 v_{ce}表达式仍可用式（3-8）和式（3-9）表示。当 v_{ge}升高到 V_{Gon}时，开通瞬态过程即结束。

3.2.4　关断瞬态模型

在 PAT 模型中，IGBT 的关断瞬态过程同样被划为六个阶段，如图 3.7 所示。下面分别推导各个阶段的模型表达式。

1. 阶段 1

$t_7 \sim t_8$：在 t_7 时刻，栅极驱动电压从 V_{Gon}变化为 V_{Goff}。从 $t_7 \sim t_8$，v_{ge}从 V_{Gon}降低到米勒电平电压（V_{ml}），用下式表出：

$$v_{ge}(t)=V_{Goff}+(V_{Gon}-V_{Goff})e^{-(t-t_0)/\tau_2} \tag{3-10}$$

式中，$\tau_2=(C_{ge}+C_{gc})(R_{Goff}+R_{Gint})$；$C_{gc}=C_{gc}(v_{ce}\approx 0)\approx C_{oxd}$。

关断延迟时间定义为 $t_{doff}=t_8-t_7$，可由式（3-10）推导。值得注意的是，这里对关断延迟时间的定义与 IGBT 器件手册中的定义有所区别。

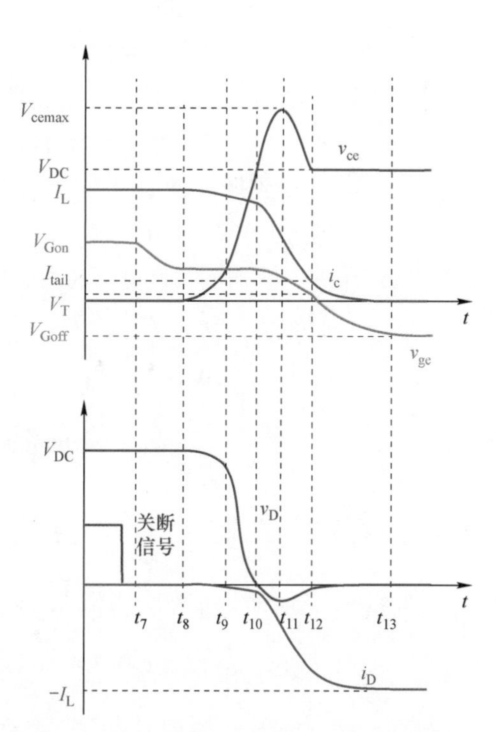

图 3.7　IGBT 关断过程 PAT 模型阶段划分

2. 阶段 2

$t_8 \sim t_9$：从 t_8 开始，v_{ce}开始上升。在 v_{ce}上升到 V_{DC}之前，续流二极管会承担部分直流母线电压，所以二极管不通过电流。因此，除了由于二极管结电容造成的小幅下降外，IGBT 电流 i_c 基本保持不变。在阶段 2，v_{ce}缓慢上升，与开通过程的阶段 6 相似。

3. 阶段 3

$t_9 \sim t_{10}$：阶段 3 是 v_{ce}的快速上升阶段，是开通过程阶段 5 的对偶过程。在 t_{10}时刻，v_{ce}达到母线电压 V_{DC}。

4. 阶段 4

$t_{10} \sim t_{11}$：从 t_{10}开始，i_c 开始下降。由于杂散电感和续流二极管的正向恢复过程，v_{ce}将在这一阶段产生一个电压尖峰，由下式表出：

$$v_{ce}=V_{DC}-L_s\frac{\mathrm{d}i_c}{\mathrm{d}t}+v_{fr} \tag{3-11}$$

式中，v_{fr}为续流二极管的正向恢复电压。

5. 阶段 5

$t_{11} \sim t_{12}$：阶段 5 是电流快下降的第二个阶段，$\mathrm{d}i_c/\mathrm{d}t$ 逐渐减小。在 t_{12}时刻，i_c 减小到拖尾电流 I_{tail}。

6. 阶段 6

$t_{12} \sim t_{13}$：阶段 6 是电流拖尾阶段。在 t_{13}时刻，电流降低到 0，关断瞬态过程结束。

3.2.5 电路实现

基于上述分析，可以建立 IGBT 的 PAT 模型。其中，IGBT 和二极管组成的换流单元可以用一对电压-电流源来建模，如图 3.8 所示。这里的建模有两种形式，当 IGBT 被建模为电压源时，二极管即被建模为电流源，称之为电压-电流源（Voltage-Current Source，VCS）形式；反之，当 IGBT 被建模为电流源时，二极管即被建模为电压源，称之为电流-电压源（Current-Voltage Source，CVS）形式。对于每个阶段，选择哪种形式建模取决于 IGBT 的机理，即到底是其电压还是电流受到栅极驱动回路的控制。对不同阶段，本文选择了不同的建模形式，如图 3.9 所示。当模型的电压电流连续时，CVS 和 VCS 模式之间的切换不会导致瞬态过程，即可以忽略第 2 章所述多时间尺度分层动力学模型中更小时间尺度的动力学平面（见图 2.1）。

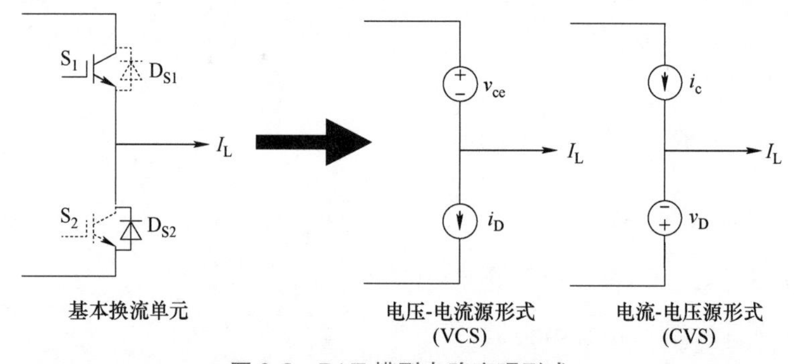

图 3.8 PAT 模型电路实现形式

在确定了每个阶段的模型形式后，需要根据前文的分析推导出模型表达式和阶段切换准则（每个阶段的时长）。表 3.3 总结了开通瞬态过程各个阶段的模型表达式。其中，阶段 1 和阶段 2 的表达式已在上文给出。阶段 3 中，I_{rr}定义为 p-i-n 二极管反恢复过程的最大电流，

可从器件手册中提取（将在下文介绍）。因此，IGBT 的最大电流定义为 $I_{max}=I_{rr}+I_L$。在阶段 4 中，假设 i_D 从 I_{rr}线性变化到 0，引起 IGBT 电流 i_c 的线性变化。总的反恢复时间定义为$t_{rr}=t_4-t_2$，亦可从器件手册中提取。

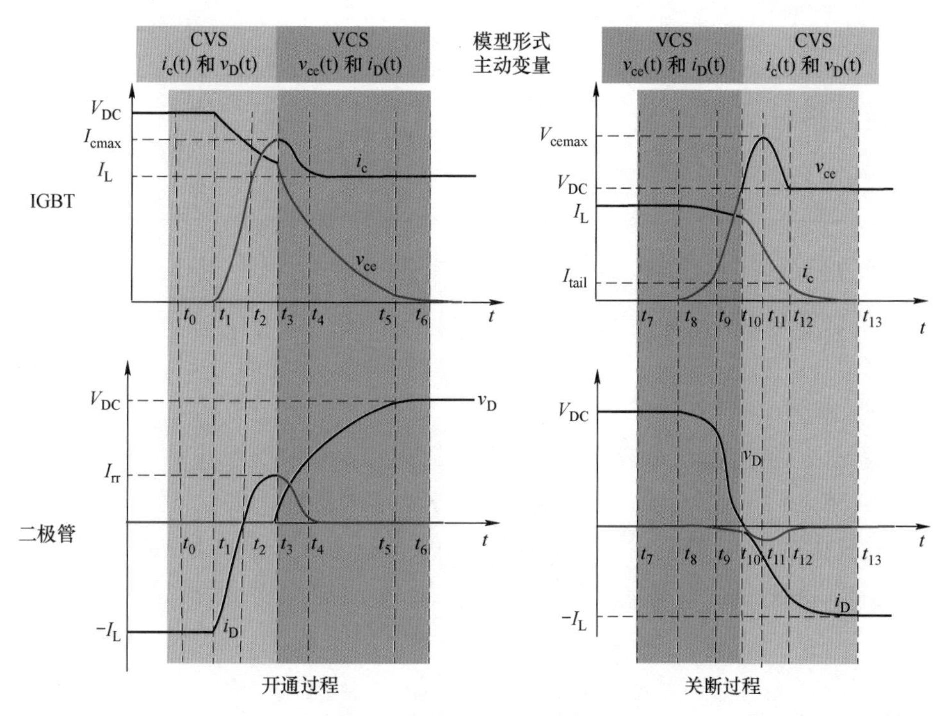

图 3.9　VCS 和 CVS 阶段划分

表 3.3　IGBT 开通过程模型表达式

阶段	形式	输入参数	主动变量	表达式	时间长度
阶段 1：$t_0\sim t_1$	CVS	$V_T, V_{Gon}, V_{Goff}, \tau_1$	$i_c(t)$ $v_D(t)$	$i_c=0; v_D=0$	$t_1-t_0=t_{don}=\tau_1\ln\dfrac{V_{Gon}-V_{Goff}}{V_{Gon}-V_T}$
阶段 2：$t_1\sim t_2$	CVS	$V_T, V_{Gon}, V_{Goff}, V_{ml}, \tau_1, K$	$i_c(t)$ $v_D(t)$	$i_c=K(v_{ge}-V_T)^2; v_D=0$ $v_{ge}=V_{Gon}+(V_{Goff}-V_{Gon})e^{-(t-t_0)/\tau_1}$	$t_2-t_1=t_r=\tau_1\ln\dfrac{V_{Gon}-V_T}{V_{Gon}-V_{ml}}$
阶段 3：$t_2\sim t_3$	CVS	$V_T, V_{Gon}, V_{Goff}, \tau_1, K, I_{rr}, I_L$	$i_c(t)$ $v_D(t)$	$i_c=K(v_{ge}-V_T)^2; v_D=0$ $V_{gerr}=V_T+\sqrt{\dfrac{I_{rr}+I_L}{K}}$	$t_3-t_2=\tau_1\ln\dfrac{V_{Gon}-V_T}{V_{Gon}-V_{gerr}}$
阶段 4：$t_3\sim t_4$	VCS	$V_{ml}, V_{lim}, \lambda, I_{rr}, V_{Gon}, R_{Gon}, R_{Gint}$	$v_{ce}(t)$ $i_D(t)$	$v_{ce}=\left(\sqrt{v_{ce}(t_3)-V_{ml}}-\dfrac{i_{gon}}{\lambda}(t-t_3)\right)^2+V_{ml}$ $i_D=I_{rr}\dfrac{t_4-t}{t_4-t_3}$	$t_4-t_2=t_{rr}$ $i_{gon}=\dfrac{V_{Gon}-V_{ml}}{R_{Gon}+R_{Gint}}$

（续）

阶段	形式	输入参数	主动变量	表达式	时间长度
阶段 5：$t_4 \sim t_5$	VCS	$V_{ml}, V_{lim}, C_{oxd}, V_{Gon}, R_{Gon}, R_{Gint}$	$v_{ce}(t)$ $i_D(t)$	v_{ce}同阶段 4 $i_D=0$	$t_5-t_3=\frac{\lambda}{i_{gon}}(\sqrt{v_{ce}(t_3)-V_{ml}}-\sqrt{V_{lim}})$
阶段 6：$t_5 \sim t_6$	VCS	$V_{ml}, V_{lim}, \lambda, V_{Gon}, R_{Gon}, R_{Gint}$	$v_{ce}(t)$ $i_D(t)$	$v_{ce}=V_{lim}+V_{ml}-i_{gon}(t-t_5)/C_{oxd}$； $i_D=0$	$t_6-t_5=\frac{C_{oxd}(V_{lim}+V_{ml}-V_{sat})}{i_{gon}}$

在阶段 4 和阶段 5，v_{ce}的表达式可通过求解微分方程式（3-9）得到。其中，由于阶段 4 的 v_{ce}较大，可以忽略式（3-2）中的 C_{oxd}项，假设 $C_{gc} \approx C_{gcj} \approx \lambda/\sqrt{v_{cg}}$。

对于阶段 5，由于 v_{ce}较小，C_{oxd}不能被忽略，因此可以假设当 $v_{cg}<V_{lim}$时，$C_{gc} \approx C_{oxd}$。对非线性电容的处理会在下一节进一步讨论。

表 3.4 总结了关断过程模型表达式。其中，阶段 1 已在上文给出，阶段 2 和阶段 3 是开通过程阶段 4、5、6 的对偶过程，不再赘述。对于关断过程的阶段 4、5、6，关键在于如何对 IGBT 的电流拖尾进行建模。对这一物理现象的准确建模需要基于复杂的载流子方程和物理机理，从而导致模型求解难度急剧上升。因此，这里采用行为拟合的方式建立 PAT 模型。

表 3.4　IGBT 关断过程模型表达式

阶段	形式	输入参数	主动变量	表达式	时间长度
阶段 1：$t_7 \sim t_8$	VCS	$V_{sat}, V_{Gon}, V_{Goff}, V_{ml}, \tau_2$	$v_{ce}(t)$ $i_D(t)$	$v_{ce}=V_{sat}$；$i_D=0$	$t_8-t_7=t_{doff}=\tau_2\ln\frac{V_{Gon}-V_{Goff}}{V_{ml}-V_{Goff}}$
阶段 2：$t_8 \sim t_9$	VCS	$V_{sat}, V_{lim}, V_{ml}, V_{Goff}, i_{goff}, C_{oxd}, R_{Goff}, R_{Gint}$	$v_{ce}(t)$ $i_D(t)$	$v_{ce}=\frac{i_{goff}}{c_{oxd}}(t-t_8)+V_{sat}$；$i_D=0$ $i_{goff}=\frac{V_{ml}-V_{Goff}}{R_{Goff}+R_{Gint}}$	$t_9-t_8=\frac{(V_{lim}+V_{ml}-V_{sat})C_{oxd}}{i_{goff}}$
阶段 3：$t_9 \sim t_{10}$	VCS	$V_{lim}, V_{ml}, V_{DC}, i_{goff}, \lambda$	$v_{ce}(t)$ $i_D(t)$	$v_{ce}=\left(\sqrt{V_{lim}}+\frac{i_{goff}}{\lambda}(t-t_9)\right)^2+V_{ml}$； $i_D=0$	$t_{10}=t_9+\frac{\lambda}{i_{goff}}(\sqrt{V_{DC}-V_{ml}}-\sqrt{V_{lim}})$
阶段 4：$t_{10} \sim t_{11}$	CVS	$I_L, I_{tail}, t_{fast}, t_{tail}$	$i_c(t)$ $v_D(t)$	$i_c=I_L-\frac{\frac{dI}{dt}_{max}}{t_{fast}}(t-t_{10})^2$；$v_D=0$ $\frac{dI}{dt}_{max}=2(I_L-I_{tail})/t_{fast}-I_{tail}/t_{tail}$	$t_{11}-t_{10}=t_{fast}/2$

（续）

阶段	形式	输入参数	主动变量	表达式	时间长度
阶段5：$t_{11}\sim t_{12}$	CVS	$I_{tail}, t_{fast}, t_{tail}$	$i_c(t)$ $v_D(t)$	$i_c=i_c(t_{11})-\frac{dI}{dt_{max}}(t-t_{11})+\frac{\frac{dI}{dt_{max}}-\frac{2I_{tail}}{t_{tail}}}{t_{fast}}(t-t_{11})^2$ $v_D=0$	$t_{12}-t_{11}=t_{fast}/2$
阶段6：$t_{12}\sim t_{13}$	CVS	I_{tail}, t_{tail}	$i_c(t)$ $v_D(t)$	$i_c=I_{tail}-\frac{2I_{tail}}{t_{tail}}(t-t_{12})+\frac{I_{tail}}{t_{tail}^2}(t-t_{12})^2$； $v_D=0$；	$t_{13}-t_{12}=t_{tail}$

为了描述电流拖尾过程，引入三个参数：t_{fast}，电流快下降过程的持续时间；t_{tail}，电流拖尾过程的持续时间；I_{tail}，拖尾电流起始值。假设 $t_{12}-t_{11}=t_{11}-t_{10}=t_{fast}/2$，并且 $t_{13}-t_{12}=t_{tail}$。再假设 di_c/dt 在电流下降的每个阶段都线性变化，如图 3.10 所示。可以知道，如果忽略续流二极管的正向恢复过程，则由式（3-11）推导得到的 v_{ce} 表达式将表现出折线的特点，与 di_c/dt 的波形形状相似，这也与实验结果相符。值得说明的是，I_{tail}是一个人为引入的行为参数以表征拖尾电流，这一参数将电流下降过程划分为快下降过程和慢下降过程。实验结果表明，I_{tail}与负载电流正相关。这里作为一种估计，令 $I_{tail}=\varepsilon(I_L)I_L$，其中 $\varepsilon<1$ 是一个经验系数，且通常情况下 I_L 越小，ε 越大。

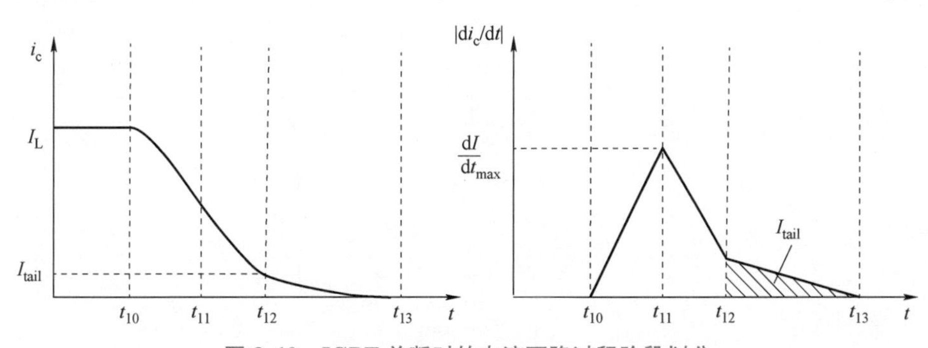

图 3.10　IGBT 关断时的电流下降过程阶段划分

如表 3.3 和表 3.4 所示，在 PAT 模型中，由于实现了时间分段、机理解耦和参数解耦，开关瞬态过程用代数方程而非微分方程描述，在电路中以电流源而非高阶非线性等效电路实现（见图 3.8）。这有助于从底层避免开关瞬态仿真的发散问题，提高模型求解速度和数值稳定性，且所有参数均可以从器件手册得到，如下节所述。

3.2.6　参数提取

从器件手册中提取的 PAT 模型参数主要包括转移特性、电容特性和反恢复特性。以三菱高压 IGBT CM1200HC-90R（4500V，1200A）为例，器件手册给出的相关特性曲线如图 3.11 所示。

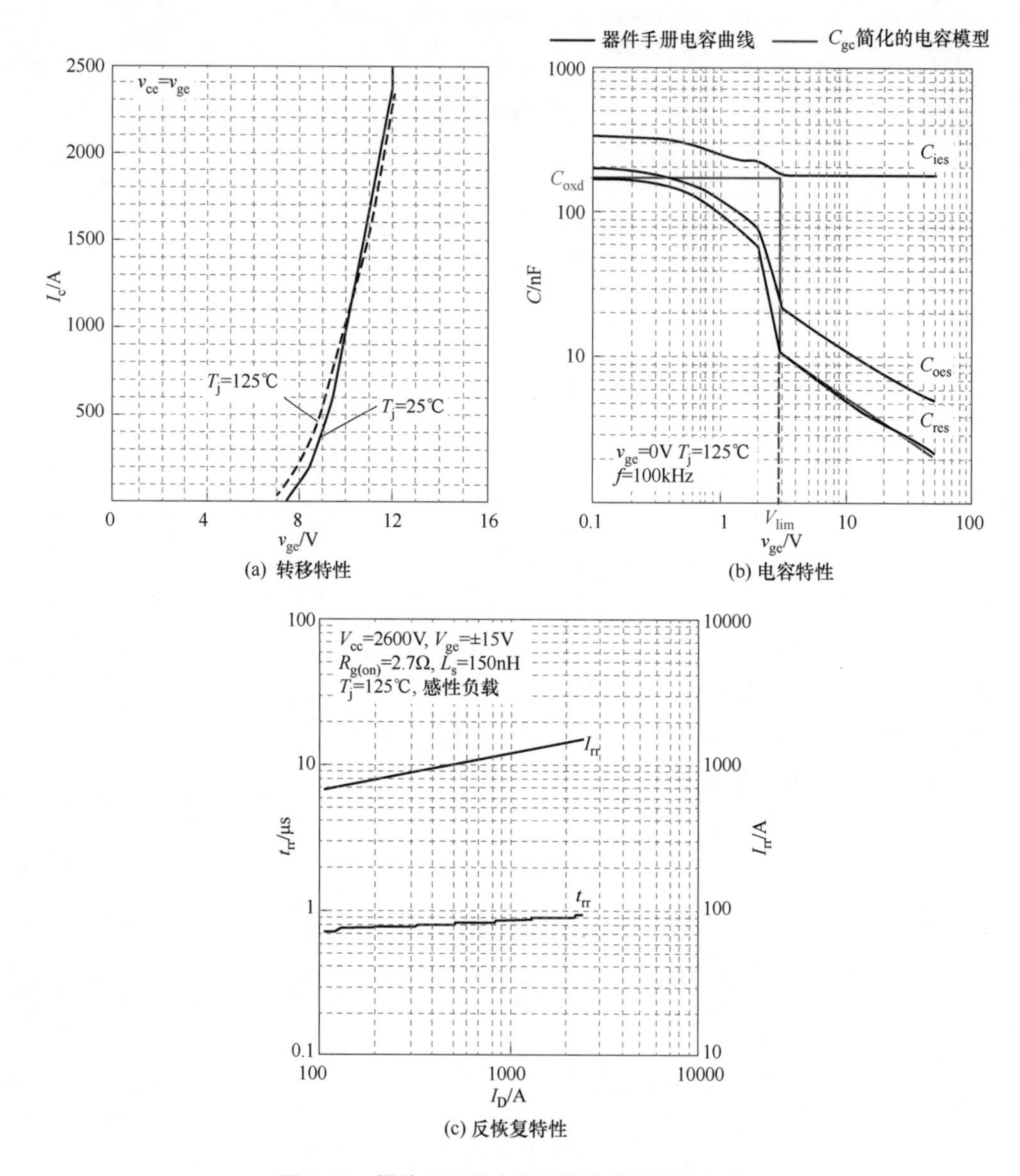

图 3.11 器件手册给出的特性曲线及拟合方法

转移特性可从图 3.11a 中提取。利用式（3-5）拟合曲线，可以得到 IGBT 等效跨导 K 和栅极阈值电压 V_T。如果没有转移特性曲线，也可以利用输出特性曲线进行拟合。

图 3.11b 展示了电容特性曲线。器件手册中给出的三电容与 PAT 模型中的三电容关系为

$$\begin{cases}C_{ies}=C_{ge}+C_{gc}\\C_{oes}=C_{ce}+C_{gc}\\C_{res}=C_{gc}\end{cases}\tag{3-12}$$

其中 C_{ge} 是一个定值电容，可通过 $C_{ge}=C_{ies}-C_{res}$ 提取。对于 C_{gc}，基于上文的分析，可将其非线性关系简化为

$$C_{gc}=\begin{cases}\lambda/\sqrt{v_{ce}-v_{ge}}, v_{cg}>V_{lim}\\ C_{oxd}, v_{cg}<V_{lim}\end{cases} \tag{3-13}$$

反恢复电流峰值 I_{rr} 和反恢复时间 t_{rr} 由多种因素决定，包括流经二极管的负载电流 I_D、电流变化率 di_D/dt 等等。为简化起见，采用下式拟合

$$\begin{cases}I_{rr}=AI_D^B\\ t_{rr}=CI_D^D\end{cases} \tag{3-14}$$

其中 A、B、C、D 是拟合系数。式（3-14）在对数坐标系下是两条直线，与器件手册给出的特性图 3.11c 一致。

与此同时，开关器件参数与结温密切相关。因此，器件结温 T_j 也作为一个变量来决定 PAT 模型的参数。基于已有研究，器件参数与结温的关系可总结在表 3.5 中。

表 3.5　PAT 模型参数与结温的关系

参数	温度关系	典型值
MOS 栅阈值电压	$V_T(T_j)=V_T(T_0)-\alpha(T_j-T_0)$	$\alpha=9\text{mV/K}$
IGBT 等效跨导	$K(T_j)=K(T_0)\left(\frac{T_0}{T_j}\right)^{\beta}$	$\beta=0.8$
二极管反恢复电荷	$Q_{rr}(T_j)=Q_{rr}(T_0)\left(\frac{T_j}{T_0}\right)^{\gamma}$	$\gamma>1$
二极管反恢复时间	$t_{rr}(T_j)=t_{rr}(T_0)\left(\frac{T_j}{T_0}\right)^{\eta}$	$\eta=0.7$
IGBT 通态压降	$V_{sat}(T_j)=V_{sat}(T_0)+\kappa(T_j-T_0)$	$\kappa=5\text{mV/K}$

器件手册通常会给出不同温度下的特性参数，可利用这些信息拟合表 3.5 中的系数，包括 α、β、γ、η 和 κ。PAT 模型的其他参数，例如 C_{ge}、C_{oxd}、λ 等可视为不随结温变化。

同时，为了准确计算结温，建立一个电热耦合的瞬态模型是必不可少的。可利用 RC 热网络的方法对热仿真建模。PAT 模型完整的电热耦合求解流程如图 3.12 所示。

以上分段解析瞬态建模方法，针对微纳秒级瞬态过程机理复杂、难以有效表征的问题，通过时间分段实现了机理解耦和参数解耦，从而有效构建了解耦型离散状态事件驱动方法中的小时间尺度动力学平面。其中，与图 2.1 相对应，PAT 模型的每一阶段即为模型中小时间尺度动力学平面的每一个模式（图中的一个圆圈），PAT 阶段之间的切换即为模式的切换事件，PAT 模型计算结束即为小时间尺度的结束事件，模型转回大时间尺度动力学平面运行。

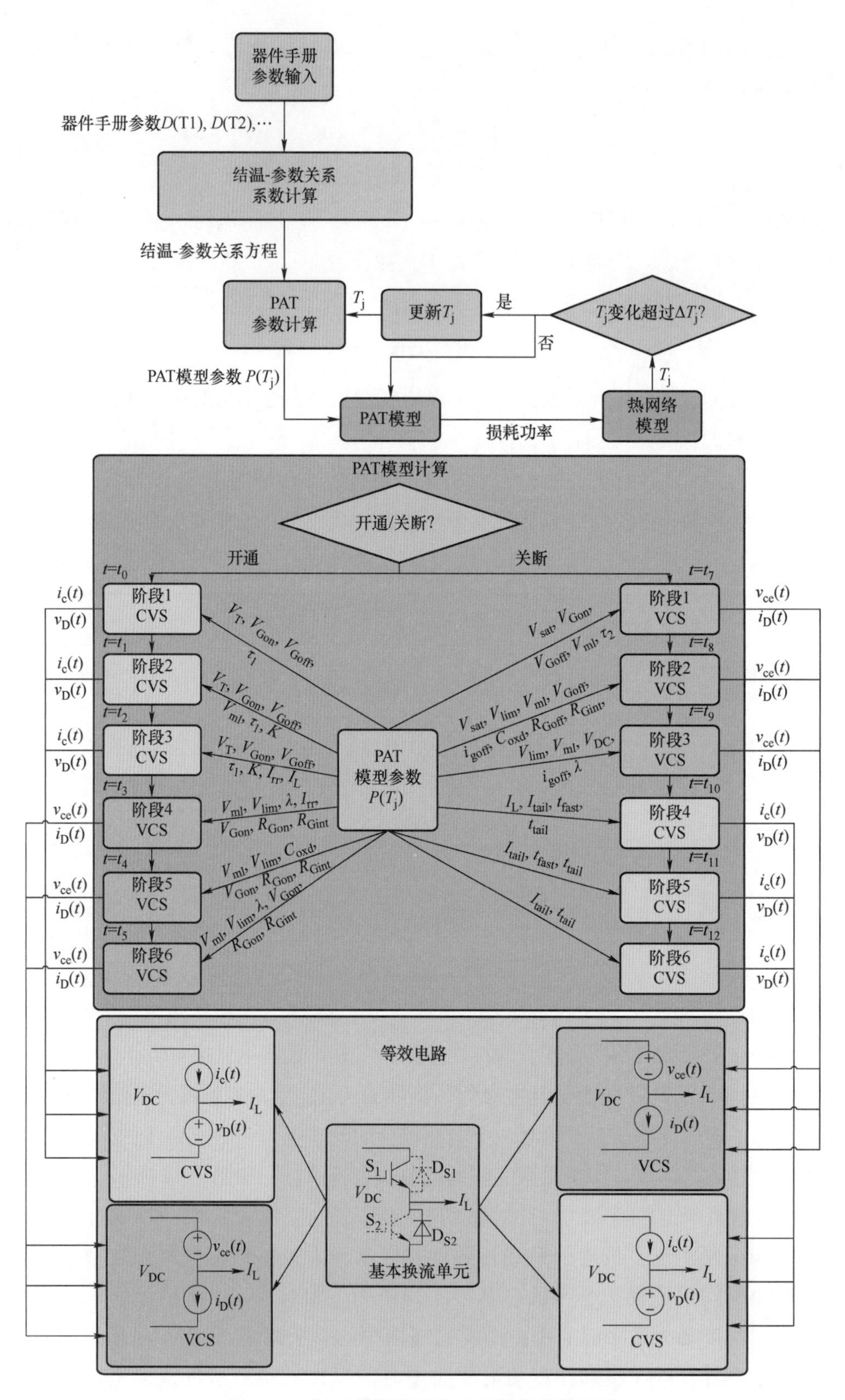

图 3.12　PAT 模型完整的电热耦合求解流程

3.3　多时间尺度分层自动机模型

在解决了小时间尺度开关瞬态过程有效表征的基础上，按照图 2.1，可以建立时间尺度分层自动机模型（Timescale Hierarchical Automaton，TSHA）。该模型示意图如图 3.13 所示。其中，上层大时间尺度建模采用传统的混杂自动机模型（基于理想开关），下层小时间尺度建模采用 PAT 模型。由于 PAT 模型在保证各阶段切换点电压电流连续的前提下，可以忽略阶段切换带来的瞬态过程，因此不再考虑图 2.1 中的第三层动力学平面，仅建立两层平面的自动机模型。

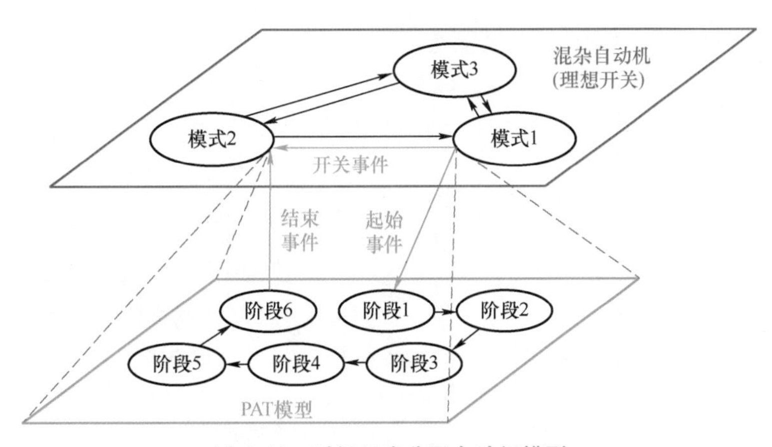

图 3.13　时间尺度分层自动机模型

3.3.1　模型的数学形式

对于上层混杂自动机模型，这里以一个半桥 DC/DC 变换器为例，给出其数学形式。如图 3.14 所示，如果不考虑桥臂直通情况，该变换电路有三种运行模式：S_1 或 D_1 导通为模式 1，S_2 或 D_2 导通为模式 2，所有开关器件均关断，即电流断续模式（Discontinuous Current Mode，DCM）为模式 3。每种模式均采用理想开关建模，导通时建模为小电阻（通态电阻），关断时建模为断路。对于每种模式，系统的连续状态变量可用一组状态方程表出：

$$\dot{\boldsymbol{x}}=\boldsymbol{f}_i(\boldsymbol{x},\boldsymbol{u}_{\mathrm{p}}) \tag{3-15}$$

上式即对应于第 2 章中混杂自动机模型连续状态的动力学方程。其中，$\boldsymbol{x}$ 是连续状态变量向量，$\boldsymbol{u}_{\mathrm{p}}$ 是主电路的输入变量向量，i 表示第 i 种模式。如果电路只有线性的 R、L、C、M 和线性电源构成，则式（3-15）可简化为

$$\dot{\boldsymbol{x}}=\boldsymbol{A}_i\boldsymbol{x}+\boldsymbol{B}_i\boldsymbol{u}_{\mathrm{p}} \tag{3-16}$$

其中 $\boldsymbol{A}_i$ 和 $\boldsymbol{B}_i$ 分别是模式 i 的状态矩阵和输入矩阵。对于图 3.14 所示的变换电路，三组状态方程总结于表 3.6 中。

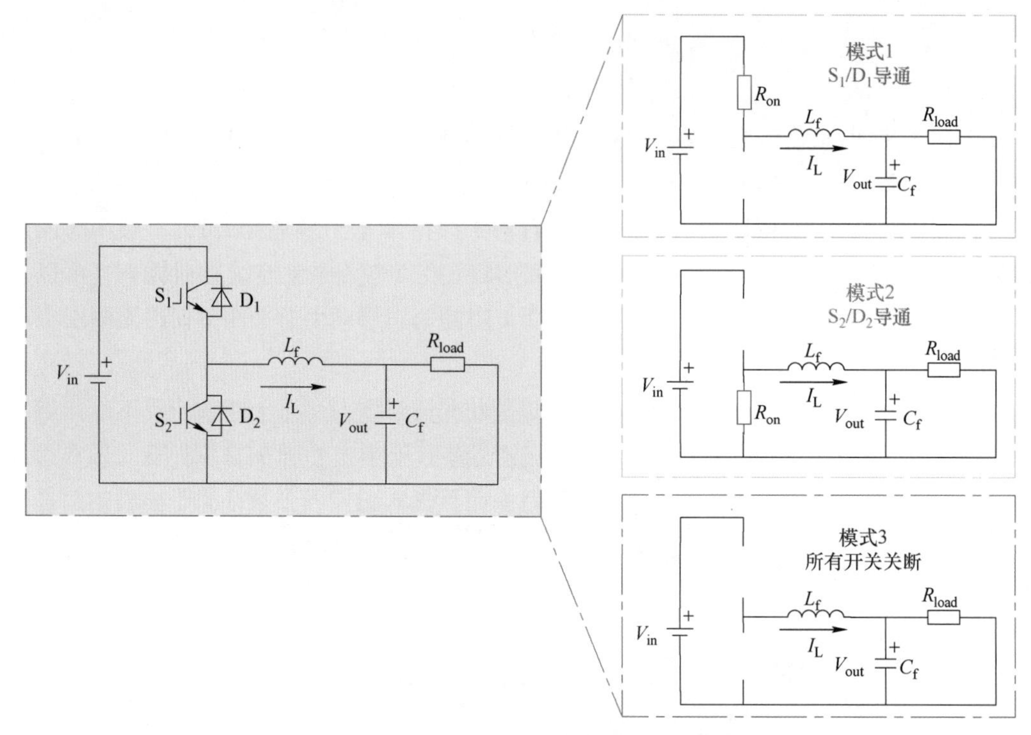

图 3.14　半桥 DC/DC 变换电路的三个运行模式

表 3.6　半桥 DC/DC 变换电路的连续状态方程

	$\boldsymbol{A}_i$	$\boldsymbol{B}_i$	$\boldsymbol{x}$	$\boldsymbol{u}_{\mathrm{p}}$
模式 1	$\begin{bmatrix} -R_{on}/L_f & -1/L_f \\ 1/C_f & -1/C_fR_{load} \end{bmatrix}$	$\begin{bmatrix} 1/L_f \\ 0 \end{bmatrix}$	$\begin{bmatrix} I_L \\ V_{out} \end{bmatrix}$	$[V_{in}]$
模式 2	$\begin{bmatrix} -R_{on}/L_f & -1/L_f \\ 1/C_f & -1/C_fR_{load} \end{bmatrix}$	$[0]$	$\begin{bmatrix} I_L \\ V_{out} \end{bmatrix}$	$[0]$
模式 3	$[-1/C_fR_{load}]$	$[0]$	$[V_{out}]$	$[0]$

对于系统的离散状态变量，即存在于控制系统中的离散信号，可根据控制系统的特性构建离散状态方程。如果假设此 DC/DC 变换器采用一个简单的电压环 PI 控制器进行控制，并利用脉冲宽度调制（Pulse Width Modulation，PWM）产生开关信号，控制框图如图 3.15 所示。

其中 V_{out} 是主电路的电容电压（见图 3.14），也是系统的连续状态变量；V_{outref} 是电容电压的参考值，也是控制系统的输入变量；V_{ref} 是 PI 的输出值，V_{car} 是三角波，也是控制系统的输入变量，s_1 和 s_2 分别是两个主动开关 S_1 和 S_2 的开关信号。定义 PI 的积分量为控制系统的离散状态变量 d，则系统离散状态方程 h 为

$$d_{n+1}=h(d_n, V_{out}, V_{outref})=d_n+K_I(V_{outref}-V_{out}(nT_S)) \tag{3-17}$$

式中，$V_{out} \in \boldsymbol{x}$ 是系统的连续状态变量；$V_{outref} \in \boldsymbol{u}_c$ 是控制系统的输入变量（控制系统的输入变量向量 $\boldsymbol{u}_c$ 包含两个元素，分别是 V_{outref} 和 V_{car}）；n 是控制周期；T_S 是控制系统的采样周期；K_I 是 PI 调节器的积分系数。

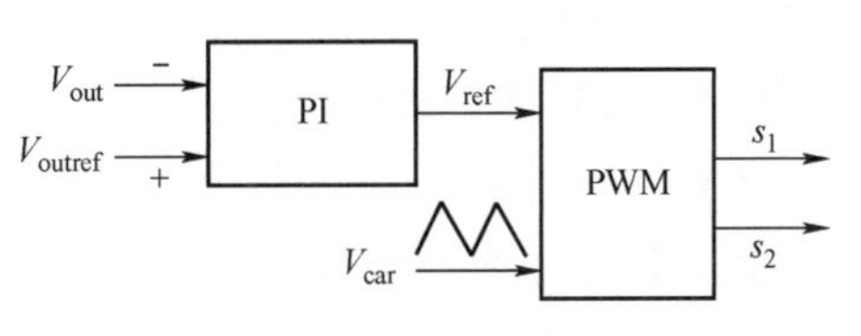

图 3.15　半桥 DC/DC 变换电路的控制框图

假设对系统的不同模式都采用同样的控制策略，即模式变化不引起控制系统的结构变化，则可以认为式（3-17）表征了所有三种模式的离散状态方程。

系统的结构变量即为决定系统开关状态的变量。对于主动开关 S_1 和 S_2，其结构变量为开关信号 s_1 和 s_2，其取值由控制系统给出。对于二极管 D_1 和 D_2，其结构变量为其开关状态 s_{D1} 和 s_{D2}，其取值由二极管的电压电流决定；所有开关的结构变量取 1 时代表开关导通，取 0 时代表开关关断。四个结构变量 s_1、s_2、s_{D1} 和 s_{D2} 合起来组成了结构变量向量 $\boldsymbol{s}$。

下面还需给出结构变量的守卫函数 $\boldsymbol{g}$（其定义见第 2 章）。假设不考虑死区，则电路不会出现模式 3，此时模式 1 和模式 2 的结构变量只由 s_1 和 s_2 决定，其守卫函数均由 PWM 调制给出，表示为

$$\begin{cases} s_1 = \boldsymbol{g}_1(\boldsymbol{x}, d_n, \boldsymbol{u}_c) \\ \quad = \begin{cases} 1, V_{ref} = d_n + K_P(V_{outref} - V_{out}(nT_S)) > V_{car} \\ 0, V_{ref} = d_n + K_P(V_{outref} - V_{out}(nT_S)) < V_{car} \end{cases} \\ s_2 = \boldsymbol{g}_2(\boldsymbol{x}, d_n, \boldsymbol{u}_c) \\ \quad = \begin{cases} 0, V_{ref} = d_n + K_P(V_{outref} - V_{out}(nT_S)) > V_{car} \\ 1, V_{ref} = d_n + K_P(V_{outref} - V_{out}(nT_S)) < V_{car} \end{cases} \end{cases} \tag{3-18}$$

其中 K_P 是 PI 调节器的比例系数。如果进一步考虑死区，则需要相应地在 s_1 和 s_2 的守卫函数中加入死区项，并考虑 s_{D1} 和 s_{D2} 的守卫条件。

根据分层自动机原理，当离散开关事件发生时，应将其放大到下层小时间尺度动力学平面。在这一平面内，开关瞬态过程利用 PAT 模型描述。关于 PAT 模型的数学形式，3.2 节已经给出了 IGBT 的 PAT 模型表达式。对于电力电子系统中其他常用的开关器件，如 SiC MOSFET 等，也可以用类似的方式建立其 PAT 模型。这里不再赘述。

3.3.2　模型的事件驱动运行模式

时间尺度分层自动机模型在事件驱动机制下自动运行在不同的系统动力学模式中。当运行在上层动力学平面时，系统处于某一连续运行模式中。当离散开关事件发生时，如需要解算小时间尺度瞬态过程，自动机模型转入下层 PAT 模型运行。其中，开通和关断信号的发生被定义为该瞬态过程的起始事件（见图 3.13）。在下层动力学平面，因为 PAT 模型中不同物理机理解耦运行，所以整个平面也是一个小时间尺度的混杂系统，系统依次经过不同的 PAT 阶段。当最后，瞬态过程结束时，系统会触发结束事件，使得自动机模型转回上层动

力学平面的一个新的连续模式运行。因此，整个自动机在事件驱动下自动运转，完整表征系统不同时间尺度和不同机理下的动力学行为。

值得注意的是，在上层动力学平面中，开关器件被建模成小电阻（导通状态）或者断路（关断状态），如图 3.14 所示。因此，小时间尺度模型中的状态变量不包含在上层动力学平面中。在下层动力学平面中，由于 PAT 模型假定了母线电容电压和负载电感电流在瞬态过程中近似保持不变，因此大时间尺度状态变量被建模成恒定电压源。这种时间尺度的解耦建模可以从底层解决多时间尺度系统带来的刚性问题和由此引发的数值解算发散问题，提高系统求解速度和数值稳定性。

从算法的角度，如何对上述模型进行解算将在第 4 章具体论述。

3.4 案例研究与分析

3.4.1 功率器件案例：高压 IGBT 建模

首先基于双脉冲实验测试验证 PAT 模型的准确性。选用了英飞凌高压 IGBT 模块 FZ600R65KF1（6500V，600A），以 Concept 公司的 1SD210F2-FZ600R65KF1 模块作为栅极驱动。实验平台参数列在表 3.7 中，其中杂散电感使用 Ansoft Q3D 软件提取。利用 3.1 节中介绍的参数提取方法，得到该器件的 PAT 模型参数为：$V_T=7.5V$，$K=34.2A/V^2$，$C_{ge}=80.9nF$，$\lambda=5.66nF\cdot V^{1/2}$，$V_{lim}=1V$，$C_{oxd}=168nF$，$A=105.1$，$B=0.25$，$C=0.41$，$D=0.1$。

表 3.7 IGBT 器件测试平台参数

参数	描述	量值	参数	描述	量值
V_{DCmax}	最大直流母线电压	3000V	L_{load}	负载电感	7.32mH
L_s	杂散电感	645nH	V_{Gon}/V_{Goff}	驱动电压	±15V
R_{Gon}/R_{Goff}	驱动电阻	4.5Ω/22Ω	C_{ge0}	驱动电容	68nF

根据基尔霍夫电压定律（Kirchhoff's Voltage Law，KVL）和基尔霍夫电流定律（Kirchhoff's Current Law，KCL），可以列写出双脉冲电路的方程，进而基于 PAT 模型求解出器件电压电流为

$$\begin{cases} I_L=i_c-i_D \\ V_{DC}=L_s\dfrac{di_c}{dt}+v_{ce}+v_D \end{cases} \tag{3-19}$$

PAT 模型的计算结果与实验结果的对比展示在图 3.16 中。关键瞬态特性的误差比较也标注在图中（即图中以 Error 标注的数字）。对比结果显示，在不同的母线电压和负载电流下，PAT 模型结果与实验基本吻合。在电流上升、电压上升、电压下降等阶段，模型与实验结果吻合程度更好。这些阶段考虑的主要参数包括 IGBT 的等效跨导和非线性电容等。这

些参数反映了器件瞬态过程的物理机理。相对应地，在二极管反恢复、电流下降等阶段，由于更多地采用了行为拟合的方式建模，PAT 模型误差相对大一些。

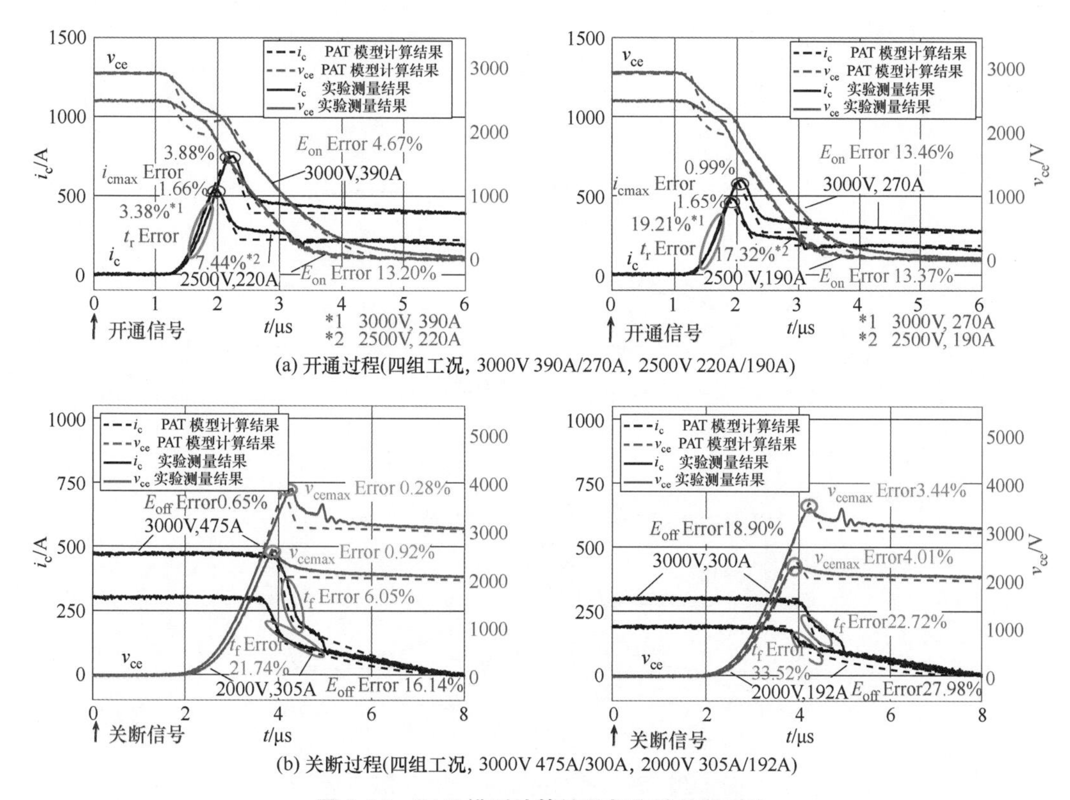

图 3.16　PAT 模型计算结果与实验结果对比

当母线电压 V_{DC} = 3000V 时，关键瞬态特性的定量对比展示在图 3.17 中，相关参数的定义见图 3.18。从图中可以看到，电流下降时间 t_f 相对误差较大，主要原因是电流下降阶段较多采用了行为拟合的方式建模。这导致电流较小时，关断损耗 E_{off} 误差较大。对于较小电

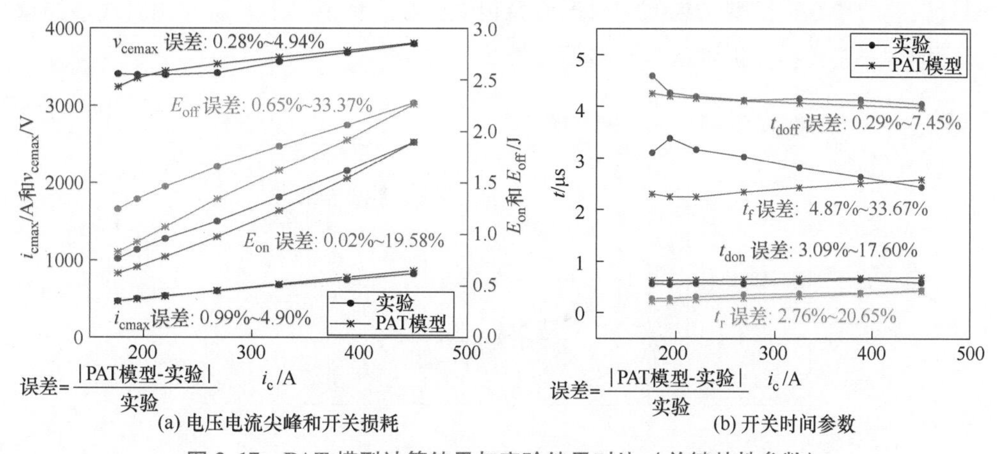

图 3.17　PAT 模型计算结果与实验结果对比（关键特性参数）

流（相对于额定电流来说）工况，PAT 模型误差较大。对于其他瞬态特性，例如开通过程电流峰值 i_{cmax}，关断过程电压峰值 v_{cemax} 等，在杂散电感等参数准确的前提下，PAT 模型可以取得较高的精度。

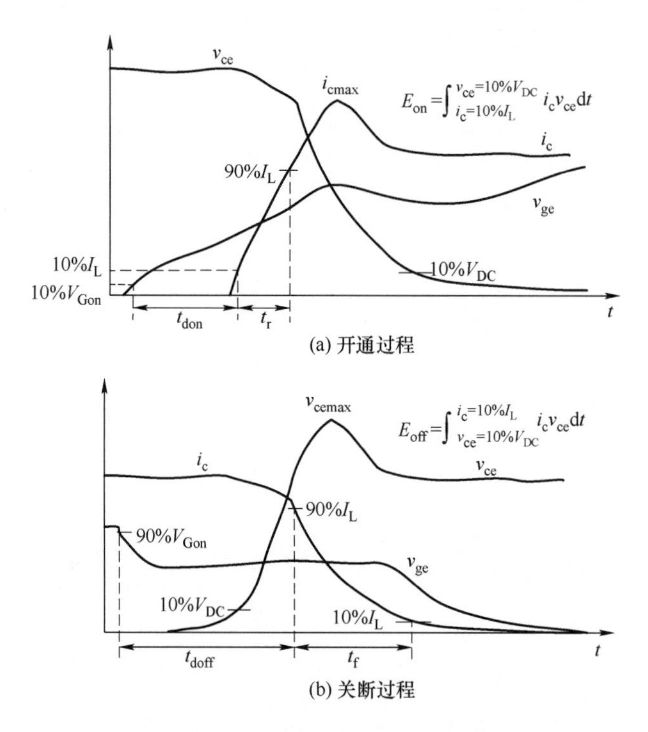

图 3.18　开关瞬态关键特性参数的定义

图 3.19 和图 3.20 展示了误差随时间变化的曲线，以显示 PAT 模型各个阶段的误差分布。开通过程（2500V，185A）和关断过程（2000V，190A）分别作为两组例子。i_c 和 v_{ce} 的绝对和相对误差在图中被绘制出来。值得说明的是，当 i_c 和 v_{ce} 的绝对量值很小时，由于实验测量误差的存在，模型结果的相对误差会很大。在这种情况下，研究相对误差的意义不大；只要绝对误差较小，仍可认为模型精度较高。

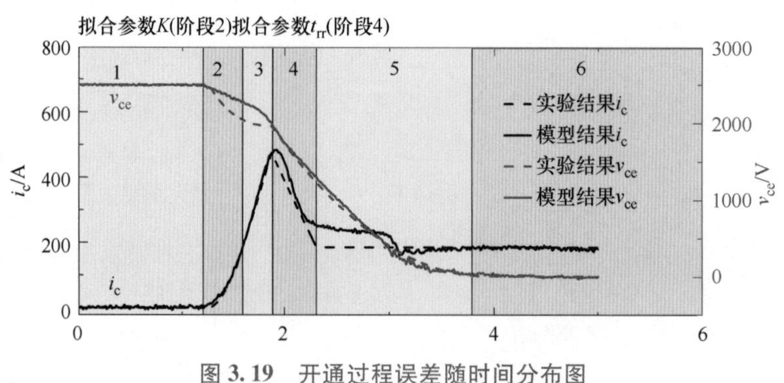

图 3.19　开通过程误差随时间分布图

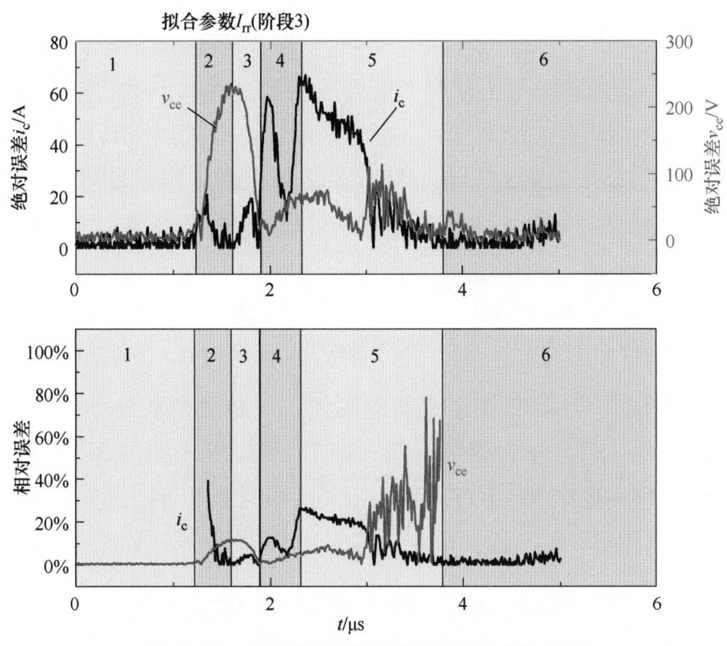

图 3.19　开通过程误差随时间分布图（续）

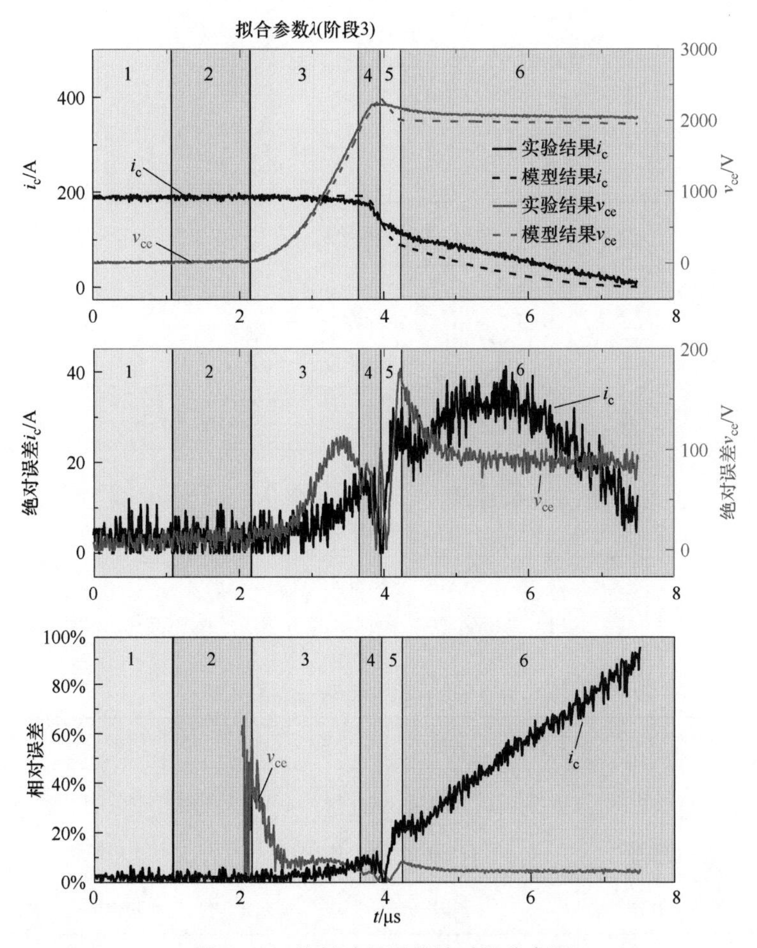

图 3.20　关断过程误差随时间分布图

从比较结果中可以看出，开通过程的阶段4、阶段5和关断过程的阶段5、阶段6，电流的误差较大。这是因为这些阶段采用了对二极管反恢复过程和IGBT电流拖尾过程的行为拟合，器件手册中提供的机理信息较少。为了提高精度，可以采用实验结果修正的方式。其他阶段比较充分地考虑了IGBT等效跨导和非线性电容等机理，模型精度较高。图中也标注了需要从器件手册中拟合得到的参数。如果有实验测试结果作为支撑，可以对这些参数进行进一步的修正，以提高PAT模型的精度。

3.4.2 变换模块案例：H桥逆变模块建模

进一步研究一个两电平H桥单相逆变器的案例，该逆变模块是50kVA三级固态变压器（Solid-State Transformer，SST）中的最后一级，即DC/AC级，如图3.21所示。逆变器采用了英飞凌IGBT模块FF450R07ME4-B11，系统相关参数见表3.8。逆变器采用一个简单的双闭环控制，电压外环采用PR调节器，电流内环采用PI调节器，如图3.22所示。

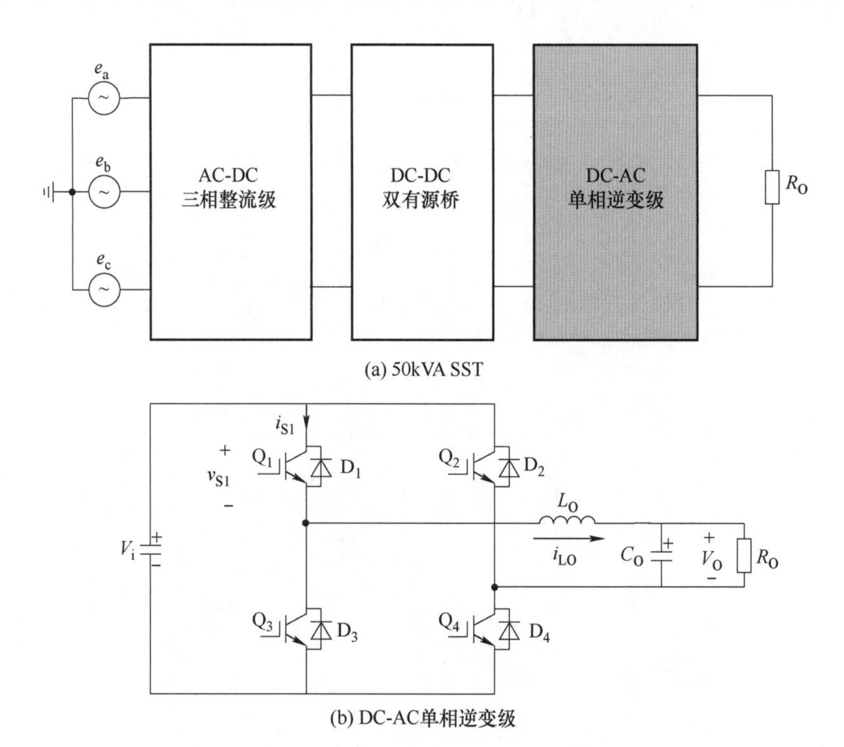

图3.21 50kVA SST和其中的逆变模块电路图

表3.8 H桥逆变模块参数

参数	描述	量值	参数	描述	量值
V_i	直流输入电压	350V	V_o	输出相电压（有效值）	220V
L_o	输出电感	1.5mH	R_o	输出电阻	0.1Ω
C_o	输出电容	94μF	f_s	开关频率	8kHz

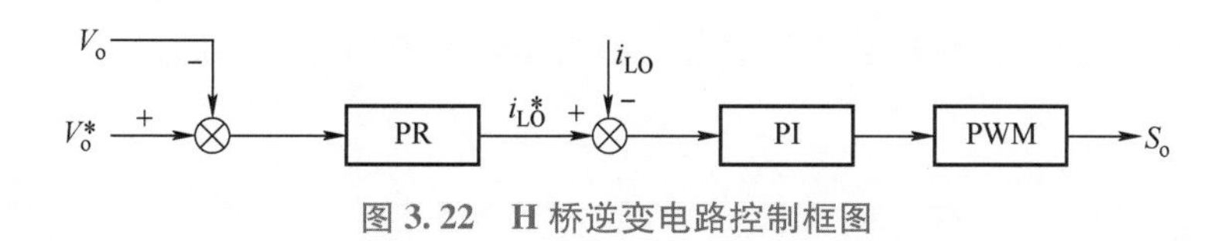

图 3.22　H 桥逆变电路控制框图

在这一算例中，PAT 和 TSHA 模型的仿真结果与软件 A 和软件 B 两款软件的仿真结果进行对比。软件 A 是系统级仿真常用的仿真软件，但是开关器件采用理想模型。如果考虑开关瞬态过程，软件 B 提供了包括 Hefner IGBT 模型在内的多种器件物理模型。图 3.23 展示了开关器件管电流 i_{S1} 在一个工频周期（20ms）内的仿真结果与实验结果。这一电流是主动器件 Q_1 和二极管 D_1 的电流之和。可以看出，软件 A 不能有效反映器件的瞬态电流尖峰。图 3.24 进一步展示了管电流 i_{S1} 和管电压 v_{S1} 在一个开通过程中的结果对比。理论上说，当物理模型参数足够准确时，软件 B 可以保证高精度的仿真结果。然而，如果不进行深入的实验测试，几乎很难获取器件的物理参数，例如器件基区宽度、载流子寿命等等，这降低了软件 B 中物理模型的实用程度。同时，使用软件 B 仿真经常面临发散问题，且模型收敛性对参数十分敏感，有时稍微修改一下模型参数，例如结电容的值，就会导致仿真不能收敛。而在 PAT 和 TSHA 模型中，由于不同时间尺度的状态量和过程相互解耦，避免了刚性问题和仿真发散。

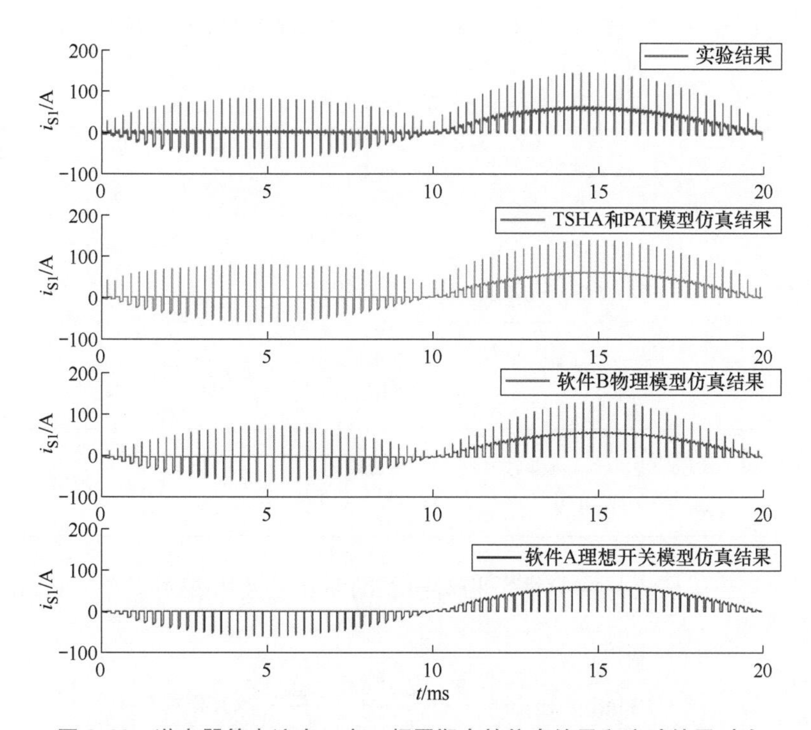

图 3.23　逆变器管电流在一个工频周期内的仿真结果和实验结果对比

表 3.9 进一步列出了 DC/AC 逆变级仿真电路 0.2s 过程的仿真耗时对比。所有的仿真均

运行在一台相同的个人计算机上（Intel Core i7-7700K 4.2GHz CPU）。对比结果显示 PAT 和 TSHA 模型的仿真耗时（3.5s）远小于其他软件（软件 B 需 127s）。

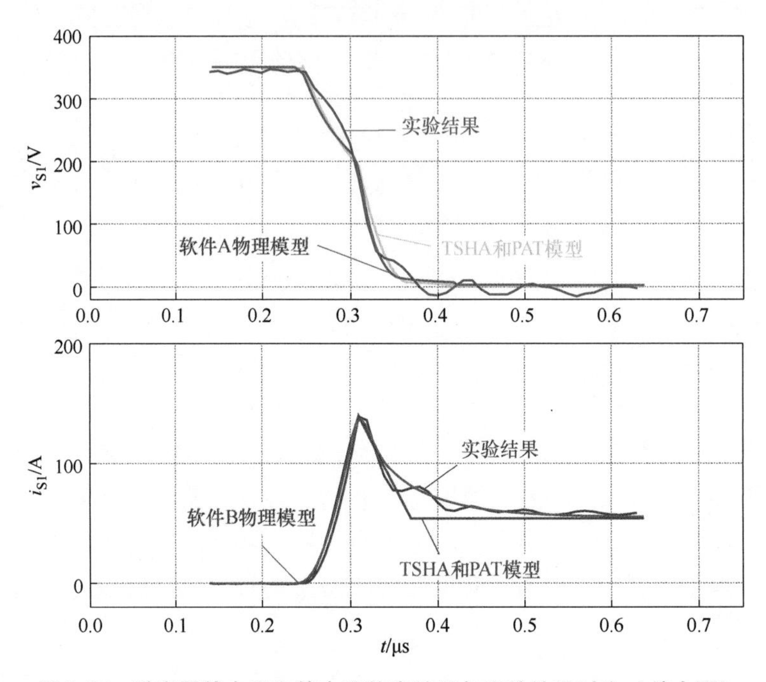

图 3.24 逆变器管电压和管电流仿真结果与实验结果对比（放大图）

表 3.9 H 桥逆变器仿真耗时对比（0.2s 动态过程）

工具	模型	算法	步长	耗时	相对误差（%）	
					i_{s1}	v_{s1}
软件 B	igbt_b dp1	后向差分公式 牛顿-拉夫逊迭代	变步长 最大步长 50ns	127s	15.83	13.20
软件 A	理想开关	ode23tb	变步长 最大步长 1ms	5.6s	23.32	17.03
所提方法	TSHA 和 PAT	离散状态事件驱动算法 （第 4 章介绍）	变步长 PAT 求解步长 1ns	3.5s	16.65	14.18

表 3.9 同时列出了仿真与实验结果相对误差的对比。其中相对误差（relative error）的计算公式为

$$\text{Relative Error}=\frac{\|\boldsymbol{x}_{\text{simulated}}-\boldsymbol{x}_{\text{experimental}}\|_2}{\|\boldsymbol{x}_{\text{experimental}}\|_2}\times 100\% \tag{3-20}$$

$\boldsymbol{x}_{\text{simulated}}$和$\boldsymbol{x}_{\text{experimental}}$是仿真和实验得到的结果序列，它们具有相同的长度（插值到相同的时间序列上），$\boldsymbol{x}$ 包括管电压 v_{s1}或者管电流 i_{s1}。

为了进一步定量比较仿真误差，图 3.25 展示了所研究的开关模块（Q_1 与 D_1）的总损耗 E_{loss}，计算公式为

$$E_{loss}(t) = \int_0^t i_{s1} v_{s1} \mathrm{d}t \tag{3-21}$$

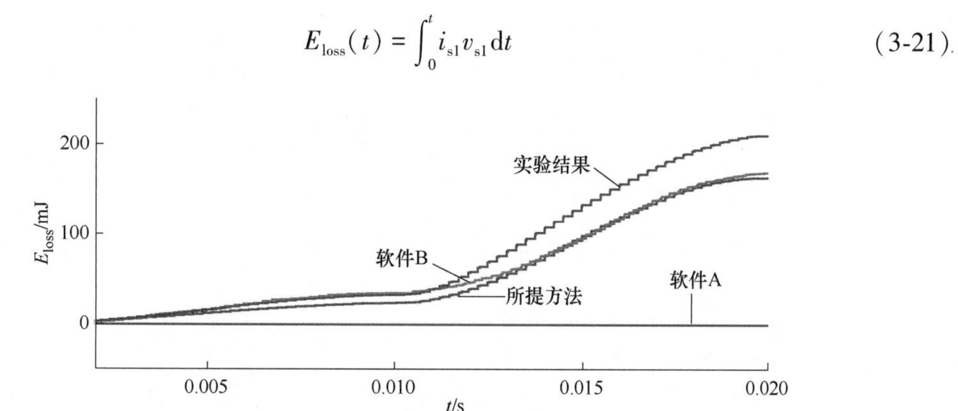

图 3.25 开关损耗随时间变化结果对比

则 E_{loss}是随时间单调递增的函数。在每个时间步长，E_{loss}的仿真 $E_{loss\ simulated}$ 和实验结果 $E_{loss\ experimental}$的相对误差可以被计算出来，公式为

$$\text{Relative Error}(t) = \frac{|E_{loss\ simulated}(t) - E_{loss\ experimental}(t)|}{E_{loss\ experimental}(t)} \tag{3-22}$$

比较结果如图 3.26 所示。从中可以看出，所提方法可以得到与软件 B 软件相似精度的损耗结果，而软件 A 的仿真结果不能体现开关损耗。

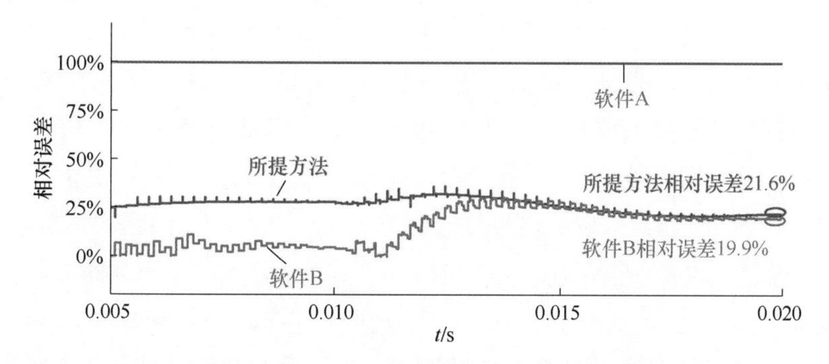

图 3.26 开关损耗仿真结果相对误差随时间变化情况对比

3.4.3 复杂系统案例：无线充电变换系统建模

针对一个更为复杂的电力电子变换系统开展案例研究：79.1kHz、3.3kW 的双向无线充电（Bidirectional Wireless Power Transfer，BWPT）系统。该系统相对具有较高的开关频率，拓扑结构具有一定的代表性，采用的控制策略也比较复杂。

系统结构如图 3.27 所示，所研究的 BWPT 系统由两个 H 桥变换器和原副边侧的串-串补偿网络构成。电源简化为直流电压源，并在电源和 H 桥中间加入了 *L-C* 滤波器。作为一个双向充电系统，系统的每一侧都可以被当作发射侧或者接收侧。系统参数可见表 3. 10。

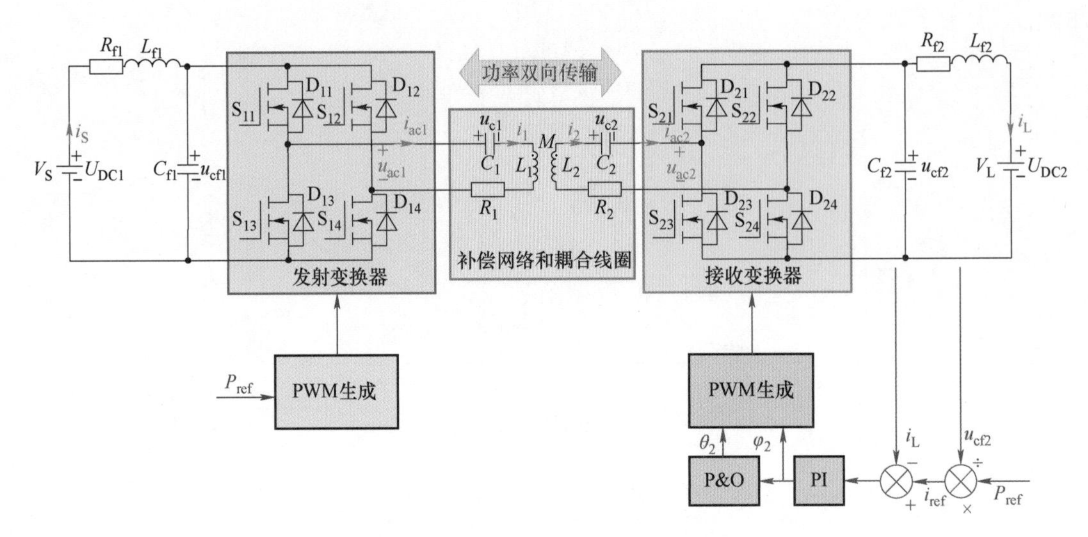

图 3. 27　BWPT 系统电路和控制图

表 3. 10　BWPT 系统主要参数

参数	数值	参数	数值	参数	数值	参数	数值
L_1，L_2/μH	404. 9	L_{f1}，L_{f2}/μH	6. 7	C_1，C_2/nF	10	C_{f1}，C_{f2}/μF	200
R_1/Ω	0. 5135	R_2/Ω	0. 3532	R_{f1}/Ω	0. 3	R_{f2}/Ω	0. 3
U_{dc1}/V	325	U_{dc2}/V	325	M/μH	46. 64	$f=\omega/2\pi$/(kHz)	79. 1

系统的控制策略分为发射侧控制算法和接收侧控制算法。这里假设左侧 H 桥变换器为发射变换器。根据移相控制的原理，每个 H 桥变换器可以通过调节两个桥臂的移相角来控制功率传递，这一移相角记为 φ_1（发射侧）和 φ_2（接收侧）。接收侧超前发射侧的相角（$\theta_2-\theta_1$）记作 θ。控制原理为：发射侧根据参考功率 P_{ref}调节 φ_1，接收侧调节 φ_2 实现相位同步，并调节 θ 使得输出功率 P_{out}跟随参考功率 P_{ref}。其中，φ_2 由 PI 调节器根据参考输出电流 i_{ref}和负载电流 i_L 给出；在此基础上，θ 由扰动-观测（Perturbation-Observation，P&O）算法给出。这一控制方法可以有效抑制由于发射侧和接收侧晶振频率的微小差异带来的相位不同步，从而使得控制算法不依赖于一二次的实时通信。

为方便后文的比较，定义输入和输出功率为

$$P_{in}=U_{DC1}i_s \tag{3-23}$$

$$P_{out}=U_{DC2}i_L \tag{3-24}$$

下面将进行三组比较见表 3. 11。第一组主要与软件 A 进行比较。作为广泛使用的系统级仿真软件，软件 A 中可以实现比较复杂的控制算法，因此可以完整搭建上述包括扰动-观察算法在内的闭环控制策略。但是，软件 A 中只提供了理想开关模型，所以在 TSHA 模型中也只考虑了第一层动力学平面，采用理想开关进行仿真，以验证控制算法和系统级行为。第

二组主要与软件 C 进行比较，以验证开关瞬态仿真。由于在软件 C 中很难搭建复杂的控制算法，在这组比较中仅使用简单的开环控制；TSHA 模型使用完整的两层动力学平面。最后，进行仿真结果与实验结果的比较。

表 3.11　BWPT 系统仿真结果的三组比较

	比较 1 软件 A	比较 2 软件 C	比较 3 实验
比较对象模型	理想开关	器件物理模型	实验
TSHA 模型	上层动力学平面	两层动力学平面	两层动力学平面
BWPT 系统控制算法	闭环控制	开环控制	闭环控制

首先进行与软件 A 的比较，以验证系统级仿真的准确性和效率。图 3.27 所示的整个系统，包括主电路和控制算法，都在软件 A 中进行了搭建，并用所提方法进行了建模和仿真实现，但均采用理想开关模型。仿真测试过程是一个 3kW 功率指令下的启动过程，启动过程总时长为 1s，其中前 20ms 的动态过程仿真结果如图 3.28 所示。对比结果显示，无论是对于变化较慢的变量，例如输出功率图 3.28a、c 和 d，还是对于变化较快的变量例如谐振腔电流图 3.28b 和 e，所提方法与软件 A 结果都保持高度一致。值得说明的是，输出功率中观察到的波动是由于扰动-观测算法造成的。

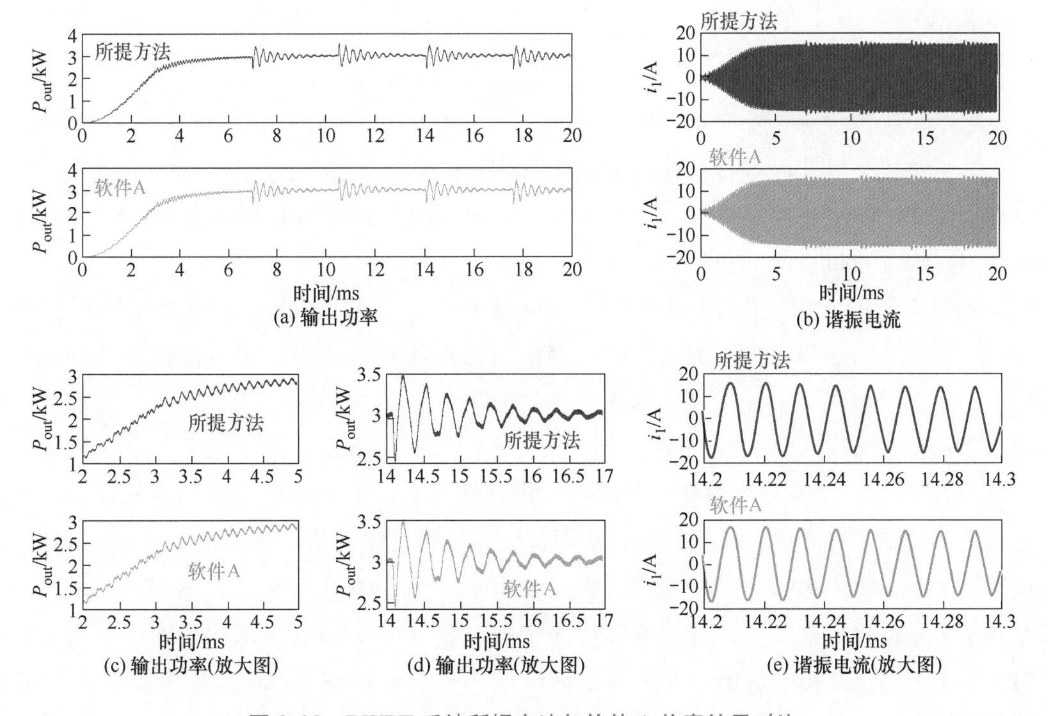

图 3.28　BWPT 系统所提方法与软件 A 仿真结果对比

仿真耗时对比见表 3.12。软件 A 中的两种模式，即正常（normal）仿真模式和加速

(accelerated) 仿真模式都进行了对比测试。所仿真的 1 秒启动过程如果使用软件 A 的正常仿真模式需要耗时 25min 左右，使用加速仿真模式需要耗时 8min 左右。考虑到在实际系统的分析设计中，通常需要进行多轮和较长过程的迭代仿真来评估系统级动态特性，这一仿真速度难以满足实际需求。利用所提方法，仿真可以在 7s 内完成。这使得系统的分析设计大大提速，能够有效支撑系统电路参数比较、控制算法研究、动态过程验证等仿真任务。

表 3.12 BWPT 系统所提方法与软件 A 仿真耗时对比

	软件 A 正常模式	软件 A 加速模式	所提方法
仿真过程	1s 启动过程		
仿真设置	ode23 和 ode23tb 求解器 相对误差 $1e^{-3}$ 最大步长 $1e^{-3}$s		相对误差 $1e^{-3}$
仿真耗时	ode23：1518s ode23tb：1704s	ode23：437s ode23tb：462s	7s
总点数	1745260		1061933
平均步长	$1.1e^{-7}$s		$1.9e^{-7}$s
结果相对误差	输出功率：0.087%，谐振电流：0.029%		

第二组比较是以软件 C 作为比较对象，以验证模型的开关瞬态仿真能力。由于在软件 C 中难以搭建完整的闭环控制模型，这里采用一个固定的移相角实施开环控制。SiC MOSFET 器件选用罗姆（Rohm）公司的 SCT3060AL。

比较结果如图 3.29 所示。其中图 3.29a 和 b 是输入和输出功率的对比结果，约在 4ms 之后稳定。由于仅采用了开环控制，启动暂态过程不够平滑，但是所提方法与软件 C 得到了一致的仿真结果。图 3.29c 和 d 是开关器件 S_{11} 的管电压和管电流。相应的放大图如图图 3.29e 至 g 所示。

表 3.13 列出了仿真耗时对比。所提方法相对软件 C 可实现 400 倍的仿真提速。与此同时，所提方法将多时间尺度仿真解耦，从而解决了仿真发散问题。为了对 TSHA 模型的这一优点进行说明，图 3.30 进一步比较了所提方法和软件 C 的仿真计算点，从中可以发现，即便在开关瞬态过程结束之后，开关器件进入稳态，软件 C 仍然要采用很小的步长仿真。这是由于整个电路仍然是刚性的，开关瞬态的机理和参数（例如非线性结电容等）在瞬态过程结束后仍存在于电路中，必须使用很小的步长才能保证仿真收敛。而所提方法在开关瞬态结束后就进入了上层动力学平面进行仿真，这一平面不存在小时间尺度状态变量和参数，可以使用大步长仿真同时保证数值稳定性。

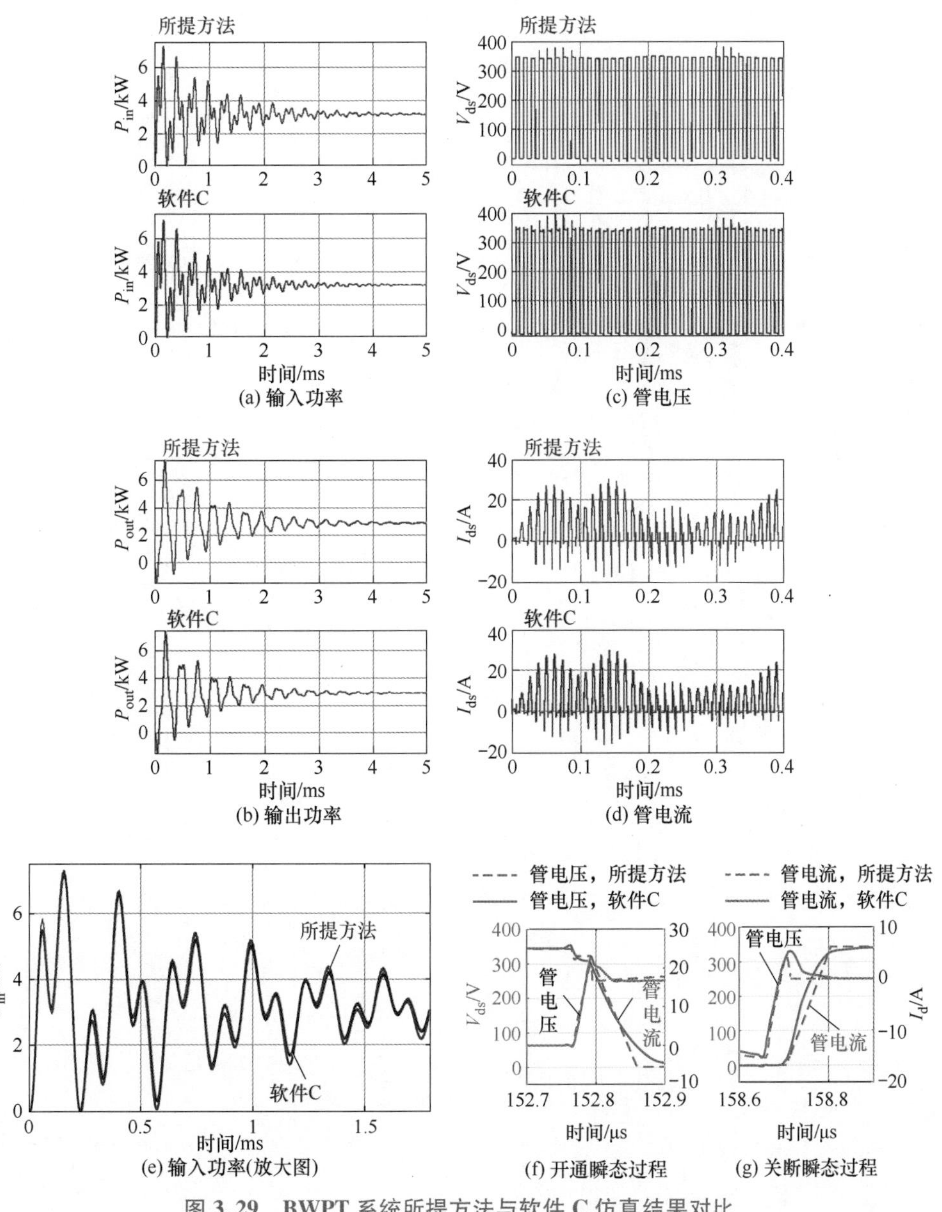

图 3.29　BWPT 系统所提方法与软件 C 仿真结果对比

表 3.13　BWPT 系统所提方法与软件 C 仿真耗时对比

	软件 C	所提方法
仿真过程	20ms 启动过程	
模型	器件物理模型	TSHA 模型
仿真设置	相对误差 $1e^{-3}$	相对误差 $1e^{-3}$
仿真耗时	7208s	18s
总点数（20ms 过程）	751980	22126
平均步长	$6.5e^{-9}$s	$2.3e^{-7}$s
相对误差	输入功率：0.57%，管电压：1.32%	

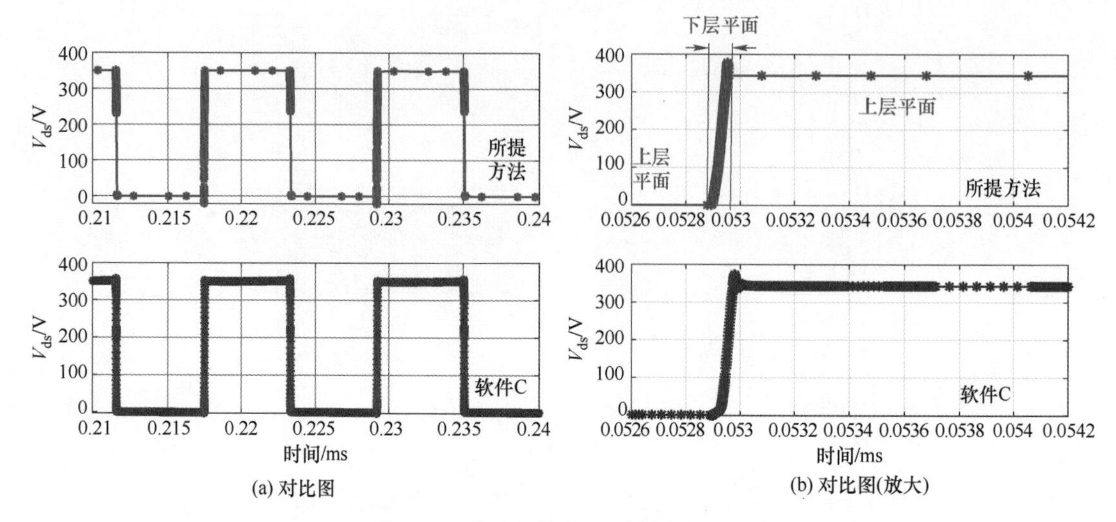

图 3.30　方法和软件 C 计算点数对比

第 4 章 离散状态事件驱动仿真解算

建立准确的动力学模型后，开展有效的仿真解算成为实现动力学表征的关键。然而，由于电力电子混杂系统不同状态变量变化过程的时间常数量级差异极大，数值矩阵刚性问题突出，基于时间步长驱动的仿真机制和技术面临求解发散的难题；同时，大量离散事件的频繁发生导致常规方法的仿真时间步长难以与离散事件及其小时间尺度瞬变过程有效匹配，只能采用极小的时间离散步长缓慢计算并花费大量冗余计算用于事件定位，造成求解速度很慢。

为此，本章论述适合混杂系统仿真解算的新方法：离散状态事件驱动（Discrete State Event-Driven，DSED）方法。首先介绍离散状态事件驱动仿真框架；其次分别讨论在事件驱动框架下，基于状态事件开展状态离散的仿真解算与事件驱动仿真机制；再次将 DSED 框架拓展到刚性系统的解算，讨论事件驱动下的刚性电力电子混杂系统解算方法；最后通过仿真算例与实验评估算法的正确性与高效性。

4.1 离散状态事件驱动仿真框架

电力电子混杂系统的离散状态事件驱动仿真框架中，连续状态基于状态变量法进行建模，离散事件定义为仿真计算的触发源，如图 4.1 所示。

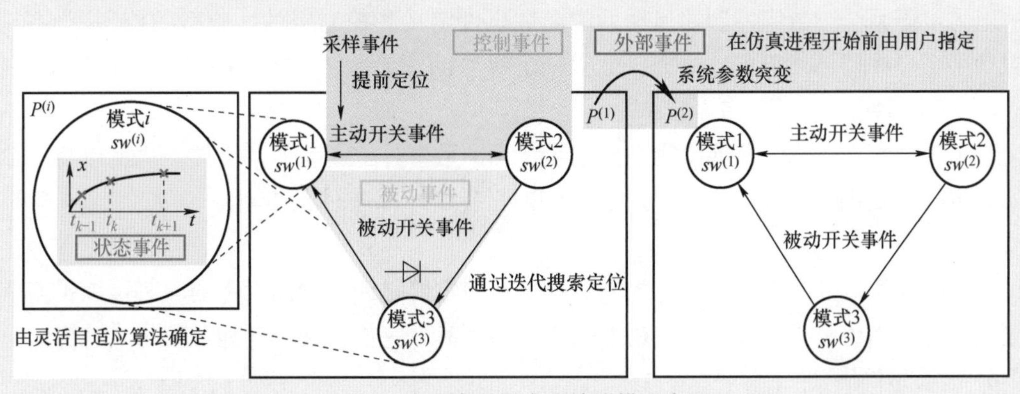

图 4.1　电力电子混杂系统建模示意图

4.1.1 连续状态仿真解算

在从 $t=t_k$ 时刻到 $t=t_k+1$ 时刻的第 k 个仿真间隔中，电力电子系统可被建模为线性时不变（Linear Time-Invariant，LTI）系统，并可由如式（4-1a）所示的状态方程（一组 n 个一阶常微分方程组）、如式（4-1b）所示的输出方程（一组 m 个代数方程组）和如式（4-1c）所示的阈值方程（一组 m_2 个代数方程组）进行数学描述。

$$\begin{cases}\dot{\boldsymbol{x}}(t)=\boldsymbol{A}_k\boldsymbol{x}(t)+\boldsymbol{B}_k\boldsymbol{u}(t),t_k<t\leqslant t_{k+1} & (4\text{-}1\text{a})\\ \boldsymbol{y}(t)=\boldsymbol{C}_k\boldsymbol{x}(t)+\boldsymbol{D}_k\boldsymbol{u}(t),t_k<t\leqslant t_{k+1} & (4\text{-}1\text{b})\\ \boldsymbol{y}_2(t)=\boldsymbol{c}_{th} & (4\text{-}1\text{c})\end{cases}$$

式中，$\boldsymbol{x}$ 为一个包含一组独立状态变量的 $n\times1$ 向量；$\boldsymbol{y}$ 为一个代表 m 个输出变量的 $m\times1$ 向量；$\boldsymbol{u}$ 为一个代表 l 个输入变量的 $l\times1$ 向量；$\boldsymbol{A}_k$、$\boldsymbol{B}_k$、$\boldsymbol{C}_k$ 和 $\boldsymbol{D}_k$ 是由系统拓扑与参数决定的系统矩阵。输出向量 $\boldsymbol{y}$ 由两部分组成：①一个显示向量 $\boldsymbol{y}_1$，它由一组用户感兴趣因而需要进行波形显示的 m_1 个输出变量组成；②一个触发向量 $\boldsymbol{y}_2$，它由一组用于检测被动事件的 m_2 个输出变量组成。当 $\boldsymbol{y}_2$ 中的任意一个元素越过其在阈值向量 $\boldsymbol{c}_{th}$ 对应的阈值条件时，将会触发一次被动事件。系统矩阵可以表示为开关状态向量 $\boldsymbol{sw}_k$ 和系统参数向量 $\boldsymbol{P}_k$ 的函数：

$$M_k=M(\boldsymbol{sw}_k,\boldsymbol{P}_k),M=A,B,C,D \tag{4-2}$$

系统矩阵 $\boldsymbol{A}_k$、$\boldsymbol{B}_k$、$\boldsymbol{C}_k$ 和 $\boldsymbol{D}_k$ 可由计算机自动列写，具体列写方法在本书第 5 章阐述。

4.1.2 离散事件体系架构

在 DSED 仿真框架下，仿真计算由离散事件自动触发。电力电子系统中的离散事件可以分为以下四类。

1. 状态事件

在 DSED 仿真框架中，连续状态的数值积分基于事件离散的视角进行。在该视角下，在某一仿真步中，随着仿真步长的增大，当该步的数值误差超过用户设定的误差容限时，触发一次状态事件。

2. 控制事件

电力电子系统中数字控制器所触发的离散事件定义为控制事件。典型的控制事件包括：可控功率半导体器件（例如：MOSFET、IGBT 等）的开关事件、数字控制器的采样事件等。

3. 外部事件

发生时刻可在仿真开始前由用户提前设定的离散事件定义为外部事件，之所以将其命名为外部事件，是因为它们通常都涉及电力电子系统外部条件的变化，例如负载与电源的突变。

以上的三类事件为主动事件，之所以这样命名主要是因为它们发生的时刻可以提前获知并被预安排。当仿真进程到达它们将要发生的时刻时，它们将会自动地触发仿真计算。

4. 被动事件

与主动事件不同，被动事件所发生的时刻不能被提前获知，而只能通过判断系统状态是

否越过其对应的阈值条件进行检测，并通过迭代搜索进行定位。不可控功率半导体器件（例如二极管等）的开关事件与系统的故障事件等都属于被动事件。

4.2　状态离散仿真算法

在 DSED 仿真框架中，需要分别针对混杂系统中的连续状态变量开展数值积分（在 DSED 仿真中由状态事件触发）和离散事件变量开展仿真解算（在 DSED 中仿真中由控制事件、外部事件、被动事件等触发）。本节首先讨论连续状态的数值积分，即如何在事件驱动框架下，基于状态事件开展状态离散的仿真解算。

4.2.1　灵活自适应状态离散算法

为实现状态离散的仿真解算，首先论述一种变步长变阶数的灵活自适应（FA）数值积分算法。该算法通过充分利用状态方程的递归性质，能够方便地得到状态变量的各阶时间导数，并基于这些导数进行自适应的阶数选择与步长调整。由于该自适应调整机制完全嵌入于数值积分的过程中，阶数选择与步长调整不会引入额外的计算量，从而可以高效实现状态事件的产生与判定。

4.2.1.1　变步长变阶数积分算法的优势

基于算法的灵活性，可将数值积分算法分为如下的四类：

1）定步长定阶数（Fixed-Step Fixed-Order，FSFO）算法，例如：Simulink 中的 ode1 与 ode4 算法。

2）定步长变阶数（Fixed-Step Variable-Order，FSVO）算法。

3）变步长定阶数（Variable-Step Fixed-Order，VSFO）算法，例如：Simulink 中的 ode45 算法与 PLECS 中的 DOPRI 算法。

4）变步长变阶数（Variable-Step Variable-Order，VSVO）算法。

大部分传统商业仿真软件仅能提供 FSFO 算法与 VSFO 算法，而无法提供 VSVO 算法。尽管针对一般形式的常微分方程（ODE）数值解问题的 FSFO 算法与 VSFO 算法在数学上已经得到了充分与完善的研究，但对于电力电子系统仿真而言，它们并不是最为高效的数值算法。事实上，在电力电子系统仿真问题中，VSVO 算法相较于另外三类算法表现出显著的优势。

1. 定步长算法的不足

由于电力电子系统中的系统状态总是处于动态变化之中，整个仿真过程通常既包括状态变量的快速变化过程，也包括其缓慢变化过程。如果一个数值积分算法的步长在整个仿真过程中是固定的，那么该步长就需要足够小，以准确地刻画状态变量的快速变化过程。不幸的是，采用这样小的步长对大时间尺度的系统级动态过程进行仿真通常十分耗时。因此，定步长算法（包括 FSFO 算法与 FSVO 算法）在电力电子系统仿真中所表现出的仿真效率一般较低。

2. VSVO 算法相较于 VSFO 算法的优势

当采用 VSFO 算法进行仿真计算时，每个仿真步的步长将会根据该步的局部截断误差（Local Truncation Error，LTE）估计值进行自适应的调整，一般将其选取为，使该步的局部截断误差估计值恰好被限制在用户指定的误差容限以下的最大值，而算法阶数在仿真过程中保持不变。在纯连续系统（例如不含开关器件的 RLC 网络）仿真中，由于仿真步长可以由积分算法根据自适应的误差控制进行独立调节，VSFO 算法一般表现出良好的性能。但在电力电子系统仿真中，由于离散事件的存在，仿真步长不能由数值积分算法独立决定，还需要取决于相邻两次离散事件的时间间隔。事实上，只要用户指定的精度要求不是特别高，仿真步长通常都不再由积分算法决定，而主要由离散事件的时间间隔决定。

概括之，设计变阶数算法的主要原因为：①当相邻两次离散事件的时间间隔较短时，由于此时步长已经被限制得足够小，采用较低的阶数即可将该步的数值误差控制在用户要求的误差容限以下，同时采用较低的阶数也可以降低该步的数值积分计算量；②当相邻两次离散事件的时间间隔较长时，提高算法的阶数可以增大该步为满足精度要求而允许采用的最大步长，从而减少计算点数。由于积分算法阶数的提高并不会导致单步数值积分计算量的大幅增加，采用较高阶数、较少的计算点数对系统状态进行数值仿真，通常会比采用较低阶数、较多的计算点数对系统状态进行数值仿真更加高效。因此，如果一个数值积分算法可以同时自适应地调整其阶数与步长，它将会具有更高的仿真计算效率。

以图 4.2 所示的仿真过程为例，步长 $\Delta t_{1(\mathrm{VSFO})}$ 被相邻两次开关事件 1 与 2 所限制。若采用 VSFO 算法，则该步的实际误差将会远低于用户指定的误差容限，即精度过高，实际上是不必要的。与 VSFO 算法不同，VSVO 算法在这一步降低了它的阶数，因此可以用更少的计算量达到相同精度要求。另一方面，当相邻两次离散事件的时间间隔较长时，例如开关事件 2 与 3，VSVO 算法可以通过提高自身阶数来增大仿真步长，以此减少计算点数。因此，同时调整阶数与步长的能力使 VSVO 算法能以更少的计算量达到与 VSFO 算法相同的解算精度。

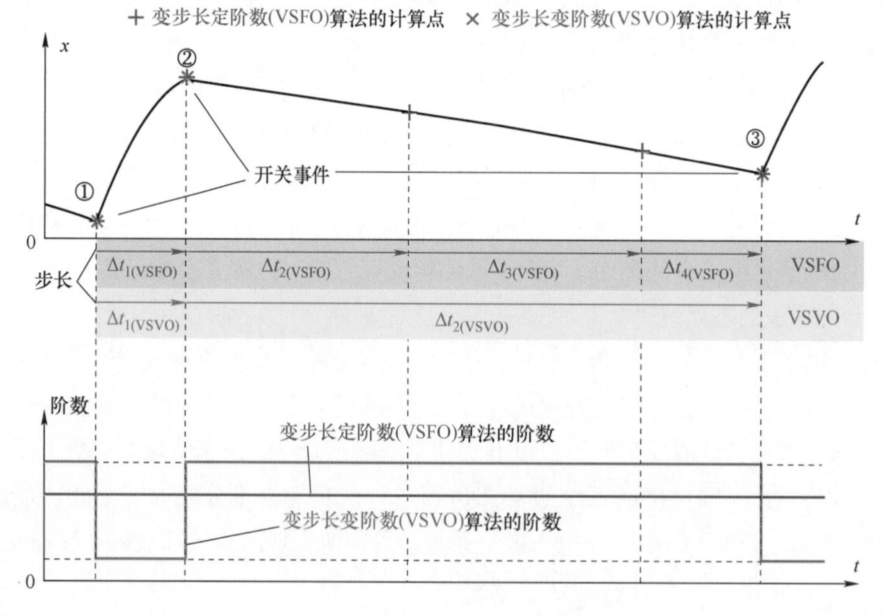

图 4.2 变步长变阶数（VSVO）积分算法相较于变步长定阶数（VSFO）积分算法的优势

4.2.1.2 状态方程的递归性质

在如式（4-1a）所示用来描述线性时不变（LTI）系统的状态方程中，$\boldsymbol{A}_k$ 与 $\boldsymbol{B}_k$ 为时不变的常矩阵。基于这一特征，如式（4-3）所示的递归形式可以被应用于状态方程，从而推导状态向量的各阶导数为

$$\boldsymbol{x}^{(i)}(t)=A_k\boldsymbol{x}^{(i-1)}(t)+B_k\boldsymbol{u}^{(i-1)}(t),i\geqslant 1 \tag{4-3}$$

式中，$\boldsymbol{x}^{(i)}(t)$和$\boldsymbol{u}^{(i)}(t)$分别为状态向量 $\boldsymbol{x}$ 与输出向量 $\boldsymbol{u}$ 的第 i 阶时间导数。

值得指出的是，在电力电子系统中，输入向量通常由独立源（例如：带有谐波的正弦电源与直流电源）组成，因而它通常可以表示为时间的显式函数 $\boldsymbol{u}=\boldsymbol{u}(t)$。因此，输入向量的各阶时间导数 $\boldsymbol{u}^{(i)}(t)(i\geqslant 0)$可以很容易地求得。

4.2.1.3 自适应的阶数选择与步长调整机制

基于泰勒级数展开式，状态方程在 $t=t_k+1$ 时刻的数值解可以表示为

$$x_{k+1}=x_k+\sum_{i=1}^{p}\frac{x_k^{(i)}}{i!}\Delta t_k^i \tag{4-4}$$

式中，Δt_k 表示第 k 步的步长，且 $\Delta t_k=t_{k+1}-t_k$；$x_k^{(i)}$ 表示 $t=t_k$ 时刻状态变量 $x(t)$ 的第 i 阶时间导数。

由于泰勒级数被从第 p 阶项后截断，因此 $t=t_k$ 时刻的局部截断误差即为阶数高于 p 阶的项之和，并且可以被近似为其中的局部截断误差主项，即第 $p+1$ 阶项为

$$\varepsilon_k=\frac{x_k^{(p+1)}}{(p+1)!}\Delta t_k^{p+1}+O(\Delta t_k^{p+2})\approx\frac{x_k^{(p+1)}}{(p+1)!}\Delta t_k^{p+1} \tag{4-5}$$

基于如式（4-5）所示的局部截断误差估计，可以建立一种自适应的阶数选择与步长调整机制。在该机制下，用于阶数选择与步长调整的计算过程完全嵌入于数值积分的过程中，不产生额外的计算量。该机制的流程图如图 4. 3 所示。

首先，找出所有控制事件与外部事件中下一次将要最先发生的事件，给出一个初步的步长估计。在步骤 1 中，$\Delta t_{k,\mathrm{ctr}}$与 $\Delta t_{k,\mathrm{ext}}$分别为当前时刻 t_k 到下一次将要最先发生的控制事件与外部事件的时间间隔，$\Delta t_{\max}$为用户设定的最大仿真步长。其次，通过如式（4-3）所示的递归性质推导系统状态的各阶导数。定义第 i 阶增量 $\Delta_i x_k$ 为泰勒级数的第 i 阶项为

$$\Delta_i x_k=\frac{x_k^{(i)}}{i!}\Delta t_k^i \tag{4-6}$$

该增量既可以用于精度评估，也可以用于数值积分，在将它与绝对误差容限$abstol_k$ 经过比较以进行精度评估后，数值积分的最优的阶数与步长可以被找出。此外，定义积分算法的阶数上限 $q_{\max}$，以防止算法的阶数过高。

对于一个 n 维状态向量 $\boldsymbol{x}_k=[x_{k,1},\ x_{k,2},\ \cdots,\ x_{k,n}]^{\mathrm{T}}$，步骤 2 至步骤 4 应该被执行于其中的每一个元素，以确定该步的最优阶数与步长。只有当所有元素的精度要求都被满足时，整个状态向量的精度评估才能通过。

灵活自适应算法的高效性在于，它能够将增量同时用于数值积分和自适应的阶数与步长调整。一方面，$\Delta_i x_k$ 是式（4-4）中的第 i 阶项，可以被用于数值积分；另一方面，基于

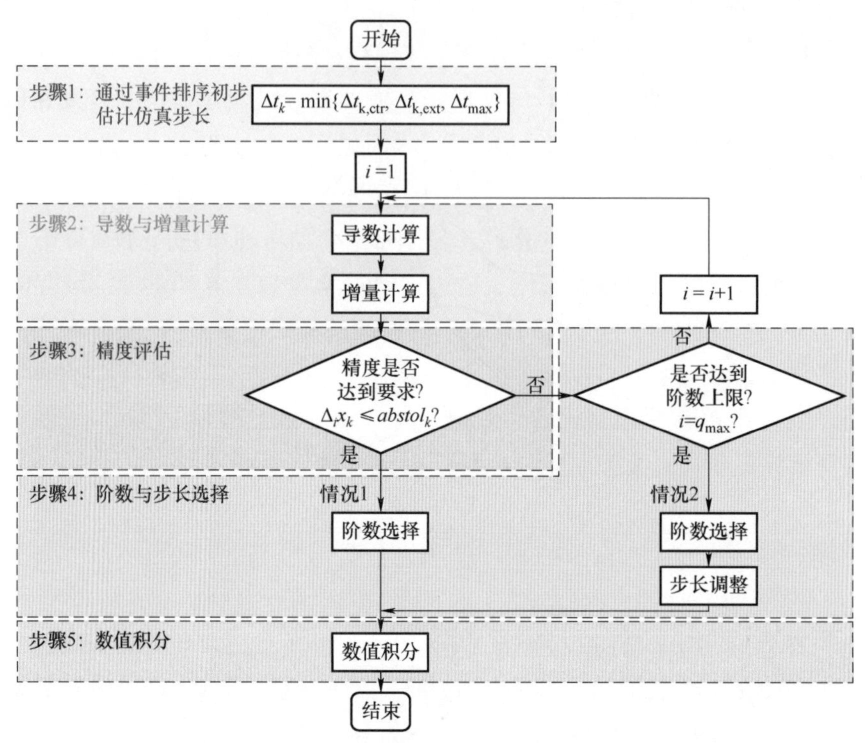

图 4.3　灵活自适应数值积分算法流程图

式（4-5），$\Delta_i x_k$ 可以作为 $i-1$ 阶算法局部阶段误差的一种估计，并被直接用于自适应的阶数与步长调整。因此，只要能够在阶数上限 $q_{\max}$ 以内满足精度要求，该自适应调整方法便不会引入额外的计算量。

表 4.1 为 Dormand-Prince 算法与灵活自适应算法的计算量比较，从中可以看出，p 阶灵活自适应算法的计算量仅为 Dormand-Prince 算法（即 Simulink 中的 ode45 算法与 PLECS 中的 DOPRI 算法）的 $p/13$。例如，Dormand-Prince 算法与 3、4、5、6 阶灵活自适应算法的计算量之比分别为 4.33、3.25、2.60 与 2.17。

表 4.1　Dormand-Prince 算法与灵活自适应算法的计算量比较

进行自适应数值积分所需的单步计算量	Dormand-Prince 算法		p 阶灵活自适应算法	
	计算量	归一化计算量	计算量	归一化计算量
加法计算次数	$13n(n+l)+22n+11$	$13/p$	$pn(n+l)-pn$	1
乘法计算次数	$13n(n+l)+49n+60$	$13/p$	$pn(n+l)+pn+p(p+1)/2$	1

4.2.1.4　数值稳定性分析

本节基于稳定域方法，研究灵活自适应算法的数值稳定性。稳定域是一种用于研究常微分方程初值问题稳定性的标准工具，一般而言，稳定域越大的积分算法的数值稳定性越好。将 p 阶灵活自适应算法应用于 Dahlquist 试验方程 $x'=\lambda x$，就可以得到它的稳定性函数

$$\boldsymbol{R}(z)=1+\sum_{i=1}^{p}\frac{z^{i}}{i!} \tag{4-7}$$

可以观察到，p 阶的灵活自适应算法的稳定性函数与 p 阶的龙格-库塔方法相同。基于式（4-7），可以画出 3、4、5 与 6 阶灵活自适应算法的稳定域，如图 4.4a 所示。图 4.4 中展示了显式的 Dormand-Prince 算法（即 Simulink 中的 ode45 算法与 PLECS 中的 DOPRI 算法）以及隐式的后向差分公式（Backward Differentiation Formula，BDF）与 Adams-Moulton 方法的稳定域，以供与灵活自适应算法的稳定域进行比较。

从图 4.4a 中可以观察发现，灵活自适应算法的阶数越高，它的稳定域越大，数值稳定性就越好。p 阶的灵活自适应算法的稳定域与 p 阶的龙格-库塔方法相同，6 阶的灵活自适应算法的稳定域与 Dormand-Prince 算法的稳定域相同。因此可以认为，灵活自适应算法具有与 Dormand-Prince 算法相似的数值稳定性。此外，如图 4.4b 所示，由于灵活自适应算法同 Dormand-Prince 算法一样是一种显式方法，它的稳定域通常小于隐式方法（例如：BDF 与 Adams-Moulton 方法等），这些隐式方法是专门为刚性问题设计的。因此，灵活自适应算法一般不适用于求解刚性问题。

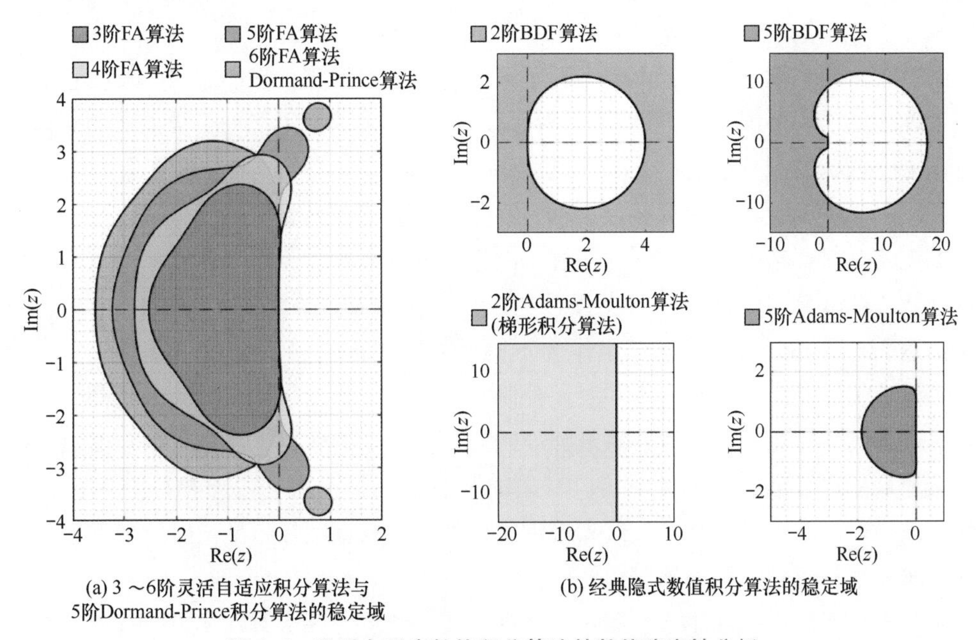

(a) 3～6阶灵活自适应积分算法与5阶Dormand-Prince积分算法的稳定域　(b) 经典隐式数值积分算法的稳定域

图 4.4　灵活自适应数值积分算法的数值稳定性分析

4.2.2　解耦型状态离散算法

根据以上讨论的基于泰勒展开的灵活自适应积分算法，可以对电力电子系统的连续状态变量进行变步长、变阶数的积分求解，算法第 k 步对于某一连续状态变量积分的局部截断误差估计为

$$\varepsilon_k \approx \frac{x_k^{p+1}}{(p+1)!}\Delta t_k^{p+1} \tag{4-8}$$

式中，ε_k 是局部截断误差；x_k 是第 k 步起始时的状态变量积分值；p 是算法阶数；Δt_k 是第 k 步的步长。

然而，对于大容量、大规模电力电子系统，其状态空间维数很高，系统独立状态变量的个数通常是几十、几百甚至上千个。直接使用 FA 算法将导致矩阵维数很高，仿真计算量极大，连续状态积分求解速度很慢。针对这一问题，进一步论述针对大规模电力电子系统的状态变量接口解耦型状态离散（State-Variable-Interfaced-Decoupling Discrete State，SVID-DS）积分算法，以解决大规模状态变量系统连续状态数值积分求解速度慢的问题。

对于 p 阶精度的 FA 算法，每一步长的乘法次数为

$$\mathrm{NoM}=pn^2+p(l+1)n+p(p+1)/2 \tag{4-9}$$

式中，NoM 是算法的单步乘法次数（Number of Multiplications，NoM）；n 是系统状态变量个数（状态向量 $\boldsymbol{x}$ 的长度）；l 是系统输入变量个数（输入向量 $\boldsymbol{u}$ 的长度）。

从中可以看出，当 n 增加时，NoM 呈现二次方关系迅速增加。相反地，如果可以将系统分割成若干个子系统，降低每个子系统 n 的大小，则总体而言 NoM 的次数可以大大降低，相当于将平方关系转化为求和关系。因此，基于电路划分的系统解耦可以有效降低大规模系统数值积分的计算量。

然而，在常规解耦方法中，由于不同子系统之间独立解算，它们之间的接口不能被及时更新，只能被当成一个固定值。换言之，在每一步计算中，使用上一步结束时的接口变量数值进行各个子系统的积分求解，之后再更新接口变量的值，因此在接口变量处产生了“一差拍”延迟。这不仅会影响求解精度，而且严重时还会导致数值稳定性问题。

为了在完全保证精度的前提下利用解耦的方法降低计算量，本节论述一种状态变量接口的解耦型状态离散算法。该方法的主要思想是将大规模系统在状态变量处（电容电压、电感电流）进行电路划分，以状态变量作为不同子系统之间的接口变量，并对接口变量进行与状态变量求解相类似的状态离散和误差控制：即，在接口变量误差较大时提高接口变量阶数或者引入新的计算点，在接口变量足够准确时不进行新的解算，从而将接口变量的离散也纳入状态变量的离散准则中，保证接口变量的及时更新，根除“一差拍”延迟的问题。具体实现方式是以高阶泰勒展开多项式来逼近接口变量，并保证接口变量的阶数与积分算法阶数相同，从而使得解耦不引入任何额外误差。

下面首先介绍算法的具体数学形式和实现方式，然后对其求解效率进行理论分析，给出解耦不引入任何额外误差的理论证明，研究算法的计算机自动化实现方法，最后进行相关讨论。

4.2.2.1 接口电路划分方法

解耦算法的第一步是在状态变量处对电路进行划分，如图 4.5 所示（以电容电压为例）。如果两个或多个子系统并联在一个电容两端，则它们可以被划分成两个或多个不同的子系统，以电容电压作为接口变量，这里的电容电压接口变量被等效为一个电压源，但需要注意的是这不是一个恒定电压源，而应该理解为一个时变电压源，其电压值与电容电压（状态变量的值）时刻相等。这一接口变量的数学形式将在下一节具体给出。

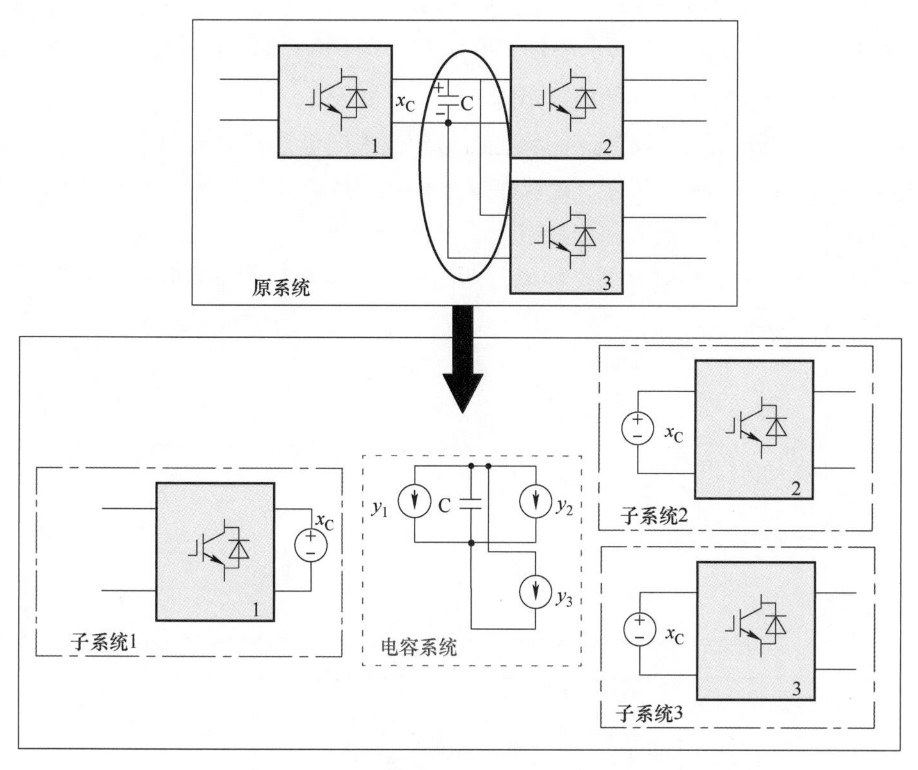

图 4.5　以电容电压为接口的子系统划分

在图 4.5 中可以看出，原系统被划分成了四个部分，分别是三个子系统（subsystem），即原来并联在电容两端的系统，和一个电容系统（cap-system），即原来的电容。与之类似，与电感串联的系统也可被划分成多个子系统，其数学形式与电容并联子系统的划分完全对偶。为简单起见，以下推导都以电容并联子系统为例。

下面给出子系统划分的一般数学形式。对于一个原先具有 n 个状态变量的大系统，其状态方程为

$$\dot{\boldsymbol{x}}=\boldsymbol{A}\boldsymbol{x}+\boldsymbol{B}\boldsymbol{u} \tag{4-10}$$

式中，状态向量 $\boldsymbol{x}$ 是 $n\times1$ 的向量；输入向量 $\boldsymbol{u}$ 是 $m\times1$ 的向量；状态矩阵 $\boldsymbol{A}$ 是 $n\times n$ 的矩阵，输入矩阵 $\boldsymbol{B}$ 是 $n\times m$ 的矩阵。

将原来的大系统划分为 N_1 个子系统和 N_2 个电容系统。对于子系统 i，假设其维数（独立状态变量个数）为 n_i；对于电容系统，为简单起见，设其永远只有一个独立状态变量（电容电压）。因此有

$$n=\sum_{i=1}^{N_1} n_i+N_2 \tag{4-11}$$

对子系统 i 和电容系统 j，其状态方程分别为

$$\dot{\boldsymbol{x}}_i=\boldsymbol{A}_i\boldsymbol{x}_i+\boldsymbol{B}_i\boldsymbol{u}_i+\boldsymbol{E}_i\boldsymbol{v}_i \tag{4-12}$$

$$\dot{\boldsymbol{x}}_j=\boldsymbol{A}_j\boldsymbol{x}_j+\boldsymbol{B}_j\boldsymbol{u}_j+\boldsymbol{E}_j\boldsymbol{w}_j \tag{4-13}$$

式（4-12）中，$\boldsymbol{x}_i$ 和 $\boldsymbol{u}_i$ 是子系统 i 的状态向量和输入向量；$\boldsymbol{v}_i$ 是子系统 i 的接口向量，其中的每个元素都是子系统 i 的一个接口变量，也就是另一个电容系统的电容电压；$\boldsymbol{A}_i$、$\boldsymbol{B}_i$ 和 $\boldsymbol{E}_i$ 是相对应的状态矩阵、输入矩阵和接口矩阵。

式（4-13）中，$\boldsymbol{x}_j$ 和 $\boldsymbol{u}_j$ 是电容系统 j 的状态向量和输入向量，其中 $\boldsymbol{x}_j$ 通常只包含一个元素；$\boldsymbol{w}_j$ 是电容系统 j 的接口向量，其每个元素都是另一个子系统引入的电流源接口；$\boldsymbol{A}_j$、$\boldsymbol{B}_j$ 和 $\boldsymbol{E}_j$ 是相对应的状态矩阵、输入矩阵和接口矩阵。

例如，图 4.6 示出了一个 H 桥变换电路所对应的子系统和相应的电容系统状态方程。

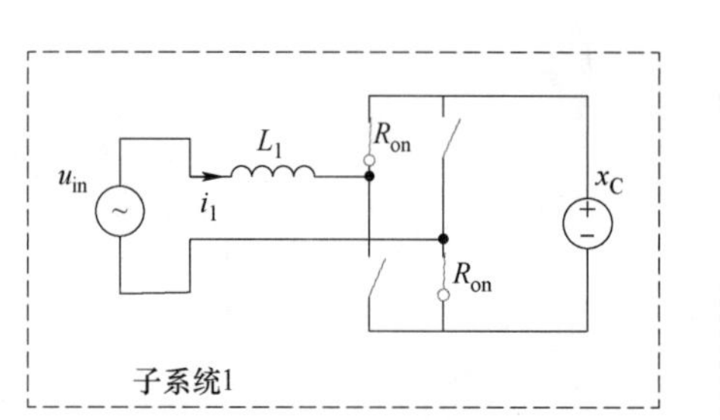

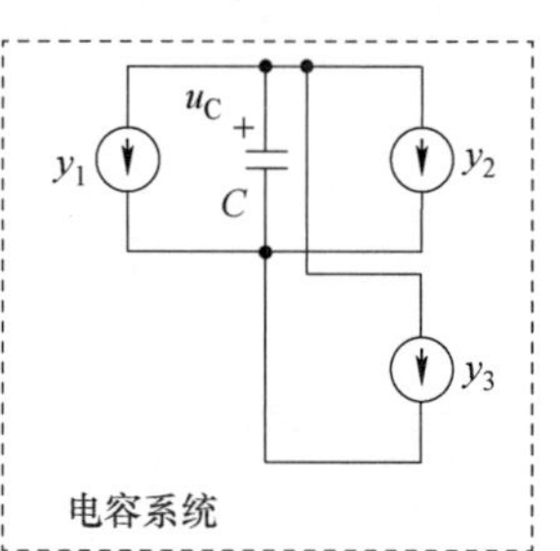

子系统1		
$\boldsymbol{x}_1=[i_1]$	$\boldsymbol{u}_1=[u_{in}]$	$\boldsymbol{v}_1=[x_C]=[u_C]$
$\boldsymbol{A}_1=[2R_{on}/L_1]$	$\boldsymbol{B}_1=[1/L_1]$	$\boldsymbol{E}_1=[-1/L_1]$

电容系统		
$\boldsymbol{x}=[u_C]$	$\boldsymbol{u}=[0]$	$\boldsymbol{w}=[y_1\ y_2\ y_3]^T\ y_1=-i_1$
$\boldsymbol{A}=[0]$	$\boldsymbol{B}=[0]$	$\boldsymbol{F}=[-1/C\quad -1/C\quad -1/C]^r$

图 4.6　H 桥变换器子系统和相应的电容系统状态方程

对于子系统 i 和电容系统 j，其接口方程表述为

$$\boldsymbol{v}_i(\alpha)=\boldsymbol{x}_j \tag{4-14}$$

$$\boldsymbol{w}_j(\alpha)=\boldsymbol{y}_i(\beta) \tag{4-15}$$

其中，式（4-14）表示，子系统 i 接口变量 $\boldsymbol{v}_i$ 的每个元素（例如第 α 个元素）等于某个电容系统（例如电容系统 j）的状态变量。式（4-15）表示，电容系统 j 接口变量 $\boldsymbol{w}_j$ 的每个元素（例如第 α 个元素）等于另一个子系统（例如子系统 i）输出变量（例如 $\boldsymbol{y}_i$）的某个元素（例如第 β 个元素）。

子系统 i 的输出方程表述为

$$\boldsymbol{y}_i=\boldsymbol{C}_i\boldsymbol{x}_i+\boldsymbol{D}_i\boldsymbol{u}_i+\boldsymbol{G}_i\boldsymbol{v}_i \tag{4-16}$$

其中 $\boldsymbol{C}_i$、$\boldsymbol{D}_i$ 和 $\boldsymbol{G}_i$ 是相对应的矩阵。

式（4-12）~式（4-16）描述了解耦后系统的一般数学模型，图 4.7 是此模型的图示。为了保证精度的同时提高解算速度，解耦算法的核心就在于准确和及时地更新接口变量 $\boldsymbol{v}_i$ 和 $\boldsymbol{w}_j$。下节将详细介绍如何对接口变量进行误差控制和准确更新。

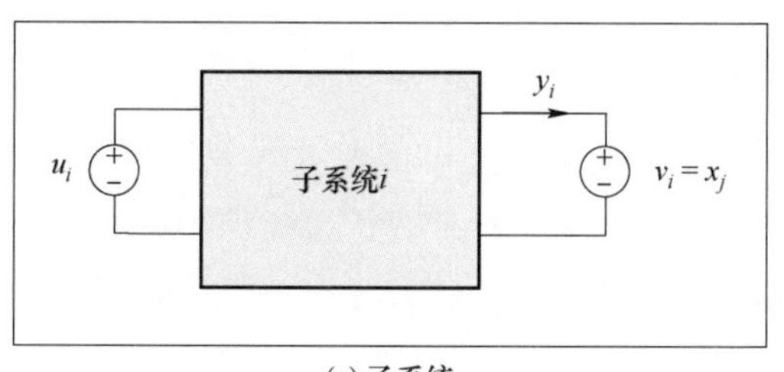

(a) 子系统

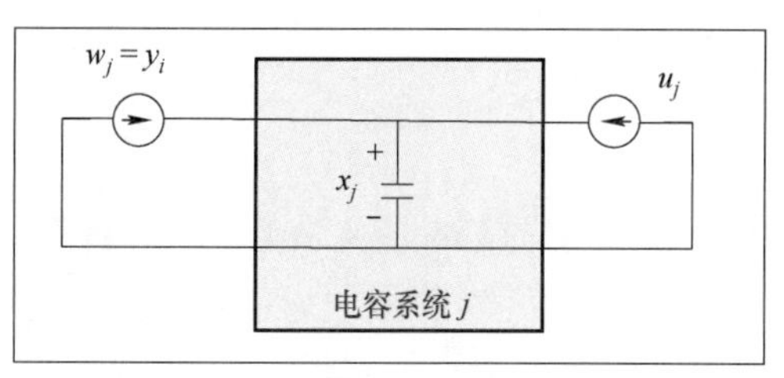

(b) 电容系统

图 4.7　解耦系统的一般形式

4.2.2.2　状态变量接口解耦型积分算法

在 FA 算法中，第 k 步状态变量的积分公式为

$$\boldsymbol{x}_{k+1}=\boldsymbol{x}_k+\sum_{r=1}^{p}\frac{\boldsymbol{x}_k^{(r)}}{r!}\Delta t_k \tag{4-17}$$

式中，$\boldsymbol{x}_{k+1}$和$\boldsymbol{x}_k$ 分别是 $t=t_{k+1}$和 $t=t_k$ 时刻状态变量的数值解，$\Delta t_k=t_{k+1}-t_k$ 是积分时间步长，$\boldsymbol{x}_k^{(r)}$ 是状态变量在 $t=t_k$ 时刻的 r 阶时间导数，p 是算法阶数。

其中，利用线性状态方程的递归形式，可以得到高阶导数的计算公式为

$$\boldsymbol{x}^{(r+1)}(t)=\boldsymbol{A}\boldsymbol{x}^{(r)}(t)+\boldsymbol{B}\boldsymbol{u}^{(r)}(t) \tag{4-18}$$

与此同时，算法每一步的局部截断误差为

$$\varepsilon_{\mathrm{k}}=\frac{\boldsymbol{x}_k^{(p+1)}}{(p+1)!}\Delta t_k^{p+1}+O(\Delta t_k^{p+2})\approx\frac{\boldsymbol{x}_k^{(p+1)}}{(p+1)!}\Delta t_k^{p+1} \tag{4-19}$$

在大规模系统中应用 FA 算法进行连续状态的积分求解，面临的一大问题是 $\boldsymbol{A}$ 和 $\boldsymbol{B}$ 矩阵维数很高，导致利用式（4-18）计算导数和高阶导数计算量很大。解耦算法通过将大系统划分为若干子系统和电容系统，降低了每个子系统和电容系统的矩阵维数，使得导数计算和积分求解可以在一种解耦的模式下进行。即，当计算子系统 i 内的状态变量时，算法只考虑子系统 i 内部状态变量、输入变量及其接口变量 $\boldsymbol{v}_{\mathrm{i}}$，其他外部变量的影响均体现在接口变量上，如式（4-12）所示；对电容系统 j 类似。因此，在这一解耦算法中，对接口实施状态离散和误差控制是最重要的；其中状态离散的概念已在第 2 章进行了说明，即，以接口变量的离散代替时间的离散，以接口变量是否发生大的变化、仿真求解是否准确、误差控制是否足够来决定是否需要解算和是否产生新的仿真离散点，以此代替时间的离散。

具体实现层面，将接口变量表征为高阶泰勒多项式

$$\boldsymbol{v}_{i,k+1}=\boldsymbol{v}_{i,k}+\sum_{r=1}^{p}\frac{\boldsymbol{v}_{i,k}^{(r)}}{r!}\Delta t_k^r \tag{4-20}$$

$$\boldsymbol{w}_{j,k+1}=\boldsymbol{w}_{j,k}+\sum_{r=1}^{p}\frac{\boldsymbol{w}_{j,k}^{(r)}}{r!}\Delta t_k^r \tag{4-21}$$

即，算法阶数为 p 时，需考虑接口变量的 $1\sim p$ 阶导数，构造泰勒多项式，以准确表征接口变量在一个步长内的变化情况。接口变量高阶导数的计算公式为

$$\boldsymbol{v}_{i,k}^{(r)}(\alpha)=\boldsymbol{x}_{j,k}^{(r)} \tag{4-22}$$

$$\boldsymbol{w}_{j,k}^{(r)}(\alpha)=\boldsymbol{y}_{i,k}^{(r)}(\beta) \tag{4-23}$$

$$\boldsymbol{y}_{i,k}^{(r)}=\boldsymbol{C}_i\boldsymbol{x}_{i,k}^{(r)}+\boldsymbol{D}_i\boldsymbol{u}_{i,k}^{(r)}+\boldsymbol{G}_i\boldsymbol{v}_{i,k}^{(r)} \tag{4-24}$$

从式（4-22）~式（4-24）中可以看出，子系统 i 接口变量 $\boldsymbol{v}_i$ 的时间导数仅仅是状态变量 $\boldsymbol{x}_j$ 的函数。显而易见，这是由于电路划分时选择了以电容电压作为子系统 i 的接口，即“状态变量接口”。因此，对子系统 i 的导数计算和积分求解将具有较简单的形式，即式（4-12）和式（4-22）。考虑到算法利用了线性状态方程的递归形式，在计算状态变量 $\boldsymbol{x}$（无论是子系统 i 中的状态变量还是电容系统 j 中的状态变量）的 $r+1$ 阶导数时，其 r 阶导数是已经计算过的，因此更新接口变量 $\boldsymbol{v}_i$ 不需要额外的计算量。所以，只要在算法中保证如下顺序：首先更新接口变量 $\boldsymbol{v}_i$ 并解算子系统 i，此后再更新接口变量 $\boldsymbol{w}_j$ 并解算电容系统 j，那么就可以保证所有的接口变量均得到了及时更新和有效的误差控制，解耦算法不引入任何误差。

具体而言，算法的解算顺序为（见图 4.8）：

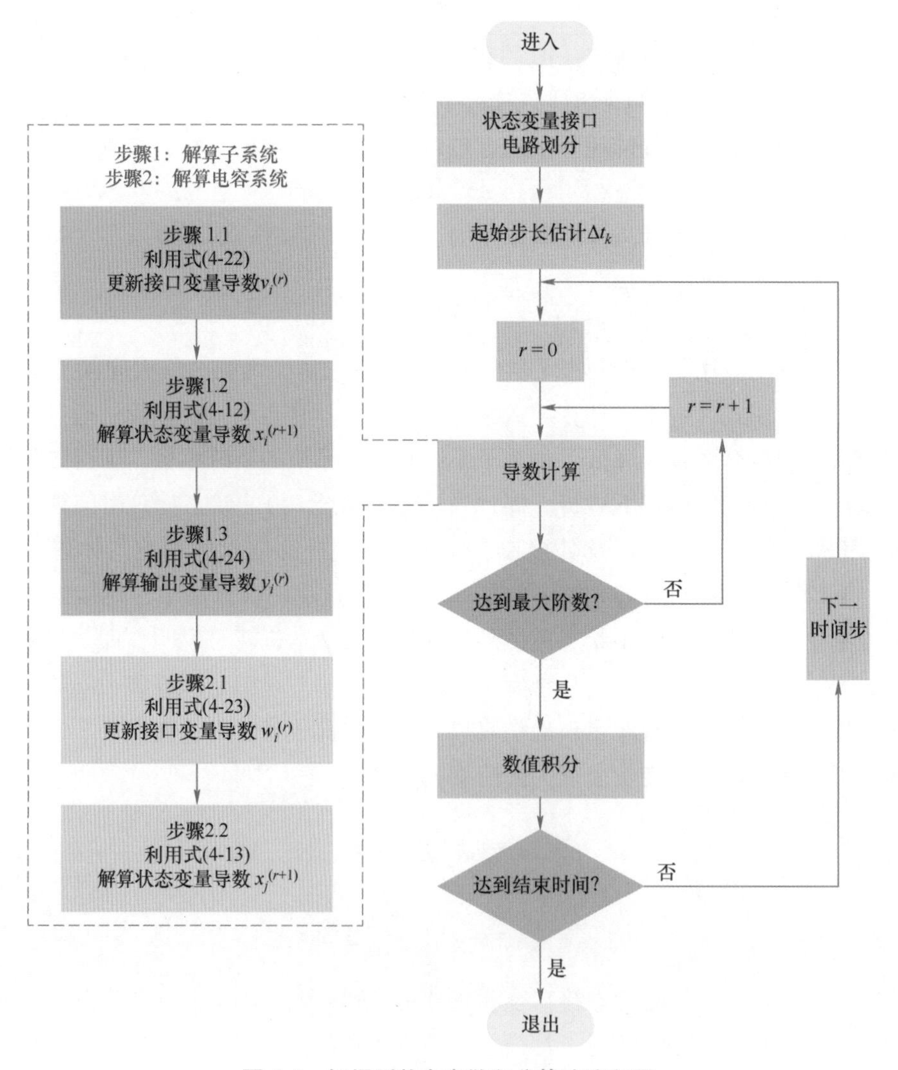

图 4.8　解耦型状态离散积分算法流程图

1）利用式（4-22），更新所有子系统的接口变量，即 $\boldsymbol{v}_i$ 的 r 阶时间导数。

2）利用式（4-12），解算所有子系统状态变量，即 $\boldsymbol{x}_i$ 的（r+1）阶时间导数。

3）利用式（4-24），解算所有子系统输出变量，即 $\boldsymbol{y}_i$ 的 r 阶时间导数。

4）利用式（4-23），更新所有电容系统的接口变量，即 $\boldsymbol{w}_j$ 的 r 阶时间导数。

5）利用式（4-13），解算所有电容系统状态变量，即 $\boldsymbol{x}_j$ 的（r+1）阶时间导数。

重复上述流程（见图 4.8），从阶数 $r=0$ 到阶数 $r=p$，即可完全准确地计算所有子系统和电容系统的接口变量、状态变量和输入变量，除了积分的数值误差外，不由系统解耦引入任何额外的误差。因此，接口变量的误差控制被有效地纳入状态离散的准则中。当接口变量产生较大误差时，等效为状态变量产生较大误差，超过误差容限（error tolerance），此时按照第 2 章中连续状态变量的状态离散公式，算法将产生新的仿真离散点。在解耦算法中具体表述为

$$\Delta t_k=\left(\frac{b\cdot(p!)}{x_k^{(p)}}\right)^{\frac{1}{p}} \tag{4-25}$$

式中，b 是状态变量的基值。

4.2.2.3　解耦算法计算量理论分析

本节从理论上分析解耦算法的提速效果。对于 p 阶 FA 算法，式（4-9）已经给出了其单步计算量（乘法，NoM）表达式。如果采用了解耦算法，原先的大系统被解耦成 N_1 个子系统和 N_2 个电容系统，如式（4-11）所述。此时，解耦算法的单步计算量（乘法，$NoMD$）可表述为

$$NoMD=p\sum_{i=1}^{N_1}n_i(n_i+l_i)+pN_2+pn+p(p+1)/2 \tag{4-26}$$

定义解耦算法的提速比 SG 为

$$SG=\frac{NoM}{NoMD} \tag{4-27}$$

综合式（4-11）、式（4-26）和式（4-27），有

$$SG=\frac{pn(n+l)+pn+p(p+1)/2}{p\sum_{i=1}^{N_1}n_i(n_i+l_i)+pN_2+pn+p(p+1)/2} \tag{4-28}$$

为定量比较分析，此处进行一些假设。首先，由于系统输入变量 $\boldsymbol{u}$ 通常仅由独立电源构成，因此可以假设其维数远低于状态变量维数，即

$$l\ll n \tag{4-29}$$

此时 SG 可以表述为

$$SG=\frac{n^2+n+(p+1)/2}{\sum_{i=1}^{N_1}n_i^2+N_2+n+p(p+1)/2} \tag{4-30}$$

进一步，考虑到大容量电力电子系统的模块化特征，假设每个子系统维数 n_i 都相等。此时有

$$SG=\frac{n^2+n+(p+1)/2}{N_1n_i^2+N_2+n+(p+1)/2} \tag{4-31}$$

选择 $p=5$ 以及 $n_i=2$，4，6，8，10 和 12，画出提速比 SG 随着不同 N_1 和 N_2 的变化（见图 4.9）。

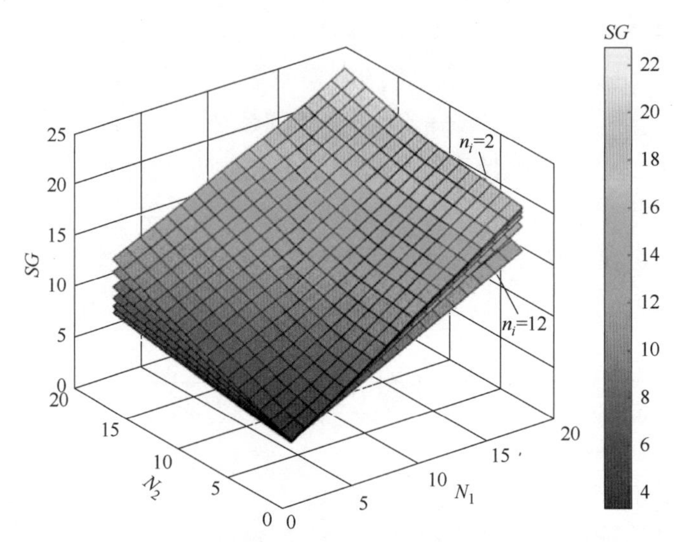

图 4.9 解耦型状态离散积分算法提速比分析

整体而言，SG 始终大于 1，表示解耦算法可以加速仿真计算。其中，N_1 和 N_2 越大，SG 越大，表明在子系统规模一定的前提下，系统划分越多，提速效果越明显；也即总的系统规模越大，提速效果越明显。另外，当 n_i 增加时，SG 减小，说明如果划分之后的子系统规模太大，提速效果则不明显。

4.2.2.4 解耦算法不引入误差的理论证明

本节从理论上证明解耦算法与不解耦相比，不引入误差。即，没有传统解耦方法的“一差拍”延迟。从数学上讲，等价于证明如下结论：

结论（待证）：解耦算法与原来的 FA 算法在每一积分步长均具有完全相同的局部截断误差（LTE）。

为了证明上述结论，首先引入电路原理中的替代定理：

替代定理：在任意电路网络中，某一支路可以被一个独立电压源或者独立电流源替代，其中独立电压源的电压与原支路电压相等，独立电流源的电流与原支路电流相等，替代前后，网络其他支路的电压电流不受影响。

利用替代定理，首先证明下述引理 1：

引理 1：对任意线性电力电子电路，在解耦算法中，如果子系统接口变量与相对应的电容系统状态变量瞬时值时刻保持相等，电容系统接口变量与相对应的子系统输出变量瞬时值时刻保持相等，则系统中所有状态变量的一阶导数值在解耦前后保持相等。

引理 1 的证明：对任意线性电力电子电路，将解耦前的电路记为电路 A。解耦算法将电路 A 划分为若干子系统和电容系统。该划分不改变状态变量的个数，即电路 A 的每一状态

变量在解耦后存在且仅存在于某一子电路中。

下面证明引理 1 对任一状态变量 x 成立。首先假设 x 在解耦后存在于子系统而非电容系统中。对于电路 A，按照解耦算法，将在其中若干电容处进行解耦。对于这些电容，构造一个新电路 B_1，其中将这些电容替代为独立电压源，保证电压源的电压值与电容电压值时刻保持相当。根据替代定理，电路 A 和电路 B_1 内部将具有完全相同的支路电压和支路电流，包括状态变量 x 所在支路的电压电流。

对于状态变量 x，如果其是一个电容电压，则其一阶导数计算公式为

$$\frac{\mathrm{d}x}{\mathrm{d}t}=\frac{i_C}{C} \tag{4-32}$$

式中，i_C 是 x 所在支路电流；C 是其容值。

如果 x 是一个电感电流，则其一阶导数计算公式为

$$\frac{\mathrm{d}x}{\mathrm{d}t}=\frac{u_L}{L} \tag{4-33}$$

式中，u_L 是 x 所在支路电流；L 是其容值。

对于上述任何一种情况，根据替代定理，i_C 和 u_L 在电路 A 和电路 B_1 中都完全相等。因此，$\mathrm{d}x/\mathrm{d}t$ 对于电路 A 和电路 B_1 完全相等。

若 x 在解耦后存在于电容系统中，即 x 是接口电容的状态变量，同样可以构造新电路 B_2，将子系统的输出变量替换为独立电流源。类似地可以得到，电路 B_2 中 x 的支路电流值保持不变，则 x 的一阶导数保持不变。证毕。

上述引理证明了如果接口变量的瞬时值是准确的，则电路中状态变量的一阶导数也是准确的。下面将证明如果一阶导数是准确的，则高阶导数也是准确的。这一证明不能直接利用替代定理完成，因为高阶导数并不一定是电路中的支路电压和电流。但对于线性电路，可以通过构造法完成证明。

引理 2：对任意线性电力电子电路，在解耦算法中，如果子系统接口变量与相对应的电容系统状态变量瞬时值时刻保持相等，电容系统接口变量与相对应的子系统输出变量瞬时值时刻保持相等，则系统中所有状态变量的高阶导数值在解耦前后保持相等。

引理 2 的证明：构造一个新电路 A^*，具有与电路 A 完全相同的拓扑结构。然后，令电路A^* 中状态变量的瞬时值时刻等于电路 A 中状态变量的瞬时值，即

$$x|_{A*}=\mathrm{d}x/\mathrm{d}t|_{A} \tag{4-34}$$

则

$$\mathrm{d}x/\mathrm{d}t|_{A*}=\mathrm{d}^2x/\mathrm{d}t^2|_{A} \tag{4-35}$$

则对于电路 A^*，可以通过解耦算法得到相应的电路 B_1^* 和 B_2^*，他们与电路 B_1 和 B_2 具有完全相同的结构。根据引理 1，有电路 A^* 和 B_1^*、B_2^* 状态变量的一阶导数完全相等。因此，电路 A 和电路 B_1、B_2 具有完全相同的状态变量二阶导数值。

重复上述证明，即可得到

$$\mathrm{d}^kx/\mathrm{d}t^k|_{A}=\mathrm{d}^kx/\mathrm{d}t^k|_{B_1,B_2}(k>1) \tag{4-36}$$

结论的证明：根据引理 1 和引理 2 可以得知，解耦前后电路中的状态变量的高阶导数时刻相等。因此，根据算法 LTE 的式（4-19），解耦前后每一步长的 LTE 也保持完全相同。换言之，除数值积分误差外，解耦算法不引入任何额外误差。

上述比较分析说明，解耦型 DSED 方法不要求接口处电容电压或电感电流的时间常数与仿真步长相比大很多，无论在何种接口条件下，分区解算都没有额外的误差。其数学原理是，接口处不仅传递值，而且传递高阶导数；接口变量依据状态离散准则进行了误差估计和误差控制；接口变量误差较大时会自动产生新的仿真解算点，确保仿真精度。

4.2.2.5 解耦算法的局限性分析

解耦算法利用了线性状态方程的递归性质，即式（4-18），因此只适用于线性系统。对于电力电子系统来说，其非线性的来源主要包括开关器件和无源元件。对于开关器件的非线性，可以利用第 3 章提出的分段解析瞬态模型处理，将非线性电路建模为解析电路，从而以代数方程代替微分方程。对于无源元件的非线性，例如磁饱和等，可以利用分段线性模型来等效建模。

解耦方法另一个局限性是接口变量必须是状态变量，否则难以实施状态离散以保证接口精度。如果接口电容考虑其等效串联电阻（Equivalent Series Resistance，ESR），则不再有子系统直接与此电容并联，也就不能实施完全相同精度下的解耦解算。但是这种情况下，可以利用电感电流接口的解耦方式进行解算。需要说明的是，另一些常见的电力电子拓扑，例如模块化多电平（Modular Multilevel Converter，MMC）结构，采用的是变换单元的串联结构，不能实现以电容为接口的解耦，此时也可以采用以串联电感为接口的子模块解耦。

4.3 事件驱动仿真机制

本节讨论事件驱动仿真机制。如 4.1 节中所述，电力电子系统中的离散事件包括了主动事件与被动事件。在 DSED 仿真框架下，主动事件无需迭代计算即可提前定位；被动事件由一种高效的割线法进行定位，其中所采用的割线法迭代搜索基于系统状态关于时间的显式表达式进行。

4.3.1 主动事件的提前定位机制

对于控制事件，DSED 采用一种预安排的定位机制来避免迭代计算。以图 4.10a 所示的规则采样脉宽调制（Pulse Width Modulation，PWM）策略为例，在传统的迭代定位机制下，控制事件均被视为被动事件。如图 4.10b 所示，由于该 PWM 控制器以一个零阶保持器（Zero-Order Holder，ZOH）与一个比较器实现，构成一个被采样的连续系统，因此开关事件不能被提前定位，而只能通过迭代计算进行定位。与传统的迭代定位机制不同，在 DSED 仿真框架下，控制事件的定位机制与实际数字控制器中控制策略的真实执行过程一致。在如图 4.10a 所示的规则采样 PWM 策略中，控制器每隔一个固定的周期 T_{sample} 在载波达到顶点时对参考波进行一次采样，并在每个周期开始时计算本周期内两次开关事件的发生时刻，这一控

制策略在 DSED 框架下可以通过一个控制事件安排器实现，该控制事件安排器可以直接给出下次控制事件发生的时刻与事件的具体内容（采样、开通或关断）。控制事件的发生时刻可以根据用户设定的采样频率提前获知，主动开关事件的发生时刻可以在每个周期开始时计算得到，无需迭代运算。

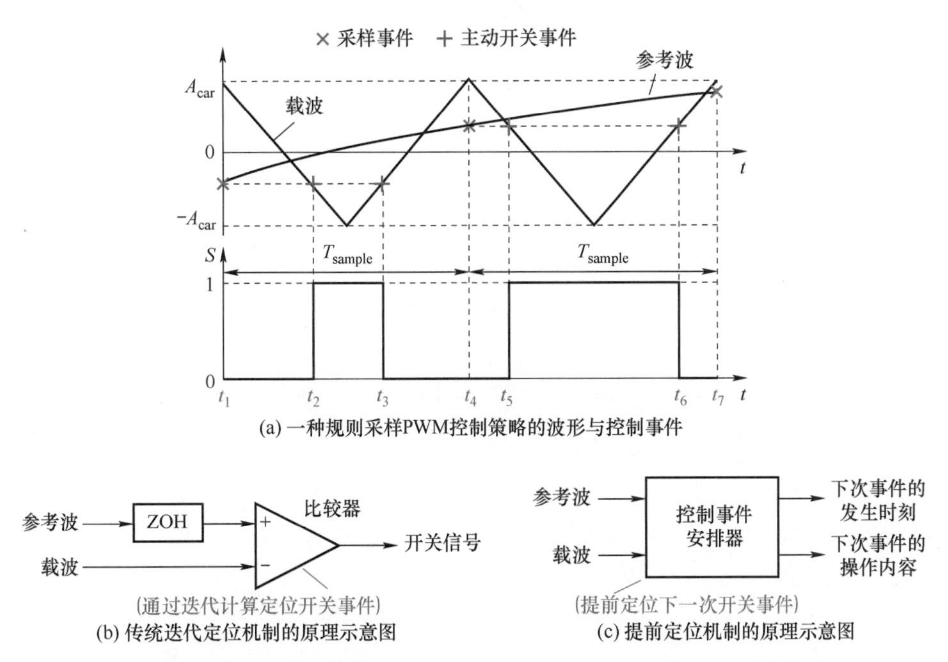

图 4.10　针对主动事件定位的传统迭代定位机制与本章论述的提前定位机制的对比示意图

4.3.2　用于被动事件迭代定位的割线法

被动事件的发生可以以数学的形式表示为一组如式（4-1c）所示的阈值方程。当触发向量 y_2 中的任何一个元素被检测到越过其相应的阈值条件 c_{th} 时就会发生一次被动事件，被检测到越过阈值条件的变量被称为被检测到的触发变量 y_{2d}。如图 4.11b 所示，对于二极管的关断事件，阈值变量应被定义为器件电流 $y_{2d}=i_D(t)$，相应的阈值条件取为 $c_{th}=0\text{A}$。之所以这样定义，是因为处于导通状态的二极管只有在其中流过的电流下降至 0A 时才会被关断。类似地，如图 4.11c 所示，对于二极管的开通事件，阈值变量应被定义为器件电压 $y_{2d}=v_D(t)$，相应的阈值条件取为 $c_{th}=0.7\text{V}$。二极管的开关时刻 $t_{sw(off)}$ 和 $t_{sw(on)}$ 可以分别通过寻找 y_{2d} 阈值方程 $i_D(t)=0\text{A}$ 和 $v_D(t)=0.7\text{V}$ 的根进行定位。由于状态向量的各阶导数以及输入变量的各阶导数已由灵活自适应算法计算得到，被检测到的触发变量可以直接被表示为

$$y_{k,2d}^{(i)}=C_{k,d}x_k^{(i)}+D_{k,d}u_k^{(i)},1\leqslant i\leqslant q_k \tag{4-37}$$

其中，$y_{k,2d}^{(i)}$ 表示被检测到的触发变量在 $t=t_k$ 时刻的第 i 阶时间导数，$C_{k,d}$ 与 $D_{k,d}$ 为 C_k 与 D_k 中与 $y_{k,2d}$ 对应的部分。基于计算得到的导数 $y_{k,2d}^{(i)}(1\leqslant i\leqslant q_k)$，被检测到的触发变量 $y_{2d}(t)$ 可以被近似表示为一个被截断的泰勒级数：

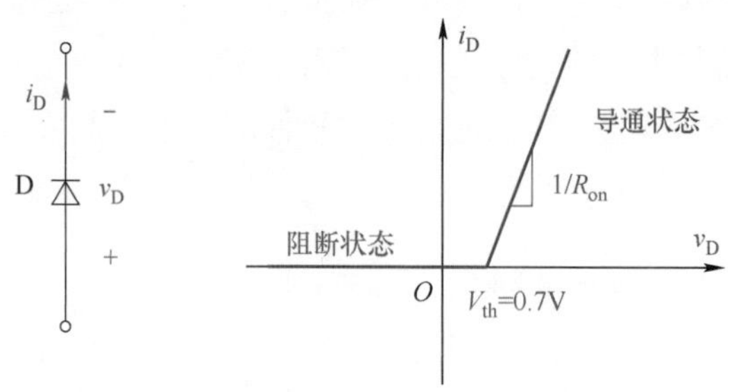

(a) 分段线性化的二极管伏安特性

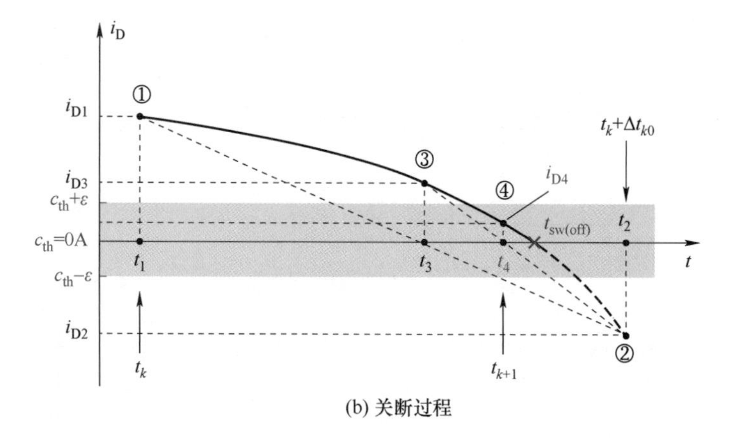

(b) 关断过程

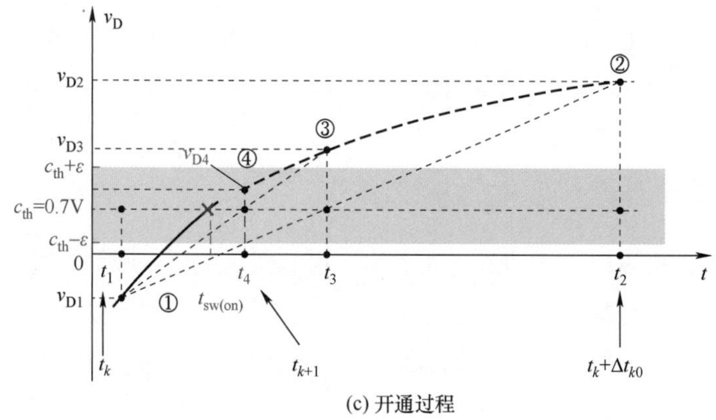

(c) 开通过程

图 4.11　二极管开关事件的检测与定位过程示意图（定位过程按照如下次序进行：①→②→③→④，t_4 时刻为二极管真实开关时刻 $t_{sw(off)}$ 和 $t_{sw(on)}$ 的近似数值解）

$$y_{2d}(t_k+\Delta t)\approx y_{k+1,2d}=y_{k,2d}+\sum_{i=1}^{q_k}\frac{y_{k,2d}^{(i)}}{i!}\Delta t_k^i \tag{4-38}$$

上式为一个关于时间变量 Δt 的显式表达式。$y_{k+1,2d}$ 的局部截断误差为 $\varepsilon_{k,2d}=O(\Delta t_{q(k+1)})$。基于式（4-38），被检测到的触发变量 $y_{k,2d}$ 的阈值方程可以被重新整理为

$$g_{th}(\Delta t)=y_{k,2d}+\sum_{i=1}^{q_k}\frac{y_{k,2d}^{(i)}}{i!}\Delta t^i-c_{th}=0 \tag{4-39}$$

由于阈值方程可以表示为时间变量 Δt 的显式函数，被动事件的定位问题可以被转化为

一个简单的代数方程寻根问题，寻根对象为式（4-39），可以采用的寻根算法包括：二分法、割线法与牛顿-拉夫逊方法。考虑到迭代过程中每步的计算量与收敛阶之间的折中关系，由于割线法仅用到 g_{th} 的一次表达式且收敛阶为 1.618，它的计算效率相对较高。

如图 4.11 所示，从初始的搜索区间［0，Δt_{k0}］（Δt_{k0} 由灵活自适应算法给出）开始，割线法通过迭代搜索逐步缩小搜索区间，直到满足精度要求（即 $|g_{\text{th}}|<\varepsilon$，其中，$\varepsilon$ 为与被检测到的触发变量 $y_{k,2d}$ 对应的误差容限）为止。如果在同一个搜索区间内有不止一个被动事件被检测到，那么应当首先对区间内的所有被动事件进行定位，然后找出距离当前时刻最近的一次事件，作为下一次将要发生的被动事件。

与诸如 Dormand-Prince 算法的传统算法相比，采用 FA 等算法在被动事件定位方面可以实现计算量的显著降低，主要区别在于阈值函数 $g_{\text{th}}(\Delta t)$ 的计算复杂性上。在灵活自适应算法中，由于系统状态关于时间的显式函数表示可被方便地得到，$g_{\text{th}}(\Delta t)$ 可以被表示为关于时间的显式多项式函数。

若采用 Dormand-Prince 算法，则 $g_{\text{th}}(\Delta t)$ 的表达式为

$$g_{\text{th}}(\Delta t)=C_{k,2d}\left(\boldsymbol{x}_k+\Delta t\sum_{i=1}^{6}b_i\boldsymbol{k}_i\right)+D_{k,2d}u(t_k+\Delta t)-c_{\text{th}} \tag{4-40}$$

其中，$\boldsymbol{k}_i=\begin{cases}\boldsymbol{f}_k(t_k,\boldsymbol{x}_k),i=1\\ \boldsymbol{f}_k\left(t_k+c_i\Delta t,\boldsymbol{x}_k+\Delta t\sum\limits_{j=1}^{i-1}a_{ij}\boldsymbol{k}_j\right),2\leqslant i\leqslant 6\end{cases}$，$\boldsymbol{f}_k(t,\boldsymbol{x})=A_k\boldsymbol{x}(t)B_k\boldsymbol{u}(t)$。

矩阵［a_{ij}］通常被称为龙格-库塔矩阵，系数 b_i 和 c_i 分别被称为权重和节点。由于被检测到的触发变量不能被表示为关于时间的显式函数，$g_{\text{th}}(\Delta t)$ 的计算将会涉及整个系统的数值积分，计算量很大。

Dormand-Prince 算法与灵活自适应算法的计算量比较见表 4.2，值得注意的是，与 Dormand-Prince 算法相比，灵活自适应算法能够将被动事件定位的计算量由 $O(n^2)$ 降低为 $O(1)$。

表 4.2　被动事件的传统定位方法与割线法的计算量比较

迭代定位被动事件所需的单步计算量	基于 Dormand-Prince 算法的传统定位方法		基于 p 阶灵活自适应算法的割线法	
	计算量	归一化计算量	计算量	归一化计算量
加法计算次数	$6n(n+l)+10n+l+5$	$O(n^2)$	$p+1$	$O(1)$
乘法计算次数	$6n(n+l)+22n+l+26$	$O(n^2)$	$p(p+3)/2$	$O(1)$

4.4　事件驱动下的刚性求解算法

以上讨论的 DSED 框架中，FA 算法是一个非刚性算法，数值收敛域有限，无法实现刚性系统的高效解算。为了将 DSED 框架拓展到刚性系统的解算，本节讨论事件驱动下的刚性电力电子混杂系统解算方法，以解决目前对于刚性问题仿真效率低的问题。

首先介绍刚性系统的定义与判定，之后系统地描述基于事件驱动的刚性算法的具体流程。4.5 节将通过实验与仿真算例对该方法的正确性与高效性进行评估。

4.4.1 刚性系统的定义与判定

刚性问题是常微分方程数值解问题中的一类难题。从数学上来定义，刚性是指常微分方程的系数矩阵呈现出不好的性质，该矩阵的最大与最小特征值相差很多个数量级（一般相差 1000 倍以上）。这一性质的矩阵导致数值解的一个微小扰动将有可能造成很大的数值误差，导致整个数值计算产生发散现象。从物理上来定义，尤其是限定在电路的领域时，刚性通常表现为系统中同时存在两个或多个变化速度（时间常数）相差几个数量级的回路，在电路中通常体现为包含杂散参数的电路。因为杂散参数通常会引入很小的时间常数，即很快的变化过程，该变化相对于系统的动态过程来说是极快的。

为了解算刚性系统，首先要对该系统进行判定。非刚性系统可以直接使用 DSED-FA 算法进行解算，只有刚性系统才有必要通过刚性算法进行解算。因此，只有被判定为是刚性的系统才会触发刚性算法的调用。

从刚性的定义出发，可以得到两种不同思路的判定方法：一是通过计算矩阵的特征值进行判断，例如，如果最大与最小特征值之间相差 1000 倍以上，则判断为刚性；二是寻找不同回路的时间常数，例如，如果最大与最小时间常数之间相差 1000 倍以上，则判断为刚性。前者虽然比较准确，但是计算量较大，耗费的计算资源较多；后者的困难在于不易实现，因为在电路中找到各个回路并计算其时间常数并不容易，且如果回路包含多类元件，其时间常数通常没有明确定义。

因此，结合仿真计算中发现的现象，可以构建另一种基于仿真步长的判断方法。在使用 FA 算法解算刚性系统时，一般会采用极小的步长，而系统中的最高频率（电源、开关频率）却并不高，即没有高频变化过程。如图 4.12 所示，在解算同样一个电力电子与电机构成的刚性系统时，观察电机转速波形，发现使用刚性算法求解得到的数值与标准的参考结果相符（参考结果是通过解析表达式的曲线绘制得到的，并不是通过数值计算得到的），而使用非刚性算法（如 FA 算法）进行计算，所得的仿真结果将会在参考结果的周围来回跳变，并且所取的步长很小。实质上，这一现象表明非刚性算法在解算刚性问题时产生了高频的数值振荡。虽然整个系统中并没有高频激励，但是非刚性算法为了保证求解的数值稳定性，减小到相对小的步长，形成了图 4.12 中的高频的数值波动。数值波动的产生也体现出非刚性算法此时无法很好地控制数值误差，甚至出现了波形突变、不收敛的现象。

虽然非刚性算法无法提供准确的解算结果，但是这些结果对于刚性问题的判断可以提供帮助。从使用小步长进行解算这一现象出发，可以构建以下刚性系统的判定方法：

（1）在仿真中使用非刚性的 FA 算法进行计算，如果连续使用了 10 步小于 $1/(100f_{\max})$ 步长进行数值计算，则判断系统呈现刚性。

（2）$f_{\max}$ 定义为整个系统当中的最高频率，包含所有的电源频率，而不考虑控制系统的频率。

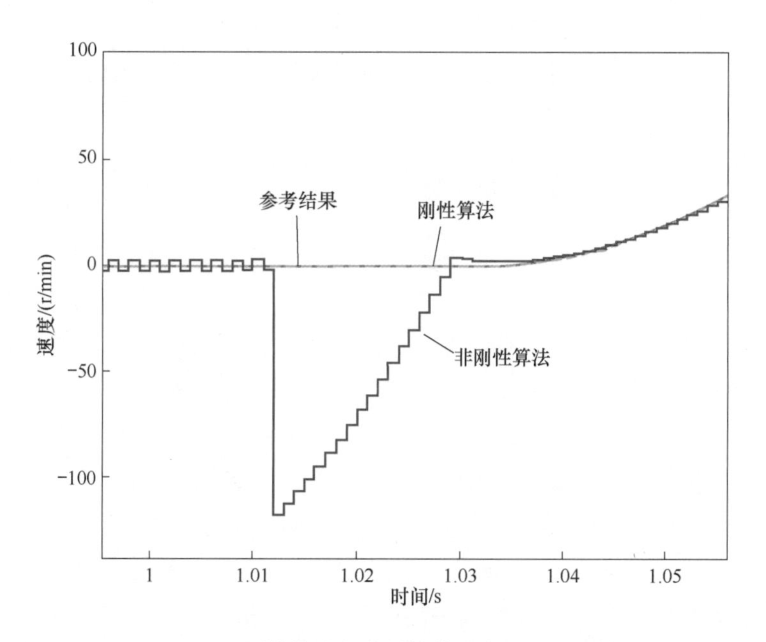

图 4.12　刚性算法与非刚性算法求解结果比较

（3）此处所提的步长为状态事件决定的步长，因此与控制系统中的频率无关，只与系统本身的状态方程有关。

这种判定方法在多个刚性与非刚性算例当中进行了验证，该方法能够准确判断出刚性问题，并且不会将非刚性问题误判成为刚性。例如，在图 4.13 所示的电路中，线路杂散电感、电容的引入使得电路呈现刚性。若使用 FA 算法进行解算，将会检测到连续的、数值约为 1e−9 的时间步长，显然远小于系统电源激励的频率。因此，通过这一判定方法可以准确判定出系统的刚性。

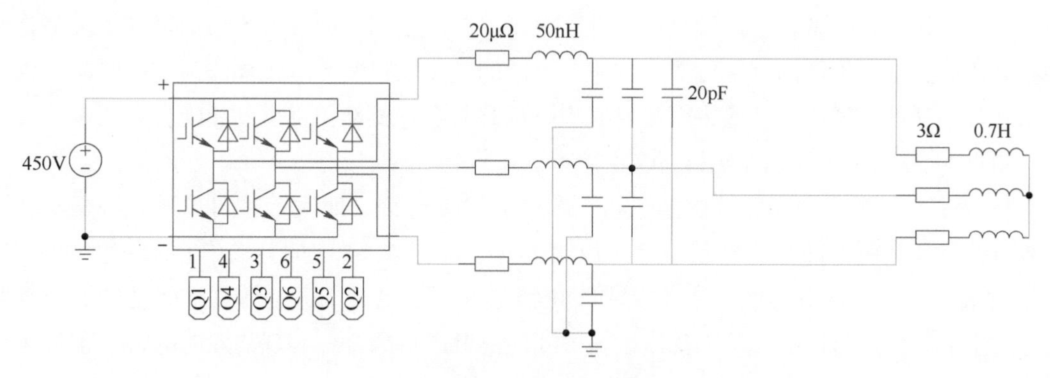

图 4.13　典型刚性电路拓扑

在另一个测试中，将图 4.13 中的所有的杂散参数去除，并且将电源的频率调整为 10MHz。虽然也可以检测到极小的仿真步长，但是由于系统激励的频率极高，此时的小步长并不是由刚性引起的。根据判定方法，这一电路不会被判定为刚性。

总的来说，本节构建了一种相对简洁、计算量小的刚性判定方法，并且在实际测试中得到了良好的效果。该判定方法用于判断系统是否呈现刚性，若呈现刚性，则使用刚性算法求解；反之，则直接使用 FA 算法进行求解。

4.4.2 针对电力电子混杂系统的刚性算法

现有刚性算法主要是基于连续系统提出的，对于电力电子混杂系统并没有进行针对性的优化处理。因此，直接使用已有的刚性算法进行刚性电力电子系统的解算将会导致离散事件无法准确定位、用于定位的迭代计算耗时很长。而事件驱动机制的提出，使得电力电子混杂系统的特性能够得到充分利用，从而提升整体仿真效率。这一驱动机制具有可借鉴性，也同样具有被迁移的可能。如果将事件驱动机制与高效、稳定的刚性算法相结合，那么将会形成一套既能解决刚性问题，又能适应电力电子系统混杂特性的仿真机制。

根据以上思路，本节讨论事件驱动框架下的电力电子系统刚性解算方法，称为后向离散状态事件驱动仿真机制（Backward DSED，BDSED）。与现有的刚性算法相比，BDSED 仿真中加入了事件驱动机制，能够更加准确、高效地定位离散事件，从而提升解算效率；而与 DSED 中的 FA 算法相比，该方法能够高效解算刚性系统，在仿真中实现了大幅度的提速。

以下将从几个方面对该方法进行阐述：首先，介绍事件驱动仿真框架下刚性算法的实现方式；之后，介绍 BDSED 仿真机制所基于的数学基础，即刚性数值算法公式；最后，介绍仿真方法的核心机制，即事件驱动框架下的部分变步长变阶数（Semi-VSSO，S-VSSO）步长选取方法的基本原理。

4.4.2.1 事件驱动框架与刚性算法的融合

根据上文中所提的思路，研究出针对电力电子混杂系统的刚性算法的关键就是将事件驱动仿真机制与数学领域的刚性算法进行有机融合。然而，刚性算法本身又分为两个层面：一是数值积分公式，二是变换步长的机制。数值积分公式是算法的数学基础，一般很难有所突破，仅仅是在公式的系数上进行改进，没有太多提升的空间。而变换步长的机制是决定算法解算效率的关键，不同的算法可能有着完全不同的变步长机制。刚性算法与事件驱动仿真机制的融合，其核心就在于如何将算法的变步长机制与事件驱动仿真机制相配合。

图 4.14 展示了 DSED 框架如何与不同算法进行融合。

在 DSED 框架下，FA 算法决定了状态事件的发生时刻，即误差达到容限、需要重新计算数值的时刻。而事件驱动机制决定了控制事件，即图 4.14 中的开关事件，发生的时刻。FA 算法能够自适应地调整步长，不仅能够在状态事件发生时刻进行解算，而且能够与开关事件发生的时刻进行匹配，从而深度地与 DSED 框架进行融合，实现高效的电力电子混杂系统仿真。

类似地，刚性算法与 DSED 框架的融合方式可以借鉴上述思路，但是主要存在以下难点：

（1）刚性算法的步长选择不够灵活，并且需要进行迭代求解，整体的计算量相比 FA 算法（解算非刚性系统时）要大很多。

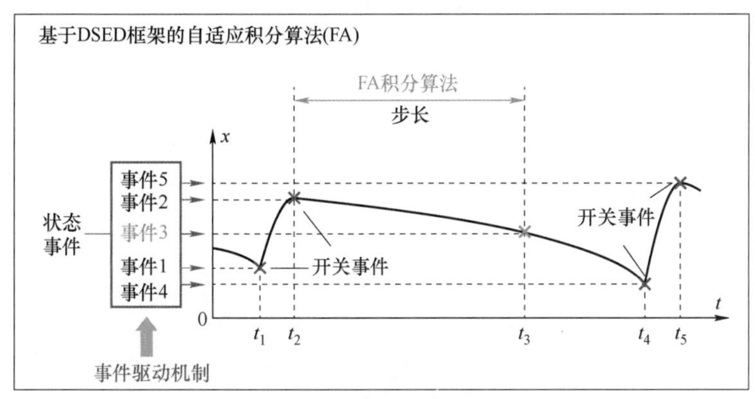

(a) 事件驱动框架与FA算法融合

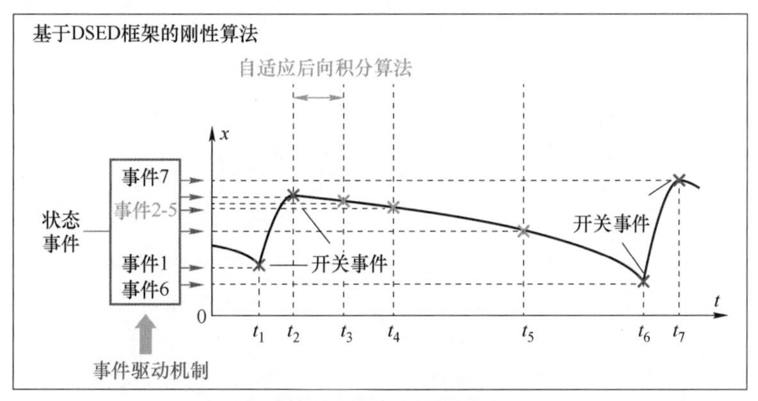

(b) 事件驱动框架与刚性算法融合

图 4.14　事件驱动机制与算法融合方式

（2）刚性算法（多步法类型）的步长变化存在一定的限制，无法准确匹配控制事件发生的时刻。

因此，本节将会从这两个难点出发，论述一套 S-VSVO 机制以及一种匹配事件驱动时刻的插值方法，从而使得一种改进后的、相对高效的刚性算法能够与 DSED 框架充分融合，形成 BDSED 仿真机制，为刚性电力电子系统提供高效的仿真解决方案。

4.4.2.2　后向微分公式

刚性算法本身包含两个主要部分，一是数学积分公式，二是变步长机制。本小节主要阐述数学积分公式的选择，作为整个算法的数值计算基础。在进行积分公式的选择时，优先衡量其数值稳定性，因为该性质对于求解强刚性系统具有重要意义。在解算效率相当的前提下，优先选择数值稳定域大的积分公式，以获得更大的应用范围。

后向微分公式（BDF）具有较好的稳定性与普适性，能够解决绝大多数的刚性问题，且低阶算法不容易产生发散现象。因此，以 BDF 作为数值积分的数学基础，进行 BDSED 仿真机制的研究。BDF 方法一般化的数学表达式为

$$\boldsymbol{x}_{n+k}+\sum_{j=0}^{k-1} a_j \boldsymbol{x}_{n+j}=h b_k f(t_{n+k}, \boldsymbol{x}_{n+k}) \tag{4-41}$$

其中，$\boldsymbol{x}_{n+k}$表示该步待求的状态变量向量，k代表BDF的阶数，$\boldsymbol{x}_{n+j}$（$j=0\sim k-1$）代表前几步计算出的状态变量的值，a_j和b_k是BDF各阶公式固定的常数系数，h是本步与前几步共用的公共步长，即用于计算$\boldsymbol{x}_{n+j}$（$j=0\sim k$）的步长，f是被求解的状态方程函数。由于在本章的讨论范围内，电力电子系统通过式（4-10）建模，因此上式可以被化简为式（4-42），其中$\boldsymbol{R}=\sum_{j=0}^{k-1}a_j\boldsymbol{x}_{n+j}$代表前几步历史值之和。

$$\begin{cases}\boldsymbol{x}_{n+k}+\boldsymbol{R}=hb_k(\boldsymbol{A}\boldsymbol{x}_{n+k}+\boldsymbol{B}\boldsymbol{u}(t_{n+k}))\Rightarrow\\(\boldsymbol{I}-hb_k\boldsymbol{A})\boldsymbol{x}_{n+k}=hb_k\boldsymbol{B}\boldsymbol{u}(t_{n+k})-\boldsymbol{R}\Rightarrow\\\boldsymbol{M}_{kh}\boldsymbol{x}_{n+k}=\boldsymbol{C}\end{cases}\tag{4-42}$$

用BDF求解常微分方程的问题变成了求解线性方程的问题，因此不需要进行迭代计算（由于函数f在本章讨论的范畴内是线性的）。因此，主要的计算成本在于矩阵$\boldsymbol{M}_{kh}$的LU分解。具体地来说，式（4-42）中这种积分方法的效率取决于：

（1）BDF积分方法的阶数：算法的阶数越高，计算成本就越高。因此，需要在低阶公式的低单步成本与使用高阶公式的大步长之间权衡。也就是说，低阶公式虽然单步成本较低，但是使用的步长较小，计算的点数较多；而高阶公式虽然步长较大，计算点数较少，但是单步计算量又较大。另外，考虑到BDF的稳定性随着阶数的增加而变差，如图4.15所示，将BDF最高阶数设置为4。当阶数大于6时，BDF方法变得非常不稳定。

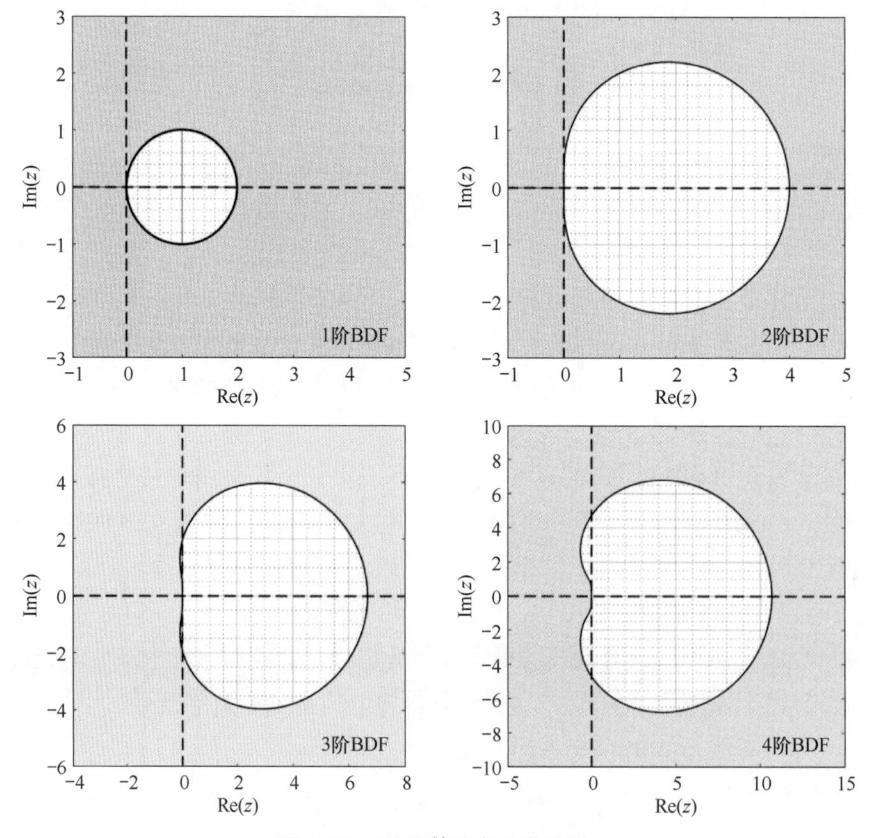

图4.15　BDF算法各阶稳定域

（2）更新矩阵 $\boldsymbol{M}$ 和步长的频率：在发生开关事件或步长发生变化时，矩阵 $\boldsymbol{M}_{kh}$ 就需要被重新计算更新。一旦它发生变化，就需要重新进行矩阵的 LU 分解。相反，如果矩阵与步长在多步计算中保持相同，则可以降低 LU 分解的计算成本。另外，由于历史值与步长之间存在对应关系（积分公式中使用的历史值与所求的当前点的值都需要在同一步长下进行解算），步长 h 的变化使 $\boldsymbol{R}$ 中的历史值不再有效。在变换为新步长之后，也需要将历史值进行数学变换，使之成为能够匹配新步长的历史值。

为了减少计算成本，BDSED 仿真机制中选择的刚性算法应该选择具有以下特点的变步长机制：

（1）应采用变步长变阶数的方式，并且能够确保足够低的 LU 分解频率（不改变步长）。

（2）拥有足够灵活的变步长方式，从而最大程度提升解算效率，并且能够与事件驱动机制匹配。

4.4.2.3 BDSED 中的变步长变阶数机制

以上基于 BDF 的积分方法仅仅是积分计算的基本公式，而一个完整的仿真方法仍然需要一个选择步长和阶数的核心机制。该机制决定了如何在整个仿真过程中优化计算成本。正如上文提到，使用 BDF 时，在变步长时导致的额外计算成本与通过改变步长而减少的计算点数之间的权衡非常重要。因此，这里论述一种 S-VSVO 机制，在 BDSED 仿真机制中负责高效地选择步长。

该方法的主要思想是在每个计算时间点检查是否可以更改为更大步长，如果可以在下一步使用更大的步长，则将步长的变化倍数限制为整数。例如，如果计算出的新步长为先前步长 h 的 3.3 倍，则将新步长取为 $3h$。$3h$ 对应的历史值可以直接从 h 的历史值向量中提取。同时，下一步使用的积分阶数也根据步长的选择随之决定，因为步长与阶数之间存在对应关系。

与其他已有的刚性算法比较，S-VSVO 机制相比于 SIMULINK 中的 ode15s 求解器具有多方面的优势，如图 4.16 所示。与 ode15s 相比，S-VSVO 机制在更改步长和阶数时可以避免额外的计算成本。ode15s 通过乘以一个任意的实数（即图 4.16 中的 p，q）来改变步长，而 S-VSVO 机制通过乘以整数（即图 4.16 中的 m，n）来改变步长。计算量估算表明，ode15s 在一次变换步长的过程中需要的额外计算量大约是 nk^2+k^3（其中 n 是变量的数量，k 是计算顺序）。因此，S-VSVO 机制由于采用的是整数倍地变换步长，新步长对应的历史值可以直接从前一步长对应的历史值中提取得到，从而减轻额外的计算成本。

此外，S-VSVO 机制结合事件驱动机制，可以预先知道离散事件的发生时刻，从而能够准确地在事件发生的时间点计算状态变量的值，减少事件定位偏差带来的数值误差。并且，使用线性插值的方法，能够获得控制事件发生时刻的数值，且误差可控。因此，通过这种机制，步长可以比较灵活地更改（整数倍地变化），并且无需为更新历史值而增加任何额外计算成本。同时，通过插值和事件驱动框架避免了用于定位离散事件的迭代计算。

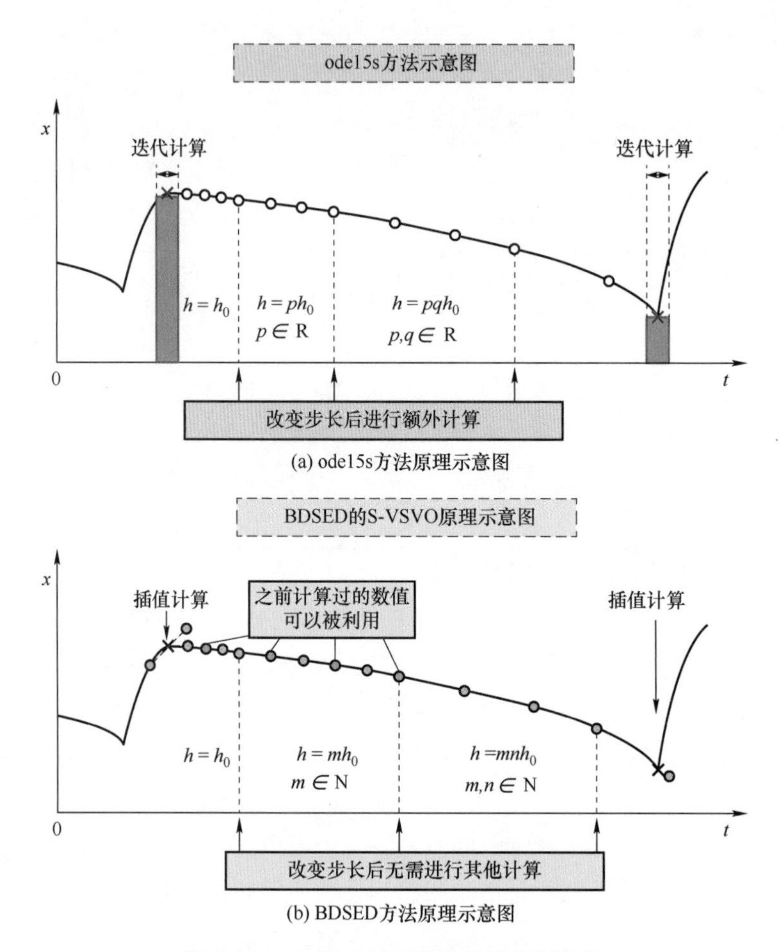

(a) ode15s方法原理示意图

(b) BDSED方法原理示意图

图 4.16　ode15s 与 BDSED 仿真机制比较

表 4.3 列出了 ode15s 和 BDSED 在两个离散事件之间的时间内计算成本上的比较。该计算成本的估计以图 4.16 中的示意图为例（参考图中计算的点数）。单步数值积分的计算成本为 Q，状态变量的数量为 n，并且计算的阶数为 k。由表格可知，BDSED 的计算成本一般小于 ode15s 的计算成本，但它也存在其他可能，取决于问题的性质，例如矩阵规模。

表 4.3　ode15s 与 BDSED 计算量比较

求解方法	积分计算量	迭代计算量	总计算量
ode15s	$12Q+3(nk^2+k^3)$	$5Q$	$17Q+3(nk^2+k^3)$
BDSED	$13Q$	n	$13Q+n$

结合 S-VSVO 机制，BDSED 仿真机制可以通过图 4.17 中的流程图表示。主要步骤如下：

（1）事件驱动框架下，确定在时间 t 是否发生事件。如果发生事件，将执行初始化过程。确定最近的下一个事件的发生时刻 t_{next}，然后根据 $t_{next}-t$ 选择初始步骤大小 h（初始步长大小不应大于 $(t_{next}-t)/10$，具体的确立初始步长的方法将在后文中补充说明）。同时，使

用最新矩阵和步长来进行 LU 分解。初始化过程结束时，积分阶数 k 设置为 1，步长为 h。如果 t 时刻没有发生事件，则积分将继续按照之前的步长和阶数进行（h 和 k）。

（2）使用式（4-42）计算与步长 h 和阶数 k 对应的积分。

（3）使用式（4-43）计算不同阶的 $h_{\text{new\_}k}$，检查误差是否满足要求，其中 ε 表示预设误差容限，$\|\nabla^k\cdot\|$表示状态变量的 k 阶差分的范数。如果 $h_{\text{new\_}k}>2h$，则步长更改为 $h_{\text{new}}=[h_{\text{new\_}k}/h]_{\text{low}}h$，阶数更改为 k。$h_{\text{new_}k}$的最大值限制为 $5h$，因为快速增加步长可能会带来数值不稳定的风险。如果 $h_{\text{new\_}k}<2h$，则步长仍然为 h 不变。

$$h_{\text{new\_}k}=h\left(\frac{\varepsilon}{\|\nabla^k \boldsymbol{x}_{n+k}\|C_k}\right)^{\frac{1}{k+1}} \tag{4-43}$$

（4）到下一个计算时刻，重复步骤（1）~步骤（3）的过程。

（5）当时刻 t_{next}接近时，h_{new}可能大于 $t_{\text{next}}-t$，这意味着下一个计算点将越过下一个事件的发生时间。为了捕获下一个事件发生时间点的值，仍然采用 h_{new}进行积分，但 t_{next}处的值通过线性插值获得，如图 4.17 所示。插值的值取决于时间点 t 和 $t+h_{\text{new}}$的值的精度，由式（4-43）保证了这两个点的精度，从而控制了插值误差。此外，由于时间步长 h_{new}通常很小，使得插值近似比较合理，且插值所带来的误差不显著。

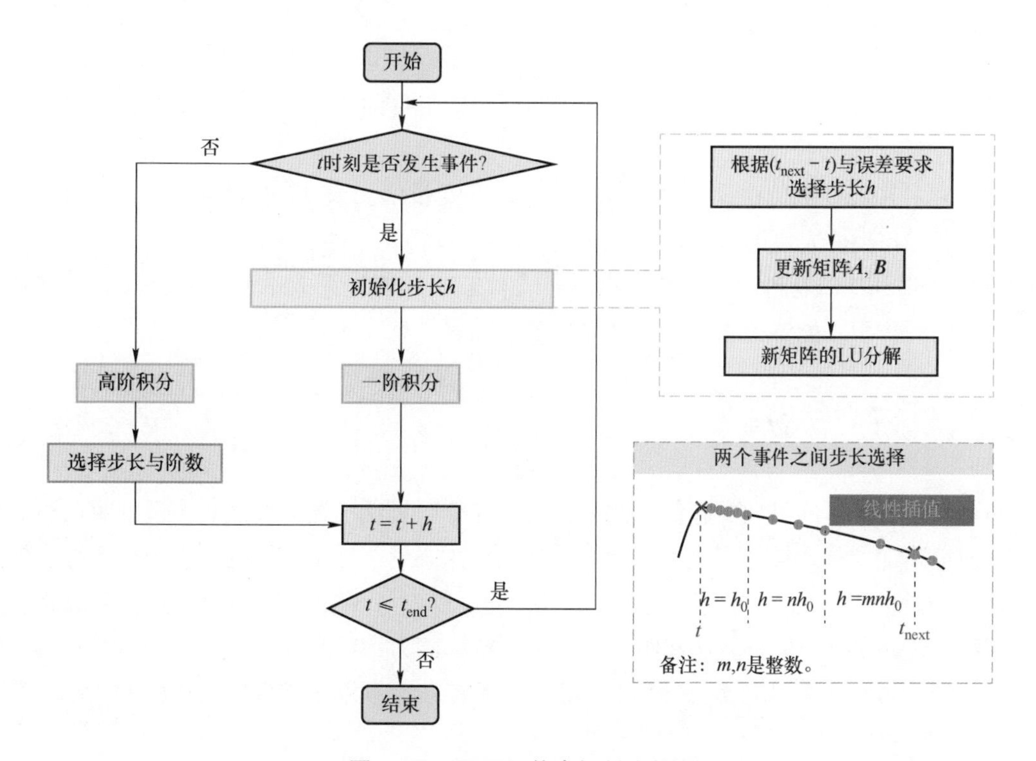

图 4.17　BDSED 仿真机制流程图

关于步骤（1）中初始步长的选取，具体包含了以下几点关键细节。首先，初始步长的选取需要考虑到两个开关事件之间的时间尺度，即 $t_{\text{next}}-t$ 的值。如果该值很小（例如 1 微秒的数量级)，那么步长可以直接取为（$t_{next}-t$)/10，可以保证在该时段内计算足够多的点。另一方面的原因是，在小时间尺度的范围内，状态变量一般不会发生很大的变化，因此直接选取初始步长不会导致较大的数值误差。

如果两个开关事件之间的时间尺度较大，状态变量可能在这期间发生较大的变化。因此，需要对初始步长的选取进行误差控制。根据时间尺度选取一个估计的初始步长（如($t_{next}-t$)/50)，进行3步积分计算，计算后使用式（4-43）进行数值误差的评估，选择出一个新的初始步长。该步长代表了一段时间内、能够控制住数值误差的最佳步长，可以作为初始步长进行后续的积分计算。需要说明的是，初始步长在一定程度上决定了数值仿真能够达到的最小时间尺度。如果初始步长较大，那么比初始步长数值更小的时间尺度变化细节将会被忽略。

按照上述步骤，可以完成连续状态在两个离散事件之间的积分，即电力电子混杂系统仿真的基本单元。整个动态过程可以被多个离散事件划分为基本单元，也就可以用相同的原理来进行求解。

总的来说，BDSED 仿真机制实现了 S-VSVO 选步长机制，并且通过插值的方法能够实现与事件驱动机制相配合的要求。具体地说，BDSED 仿真机制与其他现有的刚性解算机制相比，具有以下特点：

（1）它采用了一种 S-VSVO 步长选取机制，它不仅提供了将步长更改为多倍的灵活性，而且通过保持相同的步长、直接使用计算过的历史值来得到新步长下的历史值，从而降低了计算成本。

（2）它利用线性插值法计算离散事件点的状态变量值。该方法与事件驱动框架相配合，可以准确地定位事件发生的时刻，无需迭代。

因此，BDSED 仿真机制能够有效降低连续状态积分的计算成本，并能有效地考虑到所有离散事件的作用，能够为求解刚性电力电子系统提供有效工具。

4.5 算例研究与分析

本节通过三个不同类型的算例研究与分析，综合验证所论述的离散状态事件驱动仿真解算方法的正确性、有效性与高效性。第一个算例为固态变压器仿真算例，主要用于综合评判 DSED 仿真算法与其他商业软件相比仿真效率如何；第二个算例为牵引变流器仿真算例，主要用于综合评判 DSED 仿真算法在刚性系统中的解算能力和效果；第三个算例为交直流混联微电网仿真算例，主要用于综合评判 DSED 仿真算法在比较复杂的系统仿真中应用效果如何。

4.5.1 固态变压器仿真算例

该仿真算例中的 50kVA 固态变压器（Solid-State Transformer，SST）电路结构如图 4.18a 所示，其实物图如图 4.19 所示。在该仿真算例中，该 SST 经历了一个 5s 的低电压穿越动态

过程，其中网侧三相电压幅值 E_s 的变化波形如图 4.18b 所示，可以看到，电网电压 E_s 首先跌落至正常状态下的 70%，然后在 3s 内恢复正常。该 SST 的电路参数见表 4.4。

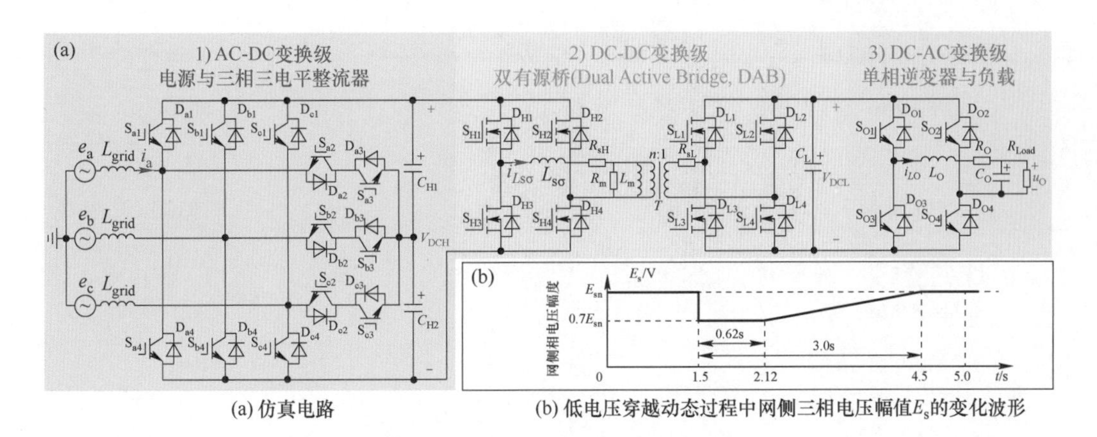

(a) 仿真电路　　(b) 低电压穿越动态过程中网侧三相电压幅值 E_s 的变化波形

图 4.18　50kVA SST 仿真算例示意图

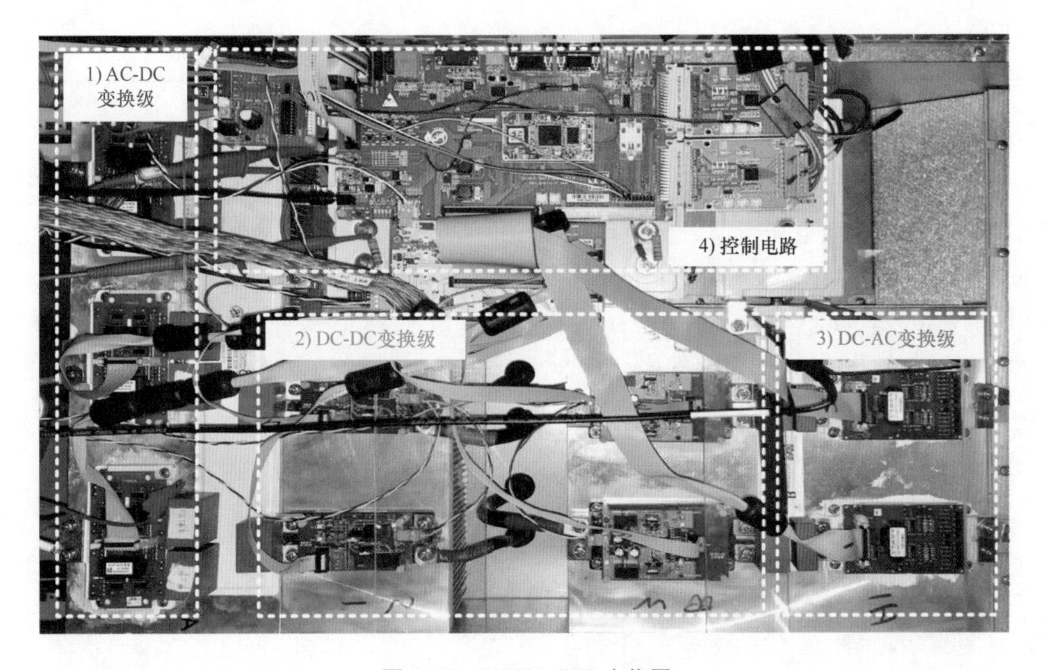

图 4.19　50kVA SST 实物图

表 4.4　50kVA SST 的系统参数

AC-DC 变换级		
高压侧直流母线电容	C_{H1}，C_{H2}	13.6mF
高压侧直流母线电压	V_{DABH}	700V
开关频率	$f_{s(AC\text{-}DC)}$	4kHz

（续）

DC-DC 变换级		
低压侧直流母线电容	C_L	9.4mF
低压侧直流母线电压	V_{DABL}	350V
开关频率	$f_{s(DC-DC)}$	20kHz
变比	n	2
原边漏感	$L_{s\sigma}$	34.04μH
绕组电阻	R_{sH}，R_{sH}	0.1Ω
励磁电感	L_m	50H
励磁电阻	R_m	1MΩ
DC-AC 变换级		
输出单相电压有效值	u_O	220V
输出电容	C_O	94μF
开关频率	$f_{s(DC-AC)}$	8kHz

4.5.1.1 仿真波形准确性的实验验证

图 4.20～图 4.25 分别展示了网侧相电压 e_a、网侧相电流 i_a、高压直流母线电压 V_{DCH}、低压直流母线电压 V_{DCL}、输出单相电压 u_O 和高频 DAB 电感电流 $i_{LS\sigma}$的 DSED 仿真波形与实验波形对比图，所有对比图中靠上的波形均为实验波形，靠下的波形均为 DSED 仿真波形。可以观察到，DSED 仿真波形与实验波形吻合良好，DSED 不仅能够准确地仿真系统级秒级时间尺度的动态过程，还能够准确地仿真毫秒与微秒级时间尺度的暂态过程，例如：图 4.21c 所示的 i_a 上的毫秒级开关纹波与图 4.25 所示的 $i_{LS\sigma}$的分段波形。

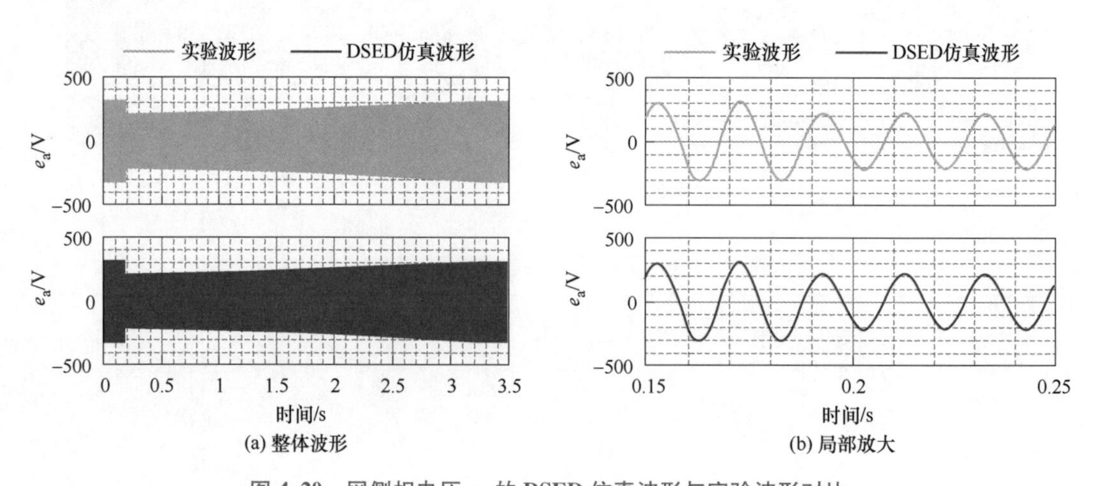

(a) 整体波形　(b) 局部放大

图 4.20　网侧相电压 e_a 的 DSED 仿真波形与实验波形对比

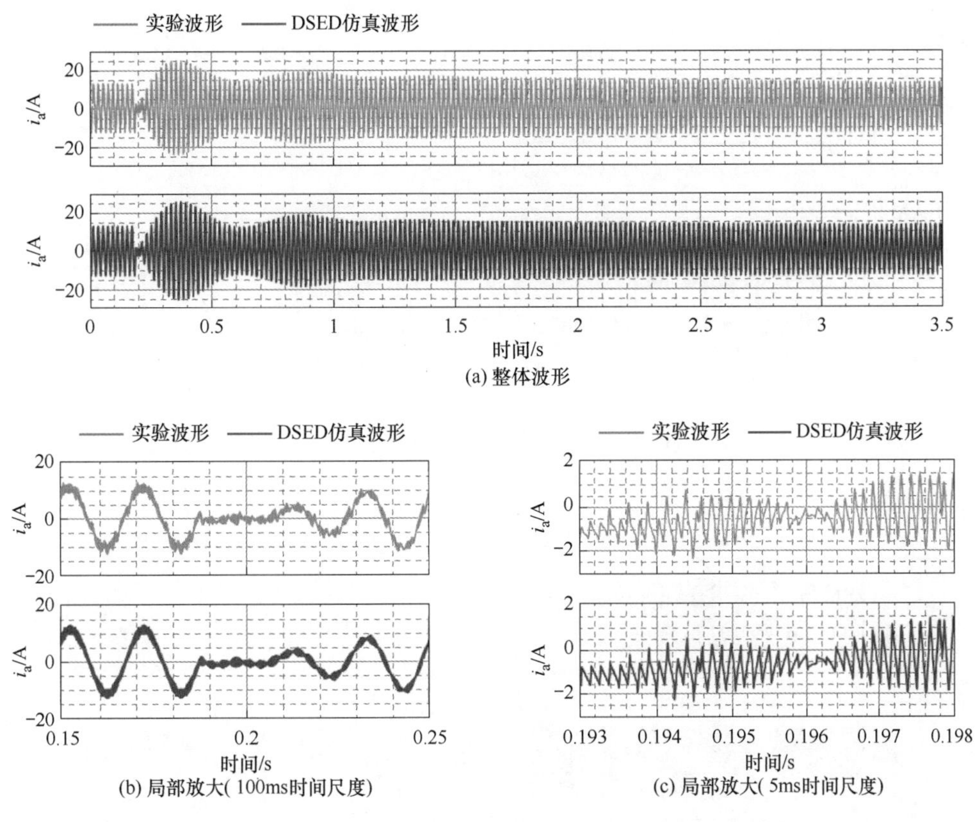

图 4.21　网侧相电流 i_a 的 DSED 仿真波形与实验波形对比

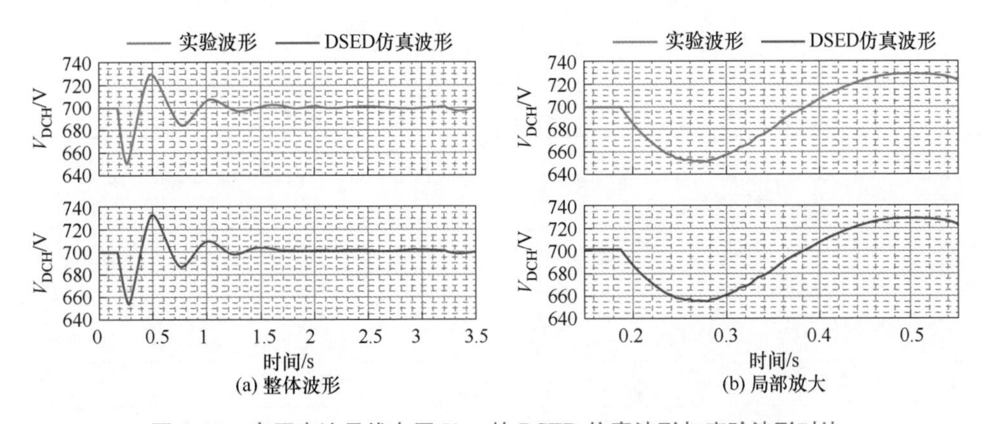

图 4.22　高压直流母线电压 V_{DCH} 的 DSED 仿真波形与实验波形对比

4.5.1.2　仿真效率的测试与比较

为验证 DSED 框架与灵活自适应算法的仿真效率，将其与现有的常用商业仿真软件及其数值积分算法进行比较，参与比较的仿真软件及其算法见表 4.5。为单独评估灵活自适应算法所带来的算法效率提升，在 DSED 框架下不仅嵌入了灵活自适应算法，也嵌入了 Dormand-Prince 算法。这两种方法均采用 C++语言以相同的方式变成实现，除积分算法不同以外，其他部分完全相同。

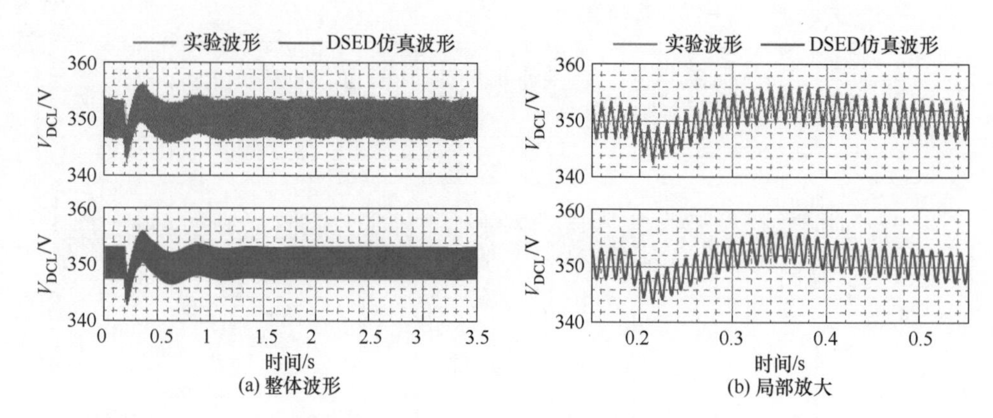

图 4.23 低压直流母线电压 V_{DCL} 的 DSED 仿真波形与实验波形对比

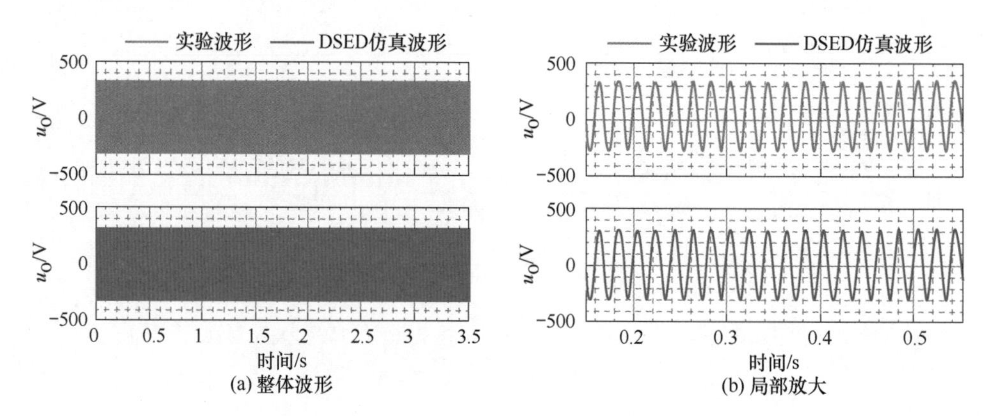

图 4.24 输出单相电压 u_O 的 DSED 仿真波形与实验波形对比

表 4.5 参与比较的仿真软件及其数值积分算法

仿真软件	数值积分算法	步长	阶数
软件 A	ode1（欧拉法）	固定	固定
	ode4（经典龙格-库塔法）	固定	固定
	ode23tb（TR-BDF 2）	可变	固定
	ode45（Dormand-Prince）	可变	固定
软件 D	DORPRI（Dormand-Prince）	可变	固定
DSED	ode45（Dormand-Prince）	可变	固定
	本章提出的灵活自适应算法	可变	可变

为了衡量仿真波形的精度，定义输出变量 $\boldsymbol{y}$ 的相对误差 $\text{Error}_{\text{rel}}$ 为

$$\text{Error}_{\text{rel}}=\frac{\|\boldsymbol{y}_{\text{sim}}-\boldsymbol{y}_{\text{ref}}\|_2}{\|\boldsymbol{y}_{\text{ref}}\|_2} \tag{4-44}$$

式中，$\boldsymbol{y}_{\text{sim}}$ 为仿真波形向量；$\boldsymbol{y}_{\text{ref}}$ 为参考波形向量；$\|\cdot\|_2$ 为欧几里得范数算子。

若有多个输出变量，则总体相对误差定义为所有输出变量相对误差的几何平均值。

图 4. 25 展示了软件 D 中采用的 DORPRI 算法与 DSED 中采用的灵活自适应算法在计算高频 DAB 电感电流 $i_{LS\sigma}$时的仿真性能对比图，可以观察到，灵活自适应算法在仿真步长被两次开关事件所限制时降低了其所采用的阶数，而在仿真步长不受限制时提高阶数，从而增大仿真步长以减少计算点数。灵活自适应算法所具有的灵活性（即可同时调整阶数与步长）使得它在满足相同精度要求时所需的计算量与计算点数最少。如图 4. 25 所示，在相同的相对误差条件下，灵活自适应算法所需的计算点数比 DORPRI 算法少 33%，因此计算量也可以相应减少。对于每个开关事件，需要在其发生前后各记录 1 个点，共记录 2 个点。

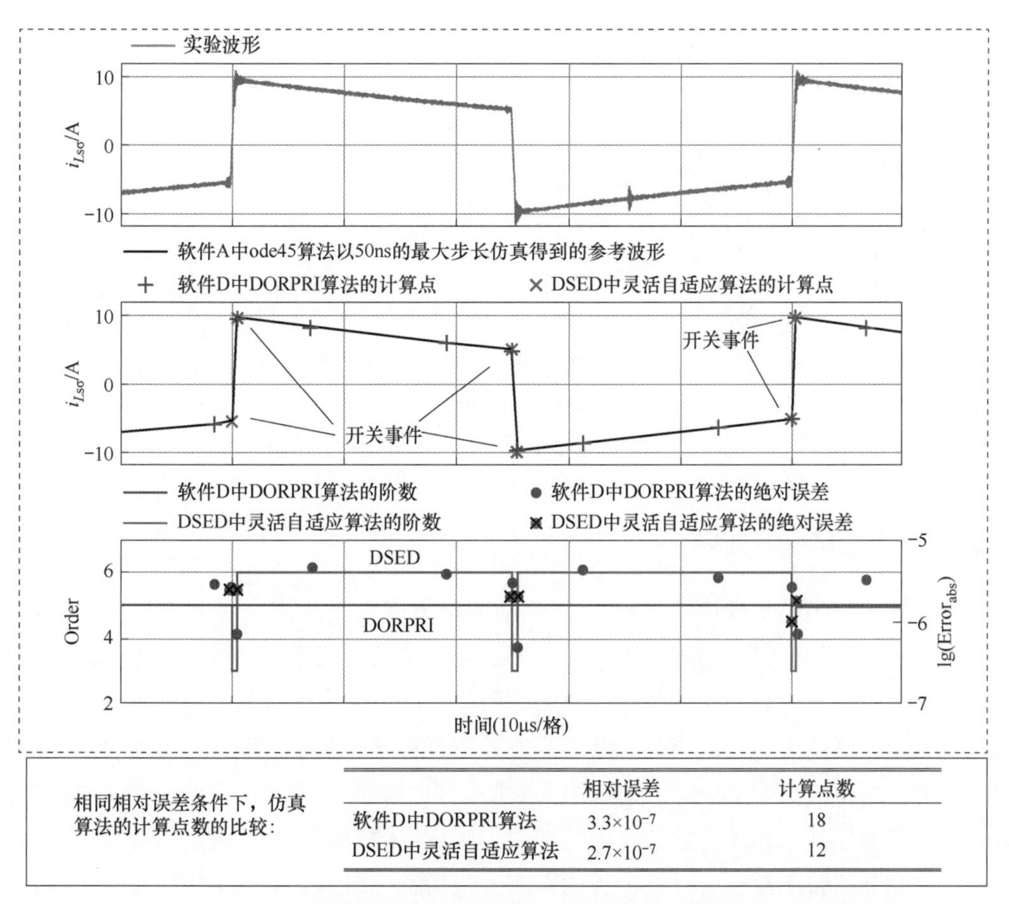

	相对误差	计算点数
软件D中DORPRI算法	3.3×10^{-7}	18
DSED中灵活自适应算法	2.7×10^{-7}	12

图 4. 25　软件 D 中采用的 DORPRI 算法与 DSED 中采用的灵活自适应算法在计算高频 DAB 电感电流 $i_{LS\sigma}$时的仿真性能对比

为了评估上述所有软件与算法的综合性能，在不同的精度要求下对它们进行测试并比较它们的仿真速度。在衡量仿真波形的数值精度时，以采用 ode45 算法、50ns 最大步长的软件 A 仿真波形为参考波形。图 4. 26 展示了 50kVA SST 算例的仿真效率测试曲线，从曲线中可以看出，软件 D 中的定步长算法（ode1 和 ode4 算法）仿真效率最低，相比之下，变步长的算法表现出了更高的仿真效率。在采用相同的 Dormand-Prince 算法时，DSED 的仿真速度相较于软件 D 和软件 A 分别提升了 9 倍与 90 倍。如果在 DSED 框架下采用灵活自适应算法，可以将仿真速度再提高 4 倍，灵活自适应算法所带来的仿真提速可以由表 4. 1 所示的计算量

分析得到解释。

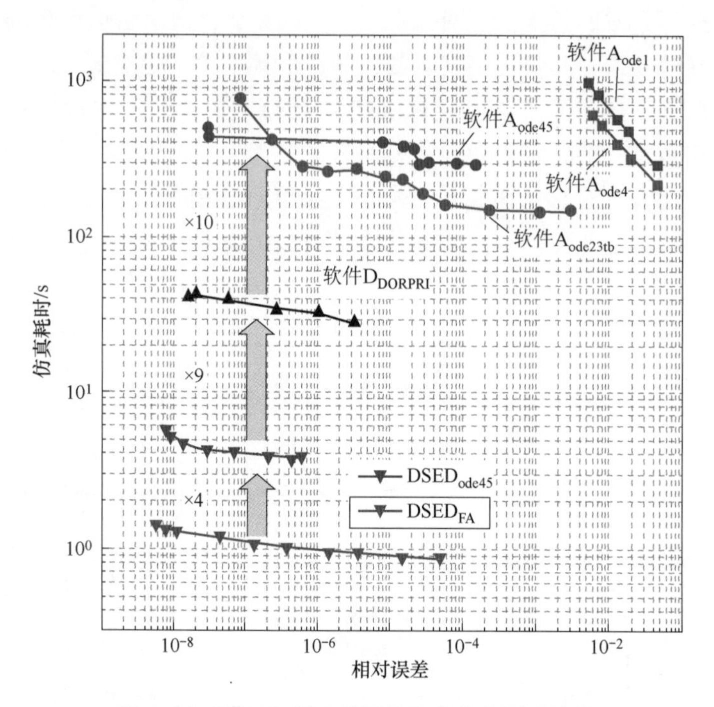

图 4.26　50kVA SST 算例的仿真效率测试结果

4.5.2　牵引变流器仿真算例

本节以模块化多电平变换器（MMC）驱动的电力牵引系统作为一个中规模算例进行多方面的、面向应用的研究。随着电力牵引系统的高速发展，其系统的可靠性成为一个研究重点，直接关联着机车运行的安全与稳定。而牵引系统的可靠性很大程度上依赖于牵引变流器的可靠性，变流器的可靠性则与电力电子开关瞬态过程紧密联系。例如，过流过压、器件过热等问题将会对变流器的安全运行造成很大威胁。为了提升系统的可靠性，需要在设计阶段就对其进行全面评估，尤其是评估开关瞬态过程对系统的影响。开关瞬态过程对牵引变流器的影响主要是开关瞬态过程对开关本身的影响，包括瞬态电流、电压尖峰以及开关损耗发热对开关性能的影响。需要在系统级别的电路中进行开关瞬态过程的仿真，捕捉瞬态的关键信息，进一步对系统的开关损耗进行评估。

首先，本节综合运用第 3 章论述的多时间尺度建模方法和本章论述的离散状态事件驱动仿真方法，对电力牵引系统进行多时间尺度仿真，对系统级别的开关瞬态过程进行评估，进一步评估开关损耗与系统的效率。

4.5.2.1　动态过程仿真

在本节中所研究的 MMC 牵引系统如图 4.27 所示，它是一个三相九电平的级联半桥逆变器，用于驱动笼型异步电动机。它由 24 个 IGBT 半桥子模块（SM），总共 48 个开关组成。该系统的主要参数列于表 4.6。

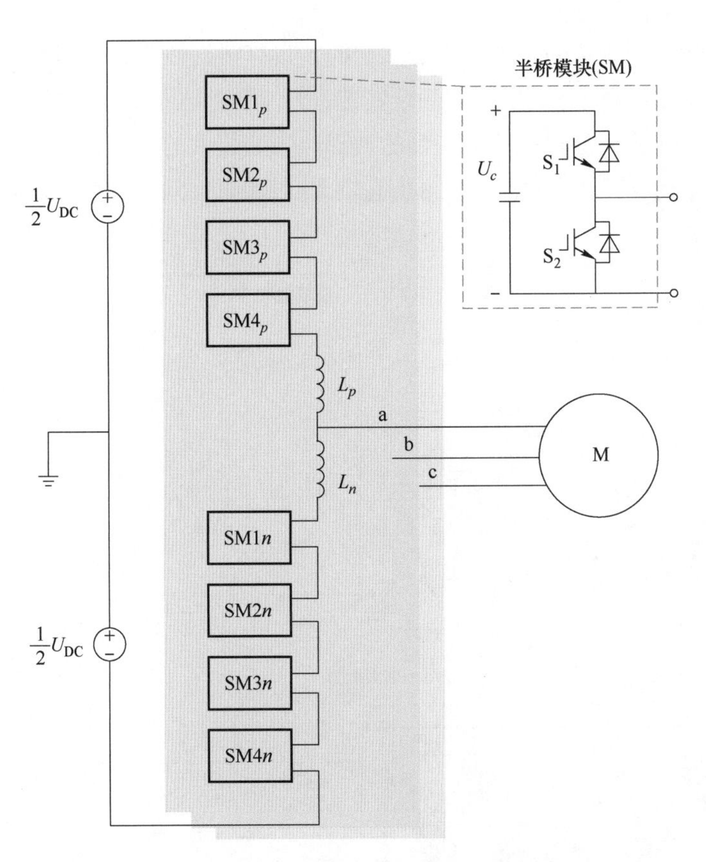

图 4.27　大功率牵引变流器拓扑示意图

表 4.6　牵引变流器主要参数

元件/参数	种类/数值
开关模块	FF300R17ME3 IGBT 半桥模块
杂散电感	100nH
DC 电源	4kV
滤波电感	2mH
额定输出频率	50Hz
开关频率	20kHz
电机极数	6
电机额定转速	1500r/min
电机额定功率	0.35MW
电机额定电流	120A
电机额定转矩	10kN · m

基于第 3 章和本章论述的技术方法，可以构建多时间尺度（Multi-Timescale，MTS）仿真平台，对上述电机系统进行仿真分析。为了验证 MTS 平台的正确性，分别利用 MTS 平台和软件 A 在同一台计算机上对 MMC 牵引系统的负载变化过程进行了仿真。在两个仿真平台上搭建同样的电路、控制模型，除仿真求解器不同以外，其他硬件环境、仿真设置完全一致。在软件 A 中选择 ode45 求解器进行仿真，因为它在求解基于状态方程的系统时具有很高

的效率和精度，是一个成熟的、可以与之对比的、具有标杆性质的求解器。

在仿真的动态过程中，电动机达到额定转速，带动额定转矩，之后承受了 500N · m 的突然加载。图 4. 28 中显示了过程中关键变量的波形。参照放大的视图，MTS 平台的仿真结果与软件 A 的结果非常吻合，从而验证了平台仿真较大型系统时（如 MMC 变换器）的仿真精度。

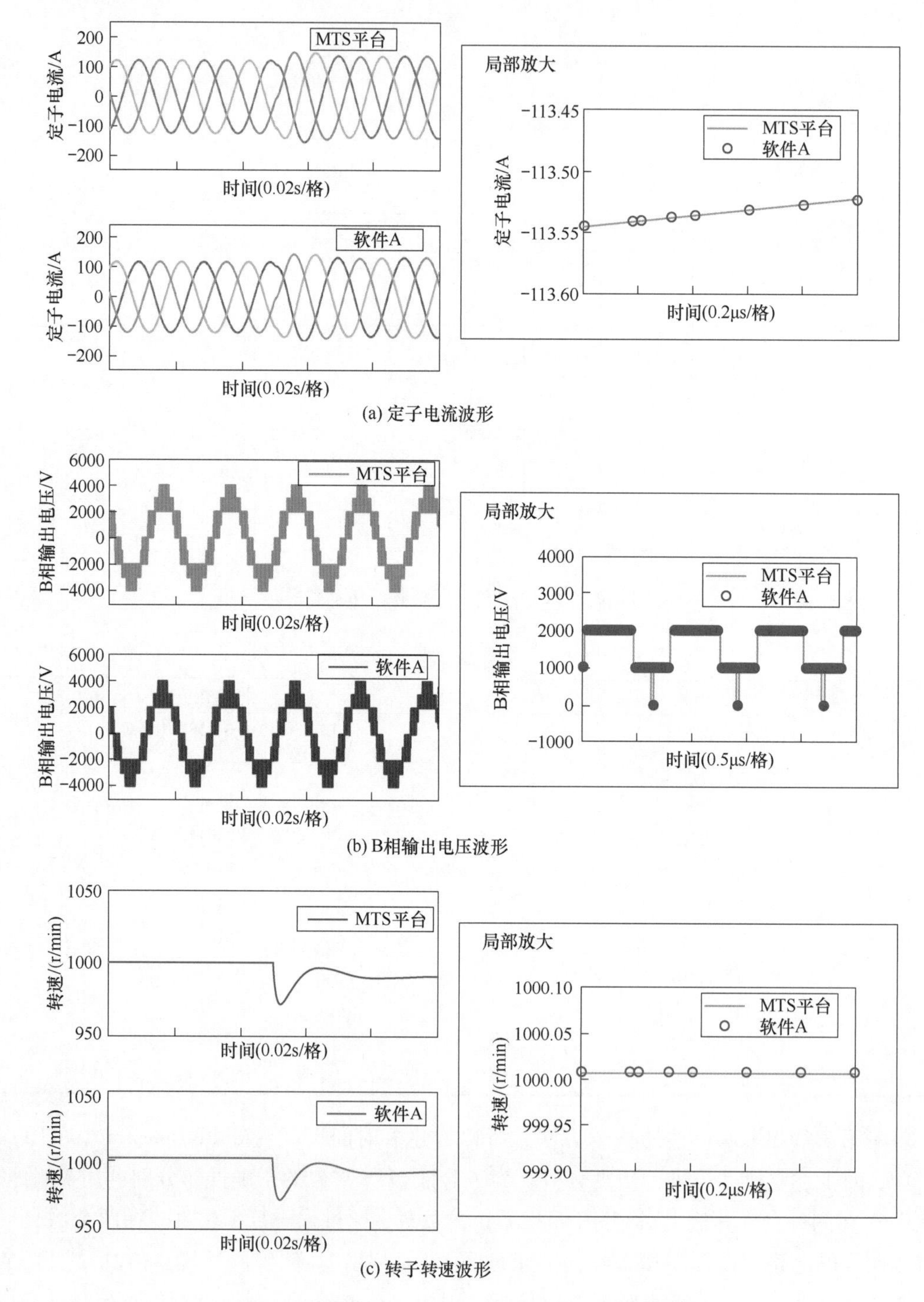

(a) 定子电流波形

(b) B相输出电压波形

(c) 转子转速波形

图 4. 28　MTS 平台与软件 A 稳态仿真结果对比图

4.5.2.2　开关瞬态过程仿真

借助 MTS 平台，可以基于 DSED 仿真框架应用 FF300R17ME3 IGBT 模块的物理模型，实现瞬态波形的仿真。该模型的参数可以从器件手册中获得。在图 4.29 中，给出了在三个电网周期（0.06s）以及数百纳秒内开关在额定工作点处的电流和电压瞬态波形。根据瞬态波形，最大电压峰值达到 1145V，最大电流峰值达到 112.4A，这意味着在该运行模式下不会超过功率开关的额定值。因此，所选的 1700V/300A IGBT 模块适合该应用场景，并且对于实验中的突发故障情况留有足够的余量。

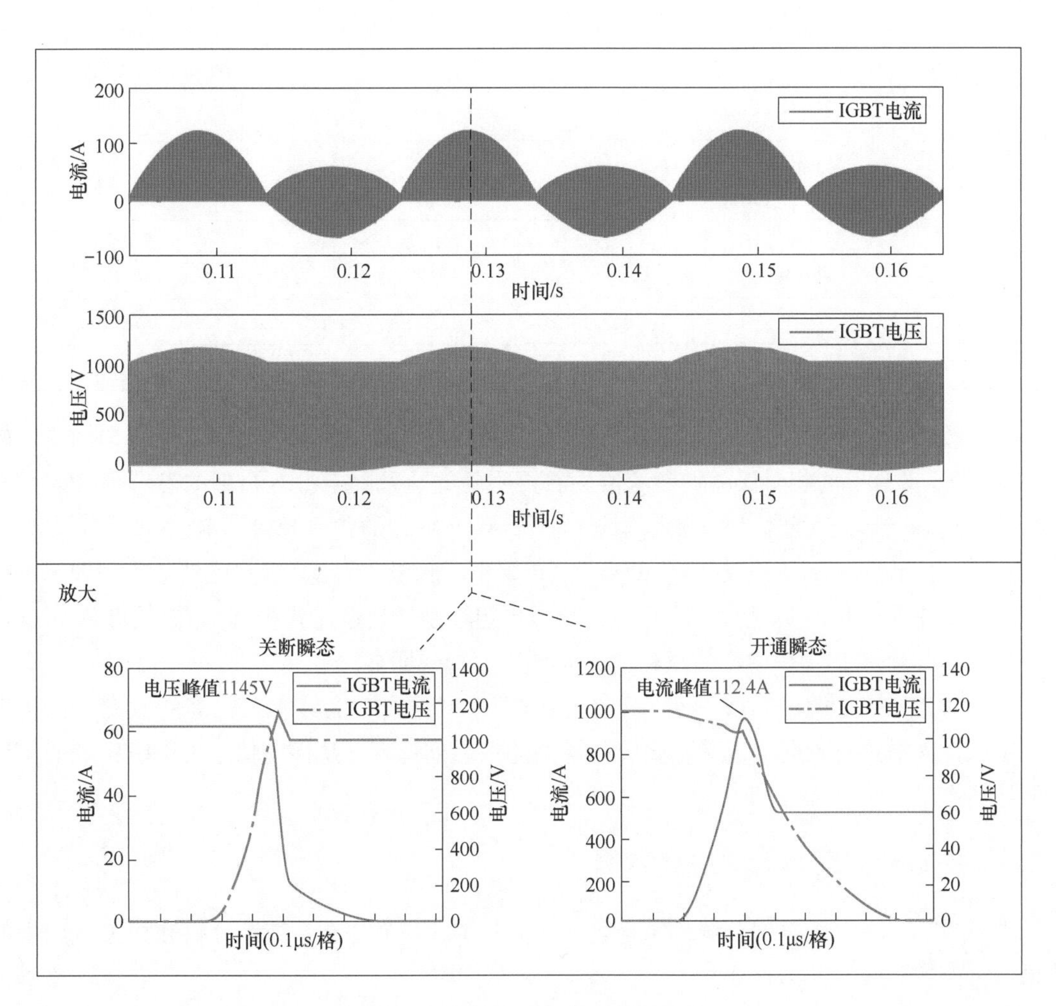

图 4.29　MTS 平台瞬态仿真结果

MTS 平台可以揭示开关瞬态过程的关键特征，并提供变换器开关损耗的估计值，因此它可以支持变换器的热设计。

4.5.2.3　仿真效率分析

在验证了 MTS 平台的正确性后对平台的仿真效率进行评估。表 4.7 展示了不同仿真平台进行 0.5s 动态过程的效率比较。

表 4.7　MTS 平台与其他仿真平台的效率对比

开关模型	仿真平台	CPU 计算耗时	标幺化	定子电流相对误差 $Error_{rel}$ (%)
理想开关	软件 A Ode45 正常模式	940s	1	0.0084
理想开关	软件 A Ode45 快速模式	480s	1/1.96	0.0084
理想开关	软件 A Ode23tb 快速模式	465s	1/2.02	0.0098
理想开关	软件 D Ode45 solver	8s	1/117.5	0.0023
瞬态模型	软件 D RADAU	600mins	38.29	0.0045
理想开关	MTS 平台	6s	1/156.7	0.0017
瞬态模型	MTS 平台	180s	1/5.22	0.0039

在比较中，以最大步长为 $1e^{-8}$ 的软件 A 仿真结果作为计算不同平台（包括了软件 A、软件 D 和 MTS 平台）的相对误差的参考值。需要明确的是，由于没有合理的参考值，因此不进行开关瞬态波形的误差估计。使用理想模型，MTS 平台的仿真速度比软件 A 的正常模式快 150 倍，比软件 A 的快速模式（ode45 和 ode23tb 求解器）快 80 倍。此外，应用开关物理模型，MTS 平台仍可以实现约 3 倍的加速（与理想模型，快速模式相比），而软件 A 不支持物理模型。与软件 D 物理模型仿真相比，MTS 平台提速明显。

以上对比结果证明了 MTS 平台在进行多时间尺度仿真时能够实现较高的效率，该优点有利于设计人员进行不同参数和不同设备模型的一系列仿真，从而支持电力牵引系统的整体性能评估。

4.5.3　交直流混联微电网仿真算例

本节将针对一个微电网系统，综合验证和展示 DSED 方法在系统级分析和相关应用中的效果和价值。

电能路由器（Electric Energy Router，EER，也称为多端口电力电子变压器）的一个典型和重要的应用场景是微电网（Microgrid，MG）系统。微电网可以实现分布式能源（Distributed Energy Resource，DER）、分布式负载（Distributed Load，DL）和储能系统（Energy Storage System，ESS）的集成和并网，其中的关键接口就是电能路由器。基于电能路由器的交直流混联微电网结构示意图如图 4.30 所示。

由于系统规模大，变换器数量多，离散事件多且发生频率高，系统动态过程跨越多个时间尺度，微电网的仿真具有比较高的挑战性，表现为精度和速度相互制约。基于离线仿真软

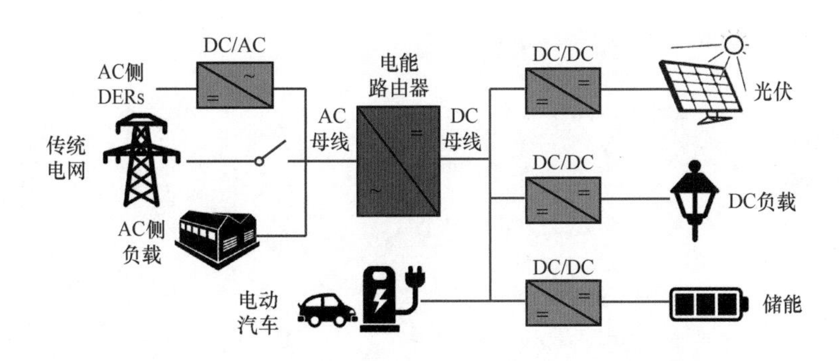

图 4.30　基于电能路由器的交直流混联微电网结构示意图

件和理想开关模型进行仿真，精度较高但是速度较慢。其中变步长求解器可以更准确地捕捉离散事件的发生时刻，相较定步长求解器精度更高但耗时也更长。为了加速仿真，可以在离线仿真软件中使用简化模型，例如开关平均模型。但是，对于离散开关事件引入的系统内快过程，开关平均模型不能有效描述，难以支撑系统中 EER 等关键装置的分析设计。除了离线仿真之外，还可以采用在线的实时仿真（real-time simulation）和硬件在环（Hardware-In-the-Loop，HIL）平台进行仿真，但是这些工具为了保证实时性往往要限制系统规模、元器件数量、最高开关频率、仿真步长等参数，且仿真精度相较离线软件更低。因此，DSED 方法可以在不损失精度的前提下有效提高仿真速度，提升大规模系统的数值实验仿真能力，为微电网仿真提供了新的解决方案。

4.5.3.1　系统结构与主要参数

为了综合展示 DSED 方法的效果，本节研究一个比较复杂的大规模微电网系统，系统结构如图 4.31 所示。该系统是一个兆瓦级 AC/DC 混联微电网，由一个 1MW 的电能路由器、光伏、储能、电动汽车及其接口变换器还有各类负载组成。AC/DC 混联微电网（hybrid microgrid）可以实现多种类型交直流电源和负载的灵活接入，相比独立的交流和直流电网来说可以减少变换级数。所研究的系统同时包含 13.8kV 高压交流（HVAC）母线和 750V 低压直流（LVDC）母线，二者通过一个 1MW 容量的 EER 连接，装置结构为级联 H 桥（Cascaded H-Bridge，CHB）构成 AC/DC 级，和双有源桥（DAB）构成 DC/DC 级。EER 基于 10kV SiC MOSFET 设计，可以实现功率双向流动。

分布式的直流电源和负载接在低压直流母线上，包括储能（可作为电源或负载运行）、电动汽车（作为负载运行）和光伏（作为电源运行），并配有半桥 DC/DC 变换器实现接口。整体上，微网控制系统由上层控制器，EER 控制器，分布式电源和负载的本地控制器组成，可以运行在并网（Grid-Connected，GC）模式或者孤岛（Islanded，IS）模式。在并网模式中，高压交流母线与电网连接，EER 的交流端口工作在电网跟随（grid-following）模式，根据上层控制器给出的无功指令来控制对电网发出和吸收的无功功率；储能变换器根据上层指令控制注入/吸收的有功功率；低压直流母线由 EER 的 DAB 级控制，稳定在 750V。在孤岛模式中，EER 的交流端口工作在电网构建（grid-forming）模式，低压直流母线由储能系统

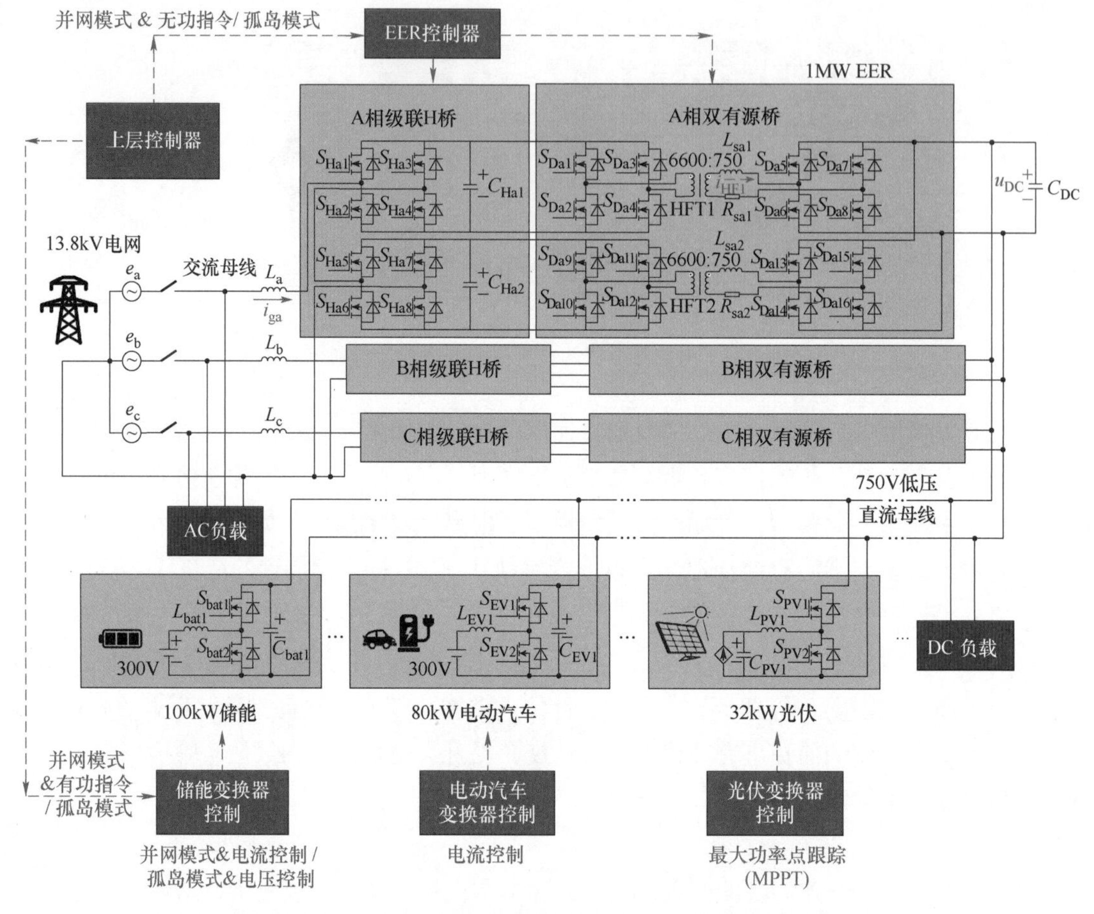

图 4.31　所研究的交直流混联微电网仿真算例拓扑结构

稳定。在两种模式中，光伏变换器均工作在最大功率点跟踪（Maximum Power Point Tracking，MPPT）模式，而电动汽车的充电功率则由其本地控制器决定，不受微电网调度和控制。系统参数见表 4.8 和表 4.9。

表 4.8　微电网系统中电能路由器的电路和控制参数

参数	符号	量值
网侧电感	L_a，L_b，L_c	4.4mH
CHB 电容	C_{Ha1}，C_{Ha2}，…	0.1mF
CHB 开关频率	f_{sCHB}	10kHz
DAB 高压侧直流额定电压	V_H	6.67kV
DAB 低压侧直流额定电压	V_L	750V
DAB 低压侧电感	L_{sa1}，L_{sa2}，…	21.6μH
DAB 低压侧电容	C_{DC}	10mF
DAB 开关频率	f_{sDAB}	10kHz

表 4.9　微电网系统中分布式电源和负载的电路和控制参数

参　数	符　号	量　值
储能和电动汽车变换器电感	L_{bat1}，$L_{\text{EV1}}\cdots$	0.5mH
储能和电动汽车变换器电容	C_{bat1}，$C_{\text{EV1}}\cdots$	5mF
储能和电动汽车电压等级	V_{bat1}，$V_{\text{EV1}}\cdots$	300V
储能和电动汽车变换器开关频率	f_{sbat}，f_{sEV}	10kHz
光伏变换器电容	C_{PV1}，$\cdots$	820μH
光伏变换器电感	L_{PV1}，$\cdots$	1mH
光伏变换器开关频率	f_{sPV}	5kHz
光伏板标准光照强度	S_0	1000W/m^2
光伏板参考温度	T_{ref}	25℃
光伏最大功率（标准工况）	V_{MPPT}	356V
光伏最大功率对应的电压（标准工况）	P_{MPPT}	32.2kW

下面首先分别针对并网模式和孤岛模式，进行 DSED 方法和软件 A 的仿真对比。这里选择软件 A 作为对比对象的原因，是该软件具有强大的控制建模能力，广泛应用于微网系统的建模仿真中。同时，软件 A 提供了多种求解器的选择（定步长/变步长，前向/后向），可以与 DSED 方法进行全面的对比。所有的仿真均运行在一台相同的个人计算机上（Intel Core i7-7700K 4.2GHz CPU），DSED 方法基于 C++编程实现。由于系统规模较大，DSED 方法使用理想开关模型进行仿真。

4.5.3.2　并网模式仿真结果对比

在并网模式的仿真对比中，测试了一个 0.3s 的负载阶跃过程，如图 4.32 所示。五个储能系统和五个电动汽车系统接入低压直流母线，均工作在充电模式。储能、电动汽车的有功功率指令，及 EER 高压交流端口的无功功率指令均在图 4.32 左侧标出。当 $t=0$ 时，整个系统启动；$t=0.15$s 时，投入 200kW 直流负载。整个仿真测试过程为 0.3s 动态过程。

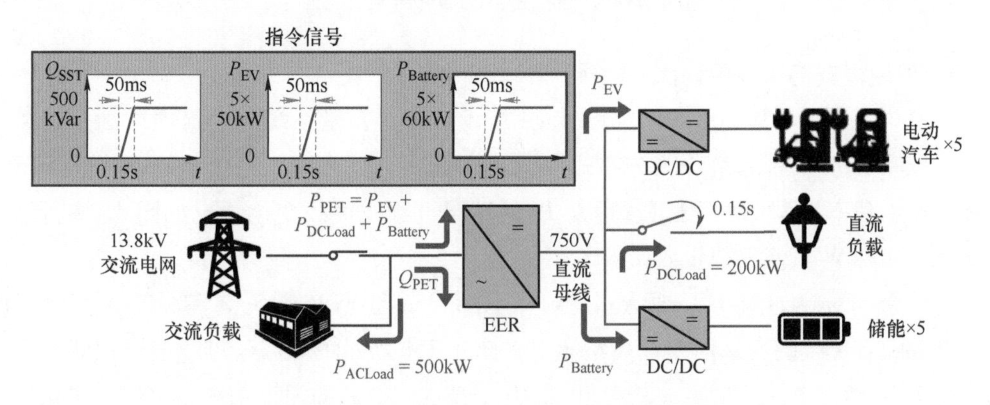

图 4.32　并网模式下的负载阶跃过程示意图

DSED 方法的仿真结果与软件 A（ode23t 求解器）的结果对比如图 4.33 所示，其中图 4.33a 是 HVAC 端口 A 相电网电流 i_{ga}，图 4.33b 是 LVDC 端口电压 u_{DC}，图 4.33c 是 EER A 相 DAB 第一个高频变压器电流 i_{HF1}，图 4.33d 是上述三个变量波形的放大图，其中左上对应图 4.33a，右上对应图 4.33b，下图对应图 4.33c。从仿真结果中可以看出，电网电流在 0.15s 时由于直流负载的投入而增大，相应地，LVDC 母线电压下降，在 0.2s 时下降到最低点约 735V。为了传输功率，在移相控制下，高频变压器电流相应增大。总体而言，解耦型 DSED 方法仿真结果与软件 A 一致。

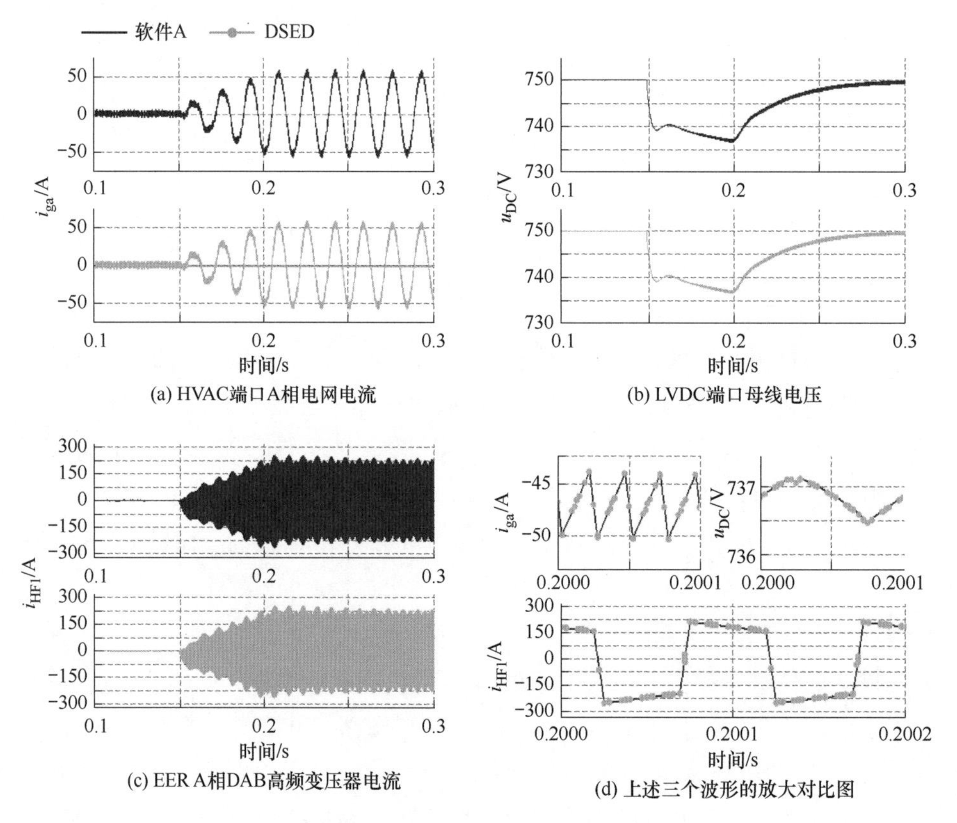

图 4.33　并网模式下的仿真结果对比图

4.5.3.3　孤岛模式仿真结果对比

孤岛模式下仿真场景的示意图如图 4.34 所示。整个微网系统与交流电网断开连接，10 个光伏系统和 10 个储能系统作为分布式能源连入低压直流母线。光伏系统工作在 MPPT 模式，最大输出功率为 32kW。测试过程是 1s 的动态过程，负载变化情况如图 4.34 所示。在 $t=0.5$s 时，200kW 直流负载投入。

仿真结果的对比如图 4.35 所示。其中，图 4.35a 是 EER 高压交流端口 A 相电流的波形，该电流随着负载的变化而变化。整体上，图 4.35b 所示的 LVDC 母线电压在储能系统的控制下稳定在 750V 左右。图 4.35c 示出了 10 个光伏系统总的输出功率，整体基本保持在最大功率点附近。上述三组波形的放大图示于图 4.35d，其中左上对应图 4.35a，右上对应

图 4. 35b，下图对应图 4. 35c。上述对比证明了 DSED 方法仿真的准确性。

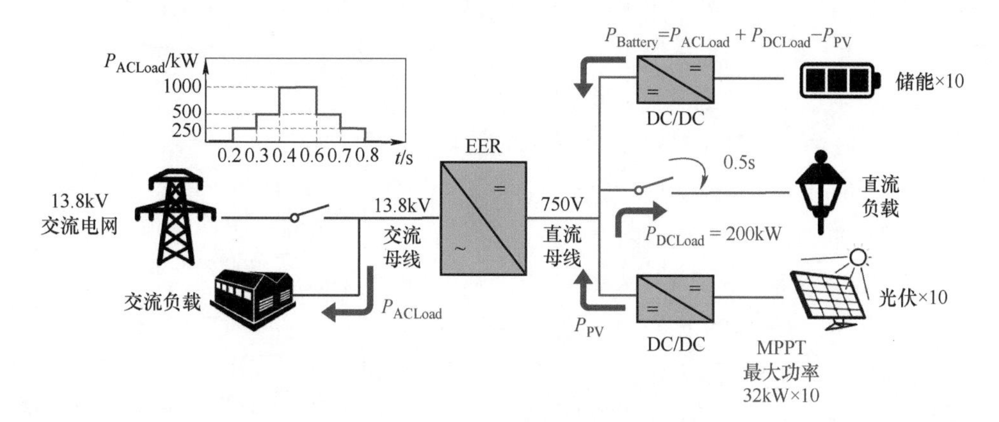

图 4. 34 孤岛模式下的动态过程仿真示意图

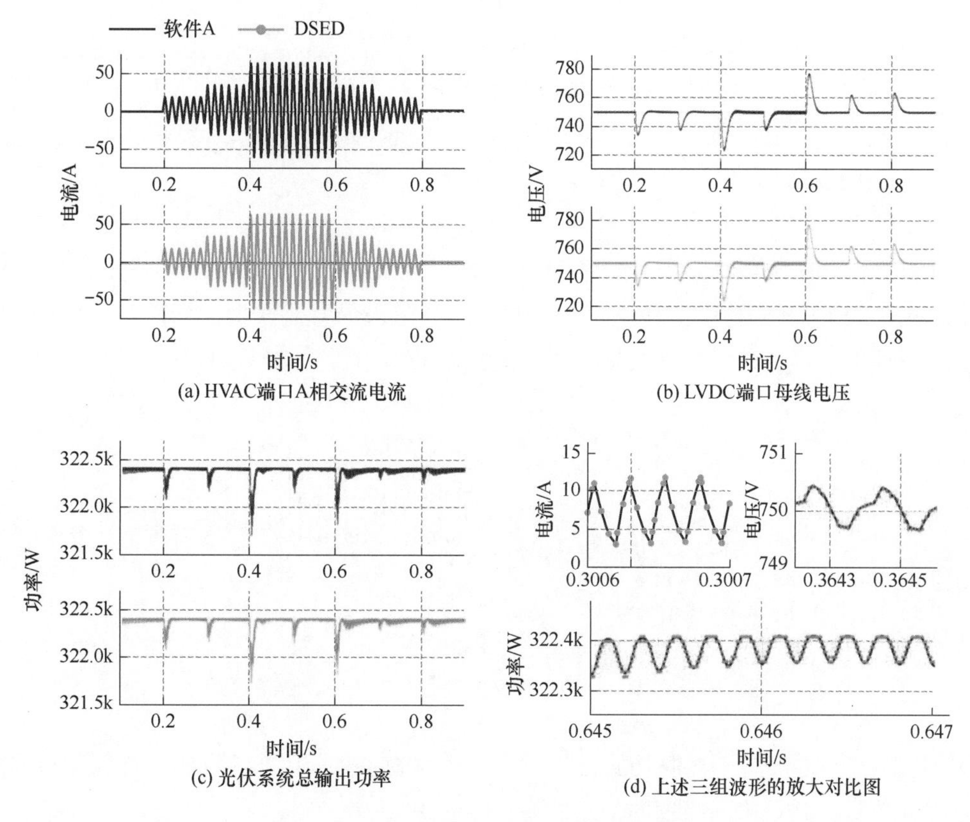

图 4. 35 孤岛模式下的仿真结果对比图

4. 5. 3. 4 仿真效率对比

为了考察在这一应用中 DSED 方法的仿真效率，进行了软件 A 多种不同求解器的仿真效率对比测试。软件 A 中提供定步长和变步长求解器。其中，定步长求解器通常速度较快，原因是其中没有改变步长所需要的额外计算任务。然而，由于电力电子系统的混杂特性，定步长求解器的步长不可避免地无法与离散开关事件的发生时刻相匹配，导致仿真结果精度低甚至错误。为了提高精度，需采用很小的仿真步长，例如远远小于系统内的最高开关频率，导致仿真耗时很长。相反，如果使用变步长求解算法，则在精度要求较高的场合可以更高效地完成仿真。

在本节的比较中，选择了软件 A 中的两个定步长求解器（ode1 和 ode3）以及两个变步长求解器（ode23 非刚性算法和 ode23t 刚性算法）。为了实现定量比较，ode23t 求解器在 10^{-8}s 最大步长下得到的结果作为比较的参考结果 $\boldsymbol{y}_{\text{ref}}$。比较中选用 10kHz 的 DAB 电流 i_{HF1}，即系统中变化频率最高的变量，作为计算相对误差的变量。定量比较孤岛模式的仿真结果。定量比较结果如图 4.36 所示。需要说明的是，从图中可以看出，软件 A 的快速模式比一般模式可以提高仿真速度约 30%，因此在下面的比较中，均使用软件 A 快速模式完成仿真。

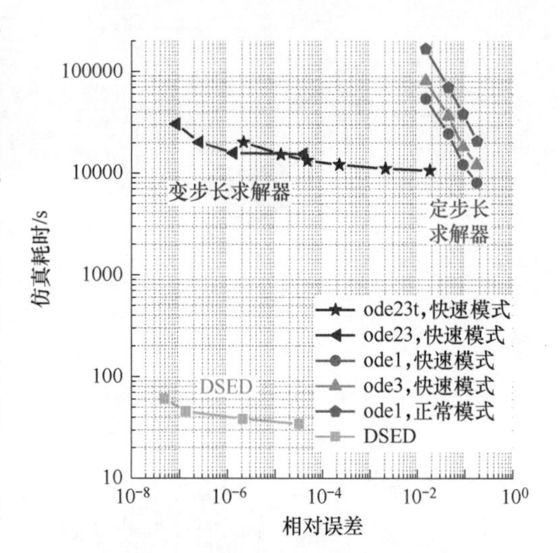

图 4.36　与软件 A 仿真效率对比图

从图 4.36 中可以看出，对于孤岛模式 1s 动态过程的仿真，软件 A 的各类求解器均需耗时三小时以上。定步长求解器如果采用较大步长，可以更快地完成仿真，但是精度较低。图 4.37 展示了一个例子，采用定步长求解器，即便步长减小到 $1e^{-7}$s，即开关频率的 1/1000，仿真结果仍有非常大的误差。这说明尽管定步长求解器速度较快，其针对开关频率及更高频率的高频行为难以准确仿真。

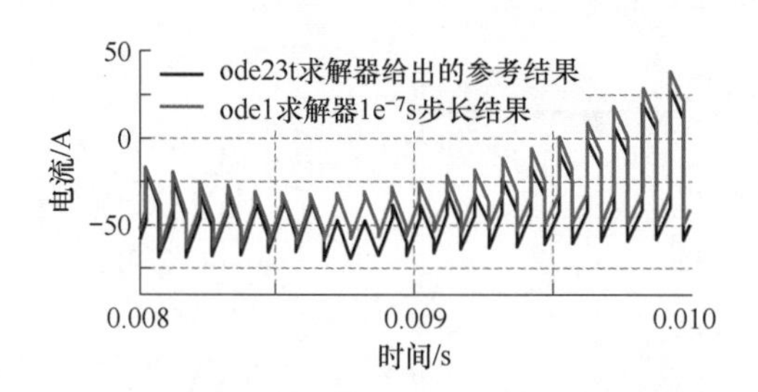

图 4.37　EER A 相 DAB 高频变压器电流仿真结果对比

DSED 方法相比软件 A 可将仿真速度提高约 500 倍，在 30 秒内完成大规模微网系统 1s 动态过程的仿真，并给出高精度的仿真结果。

4.5.3.5　考虑通信延迟的模式切换仿真

本节展示高效的仿真方法如何支撑实际微网系统的研究。从上面的仿真研究中可以看出，微网系统在控制系统的作用下可以稳定运行在并网和孤岛两种模式。在实际应用中，一个关心的问题是如何保证两种模式之间的平滑切换，尤其是对于非规定动作下并网转孤岛的切换（这种可能源自电网的突然故障等）。如果考虑到实际系统中不可避免地存在通信延

迟，这种切换会给系统带来一个比较大的扰动，引起功率不平衡，导致母线电压波动等问题。

以考虑通信延迟情况下的并网-孤岛模式切换为例，本节讨论和展示 DSED 方法在仿真上的进步如何服务于实际系统的分析和设计。对于模式切换的问题，实际的仿真面临较大挑战，主要体现在：

（1）在此类研究中，通常需要进行多次仿真来找到最合适的控制策略和系统参数；另一方面，在不同工况（例如不同的功率分布）和不同场景下，模式切换的影响也是不同的。对多工况和多场景的测试分析加重了仿真计算的负担。

（2）对模式切换的研究通常需要仿真一个比较长的过程。系统首先需要经过一个启动和加负载过程来建立稳定的运行状态，然后才能引入模式切换。这通常需要进行数秒过程的仿真，耗时极长。

（3）此类研究旨在分析系统的动态行为，时间尺度较小，系统状态变化较大，仿真精度要求很高，采用简化等效或者大步长、定步长仿真，得到的结果很可能不能支撑相关研究和分析。

DSED 方法在相同精度下速度大幅度提升，从而使得仿真在此类研究中不是瓶颈问题。本节仿真了模式切换过程，其中上层控制器到 EER 和分布式电源控制器的通信有 10ms 的延迟，并研究这一带延迟的切换过程对系统运行的影响。首先仿真场景 1，即所有控制器都依靠上层控制器的指令来决定其并网/孤岛运行模式。在 0.5s 以前，系统启动并运行在并网模式，不同分布式电源和负载被逐渐接入。在 0.5s 时，模式切换启动，电网被切除；但由于通信延迟的存在，EER 和储能变换器在 0.51s 才切换到孤岛模式。在这一场景下，直流母线电压 u_{DC} 和 A 相 CHB 的电容电压 u_{Ha1}（参考值 6.67kV）波形示于图 4.38 中（场景 1）。从中可以看出，在 10ms 的通信延迟期间，CHB 电容的直流电压从 6.67kV 下降到 3kV，原因是电网已经被切除，而 CHB 电容需要持续不断且同时向交流侧和直流侧两侧的负载提供能量。

为了避免 CHB 电容电压的突然跌落，考虑到 EER 有能力实时感知和监测电网电压并实施保护，设计了场景 2，即 EER 检测到电网切除时可以自己转向离网模式，不必等待上层控制器的控制信号。仿真结果如图 4.38 中所示（场景 2）。这一策略可以保证 EER 的平滑切换，但是分布式储能仍然不能实时感知电网状态，因此 LVDC 母线电压迅速跌落，从 750V 跌落到小于 550V。因此，继续设计场景 3，即分布式储能控制器检测到直流母线低于 700V 时即自动转为孤岛运行模式，支撑直流母线电压。在储能变换器重新听从上层控制指令之前，这一孤岛运行模式将至少持续一段时间。仿真结果如图 4.38 中场景 3 曲线所示，过渡过程相对比较平滑。

上述讨论展示了 DSED 方法如何支撑基于 EER 的微电网模式切换设计和通信延迟影响研究。如何解决通信延迟的微电网模式切换的问题不是本节讨论的重点，这里主要展示 DSED 方法如何有效地应用于相关研究中。在上述 0.6s 过程的模式切换研究中，DSED 方法耗时为 28s，而软件 A 耗时在 3 小时以上。因此，利用 DSED 方法，不需要对大规模微电网模型进行等效简化，实施精确仿真不再成为瓶颈问题。

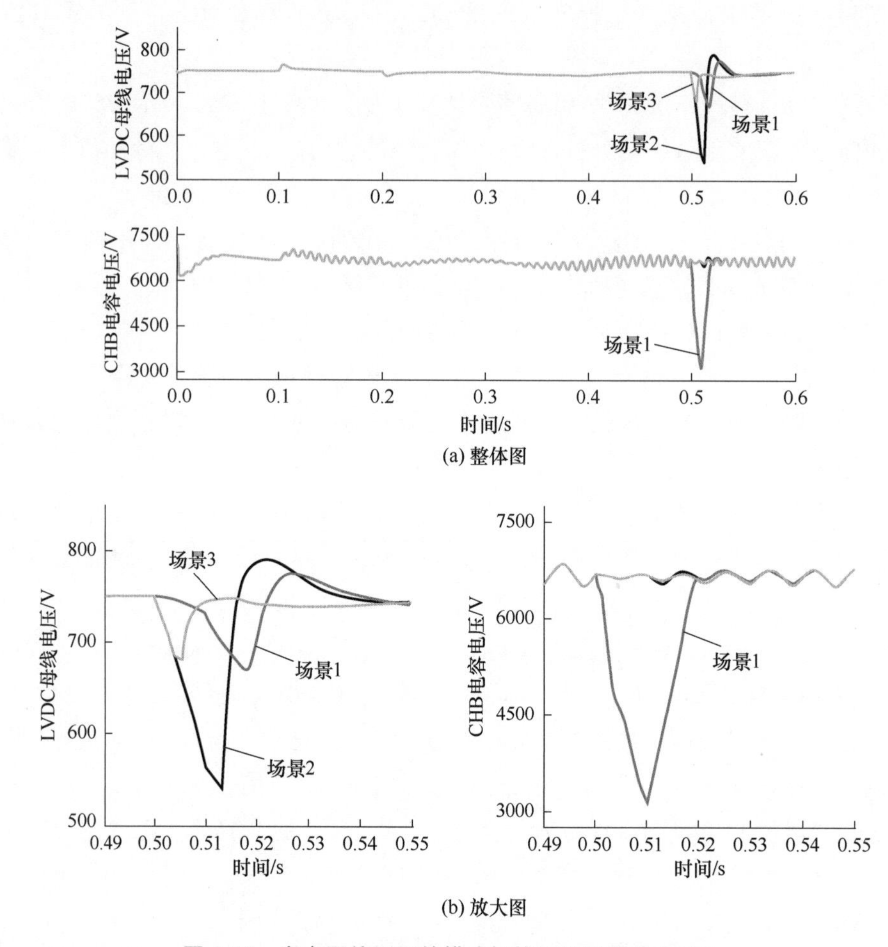

图 4.38　考虑通信延迟的模式切换不同场景仿真对比

第5章　工业仿真计算机自动化实现

工业仿真软件以认知表征与工业应用为目的，以精准建模与高效仿真解算技术为基础，集成图形化界面、应用模型库和数值求解器等关键软件模块，它是工业装备与系统设计、分析、评估、优化和运行的核心基础工具之一。

本章首先综合论述电力电子工业仿真软件及其计算机自动化技术的基本情况，然后分别针对工业软件计算机自动化实现中的两个关键技术难点：电力电子混杂系统状态方程自动生成和大规模电力电子混杂系统稀疏化自动求解展开论述。相关技术可为提高电力电子工业软件计算机自动化效率奠定基础。

5.1　电力电子工业仿真软件及其计算机自动化技术

5.1.1　电力电子领域工业仿真软件

在20世纪50年代，随着数字计算机的出现，人们开始尝试将计算机辅助分析（computer-aided analysis）方法应用于电路分析和电路设计中。20世纪60年代至70年代期间，工业界对于缩短大规模集成电路（Very-Large-Scale-Integrated Circuit，VLSI）开发周期的迫切需求进一步推动了相关的基础理论研究和计算机程序迅猛发展。20世纪70年代以来，这些电路领域的计算机仿真软件开始被拓展到一些特定的电力电子系统分析当中。此后，越来越多的研究开始关注电力电子器件、电力电子变换器以及电力传动系统的建模与仿真算法，应用于电力电子领域的工业仿真软件也不断出现。进入21世纪之后，电力电子系统的求解理论和各大电力电子工业仿真软件的计算内核基本稳定成型。除了常规的性能提升和模型开发以外，各大商业仿真软件公司的研发重点开始转向构建工业仿真软件的应用生态，强调从数值仿真到硬件交付的一站式服务，更加注重软件的易用性和兼容性，许多商业仿真软件增强了对用户自定义模型导入、脚本调用、联合仿真等功能的支持。部分软件还可以从控制框图直接生成数字信号处理器（Digital Signal Processor，DSP）中的代码，或者能够兼容硬件在环仿真，从而进一步缩短实际装置的测试和开发时间。

目前，在电力电子工业仿真软件中，对于给定电力电子系统进行仿真时的主要处理流程如图5.1所示。

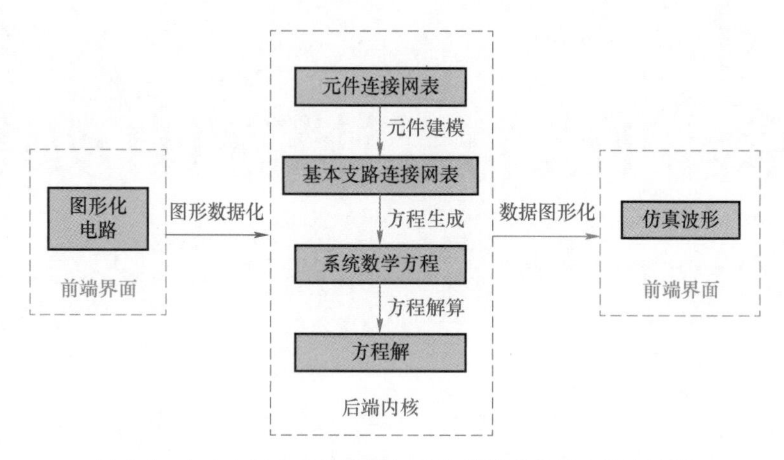

图 5.1　电力电子工业仿真软件单次仿真时的基本处理流程

（1）图形数据化：电力电子工业仿真软件通常具有图形化界面和元件库。元件库中的元件是用户用来搭建图形化电路的最小单元。这些元件涵盖了电力电子领域的常见组件，包括各种功率和控制模块，一般以完整封装的形式出现。例如，为了方便用户使用，大多数电力电子工业仿真软件都会直接在元件库中内置两电平单相变换器模块，此时一个两电平单相变换器就是元件库中的一个元件。用户可以在图形化界面设置各个元件的参数，并进行连线，从而形成一个完整的电路。

若进行仿真，则电力电子工业仿真软件需将电路图形数据化，即将图形化电路转化为元件连接网表的数据描述，交由仿真内核进行计算机自动化处理。元件连接网表的描述格式由各个工业仿真软件自行定义，但一般都包含以下基本信息：元件的类型、元件的名称、元件的参数、元件的每个引脚所对应的节点编号。这些基本信息可以对整个电路的结构和参数进行完备的描述。

（2）元件建模（单个元件的建模方法）：在软件前端，元件是开放给用户的最小单元。在软件后端，基本支路则是仿真解算时描述电路的基本单元。许多元件本身对应了复杂的物理机理，但它们都可以被替换为由基本支路搭建得到的子电路。在电力电子工业仿真软件中，电气部分的基本支路主要包括电阻（R）、电感（L）、电容（C）、互感（M）、电压源（E）和电流源（J）。例如，对于开关器件而言，使用理想开关模型时，仿真内核是将其替换为小电阻或者断路；使用行为模型时，仿真内核是将其替换为电压源或者电流源；使用机理模型时，仿真内核是将其替换为由非线性 RLC 等构成的等效电路。将非基本支路的元件转化为基本支路组合的过程即是对元件进行建模的过程。

（3）方程生成（整体系统的建模方法）：在元件建模之后，各个元件之间的连接关系会被转化为基本支路之间的连接关系。此时，仿真内核需要再根据基本支路的连接网表，生成描述整个系统的数学方程。根据方程形式的不同，目前的电力电子工业仿真软件可以分为两类。一类采用节点分析法（或改进节点分析法），对元件进行离散，生成系统的节点电压方程。一类采用状态空间法，这类软件直接生成整个系统的微分方程描述，即生成系统的状态方程。

（4）方程解算：该步骤是对系统的数学方程进行求解，求解算法与方程形式直接相关。对于采用节点分析法的软件而言，该步主要求解代数方程，一般采用 LU 分解方法结合稀疏矩阵技术来进行求解。对于采用状态空间描述的系统而言，该步主要求解微分方程组。理论上对于线性时不变电路，状态方程存在解析解，但由于解析分析方法需要求解矩阵的幂，在方程维数高的时候极为耗时，因此一般直接采用数值积分公式求解微分方程的数值解。

（5）数据图形化：在得到方程的数值解之后，后端内核会将数据发送至前端界面，由界面绘制并展示仿真波形。

以上过程即为目前电力电子工业仿真软件进行单次仿真时的基本处理流程。

不同仿真软件的区别主要体现在元件建模、方程生成和方程解算这三个环节上。以开关器件的建模方式为划分依据，可以将现有的电力电子仿真软件分为两类，即主要仿真开关瞬态特性的软件和主要仿真开关理想特性的软件。前者主要包括 Spice 家族和 Saber，能够提供器件的机理模型并仿真得到开关瞬态波形。采用理想开关特性的软件包括 PSCAD、Simulink、PLCES 和 PSIM 等，其中 PSCAD 本身是面向电力系统的电磁暂态仿真软件，其用户一般是分析电力电子装置接入对大电网的影响；其余软件则主要用于电力电子装置本体的设计和控制策略的验证。在现有的工业仿真软件中，通常情况下，仿真的时间分辨率和系统规模形成了一对制约关系。

以系统方程的数学形式来进行划分，则 Spice、Saber、PSCAD、PSIM 采用了节点分析法，Simulink 和 PLCES 采用了状态空间法。相应的，这两类软件的求解器也各不相同。总体而言，采用节点分析法的软件以定步长求解器为主，而采用状态空间法的软件以变步长求解器为主，但二者均基于时间离散机制来驱动仿真解算的进行。

5.1.2　电力电子混杂系统方程的计算机自动生成技术

5.1.2.1　两种不同数学描述框架下电路方程的计算机自动生成方法

由计算机程序自动生成系统的数学方程是电力电子工业仿真软件内核必须要实现的功能，这也是通用的仿真软件与针对特定拓扑进行个例分析算法的一个显著区别。下面分别介绍节点分析法框架下和状态空间分析框架下电路方程的自动生成方法。

1. 节点分析法

节点分析法框架下，图 5.1 的各步之间有很强的耦合关系。该方法直接从数值解算出发，对每个元件进行离散。元件特性为微分方程形式的元件都会被转化为由历史电流项和等效电阻构成的诺顿等效电路。此时，离散后的电路转化为电阻电路，可以根据 KVL 约束列写电路的节点电压方程，其形式可以归结为式（5-1），其中 $\boldsymbol{Y}$ 为节点导纳矩阵，$\boldsymbol{U}$ 为节点电压向量，$\boldsymbol{I}$ 为所有电流源构成的向量。

$$\boldsymbol{YU}=\boldsymbol{I} \tag{5-1}$$

节点导纳矩阵 $\boldsymbol{Y}$ 中的元素有明确的物理含义：对角元素为自导纳，元素值等于与该节点相连支路的导纳之和；非对角元素为互导纳，其中 $\boldsymbol{Y}_{ij}$ 等于直接连接节点 i 和节点 j 的各支路导纳之和的相反数。因此，可以非常容易地根据拓扑连接关系直接构造出节点分析法中的导纳矩阵。

根据电路的结构特点不难得知，节点导纳矩阵一般都具有稀疏性质。此外，在储能元件的诺顿等效电路中，等效电阻是通过对元件特性的微分方程描述进行数值离散得到的，因此节点导纳矩阵 $\boldsymbol{Y}$ 中矩阵元素的具体值与离散步长相关。以上两个特点直接影响了节点电压法框架下的方程解算方法——由于系数矩阵具有稀疏性质，所以节点法框架下发展出了成熟的稀疏求解技术；由于系数矩阵与步长相关，而求解代数方程时最大的开销为矩阵 $\boldsymbol{Y}$ 的 LU 分解，所以采用节点法的工业仿真软件都倾向于采用定步长求解器，以避免反复调整步长重新进行 LU 分解而带来的额外开支。

2. 状态空间法

状态空间法框架下需要生成电路的状态方程，状态方程的形式如式（5-2）所示。其中 $\boldsymbol{x}$ 为系统中的状态变量，$\boldsymbol{u}$ 为系统中的输入变量。

$$\begin{cases} \dot{\boldsymbol{x}} = \boldsymbol{f}(\boldsymbol{x}, \boldsymbol{u}(t)) & \text{一般形式} \\ \text{或 } \dot{\boldsymbol{x}} = \boldsymbol{A}\boldsymbol{x} + \boldsymbol{B}\boldsymbol{u}(t) & \text{线性系统} \end{cases} \tag{5-2}$$

状态方程的建立核心是要找到系统中的独立状态变量，一般采用电容电压和电感电流作为状态变量，也有部分方法使用电感磁链和电容电荷量来建立系统状态方程。但是，并非所有的储能元件都对应于独立状态变量。例如，在位于一个回路的电容组和位于一个割集的电感组中，有一个电容电压或电感电流是其他状态变量的线性组合。这样的变量为非独立状态变量，则不能出现在式（5-2）中。

对于普通的 RLCM 网络，独立状态变量的识别可以通过规范树的方法得到，即建立系统的关联矩阵，利用高斯消去或者图论的相关知识构造电路的一棵树，使得尽量多的电容为树支电容，尽量多的电感为连支电感。符合以上条件的树被称为规范树，树支电容的电压和连支电感的电流即为独立状态变量。

在确定独立状态变量之后，则需要建立规范树对应的基本割集矩阵和基本回路矩阵，结合元件的参数矩阵，进行多次复杂矩阵运算，最终得到系统的状态方程。该过程包含 20 余次矩阵加法、30 余次矩阵乘法和至少 2 次矩阵求逆。

可以看到，和节点法框架相比，状态空间框架下系数矩阵的自动生成过程十分繁琐耗时，且流程中包含的拓扑识别及矩阵求逆操作使得很难直接找到状态方程系数矩阵元素与元件原始参数之间的对应关系，这是状态方程法的一大主要劣势。但状态方程矩阵元素本身与解算步长无关，仅与拓扑连接关系和元件参数有关。因此，在状态空间框架下，改变步长不会引入额外的开销，可以使用各种变步长的数值积分算法来提升性能。

5.1.2.2 电力电子混杂系统中方程生成的特殊问题

对于拓扑结构和参数不变的普通电路而言，系统方程的自动生成仅需要在初始化阶段进行一次，所以对于整体的仿真耗时几乎没有较大影响。然而，电力电子系统具有鲜明的连续与离散混杂特性，包含着大量的离散开关事件。这使得电力电子系统的拓扑变化十分频繁，而且开关组合和可能的拓扑结构极多，系统方程往往需要反复重构。对于节点法框架而言，这意味着系统的导纳矩阵要不断重新进行 LU 分解；对于状态空间法框架而言，这意味着需

要多次重复繁琐耗时的状态方程生成流程。两种框架下，方程的生成和更新都会占用大量的时间，特别是状态空间法下该问题更加突出。因此，在电力电子工业仿真软件中，对于方程生成和更新环节的优化和对于方程解算的优化加速具有同等重要的地位。

另外，方程生成和方程解算方法本身具有强绑定关系。在电力电子系统的解算过程中，需要解决的一大核心难题就是开关带来的离散点的定位。若对这些离散点定位不准，则可能严重影响仿真精度，甚至带来收敛性问题。此时，以定步长求解器为主的节点分析法只能采用较小的步长来进行仿真，且在离散点附近每次迭代定位修改步长时都需要重新进行 LU 分解，这极大地影响了仿真效率。而状态空间法下则可以灵活调整步长，避免在离散点附近反复迭代，更加契合电力电子系统的混杂特性。因此一般认为状态空间法相较于节点法更适合求解电力电子混杂系统。

此外，由于功率半导体开关器件并非基本支路，其等效模型的不同也会影响方程的数学形式和数学性质，进而影响方程生成和方程解算的难度。

综合以上三点可以看到，在电力电子工业仿真软件中，事实上需要同时决策：①在元件建模层面，对功率半导体开关器件采用何种等效模型；②在系统建模层面，采用节点分析法还是状态空间法框架。最终的目标应当是在精度一致的情况下，达到方程生成和方程解算两个环节的综合速度最优。

5.1.2.3　常见的电力电子系统方程自动生成方法

1. 变结构方法

理想模型仍然是目前电力电子仿真领域使用最广泛的模型。开关导通时被建模为小电阻、短路或者零电压源状态，而开关关断时被建模为理想断路或者零电流源状态。这里所提及的“理想开关特性”或者“理想开关”指模型仅描述开关的开通/关断两种状态，不描述开关瞬态过渡过程。而“理想开关模型”或“理想模型”特指小电阻/断路的建模方式。

理想模型的优点在于其数值稳定性强，在状态空间框架下不会引入微分方程组求解的刚性问题。但其缺点也十分明显，在理想模型下，电路实际上是一个变结构的系统，无论是节点法还是状态变量法，都需要重新生成系统网络方程。在一些小规模或者实时仿真场合，软件会预先存储所有可能的拓扑对应的系数矩阵。但对于包含 n 个开关器件的大规模场合，可能的方程数目有 2^n 组，全部存储的空间复杂度不可接受，只能采用边仿真边更新的方法，因而大大降低了仿真速度。

2. 变参数方法

为了解决理想模型的变结构问题，人们提出了双电阻模型。开关导通的时候被建模为小电阻，而关断的时候被建模为大电阻。这种双电阻模型主要应用于节点分析法的仿真中。由于节点导纳矩阵的物理含义明确，采用双电阻模型可以在开关状态发生变化时直接对节点导纳矩阵的相关元素进行定位与更新。在进行 LU 分解的时候，为了减少计算量，一般是通过节点优化排序方法将频繁投切的元件节点配置到系数矩阵底部，并结合矩阵稀疏化和分块技术来提高效率。而对于状态空间法求解的系统，这种变参数方法可以避免拓扑的重复识别（即寻找独立状态变量的过程），但在后续方程列写中仍然包含大量的复杂运算。此外，双电阻模型在状态空间法中还极易引发刚性问题，反而会导致数值积分环节的耗时大大增加。因此，使用状态空间描述的软件一般不采用双电阻模型进行计算。

3. 恒定导纳法

为解决电力电子系统数学方程频繁变化的问题，人们进一步提出了开关器件的恒导纳模型：开关开通时被等效为小电感，在关断时被等效为大电容。该方法一般用于节点法分析法的求解中，结合数值离散方法，可以得到不同状态下的诺顿等效电路，如图 5.2 所示。部分文献也将其称之为伴随离散电路（Associate Discrete Circuit，ADC）。

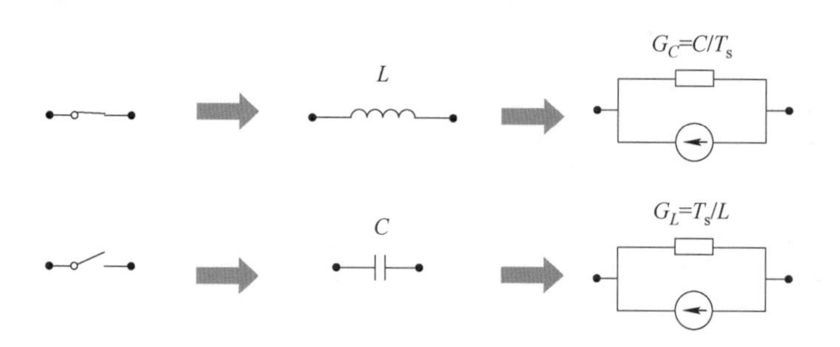

图 5.2 恒定导纳模型

该等效电路中 L 为等效的小电感，C 为等效的大电容，T_s为离散步长。可以看到，若选择合适的参数，则可以使诺顿等效电路中的等效导纳 G_C和 G_L相等，从而使得等效导纳在不同的开关状态下都保持恒定，避免了开关动作带来的矩阵重构，大大提升了仿真速度。但是这种方法对参数选择的要求较高，需要与外电路特性相匹配。若参数选择不当则会导致较大的误差，甚至引发收敛性问题。此外，该方法将开关等效为电感和电容，在波形中会产生本来实际物理过程中不存在的尖峰振荡。目前相关研究一般将这种偏差等效为虚拟损耗，需要进行补偿修正。由于该方法配合定步长框架之后导纳矩阵恒定，单步计算量很小且耗时稳定，因此在对实时性和计算量的稳定性要求较高、而仿真精度要求相对较低的硬件在环实时仿真领域得到了较为广泛的应用。RTDS 公司已经建立了使用该方法的电力电子实时仿真模型库，相关实验表明该模型下即使步长减小到 1μs，也能实现实时仿真。该模型在实时仿真领域也被称为 Pejović模型、L/C 模型、ADC 模型或小步长模型。但由于该模型的精度较低，且步长无法调节，因此基本没有在离线仿真软件中得到应用。

4. 可变输入方法

另一类保持系数矩阵恒定的方法是将开关对系统的影响体现到输入上，即用可变电源来等效开关，如图 5.3 所示。这一类方法大多采用平均化的思想，根据平均的时间尺度的不同，可以分为两种类型。第一种类型即常见的开关周期平均模型，针对一个变换器整体建立等效模型，电源的值和每个开关控制周期的占空比有关。这类模型忽略了具体的开关过程，无法仿真开关带来的电压电流纹波，但优点是速度极快，一般用于电力

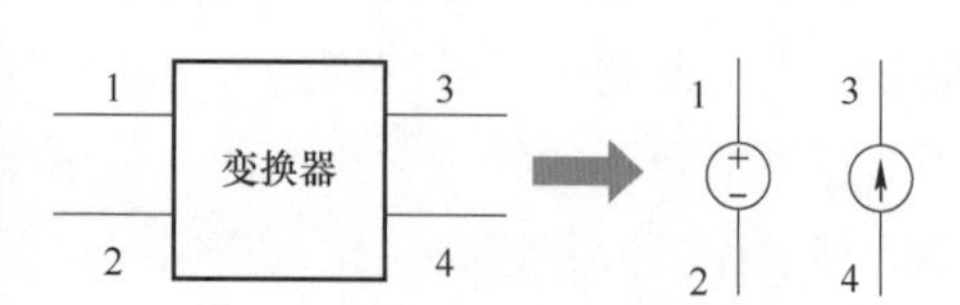

图 5.3 变换器的平均模型

系统的仿真。第二种类型则在一个计算周期内做等效，一般依赖于大电容和大电感做接口，在一个计算时步内假定直流侧电压和负载侧电流不变，测量相关的接口变量以更新可变电源的值。这种方法可以仿真出开关带来的电压电流纹波，但在仿真过程中人为引入了单步延迟，对精度有一定影响，可能存在稳定性问题。此外可变输入类型的方法都存在着通用性不强、需要针对具体拓扑进行个别分析的问题。这种类型的方法包含大量人工干预环节，依赖于用户的经验，因此在通用化仿真软件中的应用受到种种限制。

从以上分析可以看到，已有的各种对开关器件进行建模的方法，在方程更新耗时、数值积分耗时和计算准确性这三者上无法进行兼顾。对于包含大量离散点的电力电子混杂系统，如何高效地进行系统方程的生成和更新仍是一个较大挑战。

5.1.3　大规模电力电子混杂系统自动化快速求解技术

大规模电力电子装置往往包含数量庞大的开关和储能元件。这一方面使得开关组合数呈指数级别上升，方程更新或存储的成本进一步提高；另一方面也使得系统数学方程的维数大大增加，数值计算部分耗时变长，给计算机自动化快速求解带来了极大挑战。

为了解决上述问题，一种常见的思路是对大规模系统进行划分，解耦为多个子系统分别求解，从而可以降低解算的时间和空间复杂度。例如，状态空间节点法（State-Space Nodal，SSN）方法是近年来在实时仿真领域应用较多的一种电路划分方法，它结合了状态空间和节点分析两种方法，先将大系统划分为多个不同的子状态空间，再联立子系统得到一个整体的节点导纳矩阵进行求解。状态方程部分的更新和解算可以在各个子系统中独立完成，这样极大地降低了状态方程系数矩阵更新的成本，同时没有引入额外延迟。但由于节点分析法本身的局限性，SSN 方法也只能采用定步长求解器，因此它的主要应用场景还是电力电子化的电力系统电磁暂态过程仿真。在以电力电子装置为主体的仿真场景里，该方法和纯状态空间法相比在解算效率上还是存在明显劣势。另外，已有电路划分方法的共同问题在于主要依赖物理含义和人工流程完成划分，缺乏对于串联关系和并联关系的明确数学定义，更没有给出规范的计算机自动划分步骤，因此很难应用于通用化的工业仿真软件中。

与电力电子装置相比，大电网可能具有成千上万个节点，规模更大。因此，传统电力系统领域对大规模系统的自动化快速仿真需求也十分迫切，有一些可以借鉴的思路。电力系统领域对大规模电网的加速主要是基于节点分析法中节点导纳矩阵的对称稀疏性质，稀疏性技术目前已经成为电力系统电磁暂态仿真中的基础工具。

但是常规稀疏技术和网络划分方法本质上都是依赖于节点分析法中导纳矩阵的明确物理含义。在状态空间法中，方程生成的过程十分复杂，包含大量的矩阵逆运算，矩阵元素无法直接与原始支路的参数建立对应简明的对应关系。而在电力电子混杂系统中，电路的拓扑连接关系频繁发生变化，更难以判断这种变结构系统的稀疏性质。

总结之，目前针对大规模电力电子混杂系统的自动化快速解算方法主要面临如下问题：①已有的电路划分类解耦加速方法多引入延迟或仅能用于非刚性场景，严重时甚至可能引起稳定性问题；②已有的电路划分多基于人工经验，缺乏计算机自动化实现方法，难以应用于通用工业仿真软件；③能够使用稀疏技术进行加速的节点分析法由于步长恒定，求解电力电子混杂系统效率较低，而稀疏技术在状态空间法下应用难度较大。

5.2 半符号化状态方程自动生成

本节首先针对方程自动生成技术，论述适应于电力电子混杂系统的状态方程计算机自动生成方法，解决常规方法在方程生成耗时、数值解算耗时以及计算精度三方面难以兼顾的问题。

5.2.1 核心思路

电力电子系统中功率半导体器件的模型选择是一个十分复杂的问题。一方面，对功率半导体器件进行建模时需要考虑清楚模型到底反映器件的哪些特性；能够模拟器件瞬态开关过程的模型相较于仅考虑开通/关断两个状态的模型必然更加复杂。另一方面，即使是反映同样的物理特性，也有多种建模方式。而不同的建模方式会直接影响系统方程的数学形式，进一步影响方程更新的耗时以及数值解算部分的耗时。本节所提及的功率半导体器件建模方法以及方程生成流程，主要针对的是功率半导体器件开通/关断两个状态的建模，也就是理想开关特性的建模；模型主要服务于电力电子系统的状态空间描述法。这主要是出于以下考虑：

（1）开关器件的开通/关断两个状态是电力电子装置级仿真中必须描述的重要特性，在该级别的建模下保证能够达到较高解算效率是仿真优化的基础性要求。

（2）理想开关的通用性较强，能够涵盖大多数应用场景。目前在电力电子领域，以控制策略调试为核心的装置级仿真仍然是主要仿真需求，理想开关基本能够满足这部分的应用。对于更高阶的应用需求即开关的瞬态过渡过程仿真而言，第 3 章已经对电力电子混杂系统论述了解耦型建模方法和多时间尺度分层自动机模型——大时间尺度的系统动态过程采用理想开关来进行描述，小时间尺度的开关瞬态过程如果需要关心则采用 PAT 模型进行单独解算。因此整个求解问题也被大大简化，理想开关特性的仿真模拟成为整个 DSED 框架仿真流程当中的重要子集。此外，即使用户不采用 PAT 模型，使用理想开关以及其他元件进行组合，也可以在外围搭建更复杂的电路，等效出开关的非理想因素（如结电容）或者吸收电路等等。因此，如果所建立的模型能够反映理想开关特性，那么就具有较强的可拓展性和通用性。

（3）所建模型主要服务于电力电子系统的状态空间描述法是因为状态方程的数学特性更加契合电力电子系统连续与离散混杂的本质特征。仿真速度的提升实质上是一个综合性优化目标，即应当在尽可能保证精度的前提下，减少方程生成及数值解算两部分的总体耗时。系统方程与步长无关的状态空间框架已经提供了与变步长求解器、状态离散、事件驱动方法结合的灵活性，在数值解算层面取得了相较于节点法框架的明显优势。这也是 DSED 框架选择状态空间法技术路线的主要原因。若能进一步解决电力电子系统状态方程生成及更新较为

耗时的难题，则可以弥补状态空间法的一大主要缺陷，实现仿真速度的综合提升。

从数值解算的准确度和求解速度的角度而言，理想模型（小电阻/关断）在状态空间求解框架下是最佳选择。但由于该模型下单个开关的动作就会导致拓扑发生变化，很难直观地找到不同开关组合下状态方程之间的相互联系，因此在电力电子系统状态方程的生成及更新耗时方面会带来不利的影响。

不过，现有的数值解算思路仍然是将电力电子系统当作普通电路进行处理，并没有突出电力电子系统的独特拓扑特点。事实上，由于电力电子装置的设计目标就是实现电能变换，开关器件一般都不是孤立存在的，而是和其他器件一起构成换流单元共同工作。尤其是在高压大容量变换器中，以开关桥臂而非单个开关器件作为最小单元进行组合的情况十分常见。例如在大容量变换器中常见的模块化多电平（Modular Multilevel Converter，MMC）结构以及级联H桥（Cascaded H-Bridge，CHB）结构，都是以两电平的开关桥臂作为基本单元。这样的拓扑特性为挖掘电力电子系统状态方程的统一形式表达式提供了可能。以图5.4中的单相逆变器为例，若单个桥臂的开关满足互锁条件，则可以手动列写出系统的状态方程如式（5-3）所示。

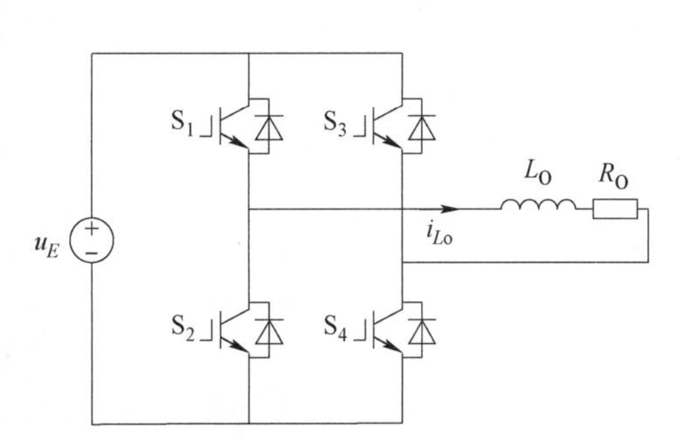

图5.4　单相逆变器的拓扑示意图

$$
\begin{gathered}
\frac{\mathrm{d}}{\mathrm{d}t}i_{L_0}=-\frac{R_0}{L_0}i_{L_0}+\frac{s_1-s_3}{L_0}u_E \\
\Rightarrow \boldsymbol{A}=\left[-\frac{R_0}{L_0}\right],\boldsymbol{B}=\left[\frac{s_1-s_3}{L_0}\right]
\end{gathered} \tag{5-3}
$$

其中s_1和s_3的取值为1或0，分别代表图5.4中S_1和S_3管的实际工作状态（开通时为1，关断时为0）。式（5-3）表明，在考虑了电力电子系统的拓扑特点和开关组合特性之后，系统的状态方程具有用统一形式表达式进行表征的潜力。不过，这只是一个较为简单的例子，方程列写以及方程统一形式的特征挖掘仍然是由人工完成的。后文的建模及方程生成方法就是要将这种人工分析的方法规范化、流程化，形成能够由计算机自动化实现的通用方法。

因此在本节中，建模的主要思路是以一个n电平的开关桥臂为最小单元，以推导得到状态方程在不同开关状态下的半符号化表达式。后文将对典型的几种开关桥臂的模型进行详细介绍。

5.2.2　半桥的开关函数受控源等效模型

半桥是电力电子电路中最为常见的变换单元之一，其基本拓扑结构如图5.5a所示，由上下两个主动器件及其反并联二极管构成。记母线电压为v_{DC}，负载电流为i_{L}，规定负载电流流出桥臂为正方向。定义（g_1，g_2）为半桥上下管的驱动指令值，其中1表明驱动信号为高电平，0 表明驱动信号为低电平。定义（s_1，s_2）为半桥上下管的实际工作状态，将主动器件及其反并联二极管视为一个整体，主动器件 S_i 或其反并联二极管 D_i（i=1，2）中任意一个有电流流过则 s_i 为 1，主动器件及其反并联二极管均无电流流过则 s_i 为 0。（s_1，s_2）取不同值时，半桥的等效电路（使用理想开关模型对单个开关器件进行等效）如图 5.5b～图 5.5e 所示。

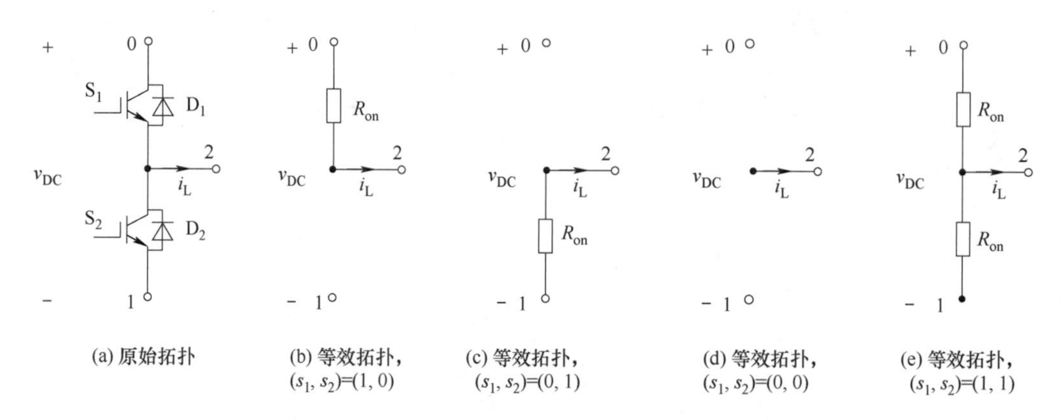

图 5.5　半桥的拓扑及不同开关状态下的等效电路（使用理想开关模型）

需要指出的是，开关的实际工作状态（s_1，s_2）由驱动指令（g_1，g_2）、母线电压 v_{DC} 负载电流 i_L 三者共同决定，（s_1，s_2）和（g_1，g_2）并非完全等价。而能够直接影响电路拓扑、进而影响系统方程的是开关的实际工作状态（s_1，s_2），因此在仿真流程中，是将①开关实际状态的确定和②根据开关实际状态生成系统方程作为两个独立的步骤依次进行处理的。前者在现有文献及软件中已有成熟的方法，本节将不再赘述，而直接研究在给定了开关实际状态的情况下状态方程如何生成及更新。后文其他桥臂的等效模型中涉及的开关符号也均指开关的实际工作状态。

在电力电子系统中，母线电压 v_{DC} 一般远大于 0，而半桥的驱动指令值（g_1，g_2）不能取（1，1），否则会导致桥臂直通。表 5.1 列出了半桥模块在满足上述前提时，开关实际状态（s_1，s_2）与边界条件之间的关系。

表 5.1　不同边界条件下半桥的开关实际状态

驱动信号（g_1，g_2）	负载电流 i_L	有电流流经的器件	半桥开关实际状态（s_1，s_2）
（1，0）	不限	S_1 或 D_1	（1，0）
（0，1）	不限	S_2 或 D_2	（0，1）
（0，0）	小于 0	D_1	（1，0）
	大于 0	D_2	（0，1）
	等于 0	无	（0，0）

从表 5.1 可以看到，尽管开关实际工作状态（s_1，s_2）理论上有四种组合，但在实际装置中，（s_1，s_2）大多为（1，0）或者（0，1）。（s_1，s_2）=（0，0）的状态仅在母线电压大

于 0、驱动信号闭锁且负载电流断续的情况下出现。而（s_1，s_2）=（1，1）的状态仅在母线电压降至 0 附近的极端情况下才有可能出现。因此这里主要讨论如何统一（1，0）和（0，1）这两种实际工作状态下半桥等效电路模型的形式。

半桥的开关函数受控源等效模型等效电路图如图 5.6 所示。为方便起见，将 0、1 节点构成的端口定义为母线侧，1、2 节点构成的端口定义为负载侧，则母线侧对负载侧的影响等效为受控电压源 E 以及串联电阻 R，负载侧对母线侧的影响等效为并联于正负母线之间的受控电流源 J。

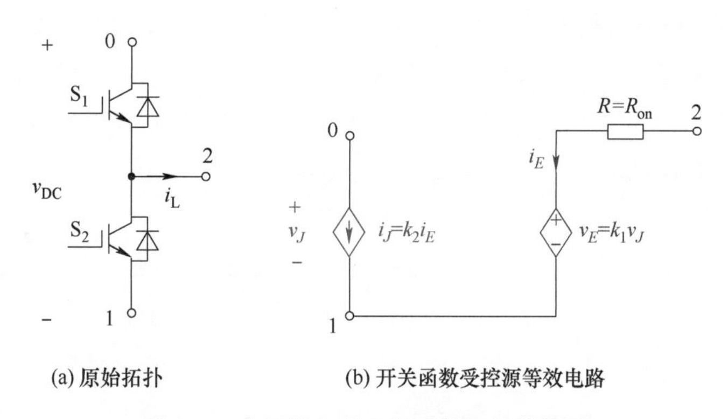

图 5.6　半桥的开关函数受控源等效模型

其中，受控电压源的电压 v_E 由受控电流源的电压 v_J 控制，控制系数为 k_1。受控电流源的电流 i_J 由受控电压源的电流 i_E 控制，控制系数为 k_2。串联电阻 R 的阻值等于开关的导通电阻 R_{on}。在该模型中，假定全控器件和二极管的导通电阻相等，则 R 的取值可以保持恒定。k_1 和 k_2 的取值与开关的实际工作状态（s_1，s_2）有关，见表 5.2。这样，开关工作状态对系统方程的影响就体现在受控源的控制系数上，可以由开关函数进行描述。

表 5.2　半桥等效模型中受控源控制系数的开关函数表

开关实际状态（s_1，s_2）	受控源控制系数	
	k_1	k_2
（1，0）	1	-1
（0，1）	0	0

可以检验半桥桥臂在使用受控源等效模型前后根据基尔霍夫电压定律（Kirchhoff's Voltage Law，KVL）以及基尔霍夫电流定律（Kirchhoff's Current Law，KCL）列写得到的电路约束条件。在半桥桥臂中一共包含 3 个节点，因此约束变量包括 3 个节点的注入电流以及任取一个点为参考点之后其他两个节点的电平值。在原始电路中，外电路对该半桥桥臂等效出的电压接口条件为母线电压 v_{DC}，也就是以 1 号节点为参考点时，0 号节点与 1 号节点之间的电势差。外电路对该半桥桥臂等效出的电流接口条件为负载电流，即注入 2 号节点的电流 i_L。因此，应当检查剩下的待求解变量在使用受控源等效前后是否能保持一致，这包括 2 号节点相对于 1 号节点的电势差，以及注入 0 号和 1 号节点的电流。检查的结果列于表 5.3 中。

表 5.3　半桥等效为开关函数受控源模型前后的电流电压约束关系

开关实际状态 (s_1, s_2)	0号节点注入电流		1号节点注入电流		2号与1号节点间电势差	
	等效前	等效后	等效前	等效后	等效前	等效后
(1, 0)	$-i_L$	$-k_2 i_E$	0	$(k_2+1)i_E$	$v_{DC}-R_{on}i_L$	$k_1 v_J+R_{on}i_E$
(0, 1)	0	$-k_2 i_E$	$-i_L$	$(k_2+1)i_E$	$-R_{on}i_L$	$k_1 v_J+R_{on}i_E$

根据图 5.6，等效前后的电路满足如下条件

$$i_E=-i_L, v_J=v_{DC} \tag{5-4}$$

结合表 5.1 中的开关函数取值，容易验证，表 5.3 中三个待求解变量在使用受控源模型进行等效前后的取值完全一致。因此，图 5.6b 中的开关函数受控源模型在同一个拓扑下令 (k_1, k_2) 取不同值，就可以对应于采用理想开关模型对器件进行描述时图 5.5b 和图 5.5c 这两种开关组合下的不同等效电路。这样，就能够将开关实际状态 (s_1, s_2) 取不同值时的等效拓扑统一起来，把拓扑变化转化为受控源的控制系数变化。

根据前文的分析可以看出，开关函数受控源等效模型是否成立仅和半桥的实际工作状态 (s_1, s_2) 有关，在 (s_1, s_2) 取（1，0）或者（0，1）的情况下均适用。因此，可以总结在电力电子系统的几种常见工况下模型的适用性。

（1）半桥拓扑，正常工作模式，驱动指令信号 (g_1, g_2) 为（1，0）或（0，1）。

此时只要母线电压 v_{DC} 大于 0，则开关实际工作状态 (s_1, s_2) 和 (g_1, g_2) 相同，取值为（1，0）或（0，1），模型成立。该工况为电力电子系统中半桥的主要运行模式。

（2）半桥拓扑，死区或闭锁模式，驱动指令信号 (g_1, g_2) 为（0，0）。

驱动指令信号为（0，0）时，开关实际工作状态 (s_1, s_2) 与负载电流有关。大多数工况下负载侧呈现感性性质，因此即使设置死区，负载电流仍然会通过反并联二极管续流，(s_1, s_2) 取值满足条件，模型可以适用。当且仅当负载电流一直维持断续，(s_1, s_2) 才会保持（0，0）状态，这种情况一般仅在桥式变换器持续闭锁（停机或开机前）、连接纯阻性负载或变换器工作在电流断续模式（Discontinuous Current Mode，DCM）时才会出现。

（3）半桥衍生拓扑，Buck、Boost 电路及不控整流半桥。

基于半桥可衍生得到各种拓扑，例如 Buck、Boost 电路以及不控整流电路等等，如图 5.7 所示。可以看到，这些拓扑均可以通过令半桥的某个主动管控制指令 g_i（$i=1, 2$）恒为 0 或者去掉反并联二极管得到。而在上文中已经指出，主动器件 S_i 或其反并联二极管 D_i($i=1, 2$)中任意一个有电流流过则 s_i 为 1。因此，这些衍生拓扑的工作状态仍然可以用 (s_1, s_2) 表示，模型的适应性分析与前文类似。总而言之，模型既可以应用于逆变（DC-AC）和整流（AC-DC）变换器中，也可以应用于 DC-DC 变换器当中，能够涵盖电力电子的常见拓扑。

在模型的拓展性方面，上述模型与理想开关模型在电路约束上完全等价，没有在建模层面引入任何的误差。因此该模型完全可以作为半桥的等价替代，与其他元件进行自由组合，搭建出拓扑结构更为复杂的电路。例如，图 5.8 就是将半桥单元替换为开关函数受控源模型之后得到的 MMC 变换器的等效电路。

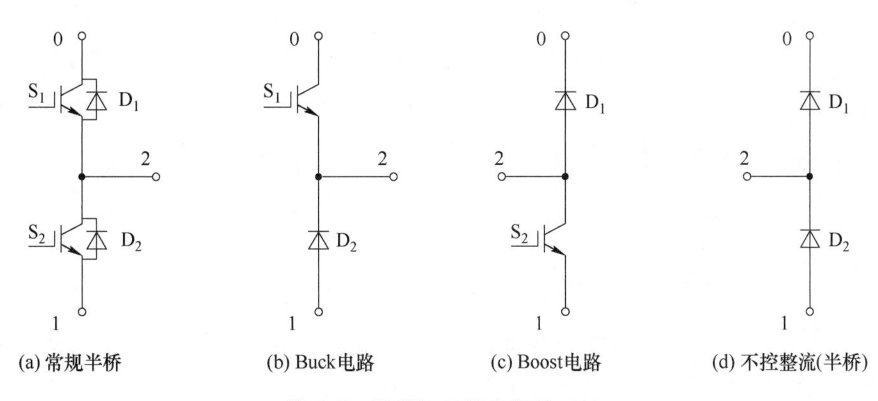

图 5.7　半桥与其衍生拓扑对比

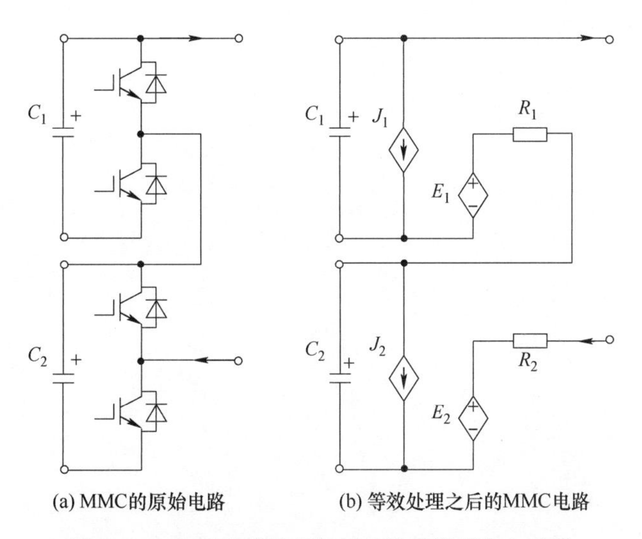

图 5.8　MMC 电路的原始拓扑及等效后的电路图

若希望在开关外围搭建吸收电路，或者是考虑非理想因素，例如并联结电容等，上述等效方法也可以兼容，图 5.9 就是在考虑开关器件的结电容之后的等效拓扑。

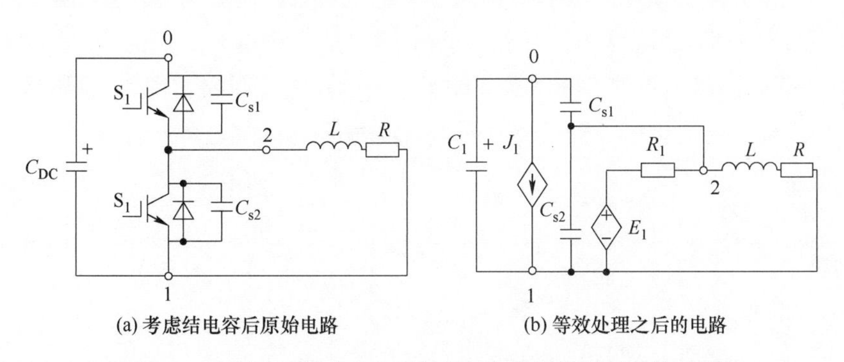

图 5.9　半桥考虑结电容之后的原始拓扑及等效后的电路图

可以看到，由于上述模型与理想开关模型天然等价，且等价关系并不依赖于外部拓扑，

因此适用于计算机进行自动处理，具有很强的通用性。在具体实现的过程中，只需要在工业仿真软件的器件库里提前内置好半桥这样的基本开关桥臂作为可选元件。一旦用户选择了用开关桥臂来搭建电路，计算机程序在进行建模处理时就可以将这些开关桥臂自动替换为由受控源表示的电路，再按照后文介绍的流程生成整体系统的数学方程。

5.2.3 其他类型桥臂的开关函数受控源等效模型

5.2.3.1 二极管钳位型三电平桥臂的开关函数受控源等效模型

对于多电平变换器而言，它们也有自己的基本组成单元，这里以二极管钳位型三电平桥臂为例展示上述方法如何推广到多电平桥臂中，相应的受控源等效模型如图 5.10 所示。

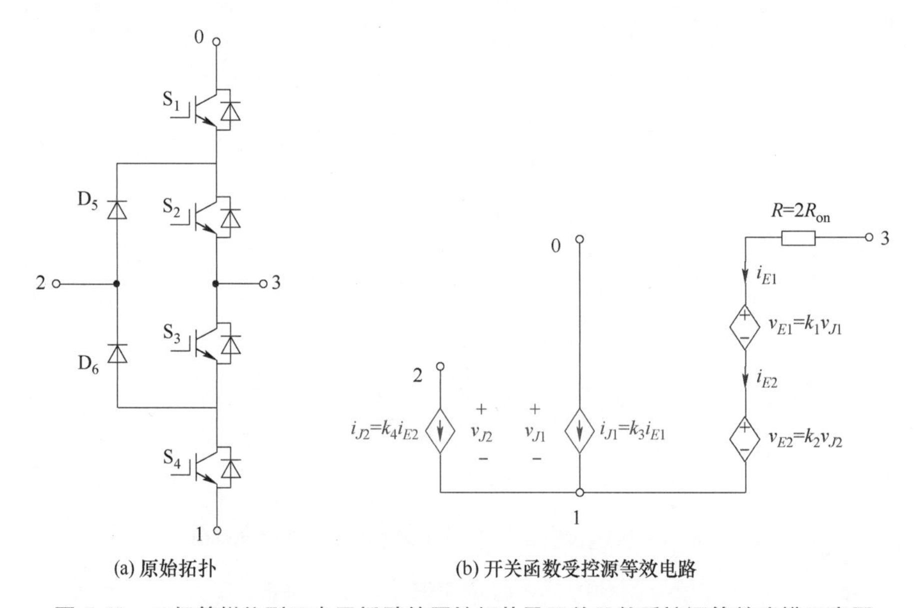

图 5.10　二极管钳位型三电平桥臂的原始拓扑及开关函数受控源等效建模示意图

与半桥的建模类似，该等效电路里也是包含了两对互相联系的受控电压/电流源以及串联的电阻。在电力电子系统中，二极管钳位型三电平桥臂的门极信号需要满足互锁条件，因此开关的实际状态（注意这里的实际状态并非指的是开关信号）一般只有 1100、0110 和 0011 三种。表 5.4 给出了开关实际状态、输出电平以及受控源控制系数之间的对应关系。

表 5.4　二极管钳位型三电平桥臂等效模型中受控源系数的开关函数表

开关状态 $[S_1, S_2, S_3, S_4]$	输出电平	受控源系数			
		k_1	k_2	k_3	k_4
[1, 1, 0, 0]	1	1	0	−1	0
[0, 1, 1, 0]	0	0	1	0	−1
[0, 0, 1, 1]	−1	0	0	0	0

类似地，也可以验证，对于二极管钳位型三电平桥臂而言，上述模型的 KVL 和 KCL 约束与理想开关模型也完全一致。

5.2.3.2　典型桥臂的通用建模方法

对于其他类型的开关桥臂，例如飞跨电容类桥臂来说，建模的方法也都是类似的。图5.11和图5.12分别给出了飞跨电容型三电平桥臂以及有源中点钳位（Active Neutral Point Clamped，ANPC）五电平桥臂的等效电路图。总的来说，开关桥臂可以被等效为多组互相关联的受控电流源和受控电压源对，以及和电压源串联的电阻。在每组受控源中，受控电压源的电压受到受控电流源的电压控制，受控电流源的电流受到受控电压源的电流控制。以负母线为参考点，则所有的受控电压源串联，用于模拟直流侧向交流侧等效出的输出电压。相应地，受控电流源或是注入直流侧的节点，或者并联在飞跨电容两端，用来模拟负载电流对直流侧的影响。每个受控电源的控制系数都可以通过开关函数表查表得到。这样，就可以将受控源电源值写成和开关状态有关的符号化表达式。

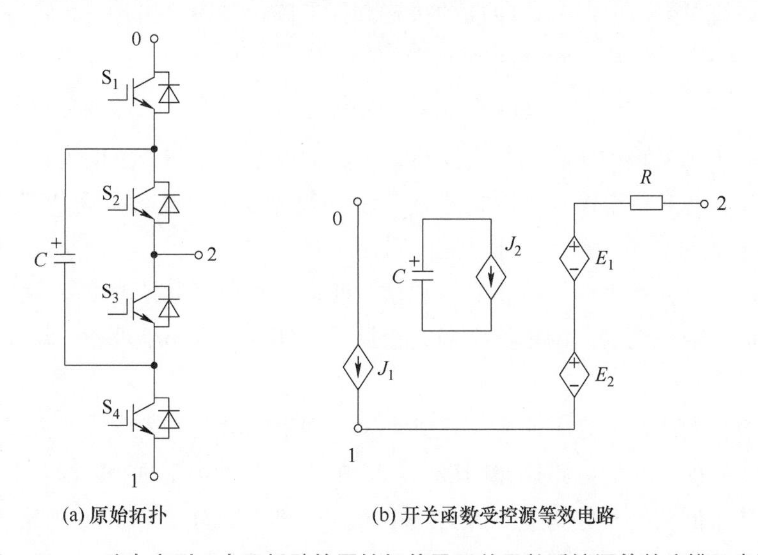

图5.11　飞跨电容型三电平桥臂的原始拓扑及开关函数受控源等效建模示意图

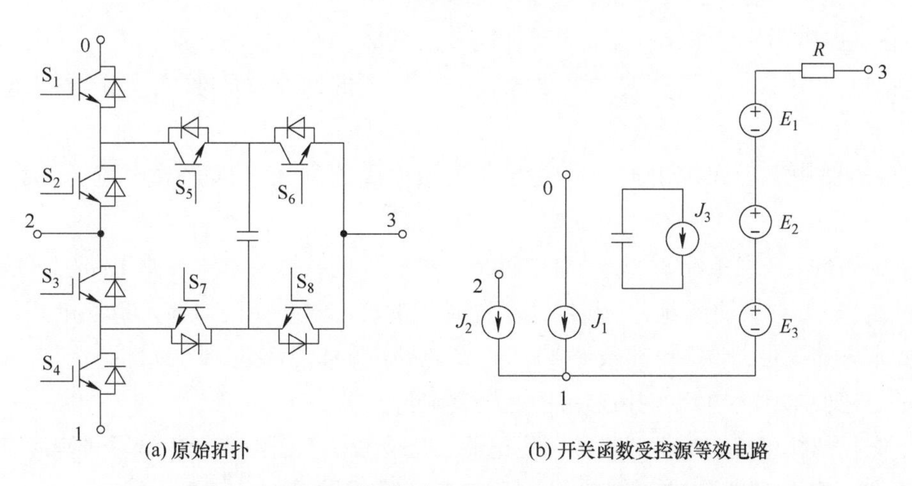

图5.12　ANPC五电平桥臂的原始拓扑及开关函数受控源等效建模示意图

需要特别指出的是，本节中将开关桥臂等效为用开关函数表示的受控源，其主要目的是推导得到状态方程系数矩阵在不同拓扑下的统一表达式，而并非将受控源作为输入变量的一部分参与计算。换言之，将开关桥臂等效为受控源模型仅是获取状态方程系数矩阵的中间步骤，最终得到的状态方程系数矩阵与采用理想开关模型是完全一致的。因此，本节所提及模型与5.1.2节所述变输入方法具有本质区别。

5.2.4 状态方程自动生成及更新方法

本节将基于5.2.1节论述的开关函数模型，推导电力电子系统状态方程与开关状态之间的显式表达式，进而建立状态方程计算机自动生成及更新的方法。

5.2.4.1 电力电子系统的状态方程描述

电力电子系统可以由一组分段线性的状态方程来进行描述，如式（5-5）所示。

$$\begin{cases}\dot{\boldsymbol{x}}(t)=\boldsymbol{A}_k\boldsymbol{x}(t)+\boldsymbol{B}_k\boldsymbol{u}(t)\\ \dot{\boldsymbol{y}}(t)=\boldsymbol{C}_k\boldsymbol{x}(t)+\boldsymbol{D}_k\boldsymbol{u}(t)\end{cases},t_k<t\leqslant t_{k+1} \tag{5-5}$$

式中，列向量 $\boldsymbol{x}$ 表示电路中所有的状态变量，一般为电容电压和电感电流；列向量 $\boldsymbol{y}$ 表示电路中的输出变量，包含所有需要观测的变量，任一支路的电压/电流均可以指定为输出变量；列向量 $\boldsymbol{u}$ 表示系统的输入变量，一般由独立电源构成；$\boldsymbol{A}_k$、$\boldsymbol{B}_k$、$\boldsymbol{C}_k$、$\boldsymbol{D}_k$ 为对应于第 k 个时间段内的系数矩阵，分别描述了状态变量和输入变量与状态变量导数以及输出变量之间的关系，系数矩阵的值与系统当前的拓扑结构（由开关的实际状态 $\boldsymbol{sw}_k$ 决定）和分段线性化之后的元件参数 $\boldsymbol{P}_k$ 有关。

根据5.1节中的论述，为了使得计算机程序自动生成满足上述形式的方程，工业仿真软件会读取由图形界面生成的电路连接网表，网表中包含各个元件的参数以及对各种元件连接关系的描述。功率回路的元件均应等效为基本支路，即RLCM支路和电源支路。在本章中，规定电路拓扑的连接关系应当满足以下条件：

1）在电路中不能存在仅由独立电压源构成的回路。

2）在电路中不能存在仅有独立电流源构成的割集。

3）在电路中不存在仅由独立电压源和电容构成的回路（即独立电压源和电容同时存在）。

4）在电路中不存在仅由独立电流源和电感构成的割集（即独立电流源和电感同时存在）。

其中，条件1）和条件2）是所有电路仿真类软件的共同要求，否则电路中可能会出现违背KVL或KCL约束的情况。采用状态空间描述的仿真软件（例如Simulink和PLECS）通常还会要求电路满足条件3）和条件4），否则电路中的状态变量可能发生突变。因此这里也沿用了上述要求作为电路拓扑连接的合法性判据。

对于满足拓扑连接合法性要求的给定电路，已有较多专著给出了由计算机程序自动生成系数矩阵 $\boldsymbol{A}_k$、$\boldsymbol{B}_k$、$\boldsymbol{C}_k$、$\boldsymbol{D}_k$ 的详细流程，例如Chua L O所著的《Computer-Aided Analysis of Electronic Circuits：Algorithms and Computational Techniques》等。本章将不再对单个电路的状

态方程生成过程进行赘述，而是主要针对开关状态变化时如何重构矩阵给出一个规范化、自动化的解决办法，即解决的是一族矩阵如何进行快速更新的瓶颈问题。

5.2.4.2　基于开关函数和受控源消去的状态方程更新方法

对于待生成状态方程的电力电子系统，首先将电路中所有的基本开关桥臂替换为 2.2 节中的受控源等效模型。电路中的电源因而变成了两部分，一部分是真实的输入，也就是原始电路中的独立电源，仍然用列向量 $\boldsymbol{u}$ 表示；另一部分则是电路中所有由开关函数模型等效出的受控源，用列向量 $\boldsymbol{u}_s$ 表示。对照式（5-5），先将 $\boldsymbol{u}$ 和 $\boldsymbol{u}_s$ 共同作为输入列写状态方程，并将和电源相关的系数矩阵分块，则状态方程可写为如下形式：

$$\begin{cases}\dot{\boldsymbol{x}}=\boldsymbol{A}_0\boldsymbol{x}+\boldsymbol{B}_0\boldsymbol{u}+\boldsymbol{B}_s\boldsymbol{u}_s\\ \dot{\boldsymbol{y}}=\boldsymbol{C}_0\boldsymbol{x}+\boldsymbol{D}_0\boldsymbol{u}+\boldsymbol{D}_s\boldsymbol{u}_s\end{cases} \tag{5-6}$$

由于该模型下开关的变化不再导致结构的变化，而是体现在受控源的值上，因此式（5-6）中涉及的系数矩阵在其他元件的参数保持不变的情况下均为恒定值。

由于式（5-6）中受控源 $\boldsymbol{u}_s$ 并非真实输入，其值未知，所以需要设法将 $\boldsymbol{u}_s$ 消去，才能得到系统状态方程的真正表达式，下面将对消去过程进行推导。

开关函数模型等效出的受控源向量 $\boldsymbol{u}_s$ 由两部分构成：所有受控电压源的电压向量 $\boldsymbol{v}_{Es}$ 和所有受控电流源的电流向量 $\boldsymbol{i}_{Js}$，即

$$\boldsymbol{u}_s=\begin{bmatrix}\boldsymbol{v}_{Es}\\ \boldsymbol{i}_{Js}\end{bmatrix} \tag{5-7}$$

另一方面，受控源的值也可以由受控系数和控制变量的乘积表示。根据 5.2.1 节中的受控源建模方法，可以得到如下关系：

$$\boldsymbol{u}_s=\begin{bmatrix}\boldsymbol{v}_{Es}\\ \boldsymbol{i}_{Js}\end{bmatrix}=\begin{bmatrix}\boldsymbol{K}_{Ek} & \\ & \boldsymbol{K}_{Jk}\end{bmatrix}\begin{bmatrix}\boldsymbol{v}_{Js}\\ \boldsymbol{i}_{Es}\end{bmatrix}=\boldsymbol{K}_k\boldsymbol{y}_s \tag{5-8}$$

式中，$\boldsymbol{y}_s$ 表示受控源的控制变量，即受控电流源的电压 $\boldsymbol{v}_{Js}$ 和受控电压源的电流 $\boldsymbol{i}_{Es}$，由 2.1 节中的等效模型可知，$\boldsymbol{K}_{Ek}$、$\boldsymbol{K}_{Jk}$ 和 $\boldsymbol{K}_k$ 都是对角矩阵，对角元素的值可以根据开关函数表查表得到，下标 k 对应于式（5-6）中的第 k 个分段线性区间。

也就是说，矩阵 $\boldsymbol{K}_k$ 是开关状态向量 $\boldsymbol{sw}_k$ 的函数，即

$$\boldsymbol{K}_k=\boldsymbol{K}(\boldsymbol{sw}_k) \tag{5-9}$$

由于控制变量 $\boldsymbol{y}_s$ 对应于电路中某个支路的电压/电流，可以将其指定为输出变量 $\boldsymbol{y}$ 的一部分，按照构造输出方程的流程得到 $\boldsymbol{y}_s$ 与状态变量向量 $\boldsymbol{x}$、实际输入变量向量 $\boldsymbol{u}$ 以及开关函数模型等效出的受控源 $\boldsymbol{u}_s$ 之间的关系，方程可以写为

$$\boldsymbol{y}_s=\boldsymbol{E}\boldsymbol{x}+\boldsymbol{F}\boldsymbol{u}+\boldsymbol{F}_s\boldsymbol{u}_s \tag{5-10}$$

即式（5-10）中的系数矩阵 $\boldsymbol{E}$、$\boldsymbol{F}$ 和 $\boldsymbol{F}_s$ 分别为式（5-6）中系数矩阵 $\boldsymbol{C}$、$\boldsymbol{D}$、$\boldsymbol{D}_s$ 的一个子块。显然，$\boldsymbol{E}$、$\boldsymbol{F}$ 和 $\boldsymbol{F}_s$ 矩阵在其他元件参数不变的情况下也为恒定矩阵，与开关状态无关。

将式（5-8）和式（5-10）联立，可以求解得到

$$u_s=(I-K_kF_s)^{-1}K_k(Ex+Fu) \tag{5-11}$$

式中，I 为单位矩阵。

将式（5-11）代回式（5-6）中，就可以消去所有的受控源，得到仅由原始电路中的状态变量和输入变量表示的状态方程，即

$$\begin{cases}\dot{x}=[A_0+B_s(I-K_kF_s)^{-1}K_kE]x+[B_0+B_s(I-K_kF_s)^{-1}K_kF]u\\ y=[C_0+D_s(I-K_kF_s)^{-1}K_kE]x+[D_0+D_s(I-K_kF_s)^{-1}K_kF]u\end{cases} \tag{5-12}$$

整理可以得到

$$A_k=A_0+B_s(I-K_kF_s)^{-1}K_kE \tag{5-13}$$

$$B_k=B_0+B_s(I-K_kF_s)^{-1}K_kF \tag{5-14}$$

$$C_k=C_0+D_s(I-K_kF_s)^{-1}K_kE \tag{5-15}$$

$$D_k=D_0+D_s(I-K_kF_s)^{-1}K_kF \tag{5-16}$$

在上述表达式中，仅有对角矩阵 K_k 包含开关符号，其余的矩阵均为恒定值，在初始化的时候生成一次即可。也就是说，在该方法中，只有开关的影响用符号化的方式存储了下来，不同开关组合下的状态方程系数矩阵对应于同一个符号的不同取值；而其余参数的影响都是用数值形式存储。这就是“半符号化”的来源。

式（5-13）~式（5-16）的推导结果以及 5.2.1 节中的开关函数表实际上共同给出了状态方程的系数矩阵与开关状态之间的显式函数表达式，即

$$M_k=f_M(K_k)=g_M(sw_k) \tag{5-17}$$

式中，M 代表系数矩阵 A，B，C 或 D；f_M 和 g_M 表示函数映射关系。

根据以上的统一形式表达式，在开关状态发生变化的时候，只需要更新控制系数矩阵 K_k 的值，进一步修正 A，B，C 或 D 矩阵即可完成状态方程的自动更新；而不需要像会导致拓扑改变的理想模型一样，从拓扑识别开始重启方程生成的流程，从而降低状态方程更新的计算量。

5.2.4.3 特定拓扑条件下的方程更新优化方法

上述方法显著降低了电力电子混杂系统状态方程更新的计算量。不过，上述表达式中所有的开关状态实际上是以一个整体也就是矩阵形式参与计算的，开关状态发生改变的时候系数矩阵的所有元素都进行了更新。但是在电力电子混杂系统的实际控制策略中，一般同一时刻只会有一小部分开关发生动作，理论上它们可能只影响到系数矩阵的部分元素。因此最理想的情况其实是能够像节点法中的导纳矩阵一样，进一步将符号化的表达式拓展到矩阵的每个元素上去。一旦个别开关的状态发生变化，就可以精确定位到受影响的矩阵元素，仅对这些元素进行更新。

尽管进行矩阵求逆的纯符号化运算并不现实，但是 5.2.1 节推导得到的半符号化表达式仍然提供了一定的信息。容易观察到，使用式（5-13）~式（5-16）来进行方程的更新的时候，最大的计算量事实上来自于 $(I-K_kF_s)^{-1}$。而 K_k 本身是对角矩阵，因此如果矩阵 F_s 具有一些特殊性质能够简化该求逆运算，则方程更新的过程就可以得到进一步优化。下面将证明，大多数电力电子系统中均有 $F_s=0$。

在常见的电力电子系统中，开关桥臂的母线侧一般都并联有电容或者独立电压源，负载侧一般串联有电感元件。以半桥为例，此时开关桥臂与周边其他元件构成的等效电路如图 5. 13 所示。

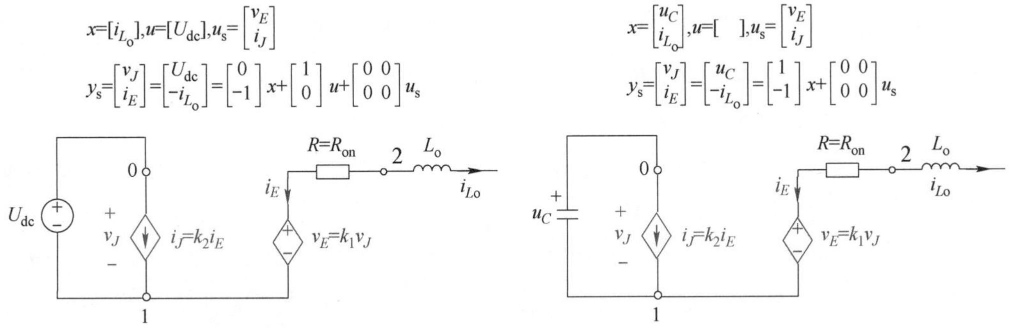

$x=[i_{L_o}],u=[U_{dc}],u_s=\begin{bmatrix}v_E\\i_J\end{bmatrix}$

$y_s=\begin{bmatrix}v_J\\i_E\end{bmatrix}=\begin{bmatrix}U_{dc}\\-i_{L_o}\end{bmatrix}=\begin{bmatrix}0\\-1\end{bmatrix}x+\begin{bmatrix}1\\0\end{bmatrix}u+\begin{bmatrix}0&0\\0&0\end{bmatrix}u_s$

(a) 母线连接电压源，负载侧与电感串联

$x=\begin{bmatrix}u_C\\i_{L_o}\end{bmatrix},u=[\ \ ],u_s=\begin{bmatrix}v_E\\i_J\end{bmatrix}$

$y_s=\begin{bmatrix}v_J\\i_E\end{bmatrix}=\begin{bmatrix}u_C\\-i_{L_o}\end{bmatrix}=\begin{bmatrix}1\\-1\end{bmatrix}x+\begin{bmatrix}0&0\\0&0\end{bmatrix}u_s$

(b) 母线连接电容，负载侧与电感串联

图 5. 13　电力电子系统中半桥模块常见连接方式对应的等效电路

状态空间法在构造输出方程系数矩阵时，会优先选择电容电压（状态变量）或独立电压源电压（输入变量）表出待解电压，会优先选择电感电流（状态变量）表出待解电流。按照上述规则可以看到，在图 5. 13 所示的拓扑中，受控源的控制变量 $\boldsymbol{y}_s$ 可以仅由状态变量 $\boldsymbol{x}$ 或者独立电源 $\boldsymbol{u}$ 线性表出，而与等效受控源 $\boldsymbol{u}_s$ 的值无关，即 $\boldsymbol{y}_s$ 所对应的输出方程（式（5-10））满足

$$\boldsymbol{y}_s=\boldsymbol{E}\boldsymbol{x}+\boldsymbol{F}\boldsymbol{u}+\boldsymbol{F}_s\boldsymbol{u}_s,\boldsymbol{F}_s=\boldsymbol{0} \tag{5-18}$$

由于电力电子系统中广泛采用图 5. 13 所示的连接方式（多电平桥臂和两电平桥臂的情形类似），因此 $\boldsymbol{F}_s=\boldsymbol{0}$ 的条件对于大部分电力电子电路均成立。此时，状态方程的系数矩阵与开关状态之间的显式函数表达式可以进一步得到简化。以系数矩阵 $\boldsymbol{A}_k$ 的表达式为例，式（5-13）可以被简化为

$$\boldsymbol{A}_k=\boldsymbol{A}_0+\boldsymbol{B}_s\boldsymbol{K}_k\boldsymbol{E} \tag{5-19}$$

考虑在开关状态变化之后，受控源控制系数矩阵 $\boldsymbol{K}_k$ 仅有部分元素发生变化的情况。不失一般性地，可以假设 $\boldsymbol{K}_k$ 中的第一个元素从 k_{11} 变为了 $k_{11}+\Delta k_{11}$，则系数矩阵 $\boldsymbol{A}_k$ 相较于上一次的增量 $\Delta\boldsymbol{A}_k$ 为

$$\Delta\boldsymbol{A}_k=\boldsymbol{B}_s\begin{bmatrix}\Delta k_{11}&\\&\boldsymbol{0}\end{bmatrix}\boldsymbol{E}=\Delta k_{11}\boldsymbol{b}_{s1}\boldsymbol{e}_1^{\mathrm{T}} \tag{5-20}$$

式中，$\boldsymbol{b}_{s1}$ 表示矩阵 $\boldsymbol{B}_s$ 的第一列；$\boldsymbol{e}_1^{\mathrm{T}}$ 表示矩阵 $\boldsymbol{E}$ 的第一行。

此时，状态方程系数矩阵更新的主要计算量仅涉及一个列向量和一个行向量的乘法，耗时就可以进一步得到减少。因此，在初始化得到各个恒定系数矩阵时，可以先检查 $\boldsymbol{F}_s$ 的性质，若满足条件，在之后每次开关状态发生变化时，就可以使用式（5-20）实现矩阵的增量式更新。

上述方法统称为“半符号化状态方程自动生成方法”。

5.2.5 有效性与局限性

5.2.5.1 半符号化状态方程自动生成方法的有效性

“半符号化”方法的有效性主要体现在以下方面：

（1）状态方程的最终形式与采用理想开关模型得到的结果完全相同，在建模层面不会引入额外的误差，也不会给数值解算引入刚性问题或物理上不存在的数值振荡问题。因此可以保证系统中开关器件理想特性建模的准确性以及数值解算的高效性。

（2）将变拓扑问题转化为了变系数问题，提供了电力电子系统状态方程系数矩阵和开关状态之间的统一形式的显式函数表达式。在开关器件发生动作的时候，可以根据半符号化的显式表达式以较小的计算量完成对状态方程系数矩阵的修正，规避了从头开始重新生成系数矩阵的高计算量，从而提升了电力电子混杂系统中状态方程生成和更新的效率。图 5.14 是对二者区别的直观展示。

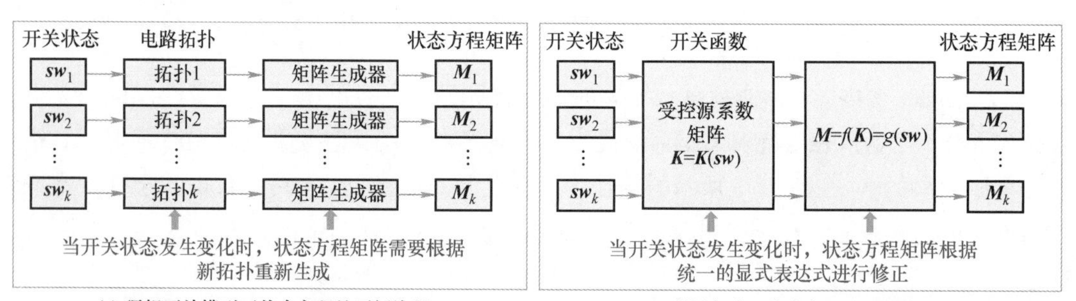

(a) 理想开关模型下状态方程的更新流程　　(b) 所提方法下状态方程的更新流程

图 5.14 半符号化状态方程更新方法与传统方法的对比

（3）可以充分地利用电力电子系统的拓扑特点对函数表达式进行简化，且大部分常见的电力电子系统都能满足简化所需的拓扑条件。在简化后的表达式中，可以精确定位到发生变化的个别开关的影响范围，从而实现了矩阵的增量更新，计算量进一步得到降低。

（4）开关桥臂的开关函数受控源模型与理想开关模型的等价关系不依赖于外部拓扑连接关系，因此可以作为基本单元和其他元件进行组合，自由搭建其他拓扑，能够涵盖常见的 DC-AC、AC-DC 和 DC-DC 变换器结构。方法具有通用性，无需人工进行模型分析或电路划分，适宜采用计算机程序进行自动化实现。

5.2.5.2 半符号化状态方程自动生成方法的局限性

半符号化状态方程自动生成方法的一个局限性是，在通用仿真软件中进行实现的时候，用户必须使用内置的基本开关桥臂进行电路搭建，仿真内核才能进行识别并采用开关函数模型进行方程生成或更新。如果用户使用了单个开关器件进行搭建，则只能采用理想开关模型进行仿真。不过，在 5.2.1 节中，也给出了一般的电力电子系统开关桥臂的通用建模方法。因此，仿真软件可以为用户开放自定义的开关桥臂模块。若用户搭建的开关桥臂也满足开关函数模型，则用户可以自行提供开关状态和受控源系数矩阵之间的开关函数表。这样，就依然能够用这一方法加速状态方程的生成和更新。

另一个局限性是开关函数受控源模型仅适用于部分开关状态的组合，这一点已经在 5.2.1 节中以半桥为例进行过详细讨论。但是，上述模型已经基本能够覆盖电力电子系统的大部分工作模式和拓扑结构，包括死区设置、Buck/Boost/不控整流电路等。只要不出现负载断流、母线电压跌落至 0 等特殊情况，均可使用上述方法来加速状态方程的生成及更新。而在通用仿真软件中，可以在开关状态不满足受控源模型条件时换用理想开关模型进行方程生成，从而可以保证仿真能够正常继续。总之，虽然有上述局限性，但上述方法仍然能够在通用软件中尽可能地加速仿真，而且能够涵盖的应用场景远远多于那些特殊情况。

此外，上述模型主要是针对电压型逆变器进行建模，负载侧对母线侧等效为了受控电流源。这种情况下，受控电流源就不能再与电流源性质的元件直接串联，否则会违背 KCL 约束条件。该问题依然可以通过先检测拓扑连接关系、对因为采用了受控源模型而导致拓扑报错的场景切换为理想开关模型的方式解决。需要指出的是，除了这种会直接违背整体电路的拓扑连接要求的场景，上述模型对直流母线或者负载性质并没有其他要求。对于母线电容或电压源与电阻串联、交流侧连接纯电阻负载等情况，上述方法都可以适用。

5.2.6　工业软件状态方程自动生成及更新流程总结

根据上述讨论分析，本小节将总结电力电子系统工业仿真软件中状态方程的自动生成及更新的完整流程。

在每个仿真步，每个器件对整体系统状态方程的影响定义为四个等级：等级一为无影响，对应参数没有改变的情况；等级二为开关函数模型下受控源系数变化，对应于开关桥臂的开关函数取值发生变化；等级三为普通参数改变，对应于一般的非线性元件或者受控 RLCM 元件的参数发生变化的情况；等级四为拓扑改变，对应于元件的参数或状态改变引起电路连接关系发生变化的情况，例如使用理想模型的单个开关器件发生了动作。整体系统的变化等级取所有器件变化等级的最大值，初始时刻整体系统变化等级设置为等级四。

状态方程自动生成及更新的步骤如图 5.15 所示。

（1）在第 k 个时间段，更新或初始化元件的参数，根据驱动指令信号、电流电压等边界条件计算得到开关状态向量 $\boldsymbol{sw}_k$ 和参数向量 $\boldsymbol{P}_k$。

（2）对于基本开关桥臂，检查其实际开关状态是否满足受控源建模条件，若满足则采用受控源开关函数模型，若不满足则采用理想模型。

（3）判定整体系统的变化等级。

1）等级一：参数无任何改变，直接退出。

2）等级二：仅开关函数模型下受控源系数发生变化，则根据开关状态向量 $\boldsymbol{sw}_k$ 更新受控源系数矩阵 $\boldsymbol{K}_k$。再根据式（5-12）或者式（5-20），更新状态方程系数矩阵 $\boldsymbol{A}_k$、$\boldsymbol{B}_k$、$\boldsymbol{C}_k$ 及 $\boldsymbol{D}_k$。

3）等级三：有 RLCM 支路的参数发生变化，则更新所有中间变量参数矩阵，包括 $\boldsymbol{A}_0$ 等矩阵，再重新计算状态方程系数矩阵 $\boldsymbol{A}_k$、$\boldsymbol{B}_k$、$\boldsymbol{C}_k$ 及 $\boldsymbol{D}_k$。

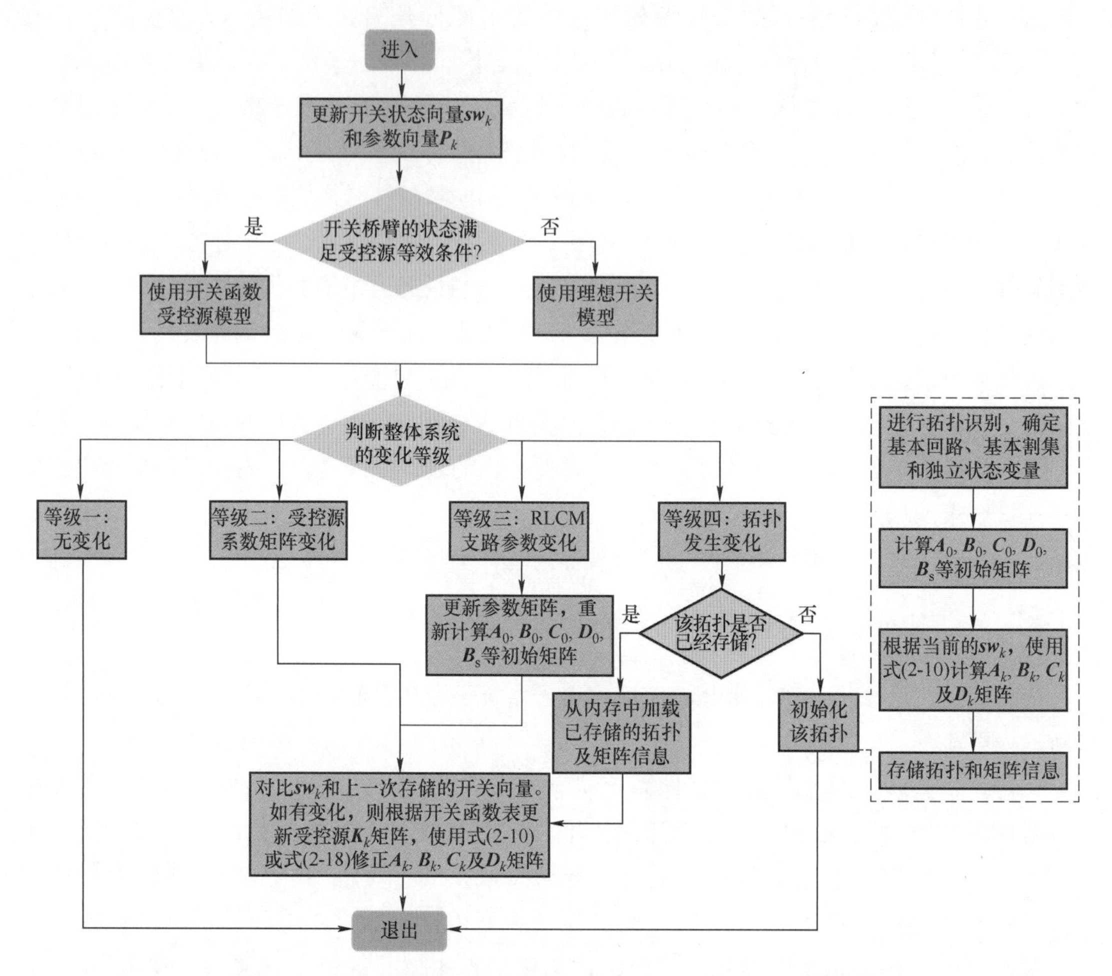

图 5.15　电力电子系统仿真软件中方程自动生成及更新的流程图

4）等级四：系统拓扑结构发生变化，则检查该拓扑是否曾经出现。注意受控源模型的控制系数取不同值认为是同一拓扑。若某拓扑未出现过，则进行初始化工作，进行拓扑识别及参数矩阵生成，得到A_0等矩阵并存储该拓扑，再根据开关函数计算得到当前状态方程的系数矩阵A_k、B_k、C_k及D_k。若某拓扑曾经出现过，则直接加载该拓扑下的参数矩阵，再检查受控源系数矩阵是否发生变化，如有变化则进行根据式（5-12）或者式（5-20）进行计算。

5.3　大规模电力电子混杂系统自动化稀疏求解

在求解大规模电力电子系统时，仿真软件的仿真能力往往会同时受到时间和空间复杂度的双重限制。一方面，由于系统规模增大、方程维数提升，仿真求解时的单步计算量大大增加，从而影响解算效率。另一方面，高维的系数矩阵以及众多的开关组合情况也会增加存储的压力。因此，将大规模系统划分为多个子系统进行降阶或解耦解算是目前仿真领域常见的

思路，如第四章所示的解耦型状态离散算法。绝大多数解耦算法的理论基础都是电路的替代定理，即通过构造等效接口的方式，保证解耦前后的电压（KVL）或者电流（KCL）约束和原始电路一致。相应地，在进行划分时就是要找到并利用电路中的并联结构或者串联结构。高压大容量电力电子装置中，共直流母线的多级级联结构或者多模块串并联的结构十分常见，这样的特点更是天然为电路划分和解耦类算法提供了拓扑条件。

对于拓扑结构较为清晰的电路，可以采用人工划分和建立等效接口的方法来完成特定算例的解耦计算。然而，对于工业仿真软件而言，若希望应用解耦算法来加速通用系统的仿真，则需要发展出由计算机程序自动进行电路划分的一般性方法。在自动划分的基础上，可以进一步利用电力电子系统电路划分结果和状态方程稀疏性质之间的联系，构造稀疏求解算法，提升解算效率，实现仿真加速。

5.3.1　电力电子电路自动划分方法

本节以并联电容接口为例，介绍电路自动划分方法。

电容元件及其组合可以作为电压接口，将那些与它们构成并联关系的电路部分互相分离。图 5.16 给出了以电容元件作为接口来进行电路划分的一个例子。原始电路中的电容对外等效为电压源，与电容并联的部分对电容等效为电流源，整体电路被解耦为 3 个子系统。其中，电容组合对外等效出的端口电压源的电压值可以由该系统内端口电流源的电压测量得到；其余并联部分对电容组合等效出的端口电流源的电流值可以由该系统内端口电压源的电流测量得到。该划分策略的本质是使用电容电压作为接口，保证解耦之后其他子系统的 KVL 约束关系和解耦前保持一致。

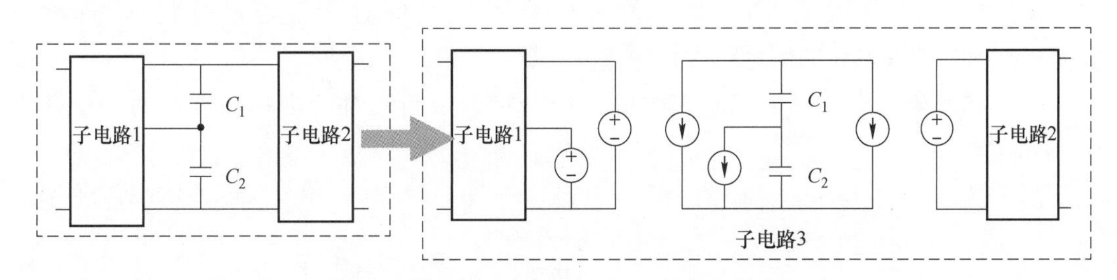

图 5.16　使用并联电容组对电路进行划分

一次有效的划分应当保证至少有两个及以上的子系统与电容组合并联，否则划分结果对于仿真加速而言没有意义。为简化起见，在后文中把满足划分条件的电容组合以及端口等效电源形成的子系统称为并联电容接口系统，例如上图中的子电路 3。与电容组合并联的其他部分以及端口等效电源形成的子系统称为常规子系统，例如上图中的子电路 1 和子电路 2。

并联电容在拓扑上的主要特点是：将电容支路及其两端的节点移除之后，原始电路会分裂为多个互不连通的部分。利用这一特点对并联电容组进行自动识别，并进行电路的划分。

步骤 1：在电路拓扑所对应的无向图中，将所有电容支路对应的边缩成一个点，形成一张新的无向图。

在图论中，图（graph）可以定义为$G=(V, E)$，其中集合V中的元素称为顶点（vertex），集合E中的元素对应于图中的边（edge），边$e=(u, v)$存在则表示集合V中的某一对顶点(u, v)存在连接关系。若图中的每条边都是无方向的，则称之为无向图（undirected graph）。

图5.17是电容缩边步骤的一个简单例子。在该无向图中，边6、7、12对应于电容支路。将三条边进行收缩，收缩后顶点D、E、F合并为一个点，顶点G和H合并为同一个点。可以看到，如果原始的电路中存在一条仅由电容构成的路径，那么所有相关的电容最终都会收缩到同一个点。该步骤保证了直接相连的电容可以作为一个整体在后续的划分步骤中得到统一处理。

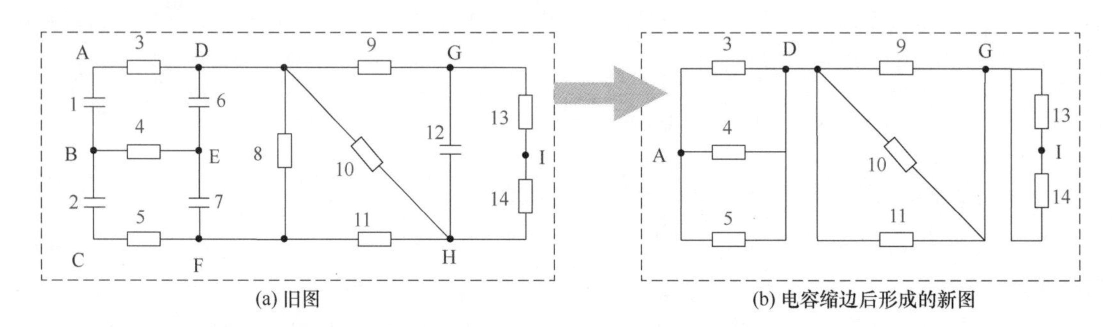

图5.17　划分步骤1：电容缩边形成新图

步骤2：对新的无向图进行双连通域分解。

在图论中，有如下术语：

连通图：若图G中的所有顶点都两两连通，则称图G为连通图（connected graph）。

连通分量：无向图G的一个极大连通子图称为G的一个连通分量（connected component）。非连通的无向图里包含多个连通分量。

割点：若移除某个顶点之后，图中的连通分量的数目增加，则称该顶点为一个割点（cut vertex）。

双连通分量：不包含任何割点的一个极大子图称为图G的一个双连通分量（bi-connected component，BCC）。

双连通域分解：对图G进行分解，找到所有的割点以及它们所对应的双连通分量。

双连通域分解问题有较多成熟的计算机实现方法可以参考，其中以Tarjan提出的算法最为经典，此处不再赘述。图5.18展示了对电容缩边之后形成的新图进行双连通域分解的结果。在该电路中，顶点D和G为缩点，双连通域分解之后形成了三个独立的子图。事实上，可以从物理含义的角度来对电路的双连通域分解进行理解。根据割点的定义，可以得知，和割点相连的两个双连通域仅通过这一个顶点相连，二者之间并不存在其他路径。由闭合面的KCL定律容易得到，这两个连通域之间没有电流联系，因此自然地可以将这两个部分直接分离开来，这符合电路解算的规律。

步骤3：对比旧图和新图双连通域分解的结果，找到属于并联电容接口子系统和常规子系统的元件。

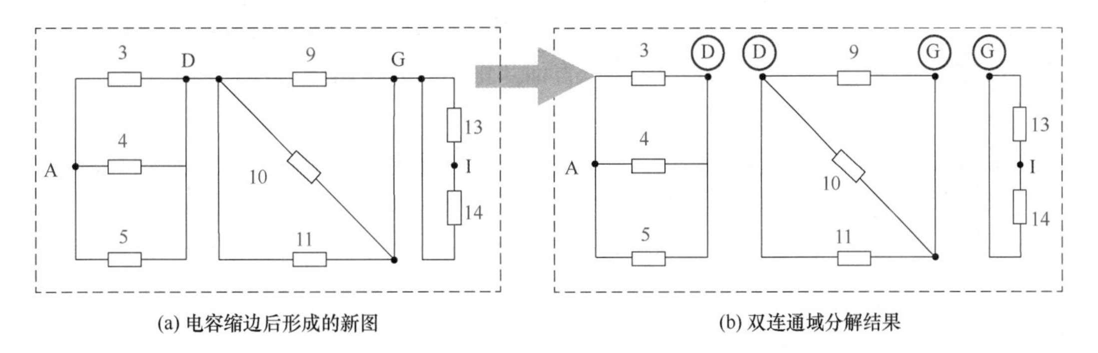

(a) 电容缩边后形成的新图

(b) 双连通域分解结果

图 5.18　划分步骤 2：进行双连通域分解

并联电容接口子系统：遍历新图中所有由电容形成的缩点，若该缩点在双连通域分解之后被判定为割点，则该缩点在旧图中对应的若干个电容属于同一个并联电容接口子系统。在图 5.17a 中，边 6 和 7 就属于同一个并联电容接口子系统，边 8 属于另一个并联电容接口子系统。

常规子系统：被划分为同一个常规子系统的元件可能分属两种情况。

（1）元件来自于新图双连通域分解之后的各个连通分量。对于每个连通分量，找到旧图中仅属于该连通分量的所有元件，这些元件都属于同一个常规子系统，需要指出的是，电容元件也有可能属于常规子系统。假如若干个电容在新图中被缩为一点，但该点并不对应于割点，而仅属于某一个连通分量，那么这些电容也会被划入常规子系统中而非并联电容接口子系统中（例如图 5.17a 中的边 1 和 2）。

（2）元件来自于被收缩成割点的非电容边。在步骤 1 中，有一些非电容边有可能因为电容进行了缩边而被动地收缩成了一个点，并在步骤 2 的双连通域分解之后被判定为割点（例如图 5.17a 的边 8）。这些对应于割点的非电容边也可以被划分为同一个常规子系统。

因此，根据以上判据，图 5.17a 中最后会得到 4 个常规子系统，分别为边 1~5、边 8、边 9~11 以及边 13~14。图 5.19 是图 5.17a 的最终划分结果示意图。

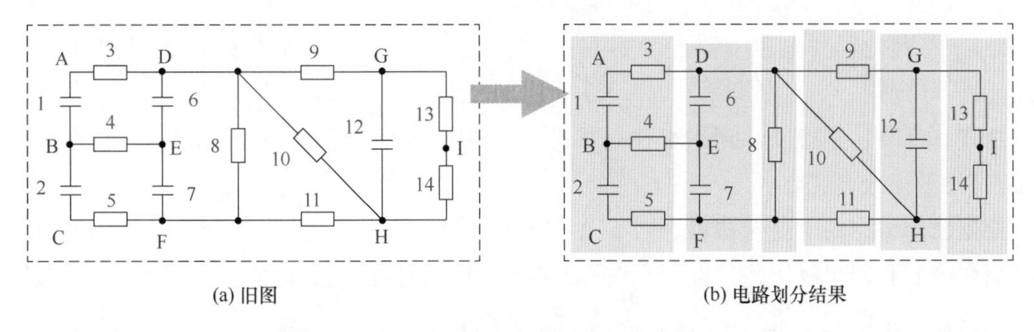

(a) 旧图

(b) 电路划分结果

图 5.19　划分步骤 3：找到分属不同子系统的元件

步骤 4：找到并联电容接口子系统和常规子系统在旧图中的公共节点，构造端口电源加入各个子系统中。

假设某个给定的并联电容接口子系统和某个常规子系统在旧图中有 k 个公共节点，则任取一个公共点作为参考点，剩下的节点与该参考点之间可以形成 $k-1$ 个端口。相应地，构

造 $k-1$ 组电压和电流源对，等效电压端口加入常规子系统中，等效电流端口加入并联电容接口子系统中。对于任意一组电压端口和电流端口（E_p，J_p），有

$$v_{E_p}=v_{J_p},\quad i_{J_p}=-i_{E_p} \tag{5-21}$$

图 5.20 是对上述端口构造策略的一个直观展示。图中边 1~5 构成的常规子系统和边 6~7 构成的并联电容接口子系统在旧图中共有 3 个公共节点，因此最终形成了 2 组电压和电流端口。

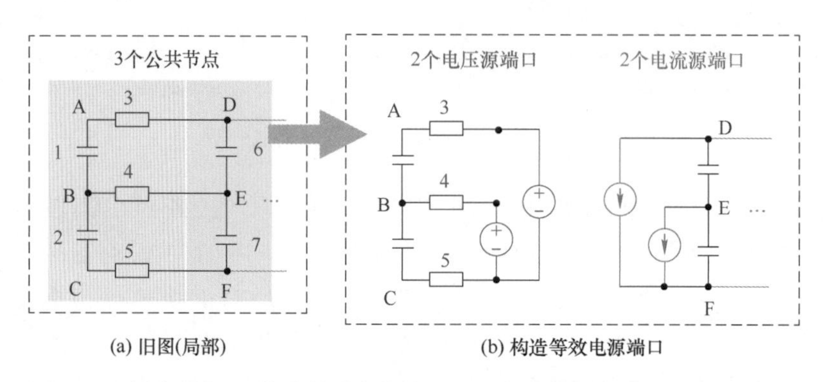

图 5.20　划分步骤 4：构造并联电容接口子系统和常规子系统间的等效端口

以上步骤给出了自动识别并联电容组并进行电路划分的完整流程，适用于计算机进行自动化实现。以串联电感组为接口进行自动划分的策略可以类似的方式推导得到。

在该划分方法下，不会出现违背电路拓扑合法性的情况，且划分本身不会导致系统状态变量的增加，划分前后系统阶数保持不变。证明如下

在电路分析理论中，*C-E* 回路指的是回路中仅包含电容或独立电压源，其中电容必然存在，独立电压源可能存在；*L-J* 割集指的是割集中仅包含电感或独立电流源，其中电感必然存在，独立电流源有可能存在。

对于仅包含 RLCM 支路和独立电源的电路，独立状态变量的个数 n（即系统的阶数）为

$$n=b_{LC}-n_{C\text{-}E}-n_{L\text{-}J} \tag{5-22}$$

式中，b_{LC}代表电容和电感支路的总数目；$n_{C\text{-}E}$代表 *C-E* 回路的个数；$n_{L\text{-}J}$代表 *L-J* 割集的个数。

从式（5-22）中可以看到，非独立状态变量来自于每个 *C-E* 回路中的一个电容和每个 *L-J* 割集中的一个电感。

根据已经约定的电路合法性条件，在实际的电力电子仿真软件中，不允许 *C-E* 回路中同时存在电容和独立电压源，也不允许 *L-J* 割集中同时存在电感和独立电流源。在以上约束下，检查划分策略的结果。

对于使用并联电容进行电路划分的策略而言，假设常规子系统中存在电容元件和等效出的电压源构成了 *C-E* 回路，那么这些电容在原电路中必然和并联电容接口子系统中的电容构成了 *C-E* 回路。但在上述策略中，步骤 1 首先进行了电容缩点，任何位于同一回路的电容都会被收缩至同一个点，在后续步骤中也会被划分到同一个子系统当中，因此出现矛盾，假设不成立。类似地，若常规子系统中存在独立电压源和等效出的电压源构成的回路，则该电

压源在原电路中会和并联子系统中的电容构成 *C-E* 回路，这和对原电路的合法性要求产生矛盾，假设也不成立。

综上可证，该划分策略本身不会导致 *C-E* 回路的总数目增加，因此不会导致划分之后各个子系统中存在拓扑连接的合法性问题，系统中独立状态变量的总个数也与划分之前相同。对于 *L-J* 割集的情况，可以类似证明。

5.3.2　状态方程分块稀疏性质推导

5.3.1 节论述了将大系统自动划分为多个小系统的一般性方法。基于电路划分的结果，可以进一步探究电力电子电路状态方程的特殊性质，为大规模系统的优化计算提供理论基础。

5.3.2.1　两类子系统的二分图表示

根据 5.3.1 节的方法，使用并联电容作为接口的时候，电路被划分为并联电容接口子系统和常规子系统；类似地，使用串联电感作为接口的时候，电路将被划分为串联电感接口子系统和常规子系统。由于使用电容和电感来进行划分的情况是对偶的，本节统一使用Ⅰ型子系统和Ⅱ型子系统对划分结果进行描述。其中Ⅰ型子系统指采用上述两种划分策略之后形成的常规子系统，Ⅱ型子系统指代并联电容接口子系统或者串联电感接口子系统。在Ⅱ型子系统中只包含储能元件以及等效的端口电源，而Ⅰ型子系统中可能包含开关元件。

假定一个大规模的电力电子系统按照 5.3.1 节中的策略被划分为了 m 个Ⅰ型子系统和 n 个Ⅱ型子系统。使用图 $G=(V,\ E)$ 来描述这两类子系统之间的连接关系。顶点集 V 可以写为

$$\begin{cases} V=V_1\cup V_2 \\ V_1=\{1,2,\cdots,m\} \\ V_2=\{m+1,m+2,\cdots,m+n\} \end{cases} \tag{5-23}$$

式中，V_1 中的顶点代表所有的Ⅰ型子系统；V_2 中的顶点代表所有的Ⅱ型子系统。

根据 5.3.1 节中的划分策略不难发现，只有类型不同的子系统才会直接相连，因此图 G 中的所有边的顶点必然分属于两个不同的集合，该图为一个无向二分图。

图 5.21 展示了使用并联电容对一个三级式电力电子变压器进行划分的结果，原电路被划分为 3 个Ⅰ型子系统（用红色数字标记）和 2 个Ⅱ型子系统（用蓝色数字标记）。

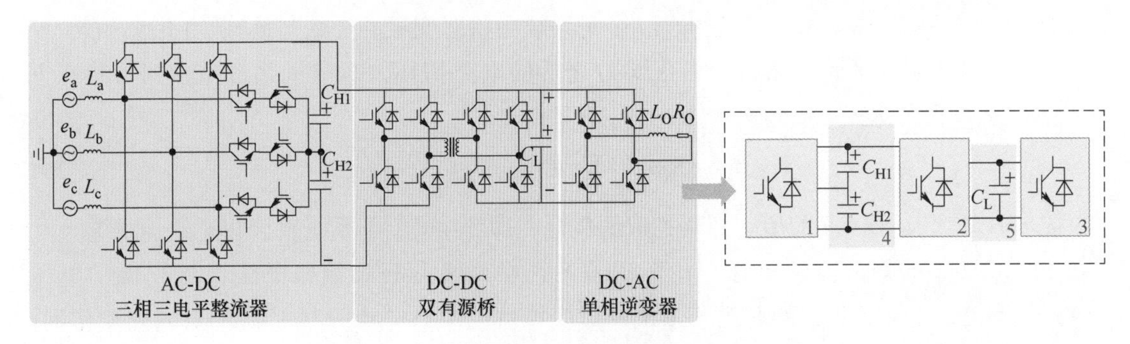

图 5.21　三级式电力电子变压器的电路划分结果

图 5.22 展示了上述三级式电力电子变压器在进行电路划分之后用二分图表示的子系统连接关系。

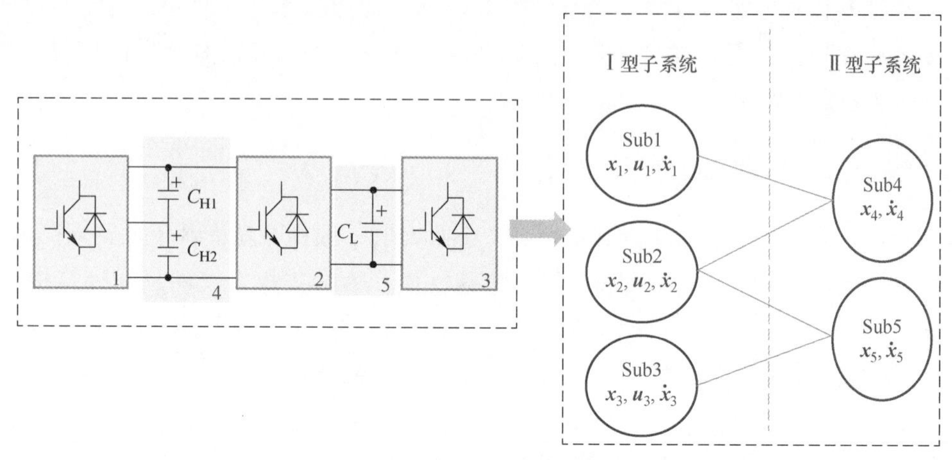

图 5.22　二分图表示的子系统连接关系

5.3.2.2　子系统间影响路径的分析推导

对于具有 m 个Ⅰ型子系统和 n 个Ⅱ型子系统的电路，整体系统的状态方程可以写成分块形式，即

$$\begin{bmatrix} \boldsymbol{x}'_1 \\ \vdots \\ \boldsymbol{x}'_m \\ \hline \boldsymbol{x}'_{m+1} \\ \vdots \\ \boldsymbol{x}'_{m+n} \end{bmatrix} = \left[\begin{array}{ccc|ccc} \boldsymbol{A}_{11} & \cdots & \boldsymbol{A}_{1m} & \boldsymbol{A}_{1,m+1} & \cdots & \boldsymbol{A}_{1,m+n} \\ \vdots & & \vdots & \vdots & & \vdots \\ \boldsymbol{A}_{m1} & \cdots & \boldsymbol{A}_{mm} & \boldsymbol{A}_{m,m+1} & \cdots & \boldsymbol{A}_{m,m+n} \\ \hline \boldsymbol{A}_{m+1,1} & \cdots & \boldsymbol{A}_{m+1,m} & \boldsymbol{A}_{m+1,m+1} & \cdots & \boldsymbol{A}_{m+1,m+n} \\ \vdots & & \vdots & \vdots & & \vdots \\ \boldsymbol{A}_{m+n,1} & \cdots & \boldsymbol{A}_{m+n,m} & \boldsymbol{A}_{m+n,m+1} & \cdots & \boldsymbol{A}_{m+n,m+n} \end{array}\right] \begin{bmatrix} \boldsymbol{x}_1 \\ \vdots \\ \boldsymbol{x}_m \\ \hline \boldsymbol{x}_{m+1} \\ \vdots \\ \boldsymbol{x}_{m+n} \end{bmatrix} + \left[\begin{array}{ccc} \boldsymbol{B}_{11} & \cdots & \boldsymbol{B}_{1m} \\ \vdots & & \vdots \\ \boldsymbol{B}_{m1} & \cdots & \boldsymbol{B}_{mm} \\ \hline \boldsymbol{B}_{m+1,1} & \cdots & \boldsymbol{B}_{m+1,m} \\ \vdots & & \vdots \\ \boldsymbol{B}_{m+n,1} & \cdots & \boldsymbol{B}_{m+n,m} \end{array}\right] \begin{bmatrix} \boldsymbol{u}_1 \\ \vdots \\ \boldsymbol{u}_m \end{bmatrix} \tag{5-24}$$

式中，$\boldsymbol{x}_i$ 和 $\boldsymbol{u}_i$ 分别代表了位于第 i 个子系统中的状态变量和输入变量。

由于Ⅱ型子系统中只包含储能元件和等效出的端口电源，没有包含原系统中真正的独立源，因此Ⅱ型子系统对输入变量没有贡献。本节的主要内容是推导大电路的状态方程系数矩阵中各个分块的表达式，也就是分析第 i 个子系统中状态变量的导数向量 $\boldsymbol{x}'_i$ 的贡献来源。

对于第 i 个Ⅰ型子系统来说，考虑等效之后的电路拓扑，对该子系统单独列写状态方程，则状态方程表达式可以写为

$$\dot{\boldsymbol{x}}_i = \boldsymbol{A}_i \boldsymbol{x}_i + \boldsymbol{B}_i \boldsymbol{u}_i + \sum_{p \in nbr(i)} \boldsymbol{E}_{ip} \boldsymbol{y}_p, i = 1, 2, \cdots, m \tag{5-25}$$

式中，$nbr(i)$ 表示顶点 i 的所有邻居构成的集合，即和第 i 个子系统直接相连的子系统。

由 5.3.1 节的划分方法可知，在Ⅰ型子系统中，所有等效端口电压（流）源的电压（流）值均可以由与其相连的Ⅱ型子系统中对应位置的端口电流（压）源的对偶测量得到，且仅相差一个系数±1。因此，在式（5-25）中，$\boldsymbol{E}_{ip}\boldsymbol{y}_p$ 一项就代表了第 $p-m$ 个Ⅱ型子系统

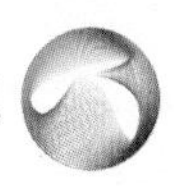

（在全体子系统中的编号为 p）对第 i 个Ⅰ型子系统等效出的端口电源的贡献。

由于Ⅱ型子系统中仅包含储能元件和等效接口，且Ⅱ型子系统对外等效出的电源值就是电容电压或者电感电流的组合。因此，Ⅱ型系统中的输出变量 $\boldsymbol{y}_p$ 可以由状态变量线性表出，即

$$\boldsymbol{y}_p=\boldsymbol{C}_p\boldsymbol{x}_p, p=m+1, m+2, \cdots, m+n \tag{5-26}$$

将式（5-26）代入式（5-25），整理可以得到

$$\dot{\boldsymbol{x}}_i=\boldsymbol{A}_i\boldsymbol{x}_i+\boldsymbol{B}_i\boldsymbol{u}_i+\sum_{p\in nbr(i)}\boldsymbol{E}_{ip}\boldsymbol{C}_p\boldsymbol{x}_p \tag{5-27}$$

从式（5-27）可以看出，对于第 i 个Ⅰ型子系统而言，它的状态变量导数向量 $\dot{\boldsymbol{x}}_i$ 的贡献来源只存在两种情况。第一是该子系统自身的状态变量 $\boldsymbol{x}_i$ 和输入变量 $\boldsymbol{u}_i$；第二是与其有连接关系的Ⅱ型子系统的状态变量。

图 5.23 是对上述贡献路径的直观表述。在图 5.23 中，用有向图来描述其他子系统中的状态变量向量或者输入变量向量对于第 i 个Ⅰ型子系统中状态变量导数向量 $\dot{\boldsymbol{x}}_i$ 的影响。若从某个向量到 $\dot{\boldsymbol{x}}_i$ 之间存在一条路径，则表明该向量对 $\dot{\boldsymbol{x}}_i$ 有贡献。相应地，在整体系统的状态方程矩阵中，上述路径对应的块矩阵就是非零的。反之，则相应的块矩阵严格为零。

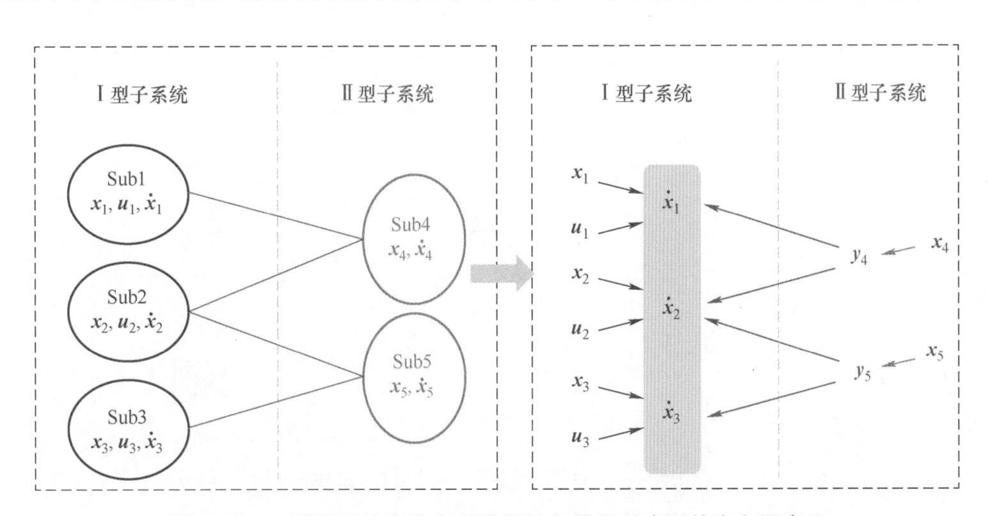

图 5.23　Ⅰ型子系统中状态变量导数向量贡献来源的有向图表示

接下来考虑Ⅱ型子系统中状态变量导数向量的表达式，假设第 j 个子系统为Ⅱ型系统。对于并联电容接口子系统来说，该系统中的状态变量即为电容电压，电容电压导数仅和等效的端口电流源有关。对于串联电感接口子系统来说，该系统中的状态变量为电感电流，电感电流的导数仅与等效的端口电压源有关。因此，Ⅱ型子系统中状态方程的表达式都具有如下形式

$$\dot{\boldsymbol{x}}_j=\sum_{k\in nbr(j)}\boldsymbol{F}_{jk}\boldsymbol{y}_k, j=m+1, m+2, \cdots, m+n \tag{5-28}$$

式中，$\boldsymbol{y}_k$ 为第 k 个Ⅰ型子系统对外等效出的端口变量；顶点 $k\in nbr(j)$，表明只有和子系统 j 直接相连的子系统 k 对式（5-28）有贡献。

由于$\boldsymbol{y}_k$是第k个Ⅰ型子系统的输出变量，因此可以用第k个Ⅰ型子系统的输出方程表示，即

$$\boldsymbol{y}_k=\boldsymbol{C}_k\boldsymbol{x}_k+\boldsymbol{D}_k\boldsymbol{u}_k+\sum_{p\in nbr(k)}\boldsymbol{G}_{kp}\boldsymbol{y}_p \tag{5-29}$$

联立式（5-26）、式（5-28）和式（5-29），可以整理得到第$j-m$个Ⅱ型子系统（在全体子系统中的编号为j）的状态方程表达式如下：

$$\dot{\boldsymbol{x}}_j=\sum_{k\in nbr(j)}\boldsymbol{F}_{jk}\left(\boldsymbol{C}_k\boldsymbol{x}_k+\boldsymbol{D}_k\boldsymbol{u}_k+\sum_{p\in nbr(k)}\boldsymbol{G}_{kp}\boldsymbol{C}_p\boldsymbol{x}_p\right) \tag{5-30}$$

从式（5-30）中可以看到，Ⅱ型子系统的状态变量导数向量的贡献也来自于两个部分。第一是和该Ⅱ型子系统直接相连的Ⅰ型子系统中的状态变量和输入变量；第二是该Ⅱ型子系统自身的状态变量以及和该Ⅱ型子系统构成二阶邻居关系的其他Ⅱ型子系统的状态变量。

类似地，图5.24中的有向图也可以直观地描述Ⅱ型子系统中状态变量导数向量的贡献来源。

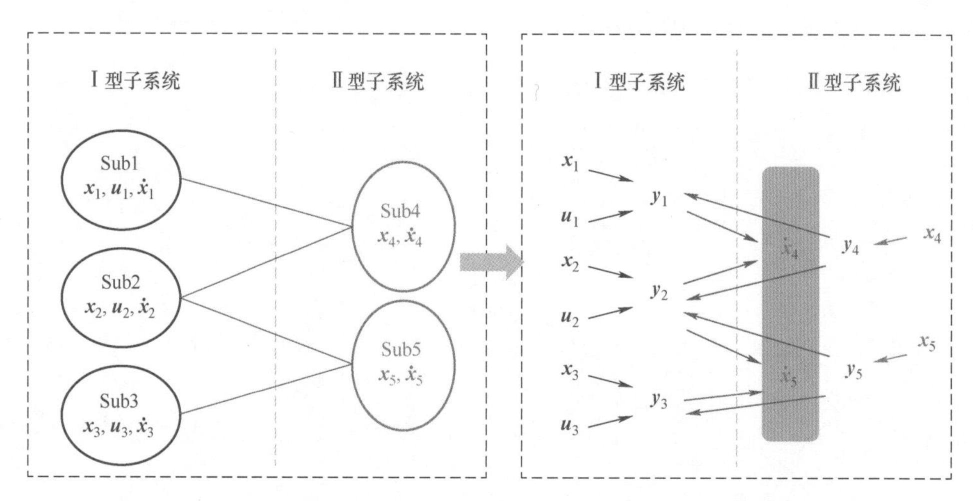

图5.24　Ⅱ型子系统中状态变量导数向量贡献来源的有向图表示

根据以上步骤，可以推导得到整个大系统的状态方程系数矩阵的表达式。对于式（5-24）中的每个子块$\boldsymbol{A}_{ij}$和$\boldsymbol{B}_{ij}$，表达式整理如下：

1）若$1\leqslant i\leqslant m$，则有

$$\boldsymbol{A}_{ii}=\boldsymbol{A}_i,\boldsymbol{B}_{ii}=\boldsymbol{B}_i \tag{5-31}$$

2）若$1\leqslant i$，$j\leqslant m$且$i\neq j$，则有

$$\boldsymbol{A}_{ij}=\boldsymbol{0},\boldsymbol{B}_{ij}=\boldsymbol{0} \tag{5-32}$$

3）若$1\leqslant i\leqslant m$且$m+1\leqslant j\leqslant m+n$，则有

$$\boldsymbol{A}_{ij}=\begin{cases}\boldsymbol{E}_{ij}\boldsymbol{C}_j & \text{边 } e(i,j)\text{ 存在}\\ \boldsymbol{0} & \text{边 } e(i,j)\text{ 不存在}\end{cases} \tag{5-33}$$

4）若$m+1\leqslant i\leqslant m+n$且$1\leqslant j\leqslant m$，则有

$$
\begin{aligned}
&\boldsymbol{A}_{ij}=\begin{cases}\boldsymbol{F}_{ij}\boldsymbol{C}_j & \text{边 } e(i,j) \text{存在}\\ \boldsymbol{0} & \text{边 } e(i,j) \text{不存在}\end{cases}\\
&\boldsymbol{B}_{ij}=\begin{cases}\boldsymbol{F}_{ij}\boldsymbol{D}_j & \text{边 } e(i,j) \text{存在}\\ \boldsymbol{0} & \text{边 } e(i,j) \text{不存在}\end{cases}
\end{aligned}
\tag{5-34}
$$

5）若 $m+1\leqslant i,\ j\leqslant m+n$，令 $V(i,j)$ 表示满足以下条件的所有顶点 k 构成的顶点集合——边 $e(j,k)$ 和边 $e(k,i)$ 都存在。则有

$$
\boldsymbol{A}_{ij}=\begin{cases}\sum\limits_{k\in V(i,j)}^{m}\boldsymbol{F}_{ik}\boldsymbol{G}_{kj}\boldsymbol{C}_j & V(i,j)\neq\varnothing\\ \boldsymbol{0} & \text{其他情况}\end{cases}
\tag{5-35}
$$

上述表达式中右端的低维矩阵均是在进行了电路划分之后对各个子系统单独列写状态方程得到的系数矩阵，具体含义可以回顾式（5-25）~式（5-29）。

5.3.2.3　状态方程性质分析

根据上述结论，可以得到状态方程的系数矩阵具有如下性质：

（1）系统的状态方程矩阵总体具有分块稀疏性质。这是因为对于给定的一个子系统而言，位于该子系统的状态变量导数向量只会受到“邻近”子系统的影响。除了子系统内部的变量以外，Ⅰ型子系统仅受到一阶邻居的影响，而Ⅰ型子系统的一阶邻居必然是Ⅱ型子系统。Ⅱ型子系统受到的外界影响也仅来自于一阶邻居（部分的Ⅰ阶子系统）和二阶邻居（部分Ⅱ阶子系统）。不同子系统之间的解耦关系是由Ⅱ型子系统对外等效出的端口电源仅和其自身的状态变量有关这一性质保证的。

（2）根据有向图可知，非零的子块 $\boldsymbol{A}_{ij}$ 和 $\boldsymbol{B}_{ij}$ 仅需要在有实质性贡献的子系统发生开关动作的时候更新。在大多数场景下，电力电子系统同一时刻仅有部分开关发生动作，因此可以根据贡献路径图找到真正发生改变的块矩阵，这样可以大大降低矩阵更新的计算量。

（3）系数矩阵 $\boldsymbol{A}$ 的稀疏结构是对称的，也就是说若 $\boldsymbol{A}_{ij}\neq\boldsymbol{0}$ 则必定有 $\boldsymbol{A}_{ji}\neq\boldsymbol{0}$。这一性质对于后文优化刚性求解器的数值积分过程而言十分重要。

5.3.3　基于分块稀疏性质的方程生成及更新优化方法

大规模电力电子系统的仿真中，开关动作引起状态方程反复更新是影响仿真效率的重要因素之一。5.3.2 节中推导得出的结论使得可以对大系统进行电路划分，针对各个子系统分别独立生成维数较低的状态方程矩阵，然后再进行组合得到大系统状态方程系数矩阵的分块形式，避免了直接生成大系统的高维矩阵。同时，5.3.2 节中的路径分析结果使得能够精确定位个别开关发生变化的时候影响到的子系统范围，和 5.2 节中的半符号化状态方程自动生成方法互为补充，降低状态方程更新的计算量。

使用分块稀疏性质初始化状态方程稀疏矩阵的流程如下：

（1）构造表示子系统之间连接关系的图 $G=(V,\ E)$。

（2）对于所有的Ⅰ型子系统，根据电路划分之后等效后得到的拓扑，生成该子系统的状态方程系数矩阵和输出方程系数矩阵。

（3）对于所有Ⅱ型子系统，根据电路划分之后得到的等效拓扑，生成该子系统的状态方程系数矩阵和输出方程系数矩阵。

（4）初始化整体电路系统矩阵的稀疏结构，矩阵按分块稀疏形式进行存储。除对角的块矩阵以外，仅当边 $e(i,j)$ 存在，或者子系统 i 和子系统 j 同为Ⅱ型子系统且两者在图 G 中构成二阶邻居关系，才为块矩阵 $\boldsymbol{A}_{ij}$ 和 $\boldsymbol{B}_{ij}$ 分配内存，并计算其初始值。

对于开关动作时的方程更新策略，由于开关器件都位于Ⅰ型子系统中，不失一般性地，可以假定第 i 个子系统（$1 \leqslant i \leqslant m$）中的开关器件发生了动作，则使用分块稀疏性质更新系统状态方程的流程如下：

1）根据式（5-25），更新第 i 个子系统内部列写的状态方程矩阵 $\boldsymbol{A}_i$，$\boldsymbol{B}_i$ 和 $\boldsymbol{E}_{ip}$，$p \in nbr(i)$；根据式（5-29），更新输出矩阵 $\boldsymbol{C}_i$，$\boldsymbol{D}_i$ 和 $\boldsymbol{G}_{ip}$，$p \in nbr(i)$。

2）根据式（5-31），更新大系统状态方程系数矩阵中的子块 $\boldsymbol{A}_{ii}$ 和 $\boldsymbol{B}_{ii}$。

3）对于第 i 个子系统的所有邻居子系统 j，根据式（5-33）更新块矩阵 $\boldsymbol{A}_{ij}$；根据式（5-34）更新块矩阵 $\boldsymbol{A}_{ij}$ 和 $\boldsymbol{B}_{ij}$。

4）对于第 i 个子系统邻居节点构成的集合中任意两个节点构成的排列（j_1，j_2），移除块矩阵 $\boldsymbol{A}_{j_1 j_2}$ 的表达式中旧的 $\boldsymbol{F}_{j_1 i}\boldsymbol{G}_{ij_2}\boldsymbol{C}_{j_2}$ 求和项的贡献，加上新的 $\boldsymbol{G}_{ij_2}$ 计算出的求和项的贡献。

仍然以图 5.21 所示的三级电力电子变压器为例，图 5.25 展示了基于以上步骤得到的该系统状态方程矩阵的分块稀疏形式。图中的每个方块代表原始电路系数矩阵中的一个子块，最浅色的方块代表该子块为零矩阵。如图所示，当仅有一部分开关发生动作时（例如图中子系统 1 的开关发生动作），只有该子系统影响路径上的块矩阵需要进行更新。

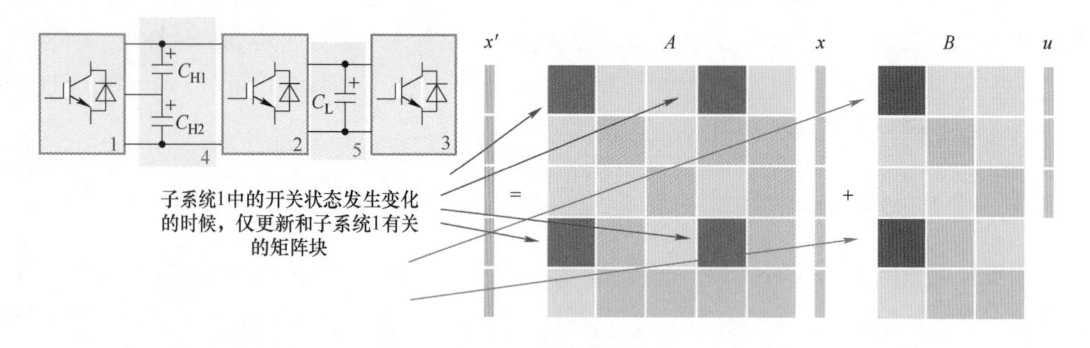

图 5.25　三级电力电子变压器系统状态方程的分块稀疏形式

5.3.4　基于分块稀疏性质的数值积分优化方法

5.3.2 节推导得到的状态方程的稀疏性质使得可以在没有精度损失的情况下提升数值积分的计算效率。对于常微分方程组的初值问题

$$\dot{\boldsymbol{x}} = \boldsymbol{f}(t, \boldsymbol{x}), \boldsymbol{x}(t_0) = \boldsymbol{x}_0 \tag{5-36}$$

根据数值积分公式是否使用了待求解变量的导数值，现有的数值积分方法可以分为两类，即前向显式算法和后向隐式算法。后者一般具有较大的稳定域，因此适用于刚性系统的求解。

常见的显式数值积分方法包括龙格库塔方法，Adams 方法等。在 DSED 框架中，对于非刚性系统采用的求解器是基于高阶泰勒展开的灵活自适应离散状态数值算法，该算法也是一种显式方法。这些显式算法的共同特点是无需迭代求解方程组，数值积分的结果可以递推得到。在数值积分的过程中，主要的计算量为计算不同点的导数值再进行线性组合，即代入不同的状态变量 $\boldsymbol{x}$ 和时间 $\boldsymbol{t}$，计算 $\dot{\boldsymbol{x}}=\boldsymbol{f}(\boldsymbol{x},t)$。由于电力电子系统建模为一组分段线性的状态方程，因此有 $\boldsymbol{f}(\boldsymbol{x},t)=\boldsymbol{Ax}+\boldsymbol{Bu}(t)$。此时，矩阵 $\boldsymbol{A}$ 和 $\boldsymbol{B}$ 的稀疏性可以直接用于导数向量的计算简化，从而加速数值积分的过程。

对于隐式数值积分算法而言，已知 $\boldsymbol{x}(t)$ 及历史值需要求解一个方程组才能得到 $\boldsymbol{x}(t+\Delta t)$。因此隐式数值积分算法的一般格式可以总结如下，即求解方程组

$$\boldsymbol{G}[\boldsymbol{x}(t+\Delta t),\boldsymbol{x}(t),\boldsymbol{x}(t-\Delta t),\cdots,t]=\boldsymbol{0} \tag{5-37}$$

从式（5-37）中可以看出，相较于显式数值积分算法，在隐式数值积分算法中由于要求解方程组，系数矩阵 $\boldsymbol{A}$ 和 $\boldsymbol{B}$ 的稀疏性无法直接得到应用，而是需要进行进一步的处理。这里以 DSED 框架中提供的隐式求解器为例，展示如何应用本章推导得到的状态方程的分块稀疏性质来加速隐式数值积分算法的求解，从而提升包含杂散参数的刚性电力电子系统的解算效率。

DSED 框架针对刚性电路提供了后向离散状态事件驱动算法，如第四章所述。该算法基于后向差分公式，即 BDF 公式。r 阶 BDF 公式可以写为

$$\boldsymbol{x}_{n+1}+\sum_{j=0}^{r-1}a_{rj}\boldsymbol{x}_{n-j}=hb_r f(t_{n+1},\boldsymbol{x}_{n+1}) \tag{5-38}$$

式中，$\boldsymbol{x}_{n+1}$为待求解的状态变量向量；$\boldsymbol{x}_{n-j}(j=0\sim r-1)$ 为前 r 步已知的状态变量历史值；给定阶数的情况下 a_{rj}和 b_r均为常系数。h 代表离散步长。

对于使用分段线性状态方程建模的电力电子系统，上述公式可以简化为

$$\begin{cases}\boldsymbol{x}_{n+1}+\sum\limits_{j=0}^{r-1}a_{rj}\boldsymbol{x}_{n-j}=hb_r(\boldsymbol{Ax}_{n+1}+\boldsymbol{Bu}_{n+1})\Rightarrow\\(\boldsymbol{I}-hb_r\boldsymbol{A})\boldsymbol{x}_{n+1}=hb_r\boldsymbol{Bu}_{n+1}-\sum\limits_{j=0}^{r-1}a_{rj}\boldsymbol{x}_{n-j}\Rightarrow\\\boldsymbol{Mx}_{n+1}=\boldsymbol{c}\end{cases} \tag{5-39}$$

式中，$\boldsymbol{I}$ 为单位矩阵。

从式（5-39）可以看出，若待求解的系统为线性系统，则 BDF 公式的单步求解退化为求解一个线性方程组。线性方程组的左端项矩阵 $\boldsymbol{M}$ 具有和状态方程系数矩阵 $\boldsymbol{A}$ 相同的稀疏结构。

由于右端项 $\boldsymbol{c}$ 在每步解算的时候都会发生变化，因此一般对 $\boldsymbol{M}$ 矩阵进行 LU 分解，再进行前代和回代来求解上述线性方程组。稀疏矩阵 LU 分解的主要挑战在于减少 LU 分解过程中的“填入”（fill-in）现象。LU 分解的过程等价于对原矩阵逐行进行高斯消去。而填入现

象是指，在将原始矩阵逐行消去的过程中，原始矩阵中的零元素会逐渐变成非零元，使得三角化之后的矩阵丢失稀疏性质。在LU分解的过程中，消去的顺序会极大地影响最终LU分解结果的稀疏性。许多文献针对稀疏矩阵的LU分解优化进行了研究。

特别地，具有对称的稀疏结构的矩阵可以用无向图来表示，图中的每条边对应于矩阵的非零元素，则对第p行进行消去以及生成新的填入元素的过程就等价于删除无向图中的节点p，并在图中将所有p的邻居节点两两相连。这样，对于结构对称的稀疏矩阵，使LU分解的填入元素最小的待优化问题就等价于在无向图中找到合适的顶点编号顺序使得按照序号来消去的过程中新生成的边数最少。

找到最优节点顺序是一个多项式复杂程度的非确定性问题（Non-deterministic Polynomial，NP），即NP问题。NP问题若想得到最优解，在最坏情况下总是需要遍历整个解空间。因此实践中一般采用次优算法，例如最小度（Minimum Degree，MD）算法，最小填入（Minimum Fill-in，MF）算法。在MD算法中，每一步会选择当前邻边最少的顶点进行消去。在MF算法中，则会选择下一步引入的新边最少的顶点进行消去。

根据5.3.2节的分析，隐式数值积分算法所涉及的$\boldsymbol{M}$矩阵的稀疏结构也满足对称性，因此也可以使用上述的重排算法来提升LU分解结果的稀疏度。不过，由于$\boldsymbol{M}$矩阵实际上是分块稀疏的，直接使用上述节点重排算法可能导致原本处于同一个子块中的元素在重排之后分散到不同区域。因此，本章提出基于子系统的分块重排方法，其主要思路是将同一个子系统对应的矩阵元素看成一个整体，即将无向图中属于统一子系统的多个顶点合并为一个“超顶点”，然后再使用重排算法。这里使用MD算法来对这些超顶点进行重排，整体策略如下：

1）构造无向图$G^M=(V^M, E^M)$来表征$\boldsymbol{M}$矩阵的稀疏结构。

2）在第s步，计算每个超顶点的度（和该顶点相连的边的数目）。

3）选择度数最小的顶点进行消去。假设该顶点编号为p，删除顶点p并在p的所有邻居顶点之间两两添加一条新边，使得图$G^{M(s)}$变为$G^{M(s+1)}$。

4）返回第2步，重复以上步骤，直到所有的节点都消去。

与将每个非零元素视为图中的独立顶点直接应用MD算法相比，本方法将同一个子块中的矩阵元素视为一个整体。这样，这些元素在重排算法之后仍然聚集在一起。考虑到稀疏矩阵的特殊存储格式，可以使得为每个块$\boldsymbol{A}_{ij}$，$\boldsymbol{B}_{ij}$和$\boldsymbol{M}_{ij}$分配连续的内存。在某些子系统的拓扑结构发生变化时，更新相应的块矩阵也更加方便。本方法也可以与MF算法等其他节点重排方法兼容，因此具有一定的通用性。

5.3.5 有效性与局限性

5.3.5.1 准确性、有效性及通用性

所论述方法利用电力电子系统的拓扑性质，提供了一种系统化的方法去挖掘拓扑可变的电力电子系统中不变的状态方程稀疏结构，从而实现了无精度损失的大规模系统解算加速。

图 5.26 展示了将该方法应用于 BDSED 框架时的整体流程图。图 5.27 从更一般的角度总结了状态空间框架下各种仿真求解框架的主要运行逻辑。首先，挖掘了电力电子系统状态方程矩阵的数学性质，并根据该数学性质进行相应的优化加速，而并没有改变系统的整体模型，因此不会对仿真精度带来任何负面影响。其次，不同的仿真求解框架的区别主要在推进至下一步计算点的逻辑以及数值积分公式的具体形式。例如，采用时间驱动方法的仿真框架可能使用固定步长来推进仿真计算，而采用离散状态事件驱动的仿真框架则是交换状态和时间的主导地位，由事件轴以及状态量的变化反解得到步长来推进仿真计算。但是无论是哪种框架，无论是哪种数值积分求解器，总是可以利用本节中推导得到的状态方程分块稀疏性质来优化单步计算量，包括：①优化方程更新的计算量，即在开关发生动作时仅更新受到影响的子块；②优化数值积分的计算量，即使用稀疏性质直接优化显式数值积分求解器的计算，或者根据上述分块重排算法优化隐式数值积分求解器（涉及 LU 分解和线性代数方程组求解）的计算。

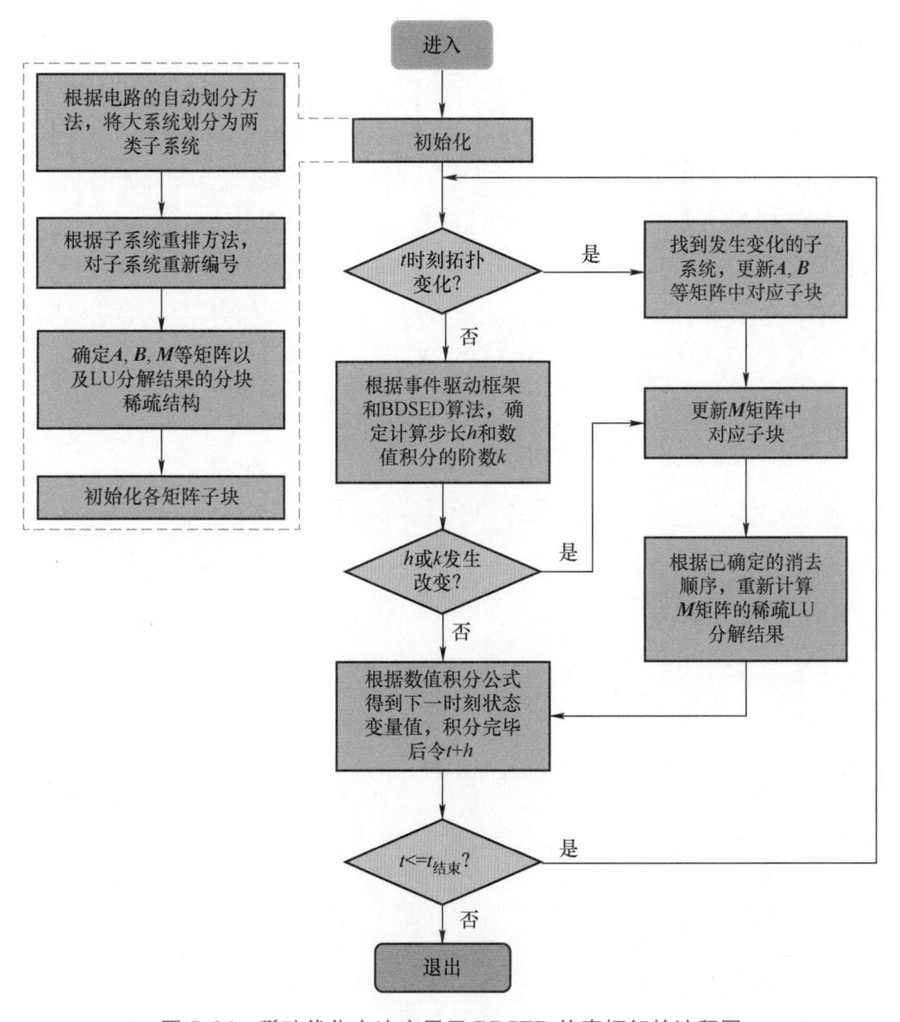

图 5.26　稀疏优化方法应用于 BDSED 仿真框架的流程图

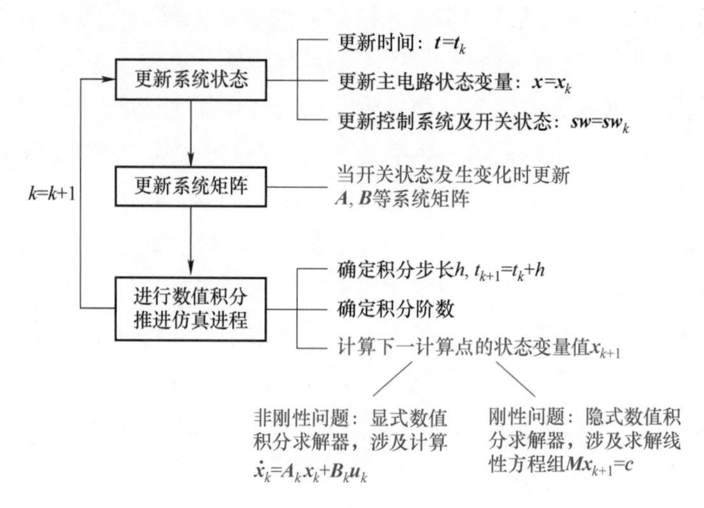

图 5.27 状态空间框架下求解电力电子系统的通用仿真流程

5.3.5.2 局限性

从分块稀疏性质的证明可以看出，上述方法的主要局限性在于，电路划分时的接口元件必须是纯电容或电感。对于母线电容考虑串联等效电阻（Equivalent Series Resistor，ESR）的情况，一方面，可以换用电感负载进行解耦得到两类子系统和分块稀疏的状态方程矩阵。另一方面，由于该电阻主要用于等效电介质损耗，等效阻值很小，对电压电流波形几乎无影响，因此可以在仿真过程中先将其忽略，从而仍然可以应用该方法得到方程的稀疏性质，对大规模系统进行快速计算，得到电压电流波形，再在计算损耗的时候将其纳入考虑。

第 6 章 电磁脉冲形态解析

从本章起，将论述电力电子混杂系统的控制方法。在第 2 章所述的混杂系统协同控制框架下，需要解决电磁脉冲控制问题。电磁脉冲控制的基础是电磁脉冲的形态解析，因此，本章首先开展电磁脉冲的解析分析，以期回答对电磁脉冲的控制“控什么”“怎么控”。

电力电子系统中主要包含三组脉冲，即控制电路产生的控制脉冲，驱动电路产生的驱动脉冲，及功率半导体器件所产生的电磁能量脉冲。其中，电磁能量脉冲是指功率半导体器件所产生的管电压、管电流脉冲。

对电力电子系统而言，控制脉冲代表着理想的控制信息，而由功率半导体器件输出的电磁能量脉冲则代表了实际的控制效果。控制脉冲与电磁能量脉冲两者有着本质的差别。这一差别尤其表现在短时间尺度（纳、微秒级）的电磁瞬态过程中，如电磁能量脉冲的延迟，开关过程中的 dv/dt、di/dt，电压与电流的尖峰和振荡等现象。电磁能量脉冲的这些瞬态行为与系统性能息息相关，也往往是造成器件失效及装置故障的主要因素。因此，对电磁能量脉冲的分析与建模是保证系统可靠稳定运行的关键问题。

从控制脉冲到驱动脉冲再到电磁能量脉冲，体现了电力电子系统用信息控制能量的基本思想。其中，控制脉冲的时间尺度（这里指控制脉冲的占空比、周期等）一般为微秒、毫秒级，反映了设计者所期望的控制信息。由于在从控制脉冲到驱动脉冲再到电磁能量脉冲的传递过程中，脉冲形态属性上会产生延迟和畸变，使得电磁能量脉冲包含了更短时间尺度（十纳秒~百纳秒级）的脉冲形态属性特征，如脉冲的上升、下降时间，脉冲尖峰及振荡等特征。这些瞬态过程会直接影响电力电子系统的可靠稳定运行，成为造成器件失效及系统故障的主要因素。因此，对三组脉冲之间传递规律的研究，有助于对电力电子系统的瞬态行为进行分析和控制。

本章的研究主要基于 SiC 宽禁带功率半导体器件。相较于传统的 Si 器件，SiC 器件具有更快的开关速度，可承受更高的器件耐压及更高的工作温度。但与此同时，更快的开关速度也会带来更高的 dv/dt 及 di/dt，电磁能量脉冲的瞬态行为更加显著，也成为 SiC 器件的实际应用中所面临的主要问题。本章针对 SiC MOSFET 这一典型的宽禁带半导体器件，以脉冲研究为出发点，论述可以定量分析脉冲传递及组合规律及其对系统性能影响的分析方法，进而用以指导变换器的设计和短时间尺度电磁瞬态行为的主动控制。

6.1 电磁能量脉冲实验分析

电磁能量脉冲的瞬态行为的时间尺度一般在纳秒到微秒级，因此对电磁能量脉冲的分析思路需要从传统的基于理想器件和集总参数元件的稳态分析转为基于器件瞬态行为和系统杂散参数的瞬态分析。

目前，针对电磁能量脉冲的分析方法主要分为实验分析和仿真建模分析。实验分析的优点是可以直观地根据实验结果分析电磁能量脉冲的形态属性，但是，一方面实验结果的准确性受测量装置和测量方法的影响，另一方面，实验分析往往只能提供特定参数和工况下的实验结果，适用性较差。相较于实验分析，仿真建模分析可以更方便地分析电磁能量脉冲在不同参数和工况下的瞬态行为。但如何提升仿真模型对不同参数和工况的适用性和准确性，及如何有效解决模型精度和复杂度之间的折中问题是仿真建模分析所面临的主要难题。本节首先讨论电磁能量脉冲的实验分析方法。

6.1.1 脉冲实验平台设计

电磁能量脉冲的实验分析一般通过双脉冲测试进行，其示意图如图 6.1 所示。其中，可改变的参数包括驱动电阻 R_g，回路杂散电感 L_p，驱动杂散电感 L_g，共源极杂散电感 L_s，以及 SiC MOSFET 的结电容 C_{gs}，C_{gd}，C_{ds}和 SiC SBD 的结电容 C_f。其中，值得注意的是器件结电容的改变是通过改变在器件引脚之间的并联电容实现的。尽管所并联的电容为常值电容，且会受到器件内部各引脚处的杂散电感的影响，但该方法实现简便，能较为方便地反映出器件结电容大小对电磁能量脉冲的影响规律。所研究的 SiC 器件为来自 Wolfspeed 公司的 SiC MOSFET CMF20120D（1200V，42A）和 SiC SBD C4D30120D（1200V，43A）。根据该电路图，设计的多参数可变的双脉冲测试主电路如图 6.2 所示。

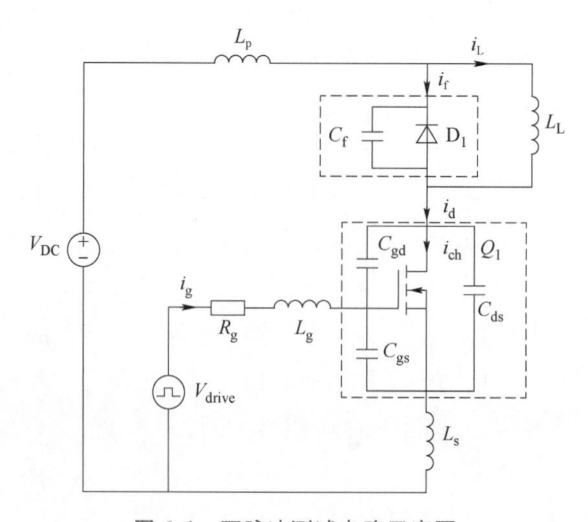

图 6.1　双脉冲测试电路示意图

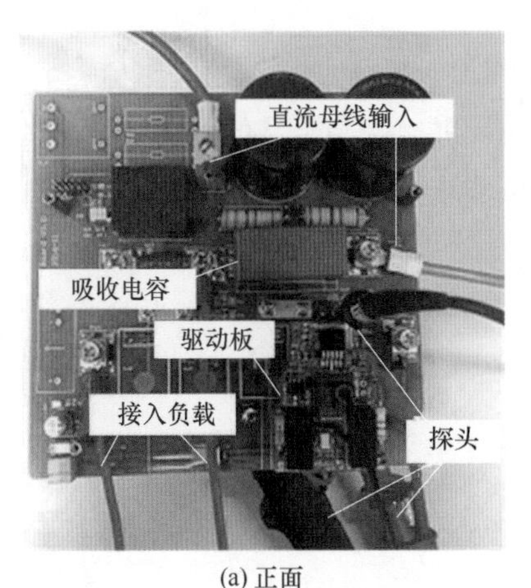

(a) 正面

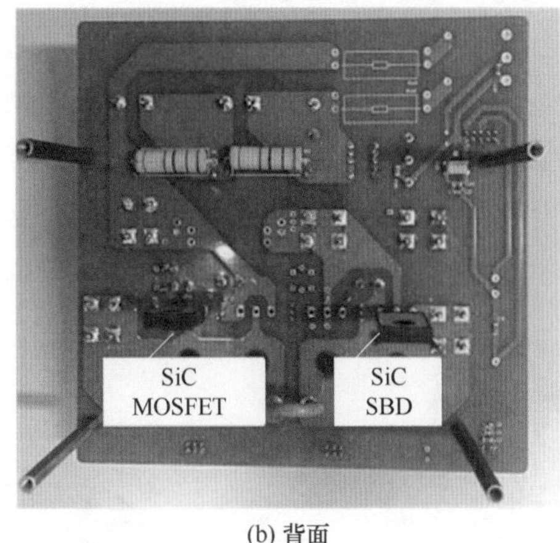

(b) 背面

图 6.2　SiC MOSFET 双脉冲测试主电路

6.1.2　脉冲瞬态行为实验分析

在电力电子变换器中，功率半导体器件的几个主要属性往往被设计者所关注，包括功率处理能力、效率、开关频率和响应速度。而在电磁能量脉冲上，则体现为电压电流尖峰、损耗、开关过渡过程时间。开关过渡时间可以用栅源极电压 v_{ds} 的上升和下降时间（分别表示为 t_{rv} 和 t_{fv}）及漏极电流 i_d 的上升和下降时间（分别表示为 t_{ri} 和 t_{fi}）来表示，电压与电流尖峰分别为 V_{peak} 和 I_{peak}，各参数定义如图 6.3 所示。根据电压、电流波形可以相应地计算开关损耗，其中，开通、关断及总开关损耗分别表示为 E_{on}，E_{off}，E_{sw}。

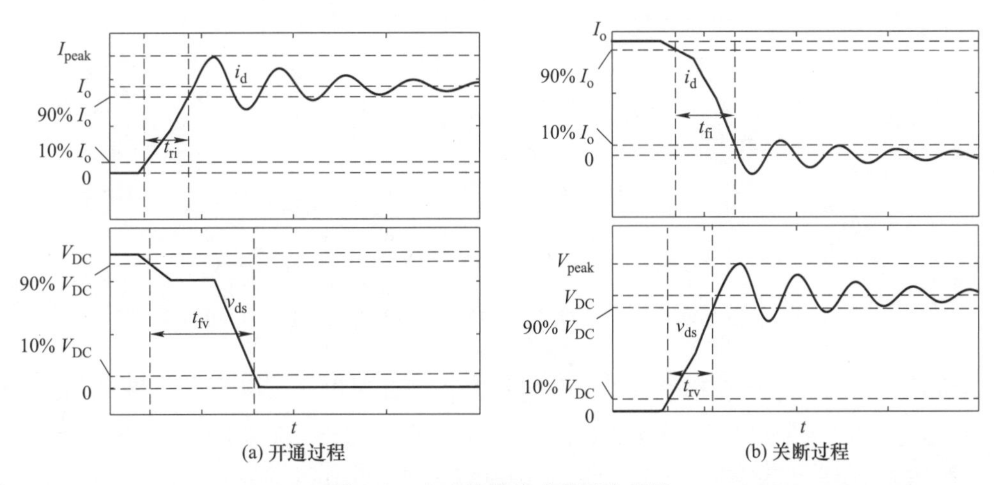

(a) 开通过程　　(b) 关断过程

图 6.3　电磁能量脉冲的形态属性

得益于所设计的实验平台，可从实验上分析系统中主要参数对电磁能量脉冲瞬态行为的影响规律。接下来，针对 $V_{DC}=300V$，$I_o=13.5A$ 的测试工况，通过实验测试分析并总结了不同参数对 SiC MOSFET 开关特性的影响。

6.1.2.1 结电容影响分析

栅极电容 C_{gs} 和 C_{gd} 对 SiC MOSFET 输出电磁能量脉冲的影响如图 6.4 所示，从图中可知，增加 C_{gs} 和 C_{gd} 均会引起电压、电流上升时间的增加，进而带来更高的开关损耗。两者对电磁能量脉冲影响的不同主要在于，增加 C_{gs} 对电流尖峰抑制效果更好，反之，增加 C_{gd} 主要抑制电压 v_{ds} 的尖峰值。

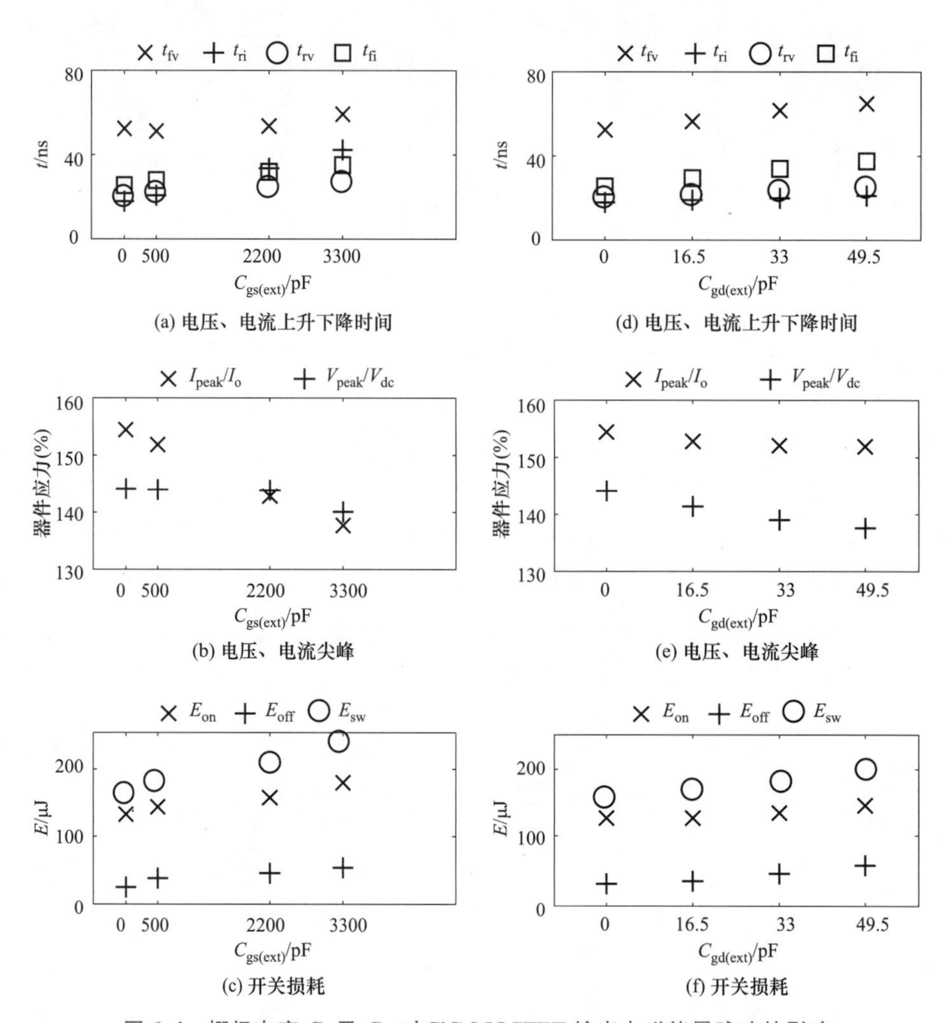

(a) 电压、电流上升下降时间　(d) 电压、电流上升下降时间

(b) 电压、电流尖峰　(e) 电压、电流尖峰

(c) 开关损耗　(f) 开关损耗

图 6.4　栅极电容 C_{gs} 及 C_{gd} 对 SiC MOSFET 输出电磁能量脉冲的影响

C_{ds} 和 C_f 并不直接影响栅极电容的充放电过程，因此对电压、电流上升和下降时间的影响不同于 C_{gs} 和 C_{gd}。如图 6.5a 所示，C_{ds} 主要影响 SiC MOSFET 关断过程中的电压上升时间 t_{rv} 和电流下降时间 t_{fi}。这是因为，一方面对于电流 i_d 而言，在开通过程，电流上升阶段要先于电压下降阶段，因此 C_{ds} 对 i_d 的上升时间影响不大，而在关断过程，电压上升阶段要先于电流下降阶段，C_{ds} 的充电电流会影响 i_d 的下降时间。另一方面，对于电压 v_{ds} 而言，其上升和下降时间受 C_{gd} 和 C_{ds} 共同影响。而 C_{ds} 对 t_{rv} 的影响更大可能与 C_{gd} 及 C_{ds} 随电压 v_{ds} 变化的非线性特性差异有关。同样参与 v_{ds} 上升和下降过程的还有 SiC SBD 的结电容 C_f，如图 6.5d 所

示。而电流 i_d 的上升与下降时间几乎不受 C_f 影响。C_{ds} 和 C_f 对于 SiC MOSFET 电磁能量脉冲影响的相同之处在于，增加 C_{ds} 和 C_f 均有助于抑制电压尖峰，但反之，受开通过程中 C_{ds} 的放电电流及 C_f 的充电电流影响，电流尖峰会随着两者的增加而增加。在对系统性能影响的方面上，C_{ds} 和 C_f 的影响同 C_{gs} 和 C_{gd} 效果趋于一致，这里不再赘述。

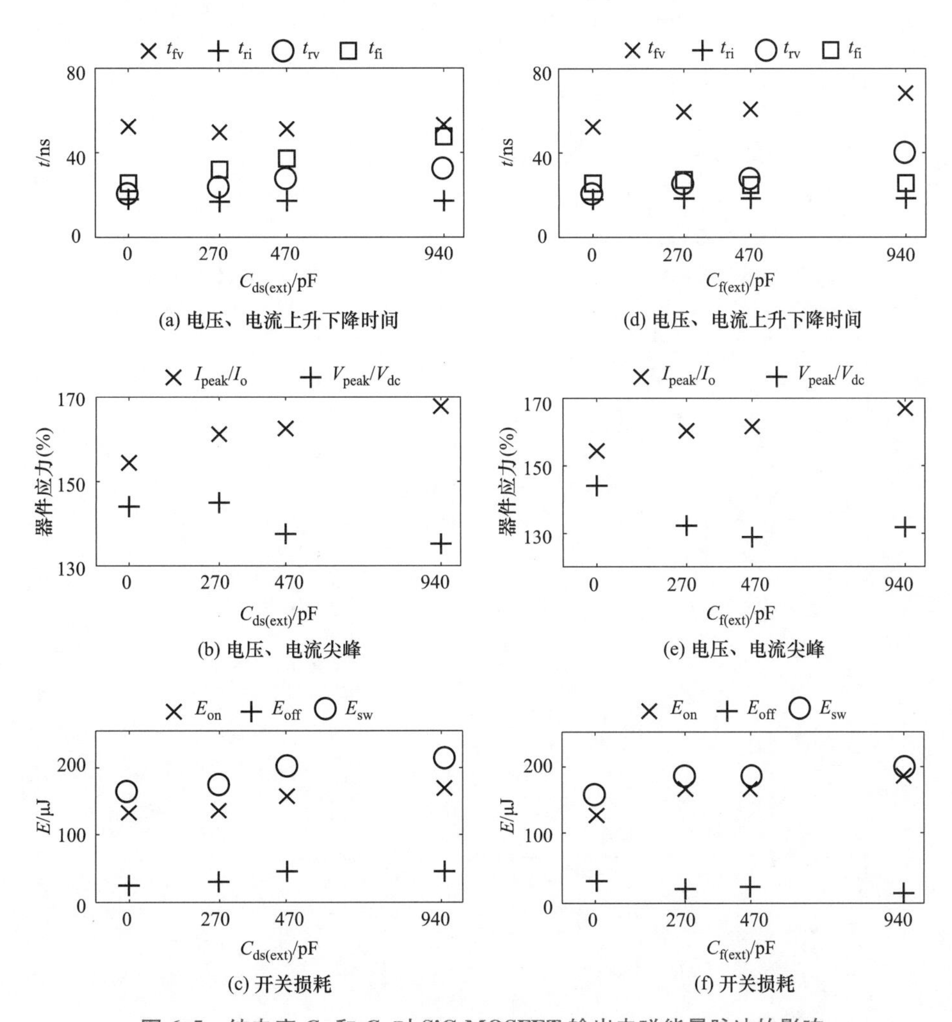

图 6.5　结电容 C_{ds} 和 C_f 对 SiC MOSFET 输出电磁能量脉冲的影响

6.1.2.2　杂散电感影响分析

系统中杂散电感对 SiC MOSFET 输出电磁能量脉冲的影响如图 6.6 和图 6.7 所示。回路杂散电感 L_p 主要影响关断电压尖峰。同时，值得注意的是，增加 L_p 虽然会引起更高的电压尖峰，进而造成更高的关断损耗。但同时由于 $L_p\mathrm{d}i_d/\mathrm{d}t$ 效应，在开通过程中电流 i_d 上升阶段时，电压 v_{ds} 的降落会更多，导致开通损耗会相应下降。当开通损耗在 SiC MOSFET 的开关损耗占主导时，总体的开关损耗会下降，如图 6.6c 所示。共源极杂散电感 L_s 主要影响 SiC MOSFET 的开关过程，电压、电流的上升和下降时间及开关损耗均会随着 L_s 的增加而明显增加。反之，器件应力会下降。栅极杂散电感 L_g 对开关过程的影响在 L_g 取值范围较大时会更加显著，如图 6.7 所示，主要体现为随着 L_g取值的增加，电流尖峰增加，但开通损耗下降。但考虑到实际应用中一般要求驱动板紧靠开关器件，L_g的数量级一般在 10nH 左右。因此，在分析中，一般可以忽略 L_g的影响。

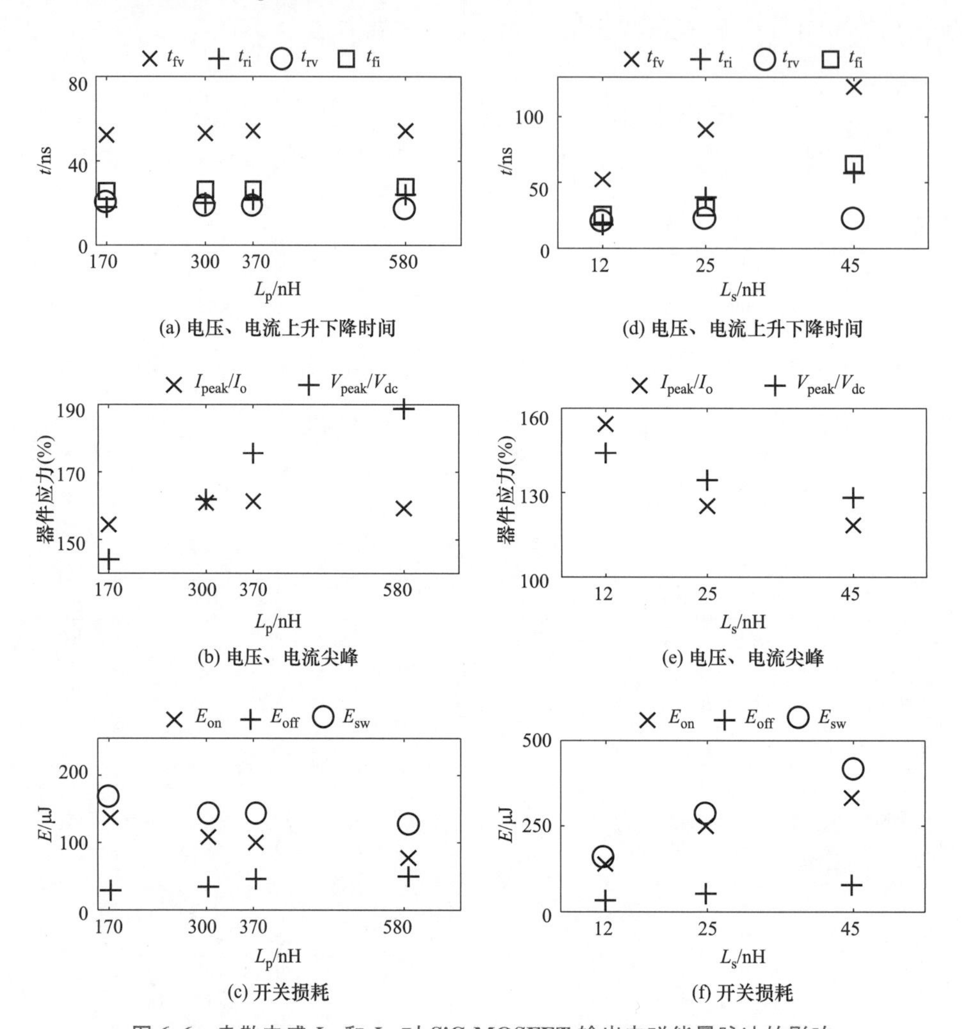

图 6.6　杂散电感 L_p 和 L_s 对 SiC MOSFET 输出电磁能量脉冲的影响

6.1.2.3　驱动电阻影响分析

不同驱动电阻 R_g下的 SiC MOSFET 波形参数如图 6.7d~图 6.7f 所示。驱动电阻的大小影响栅极电容充放电的速度。因此，随着驱动电阻的增加，电压、电流上升和下降时间会增加，相应的开关损耗也随之增加。由于抑制了电压和电流的上升速率，电压和电流尖峰也会随着 R_g的增加得到抑制。

以上基于实验结果的分析：①直观地揭示了系统中不同参数对 SiC MOSFET 输出电磁能量脉冲的影响规律；②另一方面，也为后续的理论分析提供了对多参数、多工况的实验数据支撑。与此同时，实验分析反映出的不足之处在于无法通过实验结果进一步揭示电磁能量脉冲受系统参数影响的物理机制，同时实验结果也会受测量精度的影响，不便于进行定量分

析。因此，需要进一步进行建模仿真方面的同步分析。

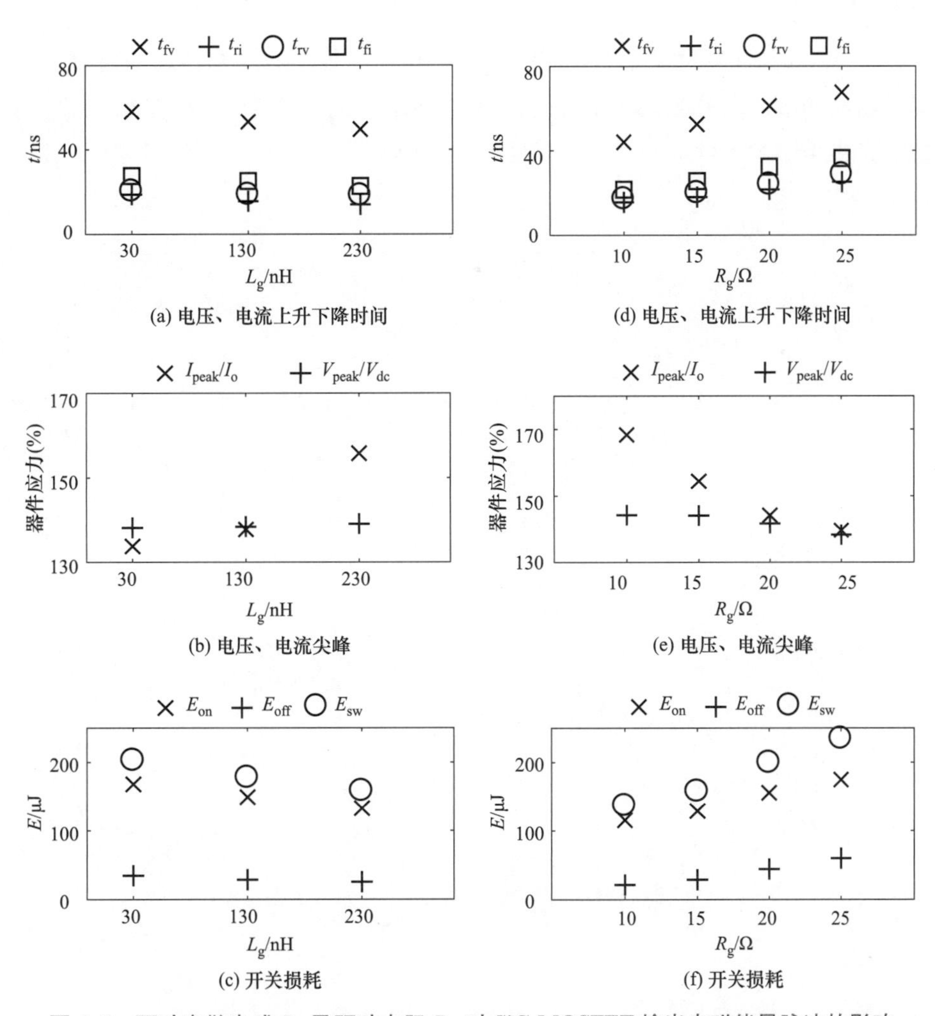

图 6.7　驱动杂散电感 L_g 及驱动电阻 R_g 对 SiC MOSFET 输出电磁能量脉冲的影响

6.2　电磁能量脉冲建模分析

在实验分析的基础上，本节将针对 SiC MOSFET 和 SiC SBD，建立描述其开关过程的分析模型。相较于机理模型和行为模型，分析模型的优点在于：模型简单且模型参数容易获取，同时可反映器件开关过程的物理机制。

如第 3 章所述，分段解析瞬态（PAT）模型可以聚焦开关过程每一阶段的主要特性实施分段解析、机理解耦，从而降低模型的计算量和复杂程度，提高仿真收敛性和计算速度。本节依据分段解析瞬态建模的思想，建立 SiC MOSFET 的分析模型，给出模型参数的提取原则，并重点分析不同工况对模型参数的影响，提升分析模型针对不同器件和工况的适用性和准确性。

6.2.1 脉冲模型参数

SiC MOSFET 双脉冲测试电路的详细电路及工作波形如图 6.8 和图 6.9 所示。基于电路分析，对 SiC MOSFET 开关过程分段描述，建立分析模型。模型包含的参数主要包括电阻、杂散电感、杂散电容及 SiC MOSFET 的转移特性建模。

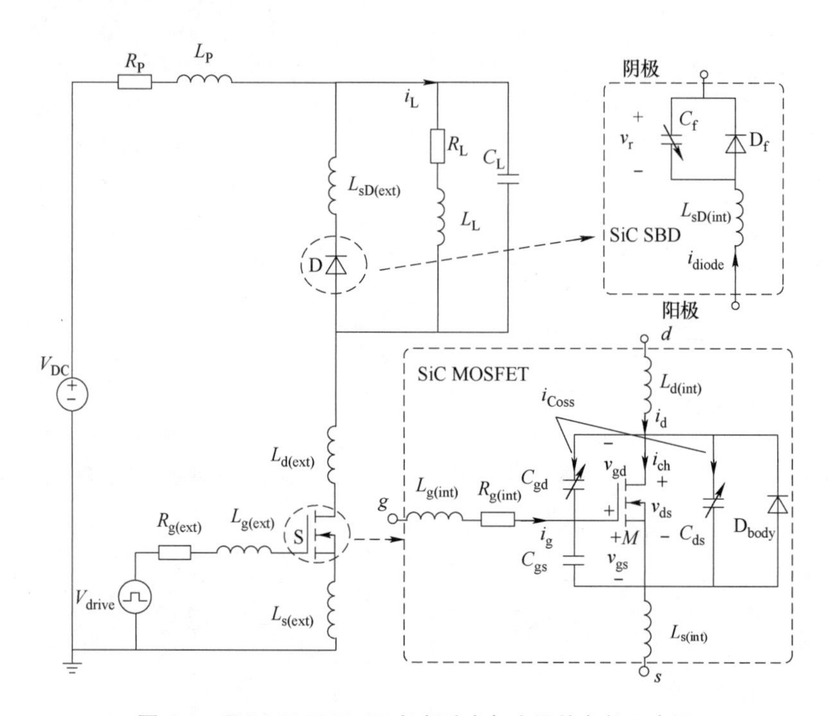

图 6.8　SiC MOSFET 双脉冲测试电路及其参数示意图

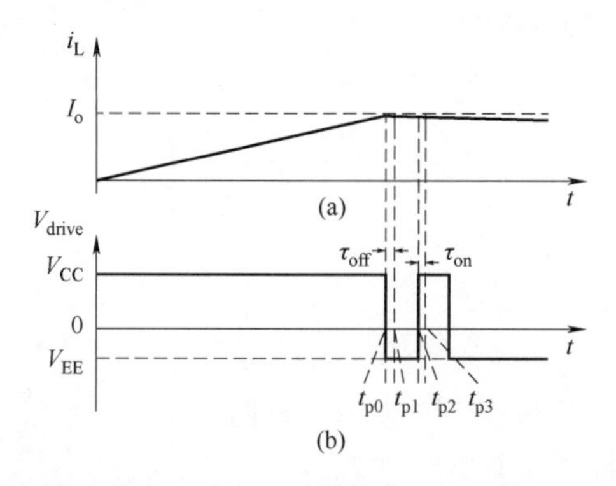

图 6.9　SiC MOSFET 双脉冲测试中的负载电流（a）及驱动信号（b）示意图

6.2.1.1 电阻和杂散电感

模型中的电阻包括驱动电阻 R_g，SiC MOSFET 和 SiC SBD 的导通电阻，分别表示为 $R_{ds(on)}$ 和 $R_{D(on)}$，以及直流母排的杂散电阻 R_p。其中，R_g 包括外部驱动电阻 $R_{g(ext)}$ 和器件内部驱动电阻 $R_{g(int)}$。$R_{ds(on)}$ 和 $R_{D(on)}$ 用于 SiC MOSFET 和 SiC SBD 的输出特性建模。对于 SiC SBD

的输出特性建模，需同时考虑其导通阈值电压 $V_{D(on)}$。R_p决定了 SiC MOSFET 开关过程中电压、电流振荡的衰减系数。

模型中的杂散电感包括直流母排的杂散电感 L_p，SiC MOSFET 栅极、漏极和源极的杂散电感，分别表示为 L_g，L_d和 L_s，以及与 SiC SBD 串联的杂散电感 L_{sD}。其中 L_g，L_d，L_s和 L_{sD}均包括器件内部和外部的杂散电感，如图 6.8 所示。各部分杂散电感在模型中扮演着不同的角色。其中，6.1 节通过实验的方式已经证明 L_g对 SiC MOSFET 电磁能量脉冲的影响可以忽略。对于 SiC SBD，其开关特性主要由结电容和导通电阻 $R_{D(on)}$主导，而 L_{sD}主要由器件内部杂散电感和外部 PCB 导线电感构成，大小一般为 10nH 左右，因此在建模过程中可以忽略 L_g和 L_{sD}，以简化分析。

6.2.1.2　杂散电容

模型中的杂散电容包括 SiC MOSFET 的结电容 C_{gs}，C_{gd}和 C_{ds}，SiC SBD 的结电容 C_f，以及负载电感的并联杂散电容 C_L。其中，C_{gs}和 C_L可以视为常值电容。C_{gd}，C_{ds}和 C_f均为与电容电压有关的非线性电容。这些非线性电容的建模方法对于模型的准确性有重要影响。

对 C_{gd}和 C_{ds}的建模方法一般可分为两类：第一类方法用两个分离的电容值来表征 C_{gd}和 C_{ds}。当 MOSFET 工作在欧姆区时，$C_{gd}=C_{gd2}$，$C_{ds}=C_{ds2}$。当 MOSFET 工作于饱和与截止区时，$C_{gd}=C_{gd1}$，$C_{ds}=C_{ds1}$。而 C_f则简化为一常值电容。这种将结电容线性化的方式简化了建模过程，但模型的精确度较低。第二类方法用非线性公式拟合数据手册中的非线性电容曲线。尽管模型的精度得以提升，但这些非线性公式难以直接应用于模型中。如何有效地解决非线性电容的建模问题，达到模型精度和复杂度之间的折中，仍然是器件建模中的关键问题。

本节在上述两种建模方法的基础上，基于分析模型分段处理的特点，对非线性结电容的建模也采取分段建模的方法。首先，采取统一的非线性式（6-1）对 C_{gd}，C_{ds}和 C_f进行拟合。其中，C_0和 C_1可以直接由数据手册中的电容曲线提取得到，而 V_b和 r 可根据电容曲线拟合得到。对于 C_{gd}和 C_{ds}，变量 r 为 SiC MOSFET 漏源极电压 v_{ds}。对于 C_f，变量 r 为 SiC SBD 反向电压 v_r。

$$C=\frac{C_0}{(1+v/V_b)^r}+C_1 \tag{6-1}$$

接着，分别用三个分离的电容值表征开关过程不同阶段的非线性电容，见表 6.1。当 SiC MOSFET 工作在欧姆区和截止区时，电容取值可由数据手册直接提取得到。即 $C_{gdH}(C_{dsH})$ 是数据手册中 $v_{ds}=0$ 时的电容值，而 $C_{gdL}(C_{dsL})$ 是数据手册中 $v_{ds}=V_{DC}$时的电容值。同样，C_{fL}和 C_{fH}分别是 SiC SBD 数据手册中 $v_r=V_{DC}$和 $v_r=0$ 时的电容值。在饱和区时，采用非线性电容在该区间的平均值来表征。当 $V_1<v<V_2$时，假设 v 线性变化，则式（6-1）的平均值可表示为

$$C_{(av)}=\begin{cases}\dfrac{C_0V_b}{(1-r)(V_1-V_2)}\left[\left(1+\dfrac{V_1}{V_b}\right)^{1-r}-\left(1+\dfrac{V_2}{V_b}\right)^{1-r}\right]+C_1, r\neq 1\\[2ex] \dfrac{C_0V_b}{(V_1-V_2)}\ln\dfrac{V_1}{V_2}+C_1, r=1\end{cases} \tag{6-2}$$

表 6.1 非线性电容建模说明

工作条件	$v_{gs}>V_{th}$，$v_{ds}\leqslant v_{gs}-V_{th}$	$v_{gs}>V_{th}$，$v_{ds}>v_{gs}-V_{th}$	$v_{gs}<V_{th}$
工作区间	欧姆区	饱和区	截止区
C_{gd}	C_{gdH}	$C_{gd(av)}$	C_{gdL}
C_{ds}	C_{dsH}	$C_{ds(av)}$	C_{dsL}
C_f	C_{fL}	$C_{f(av)}$	C_{fH}

与传统的两种建模方法相比，上述建模方法在对电容进行线性化处理的同时，给出了不同电容值的取值方法。其中，在饱和区，通过对电容的非线性公式求平均的方法来表征该阶段的电容值。并且为了进一步提高建模精度，饱和区也可以继续划分为几个子阶段，每个子阶段同样可以根据（6-2）式计算平均电容。因此，所提方法是一种适用于分段模型的多值化建模方法。同时，采用统一的非线性公式拟合不同的结电容 C_{gd}，C_{ds}和 C_f，也简化了建模过程。

6.2.1.3 SiC MOSFET 转移特性

SiC MOSFET 的转移特性可以描述为

$$\begin{cases}i_{ch}=0,\text{when } v_{gs}<V_{th0}\\ i_{ch}=k_{fs}(v_{gs}-V_{th0})^2,v_{gs}\geqslant V_{th0}\end{cases}\tag{6-3}$$

然而当 $v_{gs}\geqslant V_{th0}$时，i_{ch}与 v_{gs}呈非线性关系。为简化分析，对其进行线性化，表示为

$$\begin{cases}i_{ch}=0,\text{when } v_{gs}<V_{th}\\ i_{ch}=g_{fs}(v_{gs}-V_{th}),v_{gs}\geqslant V_{th}\end{cases}\tag{6-4}$$

其中参数 g_{fs}和 V_{th}在模型中通常视为常数，其取值可以通过数据手册提取或者对公式（6-3）进行线性化拟合得到。值得注意的是，对式（6-3）进行线性化拟合时，参数 g_{fs}和 V_{th}的拟合结果将受到 i_{ch}取值范围的影响。也即参数 g_{fs}和 V_{th}应该是负载电流 I_o的函数，然而这一点在文献中往往被忽视。

参数 g_{fs}和 V_{th}的取值对模型精度有重要影响。本章采用最小二乘拟合法来提取参数 g_{fs}和 V_{th}。其中 i_{ch}的变化范围是 $0\sim I_o$。拟合结果为关于负载电流 I_o的显性表达式，如式（6-5）所示。

$$\begin{cases}g_{fs}=\dfrac{\sqrt{6}+2}{\sqrt{6}+1}\sqrt{k_{fs}I_o}\\ V_{th}=\dfrac{\sqrt{I_o/k_{fs}}}{\sqrt{6}+1}+V_{th0}\end{cases}\tag{6-5}$$

6.2.2 脉冲分段解析

对 SiC MOSFET 的开通和关断过程进行分段处理，如图 6.10 所示。对每个阶段的物理过程进行分析，可逐段得到 SiC MOSFET 开关波形的表达式。通过分段线性化假设，即假设

在每个阶段电压 v_{ds} 和电流 i_d 均线性变化，简化物理过程分析，使整个模型可解析求解。

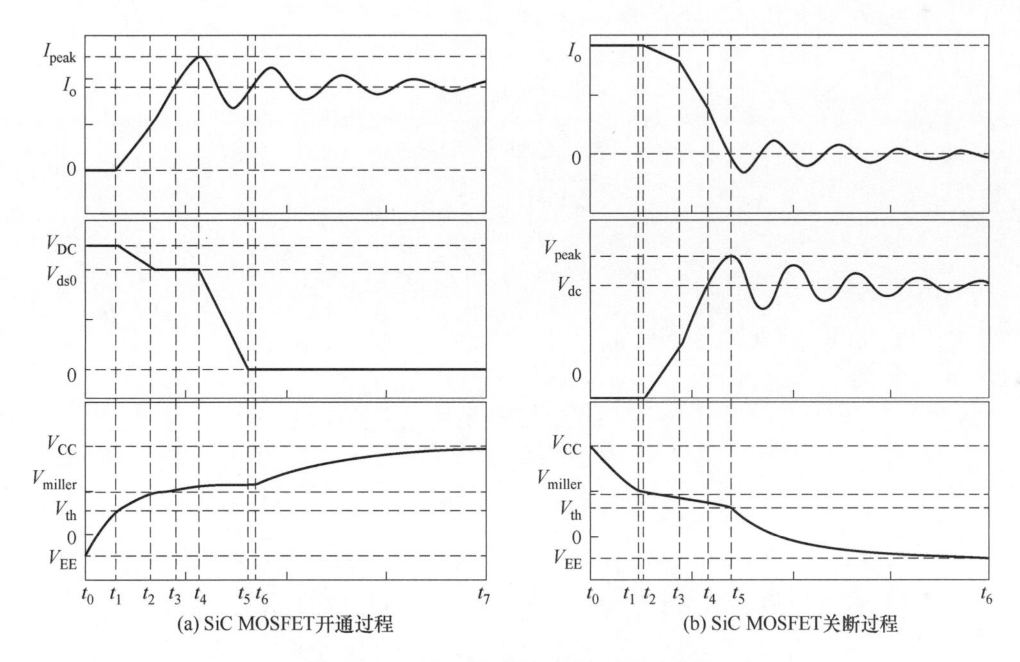

图 6.10　SiC MOSFET 开关过程示意图

6.2.2.1　开通过程解析

1. 阶段 1（t_0~t_1）

该阶段为开通延迟阶段。栅源极电压 v_{gs} 从驱动负电平 V_{EE} 指数上升至阈值电压 V_{th}，SiC MOSFET 仍处于截止区。因此 v_{ds}，i_d 和 v_{gs} 的表达式为

$$\begin{cases} v_{ds}=V_{DC}+V_{FD} \\ i_d=0, t_0<t\leqslant t_1 \\ v_{gs}=V_{CC}+(V_{EE}-V_{CC})\mathrm{e}^{-(t-t_0)/\tau_{on1}} \end{cases} \tag{6-6}$$

式中，V_{FD} 是 SiC SBD 的导通压降，可表示为 $V_{D(on)}+I_oR_{D(on)}$；τ_{on1} 为该阶段驱动回路的时间常数，$\tau_{on1}=R_g(C_{gs}+C_{gdL})$。

开通延迟时间 t_{don} 分别为

$$t_{don}=\tau_{on1}\ln\frac{V_{CC}-V_{EE}}{V_{CC}-V_{th}} \tag{6-7}$$

2. 阶段 2（t_1~t_3）

该阶段为电流上升阶段。SiC MOSFET 开始导通，电流 i_d 从 0 上升至负载电流 I_o。由于换流回路中杂散电感的影响，电压 v_{ds} 从 $V_{DC}+V_{FD}$ 下降至 V_{ds0}。考虑到实际开关过程中，$\mathrm{d}i_d/\mathrm{d}t$ 的变化率及电容 C_{ds} 的放电过程，电压 v_{ds} 下降至 V_{ds0} 的时刻将滞后于 t_1。对这一时刻精确估计需要考虑 i_d 的实际变化曲线及 C_{ds} 的非线性。为简化分析，假定当电流 i_d 上升至 $I_o/2$ 时，v_{ds} 下降至 V_{ds0}。因此该阶段可进一步细分为两个子阶段。

子阶段 1（$t_1 \sim t_2$）：在该阶段，i_d从 0 上升至 $I_o/2$，v_{ds}从 $V_{DC}+V_{FD}$下降至 V_{ds0}，驱动电压 v_{gs}从 V_{th}上升至 V_{gs1}。相应的表达式为

$$\begin{cases} v_{ds}=V_{DC}+V_{FD}-V_{drop}\dfrac{t-t_1}{t_2-t_1} \\ i_d=\dfrac{I_o}{2}\dfrac{t-t_1}{t_2-t_1}, t_1<t\leqslant t_2 \\ v_{gs}=V_{th}+(V_{gs1}-V_{th})\dfrac{t-t_1}{t_2-t_1} \end{cases} \tag{6-8}$$

其中，V_{drop}和 V_{gs1}的表达式分别为

$$V_{drop}=V_{DC}+V_{FD}-V_{ds0}=L_{stray}\frac{I_o}{2(t_2-t_1)} \tag{6-9}$$

$$V_{gs1}=\frac{I_o}{2g_{fs}}+V_{th} \tag{6-10}$$

其中，$L_{stray}=L_p+L_d+L_s$。

该阶段的时间可以通过平均栅极电流求解。平均栅极电流的一般化表达式为

$$i_{g(av)}=\frac{V_{drive}-V_{gs(av)}-L_s di_d/dt}{R_g} \tag{6-11}$$

$$i_{g(av)}=(C_{gs}+C_{gd})\frac{dv_{gs}}{dt}-C_{gd}\frac{dv_{ds}}{dt} \tag{6-12}$$

根据式（6-8），式（6-11）和式（6-12），可得该阶段的时间

$$t_2-t_1=\frac{-B_0+\sqrt{B_0^2-4A_0C_0}}{2A_0} \tag{6-13}$$

其中，A_0，B_0和 C_0的表达式为

$$\begin{cases} A_0=g_{fs}(V_{CC}-V_{th})-I_o/4 \\ B_0=-[g_{fs}L_s+R_g(C_{gs}+C_{gdl})]I_o/2 \\ C_0=-g_{fs}R_gC_{gdl}L_{stray}I_o/2 \end{cases} \tag{6-14}$$

子阶段 2（$t_2 \sim t_3$）：在该阶段，电流 i_d从 $I_o/2$ 上升至 I_o，驱动电压 v_{gs}相应地从 V_{gs1}上升至 V_{miller}，电压 v_{ds}保持 V_{ds0}不变。相应的表达式如下：

$$\begin{cases} v_{ds}=V_{ds0} \\ i_d=\dfrac{I_o}{2}+\dfrac{I_o}{2}\dfrac{t-t_2}{t_3-t_2}, t_2<t\leqslant t_3 \\ v_{gs}=V_{gs1}+(V_{miller}-V_{gs1})\dfrac{t-t_2}{t_3-t_2} \end{cases} \tag{6-15}$$

根据式（6-11）和式（6-12），可得该阶段时间为

$$t_3-t_2=\frac{R_g(C_{gs}+C_{gall})(V_{miller}-V_{gs1})+L_sI_o/2}{V_{CC}-V_{gs1}/2-V_{miller}/2} \tag{6-16}$$

其中，米勒电平 $V_{miller}=I_o/g_{fs}+V_{th}$。

3. 阶段 3（$t_3\sim t_4$）

该阶段为电流超调阶段。当 i_d 上升至 I_o 时，SiC SBD 开始关断，由于 C_f 的充电电流，电流 i_d 会从 I_o 上升至峰值电流 I_{peak}。同时，驱动电压 v_{gs} 从 V_{miller} 升至 V_{gs_peak}。电压 v_{ds} 可以认为仍然保持 V_{ds0} 不变。即有

$$\begin{cases}v_{ds}=V_{ds0}\\ i_d=I_o+I_{os}\sin\dfrac{\pi(t-t_3)}{2(t_4-t_3)},t_3<t\leqslant t_4\\ v_{gs}=V_{miller}+(V_{gs\_peak}-V_{miller})\dfrac{t-t_3}{t_4-t_3}\end{cases}\tag{6-17}$$

其中，I_{os} 和 V_{gs_peak} 的表达式为

$$I_{os}=I_{peak}-I_o=\frac{2dQ}{t_4-t_3}\tag{6-18}$$

$$V_{gs\_peak}=\frac{I_{peak}}{g_{fs}}+V_{th}\tag{6-19}$$

其中，dQ 是该阶段在 C_f 和 C_L 上积累的电荷，可以表示为 $dQ=(C_f(V_{drop})+C_L)V_{drop}$。注意这里 $C_f(V_{drop})$ 是 $v_r=V_{drop}$ 时的 C_f 值，可由式（6-1）计算得到。接下来可根据平均栅极电流计算该阶段的时间为

$$t_4-t_3=\frac{-B_1+\sqrt{B_1^2-4A_1C_1}}{2A_1}\tag{6-20}$$

其中，A_1，B_1 和 C_1 为

$$\begin{cases}A_1=g_{fs}(V_{CC}-V_{miller})\\ B_1=-dQ\\ C_1=-2dQ[R_g(C_{gs}+C_{gdL})+g_{fs}L_s]\end{cases}\tag{6-21}$$

4. 阶段 4（$t_4\sim t_5$）

该阶段为电压下降阶段 1。电压 v_{ds} 从 V_{ds0} 下降至 $V_{miller}-V_{th}$。而电流 i_d 则进入振荡阶段。驱动电压 v_{gs} 从 V_{gs_peak} 变化至 V_{gs2}，于是有

$$\begin{cases}v_{ds}=V_{ds0}-(V_{ds0}-V_{miller}+V_{th})\dfrac{t-t_4}{t_5-t_4}\\ i_d=I_o+I_{os}e^{-\alpha_{on}(t-t_4)}\cos[\omega_{on}(t-t_4)],t_4<t\leqslant t_5\\ v_{gs}=V_{gs\_peak}+(V_{gs2}-V_{gs\_peak})\dfrac{t-t_4}{t_5-t_4}\end{cases}\tag{6-22}$$

其中，$\alpha_{on}=(R_p+R_{ds(on)})/2/L_{stray}$，$\omega_{on}=1/\sqrt{L_{stray}(C_{fL}+C_L)}$。$V_{gs2}$ 的表达式为

$$V_{gs2}=\frac{I_o+C_{eq1}\Delta V_{ds1}/(t_5-t_4)}{g_{fs}}+V_{th}\tag{6-23}$$

式中，ΔV_{ds1}是电压的变化量，即 $\Delta V_{ds1}=V_{ds0}-V_{miller}+V_{th}$；$C_{eq1}=C_{gd(av1)}+C_{ds(av1)}+C_{f(av1)}+C_{L}$，其中，$C_{gd(av1)}$，$C_{ds(av1)}$和 $C_{f(av1)}$分别是 C_{gd}，C_{ds}和 C_{f}在该阶段的平均值，可根据式（6-2）计算得到。

根据平均栅极电流，计算得到该阶段的时间为

$$t_5-t_4=\frac{-B_2+\sqrt{B_2^2-4A_2C_2}}{2A_2} \tag{6-24}$$

其中，A_2，B_2和 C_2为

$$\begin{cases}A_2=g_{fs}(V_{CC}-V_{miller}/2-V_{gs\_peak}/2)\\B_2=-C_{eq1}\Delta V_{ds1}/2-g_{fs}R_gC_{gd(av1)}\Delta V_{ds1}-g_{fs}R_g(C_{gs}+C_{gd(av1)})(V_{miller}-V_{gs\_peak})\\C_2=-R_g(C_{gs}+C_{gd(av1)})C_{eq1}\Delta V_{ds1}\end{cases} \tag{6-25}$$

5. 阶段 5（t_5~t_6）

该阶段为电压下降阶段 2。电压 v_{ds}从 $V_{miller}-V_{th}$下降至 $V_{ds(on)}$。在该阶段，驱动电压可以假定保持 V_{gs2}不变，电流 i_d仍处于振荡阶段。于是有

$$\begin{cases}v_{ds}=V_{miller}-V_{th}-(V_{miller}-V_{th}-V_{ds(on)})\dfrac{t-t_5}{t_6-t_5}\\i_d=I_o+I_{os}e^{-\alpha_{on}(t-t_4)}\cos[\omega_{on}(t-t_4)],t_5<t\leqslant t_6\\v_{gs}=V_{gs2}\end{cases} \tag{6-26}$$

其中，$V_{ds(on)}=I_oR_{ds(on)}$。根据平均栅极电流式（6-11）和式（6-12），可得到该阶段时间为

$$t_6-t_5=\frac{R_gC_{gdH}(V_{miller}-V_{th}-I_oR_{ds(on)})}{V_{CC}-V_{gs2}} \tag{6-27}$$

6. 阶段 6（t_6~t_7）

该阶段为开通过程末尾阶段。电压 v_{ds}保持 $V_{ds(on)}$不变，电流 i_d继续处于振荡阶段，驱动电压 v_{gs}指数上升至 V_{CC}。于是有

$$\begin{cases}v_{ds}=V_{ds(on)}\\i_d=I_o+I_{os}e^{-\alpha_{on}(t-t_4)}\cos[\omega_{on}(t-t_4)],t_6<t\leqslant t_7\\v_{gs}=V_{CC}+(V_{gs2}-V_{CC})e^{-(t-t_5)/\tau_{on2}}\end{cases} \tag{6-28}$$

其中，$\tau_{on2}=R_g(C_{gs}+C_{gdH})$。该阶段的时间可通过估计 v_{gs}上升至 V_{CC}的时间得到，有

$$t_7-t_6\approx 2R_g(C_{gs}+C_{gdH}) \tag{6-29}$$

6.2.2.2 关断过程解析

1. 阶段 1（t_0~t_1）

该阶段是关断延迟阶段。驱动电压 v_{gs}从 V_{CC}指数下降至 V_{miller}，SiC MOSFET 仍保持导通状态，于是有

$$\begin{cases}v_{ds}=V_{ds(on)}\\i_d=I_o,t_0<t\leqslant t_1\\v_{gs}=V_{EE}+(V_{CC}-V_{EE})e^{-(t-t_0)/\tau_{off1}}\end{cases} \tag{6-30}$$

其中，$\tau_{\text{off1}}=R_{\text{g}}(C_{\text{gs}}+C_{\text{gdH}})$。关断延迟时间为

$$t_{\text{doff}}=\tau_{\text{off1}}\ln\frac{V_{\text{CC}}-V_{\text{EE}}}{V_{\text{miller}}-V_{\text{EE}}} \tag{6-31}$$

2. 阶段 2（t_1~t_2）

该阶段为电压上升阶段 1。电压 v_{ds} 从 $V_{\text{ds(on)}}$ 上升至 $V_{\text{miller}}-V_{\text{th}}$。电流 i_{d} 仍然保持 I_{o} 不变。驱动电压维持在米勒电平。于是有

$$\begin{cases} v_{\text{ds}}=V_{\text{ds(on)}}+(V_{\text{miller}}-V_{\text{th}}-V_{\text{ds(on)}})\dfrac{t-t_1}{t_2-t_1} \\ i_{\text{d}}=I_{\text{o}},t_1<t\leqslant t_2 \\ v_{\text{gs}}=V_{\text{miller}} \end{cases} \tag{6-32}$$

该阶段时间同样可根据平均栅极电流计算，表达式为

$$t_2-t_1=R_{\text{g}}C_{\text{gdH}}\frac{V_{\text{miller}}-V_{\text{th}}-I_{\text{o}}R_{\text{ds(on)}}}{V_{\text{miller}}-V_{\text{EE}}} \tag{6-33}$$

3. 阶段 3（t_2~t_4）

该阶段为电压上升阶段 2。电压 v_{ds} 从 $V_{\text{miller}}-V_{\text{th}}$ 上升至 V_{DC}。电流 i_{d} 和驱动电压 v_{gs} 开始下降。考虑到非线性结电容的影响，该阶段可以继续划分为多个子阶段，以提升模型精度。这里，以两个子阶段为例分析。

子阶段 1（t_2~t_3）：在该阶段，电压 v_{ds} 从 $V_{\text{miller}}-V_{\text{th}}$ 上升至 $V_{\text{DC}}/2$。电压 v_{ds}，电流 i_{d} 和驱动电压 v_{gs} 的表达式为

$$\begin{cases} v_{\text{ds}}=V_{\text{miller}}-V_{\text{th}}+\left(\dfrac{V_{\text{DC}}}{2}-V_{\text{miller}}+V_{\text{th}}\right)\dfrac{t-t_2}{t_3-t_2} \\ i_{\text{d}}=I_{\text{o}}+(I_{\text{d1}}-I_{\text{o}})\dfrac{t-t_2}{t_3-t_2},t_2<t\leqslant t_3 \\ v_{\text{gs}}=V_{\text{miller}}+(V_{\text{miller1}}-V_{\text{miller}})\dfrac{t-t_2}{t_3-t_2} \end{cases} \tag{6-34}$$

其中，I_{d1} 和 V_{miller1} 的表达式分别为

$$I_{\text{d1}}=I_{\text{o}}-(C_{\text{f(av2)}}+C_{\text{L}})\frac{\Delta V_{\text{ds2}}}{t_3-t_2} \tag{6-35}$$

$$V_{\text{miller1}}=\frac{1}{g_{\text{fs}}}\left(I_{\text{o}}-C_{\text{eq2}}\frac{\Delta V_{\text{ds2}}}{t_3-t_2}\right)+V_{\text{th}} \tag{6-36}$$

其中，$C_{\text{eq2}}=C_{\text{gd(av2)}}+C_{\text{ds(av2)}}+C_{\text{f(av2)}}+C_{\text{L}}$，而 $C_{\text{gd(av2)}}$，$C_{\text{ds(av2)}}$，$C_{\text{f(av2)}}$ 分别为该阶段 C_{gd}，C_{ds} 和 C_{f} 的平均值，可根据式（6-2）计算得到。ΔV_{ds2} 为该阶段电压上升值，即 $\Delta V_{\text{ds2}}=V_{\text{DC}}/2-V_{\text{miller}}+V_{\text{th}}$。根据平均栅极电流，计算该阶段的时间为

$$t_3-t_2=\frac{-B_3+\sqrt{B_3^2-4A_3C_3}}{2A_3} \tag{6-37}$$

其中，A_3，B_3 和 C_3 为

$$\begin{cases}A_3=g_{fs}(V_{miller}-V_{EE})\\B_3=-(C_{eq2}/2+g_{fs}R_gC_{gd(av2)})\Delta V_{ds2}\\C_3=-R_g(C_{gs}+C_{gd(av2)})C_{eq2}\Delta V_{ds2}-g_{fs}L_s(C_{f(av2)}+C_L)\Delta V_{ds2}\end{cases}\tag{6-38}$$

子阶段 2（$t_3\sim t_4$）：在该阶段，电压 v_{ds} 从 $V_{DC}/2$ 上升至 V_{DC}。电流 i_d 和驱动电压 v_{gs} 继续下降。有表达式

$$\begin{cases}v_{ds}=\dfrac{V_{DC}}{2}+\dfrac{V_{DC}}{2}\dfrac{t-t_3}{t_4-t_3}\\i_d=I_{d1}+(I_{d2}-I_{d1})\dfrac{t-t_3}{t_4-t_3},t_3<t\leqslant t_4\\v_{gs}=V_{miller1}+(V_{miller2}-V_{miller11})\dfrac{t-t_3}{t_4-t_3}\end{cases}\tag{6-39}$$

其中，I_{d2} 和 $V_{miller2}$ 的表达式分别为

$$I_{d2}=I_o-(C_{f(av3)}+C_L)\frac{\Delta V_{ds3}}{t_4-t_3}\tag{6-40}$$

$$V_{miller2}=\frac{1}{g_{fs}}\left(I_o-C_{eq3}\frac{\Delta V_{ds3}}{t_4-t_3}\right)+V_{th}\tag{6-41}$$

与上一子阶段类似，式（6-40）和式（6-41）中，$\Delta V_{ds3}=V_{DC}/2$，$C_{eq3}=C_{gd(av3)}+C_{ds(av3)}+C_{f(av3)}+C_L$，而 $C_{gd(av3)}$，$C_{ds(av3)}$，$C_{f(av3)}$ 分别为 C_{gd}，C_{ds} 和 C_f 在子阶段 2 的平均值。同样可计算得到该阶段时间为

$$t_4-t_3=\frac{-B_4+\sqrt{B_4^2-4A_4C_4}}{2A_4}\tag{6-42}$$

其中，A_4，B_4 和 C_4 为

$$\begin{cases}A_4=g_{fs}(V_{miller}-V_{EE})-\Delta I_{ch1}/2\\B_4=-(C_{eq3}/2+g_{fs}R_gC_{gd(av3)})\Delta V_{ds3}+R_g(C_{gs}+C_{gd(av3)})\Delta I_{ch1}+g_{fs}L_s\Delta I_{d1}\\C_4=-R_g(C_{gs}+C_{gd(av3)})C_{eq3}\Delta V_{ds3}-g_{fs}L_s(C_{f(av3)}+C_L)\Delta V_{ds3}\end{cases}\tag{6-43}$$

式中，ΔI_{d1} 和 ΔI_{ch1} 分别为上一子阶段中漏极电流 i_d 和沟道电流 i_{ch} 的变化量，表达式分别为 $\Delta I_{d1}=I_o-I_{d1}$，$\Delta I_{ch1}=C_{eq2}\Delta V_{ds2}/(t_3-t_2)$。

值得说明的是，以上分析可以扩展至 3 及以上个子阶段，以进一步提升模型精度。

4. 阶段 4（$t_4\sim t_5$）

该阶段为电流下降阶段。电流 i_d 在该阶段下降至 0，同时电压 v_{ds} 上升至峰值电压 V_{peak}，驱动电压 v_{gs} 下降至 V_{th}。于是有

$$\begin{cases}v_{ds}=V_{DC}+V_{os}\sin\dfrac{\pi(t-t_4)}{2(t_5-t_4)}\\i_d=I_{d2}-I_{d2}\dfrac{t-t_4}{t_5-t_4},t_4<t\leqslant t_5\\v_{gs}=V_{miller2}+(V_{th}-V_{miller2})\dfrac{t-t_4}{t_5-t_4}\end{cases}\tag{6-44}$$

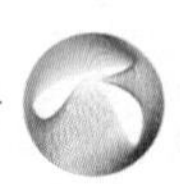

其中，$V_{os}=V_{peak}-V_{DC}=L_{stray}I_{d2}/(t_5-t_4)$。根据栅极平均电流，可计算该阶段时间为

$$t_5-t_4=\frac{I_{d2}L_s+R_g(C_{gs}+C_{gd})(V_{miller2}-V_{th})}{0.5V_{miller2}+0.5V_{th}-V_{EE}} \tag{6-45}$$

5. 阶段5（$t_5\sim t_6$）

该阶段为电压、电流振荡阶段。与此同时，驱动电压 v_{gs} 指数下降至 V_{EE}。该阶段开关波形的表达式如（6-46）所示。其中，$\alpha_{off}=(R_p+R_{D(on)})/2/L_{stray}$，$\omega_{off}=1/\sqrt{L_{stray}(C_{gdL}+C_{dsL})}$，$\tau_{off2}=R_g(C_{gs}+C_{gdL})$。

$$\begin{cases}v_{ds}=V_{DC}+V_{os}e^{-\alpha_{dff}(t-t_5)}\cos[\omega_{off}(t-t_5)]\\ i_d=-(C_{gdL}+C_{dsL})V_{os}e^{-\alpha_{off}(t-t_5)}\{\alpha_{off}\cos[\omega_{off}(t-t_5)]+\omega_{off}\sin[\omega_{off}(t-t_5)]\},t_5<t\leqslant t_6\\ v_{gs}=V_{EE}+(V_{th}-V_{EE})e^{-\frac{t-t_5}{\tau_{off}}}\end{cases} \tag{6-46}$$

该阶段时间可以按下式估计

$$t_6-t_5\approx 2R_g(C_{gs}+C_{gd}) \tag{6-47}$$

6.2.2.3　小电流工况解析

在关断过程中，当负载电流 I_o 较低时，漏电流 i_d 会在关断过程的阶段3就降至0以下，导致开关轨迹不连续，甚至产生负开关损耗。因此，对于低负载电流情况，需对关断过程进行修正。

当 i_d 在关断阶段3的某一子阶段降至0时，该子阶段及其后的子阶段都将修正为小电流的特殊阶段。在该特殊阶段，为简化分析，假设 i_d 最终将至0，v_{ds} 升至 V_{dc}。于是有该阶段开关波形表达式为

$$\begin{cases}v_{ds}=V_{ds(st)}+(V_{DC}-V_{ds(st)})\dfrac{t-t_{st}}{t_4-t_{st}}\\ i_d=I_{d(st)}-I_{d(st)}\dfrac{t-t_{st}}{t_4-t_{st}},t_{st}<t\leqslant t_4\\ v_{gs}=V_{gs(st)}+(V_{th}-V_{gs(st)})\dfrac{t-t_{st}}{t_4-t_{st}}\end{cases} \tag{6-48}$$

式中，t_{st} 为该特殊阶段的起始时刻。

同样以两个子阶段为例，当 i_d 在子阶段3.1小于0时，则 $t_{st}=t_2$，而若 $i_d<0$ 发生在子阶段3.2，则 $t_{st}=t_3$，$V_{ds(st)}$，$I_{d(st)}$ 及 $V_{gs(st)}$ 分别为 t_{st} 时刻的 v_{ds}，i_d 及 v_{gs} 取值。该阶段的时间为

$$t_4-t_{st}=\frac{I_{d(st)}L_s+R_gC_{gs}(V_{miller}-V_{th})+R_gC_{gd(av4)}(V_{dc}-V_{ds(st)})}{0.5V_{miller}+0.5V_{th}-V_{EE}} \tag{6-49}$$

式中，$C_{gd(av4)}$ 是 v_{ds} 在 $V_{ds(st)}$ 和 V_{dc} 之间的平均电容值。

在该阶段后，由于 i_d 已降至0，所以电流下降阶段省略，即 $t_5=t_4$。至于之后的振荡阶段，电压 v_{ds} 和电流 i_d 的表达式需相应做出修正，修正后的表达式为

$$
\begin{cases}
v_{ds}=V_{DC}+V'_{os}e^{-\alpha_{dft}(t-t_5)}\sin[\omega_{off}(t-t_5)] \\
i_d=-(C_{gdL}+C_{dsL})V'_{os}e^{-\alpha_{off}(t-t_5)}\begin{Bmatrix}\alpha_{off}\sin[\omega_{off}(t-t_5)] \\ -\omega_{off}\cos[\omega_{off}(t-t_5)]\end{Bmatrix}
\end{cases},t_5<t\leqslant t_6 \text{ 且 } t_4=t_5 \tag{6-50}
$$

其中，$V'_{os}=L_{stray}I_{d(st)}/(t_4-t_{st})$。

6.2.3 模型实验验证

6.2.3.1 参数提取

根据6.1.1节中介绍的实验平台，提取的主要模型参数如表6.2所示。

表6.2 根据实验装置提取的主要模型参数

模块	参数	数值	参数	数值
主电路	L_{stray}/nH	180	C_L/pF	80
	L_s/nH	12	L_{load}/μH	1000
	R_p/Ω	5		
驱动	V_{CC}/V	20	V_{EE}/V	-5
SiC MOSFET (CMF 20120D)	C_{gdL}/pF	13	C_{gs}/pF	1902
	C_{gdH}/pF	1143	$R_{ds(on)}$/Ω	0.08
	C_{dsL}/pF	107	k_{fs}/(A/V^2)	0.77
	C_{dsH}/pF	1463	V_{th0}/V	4.44
SiC SBD (C4D 30120D)	C_{fL}/pF	100	$V_{D(on)}$/V	0.7
	C_{fH}/pF	2400	$R_{D(on)}$/Ω	0.0225

在模型参数提取方面，驱动电阻R_g中$R_{g(ext)}$为驱动板上所用驱动电阻，$R_{g(int)}$可由器件数据手册得到。同样可从器件手册提取的参数为$R_{ds(on)}$，$R_{D(on)}$和$V_{D(on)}$。

参数R_p，L_p，L_d和L_s可通过对实验装置的PCB进行有限元分析或部分元等效电路分析得到，也可以通过实验波形进行提取。其中，有限元分析或部分元等效电路分析需要得到实验装置组件和PCB的具体结构参数，且需要较长的计算时间。而实验提取法可以直接根据开关过程的实验波形，对参数进行有效的估计。这里选择利用实验波形进行提取的方法进行估计。杂散电感主要提取回路杂散电感L_{stray}和共源极杂散电感L_s。$L_{stray}=L_p+L_d+L_s$，可通过开通过程阶段2(t_1~t_3）中的v_{ds}电压下降量$V_{drop}=L_{stray}di_d/dt$或关断过程阶段4($t_4$~$t_5$）中的电压尖峰$V_{peak}=V_{DC}+L_{stray}|di_d/dt|$进行提取。而共源极电感$L_s$可根据开通过程阶段2($t_1$~$t_3$）中的式（2-16）进行提取。参数$R_p$可通过开通或关断振荡阶段的衰减系数进行提取。注意在提取L_s时，需要事先得到结电容的取值和转移特性参数g_{fs}和V_{th}。

模型中的杂散电容包括常值电容C_{gs}和C_L，及非线性电容C_{gd}，C_{ds}和C_f。常值电容中C_{gs}可直接通过数据手册提取，C_L可通过开通过程中电流振荡阶段的振荡频率$\omega_{on}=1/\sqrt{L_{stray}(C_{fL}+C_L)}$进行提取。

非线性电容 C_{gd}，C_{ds} 和 C_f 的建模方法在 6.2.1 节中已进行介绍。对其进行提取需首先利用式（6-1）对数据手册中 C_{gd}，C_{ds} 和 C_f 的曲线进行拟合。拟合参数见表 6.3，拟合结果和数据手册中的电容值吻合较好，如图 6.11 所示。另外，为了研究非线性电容建模方法对模型精度的影响，这里以关断波形为例，将文献中已有的两值化模型和所述多值化模型结果同实验结果进行了对比。如图 6.12 所示，通过建立非线性电容的多值化模型，并在 SiC MOSFET 的饱和区进一步划分多个子阶段，可以明显提高模型的精度。在计算复杂度上，该模型避免了直接将非线性电容引入到模型中，而仍然保留了采用分离电容值的优点。与传统的两值化处理方式相比，也只是增加了划分的阶段数，对模型复杂度的影响较小。

表 6.3　非线性电容的拟合参数

电容	参数	数值	参数	数值
C_{gd}	V_b/V	57	r	6.6
	C_0/pF	1130	C_1/pF	13
C_{ds}	V_b/V	13	r	1.2
	C_0/pF	1356	C_1/pF	107
C_f	V_b/V	1.4	r	0.6
	C_0/pF	2300	C_1/pF	100

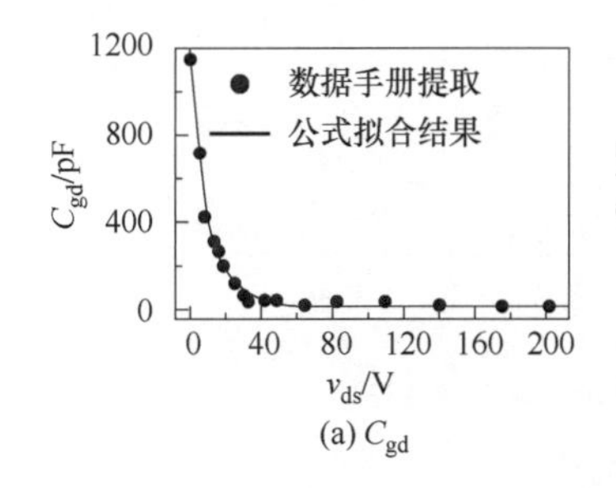

(a) C_{gd}

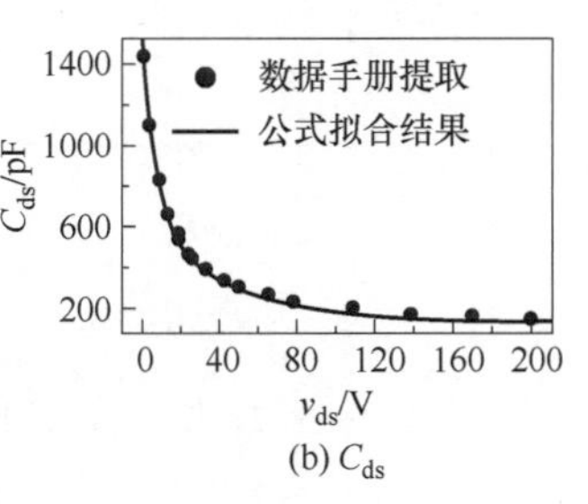

(b) C_{ds}

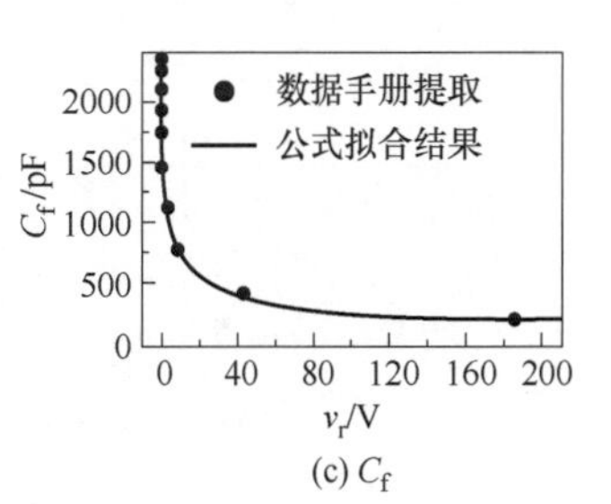

(c) C_f

图 6.11　非线性结电容的公式拟合结果

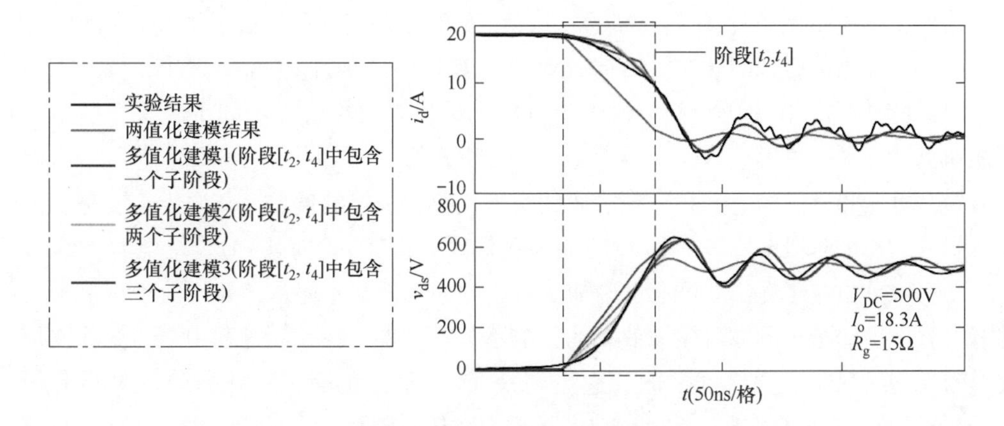

图 6.12　非线性结电容的建模方式对模型精度的影响

针对 SiC MOSFET 的转移特性，首先根据数据手册中的转移特性曲线（$T_J=25℃$）提取 k_{fs}和 V_{th0}，得到的 k_{fs}和 V_{th0}为与负载电流 I_o无关的常数。然后根据式（6-5）得到不同 I_o下的 k_{fs}和 V_{th0}，如图 6.13a 所示。图 6.13b 对比了 g_{fs}和 V_{th}取最小二乘拟合结果和数据手册典型值后的模型结果和实验结果，验证了最小二乘拟合法可提升模型的精度。

同时结合分阶段建模的特点，g_{fs}和 V_{th}的取值可通过式（6-5）在每个阶段开始时根据当前时刻的 I_o值进行更新，以进一步提升模型精度。

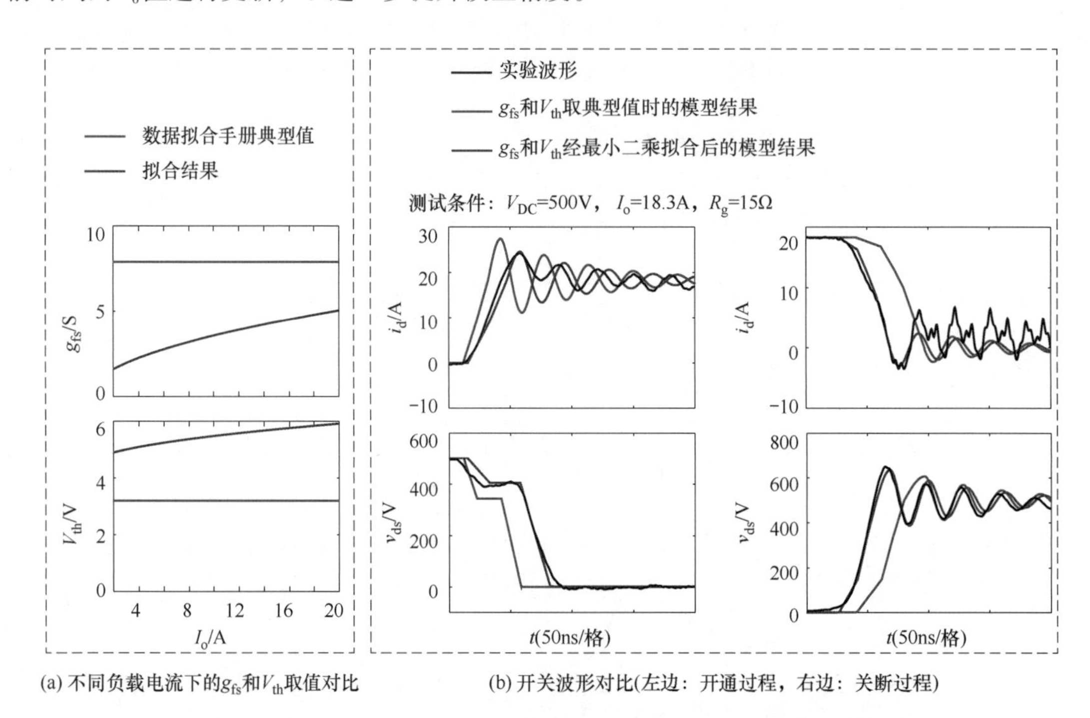

(a) 不同负载电流下的g_{fs}和V_{th}取值对比　　(b) 开关波形对比(左边：开通过程，右边：关断过程)

图 6.13　SiC MOSFET 转移特性的建模方式对模型精度的影响

6.2.3.2　实验验证

图 6.14 展示了不同驱动电阻 R_g下，分析模型得到的 SiC MOSFET 开关波形同实验波形的对比结果，其他测试条件为 $V_{DC}=500V$，$I_o=18.3A$。图 6.15 展示了不同负载电流 I_o下，分析模型和实验测量得到的开关波形对比结果，其他测试条件为 $V_{DC}=300V$，$R_g=15\Omega$。其中实验波形均是在 1mH 电感负载条件下得到的。结果表明尽管在不同工况下，模型与实验结果之间仍然存在一些偏差，但是两者总体吻合得很好。如图 6.14 和图 6.15 所示，模型和实验结果在电压和电流的上升和下降阶段的波形仍存在一定的偏差，其原因主要是由于在建模中对划分的每个阶段采用了 i_d和 v_{ds}的线性化假设。而实际过程因为受结电容非线性的影响，i_d和 v_{ds}均呈非线性变化。可通过增加子阶段数来降低这一偏差，并且由于每个子阶段均可解析求解，增加子阶段数对模型效率的影响不大。另外，在关断过程中 i_d的振荡波形，实验波形较模型结果有更高频的毛刺，这主要是 dv/dt 引起的高频干扰所致。这些毛刺随着 dv/dt 的降低而逐渐得到抑制，如图 6.14 所示。而从模型角度，为了不增加模型的复杂度，并未在模型中加入高频毛刺的建模。

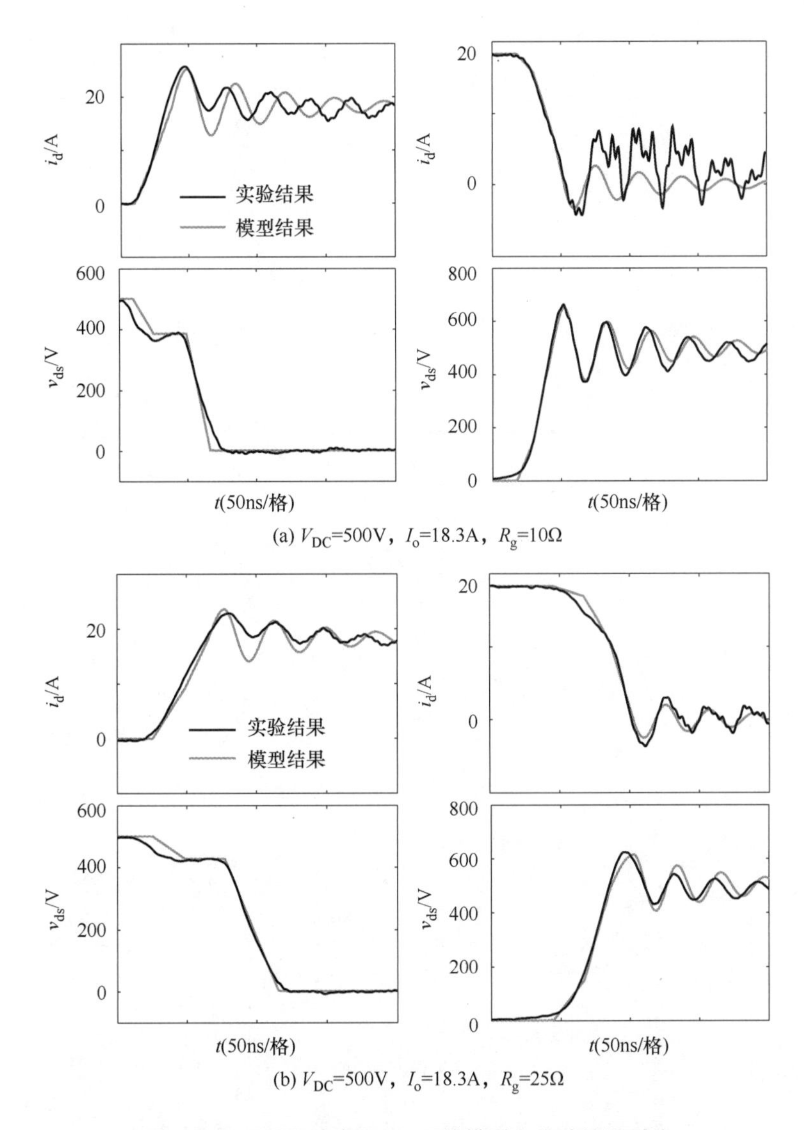

图 6.14　不同驱动电阻 R_g 下的模型和实验结果对比

6.2.4　损耗分析模型

对电磁能量脉冲的建模分析有助于设计者分析电磁能量脉冲对系统性能的影响。当设计者的关注指标主要为系统效率时，就需要分析电磁能量脉冲的损耗特性。

利用上述分析模型，SiC MOSFET 开关过程的每个阶段的时间 Δt，电压 v_{ds}和电流 i_d的波形均可解析求解。因此，可以直接得到每个阶段开关损耗的解析解，进而得到整个开关过程的开关损耗解析解，简化了损耗的计算过程。另外在损耗计算中，基于能量守恒定律提出了损耗计算的分析模型。与传统的电压电流乘积 $v_{ds}i_d$再积分的方法相比，能量守恒法是一种基于换流单元的损耗计算方法，而乘积积分法是基于单一开关器件的损耗计算方法。另外，能

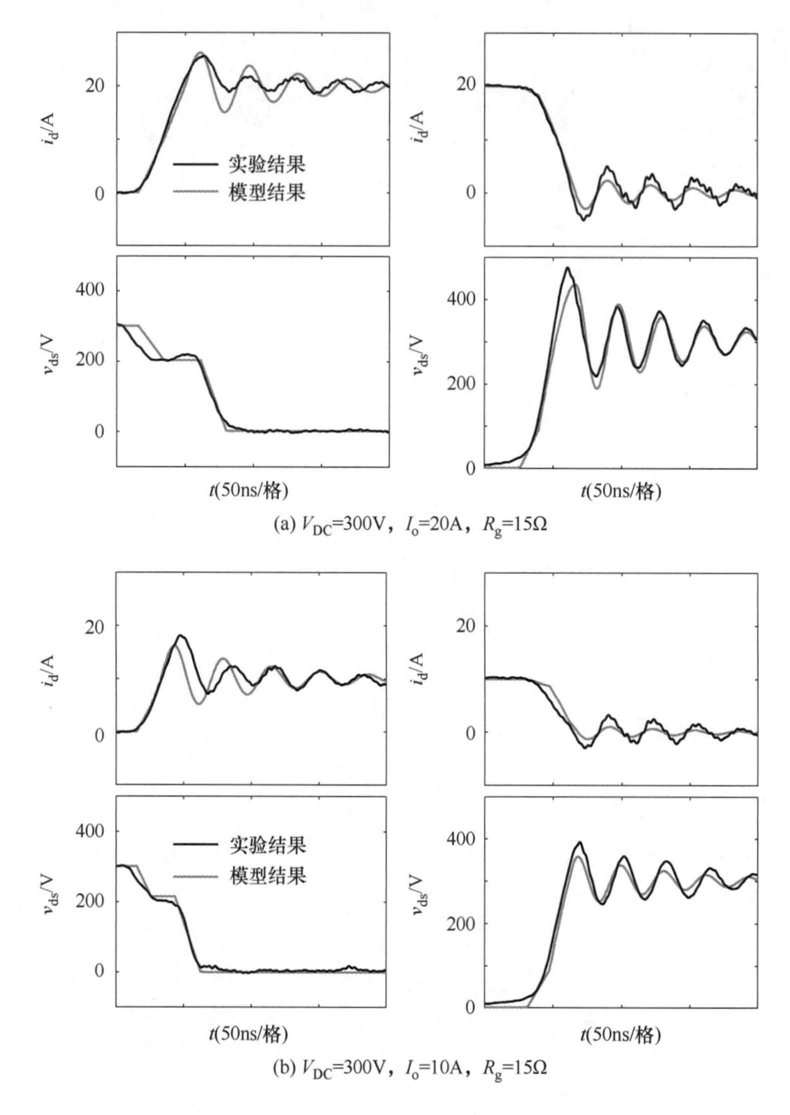

图 6.15　不同负载电流 I_o 下的模型和实验结果对比

量守恒法也考虑了开关过程中回路杂散电感及结电容的能量变化，使得对开通及关断损耗的计算更为准确。

下面首先介绍损耗分析模型的一般形式。在此基础上，根据 SiC MOSFET 的开关过程的分析模型，提炼出针对 SiC MOSFET 双脉冲测试电路的损耗模型，并进行实验验证。

6.2.4.1　一般形式

为了使分析更具有一般性，这里以电力电子变换器中常见的半桥电路进行分析。半桥电路的通用拓扑如图 6.16a 所示。根据负载另一侧电位 V_{ref} 的取值，可以衍化成半桥电路的三种典型拓扑，分别如图 6.16b，c，d 所示。半桥电路的驱动信号及负载电流的波形示意图如图 6.17 所示（以 i_L>0 为例）。

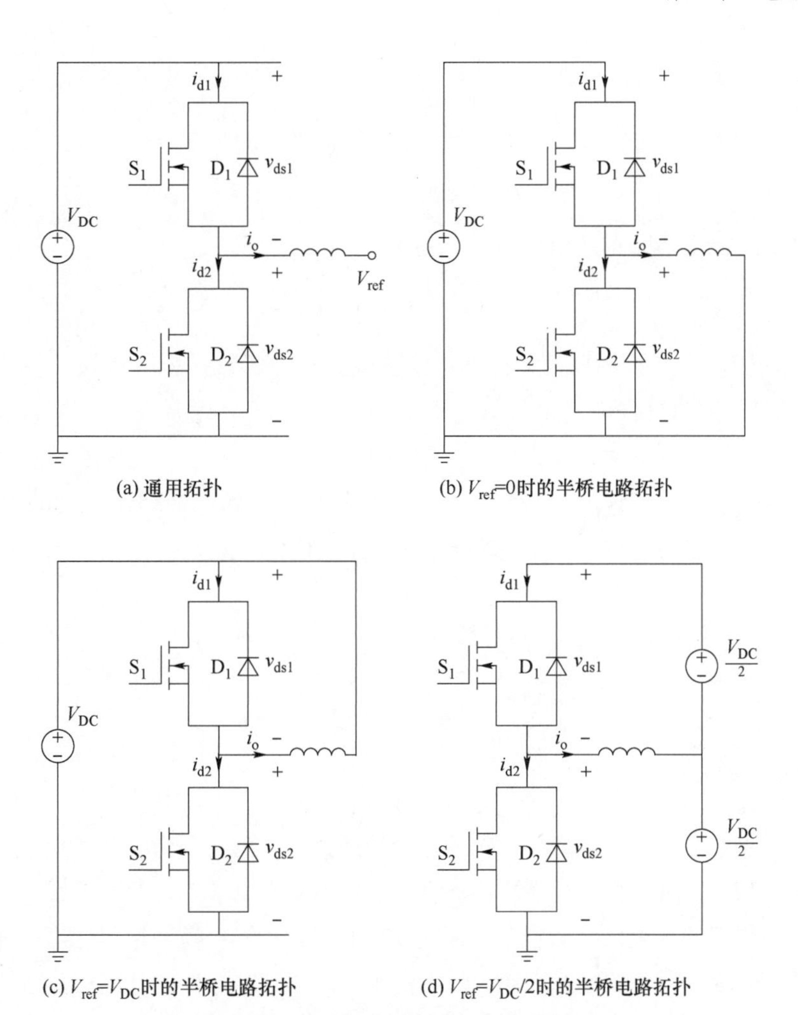

图 6.16　半桥电路的通用拓扑及典型拓扑

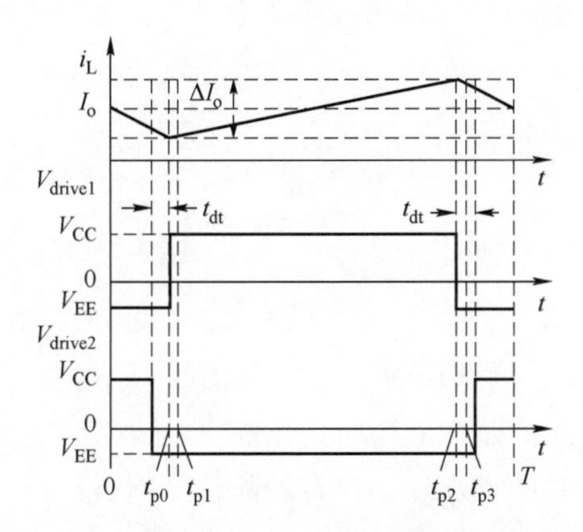

图 6.17　半桥电路的驱动信号及负载电流波形示意图

根据能量守恒定律，半桥电路通用拓扑的损耗计算为

$$E_{loss}=E_{source}-E_{load}-\Delta E_{c} \tag{6-51}$$

其中，E_{source}是电源输入能量，包括母线侧输入能量 E_{s_bus} 和驱动侧输入能量 E_{s_drive}，其

计算方法如式（6-52）和式（6-53）所示，其中，Q_g为数据手册中的栅极电荷。

$$E_{s\_bus}=\int_0^T[(V_{DC}-V_{ref})i_{d1}+V_{ref}i_{d2}]dt \tag{6-52}$$

$$E_{s\_dive}=2(V_{CC}-V_{EE})Q_g \tag{6-53}$$

E_{load}是负载侧消耗的能量，可以按下式计算

$$E_{load}=\int_0^T(v_{ds2}-V_{ref})i_o dt \tag{6-54}$$

ΔE_c 是电路中一个开关周期前后能量的变化量，在稳态时，可以认为 $t=0$ 时刻电路储存的能量与 $t=T$ 时刻电路储存的能量一致。于是有

$$\Delta E_c=0 \tag{6-55}$$

根据式（6-51）~式（6-55），可得一个开关周期内，半桥电路通用拓扑的损耗表达式为

$$\begin{aligned}E_{loss}&=\int_0^T[(V_{DC}-V_{ref})i_{d1}+V_{ref}i_{d2}]dt+2(V_{CC}-V_{EE})Q_g-\int_0^T(v_{ds2}-V_{ref})i_o dt\\&=V_{DC}\left(\int_{t_{p0}}^{t_{p1}}i_{d1}dt+\int_{t_{p2}}^{t_{p3}}i_{d1}dt\right)-\left(I_o-\frac{\Delta I_o}{2}\right)\int_{t_{po}}^{t_{p1}}(V_{ref}+v_{ds2})dt-\left(I_o+\frac{\Delta I_o}{2}\right)\int_{t_{p2}}^{t_{p3}}(V_{ref}+v_{ds2})dt+\\&\quad\left(I_o^2+\frac{I_o^2}{12}\right)[R_{ds(on)\_bot}(1-D)T+R_{ds(on)\_top}DT]+2(V_{CC}-V_{EE})Q_g\end{aligned} \tag{6-56}$$

式（6-56）中前三项是开关损耗，第四项为导通损耗，第五项为驱动损耗。相比于传统的对电压、电流乘积$v_{ds}i_d$进行积分的方法，该方法的优点是提供了一种针对半桥电路的一般性损耗计算方法，而传统的方法只考虑了单一开关器件的损耗计算。另外，当计算损耗的时间范围由一个开关周期变为开通或关断时间时，该方法也可用于计算器件的开通和关断损耗。

6.2.4.2 损耗分析模型

根据上一小节中半桥电路损耗计算的一般模型，可以推导得 SiC MOSFET 双脉冲测试电路的开通和关断损耗的表达式为

$$E_{loss(on)}=V_{DC}\int_{t_{p2}}^{t_{p3}}i_d dt-V_{DC}I_o(t_{p3}-t_{p2})+I_o\int_{t_{p2}}^{t_{p3}}v_{ds}dt+L_{stray}I_o^2+V_{CC}Q_g-\Delta E_{c(on)} \tag{6-57}$$

$$E_{loss(off)}=V_{DC}\int_{t_{p0}}^{t_{p1}}i_d dt-V_{DC}I_o(t_{p1}-t_{p0})+I_o\int_{t_{p0}}^{t_{p1}}v_{ds}dt-L_{stray}I_o^2-V_{EE}Q_g-\Delta E_{c(off)} \tag{6-58}$$

式中，t_{p0}和 t_{p1}分别是双脉冲测试中 SiC MOSFET 关断过程的起始和结束时刻；而 t_{p2}和 t_{p3}分别是 SiC MOSFET 开通过程的起始和结束时刻，如图 6. 17 所示；$\Delta E_{c(on)}$ 和 $\Delta E_{c(off)}$ 分别是 SiC MOSFET 开通和关断前后电路中储存能量的变化量。

记 $E_c(t)$ 为 t 时刻双脉冲测试电路中储存的能量，则有

$$E_c(t_{p0})=E_c(t_{p3})\approx\frac{1}{2}L_pI_o^2+\frac{1}{2}C_{issH}V_{CC}^2+\frac{1}{2}(C_{fL}+C_L)V_{DC}^2 \tag{6-59}$$

$$E_c(t_{p1})=E_c(t_{p2})\approx\frac{1}{2}C_{gs}V_{EE}^2+\frac{1}{2}C_{ossL}V_{DC}^2+\frac{1}{2}(C_{fH}+C_L)V_{FD}^2 \tag{6-60}$$

其中，$C_{issH}=C_{gs}+C_{gdH}$，$C_{ossL}=C_{gdL}+C_{dsL}$。于是有 $\Delta E_{c(on)}=E_c(t_{p3})-E_c(t_{p2})$，$\Delta E_{c(off)}=$

$E_c(t_{p1})-E_c(t_{p0})$。

式（6-57）的前三项与 SiC MOSFET 开通过程有关，记为 $E_{loss1(on)}$，后三项可根据稳态参数和器件手册参数计算得到，记为 $E_{loss2(on)}$。$E_{loss(off)}$ 同 $E_{loss(on)}$ 的计算公式相似，同样可将公式（6-58）的前三项记为 $E_{loss1(off)}$，将后三项记为 $E_{loss2(off)}$。其中，$E_{loss2(on)}$ 和 $E_{loss2(off)}$ 可直接根据式（6-58）~式（6-60），得到解析解。而 $E_{loss1(on)}$ 和 $E_{loss1(off)}$ 则可根据 SiC MOSFET 开关过程分析模型计算得到，具体的计算过程不再赘述，计算结果如表 6.4 所示。

表 6.4　$E_{loss1(on)}$ 和 $E_{loss1(off)}$ 分阶段解析表达式

开通过程		关断过程	
时间区间	$E_{loss1(on)}$	时间区间	$E_{loss1(off)}$
$[t_0, t_1]$	$I_o(V_{D(on)}+I_oR_{D(on)})t_{don}$	$[t_0, t_1]$	$I_o^2R_{ds(on)}t_{doff}$
$[t_1, t_2]$	$(V_{DC}-2V_{drop})I_o(t_2-t_1)/4$	$[t_1, t_2]$	$I_o(V_{miller}-V_{th}+I_oR_{ds(on)})(t_2-t_1)/2$
$[t_2, t_3]$	$(4V_{ds0}-V_{DC})I_o(t_3-t_2)/4$	$[t_2, t_3]$	$\left[\frac{V_{DC}}{2}\left(\frac{I_o}{2}-\Delta I_{d1}\right)+V_{miller}-V_{th}\right](t_3-t_2)$
$[t_3, t_4]$	$V_{DC}dQ+V_{ds0}I_o(t_4-t_3)$	$[t_3, t_4]$	$V_{DC}\left[\frac{3I_o}{4}-\frac{\Delta I_{d1}+\Delta I_{d2}}{2}\right](t_4-t_3)$
$[t_4, t_7]$	$V_{DC}I_{os}\frac{\alpha_{on}}{\alpha_{on}^2+\omega_{on}^2}+\frac{V_{ds0}I_o}{2}(t_5-t_4)+\frac{(V_{miller}-V_{th})I_o}{2}(t_6-t_4)+I_o^2R_{ds(on)}\left(t_7-t_6+\frac{t_6-t_5}{2}\right)$	$[t_4, t_5]$	$\frac{V_{DC}I_{d2}}{2}(t_5-t_4)+\frac{4I_oV_{os}}{\pi}(t_5-t_4)$
		$[t_5, t_6]$	$-(C_{gdL}+C_{dsL})V_{DC}(V_{peak}-V_{DC})+I_o(V_{peak}-V_{DC})\frac{\alpha_{off}}{\alpha_{off}^2+\omega_{off}^2}$

表 6.5 比较了采用传统电压电流乘积积分法和采用基于能量守恒定律的损耗计算方法对同一组实验波形计算得到的损耗结果。两种损耗计算方法的主要区别在于是否考虑了位移电流的影响。可以看到由于未考虑位移电流，传统损耗计算方法得到的开通损耗值偏低，而关断损耗值偏高。损耗值较低时，该影响较为明显。如 $R_g=10\Omega$ 时，两种方法计算得到的关断损耗结果偏差高达 74%。在总开关损耗上，位移电流的影响并不显著。

表 6.5　本章损耗计算方法与传统损耗计算方法的损耗结果对比

R_g/Ω		10	15	20	25
开通损耗	能量守恒法/μJ	323.7	371.6	435.0	471.9
	乘积积分法/μJ	313.6	358.7	414.2	451.8
	偏差 Err_{on}（%）	-3.12	-3.47	-4.78	-4.26
关断损耗	能量守恒法/μJ	43.6	95.9	108.5	141.3
	乘积积分法/μJ	75.9	119.3	138.2	172.3
	偏差 Err_{off}（%）	74.08	24.40	27.37	21.94
总开关损耗	能量守恒法/μJ	367.3	467.5	534.5	613.2
	乘积积分法/μJ	389.5	478.0	552.4	624.1
	偏差 Err_{sw}（%）	6.04	2.25	1.64	1.78

为了验证损耗模型的精度，图 6.18 比较了本章模型与传统损耗计算模型及现有分析模

型（文献模型）。传统损耗计算模型是将开关过程中的 v_{ds} 和 i_d 做线性近似，损耗计算如式（6-61）所示。

$$E_{sw}=\frac{1}{2}v_{ds}i_d(t_{on}+t_{off}) \tag{6-61}$$

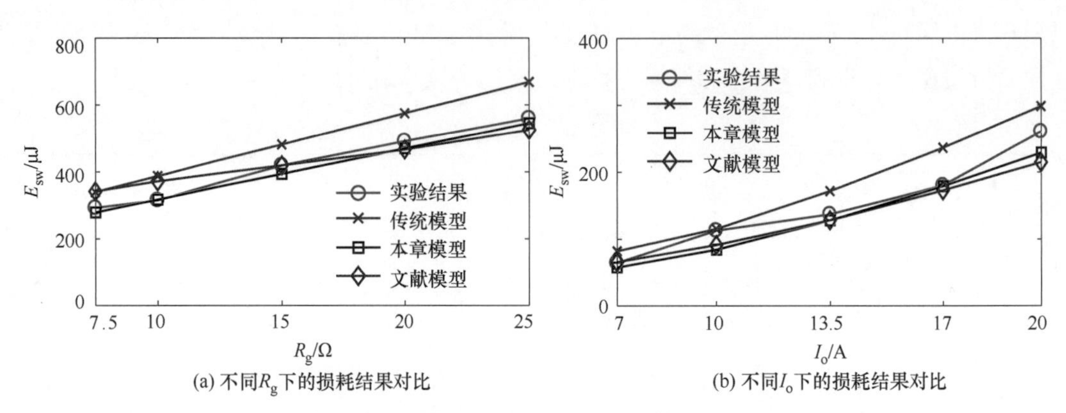

(a) 不同R_g下的损耗结果对比 (b) 不同I_o下的损耗结果对比

图 6.18 不同 R_g 和 I_o 下的损耗计算结果对比

表 6.6 对比了三种模型的精度。其中，平均误差是各误差的绝对值的平均值，用以反映在不同工况下的整体模型精度。结果表明，损耗计算模型和文献模型在不同 R_g 和 I_o 下的损耗计算精度相差不大，但都要优于传统损耗计算模型。而由于本章模型可解析求解，无需状态方程和数值计算，因此在计算速度上更具优势。表 6.7 比较了本章模型和文献模型在不同驱动电阻下，求解开关损耗的耗时。可以看到，文献模型在 R_g 取值从 10Ω 变至 25Ω 的过程中，模型的耗时在 0.5~1.1s 之间。而本章模型耗时仅为约 0.15ms。尽管 v_{ds} 和 i_d 轨迹的一些细节由于线性化假设而被忽略，从损耗计算角度，这一简化对模型精度影响不大。而其带来的优势则是模型求解速度的大大提高，使本章模型非常适合于求解变换器中的开关损耗，特别是高开关频率或多开关单元组合的变换器，进而充分发挥其求解速度上的优势。

表 6.6 损耗模型精度比较

R_g/Ω	7.5	10	15	20	25	平均
传统模型误差（%）	16.2	22.9	15.0	17.1	19.5	18.1
文献模型误差（%）	16.9	17.9	0.02	-5.1	-6.2	9.2
本章模型误差（%）	-4.3	1.0	-5.7	-4.1	-2.3	3.5
I_o/A	7	10	13.5	17	20	平均
传统模型误差（%）	27.7	2.2	25.4	31.4	14.7	20.3
文献模型误差（%）	1.9	-19.2	-6.5	-4.1	-17.7	9.9
本章模型误差（%）	-9.4	-24.8	-6.2	-0.3	-11.9	10.5

表 6.7 不同驱动电阻下的模型求解耗时对比

R_g/Ω	10	15	20	25
文献模型耗时/s	~0.5	~0.75	~0.8	~1.1
本章模型耗时/ms	~0.15	~0.15	~0.15	~0.15

6.2.4.3　结温的影响

SiC MOSFET 分析模型考虑了不同工况对模型参数的影响。在计算开关损耗时，另一影响计算精度的主要因素是器件结温 T_J。器件结温主要影响的模型参数有 SiC MOSFET 的导通电阻 $R_{ds(on)}$，内部栅极电阻 $R_{g(int)}$，转移特性参数 g_{fs} 和 V_{th}，及 SiC SBD 的正向导通阈值电压 $R_{D(th)}$ 和导通电阻 $R_{D(on)}$。其中，参数 $R_{ds(on)}$ 和参数 $R_{g(int)}$ 与 T_J 的关系可作二次拟合，即

$$R(T_J)=R(T_{25})[1+p_1(T_J-T_{25})+p_2(T_J-T_{25})^2] \tag{6-62}$$

其中，T_{25} 表示结温 $T_J=25℃$。对于 g_{fs} 和 V_{th}，考虑到器件手册一般只提供两个结温 T_{J1} 和 T_{J2} 下的转移特性曲线，因此为方便分析，将 g_{fs} 和 V_{th} 与 T_J 的关系作一次拟合，即

$$g_{fs}(T_J)=\frac{T_J-T_{J2}}{T_{J1}-T_{J2}}[g_{fs}(T_{J1})-g_{fs}(T_{J2})]+g_{fs}(T_{J2}) \tag{6-63}$$

$$V_{th}(T_J)=\frac{T_J-T_{J2}}{T_{J1}-T_{J2}}[V_{th}(T_{J1})-V_{th}(T_{J2})]+V_{th}(T_{J2}) \tag{6-64}$$

对于 SiC SBD，一般数据手册中提供了 $V_{D(th)}$ 和 $R_{D(on)}$ 关于 T_J 的关系，同样为线性关系，即

$$V_{D(th)}(T_J)=V_{D(th)}(T_{25})[1+p_3(T_J-T_{25})] \tag{6-65}$$

$$R_{D(on)}(T_J)=R_{D(on)}(T_{25})[1+p_4(T_J-T_{25})] \tag{6-66}$$

通过将结温 T_J 对上述参数的影响引入模型，即可分析损耗模型在不同结温下的计算精度。参照标准选择数据手册中提供的开关损耗与结温的关系曲线。同时，为了验证本章模型对其他器件型号的有效性，选择 Wolfspeed 公司型号为 C2M0080120D 的 SiC MOSFET 进行分析。其数据手册提供了器件开关损耗与结温的关系曲线，测试条件为 $V_{CC}=20V$，$V_{EE}=0V$，$R_g=6.8\Omega$，$V_{DC}=800V$，$I_o=20A$，所用的 SiC SBD 为 Wolfspeed 公司的 C4D10120D。图 6.19 展示了考虑了结温影响后的开关损耗与数据手册所提供的开关损耗的对比结果。可以看出，通过引入结温对模型参数的影响，本章模型所揭示的开关损耗随结温变化的趋势与数据手册的结果趋于一致。两者对开关损耗的计算结果存在一定偏差，其原因主要有以下三点：

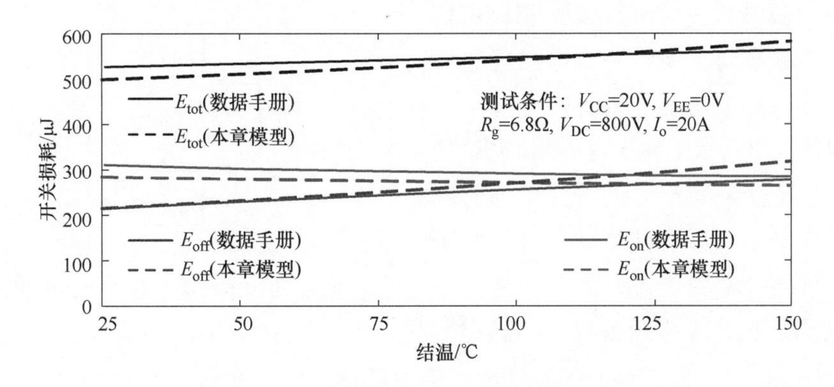

图 6.19　不同 T_J 下的损耗计算结果对比

（1）在模型计算时，未考虑 T_J 对 $R_{g(int)}$ 的影响，因数据手册中只提供了 $R_{g(int)}$ 的典型值。

（2）数据手册所提供的测试条件不够充分。

（3）数据手册参数和实际器件的参数之间存在偏差。

要进一步准确考虑结温对损耗模型的影响，需要通过实验测量来确定结温对模型参数的影响，增加了对模型参数进行校正的难度。而本节的分析侧重于通过数据手册来提取结温对模型参数的影响规律，参数校正难度相对较低，提高了模型的适用性和对用户的友好性。

6.3 信号、驱动和电磁能量脉冲传递规律

6.2 节通过实验和建模的方法对电磁能量脉冲的瞬态行为进行了分析。6.3 节则重点分析电力电子系统中控制脉冲、驱动脉冲和电磁能量脉冲的相互关系和传递规律。这一相互关系和传递规律可作为电磁脉冲主动驱动控制的理论基础，体现了电力电子混杂系统“信息控制能量”的基本思想。

首先，分别从时域和频域对三组脉冲关系进行表征。通过时域和频域表征，可揭示出影响三组脉冲关系的主要因素及三组脉冲关系与系统性能之间的定量关系。利用该定量关系，可以分析系统中不同因素对脉冲传递规律及系统性能的影响规律。在此基础上，提炼出主动驱动控制的一般性控制策略，并通过开关瞬态分析方法对典型主动驱动控制方案的控制效果进行了理论评估。

6.3.1 三组脉冲关系的时域表征

在电力电子系统中，控制器输出控制脉冲，经驱动电路后产生驱动脉冲，作用于功率半导体器件后，产生电磁能量脉冲，如图 6.20 所示。从控制器输出的控制脉冲一般可视为理想的矩形波脉冲，原因是控制脉冲的上升沿和下降沿的时间尺度为纳秒级或更短，与脉宽（一般为微秒级～十微秒级）相比可以忽略。从控制脉冲到驱动脉冲及电磁能量脉冲，除了传递过程中的延迟外，在脉冲形态属性上，相比控制脉冲，驱动脉冲和电磁能量脉冲会产生畸变。所产生的畸变包括时间尺度增加至十纳秒～百纳秒级的上升沿和下降沿，驱动脉冲的米勒平台效应及电磁能量脉冲的尖峰及振荡等瞬态开关特性，其原因可归结为器件结电容的非线性及回路杂散电感的影响。

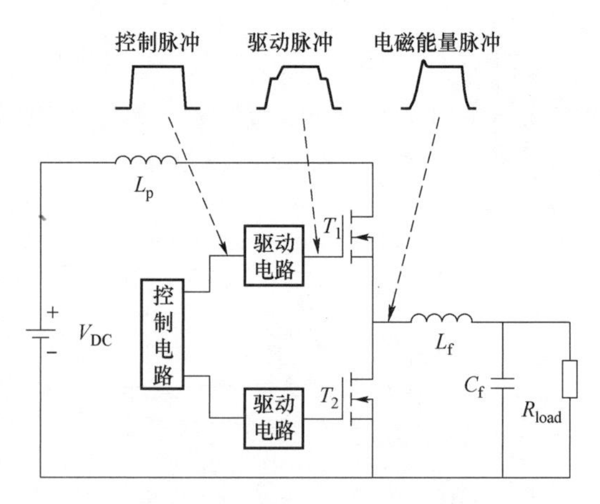

图 6.20 电力电子系统中的三组脉冲

因此，对三组脉冲关系的研究即为对三组脉冲间延迟和畸变关系进行研究。研究的第一步，即对三组脉冲关系的认识和表征。接下来，首先从时域上对三组脉冲关系进行表征。

6.3.1.1　时域参数表征

图 6.21a 为双脉冲电路的原理图，从双脉冲电路得到的三组脉冲的典型实验波形如图 6.21b 所示，实验所用器件为 SiC MOSFET 及 SiC SBD。

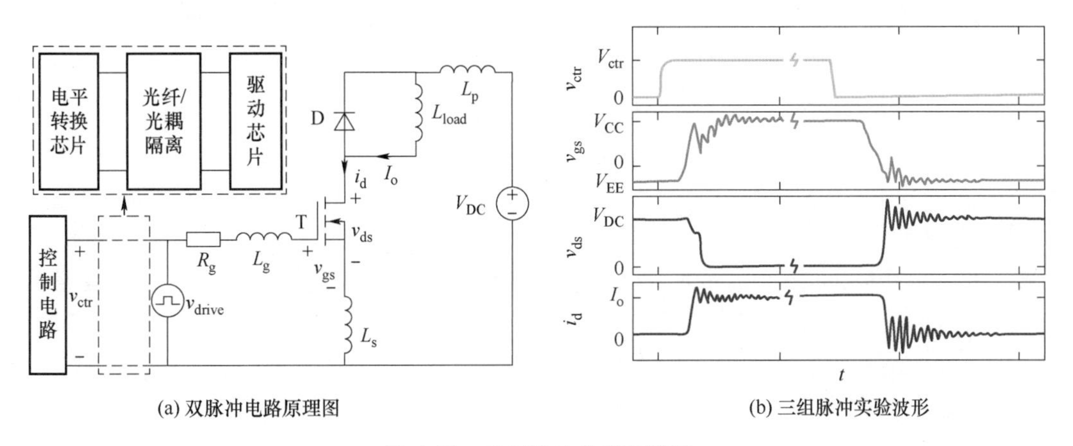

(a) 双脉冲电路原理图　　(b) 三组脉冲实验波形

图 6.21　三组脉冲的实验波形

首先对控制脉冲到驱动脉冲的传递延迟和畸变关系进行时域表征和分析（见图 6.22）。两者之间上升沿（开通）和下降沿（关断）的传递延迟分别表示为 t_{don1} 和 t_{doff1}。这部分延迟主要由逻辑芯片、隔离电路（光纤、光耦等）及驱动芯片的延迟所造成，在实验装置设计完成后，t_{don1} 和 t_{doff1} 可视为常数。相比控制脉冲，驱动脉冲的畸变体现在 v_{gs} 的上升时间 $t_{rv(gs)}$ 和下降时间 $t_{fv(gs)}$，米勒电平 V_{miller}，及 v_{gs} 的振荡。其中 v_{gs} 的振荡可用衰减正弦函数来表征，如图 6.23 所示。SiC MOSFET 结电容较小，开关速度较快，受线路杂散电感影响，米勒平台效应并不显著，而 v_{gs} 的振荡过程更加明显。而 Si IGBT 由于开关速度较 SiC MOSFET 更慢，且结电容更大，所以有较明显的米勒平台效应，而 v_{gs} 的振荡过程一般可忽略。在驱动脉冲的畸变关系中，设计者更关注的是驱动电压的振荡，因其容易使开关器件产生误动作，影响系统稳定运行。特别是对于 SiC MOSFET 等宽禁带器件，v_{gs} 振荡更加显著，且栅极阈值电压 V_{th} 一般较低，更容易产生误动作，因此，由驱动电压振荡带来的稳定性问题也更为突出。

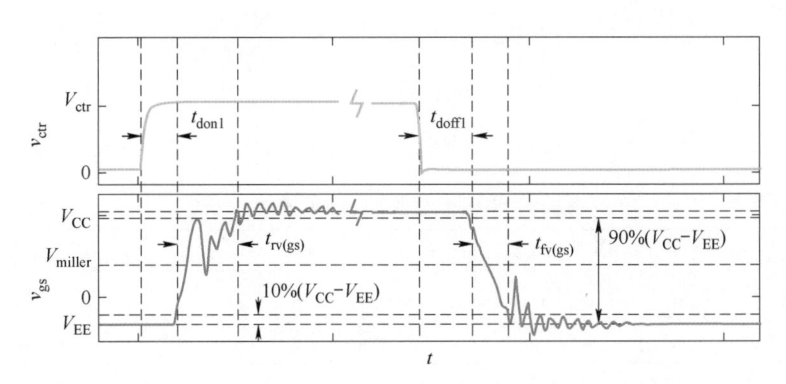

图 6.22　从控制脉冲到驱动脉冲的延迟和畸变关系表征

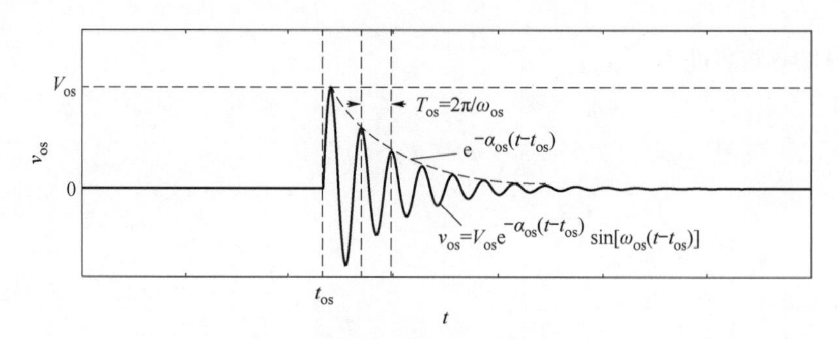

图 6.23 脉冲衰减振荡的一般表征方法

从控制脉冲到电磁能量脉冲（见图 6.24），其开通延迟为 $t'_{don}=t_{don1}+t_{don}$，关断延迟为 $t'_{doff}=t_{doff1}+t_{doff}$。其中，$t_{don}$和 t_{doff}为驱动脉冲至电磁能量脉冲的开通及关断延迟，与数据手册中的定义保持一致。畸变关系主要有：

1）电压的上升、下降时间，分别表示为 t_{rv}和 t_{fv}。

2）电流的上升、下降时间，分别表示为 t_{ri}和 t_{fi}。

3）电压、电流尖峰，分别表征为 V_{peak}及 I_{peak}，其关系式如式（6-67）所示。其中，L_{stray}为回路杂散电感，dQ 为反向恢复电荷，对 SiC SBD 而言，则为结电容充电电荷。

$$\begin{cases}V_{peak}=V_{DC}+L_{stray}\left|\mathrm{d}i/\mathrm{d}t\right|_{off}\\ I_{peak}\approx I_o+\sqrt{\mathrm{d}Q\left|\mathrm{d}i/\mathrm{d}t\right|_{on}}\end{cases} \tag{6-67}$$

4）电压、电流振荡，同样用衰减正弦函数来表征。其参数表征见表 6.8。

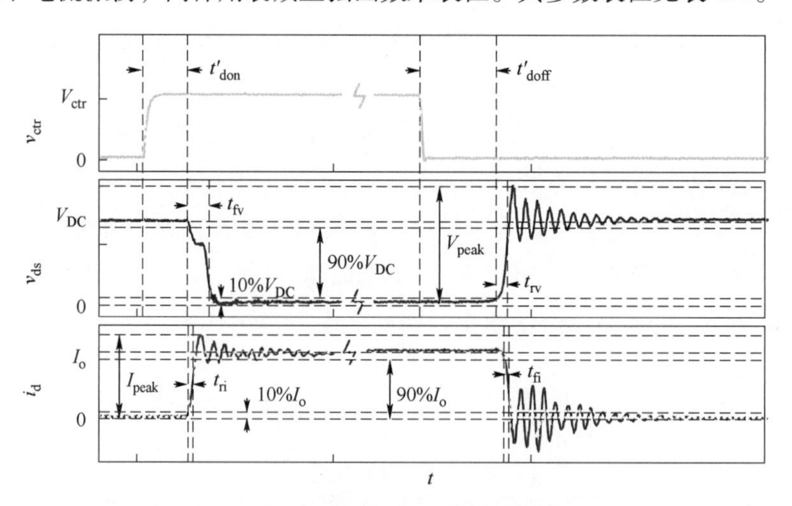

图 6.24 从控制脉冲到电磁能量脉冲的延迟和畸变关系表征

表 6.8 电磁能量脉冲振荡的参数表征

	振荡幅值 V_{os}（或 I_{os}）	振荡频率 ω_{os}	衰减系数 α_{os}
开通电流振荡	$\sqrt{\mathrm{d}Q\left\|\mathrm{d}i/\mathrm{d}t\right\|_{on}}$	$1/\sqrt{L_{stray}C_f}$	$(R_p+R_{ds(on)})/2/L_{stray}$
关断电压振荡	$L_{stray}\left\|\mathrm{d}i/\mathrm{d}t\right\|_{off}$	$1\sqrt{L_{stray}(C_{gd}+C_{ds})}$	$(R_p+R_{D(on)})/2/L_{stray}$
关断电流振荡	$(C_{gd}+C_{ds})L_{stray}\left\|\mathrm{d}i/\mathrm{d}t\right\|_{off}$	$1/\sqrt{L_{stray}(C_{gd}+C_{ds})}$	$(R_p+R_{D(on)})/2/L_{stray}$

6.3.1.2　振荡行为分析

在6.2节中，以SiC MOSFET为对象论述了开关瞬态分析模型，通过该模型可以对上述三组脉冲的主要延迟和畸变关系进行定量分析。然而，为了简化模型计算，分析模型并未考虑驱动脉冲 v_{gs} 的振荡。考虑到驱动脉冲的振荡在SiC MOSFET开关过程中更为显著，容易引起开关器件误动作，进而引入稳定性问题。所以接下来重点对SiC MOSFET中驱动脉冲的振荡现象进行分析。

同样以双脉冲测试电路作为研究对象，与驱动脉冲有关的等效电路如图6.25a所示，称为驱动脉冲的单电源等效电路模型。考虑到该模型并未考虑主电路对驱动脉冲产生影响，即 $C_{gd}\mathrm{d}v_{ds}/\mathrm{d}t$ 效应和 $L_s\mathrm{d}i_d/\mathrm{d}t$ 效应，因此需要将单电源等效电路模型扩展至图6.25b所示的三电源等效电路模型。

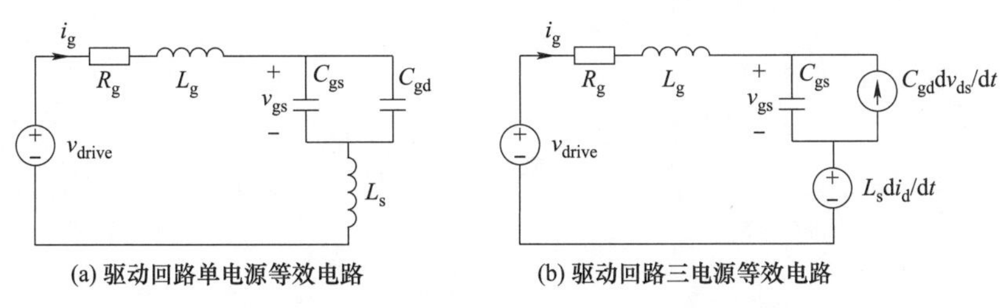

图6.25　驱动脉冲的等效电路模型

由三电源等效电路可知，当电磁能量脉冲发生电压振荡或电流振荡时，会通过 $C_{gd}\mathrm{d}v_{ds}/\mathrm{d}t$ 及 $L_s\mathrm{d}i_d/\mathrm{d}t$ 效应，将振荡引入驱动回路，进而引起驱动电压振荡。因此结合等效电路分析，可以得到开通和关断过程中 v_{gs} 振荡阶段的时域参数，如式（6-68）和式（6-69）所示。

$$\begin{cases} V_{os1(gs)} \approx \dfrac{\omega_{os(on)} L_s I_{os}}{\sqrt{1+\omega_{os(on)}^2 R_g^2 C_{gs}^2}} \\ \omega_{os1(gs)} = \omega_{os(on)} \\ \alpha_{os1(gs)} = \alpha_{os(on)} \end{cases} \tag{6-68}$$

$$\begin{cases} V_{os2(gs)} \approx \dfrac{\omega_{os(off)} V_{os} \sqrt{\omega_{os(off)}^2 C_{oss}^2 L_s^2 + C_{gd}^2 R_g^2}}{\sqrt{1+\omega_{os(off)}^2 R_g^2 C_{gs}^2}} \\ \omega_{os2(gs)} = \omega_{os(off)} \\ \alpha_{os2(gs)} = \alpha_{os(off)} \end{cases} \tag{6-69}$$

从式（6-68）和式（6-69）可以看出，驱动脉冲振荡的频率和衰减系数与电磁能量脉冲的振荡过程一致，而振荡幅值则受电磁能量脉冲振荡幅值 I_{os} 或 V_{os}，及驱动回路参数 R_g，C_{gs}，C_{gd} 及 L_s 影响。通过PSpice仿真及双脉冲实验结果，图6.26展示了主要驱动回路参数 R_g，C_{gs}，C_{gd} 及 L_s 对驱动脉冲振荡过程的影响。可以看到，在驱动脉冲的波形轨迹上，仿真和实验结果存在一定的偏差。这主要是由于实验测量结果受探头引入的杂散电感及器件内部栅极和源极杂散电感影响，而PSpice仿真结果并未考虑这一因素。而从影响规律方面，仿真和实验结果相一致，即驱动脉冲的振荡幅值随着 C_{gd} 的增加而增加，随着 R_g 及 C_{gs} 的增加而减小。而 L_s 主要从两方面影响驱动脉冲的振荡幅值，一方面，增加 L_s，会抑制开关过程中的 di/dt，进而抑制电磁能量脉冲的振荡幅值 I_{os} 和 V_{os}，另一方面，增加 L_s，也会使 $L_s di_d/dt$ 效应对驱动脉冲振荡的影响更显著。综合两方面因素，通过改变 L_s 对驱动振荡脉冲进行抑制的效果有限。

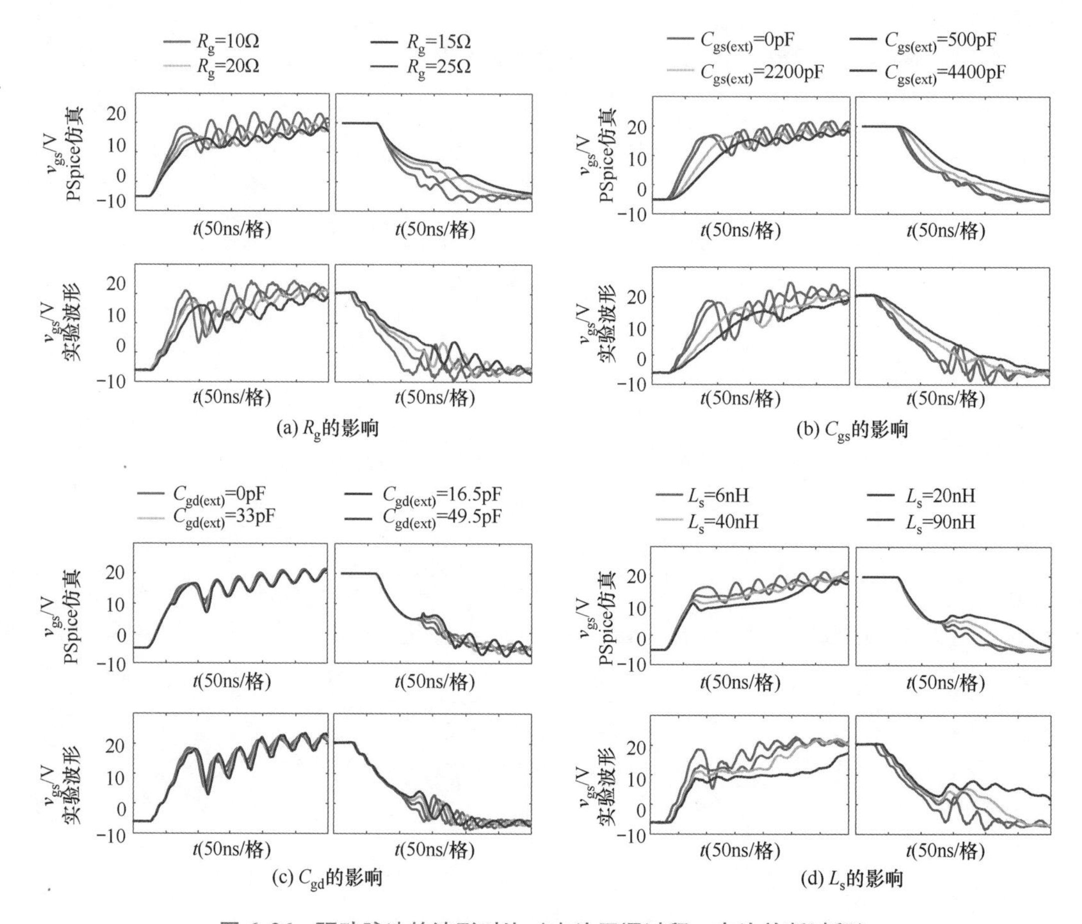

图 6.26 驱动脉冲的波形对比（左边开通过程，右边关断过程）

因此，从设计层面，为了提高驱动稳定性角度，增加 R_g，选择高 C_{gs}/C_{gd} 比例的 SiC MOSFET 或者在栅源极并联外部电容，是抑制驱动回路振荡的有效方法。

6.3.2 三组脉冲关系的频域表征

在上一节中，从时域上对三组脉冲形态属性关系进行了定量表征，同时也将三组脉冲关系与系统性能（如电压、电流应力，开关损耗）联系起来。然而其他性能如系统输出 THD、EMI 等性能则与脉冲的频域特征有关。为了更全面地分析三组脉冲规律与系统性能之间的相互关系，下面重点分析控制脉冲与电磁能量脉冲在频域上的关系，在此基础上，分析不同延迟和畸变关系对于电磁能量脉冲频谱和系统性能的影响规律。

分析对象为半桥电路，所比较的控制脉冲和电磁能量脉冲如图 6.27 所示。将两个脉冲进行归一化处理后，所比较的控制脉冲可视为理想电磁能量脉冲。而实际电磁能量脉冲选择为桥臂输出脉冲，即桥臂下管的管压降，用 v_{leg} 表示，相应的频域表达式为 $V_{leg}(f)$。桥臂输出脉冲序列的频谱特性会受调制频率 T_0，开关频率 T_s，占空比 D，死区 t_d，开通关断延迟和开关过渡过程（包括电压上升和下降时间及电压振荡）的影响。

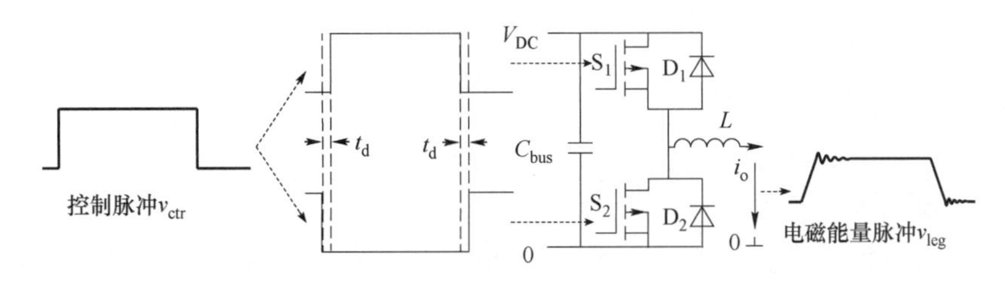

图 6.27　频域分析的研究对象

一般对脉冲进行频域分析的方法主要有直接 FFT 分析法，双重傅里叶积分法和脉冲分解法。其中，直接 FFT 分析法需要首先通过仿真建模得到脉冲波形，再通过 FFT 计算其频谱。该方法简化了求解频谱过程的数学推导，但仿真建模及 FFT 计算都会影响求解速度，计算精度也受仿真步长的影响。双重傅里叶积分法适合于分析周期性调制所得到脉冲的频谱，其相较于 FFT 计算的优点是提供脉冲频谱的解析解，其缺点是通用性不强。而脉冲分解法是通过将脉冲进行分解，求分解后各个脉冲的傅里叶变换，叠加得到整个脉冲的频谱，是一种对脉冲频谱的直接计算方法，不依赖于周期性调制方法，通用性更强。基于脉冲分解的频域分析方法是利用了傅里叶变换的线性特性，如式（6-70）所示。

$$\mathcal{F}\left[\sum_{i=1}^{N} A_i f_i(t)\right]=\sum_{i=1}^{N} A_i F_i(\omega) \tag{6-70}$$

下面将以半桥电路输出电磁能量脉冲序列为研究对象，综合考虑死区、延迟及开关过渡过程对输出脉冲频谱的影响。为了简化分析，对输出脉冲序列进行归一化处理，即认为输出脉冲的幅值在 0，1 之间。

6.3.2.1　理想电磁能量脉冲频谱分析

不考虑死区、延迟和开关过渡过程时，理想电磁能量的频谱特性和控制脉冲的频谱特性一致。对任意一 PWM 信号，可分解为占空比为 50%的方波信号叠加一个与调制信号有关的脉冲序列。以下降沿单边调制 PWM（Trailing-Edge PWM，TEPWM）为例，进行分析。有

$$v_{leg,TE}(t)=p_{c,TE}(t)+p_{s,TE}(t) \tag{6-71}$$

其中，$p_{c,TE}(t)$ 的表达式及其傅里叶变换为

$$p_{c,TE}(t)=\sum_{k=-\infty}^{\infty}\left[u(t-kT_s)-u(t-kT_s-T_s/2)\right] \tag{6-72}$$

$$P_{c,TE}(f)=\sum_{k=-\infty}^{\infty}\frac{2}{j(2k+1)}\delta[f-(2k+1)f_s]+\pi\delta(f) \tag{6-73}$$

与调制信号有关的项 $p_{s,TE}(t)$ 的表达式和傅里叶变换为

$$p_{s,TE}(t)=\sum_{k=-\infty}^{\infty}\left[u\left(t-kT_s-\frac{1}{2}T_s\right)-u(t-kT_s-\tau_k)\right] \tag{6-74}$$

$$P_{s,TE}(f)=\begin{cases}\sum\limits_{k=-\infty}^{\infty}\dfrac{1}{-j2\pi f}\left[e^{-j2\pi f(kT_s+\tau_k)}-e^{-j2\pi f(kT_s+T_s/2)}\right], f\neq 0\\ \sum\limits_{k=-\infty}^{\infty}\left(\tau_k-\dfrac{T_s}{2}\right), f=0\end{cases} \tag{6-75}$$

式中，τ_k为第 k 个开关周期的控制脉冲的脉宽。

因此，对于一般性的调制信号，理想电磁能量脉冲的频谱为

$$V_{leg,TE}(f)=P_{c,TE}(f)+P_{s,TE}(f) \tag{6-76}$$

6.3.2.2 实际电磁能量脉冲频谱分析

与理想电磁能量脉冲相比，实际电磁能量脉冲要考虑死区、延迟及开关过渡过程的影响。分别用脉冲 $e_1(t)$，$e_2(t)$ 和 $e_3(t)$ 来表征这些非理想因素的影响，如图 6.28 所示。其中，$e_1(t)$ 是由死区和延迟引起，幅值为±1 的矩形波脉冲序列，$e_2(t)$ 是由电压上升、下降时间引起，幅值为±1 的锯齿波脉冲序列，$e_3(t)$ 是由电压振荡引起的衰减正弦脉冲序列。考虑这些非理想因素后，最终得到的桥臂输出电压为

$$v_{leg,TE}(t)=p_{c,TE}(t)+p_{s,TE}(t)-e_{1,TE}(t)-e_{2,TE}(t)-e_{3,TE}(t) \tag{6-77}$$

对 $e_{1,TE}(t)$ 求其傅里叶变换，得到

$$E_{1,TE}(f)=\begin{cases}\sum\limits_{k=-\infty}^{\infty}\dfrac{1}{-j2\pi f}\left[e^{-j2\pi f(t_{10}+\Delta t_{1k})}-e^{-j2\pi f t_{10}}-e^{-j2\pi f(t_{20}+\Delta t_{2k})}+e^{-j2\pi f t_{20}}\right], f\neq 0\\ \sum\limits_{k=-\infty}^{\infty}(\Delta t_{1k}-\Delta t_{2k}), f=0\end{cases} \tag{6-78}$$

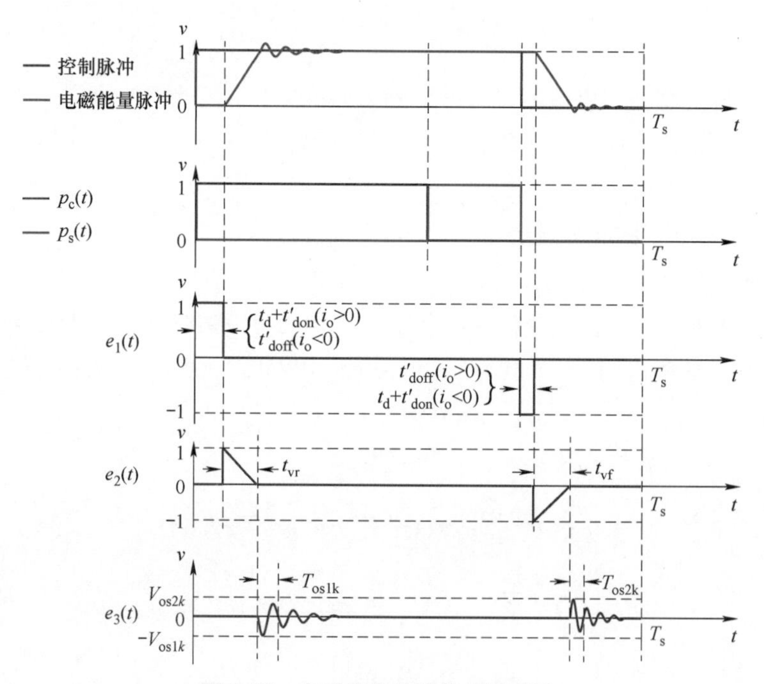

图 6.28　电磁能量脉冲的分解图示

其中，$t_{10}=kT_s$，$t_{20}=kT_s+\tau_k$。Δt_{1k}和Δt_{2k}的表达式如式（6-79）所示。$\sigma(t)$是选择函数，即$\sigma(t)=1(i_o(t)>0)$，否则$\sigma(t)=0$。

$$\begin{cases}\Delta t_{1k}=t'_{\text{doff}}+\sigma(t_{10})(t_{\text{d}}+t'_{\text{don}}-t'_{\text{doff}})\\ \Delta t_{2k}=t_{\text{d}}+t'_{\text{don}}+\sigma(t_{20})(t'_{\text{doff}}-t_{\text{d}}-t'_{\text{don}})\end{cases}\tag{6-79}$$

对$e_2(t)$求其傅里叶变换，得到

$$E_{2,\text{TE}}(f)=\begin{cases}\sum\limits_{k=-\infty}^{\infty}\text{e}^{-\text{j}2\pi ft_{1k}}\left(\dfrac{1-\text{j}2\pi ft_{\text{r}k}-\text{e}^{-\text{j}2\pi ft_{\text{r}k}}}{4\pi^2f^2t_{\text{r}k}}\right)-\text{e}^{-\text{j}2\pi ft_{2k}}\left(\dfrac{1-\text{j}2\pi ft_{\text{f}k}-\text{e}^{-\text{j}2\pi ft_{\text{f}k}}}{4\pi^2f^2t_{\text{f}k}}\right),f\neq 0\\ \sum\limits_{k=-\infty}^{\infty}(t_{\text{r}k}-t_{\text{f}k}),f=0\end{cases}\tag{6-80}$$

式中，t_{1k}和t_{2k}分别为第k个开关周期内，桥臂输出电压脉冲的上升沿和下降沿起始时刻，$t_{1k}=t_{10}+\Delta t_{1k}$，$t_{2k}=t_{20}+\Delta t_{2k}$；$t_{\text{r}k}$和$t_{\text{f}k}$分别表示该开关周期内的电压上升和下降时间。

对于$e_3(t)$，首先分析上升沿和下降沿两处振荡的参数表达式。脉冲上升沿的振荡是来自回路杂散电感L_{stray}和下管结电容$C_{\text{oss2}}+C_{\text{f2}}$的串联谐振，因此有归一化后的$V_{\text{os}1k}=V_{\text{peak}2k}/V_{\text{DC}}-1$，其中，$V_{\text{peak}2k}$为下管关断时电压的尖峰值。振荡频率为$\omega_{\text{os1}}=1/\sqrt{L_{\text{stray}}(C_{\text{oss2}}+C_{\text{f2}})}$，衰减系数$\alpha_1=R_{\text{p}}/2/L_{\text{stray}}$（这里忽略了桥臂上管的导通电阻）。而脉冲下降沿的振荡发生在L_{stray}和上管结电容的串联谐振，此时下管呈导通状态，因此可认为$V_{\text{os}2k}\approx 0$。因此，可只分析上升沿处的电压振荡波形，求其傅里叶变换得到

$$E_{3,\text{TE}}(f)=\sum_{k=-\infty}^{\infty}-\frac{V_{\text{os}1k}\omega_{\text{os1}}\text{e}^{-\text{j}2\pi f(t_{1k}+t_{\text{r}k})}}{(\alpha_1+\text{j}2\pi f)^2+\omega_{\text{os1}}^2}\tag{6-81}$$

因此，对于一般性调制信号，实际电磁能量脉冲的频谱为

$$V_{\text{leg,TE}}(f)=P_{\text{c,TE}}(f)+P_{\text{s,TE}}(f)-E_{1,\text{TE}}(f)-E_{2,\text{TE}}(f)-E_{3,\text{TE}}(f)\tag{6-82}$$

6.3.2.3　周期调制信号与案例分析

以上分析针对的是一般调制信号下电磁能量脉冲频谱的计算方法，当调制信号为周期信号时，可只对一个调制周期内的信号进行分析。设调制信号周期为T_0，载波周期为T_s，且有$T_0=mT_s$，其中，m为整数。对于m为非整数情况，可以按$pT_0=qT_s$处理，其中，p，q为整数。此时，对于一般性的周期调制信号，有电磁能量脉冲频谱的计算式为

$$V_{\text{leg,TE(P)}}(f)=P_{\text{c,TE}}(f)+P_{\text{s,TE(P)}}(f)-E_{1,\text{TE(P)}}(f)-E_{2,\text{TE(P)}}(f)-E_{3,\text{TE(P)}}(f)\tag{6-83}$$

其中，周期性调制信号频谱可由非周期信号频谱计算得到，即

$$F_{(\text{P})}(f)=\frac{2\pi}{pT_0}\sum_{i=-\infty}^{\infty}F(f)\bigg|_{f=if_0}\delta(f-if_0)\tag{6-84}$$

其中，$F(f)$代表式（6-75），式（6-78），式（6-80）及式（6-81），在周期信号调制时，$F(f)$中的k的取值为$0\sim q-1$。其中，当m为整数时，有$p=1$，$q=m$。

以正弦波调制信号$x(t)=M\sin(2\pi f_0t)$为例，其中，$M=0.9$，$f_0=1\text{kHz}$。载波信号为幅值为±1，频率$f_s=100\text{kHz}$的锯齿波信号。通过MATLAB仿真得到归一化后的理想电磁能量

脉冲，经FFT计算后得到频谱结果，与按式（6-76）得到的频谱结果的对比如图6.29所示。从图中可以看出，FFT计算结果受仿真步长的影响，步长越小，与公式计算结果越吻合，这也进一步验证了公式计算的准确性。

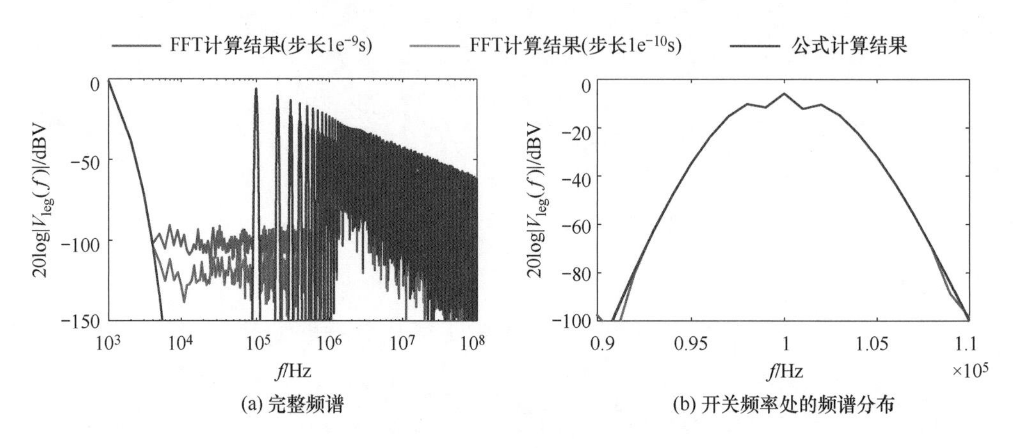

(a) 完整频谱　　(b) 开关频率处的频谱分布

图6.29　理想电磁能量脉冲的频谱

考虑死区因素影响，设死区时间 $t_d=100$ns，负载功率因数为0.8，电路工作在TEC（two even crossover）模式，即在一个调制周期内，负载电流 i_o 的方向改变两次。桥臂输出电磁能量脉冲序列频谱的FFT结果及式（6-83）计算结果如图6.30a所示，两者计算结果相一致。同时，不同死区时间下公式计算得到的电磁能量脉冲序列的频谱如图6.30b所示，可以看出随着死区时间的增加，输出电磁能量脉冲的基带谐波分量和边带谐波分量相应增加，而死区时间的增加对高频（>1MHz）分量的影响可以忽略。

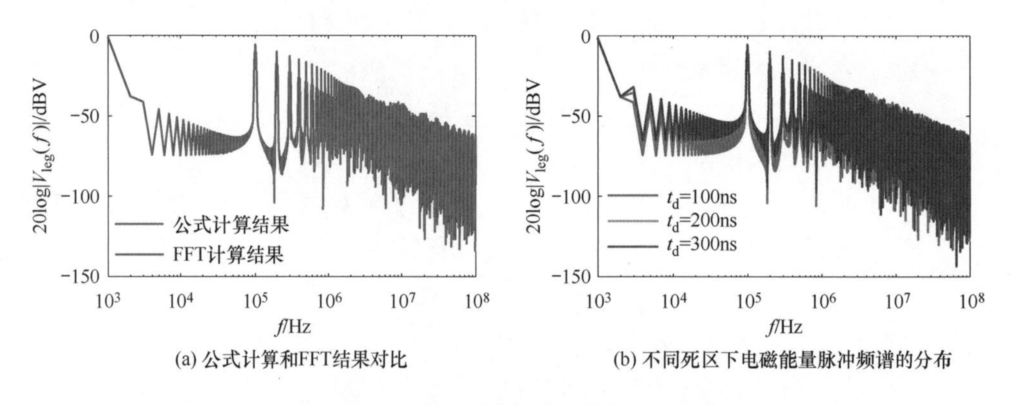

(a) 公式计算和FFT结果对比　　(b) 不同死区下电磁能量脉冲频谱的分布

图6.30　考虑死区后电磁能量脉冲的频谱

延迟对输出电磁能量脉冲频谱的影响和死区相似，其影响因素与 t'_{don} 和 t'_{doff} 之差有关。在案例分析中，选择 $t'_{don}=90$ns，t'_{doff} 与负载电流 i_o 有关，图6.31a展示了 t'_{doff} 与 i_o 的关系。图6.31b比较了不同 t'_{doff} 下的电磁能量脉冲频谱。其影响规律同死区时间相似，即主要影响电磁能量脉冲频谱的基带和边带谐波。

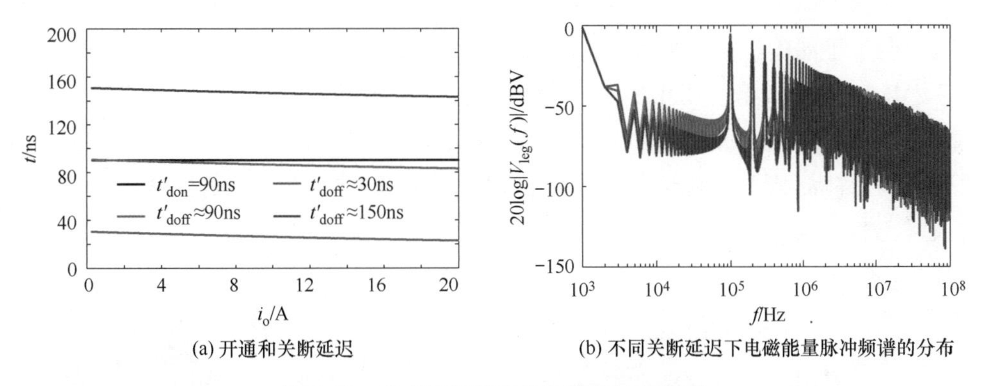

(a) 开通和关断延迟　　(b) 不同关断延迟下电磁能量脉冲频谱的分布

图 6.31　考虑延迟后电磁能量脉冲的频谱

接下来考虑开关过渡过程（主要包括电压上升下降时间和电压振荡部分）对电磁能量脉冲频谱的影响。首先将式（6-83）计算结果同实验结果进行对比，如图 6.32 所示。实验波形频谱为根据实验波形进行 FFT 计算及归一化处理后得到的结果。而对于公式计算频谱，则首先根据实验波形提取不同驱动电阻下的电压上升时间 t_{rv}，电压下降时间 t_{fv}，及电压振荡参数 V_{os1}，ω_{os1}及 α_1，然后代入式（6-83）得到频谱计算结果。

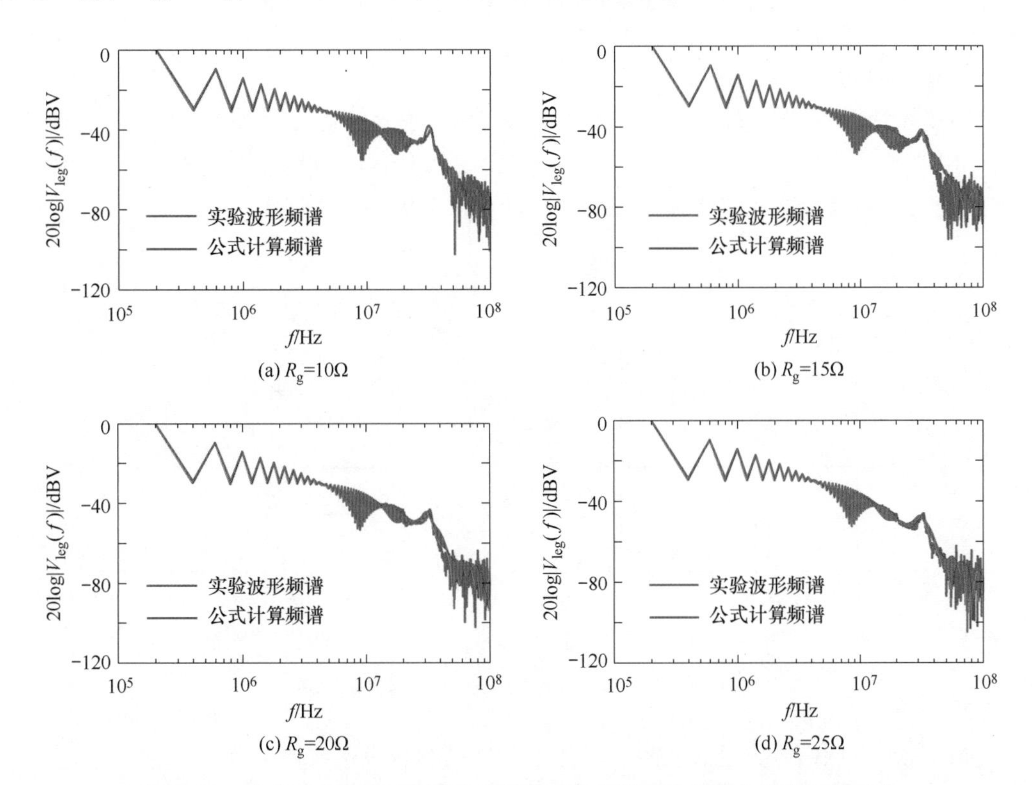

(a) R_g=10Ω　　(b) R_g=15Ω

(c) R_g=20Ω　　(d) R_g=25Ω

图 6.32　考虑开关过渡过程后电磁能量脉冲频谱实验结果和计算结果对比

从图 6.32 可以看出，公式计算频谱与实验波形频谱较为吻合。其中，在高频处的频谱有一定偏差，主要是实验波形电压上升、下降过程的非线性及测量噪声所致。

回到所研究的案例，图 6.33a 展示了不同电压上升、下降时间时的电磁能量脉冲频谱，图 6.33b 展示了不同电压振荡幅值下的电磁能量脉冲频谱。其中，$t_r=38\text{ns}$ 及 $t_f=24\text{ns}$ 是 SiC MOSFET CMF20120D 数据手册中给出的电压上升、下降时间的典型值。从图中可以看到，电压上升、下降时间主要影响电磁能量脉冲高频处的频谱衰减速度，电压上升、下降时间越大，电磁能量脉冲的高频衰减越快。而电压振荡主要影响振荡频率附近的频谱幅值，与电压振荡幅值呈正相关。

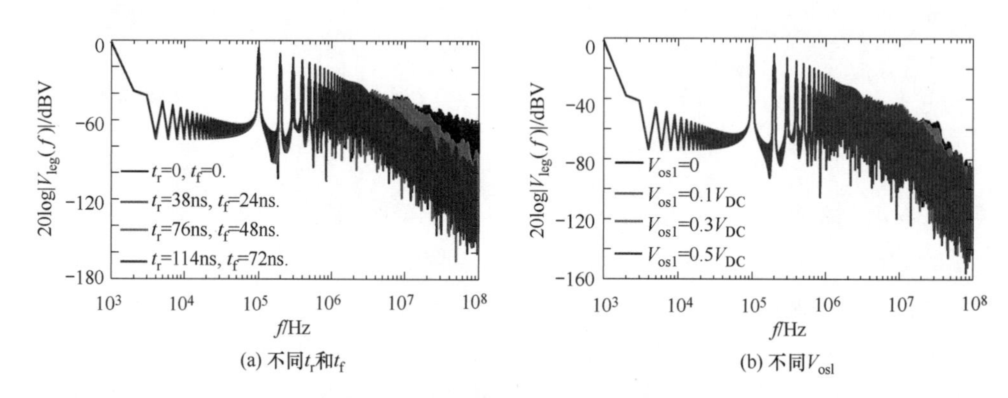

(a) 不同t_r和t_f　　(b) 不同V_{osl}

图 6.33　考虑开关过渡过程后电磁能量脉冲的频谱

6.3.2.4　拓展分析

以上频域分析主要针对 TEPWM 的调制方式，对于单边上升沿调制（Leading Edge PWM，LEPWM）及双边调制（Double Edge PWM，DEPWM），其分析方法相似，具体分析过程不再赘述，这里给出 LEPWM 和 DEPWM 的各部分脉冲的频域表达式。

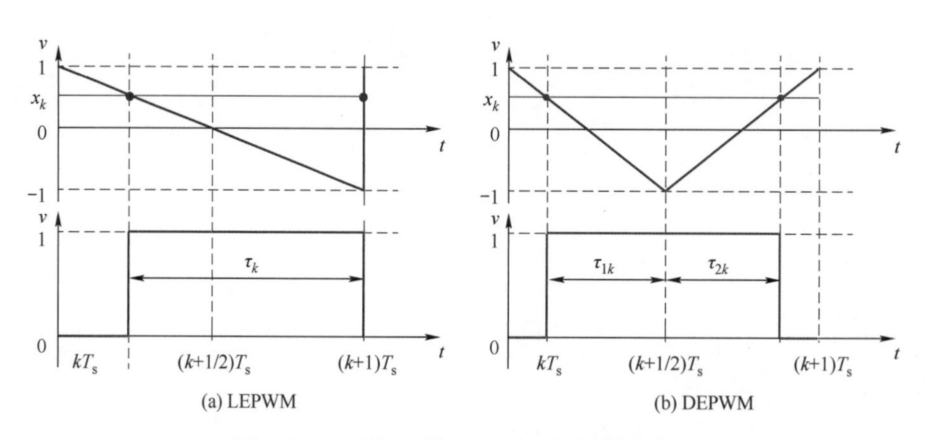

(a) LEPWM　　(b) DEPWM

图 6.34　LEPWM 及 DEPWM 调制方法图示

同样以周期调制信号为例，实际电磁能量脉冲的频域表达式为

$$V_{\text{leg}}(f)=P_c(f)+P_s(f)-E_1(f)-E_2(f)-E_3(f) \tag{6-85}$$

对于 LEPWM，有

$$P_{c,\text{LE}}(f)=\sum_{k=-\infty}^{\infty}\frac{-2}{\mathrm{j}(2k+1)}\delta[f-(2k+1)f_s]+\pi\delta(f) \tag{6-86}$$

$$P_{s,LE}(f)=\begin{cases}\sum_{k=-\infty}^{\infty}\dfrac{1}{-j2\pi f}\left[e^{-j2\pi f(kT_s+T_s/2)}-e^{-j2\pi f(kT_s+T_s-\tau_k)}\right],f\neq 0\\ \sum_{k=-\infty}^{\infty}\left(\tau_k-\dfrac{T_s}{2}\right),f=0\end{cases} \tag{6-87}$$

$E_{1,LE}(f)$，$E_{2,LE}(f)$ 及 $E_{3,LE}(f)$ 的计算公式与 TEPWM 的计算公式一致，只需将参数 t_{10} 及 t_{20} 修正为 $t_{10}=(k+1)T_s-\tau_k$，$t_{20}=(k+1)T_s$。

对于 DEPWM，有

$$P_{c,DE}(f)=\sum_{k=-\infty}^{\infty}\frac{2(-1)^{k+1}}{2k+1}\delta[f-(2k+1)f_s]+\pi\delta(f) \tag{6-88}$$

$$P_{s,DE}(f)=\begin{cases}\sum_{k=-\infty}^{\infty}\dfrac{e^{-j2\pi f(kT_s+T_s/2)}}{-j2\pi f}\left[2j\sin\left(\dfrac{\pi fT_s}{2}\right)-e^{j2\pi f\tau_{1k}}+e^{-j2\pi f\tau_{2k}}\right],f\neq 0\\ \sum_{k=-\infty}^{\infty}\left(\tau_{1k}+\tau_{2k}-\dfrac{T_s}{2}\right),f=0\end{cases} \tag{6-89}$$

$E_{1,DE}(f)$，$E_{2,DE}(f)$ 及 $E_{3,DE}(f)$ 的计算公式与 TEPWM 的计算公式一致，只需将参数 t_{10} 及 t_{20} 修正为 $t_{10}=(k+1/2)T_s-\tau_{1k}$，$t_{20}=(k+1/2)T_s+\tau_{2k}$。

本节结合案例通过仿真和实验波形对电磁能量脉冲的频谱计算方法进行了验证，同时分析了不同因素对电磁能量脉冲频谱的影响规律。若将电磁能量脉冲的频谱按频段划分为信号频段（$f_0<f<f_c$）、载波频段（$f_c<f<10f_c$）及 EMI 频段（$f>10f_c$），则死区和延迟主要影响的是信号频段和载波频段，而开关过渡过程则主要影响 EMI 频段。

本节所述电磁能量脉冲的频域表征方法提供了一种考虑脉冲延迟和畸变关系的、对电磁能量脉冲频谱进行表征的定量分析方法。通过分析死区、延迟及开关过渡过程对电磁能量脉冲频谱的影响规律，可以根据研究问题所处频段，选择相关的非理想因素进行考虑，进而避免过于简单或复杂的分析建模。比如若研究 THD，则主要与信号频段及载波频段内的频谱有关，因此，可只考虑死区和延迟，而无需考虑开关过渡过程。而若要研究系统的 EMI 特性，则需考虑电磁能量脉冲的开关过渡过程。

6.4 脉冲控制规律解析

在 6.3 节中分别从时域和频域，对三组脉冲的关系进行表征，进而更全面地对三组脉冲之间的传递规律及其对系统性能的影响进行定量分析。表 6.9 总结了主要脉冲关系及其对系统性能的影响，并分别给出相应的定量分析方法。

表 6.9　三组脉冲关系及与系统性能关系的定量分析

形态属性分析			与系统性能关系	
三组脉冲关系	参数表征	定量分析方法	描述	定量分析方法
死区	t_d	控制算法给定	输出波形质量（THD）	频谱分析方法
开通、关断延迟	t'_{don}，t'_{doff}	开关瞬态分析模型	输出波形质量（THD）	频谱分析方法

（续）

形态属性分析			与系统性能关系	
三组脉冲关系	参数表征	定量分析方法	描述	定量分析方法
电压上升、下降时间	t_{rv}，t_{fv}	开关瞬态分析模型	输出波形的高频频谱（EMI）	频谱分析方法
			开关损耗	开关损耗分析模型
电流上升、下降时间	t_{ri}，t_{fi}	开关瞬态分析模型	电压与电流尖峰	开关瞬态分析模型
			开关损耗	开关损耗分析模型
电压、电路尖峰	V_{peak}，I_{peak}	开关瞬态分析模型	装置电压、电流等级	开关瞬态分析模型
电压、电流振荡	V_{os}，$\omega_{os(off)}$，$\alpha_{os(off)}$，I_{os}，$\omega_{os(on)}$，$\alpha_{os(on)}$	开关瞬态分析模型	输出波形的高频频谱（EMI）	频谱分析方法

在表 6.9 所列脉冲关系中，死区和延迟主要影响输出波形质量，可通过控制算法进行补偿。而电压、电流的上升、下降时间及电压、电流尖峰主要带来开关损耗、器件应力及 EMI 等问题，要通过对电磁能量脉冲的畸变关系进行控制以改善这些系统性能，是一个多参数耦合的多目标优化问题。对于这类问题，现代优化算法是有效的解决方法，但并不能揭示出系统参数对这些系统性能的影响规律，所得到的优化结果也不具有普适性。因此，本节将抓住电磁能量脉冲的主要瞬态行为，分析比较系统可控参数对主要瞬态行为及系统性能的影响规律，进而总结提炼出对电磁能量脉冲瞬态行为进行控制的一般规律。

从表 6.9 中对电磁能量脉冲畸变关系的表征可以看出，电磁能量脉冲的畸变关系均受开通和关断过程中 dv/dt 和 di/dt 的影响，其中，电压、电流上升和下降时间与 dv/dt 和 di/dt 直接相关，电压、电流尖峰与 di/dt 正相关，电压、电流振荡的幅值，与电压、电流尖峰一致，也与 di/dt 正相关。因此，可以说器件开关过程中的 dv/dt 和 di/dt 是影响电磁能量脉冲畸变关系的主要参数。

利用 6.2 节的分析模型，可定量分析系统参数对 dv/dt 及 di/dt 的影响关系。这里 dv/dt 指电压 v_{ds}的变化率 dv_{ds}/dt，di/dt 指电流 i_d的变化率 di_d/dt。图 6.35 比较了不同驱动回路参数（R_g，C_{gs}，C_{gd}，V_{CC}，V_{EE}）对电磁能量脉冲的影响规律。图中以虚线标注了 dv/dt 及 di/dt 随驱动回路参数变化的规律，并以百分比的方式标识了 dv/dt 及 di/dt 的变化率。可以看出，通过改变 R_g及驱动电平（V_{CC}和 V_{EE}），dv/dt 及 di/dt 的变化率的一致性较好，而通过改变 C_{gs}，dv/dt 的变化率仅为 di/dt 变化率的一半。对于 C_{gd}，dv/dt 与 di/dt 的变化率之间的差异更为明显。因此，从可控性角度，驱动电阻及驱动电平对于 dv/dt 和 di/dt 的影响规律具有较好的一致性。

另外，通过改变驱动回路参数，影响开关过程中的 dv/dt 和 di/dt，会进一步影响系统器件应力和开关损耗。图 6.36 展示了实验测得的不同驱动回路参数下的器件应力和开关损耗。可以看到改变不同的驱动参数，器件应力和开关损耗之间均存在相互制约关系。

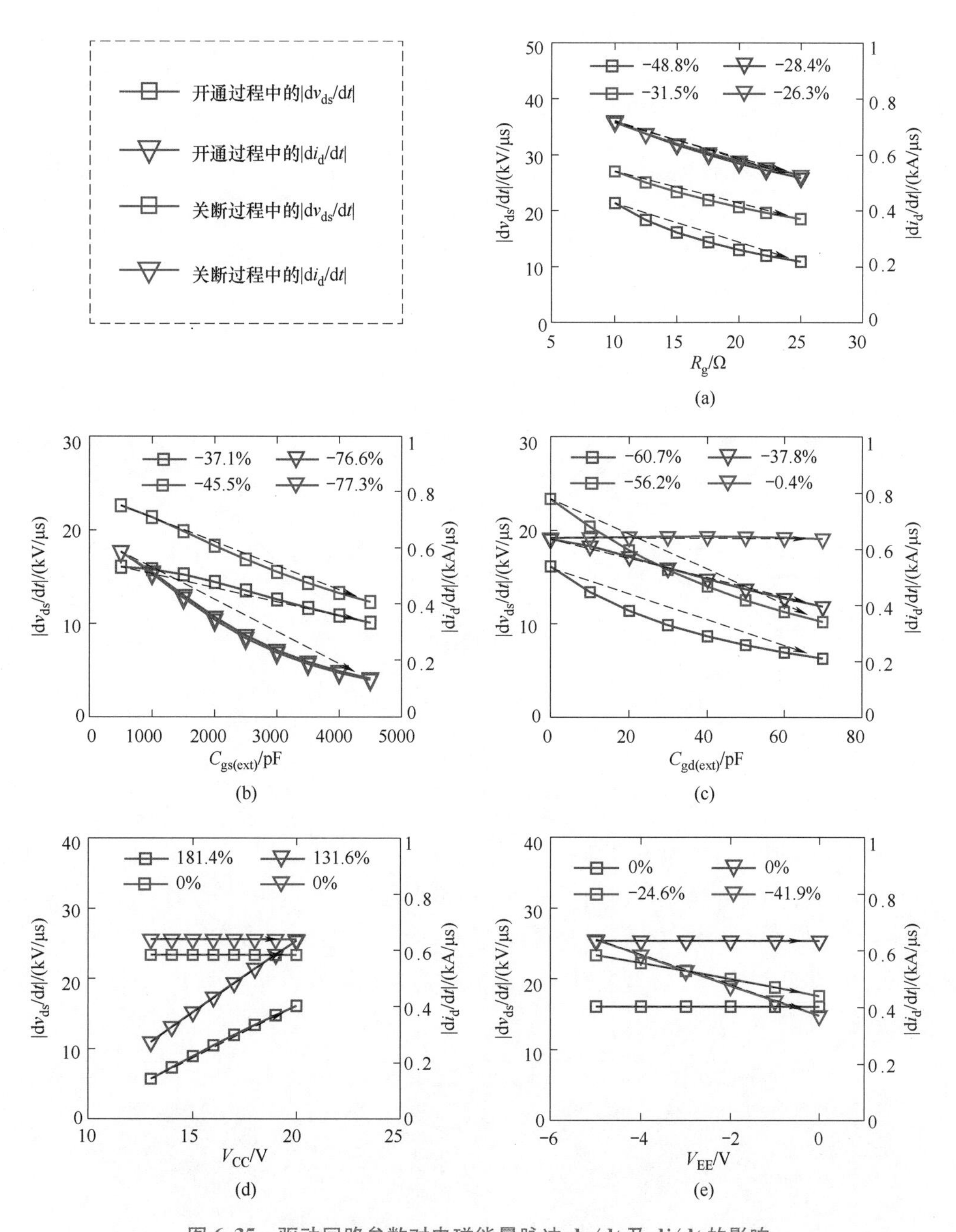

图 6.35 驱动回路参数对电磁能量脉冲 dv/dt 及 di/dt 的影响

通过分析驱动回路参数对开关过程 dv/dt 及 di/dt 的影响规律，反映出通过改变驱动参数对电磁能量脉冲的瞬态行为进行控制的有效性。然而，若在整个开关过程中保持驱动参数不变，即实现一种基于开关周期调节驱动参数的驱动回路控制方法，则仍然会面临器件应力与开关损耗的相互制约问题。而若根据开关过程的不同阶段来调节驱动回路参数，即主动驱动控制（Active Gate Control，AGC）方法，则有望实现降低器件应力和降低开关损耗的兼顾。

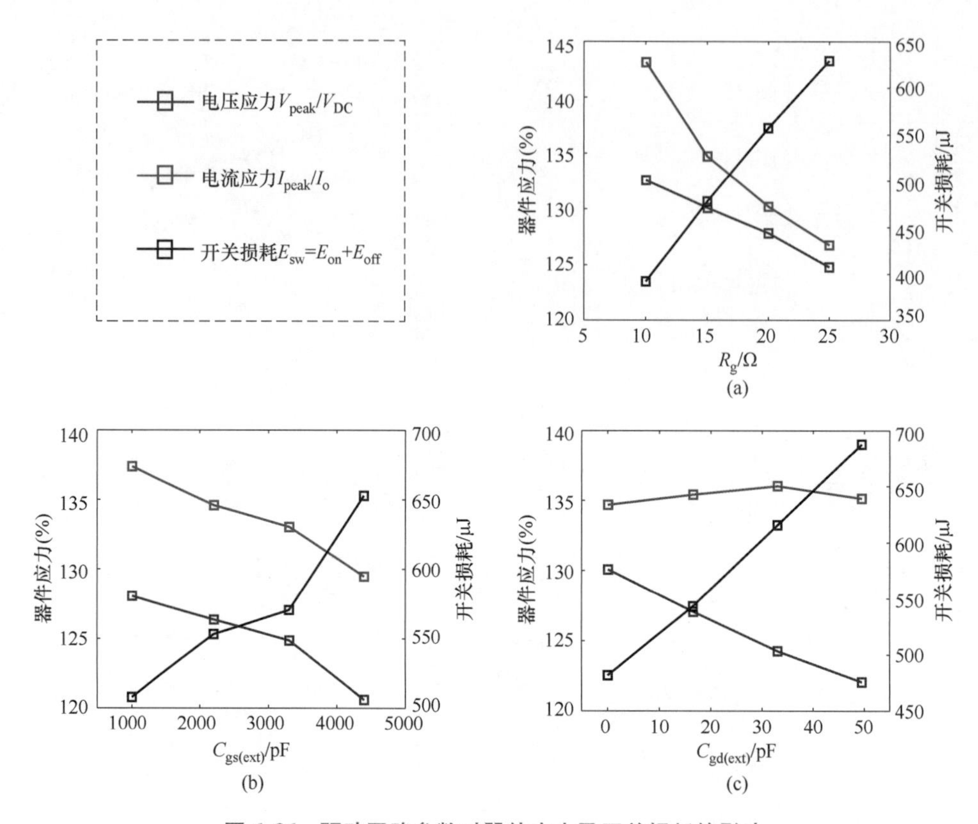

图 6.36　驱动回路参数对器件应力及开关损耗的影响

主动驱动控制是一种在硬开关条件下，针对开关过程中的不同阶段，改变驱动回路参数，以对电磁能量脉冲轨迹进行控制，进而兼顾降低器件应力与降低开关损耗的方法。

目前主动驱动控制方法主要针对绝缘栅型功率半导体器件，如 IGBT 及 MOSFET。硬开关条件下，IGBT 及 MOSFET 的开关过程一般可分为延迟阶段、di/dt 阶段、dv/dt 阶段及振荡/拖尾阶段，如图 6.37 所示。

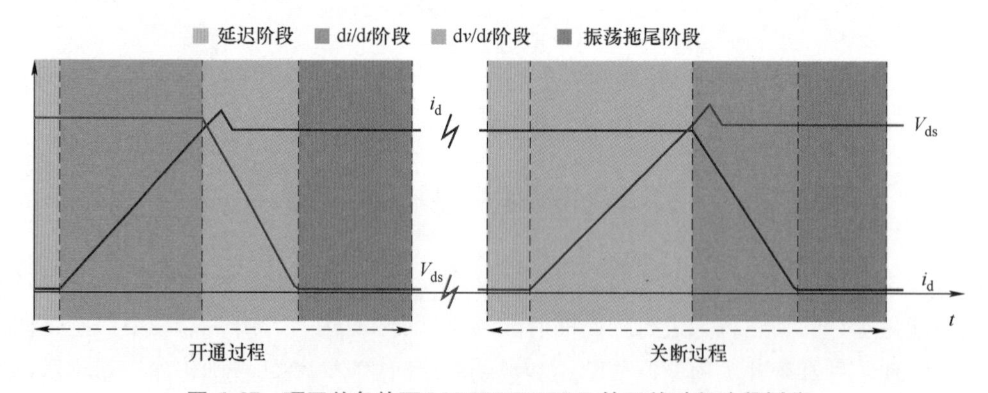

图 6.37　硬开关条件下 MOSFET/IGBT 的开关过程阶段划分

通过表 6.9 可知，开关损耗主要与 dv/dt 及 di/dt 呈负相关，而器件应力（电压、电流尖峰）主要与 di/dt 呈正相关。因此为了兼顾开关损耗与器件应力，主动驱动控制的一般性

策略为对开关过程中的 di/dt 阶段进行检测（一般通过共源极电感 L_s 两端电压的反馈进行检测），在开关过程进入 di/dt 阶段时，通过改变驱动回路参数，以抑制栅极电容充放电过程，而在其他阶段，调节驱动回路参数以加快栅极电容充放电过程。

主动驱动控制的研究主要通过变驱动电阻、变驱动电压及变驱动电流等方式实现对开关过程的开环或闭环控制。对主动驱动控制方法的评估主要是直接通过实验或复杂的电路仿真进行分析，但在仿真或实验研究之前，有必要从理论上对主动驱动控制方法进行评估。考虑到主动驱动控制的本质是在开关过程的不同阶段采用不同的驱动参数进行控制的方法，可利用分阶段的开关瞬态分析模型对主动驱动控制方法进行理论评估。该方法无需通过仿真或实验搭建具体的主动驱动控制电路，即可从理论上估计主动驱动控制方法的控制效果，进而指导主动驱动控制方法的设计和后续的仿真及硬件实现。

第7章 电磁脉冲主动驱动控制

如第2章所述，主动驱动控制是通过调节绝缘栅型功率半导体器件驱动回路的栅极电阻、输出电压或输出电流等要素来控制器件开关瞬态过程的控制方法，它实施了“离散-连续（小时间尺度）”过程控制。

由第3章开关瞬态建模方法和第6章电磁脉冲形态解析可知，开关瞬态过程具有明显的阶段特征，不同阶段的主导机理和参数不同。常规驱动控制方法（conventional gate dirve，CGD）采用固定的驱动回路参数（如驱动电阻），难以同时适应开关瞬态过程的所有阶段，在优化一部分开关特性时不可避免地会影响其他开关阶段的特性，产生优化目标之间的交叉限制。由此可知，对开关瞬态各阶段施加解耦控制是驱动方法实现器件开关特性整体最优的关键思路，主动驱动控制需要具有对瞬态过程各阶段解耦控制的能力。

依据这一技术思路，本章论述针对IGBT和SiC MOSFET等绝缘栅型功率半导体器件的主动驱动控制方法，解耦控制是其中的关键概念。

为实现解耦控制，首先论述自调节栅极主动驱动控制方法。该方法基于开关器件瞬态过程的阶段划分来自适应改变控制策略，从而实现不同阶段关键开关特性的优化。进一步，在自调节栅极主动驱动控制方法的基础上，增加主电路关键电气量的采样，在控制回路中加入调节环节，形成IGBT电磁脉冲的闭环控制方法，从而根据外电路工况自适应实现瞬态过程的开关特性优化。最后，由IGBT转向开关速度更快的SiC MOSFET。为解决主动驱动控制回路相较SiC MOSFET延迟较大的问题，提出驱动侧“主动控制”与主电路侧无源辅助电路“被动控制”相结合的方法，以改善SiC MOSFET的开关损耗等关键特性。

7.1 自调节栅极主动驱动控制方法

本节论述的自调节驱动方法采用的是电压源实现方式，因而称为自调节电压源型栅极驱动（Self-Regulating Voltage-Source Gate Drive，SRVSD）方法。

7.1.1 工作原理

SRVSD驱动方法的基本工作原理是依靠高速、简洁的模拟反馈电路，判断功率半导体

器件目前所处的开关状态，进而施加相应合适的驱动电压，以获得对开关特性的显著优化或者精确控制。下面具体介绍 SRVSD 对功率器件开通、关断瞬态的控制方式。

7.1.1.1　SRVSD 方法对开通瞬态的控制

图 7.1 所示为典型的两电平换流单元以及 IGBT 的等效子电路模型。

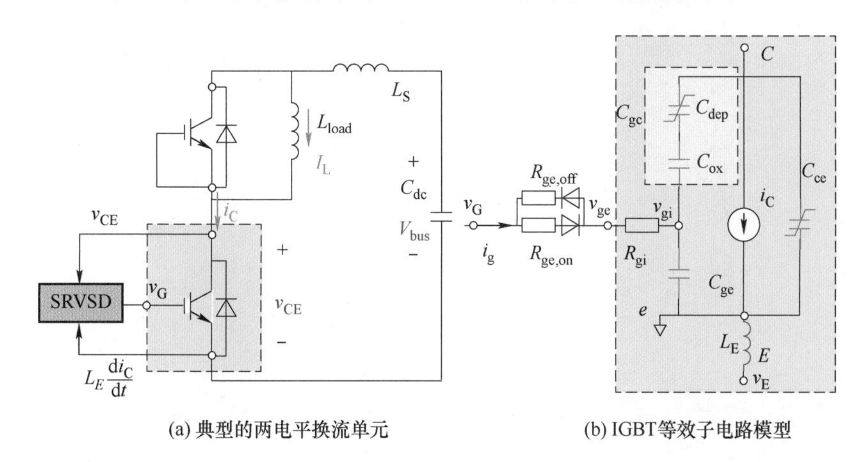

图 7.1　用于 SRVSD 工作原理分析的换流单元及器件等效子电路模型

在图 7.1a 中，上管常关，下管作为主动管，以此验证驱动电路的控制效果。母线电容为 C_{dc}，负载电感 L_{load}，换流回路总杂散电感 L_S。负载电流 I_L，母线电压 V_{bus}，由于开关瞬态过程极短，所以开关瞬态一般可以将母线电容看作恒定电压源，而负载电感可以视作恒定电流源。主动管的端电压 v_{CE}，管电流为 i_C，驱动电压 v_G。

图 7.1b 给出了 IGBT 的模型，可以用于对 IGBT 开关瞬态进行定量分析。$R_{ge,on}$，$R_{ge,off}$分别是驱动板上焊接的开通、关断驱动电阻，R_{gi}是 IGBT 栅极内部的电阻。i_g 是栅极驱动电流，v_{ge}是外部可测的栅极电压，v_{gi}是功率芯片的内部实际栅极电压，v_{ge}和 v_{gi}之间是 R_{gi}。v_E是功率地的电位，以 IGBT 的驱动地为参考地，这里忽略驱动发射极 e 和功率发射极 E 之间的电阻性压降，则 v_E 大小如式（7-1）所示。

$$v_E = -L_E \frac{di_C}{dt} \tag{7-1}$$

模型考虑了 IGBT 三个端子之间的寄生电容，包括栅-射极间电容 C_{ge}，栅-集极间电容 C_{gc}，集-射极间电容 C_{ce}。其中 C_{ge}可以认为是常值电容，而由于 PN 结的作用，C_{gc}和 C_{ce}的数值都随着器件端电压变化而变化。C_{gc}可以看作氧化层电容 C_{ox}和耗尽层电容 C_{dep}的串联。此外，为了方便分析，C_{gc}可以看作二值电容，即在高 v_{CE}时，认为其是小常数值 C_{gcL}；在低 v_{CE}时，认为其是较大常数值 C_{gcH}。

SRVSD 方法对开通瞬态进行控制的波形示意图如图 7.2a 所示。这里将开通瞬态过程划分为 4 个阶段，主要考察了驱动电压 v_G，芯片内部实际栅极电压 v_{gi}，管电流 i_C，端电压 v_{CE}。

S1：开通延迟阶段。当驱动电路接收到开通指令时，开通过程开始。在该阶段内，IGBT 栅极回路可以看作是一个被驱动电路充电的一阶 *RC* 电路。实际栅极电压 v_{gi}如式（7-2）。在 S1

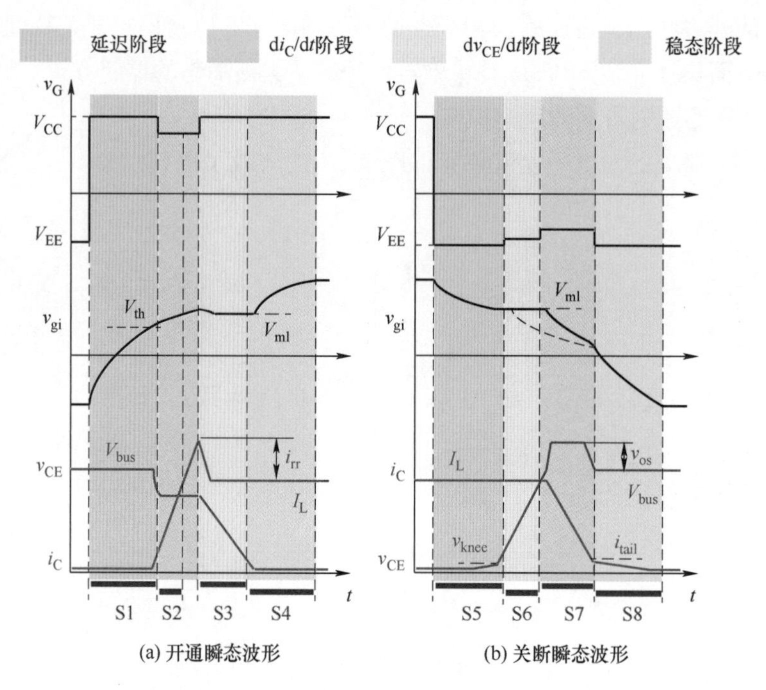

图 7.2　SRVSD 方法控制开关瞬态波形示意图

阶段中，v_{gi}会在某个时刻达到阈值电压 V_{th}，此后 i_C 才会开始上升。这里定义 S1 阶段持续到 $i_C=10\%I_L$，该阶段时长 T_{S1}可由式（7-3）计算得到。其中总的开通驱动电阻 R_{gon} 等于 $R_{ge,on}$ 和 R_{gi}之和；输入电容 C_{ies}是寄生电容 C_{ge}和 C_{gc}之和；g_m 是跨导。$v_{G,Sx}$，T_{Sx}分别是 Sx($x=1$，2，3，5，6，7）阶段的驱动电压和时长。延迟阶段器件的 i_C，v_{CE}均基本保持不变。

$$v_{gi}=v_{G,S1}+(V_{EE}-v_{G,S1})\mathrm{e}^{-\frac{t}{R_{gon}C_{ies}}} \tag{7-2}$$

$$T_{S1}=R_{gon}C_{ies}\ln\frac{v_{G,S1}-V_{EE}}{v_{G,S1}-(V_{th}+0.1I_L/g_m)} \tag{7-3}$$

S2：管电流上升阶段。S2 阶段包含了 i_C 从 $10\%I_L$ 上升到 $90\%I_L$ 的过程。如图 7.2a 所示，i_C 整个上升过程包含了 S2 阶段以及 i_C 从 $90\%I_L$ 上升到尖峰值 I_L+i_{rr}这两个过程。这里对 S2 区间作这样的定义，是为了方便 7.2.2 节利用该段时长进行开通损耗模型的推导与验证以及开通损耗的控制。如图 7.2a 所示，S2 阶段初始时，驱动电压即从 $v_{G,S1}$阶跃至 $v_{G,S2}$。值得注意的是，$v_{G,S2}$作用在 i_C 整个上升过程，而不仅限于 S2 阶段。i_C 的过冲 i_{rr}是由于上管的反并联二极管的反向恢复所致，一般认为 i_{rr}的幅值与负载电流 I_L 和 $\mathrm{d}i_C/\mathrm{d}t$ 有正相关关系。这里把 i_C 的尖峰值 I_L+i_{rr}称为开通瞬态管电流应力，记作 i_{PK}。

在 S2 阶段，仍然可以将栅极回路视作一阶 RC 电路。这里认为 S2 阶段时，IGBT 工作在输出特性的放大区，因此 i_C 可以写成如式（7-4）的表达式。所以 $\mathrm{d}i_C/\mathrm{d}t$ 可以写为式（7-5）。同样的，这里给出 S2 阶段时长，T_{S2}的表达式如式（7-6）。在 S2 阶段，由于上管的反并联二极管还不具有反向承压的能力，所以母线电压只会施加在开通的下管和换流回路杂散电感 L_S 上。i_C 上升会在 L_S 两端产生感应电势，从而引起开通主管 v_{CE}的下降，v_{CE}下降的幅值

Δv_{CE}计算方法如式（7-7）所示。

$$i_C=g_m(v_{gi}-V_{th}) \tag{7-4}$$

$$\left\|\frac{di_C}{dt}\right\|=\left\|g_m\frac{v_{G,S2}-i_C/g_m-V_{th}}{R_{gon}C_{ies}}\right\| \tag{7-5}$$

$$T_{S2}=R_{gon}C_{ies}\ln\frac{v_{G,S2}-(V_{th}+0.1I_L/g_m)}{v_{G,S2}-(V_{th}+0.9I_L/g_m)} \tag{7-6}$$

$$\|\Delta v_{CE}\|=\left\|L_S\frac{di_C}{dt}\right\| \tag{7-7}$$

S3：端电压下降阶段。该阶段经历了短暂的i_C从I_L+i_{rr}下降至I_L的过程，此后i_C总是保持在I_L，同时由于在 S3 阶段时，IGBT 工作在输出特性的放大区，根据式（7-4），栅极电压v_{gi}将维持在恒定的电位，该电位称为米勒电平V_{ml}，如式（7-8）。正因此，S3 阶段也被称为米勒平台区（Miller plateau）。由于实际栅极电压v_{gi}保持不变，所以 S3 阶段的栅极电流i_g也保持不变，表达式如式（7-9），于是该阶段的栅极电路可视作是恒定电流源。S3 阶段，恒定的i_g全部流入C_{gc}以对其端电压进行放电，IGBT 端电压不断下降，该阶段dv_{CE}/dt如式（7-10）。这里定义当v_{CE}下降至 10%V_{bus}时，S3 阶段结束，因此 S3 阶段的时长T_{S3}如式（7-11），其中Q_{Sx}表示在 Sx 阶段内，流经C_{gc}的全部电荷量；$i_{g,Sx}$表示的是 Sx 阶段内的栅极驱动电流值。

从式（7-10），式（7-11）可以看到，通过改变 S3 阶段的驱动电压$v_{G,S3}$可以调整 IGBT 在该阶段的行为。

$$V_{ml}=v_{gi}\big|_{i_C=I_L}=I_L/g_m+V_{th} \tag{7-8}$$

$$\|i_{g,S3}\|=\left\|\frac{v_{G,S3}-V_{ml}}{R_{gon}}\right\| \tag{7-9}$$

$$\left\|\frac{dv_{CE}}{dt}\right\|=\left\|\frac{i_{g,S3}}{C_{gcL}}\right\| \tag{7-10}$$

$$T_{S3}=\frac{0.9V_{bus}-\|\Delta v_{CE}\|}{v_{G,S3}-V_{ml}}R_{gon}C_{gcL}=\left\|\frac{Q_{S3}}{i_{g,S3}}\right\| \tag{7-11}$$

S4：通态阶段。当$v_{CE}=10\%V_{bus}$，IGBT 进入 S4 阶段。在该阶段开始时，v_{CE}进一步下降至通态压降，而栅极回路可以视作一阶 RC 电路，v_{gi}会充电至V_{CC}。在 S4 阶段，IGBT 从输出特性放大区进入了饱和区，并且之后一直维持在导通状态。由于进入 S4 阶段时，换流过程已经基本完成，不需要对开通瞬态再作控制，于是驱动电压v_G在 S4 阶段之初就直接保持在V_{CC}。

7.1.1.2　SRVSD 方法对关断瞬态的控制

SRVSD 方法对关断瞬态进行控制的波形示意图如图 7.2b 所示。这里将关断瞬态过程划分为 4 个阶段，同样主要考察驱动电压v_G，芯片内部实际栅极电压v_{gi}，管电流i_C，端电压v_{CE}。

S5：关断延迟阶段。当驱动电路接收到关断指令时，关断过程开始。在该阶段内，

IGBT 栅极回路可以看作是一个被驱动电路放电的一阶 *RC* 电路。实际栅极电压 v_{gi} 如式（7-12）。这里定义当 v_{CE} 上升至 10% V_{bus} 时 S5 阶段结束，于是该阶段时长 T_{S5} 可由式（7-13）计算得到。其中总的关断驱动电阻 R_{goff} 等于 $R_{ge,off}$ 和 R_{gi} 之和。在 S5 阶段，v_{gi} 下降至米勒电平 V_{ml}，该阶段内器件的 i_C，v_{CE} 均基本保持不变。

$$v_{gi}=v_{G,S5}+(V_{CC}-v_{G,S5})\mathrm{e}^{-\frac{t}{R_{goff}C_{ies}}} \tag{7-12}$$

$$T_{S5}=R_{goff}C_{ies}\ln\frac{V_{CC}-v_{G,S5}}{V_{ml}-v_{G,S5}} \tag{7-13}$$

S6：端电压上升阶段。S6 阶段一开始，驱动电压 v_G 就阶跃至 $v_{G,S6}$。在 S6 阶段，v_{CE} 从 10% V_{bus} 上升到 90% V_{bus}。由于上管的反并联二极管此时仍然承受反压，所以在 S6 阶段，下管仍然导通全部的负载电流 I_L。因此与 S3 阶段类似，一般认为 v_{gi} 在 S6 阶段内保持在 V_{ml}，因而 S6 阶段也称为米勒平台区。与 S3 类似地，S6 阶段的栅极驱动电流为恒值，如式（7-14）。该恒定栅极电流 i_g 将全部给 C_{gc} 充电，端电压 v_{CE} 快速上升。这里 v_{CE} 上升速度的表达式如式（7-15），S6 阶段时长表达式如式（7-16）。从式（7-14）~式（7-16）可以看到，通过采用不同的驱动电压 $v_{G,S6}$，SRVSD 可以改变 $\mathrm{d}v_{CE}/\mathrm{d}t$ 和 T_{S6}。

$$\|i_{g,S6}\|=\left\|\frac{V_{ml}-v_{G,S6}}{R_{goff}}\right\| \tag{7-14}$$

$$\left\|\frac{\mathrm{d}v_{CE}}{\mathrm{d}t}\right\|=\left\|\frac{i_{g,S6}}{C_{gcL}}\right\| \tag{7-15}$$

$$T_{S6}=\frac{0.8V_{bus}}{V_{ml}-v_{G,S6}}R_{goff}C_{gcL}=\left\|\frac{Q_{S6}}{i_{g,S6}}\right\| \tag{7-16}$$

通常情况，如图 7.2b 所示的实线所示，由于管电流在 S6 阶段不变，v_{gi} 会在 S6 阶段维持在恒定的 V_{ml}。但是沟槽栅场截止型（trench-gate field-stop）IGBT 与前几代的 IGBT 在这一点上有不同的表现——在图 7.2b 中，沟槽栅场截止型 IGBT 的 v_{gi} 会如虚线所示有明显的下降。这背后的原因是关断瞬态的管电流 i_C 起始是由两部分组成：MOS 沟道电流分量 i_{mos}；“储存电荷”电流分量 i_{sto}。可以用一个额外的输出电容 C_O 来表征 i_{sto}，如式（7-17）所示。

$$i_{sto}=C_O\frac{\mathrm{d}v_{CE}}{\mathrm{d}t} \tag{7-17}$$

根据式（7-17），当 $\mathrm{d}v_{CE}/\mathrm{d}t$ 较大时，电流分量 i_{sto} 就会变大而不可忽略。S6 阶段 i_C 恒等于 I_L，所以电流分量 i_{mos} 就会相应变小。作为 MOS 栅功率半导体器件，IGBT 的栅极电压 v_{gi} 直接控制的是电流分量 i_{mos}。于是，电流分量 i_{mos} 的降低导致了图 7.2b 中的虚线所示，v_{gi} 在 S6 阶段的明显下降。总之，v_{gi} 在 S6 阶段的下降是由于总电流 i_C 不变，但是电流分量 i_{sto} 变大而电流分量 i_{mos} 变小了。图 7.2b 的虚线对应的是 $\mathrm{d}v_{CE}/\mathrm{d}t$ 较大的情况，其中 v_{gi} 的下降致使 MOS 沟道出现轻微关断。

S7：管电流下降阶段。S6 结束后进入 S7 阶段。当端电压 v_{CE} 达到 V_{bus} 时，上管的反并联二极管开始正向恢复，产生正向导通电流，自此 i_C 不断下降直至 IGBT 彻底关断。如图 7.2b

所示，这里定义当管电流 i_C 下降到拖尾电流 i_{tail} 时，S7 阶段结束。将栅极回路视作一阶 RC 电路，于是 di_C/dt 可以写成式（7-18），S7 阶段的时长可以写作式（7-19）。此外，随着 I_L 快速从 i_C 换流至上管的反并联二极管，L_S 两端会感应出电压，从而在关断的下管产生端电压的过冲。如图 7.2b 所示，该电压过冲 v_{os} 可以表达为式（7-7）。这里把 v_{CE} 的尖峰值 $V_{bus}+v_{os}$ 称为关断瞬态端电压应力，记作 v_{PK}。

$$\left\|\frac{di_C}{dt}\right\|=\left\|g_m\frac{i_C/g_m+V_{th}-v_{G,S7}}{R_{goff}C_{ies}}\right\| \tag{7-18}$$

$$T_{S7}=R_{goff}C_{ies}\ln\frac{V_{ml}-v_{G,S7}}{(I_L-i_{tail})/g_m+V_{th}-v_{G,S7}} \tag{7-19}$$

由式（7-7）~式（7-19）可知，SRVSD 可以通过调节驱动电压 $v_{G,S7}$ 来调整 IGBT 在 S7 阶段的行为，包括管电流下降速度 di_C/dt，S7 阶段时长 T_{S7}，关断电压过冲 v_{os}。由式（7-18）和式（7-19）可以知道，增大 $v_{G,S7}$ 会增长 S7 时长；降低 $v_{G,S7}$ 可以加快 i_C 下降速度，从而带来更大的 v_{os}。但是根据上面对于沟槽栅场截止型 IGBT 的 S6 阶段的分析，如果 $v_{G,S6}$ 更高，那么 dv_{CE}/dt 将变小，从而有更多的电流分量 i_{mos} 在 S7 阶段开始之初被保留下来。在这样的情况下，在前一阶段的影响下，更高的 $v_{G,S7}$ 可能造成更高的关断电应力。这种反常情况在 7.2 节的闭环控制实验波形中观察到，且这一反常的较大 $\|di_C/dt\|$ 在之后的数个脉冲内被闭环控制住了。此外，7.2 节还将在自调节控制中，提出对开关瞬态电应力的直接控制，该控制思路对于保证电力电子系统的安全、可靠、低损运行，具有重要意义。

S8：断态阶段。在该阶段开始时，v_{CE} 从关断尖峰值下降至 V_{bus}，i_C 从 i_{tail} 下降至 0，而栅极回路可以视作一阶 RC 电路，v_{gi} 会放电至 V_{EE}。在 S8 阶段，IGBT 从输出特性放大区进入了截止区，并维持在关断状态。由于进入 S8 阶段时，换流过程已经基本完成，不需要对开通瞬态再作控制，于是驱动电压 v_G 在 S8 阶段之初就直接保持在 V_{EE}。

7.1.1.3　对开关瞬态各阶段划分的边界条件

从上面分析中可以看到，SRVSD 方法的正确工作依赖于对开关瞬态各阶段的识别与检测。这里对划分出的开关瞬态各阶段的边界条件做总结，见表 7.1，其中 ε，ε' 是预设的小值。

如表 7.1 所示，功率地 E 的电位 v_E 表征了 i_C 变化的速度。比如当 $\|v_E\|<\varepsilon$，表示 i_C 达到了开通瞬态尖峰值，IGBT 将进入 S3 阶段；当 $\|v_E\|<\varepsilon'$，表示 i_C 下降速度变得很缓慢，i_C 达到了拖尾电流附近，IGBT 将进入 S8 阶段。

表 7.1　开关瞬态各阶段的边界条件

阶段	起始条件	结束条件	阶段	起始条件	结束条件
S1	开通指令	$i_C=10\%I_L$	S5	关断指令	$v_{CE}=10\%V_{bus}$
S2	$i_C=10\%I_L$	$i_C=90\%I_L$	S6	$v_{CE}=10\%V_{bus}$	$v_{CE}=90\%V_{bus}$
S3	$\|v_E\|<\varepsilon$	$v_{CE}=10\%V_{bus}$	S7	$v_{CE}=90\%V_{bus}$	$\|v_E\|<\varepsilon'$

7.1.1.4 SRVSD 方法的控制能力论证

在论证 SRVSD 方法的控制能力之前，对开关特性及对它们的影响因素进行分析，见表 7.2。这里对开通损耗 E_{on} 和关断损耗 E_{off} 作说明，开关损耗的大小通过式（7-20）和式（7-21）得出，其中 $t_{on,S}$，$t_{on,E}$ 是开通损耗计算的始末时刻，而 $t_{off,S}$，$t_{off,E}$ 是关断损耗计算的始末时刻。图 7.3 示出了 IGBT 在开通、关断瞬态，i_C，v_{CE} 在输出特性平面的运行轨迹，可以看到，IGBT 在放大区时管电流和端电压乘积表征的瞬态功率较大；在截止区，i_C 很小，因此瞬态功率很小；而在饱和区，v_{CE} 很小，瞬态功率也很小。此外，由图 7.2 可知，IGBT 在开关瞬态时，其主要工作在放大区，在截止区和饱和区的时间很短。因此，根据式（7-20）和式（7-21）可知，IGBT 的开关损耗由其开关瞬态工作在放大区的损耗决定。而在母线电压 V_{bus} 和负载电流 I_L 一定的情况下，IGBT 的开关损耗由其工作在放大区的时长决定并与时长成正相关。根据上文对图 7.2 中开关瞬态阶段的划分与定义，开通、关断过程的时长分别由 T_{S2} 和 T_{S3}，T_{S6} 和 T_{S7} 组成，综上可以得出表 7.2 开关损耗一栏的关系。

表 7.2　主要的开关特性及各自的影响因素归纳

	阶段	时长	开关瞬态电应力	开关损耗
开通过程	S1	式（7-3）	$\frac{\partial i_{rr}}{\partial\left(\frac{di_C}{dt}\right)}>0$　$\frac{\partial i_{rr}}{\partial v_{G,S2}}>0$	$\frac{\partial E_{on}}{\partial T_{S2}}>0$　$\frac{\partial E_{on}}{\partial T_{S3}}>0$
	S2	式（7-6）		
	S3	式（7-11）		
关断过程	S5	式（7-13）	式（7-7）　$\frac{\partial v_{os}}{\partial v_{G,S7}}<0$	$\frac{\partial E_{off}}{\partial T_{S6}}>0$　$\frac{\partial E_{off}}{\partial T_{S7}}>0$
	S6	式（7-16）		
	S7	式（7-19）		

$$E_{on}=\int_{t_{on,S}}^{t_{on,E}} i_C v_{CE}\,dt \tag{7-20}$$

$$E_{off}=\int_{t_{off,S}}^{t_{off,E}} i_C v_{CE}\,dt \tag{7-21}$$

由上面对 SRVSD 工作原理的分析描述可知，SRVSD 方法可以通过增大或降低各阶段驱动电压，来实现对各阶段时长、开关的电应力、di_C/dt、dv_{CE}/dt 以及开关损耗的控制。同时，由于可以任意设置各阶段施加的驱动电压，因此 SRVSD 对划分出的 6 个开关瞬态阶段的控制也是独立的。其中，由于开关的电应力只由 di_C/dt 决定，因此 SRVSD 可以只改变 S2 和 S7 阶段的驱动电压来控制电应力。而同时考虑到表 7.2 开关损耗一栏的结论，SRVSD 方法也实现了开关损耗和瞬态电应力的解耦控制。

7.1.2 硬件实现

SRVSD 驱动方法的电路图如图 7.4 所示。SRVSD 方法正确运行依靠的是驱动电压的高速切换和开关瞬态各阶段的检测。图 7.4 中的 BLOCK 1 是一个驱动电压发生电路，BLOCK 2 和 BLOCK 3 分别是 v_{CE}，i_C 的检测电路。

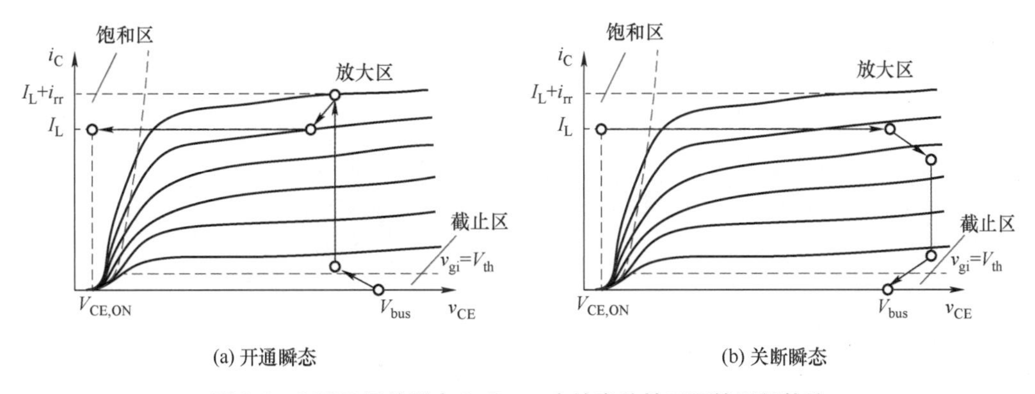

图 7.3　IGBT 开关瞬态 i_C 和 v_{CE} 在输出特性平面的运行轨迹

7.1.2.1　驱动电压 v_G 产生电路

图 7.4 中 BLOCK 1 示出的驱动电压产生电路主要由一个高速数模转换器（digital-to-analog converter，DAC）和一个高速运放构成，理论上可以产生 V_{EE}~V_{CC} 之间大量的驱动电压值，如式（7-22）所示。在式（7-22）中，CODE 是 FPGA 输出的数字量，取值在 0~1023 之间，理论上一共可以产生 1024 种驱动电压。在式（7-22）中，参数 k_1，k_2 由 BLOCK 1 中相关电阻值决定，偏置电压 V_{bias} 则由如图 7.5 产生。如图 7.5 所示，V_{S+} 经过电阻分压后引出，根据戴维南定理，可以视该电路是等效电压源（即 V_{bias}）和等效电阻串联后所引出。

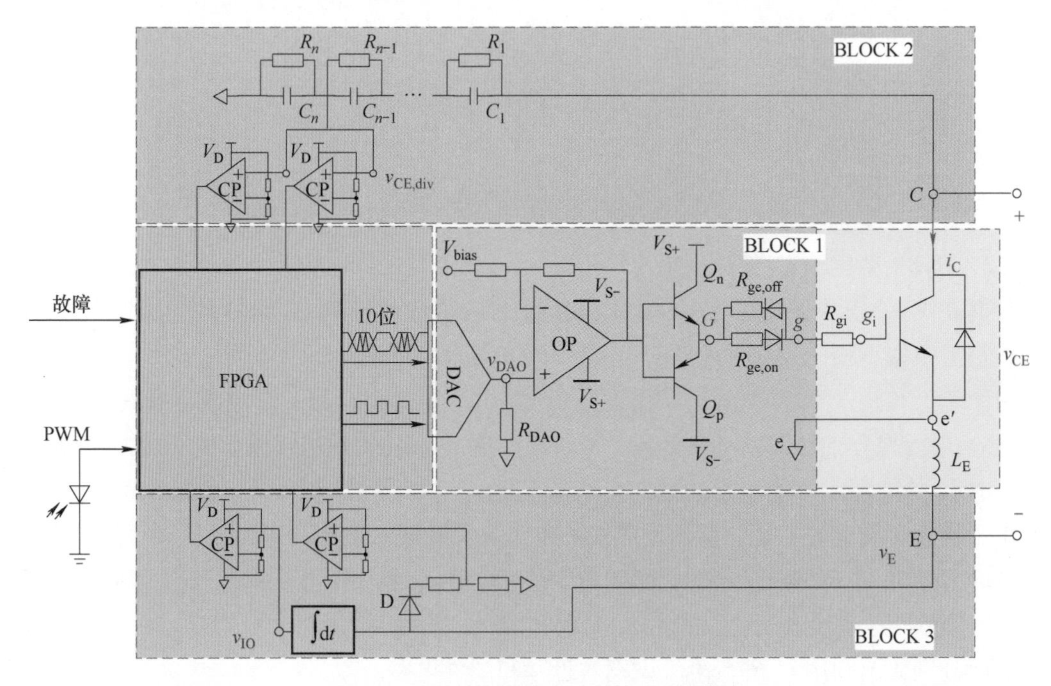

图 7.4　SRVSD 驱动方法的电路原理图

由于输出电流能力有限，如图 7.4 所示，运放的输出需要经过三极管推挽输出来跟随。此外，值得注意的是，由于这里的高速运放不是轨至轨型（Rail-to-Rail），因此供电电压应该满足 $V_{S-}<V_{EE}<V_{CC}<V_{S+}$。

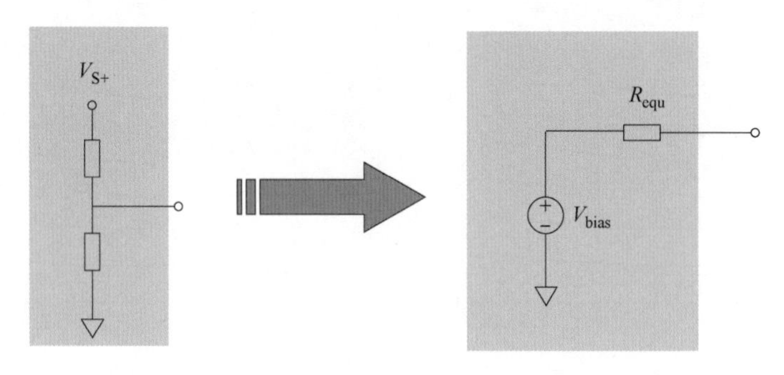

图 7.5　SRVSD 驱动方法偏置电压 V_{bias}的产生电路

$$v_G = \frac{\text{CODE}}{1023}k_1 - V_{bias}k_2 \tag{7-22}$$

7.1.2.2　IGBT 端电压 v_{CE}检测电路

对 IGBT 开关瞬态端电压 v_{CE}的检测，主要用于 S3 阶段切换到 S4 阶段，S5 阶段切换到 S6 阶段，以及 S6 阶段切换到 S7 阶段等切换过程。如图 7.4 所示，IGBT 端电压经过阻容分压得到低压的 $v_{CE,div}$，该低压信号与参考电压经过比较器比较，输出给 FPGA，指示 v_{CE}范围。

这里的分压电路，每个电阻都并有电容，是为了抑制分压电路中可能存在几 pF 甚至十几 pF 的寄生电容，如比较器输入端寄生电容，PCB 走线，焊盘，过孔，PCB 的内电层之间的寄生电容。为了实现分压功能，每个 RC 对应该满足（7-23），且分压结果如式（7-24）所示。

$$R_1C_1 = R_2C_2 = \cdots = R_nC_n \tag{7-23}$$

$$v_{CE,div} = \frac{R_n}{\sum R_i}v_{CE} \triangleq k_V v_{CE} \tag{7-24}$$

7.1.2.3　IGBT 管电流 i_C 检测电路

根据表 7.1，开关瞬态中 S3 阶段开始时刻，S7 阶段切换到 S8 阶段的切换以及识别 S2 阶段，都需要依靠相应的硬件电路对 i_C 或$\|di_C/dt\|$进行检测。

由图 7.1 和式（7-1）可知，功率发射极的电位 v_E 直接表征了管电流变化速度。此外，如果对 v_E 进行积分，那么也可以得到一个与管电流 i_C 成正比的电压值。对 i_C 的采样，主要是基于对 v_E 的处理。值得注意的是，有些情况下 v_E 不满足式（7-1），比如 IGBT 处于通态时，由于有大负载电流流过，驱动发射极 e 和功率发射极 E 之间的电阻性压降可能会明显大于缓变的 I_L 在电感 L_E 两端产生的压降。但是在短时间的正常开关瞬态和异常工况（如短路），由于管电流 i_C 快速变化，式（7-1）是成立的。

下面分别介绍利用 v_E 进行阶段识别的思路和硬件电路。

1. S3 阶段开始时刻的识别

从图 7.6 可以看到，可以通过判断 $v_E<0$ 且$\|v_E\|<\varepsilon$ 两个条件同时成立，来识别 S3 阶段的开始时刻，这一点与表 7.1 一致。这部分相应的实现电路如图 7.7 所示。图 7.7 中，v_{EN}电压输出给 FPGA，当 $v_E<0$ 且绝对值较大时，即在 S2 阶段初始时刻，图中三极管导通，v_{EN}对

PFGA 输出低电平；当 v_E<0 且绝对值较小，或者 v_E>=0 时，三极管关断，v_{EN}对 PFGA 输出高电平。因此，图 7.6 也可以用于近似检测 S2 阶段起始时刻。图 7.6 中二极管 D_P 用于保护三极管 B，E 间的 PN 结，当 v_E>0 且幅值较大时，D_P 和三极管 E 级的电阻导通。D_N 用于保护后级的比较器和三极管的 B 级。当 v_E<0 且绝对值较大，三极管将工作在深度饱和区，此时 v_{EN}将比较接近-0.7V 甚至更低，这有损坏后级比较器的可能，而三极管的 C 极输出电流能力有限，B 极可能需要输出大电流，这对 B 电极也是有损伤的。而增加了 D_N 后，B 极的电流可以很大部分由 D_N 提供，且 v_{EN}也可以有效限制在-0.3V 以内。

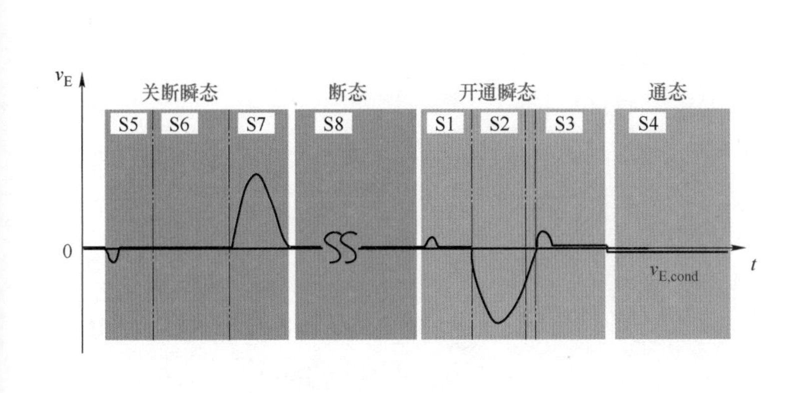

图 7.6　功率发射极电位 v_E 示意图

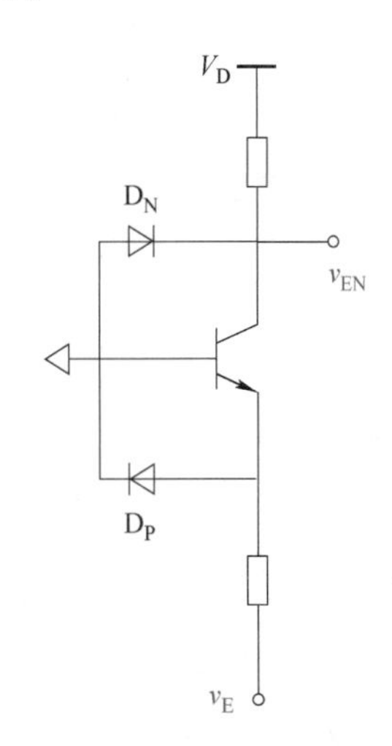

图 7.7　S3 阶段开始时刻检测示意图

2. S7 阶段结束时刻的识别

从图 7.6 可以看到，S7 阶段结束的时刻（即 S8 阶段开始），可以用 v_E>0 且$\|v_E\|<\varepsilon'$ 同时成立来判定，这一点与表 7.1 一致。具体的实现电路如图 7.4 中 BLOCK 3 的右半部分，二极管用于阻挡负值的 v_E，两个电阻对 v_E 进行分压，使分压结果在比较器接受的范围内。

3. S2 阶段起始时刻的识别

S2 阶段指 i_C 从 10%I_L 上升到 90%I_L 这段时间，显然 S2 的识别需要更准确的反馈方式。

解决方案如图 7.4 BLOCK 3 的左半部分，SRVSD 用一个模拟积分器对 v_E 进行反相积分，考虑到式（7-1），该积分器将会输出一个正比于开通瞬态 i_C 的电压，该比例是固定的且需要合适的设计。积分器输出的电压与参考电压比较，即可正确检测到 i_C 达到特定电流值的时刻。SRVSD 方法中所用积分器如图 7.8 所示。

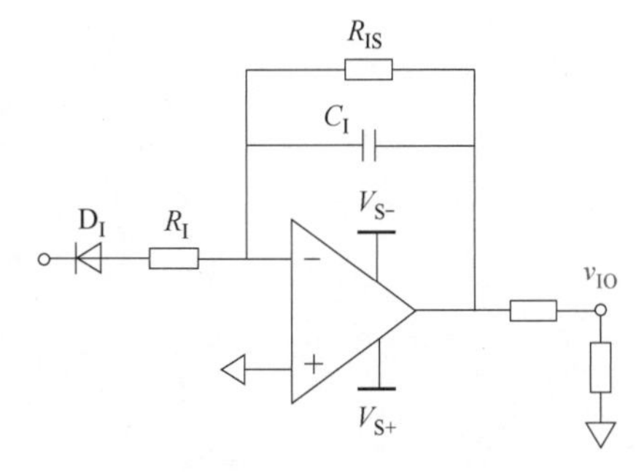

图 7.8　开通瞬态 i_C 上升沿的积分器检测电路原理图

图 7.8 中，二极管 D_I 用于阻断正值的 v_E，即关断瞬态的 di_C/dt 阶段和开通瞬态的延迟阶段的 v_E。而主要在开通瞬态 di_C/dt 的 S2 阶段，D_I 将导通，积分器对 v_E 信号进行积分。所以这里主要分析 S2 阶段该

模拟积分器的工作原理。

在 S2 阶段之前，即 i_C 开始上升之前，D_I 处于阻断状态。相应地，积分器此时相当于是增益为 1 的同相比例放大器，此时同相输入端只有最大百 μV 到几 mV 的输入漂移电压 v_{offset}，因此可以认为积分器输出电压 $v_{IO}=0V$。

当 S2 阶段到来时，i_C 会以每纳秒几安培甚至十几安培的速度上升，此时 L_E 两端感应出的电压幅值远大于驱动发射极 e 和功率发射极 E 之间的电阻性压降，也远大于运放的输入漂移电压 v_{offset}，忽略 D_I 的导通压降，则运放开始对 v_E 进行反相积分运算。注意到，并联在积分电容 C_I 两端的电阻 R_{IS}作用是对运放输出进行清零，防止运放饱和。显然，在开通瞬态 i_C 上升阶段，R_{IS}阻值越大，则该积分器的工作方式越接近理想积分器。如果这里认为 R_{IS}阻值足够大，那么可以推出积分器输出电压 v_{IO}与开通管电流 i_C 有如式（7-25）所示的线性关系。在式（7-25）中，k_{IO}是图 7.8 中运放输出所接电阻分压器的分压比，k_I 是从 v_{IO}和 i_C 之间的比例值。需要注意的是，S3 阶段开始时，i_C 下降，v_E 变成正值，图 7.8 中 D_I 将阻断，此后 C_I 将通过 R_{IS}放电，因此式（7-25）只在开通瞬态 i_C 的上升沿阶段成立。

$$v_{IO}=\frac{L_E}{R_I C_I}k_{IO}i_C \triangleq k_I i_C \tag{7-25}$$

开通瞬态后积分电容 C_I 的端电压应当在下一次开通瞬态之前，通过 R_{IS}放电到零电压。从这一点考虑，R_{IS}阻值不能设置过大，在实际工作时，R_{IS}应当满足式（7-26），其中 $T_{Ctrl,min}$是变换器的最小控制周期。式（7-26）实现了 C_I 充分放电和 R_{IS}尽可能大的最大限度折中。

$$5R_{IS}C_I=T_{Ctrl,min} \tag{7-26}$$

为了检测 S2 阶段，即需要检测 $i_C=10\%I_L$ 和 $i_C=90\%I_L$ 的时刻，可以将图 7.8 中积分器的输出电压 v_{IO}与两个参考电压值 $10\%k_I I_L$，$90\%k_I I_L$ 作比较。图 7.8 可以用于固定负载电流或者双脉冲实验时检测 S2 阶段，因为这两种情况下，参考电压值 $10\%k_I I_L$、$90\%k_I I_L$ 这两个电压值都是固定的，不需要调节。对于负载电流不断变化的变换器运行情况（比如三相逆变器中，每一相的负载电流都是时变的正弦波），就需要对图 7.8 进行改进，以自动产生参考电压值，改进如图 7.9 所示。

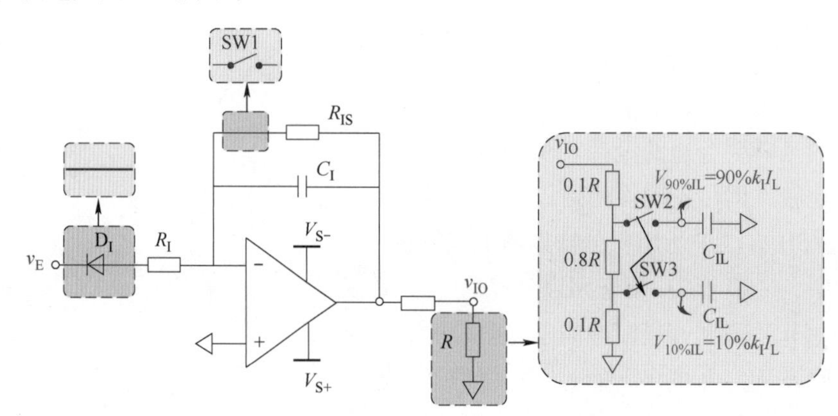

图 7.9　改进型模拟积分器电路原理图

图 7.9 所示的改进型积分器，通过模拟开关 SW1 的断合，可以对器件全过程的 i_C 进行检测和运算。在 IGBT 通态时，$v_{IO}=k_I I_L$，而 SW2，SW3 同步工作，FPGA 此时合上 SW2，SW3，两个 C_{IL} 电容就可以被充电至参考电压值 $10\%k_I I_L$，$90\%k_I I_L$。而当驱动板接收到关断信号，则断开 SW2，SW3，这样不至于影响 C_{IL} 端电压。

7.1.3　实验验证

本节对 SRVSD 驱动板上的驱动电压产生电路和模拟积分器进行仿真和实验验证。

7.1.3.1　SRVSD 驱动电压产生电路响应速度

图 7.10 给出了驱动板的照片并标注了各主要组成部分。SRVSD 改变器件开关行为的主要思想是在极短的开关瞬态调节驱动电压，因此需要做实验来考察驱动电压产生电路的响应速度。这里测量驱动电压时，探头是靠接地弹簧接地，以降低测量回路杂散电感，尽量避免出现测量波形的振荡。

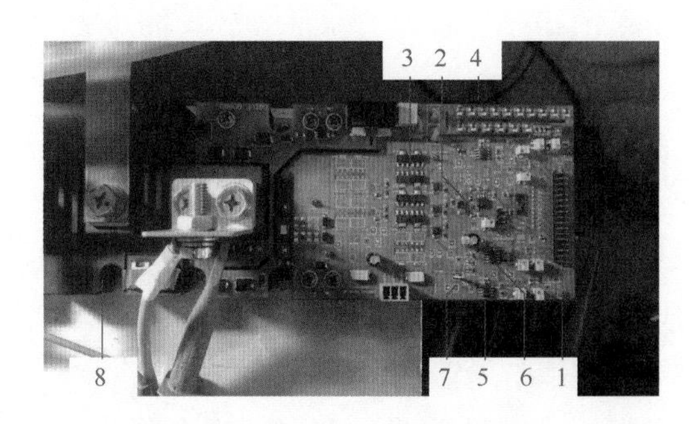

图 7.10　FF1400R12IP4 模块的 SRVSD 驱动板实物照片

1—FPGA 板连接端子　2—驱动电压产生电路　3—推挽电路　4—端电压 v_{CE} 的 RC 分压电路
5—开通瞬态电流 i_C 检测电路　6—关断瞬态电流 i_C 检测电路　7—v_E 连接端子　8—IGBT 模块

图 7.11 是 SRVSD 驱动板上驱动电压阶跃响应速度的测试实验波形，其中 v_{DAO} 是图 7.4 中 DAC 的输出电压。由于 DAC 工作频率达到了 200MHz，所以测试后发现从 FPGA 改变式（7-22）中的数字量 CODE，到 v_{DAO} 相应变化，几乎没有延迟。因此这里直接根据 v_G 相对于 v_{DAO} 的延迟来评价整个驱动电压产生电路的响应速度。

从图 7.11a 可以看到，v_G 从 V_{CC} 以 2V，4V，6V，8V，10V 的阶跃幅值离开，在中间电平持续 600ns 后再返回 V_{CC}。可以看到，即使是在最大的 10V 阶跃幅度，驱动电压产生电路的延迟也不超过 20ns，而在 2V 的阶跃幅值下，该延迟只有几个 ns。图 7.11b 给出的是 v_G 从 V_{EE} 以 2V，4V，6V，8V，10V 的幅值离开，在中间电平持续 600ns 后再返回 V_{EE} 的实验波形。可以看到，其延迟比图 7.11a 的延迟还要小。

从图 7.11 测量出的延迟可以看出，该驱动电压产生电路的延迟最大就是十几 ns。而大容量 IGBT 的开关瞬态一般最大在数百 ns 到几 μs 的时长，该驱动电压产生电路的延迟对于开关行为的控制是可以接受的。

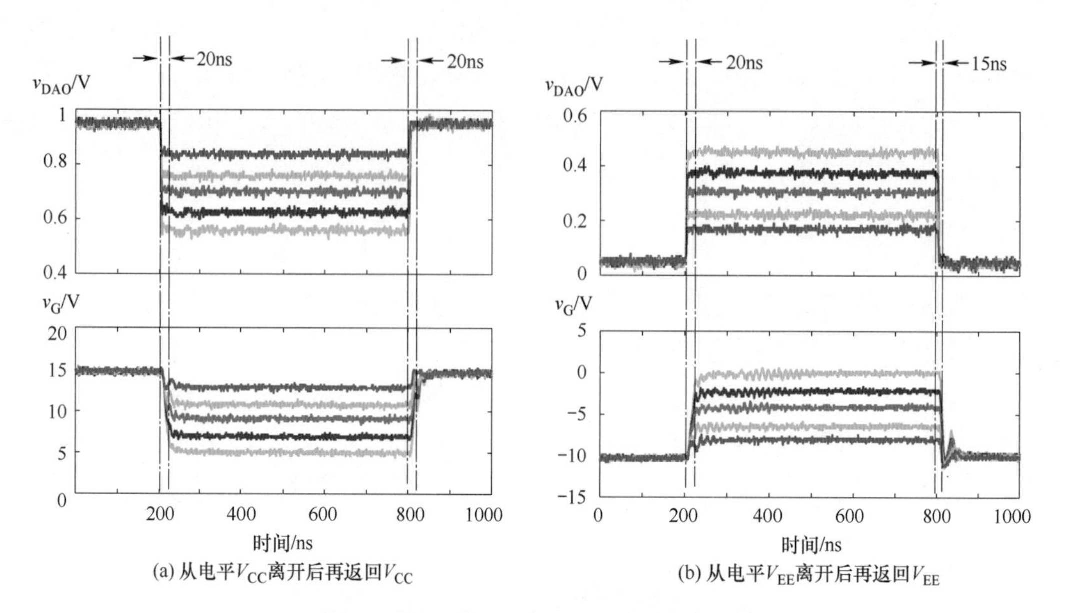

图 7.11 驱动电压切换的响应速度实验波形

7.1.3.2 模拟积分器实验和仿真验证

如 7.1.2 中介绍的，可以用单运算放大器构成的模拟积分器来获得开通瞬态 i_C 的准确波形，从而检测出 S2 阶段的始末时刻。

1. 开尔文寄生电感 L_E 的提取与验证

如式（7-25），开通瞬态 i_C 上升沿的波形与图 7.8 中积分器输出电压成正比，比例系数 k_I。同时 k_I 及积分器中电阻电容值的设计，需要知道 L_E 的大小。

将基本的电感电流和端电压的微分方程等效转化为差分形式式（7-27），由测得的开通瞬态 i_C 上升阶段，流经 L_E 的 i_C 和 L_E 的端电压 v_{eE}，即可提取出 L_E。在式（7-27）中，T_{samp} 是示波器采样频率，$v_{eE}(i)$ 是采到的 v_{eE}的第 i 个数据点，$i_C(0)$、$i_C(N)$ 分别是采样时段内始末时刻的管电流。

$$L_E = \frac{T_{samp} \sum_{0}^{N-1} v_{eE}(i)}{i_C(N) - i_C(0)} \tag{7-27}$$

根据式（7-27），计算出 L_E 如图 7.12a 所示，这里认为 L_E 约为 8nH。为了对该电感值进行验证，对测量出的 L_E 端电压 v_{eE}进行积分运算，将计算出的管电流 i_C(cal) 与罗氏线圈测得的实际管电流 i_C(exp) 作比较。比较结果如图 7.12b 所示，可见两者很相符，所以认为提取出的 L_E 是准确的。

2. 基本积分器原理的实验验证

根据 7.1.2 节中关于图 7.8 模拟积分器阻容参数的设计原则，根据上面提取的 L_E 的值，设计式（7-25）中的参数 $k_I = 1/370$。于是测得图 7.8 中积分器输出电压 v_{IO}，将其与 $i_C k_I$ 比较，如图 7.13 所示。在图 7.13 中，v_{IO}(exp) 是测得的积分器输出电压，v_{IO}(cal) 是计算值

$i_C k_I$，可见二者波形相同，且 v_{IO}(exp) 几乎对 i_C 没有滞后。

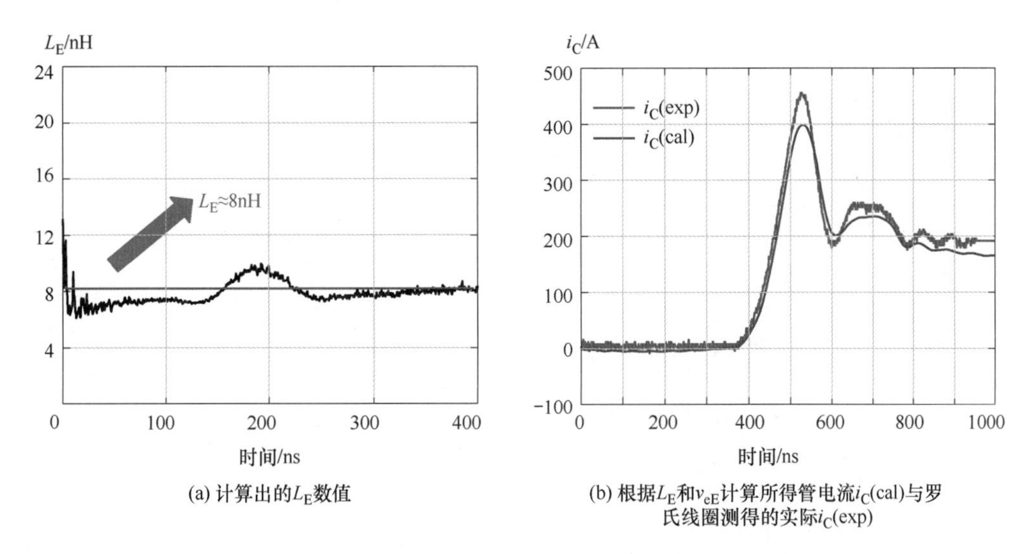

(a) 计算出的L_E数值　　(b) 根据L_E和v_{eE}计算所得管电流i_C(cal)与罗氏线圈测得的实际i_C(exp)

图 7.12　开尔文寄生电感 L_E 的实验提取与验证

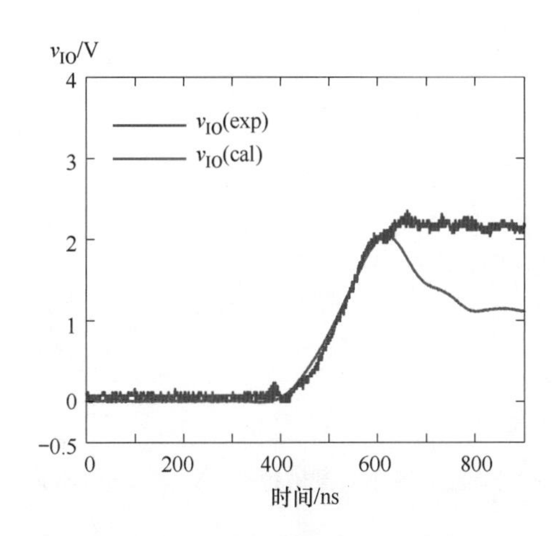

图 7.13　基本模拟积分器的实验验证

3. 改进型积分器的仿真验证

本节对图 7.9 所示的改进型积分器进行仿真验证。

式（7-25）中的参数 k_I 仍取 1/370，不同负载电流下的 PSpice 仿真结果如图 7.14 所示。SW1 在开通瞬态断开使得积分器正确工作，而在关断瞬态之后一段时间闭合以使得积分器的输出复位。SW2 和 SW3 同步工作，在通态时闭合以获得两个参考电压值 $V_{10\%IL}=k_I 10\% I_L$，$V_{90\%IL}=k_I 90\% I_L$，在关断瞬态断开以保持住两个参考电压用于接下来的关断瞬态和开通瞬态的阶段检测。图 7.14 分别展示了 200A，400A 负载电流下积分器的仿真波形，可以看到积分器可正确采样到 $V_{10\%IL}$和 $V_{90\%IL}$。v_{IO}在 SW2，SW3 闭合时会出现短暂跌落，这是因为而两个 C_{IL}采样支路投入电路，而因为 IGBT 通态时，积分器的直接输出电压 v_O保持不变，所以 v_{IO}可以迅速恢复到正确值。

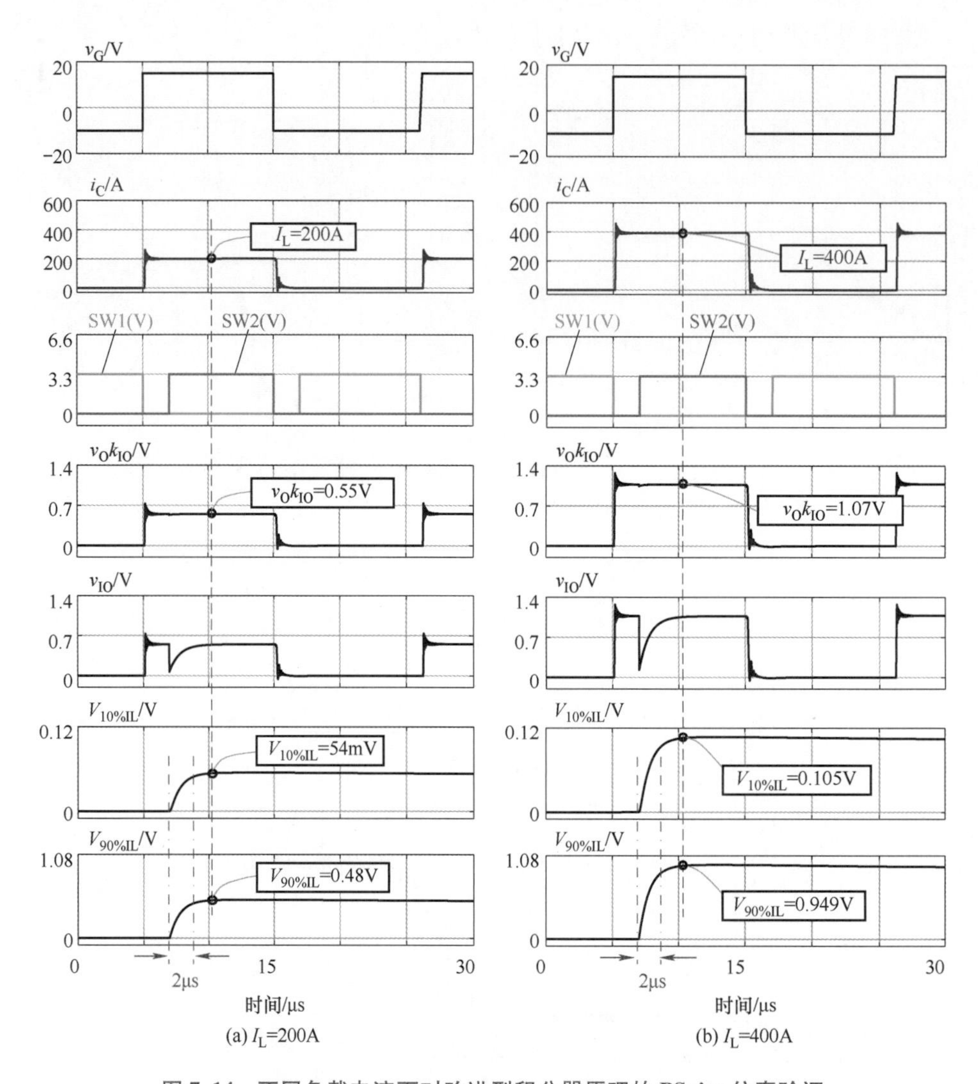

图 7.14　不同负载电流下对改进型积分器原理的 PSpice 仿真验证

需要注意的是，在硬件上具体实现该改进型积分器时，由于器件通态时，L_E 两端的感性压降变小，而 e，E 两端之间的阻性压降可能会变得很显著，需要注意该阻性对积分器输出的影响。此外，运放总存在输入漂移电压，可能会对改进型积分器输出产生很大影响，在选型时应尽可能选择零漂运放。

7.2　基于自调节驱动的 IGBT 电磁脉冲闭环控制

为了说明 SRVSD 方法的控制能力和性能，在 7.1 节的实验中，SRVSD 方法主要还是在开关瞬态各阶段使用了预设的驱动电压值。但是 SRVSD 方法的实际应用中，很多时候需要其具备对开关特性的准确、闭环的控制能力。即，当换流条件变化时，SRVSD 方法可以不依靠预设的驱动电压，而只是需要控制目标和实时反馈值，就能将器件的开关特性控制到目

标值。

对开关特性施加自调节控制的整体框图如图7.15所示。图7.15融合了开关各阶段解耦和对开关特性施加闭环控制的工作方式——自调节驱动通过采样端电压和管电流变化率$\{v_{CE}, \mathrm{d}i_C/\mathrm{d}t\}$，判断器件所处开关瞬态阶段。根据器件所处开关瞬态阶段，驱动器将采样待控的开关特集合$\{y_1, y_2, \cdots, y_n\}$中某个特性并将其与自己的参考值$\{y_{1,ref}, y_{2,ref}, \cdots, y_{n,ref}\}$经数字PI调节器做运算，计算得出下一个开关瞬态特定阶段的驱动电压。总体而言，对各开关特性的自调节控制将以逐周期自调节的方式实现。

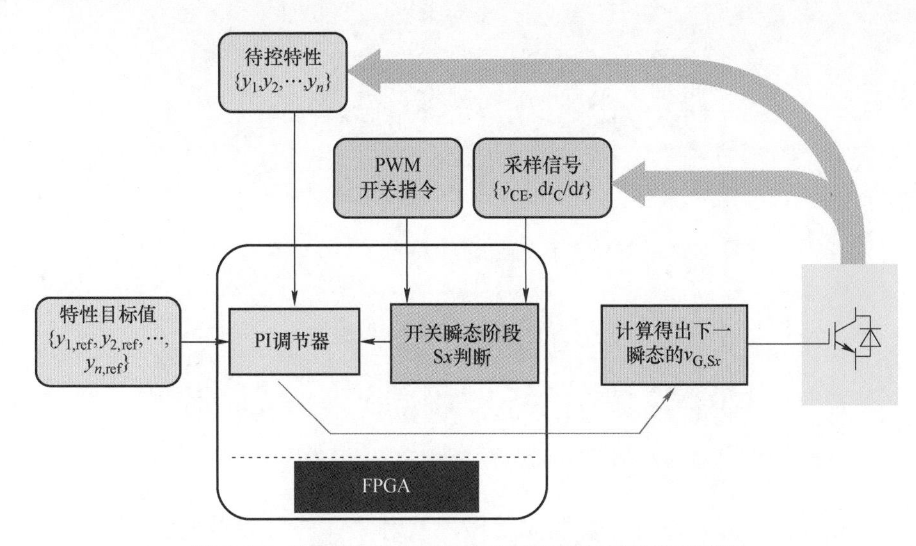

图7.15　SRVSD方法对各开关特性施加闭环控制框图

图7.15中的待控特性集合$\{y_1, y_2, \cdots, y_n\}$对应着对开关瞬态各阶段影响的器件和系统特性：开关瞬态各阶段时长——开通瞬态$T_{S1\sim S3}$，关断瞬态$T_{S5\sim S7}$；开关瞬态的$\mathrm{d}i_C/\mathrm{d}t$、$\mathrm{d}v_{CE}/\mathrm{d}t$；开关损耗——开通损耗$E_{on}$，关断损耗$E_{off}$；开关瞬态电应力——开通瞬态管电流峰值，关断瞬态端电压峰值。本节将系统地研究待控的开关瞬态特性的采样方式，以及控制稳定性、控制参数整定，控制精度等问题。

图7.16示出了具体的开关瞬态特性的自调节控制示意图。在图7.16中，依靠开关瞬态i_C，v_{CE}达到关键点的反馈，自调节控制可以在几个脉冲内对开关瞬态各阶段的驱动电压进行PI调节，直到开关时长$T_{S1\sim S3}$，$T_{S5\sim S7}$达到目标值。这些关键时间点可以依据设计者自由定义，而本文的定义已在表7.1给出。因为开关瞬态$\mathrm{d}i_C/\mathrm{d}t$、$\mathrm{d}v_{CE}/\mathrm{d}t$与相应开关阶段时长成反比，因此如图7.16所示，可以通过控制开关瞬态相关阶段的时长来自调节控制$\mathrm{d}i_C/\mathrm{d}t$、$\mathrm{d}v_{CE}/\mathrm{d}t$。至于功率半导体器件的开关损耗，图7.3和表7.2已经在其与开关瞬态时长之间建立了定性关系。7.2.2节将会进一步提出一种基于线性化假设的简洁、适用于控制的开关损耗模型，该模型将定量描述开关损耗和开关瞬态时长T_{S2}，T_{S3}，T_{S6}，T_{S7}之间的关系。由于所提模型建立了开关损耗和开关瞬态时长之间的正比关系，于是其与开关瞬态时长的自调节控制相结合，可以用于开关损耗的准确控制或在线监测。值得注意的是，开关瞬态各阶段时长与系统的EMI性能密切相关。

图 7.16 示出了开关瞬态电应力的自调节控制策略，即通过峰值检测电路获取 i_{C} 或者 v_{CE} 的尖峰值，接着对该模拟量进行数字化处理，然后再逐开关周期地进行 PI 调节，直到该尖峰值达到目标值。

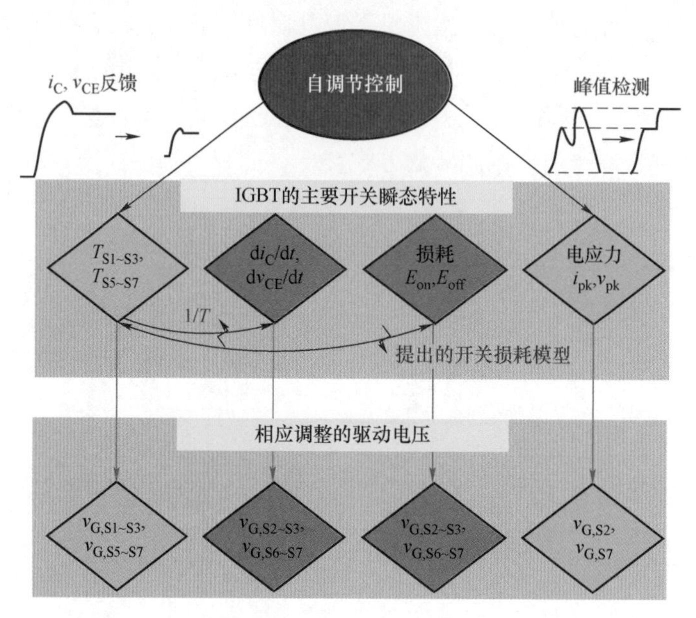

图 7.16　各开关瞬态特性的自调节闭环控制示意图

需要指出的是，实际工作时可以根据闭环控制对象（开关瞬态各阶段时长、开关损耗或开关瞬态电应力）选择合适的控制方法。对一部分开关特性的控制会影响其他特性，但由于 SRVSD 方法的解耦控制能力，这个影响程度能得到最大程度抑制。

7.2.1　开关时间的自调节闭环控制

7.2.1.1　控制策略

通过 7.1.2 节介绍的 SRVSD 各组成电路以及控制芯片 FPGA 的状态机，可以可靠快速地检测出 IGBT 当前所处的开关阶段。在此基础上，可以用高频时钟对各阶段进行计时。得到当前开关周期各个阶段的时长后，再将实测时长分别与目标时长作差，通过 PI 调节器计算出下一个开关周期各阶段的驱动电压。

图 7.17 示出了开通瞬态某阶段时长的控制时序图，包括第 1 个及第 i 个开通脉冲时的关键控制变量及与 PI 调节相关的计算过程。这里以开通延迟 T_{S1} 的自调节控制为例进行说明。

图 7.17 中，V_{PWM} 是驱动板接收到的开关信号，低电平表示关断，高电平表示开通。$V_{PWM,Td}$是对 V_{PWM} 延迟 T_{d} 时长的信号。$V_{PWM,Td}$ 的主要作用是确保 FPGA 芯片内部的门电路进行驱动电压 CODE 的相关计算时，免于竞争和冒险（race and competition）的现象，下面的分析中将就这一点作说明。由于这里做的是双脉冲和多脉冲实验，因此第 1 个开通脉冲的开通瞬态时 $I_{L}=0$，这就导致在状态机需要对第 1 个开通瞬态作两点特别的处理。第一点是不

同于常规的状态机中 S8 断态阶段切换到 S1 开通延迟阶段，这里必须直接完成 S8 断态阶段切换到 S4 通态阶段的状态切换。第二点是由于第 1 个开通瞬态没有经历 S1，S2，S3 阶段(计数值均为 0)，而第二个开通瞬态各阶段应当施加预设的驱动电压值，因此第 1 个关断瞬态不能对第 1 个开通瞬态的比例-积分项的计算结果 P_{reg}，I_{reg}进行锁存。为了满足这些特殊要求，FPGA 硬件程序中有一个标志位，即图 7.17 中的 FLAG。FLAG 初始为 0，当 $V_{PWM,Td}$出现第 1 个下降延时，FLAG 被置 1。当 FLAG = 0 时，V_{PWM}的下降沿不对上一个开通瞬态的计算结果进行锁存；当 FLAG = 1 时，可以在 V_{PWM}的下降沿时，对上一个开通瞬态的计算结果进行锁存。这样可以避开第 1 个无效的开通瞬态，又可以对这之后的有效开通瞬态的驱动电压计算结果进行正确锁存。值得注意的是，FLAG 对开通瞬态计算结果的逻辑也可以用于关断瞬态各阶段时长的计算和锁存。考虑到第 1 个开通瞬态之前并无关断瞬态，所以不能在第 1 个开通瞬态 V_{PWM}的上升沿时对关断瞬态各阶段时长进行锁存。而只有当 FLAG = 1 时，即只有在第二个及之后的开通瞬态 V_{PWM}的上升沿时对关断瞬态各阶段时长进行正确锁存。

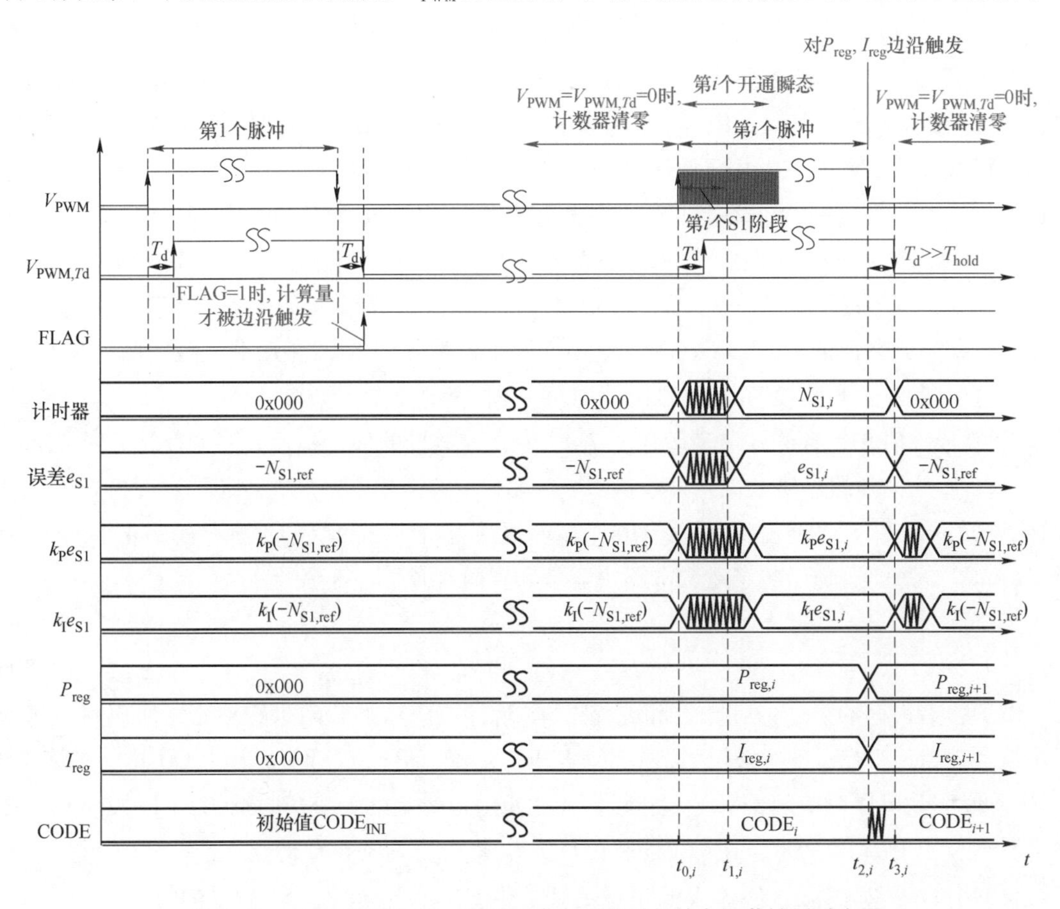

图 7.17　以 S1 阶段为例，开关瞬态各阶段时长的自调节控制时序图

对 T_{S1}施加自调节控制需要对其进行计数。FPGA 程序中，T_{S1}的计数器被初始化为 0。如前所述，第 1 个开通瞬态不是经历了 S8 断态阶段切换到 S1 开通延迟阶段以及 S1，S2，S3 阶段的有效开通瞬态，因此在此期间 T_{S1}的计数器仍保持为 0。而第二、第三个及以后的

开通瞬态都含有效的开通过程，FPGA 程序判断当满足条件 $V_{PWM}=0$ 且 $V_{PWM,Td}=0$ 时，即每个有效开通瞬态开始之前的一段时间，对包括 S1 阶段的开通瞬态各阶段的计数器清零。而在 S1 阶段，则用高频时钟（比如 100MHz）从 0 开始计数。图 7.17 的 $t_{0,i}$是第 i 个开通瞬态开始时刻（即 S1 阶段开始时刻），$t_{1,i}$则是第 i 个开通瞬态 S1 阶段结束时刻。在 $t_{0,i}$之前，因为条件 $V_{PWM}=0$ 且 $V_{PWM,Td}=0$ 成立，S1 阶段时长的计数器清零。在 $t_{0,i}\sim t_{1,i}$这段时间，状态机处在 S1 阶段，FPGA 芯片用高频时钟对其进行计时。从图 7.17 可见，在 $t_{1,i}$时刻，S1 阶段结束，计数器的计数也稳定下来。PI 调节需要将该计数器实测值与目标值做差，如式（7-28）所示，其中 $e_{S1,i}$是第 i 个有效开通瞬态 S1 阶段实际计数值与目标值之间的误差，$N_{S1,i}$是高频时钟计数下第 i 个有效开通瞬态 S1 阶段时长的实测值，$N_{S1,ref}$是在高频时钟计数下 S1 阶段时长的目标值。式（7-28）中实测和目标值的位置与受控量有关，比如对关断瞬态各阶段时长进行自调节控制，就应该是目标值减去实测值；而在进行关断瞬态端电压应力自调节控制时，则应当用实测的电压过冲 v_{os}的数字化结果减去目标值。

$$e_{S1,i}=N_{S1,i}-N_{S1,ref} \tag{7-28}$$

图 7.17 中 e_{S1}下面两个变量，即 k_Pe_{S1}，k_Ie_{S1}，是计算的中间变量，其中参数 k_P，k_I 是比例，积分系数。k_Pe_{S1}，k_Ie_{S1}是组合逻辑计算的结果，它们不依靠时钟的锁存或者边沿触发，而总是跟着计数器和 e_{S1}的变化而相应不断更新。但是为了锁存上一瞬态的积分分量 I_{reg}，以及比例分量 P_{reg}，这里需要采用时序逻辑来计算比例-积分分量。以图 7.17 中对 T_{S1}的自调节控制为例，当 FLAG=1 时，在 V_{PWM}下降沿的时刻 $t_{2,i}$对 P_{reg}，I_{reg}进行更新和锁存，二者的表达式如式（7-29）和式（7-30），其中 $P_{reg,i+1}$和 $I_{reg,i+1}$分别是第 i+1 个开通瞬态 S1 阶段驱动电压数字量计算值的 P，I 分量；$I_{reg,i}$是第 i 个开通瞬态 S1 阶段驱动电压数字量计算值的 I 分量。这里考虑一下该锁存操作的保持时间。时序设计中，如前所述，条件 $V_{PWM}=0$ 且 $V_{PWM,Td}=0$ 成立时，计数器才清零。在图 7.17 中，计数器的值，e_{S1}以及中间变量 k_Pe_{S1}，k_Ie_{S1}在 $t_{1,i}\sim t_{3,i}$都是正确的，那么在 $t_{2,i}$时刻对 $P_{reg,i+1}$和 $I_{reg,i+1}$锁存后，这些量还一直保持正确的值长达 T_d 时间。T_d 在程序中取值为 4μs，显然远大于 $P_{reg,i+1}$和 $I_{reg,i+1}$锁存所需的保持时间（hold time），进而避免于数字逻辑电路中竞争和冒险现象。

$$P_{reg,i+1}=k_Pe_{S1,i} \tag{7-29}$$

$$I_{reg,i+1}=I_{reg,i}+k_Ie_{S1,i} \tag{7-30}$$

由于边沿锁存的 P，I 分量 P_{reg}和 I_{reg}都只在 V_{PWM}下降沿的瞬间进行更新，所以可以可靠地用组合逻辑计算出下一个 S1 阶段的驱动电压，如式（7-31）所示，其中 $CODE_{i+1}$是第 i+1 个 S1 阶段驱动电压对应的 DAC 二进制码，$CODE_{INI}$是初始第 1 个开通瞬态 S1 阶段驱动电压二进制码。如图 7.17 所示，在 $t_{2,i}$时刻对 P_{reg}，I_{reg}进行更新和锁存得到 $P_{reg,i+1}$和 $I_{reg,i+1}$后，经过短暂的组合逻辑计算过程，CODE 也稳定到了第 i+1 个开通瞬态 S1 阶段的值。

$$CODE_{i+1}=CODE_{INI}+P_{reg,i+1}+I_{reg,i+1} \tag{7-31}$$

7.2.1.2 控制过程相关的关键点

上文以 S1 阶段时长为例，对开关时长自调节控制的时序图和工作原理进行了解释和说明。

但是也注意到，实现这种开关时长自调节控制时，仍然有一些关键注意事项。

1. 需对开关瞬态各阶段驱动电压范围作限制

根7.1.1节的分析，为了保证功率半导体器件正常地完成开关行为，SRVSD方法在开关瞬态的每个阶段施加的驱动电压应当都在一定的范围和区间内。因此，根据式（7-31）计算出的DAC二进制输入码CODE也应该相应地被限制在合适的范围。另外，这里把驱动电压v_G总是限制在$V_{CC}\sim V_{EE}$之间。下面对开关瞬态各阶段的CODE范围做一下分析和总结。

开通延迟阶段（S1阶段）：该阶段内，根据式（7-3）可得，驱动电压$v_{G,S1}$应满足如式（7-32）的不等式。即驱动电压$v_{G,S1}$必须大于式（7-32）中的下限值，否则IGBT将处于断态，无法进入正常开通的过程。相应地，S1阶段按式（7-31）计算出的驱动电压二进制码应满足如式（7-33）的不等式，其中CODE($v_G=V_{th}$)为使得驱动电压$v_G=V_{th}$的DAC二进制码，CODE(Sx)为Sx($x=1$，2，3，5，6，7)阶段根据式（7-31）计算出的DAC二进制码，CODE($v_G=V_{CC}$)为使得驱动电压$v_G=V_{CC}$的DAC二进制码。

$$V_{th}+0.1I_L/g_m \leqslant v_{G,S1} \leqslant V_{CC} \tag{7-32}$$

$$\mathrm{CODE}(v_G=V_{th})<\mathrm{CODE}(\mathrm{S1}) \leqslant \mathrm{CODE}(v_G=V_{CC}) \tag{7-33}$$

开通$\mathrm{d}i_C/\mathrm{d}t$阶段（S2阶段）：为了确保正确的开通过程，需要栅极电流i_g始终流向栅极，于是$v_{G,S2}$应该始终大于该阶段的栅极电压v_{gi}。在开通$\mathrm{d}i_C/\mathrm{d}t$阶段，$v_{gi}$会一直增大，$v_{G,S2}$应当大于尖峰电流对应的$v_{gi}$，根据式（7-4）可得到$v_{gi}$最大值$v_{gi,pk}$如（7-34）所示。$v_{G,S2}$的范围如式（7-35）所示，相应的给出了该阶段计算出的DAC二进制码的范围，如式（7-36）所示，其中CODE（$v_G=v_{gi,pk}$）是使得驱动电压$v_G=v_{gi,pk}$的DAC二进制码。

$$v_{gi,pk}=V_{th}+(I_L+i_{rr})/g_m \tag{7-34}$$

$$v_{gi,pk} \leqslant v_{G,S2} \leqslant V_{CC} \tag{7-35}$$

$$\mathrm{CODE}(v_G=v_{gi,pk}) \leqslant \mathrm{CODE}(\mathrm{S2}) \leqslant \mathrm{CODE}(v_G=V_{CC}) \tag{7-36}$$

开通$\mathrm{d}\boldsymbol{v}_{CE}/\mathrm{d}t$阶段（S3阶段）：如7.1.1节的分析，在该阶段$v_{gi}$将恒定维持在米勒电平$V_{ml}$上。于是为了正常度过该阶段，驱动电压$v_{G,S3}$应该大于$V_{ml}$，其上下限如式（7-37）所示。相应地，式（7-38）给出了FPGA输出给DAC二进制码的范围，其中CODE（$v_G=V_{ml}$）是使得驱动电压$v_G=V_{ml}$的DAC二进制码。

如果$v_{G,S3}$与米勒电平V_{ml}相近甚至小于V_{ml}，S3阶段中$\|\mathrm{d}v_{CE}/\mathrm{d}t\|$将会变得很小，使得S3阶段时长$T_{S3}$变得异常大；甚至出现$v_{CE}$无法下降，从而使得器件一直处在输出特性放大区的情况，最终可能引起器件短路、损坏。

$$V_{ml}<v_{G,S3} \leqslant V_{CC} \tag{7-37}$$

$$\mathrm{CODE}(v_G=V_{ml})<\mathrm{CODE}(\mathrm{S3}) \leqslant \mathrm{CODE}(v_G=V_{CC}) \tag{7-38}$$

关断延迟阶段（S5阶段）：根据7.1.1节的分析，v_{gi}应该在该阶段从V_{CC}下降至米勒电平V_{ml}，因此$v_{G,S5}$的上下限由式（7-39）给出。相应地，式（7-40）给出了该阶段FPGA输出给DAC二进制码的范围，其中CODE($v_G=V_{EE}$)是使得驱动电压$v_G=V_{EE}$的DAC二进制码。

在关断延迟阶段，如果$v_{G,S5}$，CODE(S5)超出式（7-39）和式（7-40）给定的上下限，

那么后续 v_{CE} 将无法上升，器件将无法完成正常的关断过程。

$$V_{EE} \leqslant v_{G,S5} < V_{ml} \tag{7-39}$$

$$\mathrm{CODE}(v_G = V_{EE}) \leqslant \mathrm{CODE}(S5) < \mathrm{CODE}(v_G = V_{ml}) \tag{7-40}$$

关断 $\mathrm{d}\boldsymbol{v}_{CE}/\mathrm{d}t$ 阶段（S6 阶段）：正如在 7.1.1 节中所分析的，通常情况下认为在该阶段内，v_{gi} 恒等于 V_{ml}。于是与关断延迟类似，$v_{G,S6}$ 应满足如式（7-41）的不等式，同时式（7-42）给出了 FPGA 输出给 DAC 二进制码的范围。显然，$v_{G,S6}$ 在式（7-41）给定的范围内，取值越高，$\|\mathrm{d}v_{CE}/\mathrm{d}t\|$ 越小；反之，$\|\mathrm{d}v_{CE}/\mathrm{d}t\|$ 越大。

但是，图 7.2 中虚线所示，v_{gi} 在 S6 阶段就已经出现跌落，相关的原因已经在本文的 7.1.1 节中作了解释。那么在这种情况下，为了实现可靠关断，在实际程序设计时，$v_{G,S6}$ 的上限应当与 V_{ml} 保持一定的距离。

$$V_{EE} \leqslant v_{G,S6} < V_{ml} \tag{7-41}$$

$$\mathrm{CODE}(v_G = V_{EE}) \leqslant \mathrm{CODE}(S6) < \mathrm{CODE}(v_G = V_{ml}) \tag{7-42}$$

关断 $\mathrm{d}i_C/\mathrm{d}t$ 阶段（S7 阶段）：单单考虑该阶段，则 i_C 会在该阶段结尾时降为 0，因此要求驱动电压 $v_{G,S7}$ 不能大于阈值电压 V_{th}，式（7-43）给出了 $v_{G,S7}$ 的上下限。式（7-44）给出了该阶段内 FPGA 输出给 DAC 二进制码的范围。

如果 $v_{G,S7}$ 超出式（7-43）的上限，那么 IGBT 在该阶段末尾时，$v_{gi} = v_{G,S7} > V_{th}$，而 $v_{CE} = V_{bus}$，则 S7 结束时 i_C 不会降低到 0，且可以表示为式（7-45）。这就意味着 IGBT 没有彻底关断，而同时承受着较高的端电压和电流。当然，由于此时 i_C 的斜率会变得很低，状态机还是会自动会跳转到断态 S8 阶段，从而输出 V_{EE} 的驱动电压将 IGBT 彻底关断。但根据上述分析，如果在 S7 阶段施加较高的大于 V_{th} 的驱动电压，会使得 IGBT 的关断损耗显著增大，所以应当通过对式（7-31）计算出的 DAC 输入二进制码施加如式（7-44）的限制。

$$V_{EE} \leqslant v_{G,S7} \leqslant V_{th} \tag{7-43}$$

$$\mathrm{CODE}(v_G = V_{EE}) \leqslant \mathrm{CODE}(S7) \leqslant \mathrm{CODE}(v_G = V_{th}) \tag{7-44}$$

$$i_C \big|_{\text{S7结尾}} = i_C(v_{gi} = v_{G,S7}, v_{CE} = V_{bus}) \tag{7-45}$$

2. 控制方法的稳定性和 PI 参数整定方法

由上文分析，SRVSD 方法可以对开关瞬态各阶段施加独立控制，因此可以给每个阶段提供一套 PI 参数，这里的 PI 参数即式（7-29）和式（7-30）中的系数 k_P，k_I。本文对 PI 参数进行整定，采用的是理论计算与手动调节相结合的方式。总体而言，通过理论计算可以方便地获得 PI 参数的上限。而从这个上限值开始，结合实验结果对 PI 参数进行进一步的手动调节，可以获得过冲很小且尽可能快速的控制变量稳定过程。本节主要介绍的是对 PI 参数上限值的理论计算方法。下面将以开通延迟，T_{S1} 为例进行控制过程稳定性及 PI 参数整定方法的理论分析。

一般来说，希望 PI 参数 k_P，k_I 尽可能大，因为更大的 k_P，k_I 可以帮助受控对象（这里以 T_{S1} 为例）更快达到目标值。但是 k_P，k_I 也不能太大，否则会导致控制量饱和，以及控制变量出现较大的过冲或振荡的现象。这里假设在第 1 个有效开通脉冲时，S1 阶段的驱动电压 $v_{G,S1} = V_{CC}$，相应的 DAC 输入二进制码为 $\mathrm{CODE}(S1) = \mathrm{CODE}\ (v_{G,S1} = V_{CC})$。由于施加的初

始 $v_{G,S1}$ 是最大值，因此，式（7-28）中初始的实测计数值 $N_{S1,1}$ 最小。那么在对 T_{S1} 的控制效果较好的情况下（即快速达到目标值，且过冲、振荡小），可以认为初始的负值误差 $e_{S1,1}$ 是绝对值最大的误差。根据本节第 7.2.1.1 中介绍的控制策略，可得第二个有效开通瞬态相关的控制量 $P_{reg,2}$，$I_{reg,2}$，CODE(S1)$_2$ 如式（7-46）~式（7-47），其中根据积分分量初始值 $I_{reg,1}$ 为 0 得出式（7-47），CODE(S1)$_2$ 是第二个有效开通瞬态 S1 阶段的 DAC 输入二进制码。

$$P_{reg,2}=k_P e_{S1,1} \tag{7-46}$$

$$I_{reg,2}=k_I e_{S1,1} \tag{7-47}$$

$$\mathrm{CODE(S1)}_2=\mathrm{CODE}(v_G=V_{CC})+P_{reg,2}+I_{reg,2} \tag{7-48}$$

为了保证开关瞬态正常进行，需要对 S1 阶段的 CODE 进行限幅，且这里将上下限定义为 CODE(S1，max) = CODE($v_{G,S1}=V_{CC}$)，CODE(S1，min) = CODE($v_{G,S1}=V_{th}$)。因为此时 $e_{S1,1}$ 为负值，因此式（7-48）应当大于 CODE(S1) 的下限值。根据式（7-33），可得不等式（7-49）。

$$\mathrm{CODE(S1)}_2>\mathrm{CODE}(v_G=V_{th}) \tag{7-49}$$

结合式（7-46）~式（7-49），可得 PI 参数之和的上限，如式（7-50）所示。

$$\begin{aligned} k_P+k_I &\leqslant \left\| \frac{\mathrm{CODE(S1,max)}-\mathrm{CODE(S1,min)}}{N_{S1,1}-N_{S1,ref}} \right\| \\ &= \left\| \frac{\mathrm{CODE}(v_G=V_{CC})-\mathrm{CODE}(v_G=V_{th})}{N_{S1,1}-N_{S1,ref}} \right\| \end{aligned} \tag{7-50}$$

接着可以将 PI 参数 k_P，k_I 由式（7-50）给出的上限值开始往下做实验验证，从而找到尽可能高的 k_P，k_I 值以获得过冲小且快速的控制变量稳定过程。在这一过程中，应该选取较大的 k_I，因为控制达到目标值时，积分分量远大于比例分量，大的 k_I 有助于实现快速的响应。上述对 PI 参数的整定过程，将在后文中进行实验验证。

3. 控制精度分析

SRVSD 对开关阶段时长施加自调节控制时，在整个控制环路存在多个影响控制精度的因素。这些影响控制精度的误差，按照发生的位置可以分为两类：

第一类误差存在于采样反馈支路，包括两种误差：第一种是反馈电路的延迟导致的，这个误差会导致 FPGA 控制芯片更迟接收到反馈信号，从而使得状态机不能及时进行器件的开关状态迁移，造成开关阶段检测变长；第二种是由于开关指令和反馈信号大概率会距离状态机时钟边沿较远，而在时钟周期中间某个时刻到来。注意到状态机控制下，状态只有在时钟信号上升沿的位置才会迁移，因此这一种误差会导致状态机计时变长。

图 7.18 是采样反馈支路存在的两种误差示意图，本节中状态机时钟为 200MHz。假设 i_C 或 v_{CE} 在 $t_{fb,e1}$ 时刻达到参考值，即理想反馈信号在 $t_{fb,e1}$ 时刻产生，而由于比较器存在输出延迟，反馈信号经过 $t_{d,comp}$ 后，在 $t_{fb,e2}$ 时刻才被 FPGA 接收到。由于状态机的状态迁移都是与时钟同步的，所以需要等到下一个上升沿，即 $t_{fb,e3}$ 时刻，状态才会从 S1 切换至 S2。总体上，这就导致了 S1 阶段的结束时刻从 $t_{fb,e1}$ 时刻延续到了 $t_{fb,e3}$ 时刻，FPGA 程序对 S1 的计时也就偏长了。

根据图 7.18，可知 T_{S1} 的反馈误差在 5～10ns 之间。与一般几百 ns 以上的 IGBT 开通延迟相比，这一反馈采样总误差较小且比较固定，可以忽略或者对其进行简单补偿。

第二类误差是控制支路的误差，该类误差主要与 v_G 产生电路中 DAC 的分辨率相关。DAC 只能输出特定电平，因此 SRVSD 方法也只能产生分立的驱动电压值，且相邻驱动电压值之间是恒定的分辨率。分立的驱动电压只能产生特定的开通延迟，于是对开通延迟施加自调节控制，就会不可避免地产生误差。

这里可以推导由于驱动电压分立所导致的 T_{S1} 最大相对误差的理论表达式。如图 7.19，横坐标表示驱动电压，其中 $v_{G,H}$，$v_{G,L}$ 分别是 $v_{G,S1}$ 的上下限。假设 v_1，v_2 是 SRVSD 方法可输出的两个相邻驱动电压值，v_2-v_1 是驱动电压分辨率，且 v_1，v_2 分别产生了开通延迟 T_1，T_2。这里认为目标时长 T_{ref} 落在 T_2～T_1，那么在闭环控制下，驱动电压将会在 v_1，v_2 切换，实际延迟时间会在 T_2，T_1 之间切换。因此，T_{S1} 的误差将会在 $\|T_{ref}-T_1\|$，$\|T_{ref}-T_2\|$ 二值之间切换，其最大相对误差如式（7-51）所示。从式（7-51）可以看到，DAC 位数越高，则 v_G 分辨率越高，T_1，T_2 就会跟 T_{ref} 更接近，控制的相对误差也会降低。

$$\text{最大相对误差}=\left\|\frac{\max(T_1-T_{ref},T_{ref}-T_2)}{T_{ref}}\times100\%\right\| \tag{7-51}$$

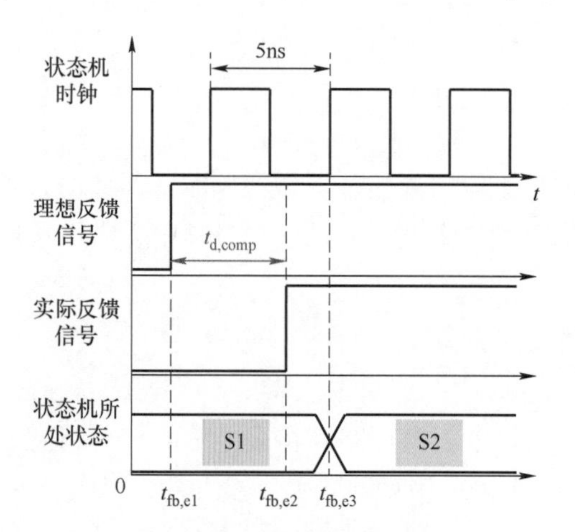

图 7.18 对 T_{S1} 施加自调节控制时，时长的采样误差来源示意图

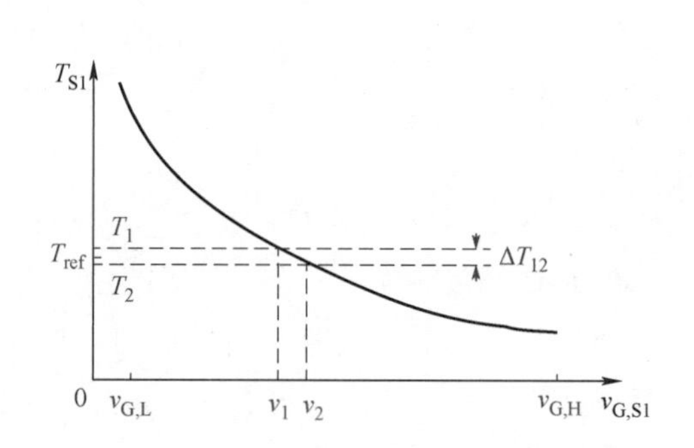

图 7.19 分立驱动电压值造成的最大相对误差理论推导示意图

这里可以计算出使用不同分辨率（不同位数）DAC 时，各 T_{S1} 参考值下的相对误差。将 IGBT 模块的驱动参数以及各 DAC 分辨率下所有驱动电压值代入式（7-3），式（7-51），可以计算得到各 T_{S1} 下的相对误差，如图 7.20 所示，可以看到 DAC 分辨率越高，控制误差会明显降低。图 7.20 的结果可以作为 SRVSD 方法控制精度的参考。下文中会对不同 DAC 分辨率下的 T_{S1} 控制精度做实验比较。

注意到图 7.20 中，不管 DAC 是什么分辨率，较大的误差一般发生在较大的 T_{S3} 时，下面对这一现象作定性解释。由式（7-3）和图 7.19 可知，当 $v_{G,S1}$ 越小，即 T_{S1} 越大时，T_{S1} 随 $v_{G,S1}$ 的变化率 $\|\partial T_{S1}/\partial v_{G,S1}\|$ 而显著增大。而又因为 DAC 输出电压以及 v_G 都是均匀分布的，因

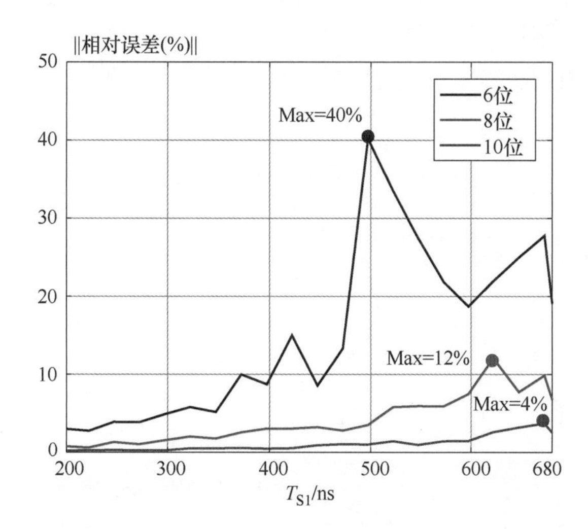

图7.20 各T_{S1}参考值下分立驱动电压值引起的相对误差计算结果

此在T_{S1}较大时，SRVSD方法可获得的T_{S1}也会变得相当稀疏，即T_{S1}较大时，图7.19中的T_1，T_2将会相距更远。于是，根据式（7-51），在T_{S1}较大的区域，自调节控制的误差最大。

7.2.1.3 实验验证

1. 限制驱动电压范围必要性的实验论证

如前文所述，为了使得器件在主动栅极控制下仍然正常完成开关瞬态切换，需要将各阶段驱动电压限制到一定合理范围内。这里以S3阶段为例，用实验中遇到的故障，对驱动电压限幅的必要性进行论证。

图7.21是由于没有对$v_{G,S3}$进行限幅，而在实验中其值过小，导致IGBT器件过热损坏的全过程实验波形。图7.21中v_G是驱动电压；v_{STATE}是FPGA根据当前状态机所处状态输出1位的数字量，在S3阶段（开通dv_{CE}/dt阶段），S4阶段（通态阶段），S8阶段（断态阶段），v_{STATE}分别为1，0，1；i_C，v_{CE}分别是管电流和端电压。下面对图7.21中器件开始出现非正常开关动作到最终完全短路失控的全过程做分析和说明。

$t_{SC1}\sim t_{SC2}$：t_{SC1}时刻状态机从S2切换至S3，可以看到管电流为400A，明显大于器件的额定电流，因此可以知道S3阶段$v_{gi}=V_{ml}$应该较大。但是$v_{G,S3}=10.5V$较小，从图7.21可以看到该值应该与$v_{gi}=V_{ml}$差不多，于是$t_{SC1}\sim t_{SC2}$之间v_{CE}几乎没有下降。这段时间IGBT承受600V母线电压和400A负载电流，功耗很大。而$t_{SC1}\sim t_{SC2}$这段时间持续了280μs左右，大致是正常S3时长的1000倍左右，在高端电压和大管电流下，器件内部会产生大量的热，最终在t_{SC2}时刻开始发生故障。

$t_{SC2}\sim t_{SC3}$：从t_{SC2}时刻开始，器件发生短路故障，v_{CE}迅速下降，这段时间FPGA仍然认为器件处在S3阶段。由于开通管v_{CE}下降，换流的二极管端电压开始承压，$i_C=I_L$轻微上升。当v_{CE}下降至阈值电压，反馈电路给出状态切换信号，FPGA将状态机从S3阶段切换至通态阶段S4。

t_{SC3}时刻附近：状态机所处状态在t_{SC3}从S3切换至S4。但是由于整个过程太长，此时开关指令已经是关断，S4阶段持续了状态机时钟的一个工作时钟5ns后，迅速又切换至断态

S8。于是相应地，从图 7.21 可以看到，t_{SC3}附近驱动电压上升后又突然下降至 V_{EE}，而状态指示位 v_{STATE}降低到 S4 阶段的 0 后迅速回到 1。此后器件一直处于断态 S8 阶段，驱动电压一直是 V_{EE}。

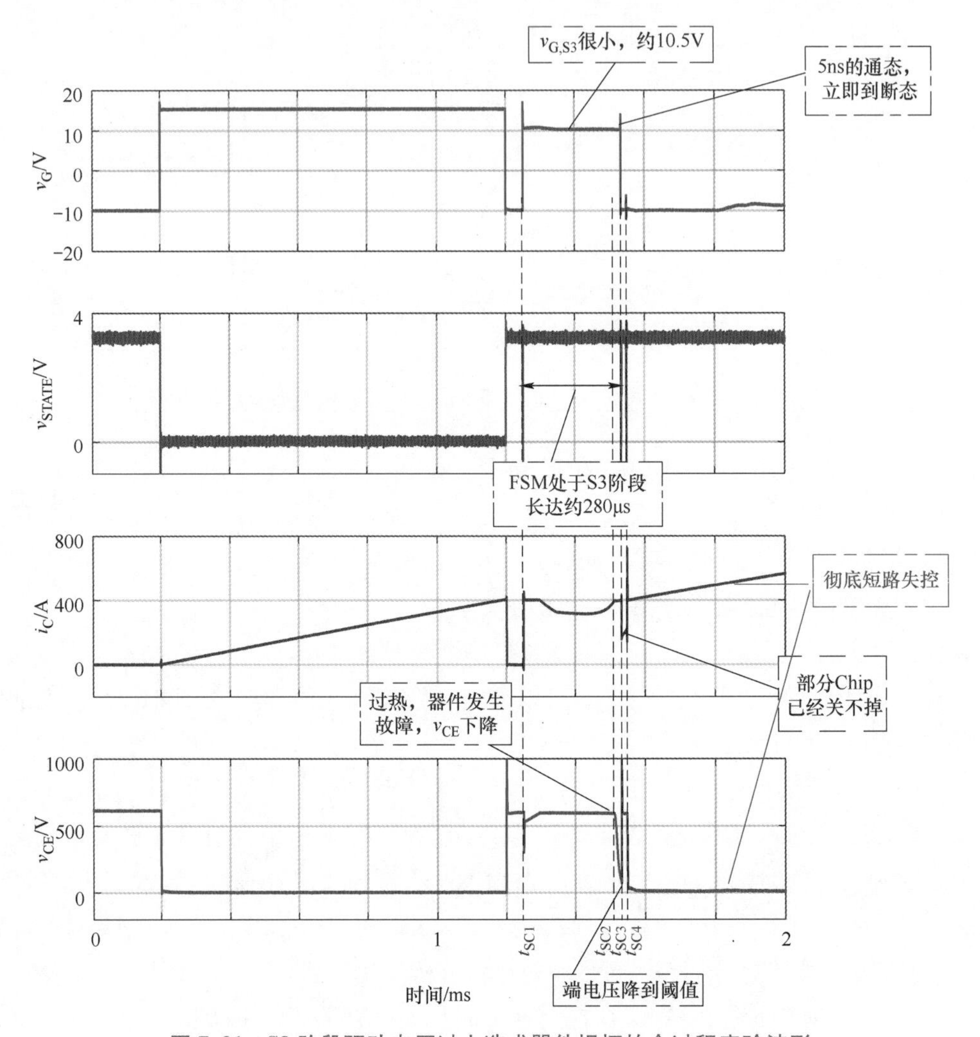

图 7.21　S3 阶段驱动电压过小造成器件损坏的全过程实验波形

随着状态机切换到 S8，主器件开始关断，端电压迅速上升到母线电压 V_{bus}，对管二极管正向恢复续流。由于主器件已经损坏，器件内部存在芯片支路不受栅极电压控制，这里可以认为该损坏的芯片支路表现出了低阻特性。于是从图 7.21 可以看到，与正常的关断行为不同，t_{SC3}时刻在器件关断后，v_{CE}承受 600V 母线电压，i_C 仍然维持在 200A 左右，器件无法完全关断。这里可以知道损坏的芯片支路，其等效电阻大致为 3Ω。

t_{SC3} ~ t_{SC4}：此时负载电流一部分经过二极管续流，另一部分流经主器件。器件仍处在高端电压和大管电流下，于是在 t_{SC4}时刻由于过热发生彻底短路损坏。从 t_{SC4}时刻开始，器件短路，两端电阻几乎为 0，v_{CE}迅速下降，于是栅极对器件彻底失去控制。换流二极管关断，由于反向恢复作用，主器件的管电流出现显著电流尖峰。

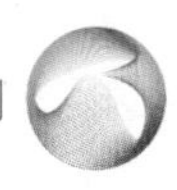

t_{SC4}之后：t_{SC4}之后，由于器件短路，v_{CE}迅速降低至 0，换流二极管与负载电感是并联关系，共同承受母线电压，于是 $i_C=I_L$ 在母线电压充电下继续增大。i_C 不断增大，主器件最终发生内部的键合线断开，器件彻底断路损坏，$i_C=0$。负载电流通过换流二极管续流，最终也消减为 0。

图 7.22 给出了经过上述过程后，损坏器件内部的照片。可以看到，主器件（下管）已经烧断，而上管完好。

从分析和实验结果可以看到，对 SRVSD 方法在开关各阶段施加的驱动电压进行限幅是必要的，否则器件可能无法正常地完成开关动作，甚至出现如图 7.21 所示的器件长时间工作在输出特性放大区直至损坏的危险情况。

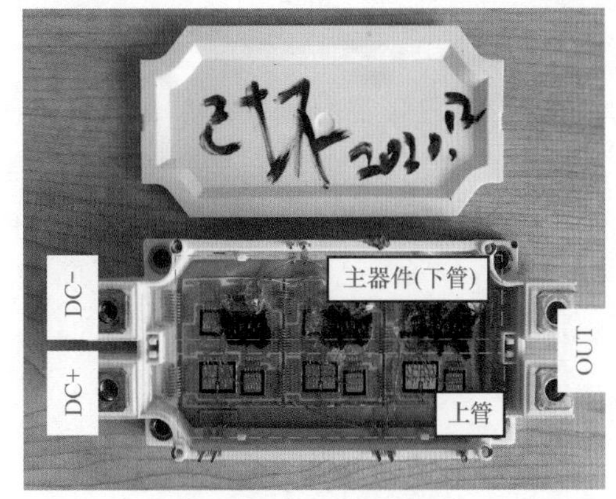

图 7.22　S3 阶段驱动电压过小造成器件损坏的照片

2. 开通瞬态各阶段时长自调节控制实验

测试的器件为型号 FF1400R12IP4 的 IGBT 模块。图 7.23 所示是 600V/800A 下开通瞬态自调节控制的损耗和时长波形数据，参考值为（$T_{S1,ref}$，$T_{S2,ref}$，$T_{S3,ref}$）=（650ns，300ns，380ns）。第 1 个开通瞬态的驱动电压都是恒定的 V_{CC}。

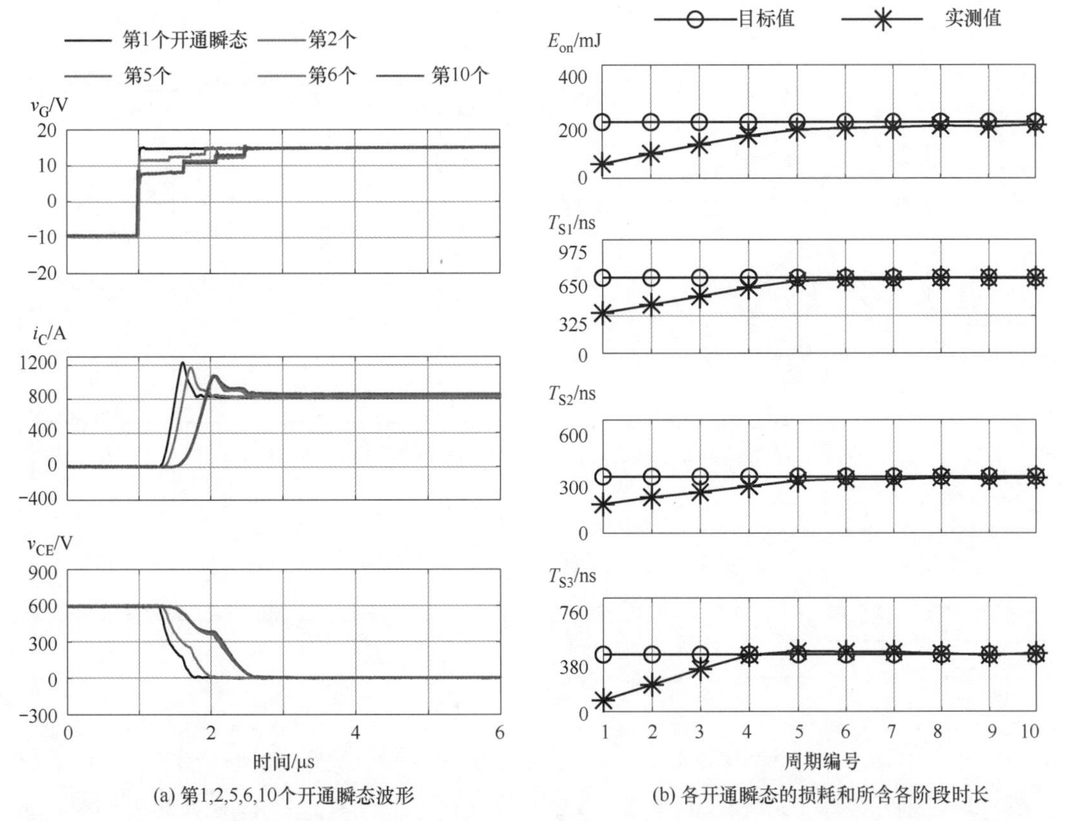

图 7.23　600V/800A 下开通瞬态时长自调节控制（$T_{S1,ref}$，$T_{S2,ref}$，$T_{S3,ref}$）=（650ns，300ns，380ns）

图 7.23b 中开通损耗实测值是由式（7-20）计算而得，损耗目标值是将 $T_{S2,ref}$，$T_{S3,ref}$代入损耗模型得出。从图 7.23a 可以看到，开通行为从第 5 个脉冲就达到了参考值。图 7.23b 的具体数据表明，从第 5 个脉冲开始，开通损耗实测值与参考值误差不超过 15%。在第 1 个开通瞬态，S1，S2，S3 阶段时长分别为 349ns，153ns，75ns，与参考值相差较大。但是经过自调节控制，第 4 个脉冲时，各阶段时长实测值与参考值相差低于 20%。而从第 5 个脉冲往后，时长误差已经都低于 5%。

3. 关断瞬态各阶段时长自调节控制实验结果

图 7.24 所示是 600V/800A 下关断瞬态自调节控制的损耗和时长波形数据，参考值为（$T_{S5,ref}$，$T_{S6,ref}$，$T_{S7,ref}$）=（2μs，650ns，500ns）。第 1 个关断瞬态的驱动电压都是恒定的 V_{EE}。图 7.24b 中开通损耗实测值是由式（7-20）计算而得，损耗目标值是将 $T_{S6,ref}$，$T_{S7,ref}$代入损耗模型得出。

从图 7.24a 可以看得出，在第 5 个关断脉冲时开关行为稳定下来并达到了目标值。图 7.24b 画出各脉冲下具体的时长和损耗值，可以看到它们一个脉冲接一个脉冲快速地达到了目标值。具体数值上来看，从第 6 个脉冲开始，关断损耗实测值与目标值的相对误差就低于 10%，而各阶段时长从第 5 个脉冲开始，与各自的目标值只有不超过 5%的相对误差。

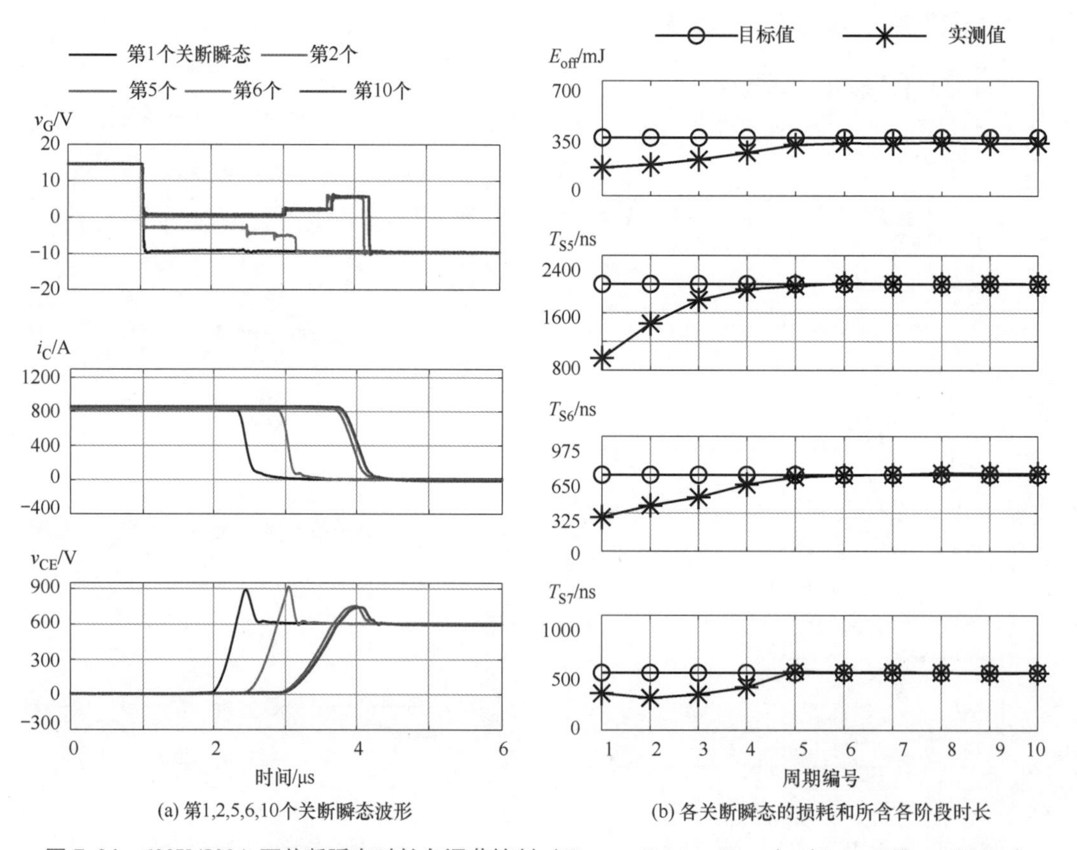

(a) 第1,2,5,6,10个关断瞬态波形 (b) 各关断瞬态的损耗和所含各阶段时长

图 7.24 600V/800A 下关断瞬态时长自调节控制（$T_{S5,ref}$，$T_{S6,ref}$，$T_{S7,ref}$）=（2μs，650ns，500ns）

值得注意的是，在图7.24a中，第2个关断瞬态的$v_{G,S7}$大于第1个关断瞬态，因此第2个关断瞬态的$\|di_C/dt\|$，v_{os}都应该小于第1个关断瞬态，但是实验结果却与这一结论矛盾。这一反常现象主要与S6阶段的$\|dv_{CE}/dt\|$的大小有关，其背后的原因已经在7.1.1节中做了说明，此处不再累赘。i_C组成分量的差异导致了图7.24a中的现象，即虽然图7.24a中第2个关断瞬态的$v_{G,S7}$明显大于第1个关断瞬态的$v_{G,S7}$，但是第2个关断瞬态的$\|di_C/dt\|$，v_{os}都大于第1个关断瞬态。从图7.24可以看到，在之后的周期中自调节控制方法克服了这种异常行为。

4. 开关阶段时长的自调节控制对EMI的影响

功率半导体器件的高速开关行为是电力电子变换器中EMI的源头，而通过调节开关速度，可以改善变换器的EMI性能。以器件v_{CE}为例，对其进行快速傅里叶变换（Fast Fourier Transformation，FFT）来获得其频谱表现。图7.25给出了经过开关时长闭环控制前后v_{CE}的频谱图，其中图7.25a对应的是图7.23中未控制的第1个开通瞬态v_{CE}和控制达到目标值的第10个开通瞬态v_{CE}频谱比较，图7.25b则是图7.24中第1个和第10个关断瞬态v_{CE}频谱比较。可以看到，实验中对开关时长进行调节，实现了频谱上1~20MHz频率之间EMI的抑制。

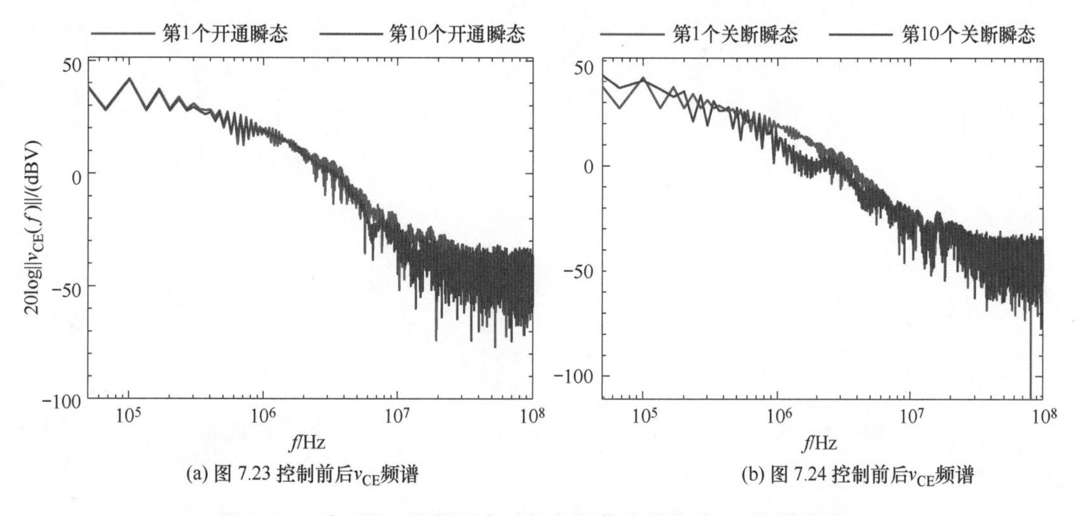

图7.25　对开通，关断瞬态时长自调节控制前后v_{CE}频谱图对比

7.2.2　开关损耗的自调节闭环控制

此处提出一种简洁的开通、关断瞬态损耗模型，根据该模型给出实现开关损耗控制与检测的操作步骤。

7.2.2.1　开关损耗模型

该模型可以方便地用于器件开关损耗的在线控制和检测。它考虑了开通瞬态的对管二极管的反向恢复电流以及开通/关断瞬态端电压跌落/过冲值。模型是在对开关瞬态i_C，v_{CE}线性化处理的基础上得到的，且只与S2，S3，S4，S5阶段时长成正比关系。图7.26示出了开通、关断瞬态损耗模型推导的示意图。

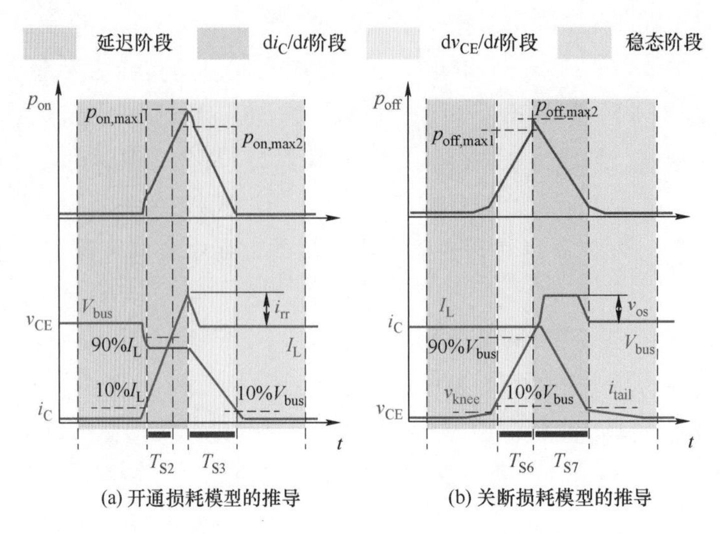

图 7.26　功率半导体器件的开关损耗模型的推导示意图

1. 开通损耗模型

图 7.26a 示出了开通损耗模型的推导示意图，图中标注出了按照前文，各阶段时长的定义，如 T_{S2}指的是 i_C 从 $10\%I_L$ 上升到 $90\%I_L$ 的时间，T_{S3}是 v_{CE}从 i_C 达到尖峰开始到 $v_{CE}=10\%V_{bus}$ 的时间。i_C，v_{CE}的形状都被近似为线性形状，并相应画出了损耗功率 p_{on}的示意波形。其中 i_C 最大值为 I_L+i_{rr}。这里把 di_C/dt，dv_{CE}/dt 阶段开通损耗功率最大值分别记为 $p_{on,max1}$，$p_{on,max2}$，其表达式如式（7-52）和式（7-53）。

$$p_{on,max1}=(I_L+i_{rr})\left(V_{bus}-L_S\frac{0.8I_L}{T_{S2}}\right) \tag{7-52}$$

$$p_{on,max2}=I_L\left(V_{bus}-L_S\frac{0.8I_L}{T_{S2}}\right) \tag{7-53}$$

这里将开通损耗 E_{on}划分为两部分：i_C 上升阶段的 $E_{on,i}$，v_{CE}下降阶段的 $E_{on,v}$，根据积分运算，可以得到如下所示的 E_{on}，$E_{on,i}$，$E_{on,v}$。

$$E_{on}=E_{on,i}+E_{on,v} \tag{7-54}$$

$$E_{on,i}=\frac{1}{2}p_{on,max1}\frac{I_L+i_{rr}}{0.8I_L/T_{S2}}\left(1+\left(\frac{i_{rr}}{I_L+i_{rr}}\right)^2\right) \tag{7-55}$$

$$E_{on,v}=\frac{1}{2}p_{on,max2}\frac{V_{bus}-L_S\cdot 0.8I_L/T_{S2}}{(0.9V_{bus}-L_S\cdot 0.8I_L/T_{S2})/T_{S3}} \tag{7-56}$$

式（7-56）将 S3 阶段的 i_C 直接当做恒定的 I_L 处理，忽略了 S3 阶段初始时，i_C 数值大于 I_L 这一情况。为此，式（7-55）的最后一项，补偿 i_C 从尖峰值下降到 I_L 这段短暂时间内的损耗，并假设对管二极管的恢复系数（Snappiness Factor）为 1。

式（7-54）~式（7-56）还需要知道其他变量以完整描述开通损耗模型。包括换流回路杂散电感 L_S，管电流过冲值 i_{rr}。下文将对 L_S给出简单的提取方法，而 i_{rr}则可以由 I_L 和 di_C/dt 决定，如式（7-57）所示。可以认为式（7-57）是在损耗模型的准确性和可行性之间的折中，

其中的系数 A，B，C 可以采用数据手册提供的或者实验获得的数据来拟合得到。在实际应用中，可以将 i_{rr} 的值以查找表的形式存储在控制芯片中。

$$i_{rr}=A\left(I_L\right)^B\left(\mathrm{d}i_C/\mathrm{d}t\right)^C=A\left(I_L\right)^B\left(0.8I_L/T_{S2}\right)^C \tag{7-57}$$

从式（7-55）和式（7-56）也可以看到，$E_{on,i}$ 近似与 T_{S2} 成比例，而 $E_{on,v}$ 正比于 T_{S3}。开通损耗模型描述的这一比例关系，使得对开通损耗 E_{on} 的控制与检测变得很方便。

2. 关断损耗模型

与开通损耗模型类似，如图 7.26b 所示，也对关断瞬态的 i_C，v_{CE} 进行了线性化近似，并画出了关断损耗功率 p_{off} 示意波形。根据工作原理，图 7.26b 标注的在 $\mathrm{d}v_{CE}/\mathrm{d}t$ 阶段的功率最大值 $p_{off,max1}$ 和 $\mathrm{d}i_C/\mathrm{d}t$ 阶段的功率最大值 $p_{off,max2}$，分别如式（7-58）和式（7-59）所示。

$$p_{off,max1}=I_L V_{bus} \tag{7-58}$$

$$p_{off,max2}=I_L\left(V_{bus}+L_S\frac{I_L}{T_{S7}}\right) \tag{7-59}$$

将关断损耗 E_{off} 划分为了两个部分：$\mathrm{d}v_{CE}/\mathrm{d}t$ 阶段的 $E_{off,v}$ 和 $\mathrm{d}i_C/\mathrm{d}t$ 阶段的 $E_{off,i}$。重写开关阶段的时长定义：T_{S6} 是指 v_{CE} 从 10%V_{bus} 上升到 90%V_{bus} 的时间；而 T_{S7} 是 i_C 从开始下降到等于拖尾电流 i_{tail} 的时间，注意如式（7-59）所示，已经将拖尾电流 i_{tail} 近似为 0。因此可以得到的关断损耗模型如下所示。

$$E_{off}=E_{off,v}+E_{off,i} \tag{7-60}$$

$$E_{off,v}=\frac{1}{2}p_{off,max1}\frac{T_{S6}}{0.8} \tag{7-61}$$

$$E_{off,i}=\frac{1}{2}p_{off,max2}T_{S7}=\frac{1}{2}T_{S7}I_L\left(L_S I_L/T_{S7}+V_{bus}\right) \tag{7-62}$$

根据式（7-61），$E_{off,v}$ 正比于 T_{S6}。由式（7-62），$E_{off,i}$ 第一项是常数，而第二项正比于 T_{S7}。因此，基于式（7-60）~式（7-62）描述的关断损耗模型，可以对关断损耗进行控制与检测。

7.2.2.2　对开关损耗控制与检测的策略

上面论述了一种简洁的功率半导体器件开关损耗模型。基于该模型，可以对开关损耗进行控制与检测，具体的策略如图 7.27 所示。

如图 7.27a 所示，如 3.1 节所示，SRVSD 方法可以在线检测开关瞬态各阶段时长，再将 T_{S2}，T_{S3}，T_{S6}，T_{S7} 代入开关损耗模型，即可获得开关损耗 E_{on}，E_{off}。

如图 7.27b 所示，为了获得目标损耗值（有些场合下是通过稳定结温计算得出），可以这些损耗值代入式（7-54）~式（7-56），式（7-60）~式（7-62），反推出相应的目标时长。根据上文分析的结果，该损耗模型在开关时长与开关损耗值之间建立了简洁的正比关系，因此可以方便地通过损耗值反推出开关瞬态各阶段时长。再结合上文中对开关瞬态各阶段时长的自调节控制，就可以实现对开关损耗的准确控制。

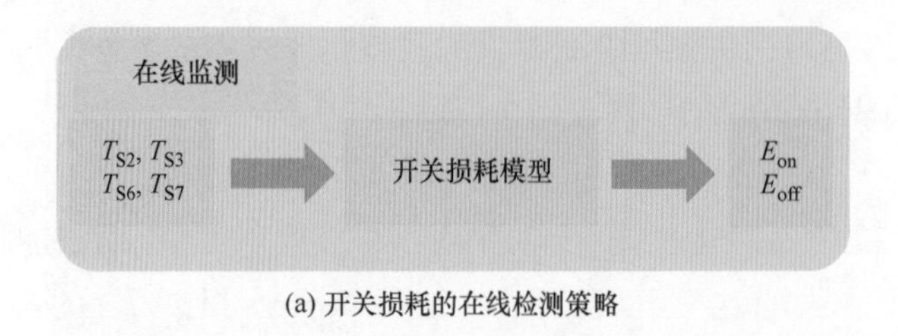

(a) 开关损耗的在线检测策略

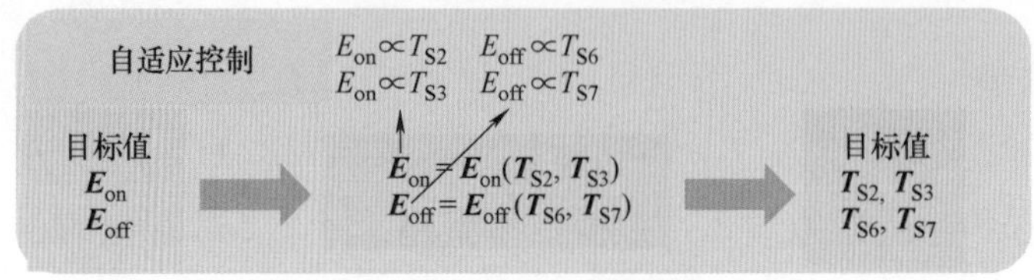

(b) 开关损耗的自调节控制策略

图 7.27 功率半导体器件开关损耗的自调节控制与检测策略

7.2.3 瞬态电应力的自调节闭环控制

1. 关断瞬态端电压峰值

开关瞬态电应力分为开通瞬态电流应力（管电流峰值，即 I_L+i_{rr}）和关断瞬态电压应力（端电压峰值，即 $V_{bus}+v_{os}$）。变换器中的功率半导体器件一旦出现过大的关断瞬态端电压峰值，就会发生过压击穿损坏，于是本节主要是针对关断瞬态端电压峰值进行自调节控制研究，这里将端电压峰值记作 v_{PK}，如式（7-63）所示。本节提出的对损耗控制的方法，也适用于管电流应力的控制。

$$v_{PK}=V_{bus}+v_{os}=V_{bus}+L_S\|di_C/dt\| \tag{7-63}$$

如图 7.28 所示，一般情况下，器件的关断瞬态端电压峰值随着负载电流 I_L 增大而增大。因而在选取驱动电阻，需要使最大端电压峰值（I_L 最大时，即一般是 IGBT 额定电流时）不能超过设定的参考值（见图 7.28 中的 V_{ref}），这将造成端电压峰值在小值的 I_L 下可能如图 7.28 所示，明显小于预设的参考值 V_{ref}，即 $\|di_C/dt\|$很低，S7 阶段损耗大。而选用的较大的 R_{goff} 也会使得 S5 阶段栅极放电变慢，S6 阶段 v_{CE} 上升变缓，这些都会导致关断延迟和损耗都增大。

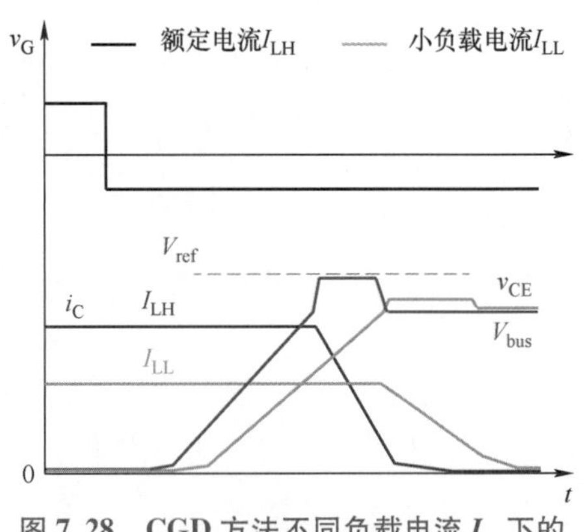

图 7.28 CGD 方法不同负载电流 I_L 下的关断瞬态端电压峰值示意图

2. 端电压峰值自调节控制 SRPVC 方法的工作原理

为解决端电压峰值的自调节控制问题，给出一种自调节峰值电压控制（Self-Regulating Peak Voltage Control，SRPVC）方法。SRPVC 可以对 v_{PK} 施加直接和准确的控制。在 SRPVC 方法控制下，换流条件发生改变时，IGBT 端电压峰值 v_{PK} 也总会自动接近目标值 V_{ref}，即实现了对 v_{PK} 的自调节控制。通过这种方式，SRPVC 可以适应不同的工况，而能够实现对 v_{PK}

的准确控制。

SRPVC 方法与 SRVSD 方法有相同的驱动电压产生电路。但是与 SRVSD 不同的是 SRPVC 方法注重的是 IGBT 关断瞬态端电压峰值 v_{PK} 以及其他关断特性的优化控制。使用小的驱动电阻 R_{goff}，在 SRPVC 控制下，器件可以实现快速关断行为，从而获得显著降低的关断延迟和关断损耗，同时实现目标的端电压峰值。

SRPVC 方法的基本思想是通过直接采样 v_{PK}，然后在管电流下降阶段施加自调节控制的驱动电压以获得目标端电压峰值。图 7. 29 示出了 SRPVC 的工作原理，与 7. 1 节中对 SRVSD 方法的分析类似，这里也将关断瞬态划分为了 4 个阶段。

S7 阶段管电流下降速度如式（7-18）所示。根据式（7-18），式（7-63）和图 7. 29a 知道，通过简单的反馈，SRPVC 可以在 S7 阶段施加高的驱动电压 $v_{G,S7H}$ 来获得小端电压峰值 $v_{PK,L}$，或者通过施加小值的驱动电压 $v_{G,S7L}$ 来获得大端电压峰值 $v_{PK,H}$。注意到，SRPVC 对 v_{PK} 的调节不影响 S5 和 S6 阶段的性能，图 7. 29a 中可以在 S5，S6 阶段始终施加最低的驱动电压 V_{EE} 以获得最低的关断延迟和关断损耗。

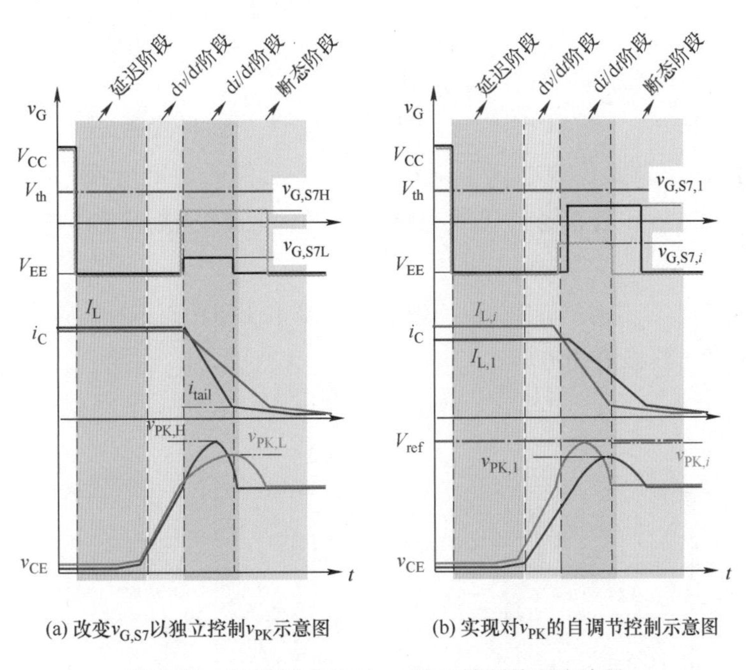

(a) 改变 $v_{G,S7}$ 以独立控制 v_{PK} 示意图　　(b) 实现对 v_{PK} 的自调节控制示意图

图 7. 29　SRPVC 方法对 v_{PK} 施加控制的理论波形

在实际应用中，SRPVC 方法对 v_{PK} 控制的精确度以及对不同换流条件的适应性很重要。图 7. 29b 表示了 SRPVC 方法在实际应用中工作过程。如图 7. 29b 所示，由于不清楚换流条件（负载电流 I_L，母线电压 V_{bus}，换流回路杂散电感 L_S，IGBT 型号等），SRPVC 方法应当在第 1 个关断瞬态施加一个较大的驱动电压 $v_{G,S7,1}$，这会得到一个较低的安全端电压峰值 $v_{PK,1}$。之后，SRPVC 方法会在每个关断瞬态都采样实际 v_{PK} 值，将所得的 v_{PK} 数字量与峰值参考值 V_{ref} 的数字量作差。它们作差的结果经过 FPGA 内的 PI 调节器，用于产生下一个关断瞬态 S7 阶段的驱动电压。这一调节过程总是处于工作状态，确保了 SRPVC 方法对各种换流工

况的适应性。在图 7.29b 中，在第 i 个关断瞬态，负载电流已经从初始时的 $I_{L,1}$ 增大到 $I_{L,i}$，而相应地，为了实现 $v_{PK}=V_{ref}$，SRPVC 方法也已经将 S7 阶段驱动电压从最开始的 $v_{G,S7,1}$ 降低到了 $v_{G,S7,i}$。于是在图 7.29b 中，SRPVC 方法在第 i 个关断瞬态，实现了参考端电压峰值，即 $v_{PK,i}=V_{ref}$。与图 7.29a 类似，图 7.29b 也将 S5，S6 阶段的 v_G 限制在最低的驱动电压值 V_{EE}，从而实现了关断延迟和损耗的优化。

为了更清晰地展示 SRPVC 方法对端电压峰值的自调节控制，图 7.30 给出了 v_{PK} 的控制框图。图 7.30 中，在第 i 个关断瞬态的 $v_{PK,i}$ 经过尖峰检测电路 Peak Detector 和模数转换器 ADC，转换为了与之成正比的数字量 $N_{PK,i}$，采样电路总比例为 k_{PK}。FPGA 的程序将 $N_{PK,i}$ 与 v_{PK} 目标值对应的数字量 $N_{PK,ref}$ 作差，然后通过 PI 调节器产生下一个关断瞬态的驱动电压 $v_{G,S7}$。$N_{PK,i}$，$N_{PK,ref}$，k_{PK} 的表达式将在后文中给出。

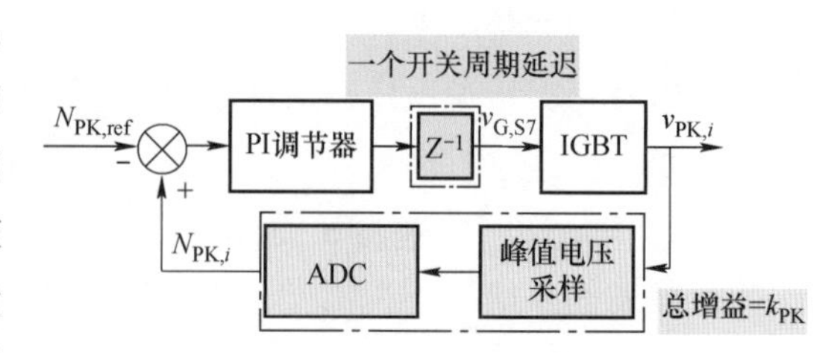

图 7.30　SRPVC 方法的控制框图

3. SRPVC 与 CGD 方法在理论上的性能对比

从工作原理的层面，将 SRPVC 与 CGD 两个驱动方法的性能进行对比。比较的前提是两种驱动方法都在最大负载电流下（即为 IGBT 器件的额定电流），实现了相同的电压峰值 $v_{PK}=V_{ref}$，然后比较在各种负载电流下，两种驱动方法所获得的关断延迟和关断损耗。

用图 7.31 可以从工作原理的层面，说明 SRPVC 和 CGD 方法在抑制了最大端电压峰值的情况下，它们各自性能的优劣。

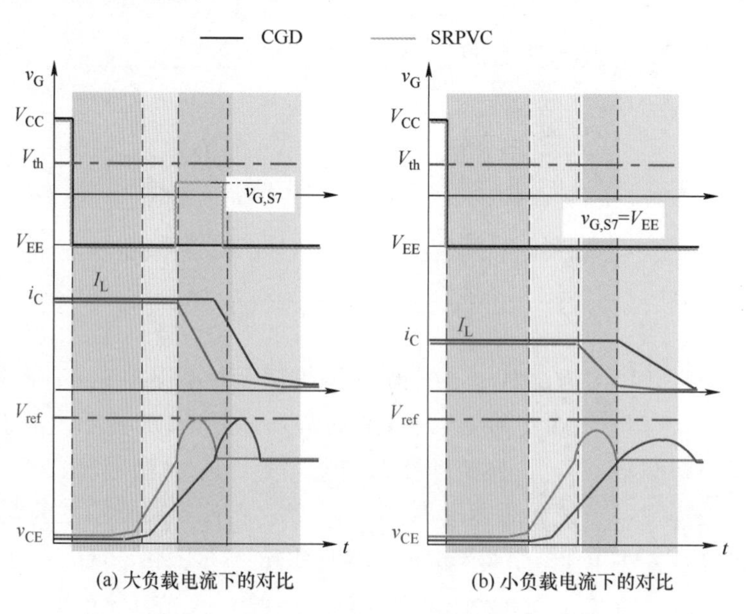

图 7.31　SRPVC 与 CGD 方法在不同负载电流下的关断性能对比

由于最大的v_{PK}一般发生在最大负载电流下，即IGBT器件的额定电流下，CGD方法需要采用相对较大的驱动电阻值R_{goff}，才能实现最大I_L下$v_{PK}=V_{ref}$。而根据图7.29的分析，SRPVC方法可以通过施加大于V_{EE}的驱动电压来实现更低的v_{PK}。因此，SRPVC方法可以使用较小的驱动电阻R_{goff}实现$v_{PK}=V_{ref}$。在这种情况下，图7.31a示出了CGD和SRPVC方法在大负载电流的控制结果对比，图中SRPVC方法施加了大于V_{EE}的驱动电压$v_{G,S7}$，实现与CGD相同的$v_{PK}=V_{ref}$。同时，SRPVC方法在S5，S6阶段施加最小的驱动电压V_{EE}，由于SRPVC的驱动电阻R_{goff}小于CGD，因此大负载电流下SRPVC的关断延迟与损耗显著低于CGD方法。

图7.31b比较了CGD和SRPVC方法在小负载电流下的关断性能。当I_L变小时，由于米勒电平下降，如图7.31b所示，两种驱动方法下的关断延迟都变大，并且端电压上升速度$\|dv_{CE}/dt\|$都会降低。但是由于SRPVC方法的驱动电阻R_{goff}更小，因此SRPVC控制下的$\|dv_{CE}/dt\|$始终比CGD大，而关断延迟和损耗始终比CGD小。通常情况下，CGD方法下的$\|di_C/dt\|$以及v_{PK}总是随着I_L降低。而从图7.31a可以看到，在大负载电流时，SRPVC方法其实可以施加较低的v_{G7}来实现端电压峰值v_{PK}大于V_{ref}。因此，当I_L变小时，SRPVC方法可能还可以在自调节控制下实现$v_{PK}=V_{ref}$。但当I_L变得足够小时，在自调节控制下SRPVC方法最终施加了最低驱动电压$v_{G,S7}=V_{EE}$，而v_{PK}仍会小于V_{ref}，这就是图7.31b所示的情况。于是，在I_L小到一定程度后，SRPVC方法将与CGD方法一样，施加恒定关断驱动电压V_{EE}。

7.3　SiC MOSFET电磁脉冲主动驱动控制

SiC MOSFET具有比相同容量的Si基器件更低的器件损耗与更高的开关速度，且能承受更高的工作结温，有利于提高系统效率与功率密度。然而，高开关速度也导致了SiC MOSFET开关过程的非理想特性更加显著，对于杂散参数的影响更加敏感，瞬态问题更加突出，这对其开关过程的建模、仿真与控制都提出了更高的要求。

前文中所提基于自调节驱动的IGBT主动驱动控制虽然其延迟较低，但是随着SiC器件的快速发展，这种主动驱动控制并不能充分满足SiC器件的性能要求，需要研究适用于更加快速开关器件的主动控制策略。为此，本节讨论一种无源电路辅助的SiC MOSFET主动驱动控制（AGC）方法，以降低开关损耗、抑制瞬态尖峰。

7.3.1　无源电路辅助的栅极主动驱动控制方案

如图7.32b所示，无源电路辅助的SiC MOSFET主动驱动控制方法由两部分实现：①用于降低开关损耗的无源辅助电路（Passive Auxiliary Circuit，PAC）；②用于抑制瞬态尖峰的主动栅极驱动（AGD）。

7.3.1.1　用于降低开关损耗的无源辅助电路

无源辅助电路（PAC），可以在不增加器件开关过程瞬态尖峰、不引入额外损耗的前提

下，显著降低器件的开关损耗。尽管 SiC MOSFET 的高速开关特性为闭环主动驱动控制的硬件实现带来了不小的挑战，它同时也为降低 SiC MOSFET 的开关损耗带来了新的机会。以开通过程为例，如图 7.32b 和图 7.32c 所示，通过在直流母线上串联一个辅助电感 L_a，器件电压 v_{ds}会在器件电流 i_d 上升之初便迅速跌落至接近 0V，从而使得开通能量 E_{on} 显著降低。由于 L_a 的存在会导致器件关断电压尖峰的增加，因而添加了一个电压箝位与能量回馈电路（Voltage Clamping and Energy Recycling Circuit，VCERC）对 L_a 两端的反向电压进行箝位，并将 L_a 中储存的能量回馈至负载电感 L_{load}，从而使得无源辅助电路无损。

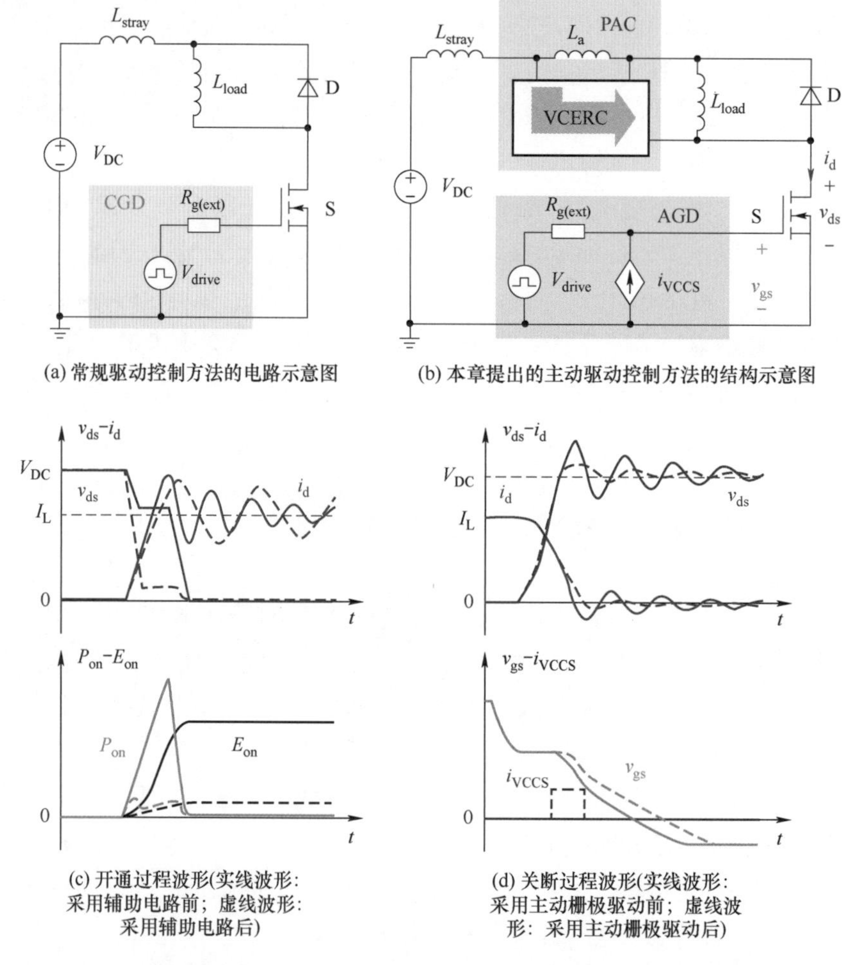

图 7.32　常规驱动控制（CGC）方法与主动驱动控制（AGC）方法的对比

理论上，这一降低开关损耗的方法既可以应用于开通过程，也可以应用于关断过程，但是由于 SiC MOSFET 在相同条件下的开通损耗通常远高于其关断损耗，因此无源辅助电路仅用于开通损耗的降低。

7.3.1.2　用于抑制瞬态尖峰的主动栅极驱动

主动栅极驱动（AGD）主要负责抑制具有破坏性的器件关断电压尖峰与开通电流尖峰。

如图7.32b所示，它通过在常规栅极驱动的基础上在器件栅极与源极之间并联一个双向的压控电流源（Voltage Controlled Current Source，VCCS）实现。以如图7.32d所示的关断过程为例，当v_{ds}接近直流母线电压V_{DC}时，主动栅极驱动将向栅极中注入额外的驱动电流i_{VCCS}，以降低器件电流下降率di/dt，从而抑制关断电压尖峰。类似地，在开通过程中，该压控电流源将从栅极中抽出多余的驱动电流，从而抑制开通电流尖峰。

由于无源电路的辅助作用，该主动栅极驱动仅依靠器件电压反馈即可实现开关过程的闭环反馈控制，无需对器件电流进行采样。通过发射极杂散电感对i_d与di_d/dt进行采样是IGBT主动驱动控制中常用的方法，但由于该方法在SiC MOSFET的应用中表现出易受高di_d/dt噪声感染、L_s电感值难以准确提取等问题，省去器件电流反馈不仅使得主动栅极驱动在硬件实现上具有简单性，同时也使得闭环控制更加稳定与准确。

7.3.2　无源辅助电路设计

无源辅助电路（PAC）的电路结构如图7.33所示，该辅助电路由一个辅助电感L_a、一个箝位电容C_a以及两个辅助二极管D_{a1}和D_{a2}组成。其中，L_a与换流回路中的等效杂散电感L_{stray}一同串联于直流母线上。添加L_a后，在开通过程中，v_{ds}在i_d开始上升之初便会迅速跌落，减小v_{ds}与i_d的交叠面积，从而大幅降低主管S的开通损耗。C_a的主要作用是通过D_{a1}对L_a的反向电压进行箝位，以此降低由于添加L_a而导致的器件关断电压尖峰增量。C_a在开通过程中被充电，在关断过程中放电并将其中储存的能量回馈至负载电感L_{load}。

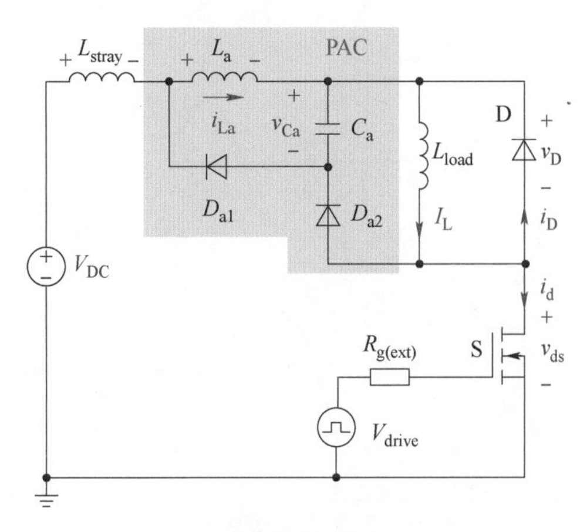

图7.33　无源辅助电路（PAC）

7.3.2.1　工作原理

为简化分析，本节仅讨论辅助电路的工作原理，对于SiC MOSFET开关过程的详细建模与分析，此处不展开介绍。辅助电路的工作波形如图7.34所示，其中各个工作模式下的等效电路如图7.35所示。在开关过程中，L_{load}可以被视为恒定电流源I_L。

模式1［t_1~t_4］：当i_d在t_1时刻由0开始上升时，该模式开始；当i_d在t_4时刻达到其峰值I_{peak}时，该模式结束。在该模式中，D_{a1}和D_{a2}反向阻断，i_{La}等于i_d。由于i_d迅速上升，L_{stray}和L_a两端产生正向压降，是的v_{ds}由V_{DC}迅速跌落至V_{ds0}。器件电压跌落幅度V_{drop}可表示为

$$V_{drop}=(L_{stray}+L_a)\frac{di_d}{dt}=(L_{stray}+L_a)\frac{I_l}{2\Delta t_{1-2}}\tag{7-64}$$

其中，$\Delta t_{1-2}=t_2-t_1$。

如图7.34所示，在开通过程中，与添加i_{La}之前相比，添加i_{La}后v_{ds}的跌落明显增加，这

使得器件的开通能量显著降低。

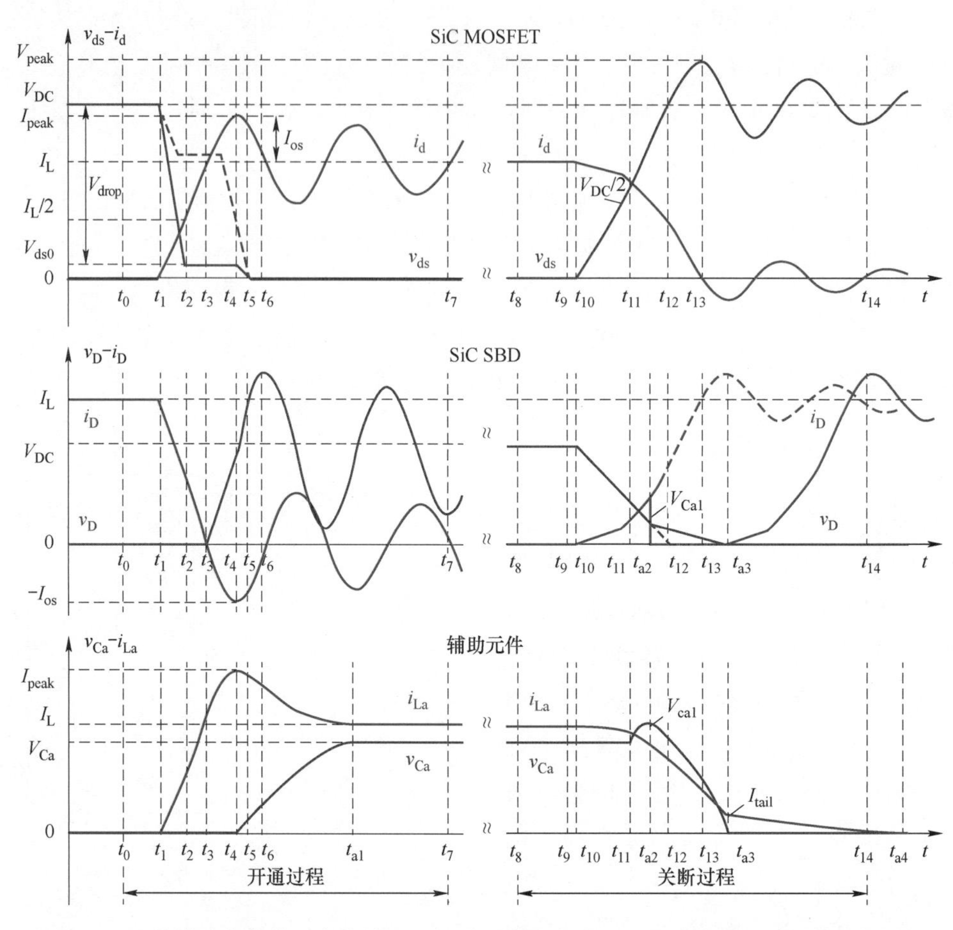

图 7.34　采用辅助电路前（虚线波形）与采用辅助电路后（实线波形）的瞬态波形对比

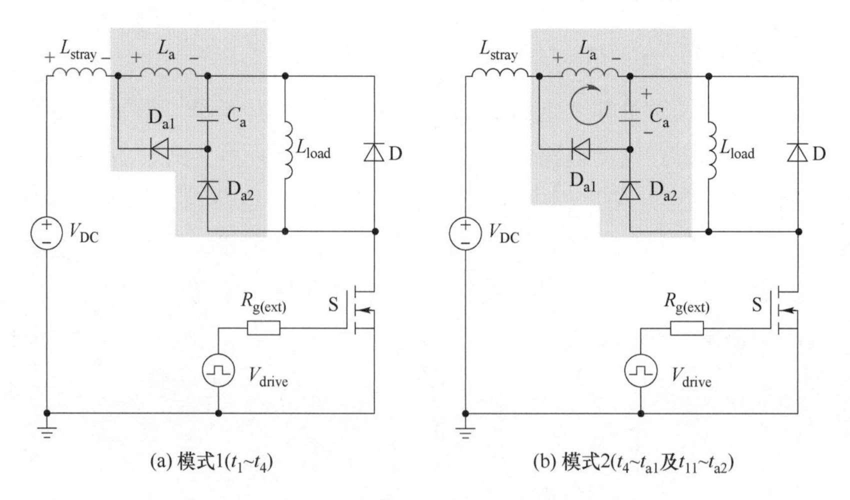

图 7.35　辅助电路在各个阶段内的等效工作电路

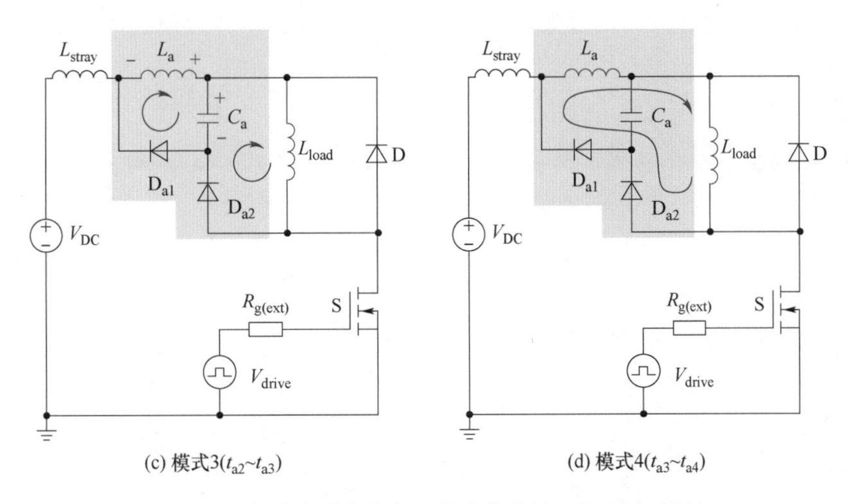

图 7.35　辅助电路在各个阶段内的等效工作电路（续）

模式 2 [t_4~t_{a1}] 及 [t_{11}~t_{a2}]：在该模式中，i_{La}减小，L_a 两端产生负电压，使得 D_{a1}导通，L_a 通过谐振将其中储存的能量转移至 C_a 中。

[t_4~t_{a1}]：该阶段中，i_{La}从 I_{peak}减小至 I_L，C_a 被充电。i_{La}与 v_{Ca}可表示为

$$\begin{cases} i_{La}=I_L+I_{os}\cos\omega(t-t_4) \\ v_{Ca}=\omega L_a I_{os}\sin\omega(t-t_4) \end{cases} \tag{7-65}$$

其中，$\omega=1/\sqrt{L_aC_a}$，$I_{os}=I_{peak}-I_L$。

当 $\omega(t-t_4)=\pi/2$ 时，谐振过程结束。因此，该阶段的持续时间可表示为

$$\Delta t_{4\text{-}a1}=\frac{1}{4}\times\frac{2\pi}{\omega}=\frac{\pi}{2}\sqrt{L_aC_a} \tag{7-66}$$

在 t_{a1}时刻，v_{Ca}被充电至

$$V_{Ca}=\omega L_a I_{os} \tag{7-67}$$

V_{Ca}将被保持至下一次的关断过程。

[t_{11}~t_{a2}]：当 i_d 由于 C_{jD}和 C_L 放电而开始快速下降时，该阶段开始，该阶段中 i_{La}下降，C_a 被充电。当 v_D 在 t_{a2}时刻下降至 V_{Ca1}时，该阶段结束，此时 D_{a2}开始导通。显然，$V_{Ca1}>V_{Ca}$。一般情况下，该阶段的持续时间 $\Delta t_{11\text{-}a2}$远小于 L_a 和 C_a 的谐振时间常数。因此，$V_{Ca1}\approx V_{Ca}$。

模式 3 [t_{a2}~t_{a3}]：当 v_D 下降至 V_{Ca1}时，该模式开始，此时 D_{a2}开始导通。在 t_{a2}时刻，i_D 从 D 中被转移至 C_a 支路中供其放电。在该模式中，L_a 两端的负电压被 C_a 箝位至$-v_{Ca}$，从而保证器件的关断电压尖峰不会明显增加。同时，L_a 和 C_a 将其中储存的能量通过 D_{a1}和 D_{a2}转移至 L_{load}中。在该模式中，i_{La}和 v_{Ca}可以表示为

$$\begin{cases} i_{La}=I_L-\dfrac{V_{Ca1}}{\omega L_a}\sin\omega(t-t_{a2}) \\ v_{Ca}=V_{Ca1}\cos\omega(t-t_{a2}) \end{cases} \tag{7-68}$$

如前所述，为简化分析，可近似认为 $V_{Ca1} \approx V_{Ca}$。因此，i_{La}可近似表示为

$$i_{La} \approx I_L - \frac{V_{Ca1}}{\omega L_a}\sin\omega(t-t_{a2}) = I_L - I_{os}\sin\omega(t-t_{a2}) \tag{7-69}$$

当 v_{Ca}在 t_{a3}时刻下降至 0 时，模式 3 结束。在 t_{a3}时刻，$\omega(t-t_{a2}) = \pi/2$。因此，该模式的持续时间可以表示为

$$\Delta t_{a2-a3} = \frac{1}{4} \times \frac{2\pi}{\omega} = \frac{\pi}{2}\sqrt{L_a C_a} \tag{7-70}$$

通常情况下 $I_{os}<I_L$，因此 L_a 中的剩余电流可近似表示为

$$I_{tail} \approx I_L - I_{os} \tag{7-71}$$

模式 4［$t_{a3} \sim t_{a4}$］：在该模式中，由于 D_{a1}和 D_{a2}中的功率损耗，i_{La}缓慢地从 I_{tail}下降至 0。因此，辅助电路中的能量损耗可以近似表示为

$$E_{loss(PAC)} = \frac{1}{2}L_a I_{tail}^2 \approx \frac{1}{2}L_a(I_L - I_{os})^2 \tag{7-72}$$

由于 $V_{Ca1}>V_{Ca}$，辅助电路中真实的能量损耗实际上是小于式（7-72）所给出的估计值。值得注意的是，虽然辅助电路在理论上不是完全无损的，但与开关器件的开关损耗相比，$E_{loss(PAC)}$实际上非常小。因此可以近似认为，辅助电路在实际工作中是无损的，下文将结合具体例子针对这一问题进行讨论。

7.3.2.2 参数取值

下面介绍 L_a 与 C_a 的取值方法与 D_{a1}和 D_{a2}的选取方法。

1. 辅助电感 L_a

一方面，为了能够尽可能地降低开通损耗，L_a 的取值应该尽量大以保证 $V_{drop}>V_{DC}$。另一方面，L_a 的值应该尽量小从而使辅助电路的体积尽可能小、成本尽可能低。因此，L_a 的值可以取为

$$L_a = \frac{V_{DC}}{I_L/(2\Delta t_{1-2})} - L_{stray} \tag{7-73}$$

2. 箝位电容 C_a

一方面，C_a 对 L_a 两端的反向电压进行箝位，从而降低由 L_a 带来的器件关断电压尖峰增量。因此，C_a 的取值应该尽可能的大，以尽可能地降低关断电压尖峰。另一方面，C_a 应该尽可能的小，从而缩短谐振过程的持续时间 Δt_{4-a1}和 Δt_{a2-a3}。因此，基于由式（7-73）计算得到的 L_a 值，可以近似计算出 C_a 的值为

$$C_a = \frac{1}{L_a} \cdot \left(\frac{2\Delta t_{r(max)}}{\pi}\right)^2 \tag{7-74}$$

其中，$\Delta t_{r(max)}$为允许最大的谐振过程持续时间。

3. 辅助二极管 D_{a1}和 D_{a2}

虽然 D_{a1}和 D_{a2}的额定耐压应与主管相同，但由于 D_{a1}和 D_{a2}仅在开关过程中导通很短的一段时间，它们的额定电流可以远低于主管。通常情况下，它们的额定电流大约可以取为主

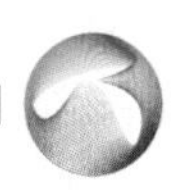

管的 10%。

7.3.2.3　硬件实现

图 7.36 展示了辅助电路与 SiC MOSFET/SBD 换流单元（TO-247-3 封装）的实物尺寸对比图。由于 D_{a1} 和 D_{a2} 的额定电流仅为主管的 10%，它们比主管的体积小很多、成本低很多。

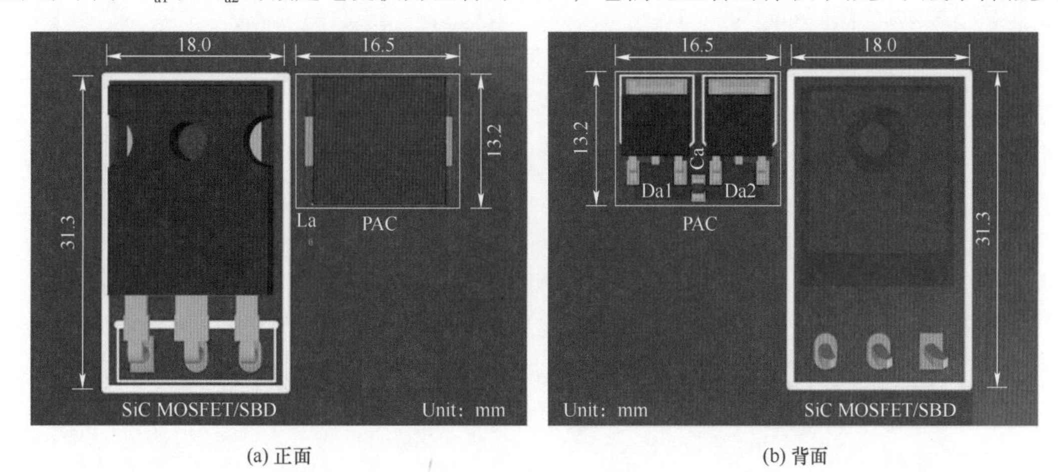

图 7.36　辅助电路与 SiC MOSFET/SBD（TO-247-3 封装）实物尺寸对比图

7.3.3　主动栅极驱动设计

主动栅极驱动（AGD）的结构如图 7.37 所示。为对 SiC MOSFET S 的开关过程进行主动控制，在常规栅极驱动的基础上，添加了一个并联于栅极与源极之间的双向压控电流源（Voltage Controlled Current Source，VCCS）i_{VCCS}。该压控电流源能够向器件栅极中注入额外的驱动电流或抽出多余的驱动电流。该主动栅极驱动主要负责抑制瞬态尖峰。

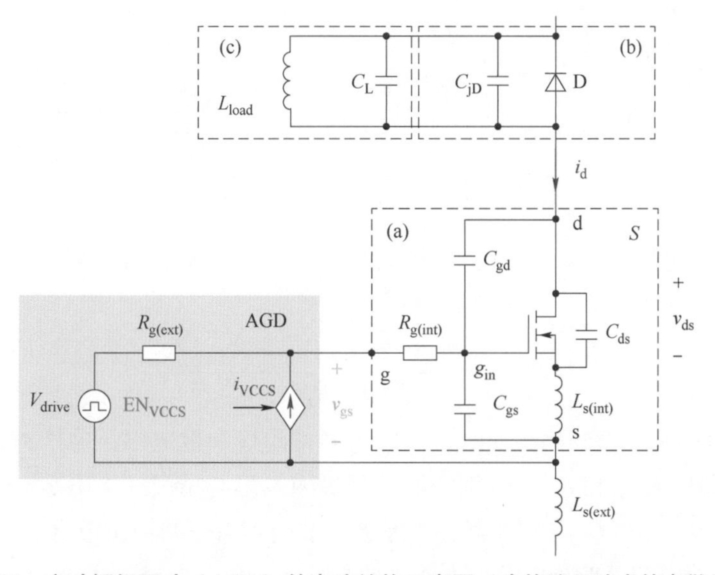

图 7.37　主动栅极驱动（AGD）的电路结构示意图（含换流回路中的杂散元件，(a) SiC MOSFET，(b) SiC SBD，(c) 负载电感）

7.3.3.1 工作原理

主动栅极驱动的工作波形如图 7.38 所示。

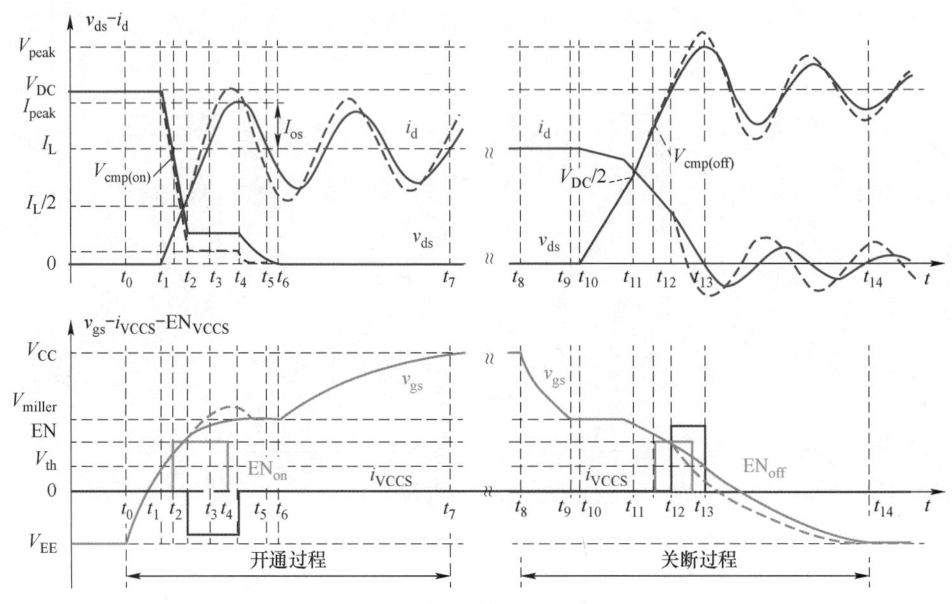

图 7.38 采用主动驱动前（虚线波形）与采用主动驱动后（实线波形）的瞬态波形对比

1. 开通过程

在［t_2~t_4］阶段中，SBD 结电容 C_{jD}和负载杂散电容 C_L 中产生充电电流，导致主管电流出现超调（电流尖峰），超调量可表示为

$$I_{os}=\sqrt{Q_D\left|\frac{di_{d(on)}}{dt}\right|} \tag{7-75}$$

其中，Q_D 为 C_{jD}和 C_L 中积累的电荷，可表示为

$$Q_D=(C_{jD}+C_L)V_{drop} \tag{7-76}$$

基于式（7-64）、式（7-75）与式（7-76），I_{os}表示为

$$I_{os}=\sqrt{(L_{stray}+L_a)(C_{jD}+C_L)}\left|\frac{di_{d(on)}}{dt}\right| \tag{7-77}$$

因此，为了抑制电流尖峰，应当降低器件开通过程中的电流上升率 $|di_{d(on)}/dt|$。$|di_{d(on)}/dt|$可以表示为

$$\left|\frac{di_{d(on)}}{dt}\right|=\frac{V_{CC}-(i_d/g_{fs}+V_{th})+R_{g(ext)}i_{VCCS}}{L_s+R_gC_{iss}/g_{fs}} \tag{7-78}$$

其中，V_{CC}为器件开通的高驱动电平，L_s 为器件源极杂散电感。器件的栅极总电阻 $R_g=R_{g(int)}+R_{g(ext)}$，其中 $R_{g(int)}$和 $R_{g(ext)}$分别为器件栅极内电阻与栅极外电阻。器件栅极输入电容 $C_{iss}=C_{gs}+C_{gd}$，其中 C_{gs}和 C_{gd}分别为器件栅源极杂散电容与栅漏极杂散电容。g_{fs}与 V_{th}分别为线性化近似后的 MOSFET 跨导与阈值电压，它们的值与负载电流 I_L 有关。

基于式（7-78）可以看出，通过从栅极中抽取多余的驱动电流（即 i_{VCCS}为负值），可降

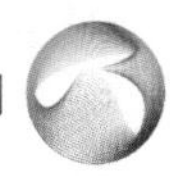

低$|\mathrm{d}i_{\mathrm{d(on)}}/\mathrm{d}t|$，从而抑制器件的开通电流尖峰，如图 7.38 所示。

2. 关断过程

在 $[t_{12} \sim t_{13}]$ 阶段中，L_{stray} 和 L_{a} 两端产生负电压，导致主管电压出现超调（电压尖峰）。由于 L_{a} 两端的电压被 C_{a} 箝位，器件电压的超调量可以表示为

$$V_{\mathrm{os}} = L_{\mathrm{stray}} \left| \frac{\mathrm{d}i_{\mathrm{d(off)}}}{\mathrm{d}t} \right| + v_{\mathrm{Ca}} \tag{7-79}$$

因此，为了抑制电压尖峰，应当降低器件关断过程中的电流下降率$|\mathrm{d}i_{\mathrm{d(off)}}/\mathrm{d}t|$。$|\mathrm{d}i_{\mathrm{d(off)}}/\mathrm{d}t|$可以表示为

$$\left| \frac{\mathrm{d}i_{\mathrm{d(off)}}}{\mathrm{d}t} \right| = \frac{V_{\mathrm{EE}} - (i_{\mathrm{d}}/g_{\mathrm{fs}} + V_{\mathrm{th}}) + R_{\mathrm{g(ext)}}\, i_{\mathrm{VCCS}}}{L_{\mathrm{s}} + R_{\mathrm{g}} C_{\mathrm{iss}}/g_{\mathrm{fs}}} \tag{7-80}$$

基于式（7-80）可以看出，通过向栅极中注入额外的驱动电流（即 i_{VCCS} 为正值），可降低$|\mathrm{d}i_{\mathrm{d(off)}}/\mathrm{d}t|$，从而抑制器件的关断电压尖峰，如图 7.38 所示。

7.3.3.2　电路结构

主动栅极驱动由四部分组成：(a) 常规栅极驱动（CGD）；(b) 执行机构；(c) 控制器；(d) 采样电路。其电路结构如图 7.39 所示。

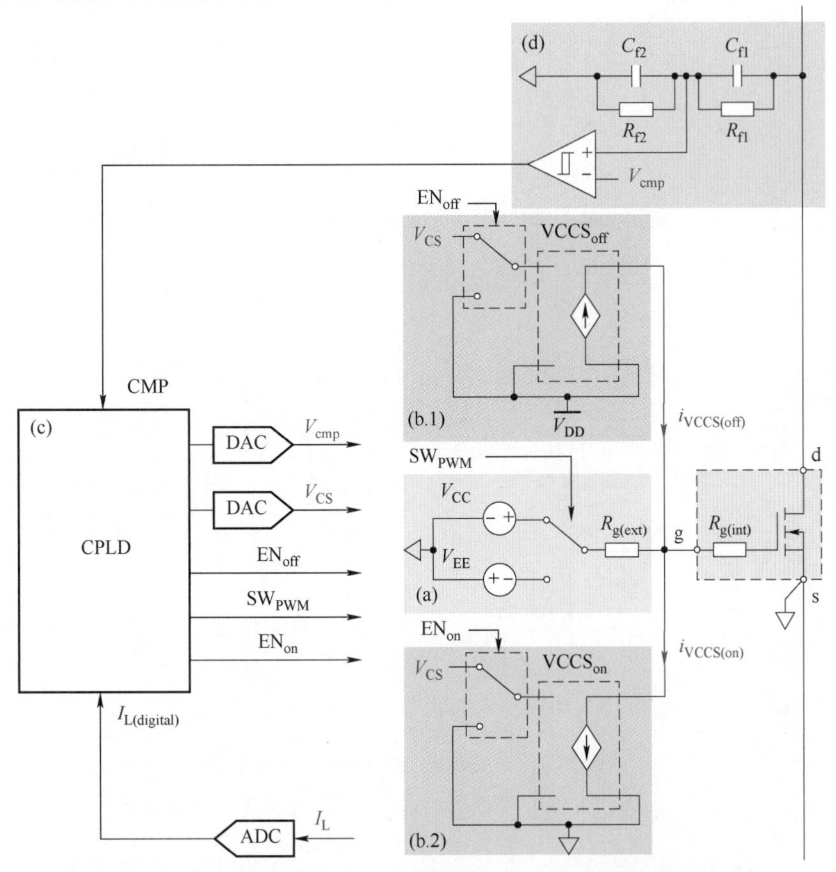

图 7.39　主动栅极驱动的电路结构示意图（(a) 常规栅极驱动，(b) 执行机构，(c) 控制器，(d) 采样电路）

1. 常规栅极驱动

常规栅极驱动由一个栅极外电阻 $R_{g(ext)}$ 和一个两电平的驱动电压源（V_{CC}/V_{EE}）组成，其中驱动电压源受到 PWM 信号 SWPWM 的控制。

2. 执行机构

执行机构由两个镜像电流源 VCCS$_{on}$ 和 VCCS$_{off}$ 实现，如图 7.39 所示。如图 7.38 所示，VCCS$_{on}$ 在［t_2~t_4］阶段从栅极中抽出多余的驱动电流，而 VCCS$_{off}$ 在［t_{12}~t_{13}］阶段向栅极中注入额外的驱动电流，从而实现对瞬态尖峰的抑制。

VCCS$_{on}$ 和 VCCS$_{off}$ 的具体电路结构如图 7.40 所示，它们的输出电流可表示为

$$\begin{cases} i_{VCCS(on)} = \dfrac{R_1}{R_2} \cdot \dfrac{V_{in(on)} - V_{BE}}{R_1 + R_3} \\ i_{VCCS(off)} = \dfrac{R_1}{R_2} \cdot \dfrac{V_{DD} - V_{BE} - V_{in(off)}}{R_1 + R_3} \end{cases} \tag{7-81}$$

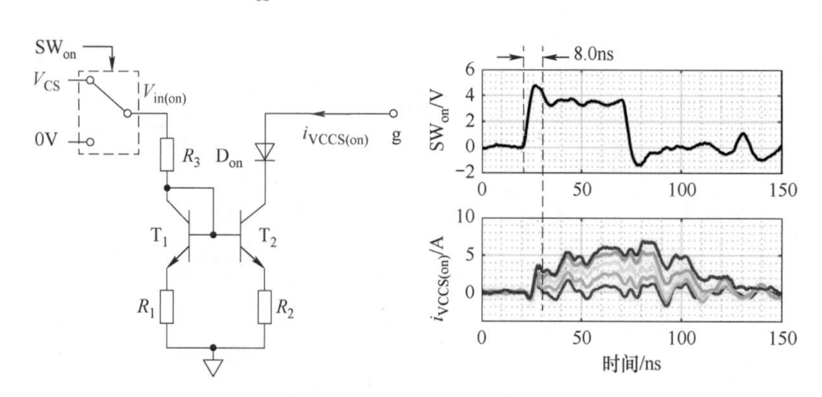

(a) VCCS$_{on}$的电路结构(左)与响应速度测试结果(右)

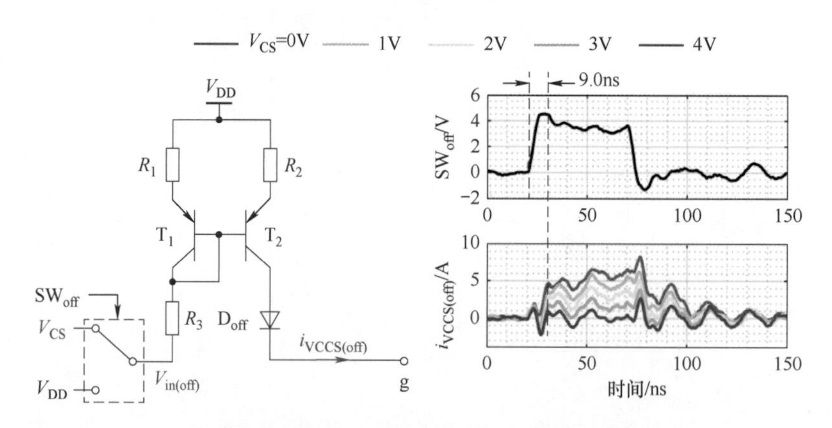

(b) VCCS$_{off}$的电路结构(左)与响应速度测试结果(右)

图 7.40 VCCS$_{on}$和 VCCS$_{off}$的电路结构与响应速度测试结果

二极管 D$_{on}$和 D$_{off}$用于限制镜像电流源输出电流的方向。镜像电流源的输入电压 $V_{in(on/off)}$ 在使能信号 EN$_{on/off}$的控制下从 V_{CS} 和 0/V_{DD} 二者之中进行选择。当 V_{CS} 被选中时，VCCS$_{on/off}$被

启用；当 $0/V_{DD}$ 被选中时，$VCCS_{on/off}$ 被禁用。

3. 控制器

主动栅极驱动采用一个复杂可编程逻辑器件（Complex Programmable Logic Device，CPLD）作为中央控制器，在开关过程中，它首先会基于器件电压反馈信号 CMP 判断器件当前处于哪个阶段，然后通过使能信号 $EN_{on/off}$ 来启用 $VCCS_{on/off}$。

当器件处于开通状态或阻断状态时，CPLD 将计算下一个周期应当给出的最优 V_{CS} 与 V_{cmp} 值，其值可根据式（7-77）~式（7-81）计算得到，式中涉及的器件与电路参数可以通过器件手册与双脉冲实验方便地提取。为补偿控制回路中的延迟 $t_{dAGD(on/off)}$，需要对比较器的阈值电平 V_{cmp} 进行修正，以保证从开通过程的 t_2 时刻开始从栅极抽出多余的驱动电流，从关断过程的 t_{12} 时刻开始向栅极注入额外的驱动电流。开通和关断过程中，V_{cmp} 应分别修正为

$$\begin{cases} V_{cmp(on)} = V_{DC} - \dfrac{\Delta t_{1-2} - t_{gACD(on)}}{\Delta t_{1-2}} \cdot V_{drop} \\ V_{cmp(off)} = V_{DC} - \dfrac{t_{gACD(on)}}{\Delta t_{11-12}} \cdot \dfrac{V_{DC}}{2} \end{cases} \tag{7-82}$$

其中，V_{drop} 的表达式如式（7-64）所示。$\Delta t_{1-2} = t_2 - t_1$，$\Delta t_{11-12} = t_{12} - t_{11}$。开通过程中，$EN_{on} = 1$ 的持续时间为 $\Delta t_{2-4} = t_4 - t_2$；关断过程中，$EN_{off} = 1$ 的持续时间为 $\Delta t_{12-13} = t_{13} - t_{12}$。

4. 采样电路

首先通过一个阻容分压电路对器件电压 v_{ds} 进行采样，然后通过一个高速比较器将其转换为一个数字信号 CMP。理论上，仅通过一个电阻分压电路采样即可，但由于实际的电阻器都具有一定的杂散电容，高频的电压信号在瞬态过程中将根据杂散电容的容值比例而非电阻器的阻值比例进行分压。因此，需要采用阻容分压电路进行采样。分压电路中，电阻与电容的参数应该满足如下关系

$$\frac{R_{f1}}{R_{f2}} = \frac{C_{f2}}{C_{f1}} = k_v + 1 \tag{7-83}$$

其中，k_v 为分压比。

g_{fs} 和 V_{th} 与负载电流 I_L 有关。在大部分电压源型变换器中，I_L 总是在不断变化，因此需要对 I_L 进行采样，从而对 $i_{VCCS(on/off)}$ 进行自适应的调节。值得指出的是，这里所需的负载电流采样信息可以由大时间尺度控制策略所需的电流传感直接提供。因此，不需要添加额外的元件对 I_L 进行采样。

7.3.3.3　协同控制策略

实际应用中，对大部分电压源型变换器而言，I_L 总是在不断变化的。为了能够在保证器件的开关轨迹始终处于器件安全工作区（Safe Operating Area，SOA）的前提下，尽可能地降低器件的开关损耗，可建立一种自适应的多脉冲优化（Multi-Pulse Optimization，MPO）策略。当负载电流较小时，器件的瞬态尖峰值一般也低于其安全限值，因此可将 $VCCS_{on/off}$ 禁用，以最大程度地降低器件的开关损耗；当负载电流较大时，器件的瞬态尖峰值可能超过其安全限值，当模型预测得到的 I_{peak} 与 V_{peak} 值超过其安全限值时，可以启用 $VCCS_{on/off}$ 以抑制器件的开通电流尖峰与关断电压尖峰。

第8章　电磁能量动力学表征与分析

电力电子的作用对象是电磁能量，电磁能量的高效变换与有效传输是电力电子混杂系统的最终控制目标。因此，直接从电磁能量的角度开展动力学分析，可为电力电子变换器设计与运行提供更加底层的表征工具，进而指导基于能量平衡的电力电子混杂系统协同控制。

为此，本章首先建立大时间尺度下的电力电子系统能量拓扑模型，以系统中的能量及能量流为变量进行建模，建立变换系统的能流模型，可视化并直观地描述和分析电力电子变换系统电磁能量的分布和传递情况。

然后由大时间尺度走向小时间尺度，针对换流回路中影响开关瞬态过程能量变化的各元素分别建立能量模型；以高压IGBT串联支路为例进行动力学分析，并通过实验故障举例分析能量分布与能流变化动力学表征在故障分析中的应用方法。

最后，由电路理论深入到电磁场理论，建立电力电子开关瞬变过程的电磁场分析模型，完成纳秒级开关过程空间瞬变电磁场能流分布的解算和实验验证，基于仿真数据开展空间三维能流分布和变化的可视分析，揭示电力电子开关瞬变能量现象。

8.1　电力电子系统大时间尺度能量表征与可视分析

对于电力电子系统而言，进行能量表征分析时需要针对不同的时间尺度电磁瞬态过程建立不同的能量流动模型。本节首先讨论大时间尺度过程，即以集总参数电路结构为基础来构建能流图，而忽略小时间尺度的开关瞬态过程。

在此基础上，对电力电子变换系统中的大时间尺度电磁能量建立能量流动模型，以可视化地描述电磁能量的分布和传递情况。首先建立“能流图”和“能流拓扑”的基本概念，以多端口组合式电力电子变换器为例，构建“能流拓扑”，通过仿真、实验以及可视化表征，得到“能流图”，形成从能量流动角度对变换器进行综合设计和分析的平台。

8.1.1　基本概念

首先定义“能流”为能量的移动，用于描述各元件之间的能量传递关系；“能流图”的

概念为“表示能量分布和能量传递关系的动态图解”，“能流拓扑”为能流图的“静态骨架”，以之为载体进行能量变换研究。

为了直观清晰地描述电力电子变换器在不同工况下的能量分布情况及各部分之间清晰的能量传递关系，将能流图的基本要素确定为：①能量的分布情况；②能量的量值大小；③能量流动方向。

同样作为一种对电力电子变换器的分析方法，能流图区别于电路图的最大特征在于其明确表达了能量动力特征，综合性地描述能流在时间上的变化和空间上的流动分布情况。为了表征能量动力特征，对“能流图”提出了相对应的特征，见表 8.1。除了表征能量动力特征，能流图还遵守节点功率守恒和能流流量守恒等关系。对应于电路中的开关器件，能流图中定义“能流开关”来控制能量是否流通。

表 8.1　能量动力特征及其对应的能流图特征

能量动力特征	对应能流图的特征
总体流动，存在输入输出端子	存在“能量端子”和“能流支路”
在内部不断进行交换	能量端子处有表征能量大小的“能量柱”，能量柱高低随能量变化而变化
总量守恒，不能瞬时突变	能量端子处能量柱高低不突变
具有分布特征	能流图需清晰描述能量的分布与传递关系

另外，可类比于“电流”的特征来分析“能流”在能流图中的传输路径和分配方式，二者的主要作用都是将能量由电源侧传到负载侧，并通过开关的控制在各部分之间流动，且达到动态平衡。但在能流拓扑中，不再以电压电流作为能量传输的载体，而以功率为主要载体。因此电路中的能量通过回路形式的电压电流携带，而能流图中的能量通过功率流携带，无需回路形式，只需一条能流通路或称能流支路即可。能量也可以在终端（即储能或耗能元件处）消耗积累，无需通过回路回流，无需形成闭合回路。

通过电磁场理论角度的分析，也可以得出：能流以功率为表征载体，能流无闭合回路的特征。

8.1.2　能流拓扑模型

基于大时间尺度及能量的分析思路，基本假设如下：①功率开关器件为理想开关；②不考虑器件和系统杂散参数的影响；③不考虑控制回路的能流关系，仅考虑主功率电路的能流关系；④能量不能突变，各节点处能量平衡。

依据基本假设，可以根据各类元件的电磁信息及能量特征，从电路拓扑入手，研究其到能流拓扑的转换，以确定对应于电路模型的能流拓扑模型。集总参数的电路结构中，基本元件主要分为电源、电阻、电感、电容以及变压器等。依据由小到大、由简单到复杂的基本原则，首先确定基本元件的能流拓扑模型，见表 8.2。

表 8.2　电路拓扑到能流拓扑的通用转换规则

元件类型	电路拓扑	能流拓扑
电源、电阻、电感、电容	相应拓扑元件（依电压电流特征，各不相同）	能量端子（表现为对能量的储存或消耗特性）
开关变换模块（单相、三相桥等）	整流、逆变等变换器电路	能流开关
变压器	理想变压器模型或等效电路	能量“无线传输”模型

电源、电感、电容及电阻元件的基本能量特征表现为储能或是耗能。对应能流模型为能量端子，能量流动在该器件处产生一个中断，流入或流出，经过该端子作用后，可能继续往下流通，也可能止于该端子。图 8.1 给出了电源和电阻的能流拓扑模型。

依据电力电子开关器件的实际功能，可将其看作理想开关+损耗（等效为可变电阻）+理想开关占空比（等效为能量变化率）的组合。以一对互锁开关为基本变换单元，互锁开关的不同组合构成不同的开关换流电路模块，得到不同的开关换流能流拓扑。由于只考虑大时间尺度的能量变换过程，不考虑开关缓冲吸收电路及开关非理想因素等，因此在能量流动过程中，开关换流模块的作用仅表现为控制能量是否能够经此流通，则可对模型进行合理的简化，以“能流开关”作为开关换流模块的能流拓扑模型。各类开关换流模型（单相、三相 H 桥等）都可以转换为“能流开关”。能流开关提供一条能量通路，按照实际的能量流通情况，若开通则能量可以流通，若关断则能量不能流通。需要注意“能流开关”用于表征能量是否流通，与电路开关有区别，需要与电路拓扑的不同开关状态相匹配。可通过常见开关组合桥臂的分析总结得出“能流开关”的基本换流单元模型，如图 8.2 所示。

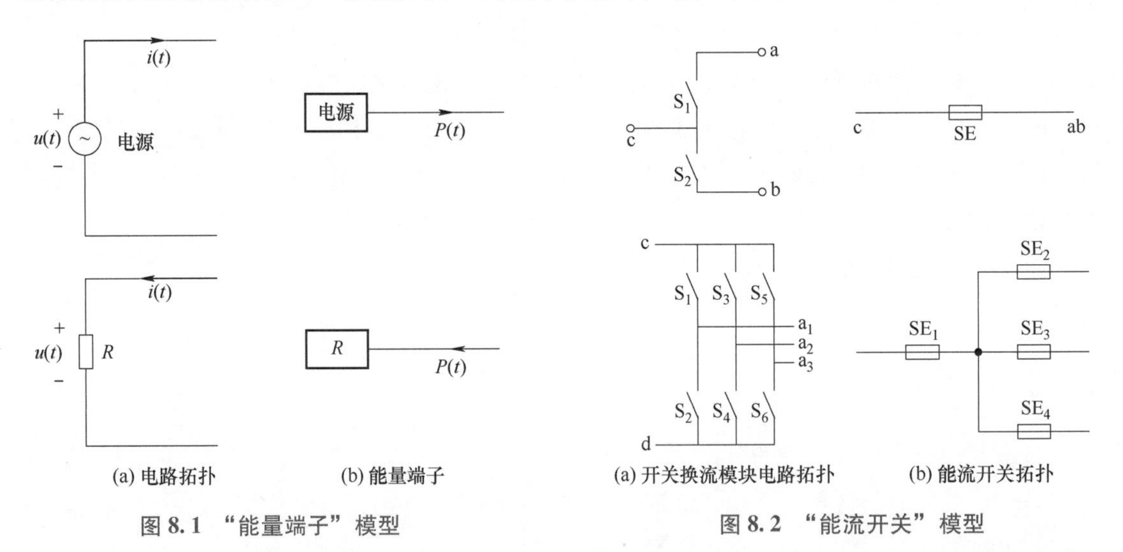

图 8.1　“能量端子”模型

图 8.2　“能流开关”模型

对于单个开关桥臂而言，其基本功能是实现能量从上一级向下一级的传递，只需单个“能流开关”支路即可表征。对于多个开关桥臂组合的情况，例如三相 H 桥，存在多条能流通路，则需要多个“能流开关”支路进行表征。但其具备一定的规律性：同一桥臂的上下开关互锁，任何时刻只有一只导通，有 2^n 种开关组合（n 为开关桥臂个数），对应于 n 条能

流通路，且在上管全开或下管全开的组合中，能流无法流通，因此可以用干路能流开关+支路能流开关的组合来表征。

变压器模块的突出特征是磁耦合、电隔离，且一次、二次侧存在电压比。为了反映其基本特征，借鉴“无线能量传输”的研究思路，从场的角度出发考虑，变压器能量并不经过导线，而是通过磁场耦合由一次侧向二次侧传输的，由此建立其“无线模型”，如图 8.3 所示。

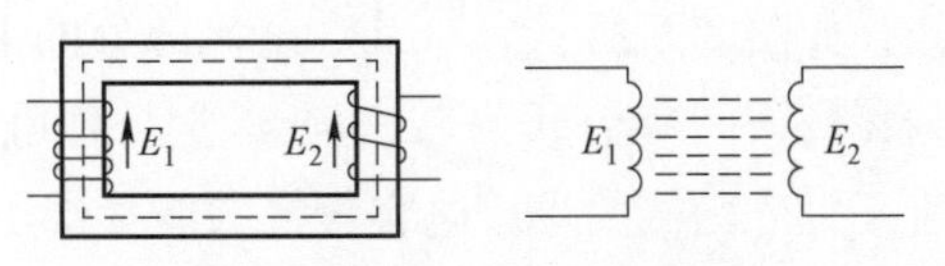

图 8.3　变压器“无线模型”

8.1.3　多端口组合式电力电子变换器的能流分析

依据 8.1.2 节所述的电路模型向能流拓扑模型的转换规则，以多端口组合式的电力电子变换器为例，进行能流拓扑构建，并基于能流图对变换器中的能量流动和传递情况进行能流分析。以图 8.4 所示变换器的电路拓扑为例，该电力电子变换器主电路主要包括 AC-DC 整流、隔离 DC-DC 变换及 DC-AC 逆变等部分，分别起到将交流能量变为直流能量、前后直流能量变换及电气隔离、将直流能量变为交流能量等作用。

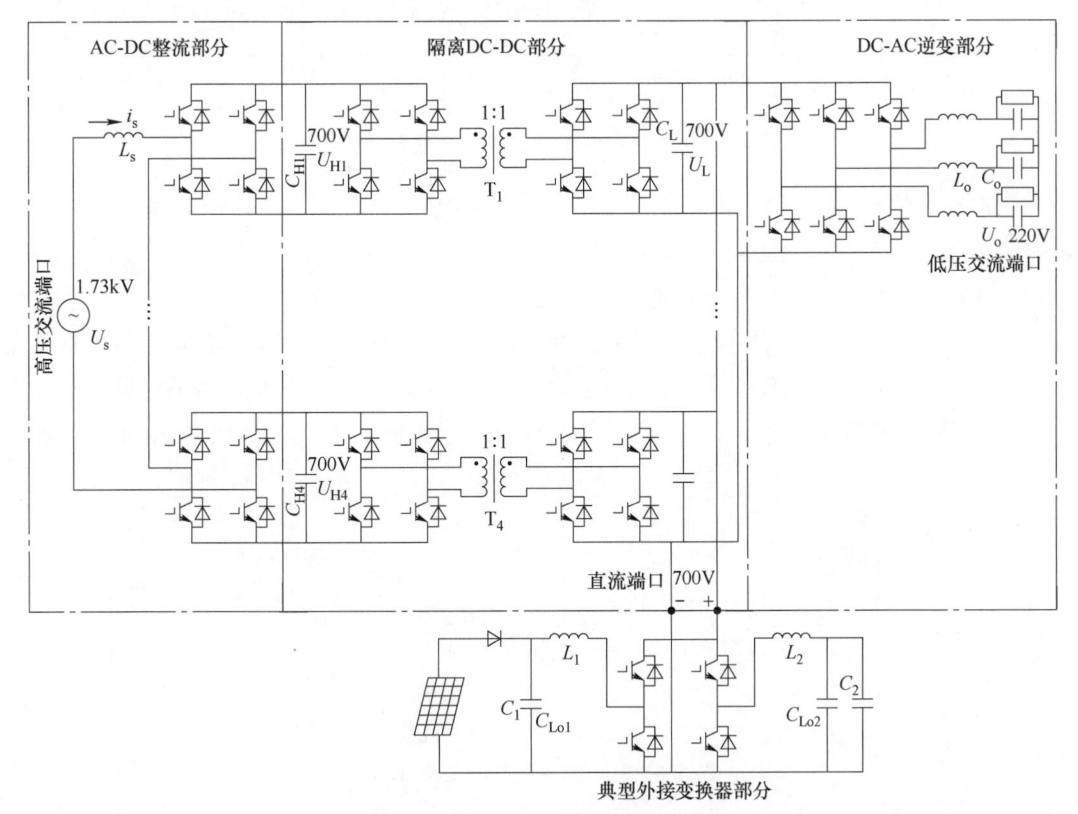

图 8.4　多端口组合式电能变换器

AC-DC 整流部分为了升高电压，采用了多级联结构，在能流拓扑中为了增强展示效果，不宜有过多的串级，因此只采用了一级连接的表征。需要特别说明的是，隔离 DC-DC 部分采用了高频变压器来实现电气隔离，增强了系统的安全可靠性，并且由于变压器的两边都采用了全控的桥式电路，因此可以实现各变流单元的分别控制，以实现能量的双向流动。

8.1.3.1 能流拓扑构建

针对每个模块按照器件的基本变换规则进行转换后再组合，可以得到整个变换器的能流拓扑如图 8.5 所示。AC-DC 整流部分的电源和电感转换为能量端子，而级联的 H 桥整流部分转换为“能流开关”，表征能量是否可以流通。隔离 DC-DC 部分的两个全控桥都转换为能流开关，两侧的母线电容转换为能量端子，而变压器模块则转换为其能流图的无线能量传输模型。DC-AC 逆变部分的逆变桥转换为能流开关，由于将直流逆变为三相的交流，因此需要多个能流开关进行控制，ABC 三相各需一个控制能量能否流通的开关，并且需要一个总开关控制能流是否流通，而电感、电容和电阻负载等则被视作能量端子。同时，该电力电子变换器提供了一个外接的直流接口。

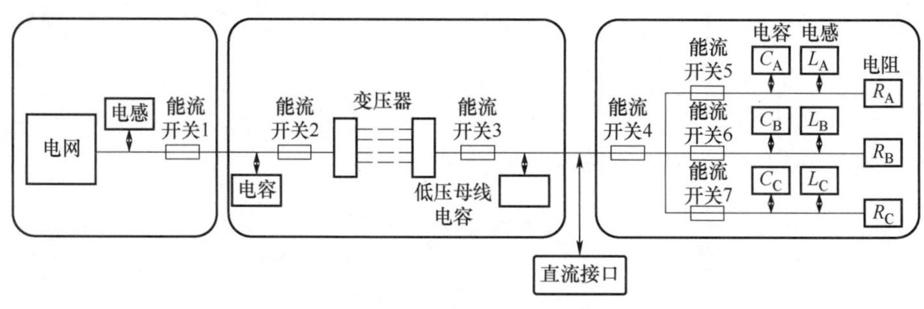

图 8.5 多端口组合式电能变换器的能流拓扑

依据能流拓扑，可以初步进行能量分布及传递情况的分析。图 8.6 给出了系统脱离高压交流电源运行，能量仅在低压交流负载和直流电源（光伏、蓄电池）之间交换的情况分析。AC-DC 整流模块的开关控制为上桥臂开关全开、下桥臂开关全断，或上桥臂全断、下桥臂全开，或是全断开等，反映在能流拓扑中就是能流开关 1 断开。此时能量无法由高压交流电源传入，而限于在直流电源和低压交流负载之间交换。图中，存在能量流通的通路标注为实线，无法流通能量则标注为虚线，在能流拓扑中直观清晰地反映了能量的流通和传递情况。

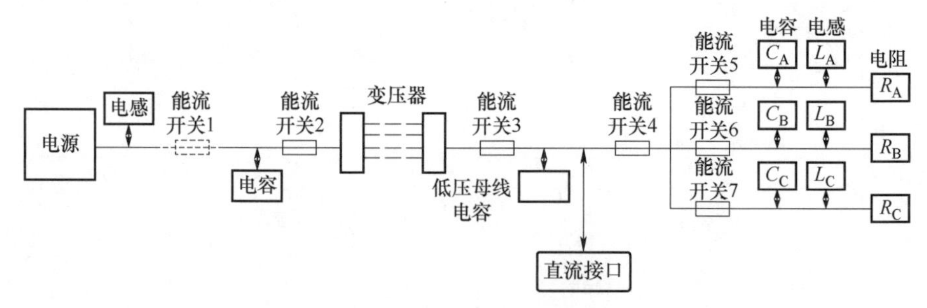

图 8.6 基于能流拓扑的能量分析

8.1.3.2 能流图构建

构建了能流拓扑模型后，结合计算可视化技术，可以对其进行可视化设计，使其更加清晰直观地反映电力电子装置能量分布和能流状况，得到最终的能流图。仍以图 8.4 所示变换器进行说明。

能流图动态界面基于静态界面，可根据功率能量数据控制静态的界面“动起来”，因此最基本的需要绘制静态界面图。选择应用透视的“管线”来标示各能流支路，绘制能量柱来标示各个器件的容量，并设置具有一定的透明度，以免和动态图中随能量变化情况变化的能量柱产生遮挡。绘制动态图时，则引入“粒子流”和“场线流”，分别对有电气连接的能流支路中的能量流动和无电气连接的能流支路（变压器模块）中的能量流动情况进行表征。“粒子流”和“场线流”主要实现方法类似，用形状简单的粒子或线段作为基本元素，通过将基本元素运动的轨迹显示在屏幕上的方式，模拟出运动的动态效果。

首先给出各元件的可视化模型，电源、电阻、电感、电容等基本元件在能流拓扑中是能量端子，在可视化能流图中以能量柱来代表其元器件的容量（能量柱高度中电源最高，电感及电容均取一致值，电阻最低。能量柱半径则按照元器件容量进行确定，相应的元器件容量越大，能量柱越粗。）以能量柱的颜色灰度来区分不同的元器件，这些元器件包括：电源（source）、电容（capacitor）、电感（inductor）、负载（load）、变压器（transformer），其中，电源包含电网（grid）和直流电源（DC source），后者分为两种：光伏发电（PV）模块和蓄电池（battery）。外接直流接口电源以横向的能量柱表示，以示与交流电源的区别。另外，静态图中能量柱设置了一定的透明度，反映器件容量，并避免在动态界面中与动态变化的能量柱相互遮挡。依据理想开关假设，开关器件仅作为能流开关使用，不考虑过渡过程及开关损耗，整个能量流通过程中，仅起到控制能量能否流通的作用，能量流经能流开关时和流经普通的能流支路时均不产生消耗，所以开关的可视化模型可以能流支路表示。另外，对于变压器而言，它具有磁耦合、电解耦、无电气连接等特点。采用“无线模型”，定义“场线流”描述通过磁耦合方式传输的功率，假设“场线流”均匀分布，以其流动速度表征功率流大小、并以其运动方向表征功率流的流向。由此可依据基本元件的可视化模型，进行分模块设计并最后整合连接，得到完整的静态能流图，如图 8.7 所示。

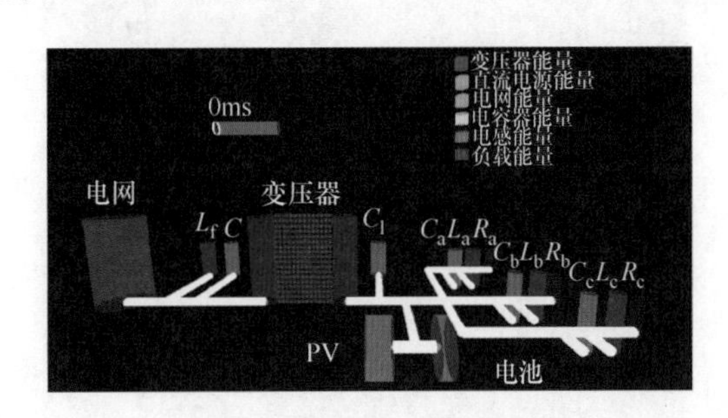

图 8.7　静态可视化能流图

可以看到，整个变换器仍然可以分为 AC-DC 整流、隔离 DC-DC 变换、DC-AC 逆变和直流端口部分。能量经过各个能流支路在整个变换器之间互相流通，也可以仅在部分元件之间相互交换，甚至只存在于相邻的电感电容之间。

在静态能流图基础上，读入功率及能量数据，通过功率能量的大小控制粒子流、场线流的运动以及能量柱高度的变化，可以获取动态能流图。其中“粒子流”和“场线流”分别对有电气连接的能流支路中的能量流动和无电气连接的能流支路（变压器模块）中的能量流动情况进行表征。

8.1.3.3　基于能流图的分析

首先使用仿真方式获取功率及能量数据，绘制动态能流图，如图 8.8 所示。以几个典型时刻进行说明。如图 8.8a 所示，213ms 时系统处于接入高压交流电源的状态，低压交流负载也接入系统。图 8. 8b 展示了系统脱离高压交流电源的时刻，与 213ms 时相比，负载侧能量柱上升、图左侧高压交流电源能量柱下降，体现了能量从高压交流电源到低压交流负载的传输。并且，L_f 及 C 能量柱上升，来源于电源能量下降的部分，并分出一部分通过变压器（transformer）传向负载侧。在图 8. 8c 所示的时刻，系统脱离高压交流电源，而光伏（PV）和蓄电池（battery）向外输出的能量和功率增加，与 565ms 相比，Grid 能量柱未发生改变，因为没有接入系统，无能量消耗；而 PV 能量柱明显下降，低压交流侧负载则仍在消耗能量，其能量柱有所上升。如图 8. 8d 所示，系统仍处于离网状态，负载未发生改变，光伏输出大大增加，可以看到 PV 的能量柱明显变降低。如图 8. 8e 所示，系统重新接入高压交流电源，负载积累的能量更多了。从图 8. 8 看出，全过程中各元件上的实际能量未超过器件承受能力，未出现超量的问题，设计具备合理性，留有足够裕量。但是仍然可以看到存在元件局部能量集中的情况，如交流电源侧的电感电容上能量过于集中等问题，这样会导致元件负荷过大、寿命减小等问题，而负载电阻上能量集中也会导致热量不能及时散发、使得系统温度升高等问题，对变换器的设计仍需改进。可见，能流图能够直观表征能量流动和分布情况，辅助进行电力电子变换系统的分析和设计。

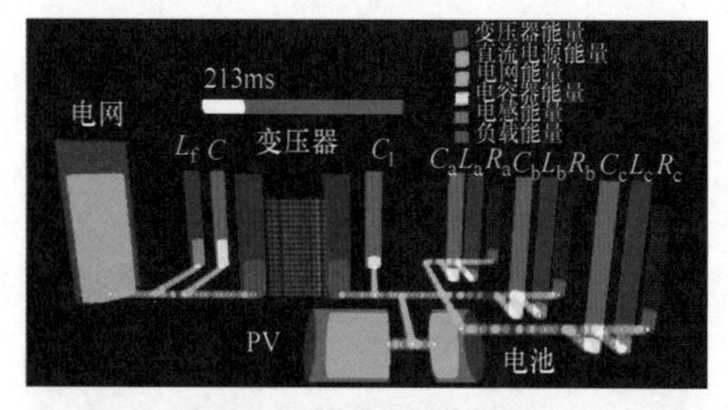

(a) 213ms时接入高压交流电源

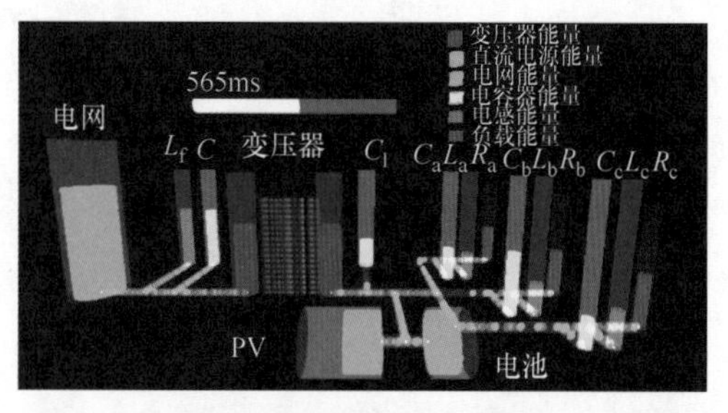

(b) 565ms时脱离高压交流电源

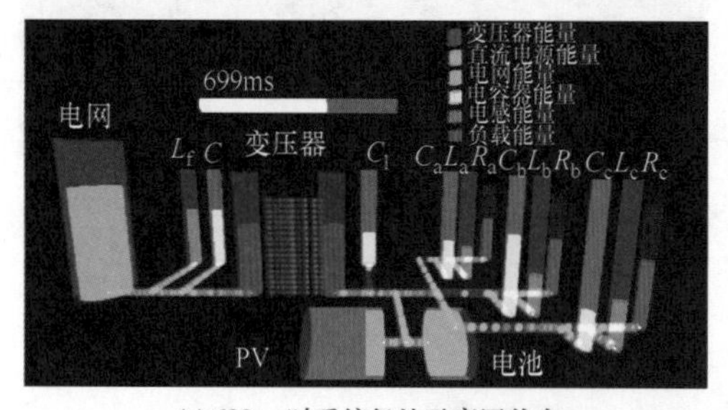

(c) 699ms时系统仍处于离网状态

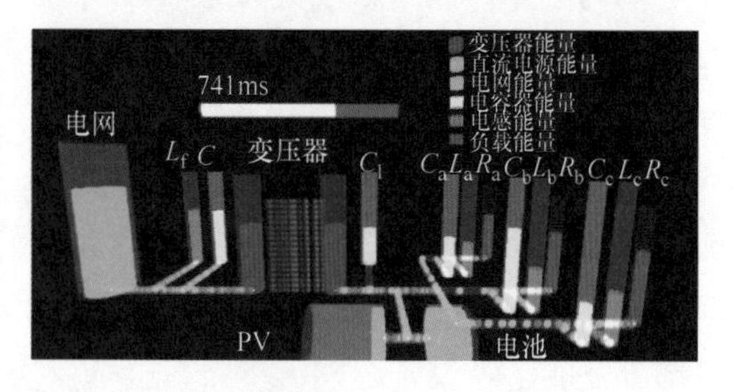

(d) 741ms时系统仍处于离网状态

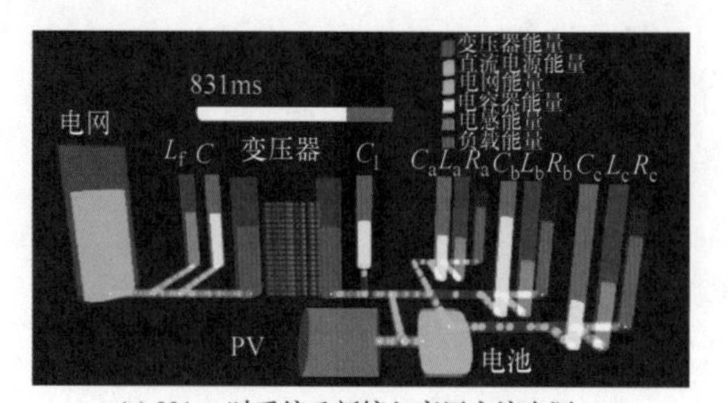

(e) 831ms时系统重新接入高压交流电源

图 8. 8　动态能流图不同时刻的截图

其次使用实验方式获取能量及功率数据，得到基于实验的动态能流图，如图 8. 9 所示，由图 8. 9 中可以看到，随着负载接入，低压负载侧能量柱上升，高压交流电源侧（grid）能量柱下降。并且低压负载侧的 b 相电感上存在能量过于集中的问题，而 a、c 两相负载上能量较少，可能是由于此时三相不平衡导致的。若系统参数设置合理、控制逻辑合理，则这种现象的出现可能是由于运行环境的变化、各元件不符合设置参数，三相不平衡运行，则可能需要针对性地对系统进行检修排查。可见，能流图可以清晰直观地反映实验中一些现象，具备一定表征信息的能力。

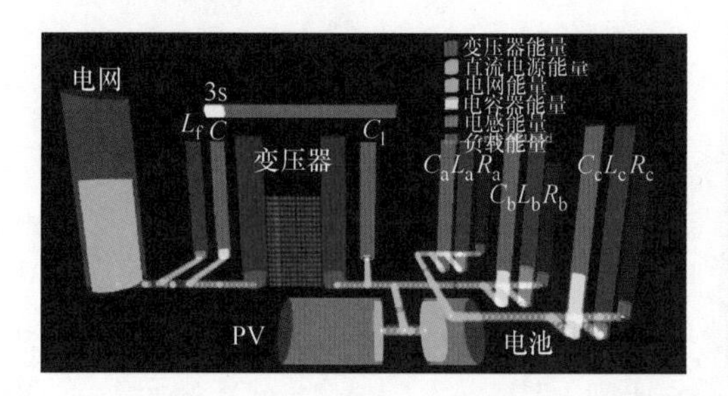

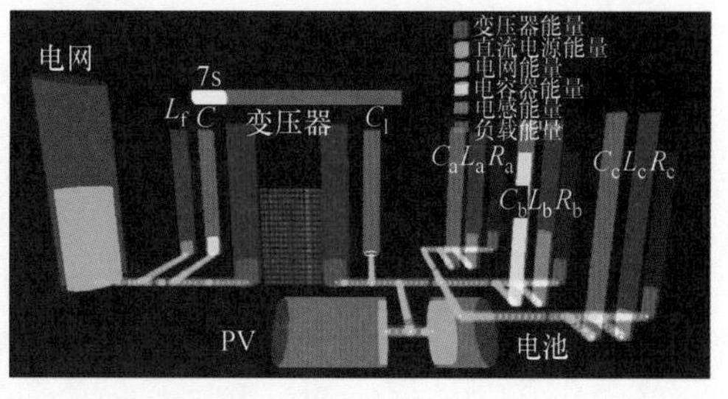

图 8. 9　动态能流图各个时刻截图

针对上述实验现象，给出电路波形如图 8. 10 所示，并与能流图的结果进行对比分析。

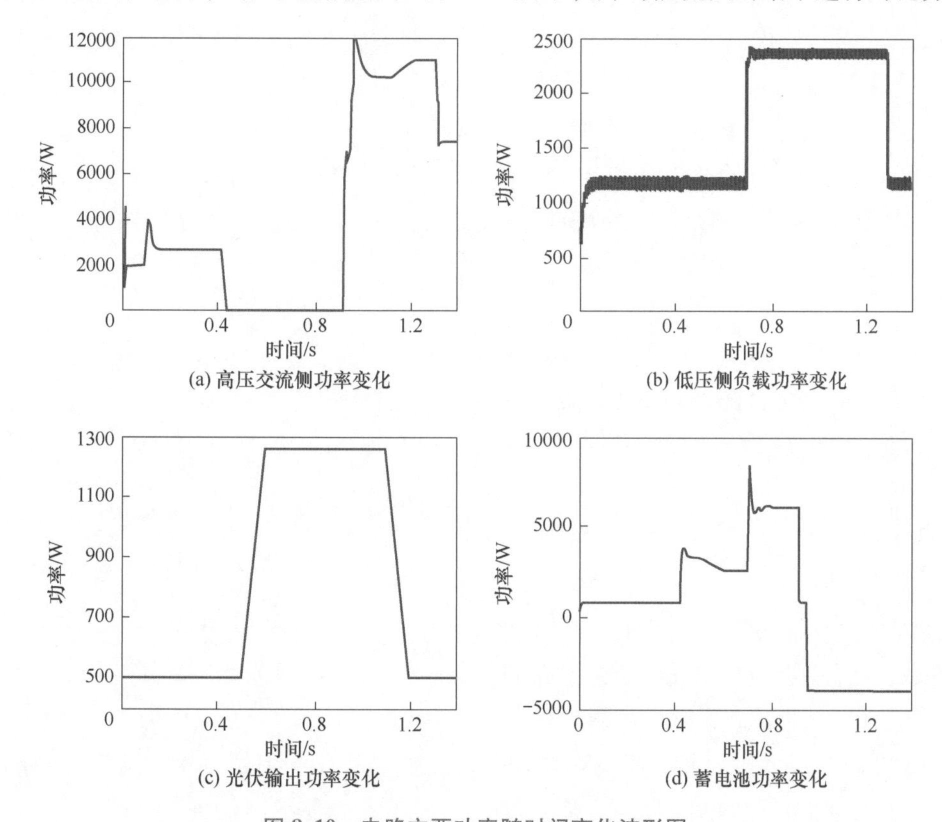

(a) 高压交流侧功率变化　(b) 低压侧负载功率变化

(c) 光伏输出功率变化　(d) 蓄电池功率变化

图 8. 10　电路主要功率随时间变化波形图

如图 8. 10 所示，整个变化过程中，在 0. 4s 之前，高压交流侧输出功率变化较小，低压交流侧接入负载后，负载保持不变，直流的光伏输出和蓄电池功率基本不变。0.4~0.9s 则发生了高压侧失去电源（脱网）的情况，这时光伏输出和蓄电池输出增加，继续给负载提供能量，负载仍能保持不变。0.9~1.0s（能流图表征的时间段为 0~1s），接入高压交流电源，负载增加，直流接口基本能量不变。从图 8.10 中可以读出整个变化过程的走势，反映出变化过程。但是从反映能流的角度，与能流图相比，图 8.10 不够直观清晰。

8.2 电力电子系统瞬态过程能量表征与分析

8.1 节的能流图建模及分析基于理想开关、不考虑器件及系统杂散参数等基本假设，进行电力电子系统大时间尺度的能量表征及分析。但在电力电子器件导通或关断的瞬态过程中，开关器件动作，电流通路发生变化，各元器件以及负载上的电压、电流将在几微秒甚至更短的时间尺度内发生较大变化，此时回路中能量的分布与流动比较复杂，开关的非理想特性及杂散参数在此过程中起到重要作用，大部分的变换器故障与器件失效也发生在该瞬态过程中。例如，针对高压 IGBT 串联系统来说，在瞬态过程中，同一串联支路上的器件处理的能量出现不均衡时，将更容易引发器件失效与系统故障。因此，对短时间尺度的瞬态过程能量分布与流动的动力学表征进行分析显得尤为重要。

为此，本节沿着能流分析的思路，首先讨论针对短时间尺度能量分布与变化表述方法的基本思想与基本假设。在此基础上，针对换流回路中影响瞬态过程能量变化的各元素分别建立能量模型。应用各元素的能量模型，提出短时间尺度能量分布的动力学表征。以高压 IGBT 串联支路为例，结合实际的电压、电流波形对其关断瞬态过程的能量分布和能量流动进行动力学分析。最后，通过实验故障举例说明能量分布与能流变化动力学表征在故障分析中的应用方法。

8.2.1 基本假设

为不失一般性，在此针对 IGBT 器件开关瞬态过程的基本换流拓扑进行分析，如图 8.11 所示。

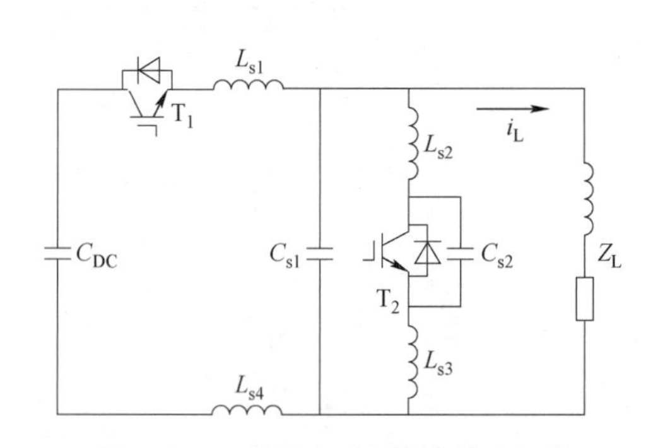

图 8.11 开关瞬态过程基本换流拓扑

图 8.11 中，C_{DC} 为直流母线电容，T_1、T_2 为 IGBT 器件，L_{s1}、L_{s2}、L_{s3}、L_{s4} 代表线路上的杂散电感，C_{s1}、C_{s2} 代表线路上的杂散电容，Z_L 为负载，i_L 为负载电流。为与实际实验工况相吻合，在此认为负载为感性负载。

在 IGBT 器件导通或关断的瞬态过程中，涉及能量变化的因素众多，为简化模型分析，提出如下基本假设：

（1）开关瞬态过程中，换流回路各元素涉及的能量形式仅包括电磁能与热能。

（2）由于开关瞬态过程持续时间为微秒级，而器件散热器的散热功率由器件长时间尺

度下的损耗平均值决定，其对瞬态过程能量变化的影响十分微小，在此忽略不计。

（3）连线母排电阻发热与散热相互平衡，因此在开关瞬态过程中忽略电阻参数，但杂散电感与杂散电容参数纳入考虑范围。

（4）母线电容电压与感性负载电流变化的时间常数较大，对于短时间尺度下微秒级的开关瞬态过程，认为其保持不变。

准确描述电力电子器件在开关瞬态过程中的能量分布与流动规律包含三个要素，即：量值、分布、流动方向。为能够在三个维度下对瞬态过程能量分布与流动进行准确描述，提出表述方法的基本思想如下：

（1）针对某一开关瞬态过程，根据对应换流回路实际长度将其一维化，以母线电容正极作为起点，负极作为终点，以第一维度表征空间位置信息。

（2）建立参与瞬态过程能量变化的各元素的能量模型，以能量密度作为第二维度表征量值。

（3）以时间作为第三维度，表征能量随时间的变化规律。

8.2.2　瞬态过程能量模型

参与瞬态换流过程的元素包括母线电容、感性负载、连接母排和 IGBT 器件，针对不同元素分别建立其能量模型。

8.2.2.1　母线电容

根据 8.2.1 节的基本假设，母线电压在器件开关瞬态过程中认为其保持不变，母线电容可视为提供能量的恒压源。在描述器件开关瞬态过程中换流回路的能量分布时，以母线电容正极为起点，负极为终点，分析其输出能量在换流回路不同空间位置的分布以及随时间的变化规律。

8.2.2.2　感性负载

根据基本假设，负载电流在器件开关瞬态过程中认为其保持不变，但其端电压会发生变化，从而与其他元素之间产生能量交换。认为感性负载对于在瞬态换流过程中发生的能量变化完全在其可承受范围之内，不会发生故障。将负载视为具有能量交换能力的空间点，则在描述器件开关瞬态过程中换流回路的能量分布时，不需要将感性负载支路纳入考虑范围，而在考虑能量整体流动时需要考虑感性负载与其他元素间的能量交换。

8.2.2.3　连接母排

根据基本假设，忽略连线母排电阻参数影响，考虑其杂散电感与杂散电容参数。对于高压大容量变换器，常采用低杂散电感的层叠母排进行连接，以降低器件关断时的电压尖峰。认为直流母排在电流方向的法平面上具有参数一致性，即杂散电感与杂散电容沿电流方向分布，这样便可将三维的母排结构一维化，便于对其在瞬态过程中的能量分布与流动进行描述。

由于器件模块较大，绝缘等级要求较高，其连接母排尺寸较长且结构复杂，直接进行整体的建模分析计算误差较大，通常使用 PEEC 方法进行杂散参数分析。该方法首先将大尺

寸、复杂结构母排分割成若干结构简单、形状规则的小导体，即部分单元，计算出各部分单元的杂散电感、杂散电容参数，再根据串并联关系搭建等效电路模型。该方法将复杂结构导体的电磁场求解问题转化为了等效电路建模分析问题。在建立母排能量模型过程中，仍采用部分单元分析的思想。首先根据实际换流过程中的电流走向，以及母排折弯、开槽等结构特点，将复杂结构母排分割成若干形状规则的部分单元。若部分单元为单层结构，其自身杂散电容值很小，可忽略不计。设其等效杂散电感为 L_s，则该部分单元具有的总能量为

$$W_s=\frac{1}{2}L_s i^2 \tag{8-1}$$

式中，i 为通过该部分单元的电流。

若部分单元为层叠母排结构，则其参数如图 8.12 所示。

部分单元成对出现，设其分别为 S_1、S_2。认为杂散电容上的能量经高电位的部分单元 S_1 进行交换，则在这种情况下，部分单元 S_1 具有的总能量为

$$W_{s1}=\frac{1}{2}L_{s1}i_1^2+\frac{1}{2}C_{12}u_1^2 \tag{8-2}$$

式中，L_{s1}为等效杂散电感；i_1 为通过该部分单元的电流，C_{12} 为杂散电容，u_1 为两部分单元间电压。

部分单元 S_2 具有的总能量为

$$W_{s2}=\frac{1}{2}L_{s2}{i_2}^2 \tag{8-3}$$

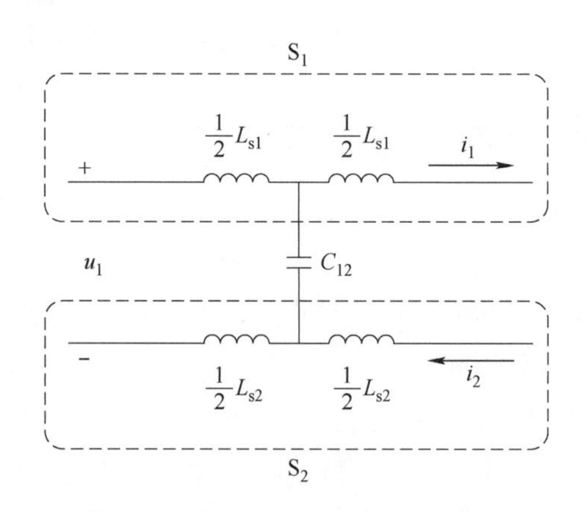

图 8.12 层叠母排部分单元参数示意图

式中，L_{s2}为等效杂散电感；i_2为通过该部分单元的电流。

部分单元尺寸较小且划分形状规则，可认为其参数沿电流方向均匀分布，则可定义部分单元的能量线密度为 W_s/l，其中 l 为部分单元沿电流方向的长度。

8.2.2.4 IGBT 器件

IGBT 器件是功率 MOSFET 与大功率 BJT 相结合的混合型器件。现有产品中，低压 IGBT 单个模块大多将多个 IGBT 器件组合使用，形成半桥、单相桥或三相桥等常用拓扑，而对于电压高于 1.7kV 的高压 IGBT 模块来说，出于对绝缘、散热等多方面设计的考虑，一个模块多作为单个 IGBT 使用。

这里以 FZ600R65KF1 型高压 IGBT 模块为例，其单个器件由三个硅片并联组成，而每个硅片又由众多小元胞并联组成，如图 8.13 所示。在 IGBT 的制造过程中，通常对于元胞结构的一致性有很高的要求，因此在建模时可将单个 IGBT 器件视为一个与小元胞结构相同的大面积元胞进行分析。

FZ600R65KF1 型高压 IGBT 为非穿通型 IGBT，其元胞结构如图 8.14a 所示。根据其元胞结构，可建立其等效电路模型，如图 8.14b 所示。

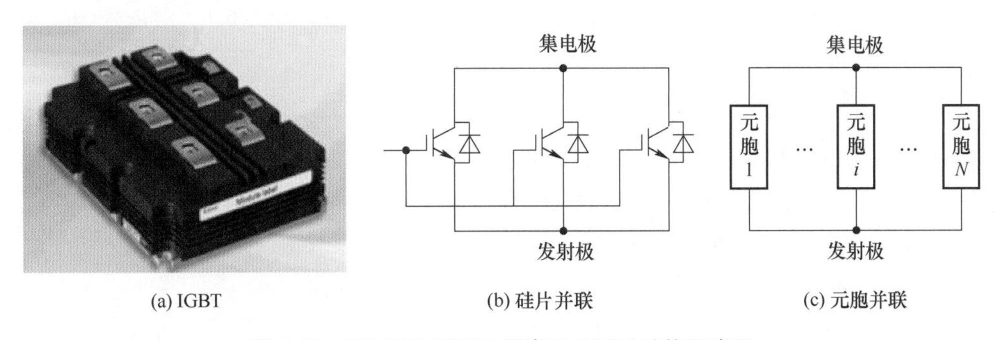

图 8.13　FZ600R65KF1 型高压 IGBT 结构示意图

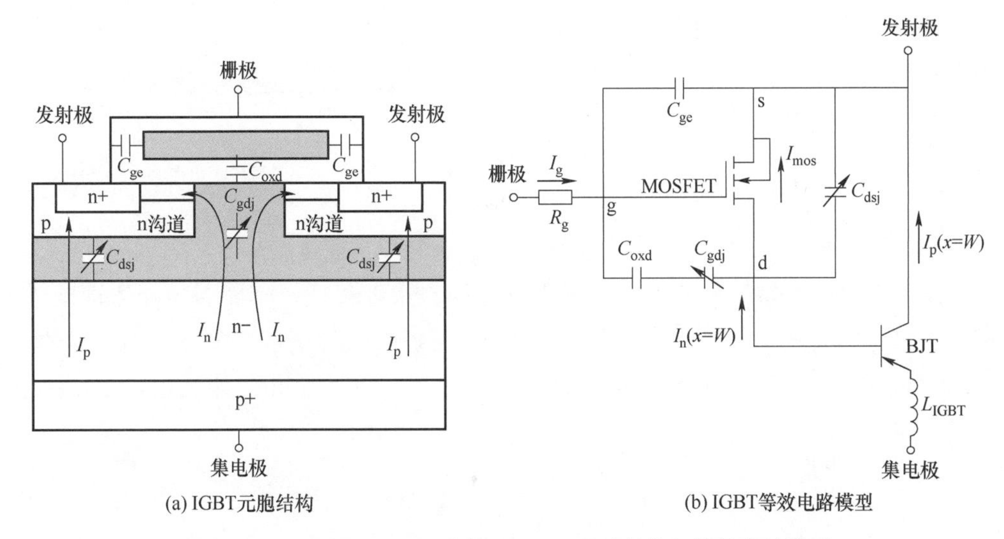

图 8.14　FZ600R65KF1 型高压 IGBT 元胞结构与等效电路模型

图 8.14 中，R_g 为栅极电阻，I_g 为栅极电流，C_{ge} 为栅极与发射极间的氧化层电容，C_{oxd} 为集电极与栅极间的氧化层电容，C_{gdj} 为集栅极耗尽层等效可变电容，C_{dsj} 为集射极耗尽层等效可变电容，I_{mos} 为功率 MOSFET 的沟道电流，I_n 为流经 BJT 的电子电流，I_p 为流经 BJT 的空穴电流。

对于 IGBT 器件来说，在器件开通或关断之前的初始时刻，器件本身具有初始能量，其量值由上述等效电路中的各参数决定；在器件开通或关断的瞬态过程中，根据基本假设，忽略这一过程中开关器件与外界的热交换，则器件在瞬态换流过程中与外界的能量交换可由其端电压与电流的积分进行描述。这样，在已知 IGBT 器件在瞬态过程中的电压、电流波形的情况下，其能量模型的关键是确定器件在开通或关断前的初始能量。

器件的初始能量主要由器件内部的等效储能元件决定。栅极电流与负载电流相比很小，栅极电阻上的热损耗可忽略；栅极电压在±15V 之间变化，与集射极电压相比很小，而栅极电容值 C_{ge} 与其他等效电容属同一数量级，C_{ge} 上的能量变化可忽略。因此，确定器件初始能量的参数主要包括集射极等效可变电容 C_{dsj}，集栅极等效可变电容 C_{gd}（其值为集栅极氧化层电容 C_{oxd} 与集栅极耗尽层等效可变电容 C_{gdj} 之和），以及器件内部键合线的寄生电感 L_{IGBT}。

其中，寄生电感 L_{IGBT} 可通过器件 datasheet 直接读取，而等效可变电容 C_{dsj} 与 C_{gd} 则需要通过建立机理模型来进行参数提取。

1. 集射极电容 C_{dsj} 模型

当 pn 结承受的反向电压增大时，其空间电荷区宽度也随着增加，这一区域也被称为耗尽层。耗尽层内没有非平衡可移动电荷，可视为绝缘介质，在 p 型半导体内聚集有负电荷，在 n 型半导体内聚集有正电荷，其电荷量随外加电压变化而变化，可等效为平板电容的充放电过程。因此，可将耗尽层等效为平板电容器进行分析，如图 8.15 所示。

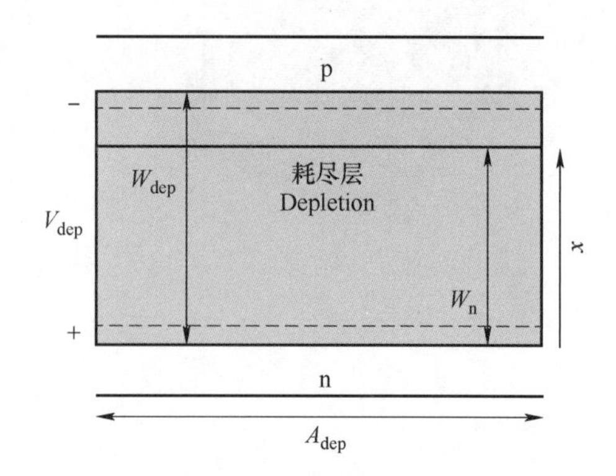

图 8.15　IGBT 耗尽层等效电容模型

耗尽层等效平板电容容值的表达式为

$$C_{dep}=\frac{\varepsilon A_{dep}}{W_{dep}} \tag{8-4}$$

式中，ε 为硅的介电常数，A_{dep} 为耗尽层面积，W_{dep} 为耗尽层宽度。

在高压 IGBT 中，耗尽层 pn 结的 n 型半导体掺杂浓度很低，而 p 型半导体掺杂浓度很高，因此耗尽层绝大部分由 n 型半导体区域构成，可近似认为全部集中于 n 型半导体区域，即 IGBT 器件的基区，W_{dep} 近似等于 W_n。IGBT 器件所承受的反向电压主要由耗尽层来承担，可认为耗尽层电压 V_{dep} 与集射极电压 V_{ce} 近似相等。则 V_{ce} 可以表示为

$$V_{ce}\approx V_{dep}=\int_0^{W_n}E(x)\,\mathrm{d}x \tag{8-5}$$

式中，$E(x)$ 为基区 x 处的电场强度；W_n 为基区宽度。

根据高斯通量定理，基区电场强度 $E(x)$ 与器件参数之间有如下关系：

$$E(x)A_{dep}=\frac{qN_BA_{dep}x}{\varepsilon} \tag{8-6}$$

式中，q 为电子电荷量；N_B 为基区掺杂浓度。

综合式（8-5）、式（8-6）可得

$$V_{ce}=\int_0^{W_n}\frac{qN_B}{\varepsilon}x\,\mathrm{d}x \tag{8-7}$$

因此，耗尽层宽度 W_{dep} 与集射极电压 V_{ce} 间的关系为

$$W_{dep}\approx W_n=\sqrt{\frac{2\varepsilon V_{ce}}{qN_B}} \tag{8-8}$$

结合式（8-4），可进一步得到集射极电容 C_{dsj} 与集射极电压 V_{ce} 间的关系式为

$$C_{dsj}=A_{ds}\sqrt{\frac{\varepsilon qN_B}{2V_{ce}}} \tag{8-9}$$

式中，A_{ds} 为集射极电容 C_{dsj} 对应的面积。

2. 集栅极电容 C_{gd} 模型

集栅极电容 C_{gd} 在耗尽层完全覆盖基区前后，其模型不尽相同，需要分情况进行分析。

集栅极电压 V_{dg} 为集射极电压 V_{ce} 与栅极电压之差，即

$$V_{dg}=V_{ce}-V_{ge} \tag{8-10}$$

由于栅极电压相对较小，在以下分析中认为集栅极电压 V_{dg} 为集射极电压 V_{ce} 近似相等，最终将得到集栅极电容 C_{gd} 与集射极电压 V_{ce} 的关系表达式。

当集射极电压 V_{ce} 较低时，形成的耗尽层宽度较小，尚未完全覆盖基区，如图 8.16a 所示。此时的集栅极电容 C_{gd} 可以看作耗尽层等效电容 C_{gdj} 与部分氧化层电容 C_{oxd1} 串联后再与剩余部分氧化层电容 C_{oxd2} 并联，由于 C_{oxd1} 与 C_{gdj} 相比量值很大，因此 C_{gd} 可视为 C_{gdj} 与 C_{oxd2} 并联而成。当集射极电压 V_{ce} 较高时，形成的耗尽层宽度较大，完全覆盖基区，如图 8.16b 所示。此时的集栅极电容 C_{gd} 可以看作耗尽层等效电容 C_{gdj} 与氧化层电容 C_{oxd} 串联。由于 C_{oxd} 与 C_{gdj} 相比量值很大，因此 C_{gd} 可视为与 C_{gdj} 近似相等。

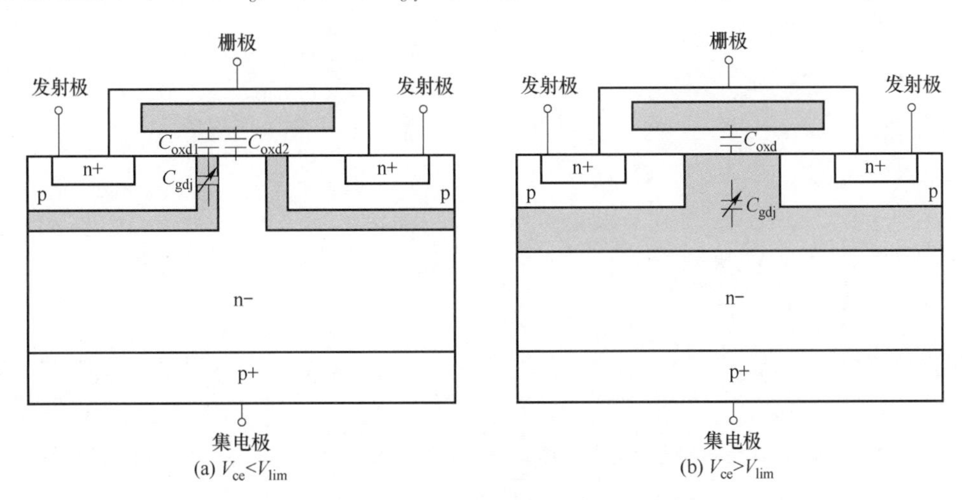

图 8.16　IGBT 集栅极等效电容模型

设当集射极电压 V_{ce} 达到阈值电压 V_{lim} 时，耗尽层刚好完全覆盖基区，则依据上述分析，集栅极电容 C_{gd} 与集射极电压 V_{ce} 的关系可表示为

$$C_{gd}=\begin{cases}\dfrac{\sqrt{V_{lim}}-\sqrt{V_{ce}}}{\sqrt{V_{lim}}}C_{oxd}+A_{gd}\sqrt{\dfrac{\varepsilon qN_B}{2V_{lim}}}, V_{ce}<V_{lim}\\ A_{gd}\sqrt{\dfrac{\varepsilon qN_B}{2V_{ce}}}, V_{ce}\geqslant V_{lim}\end{cases} \tag{8-11}$$

集射极电容模型与集栅极电容模型中涉及的 IGBT 器件参数无法直接从器件 datasheet 中读取，因此需要搭建 IGBT 的机理模型，通过仿真与实验的对比分析来确定器件参数。通过对高压 IGBT 器件等效电容、MOSFET 沟道电流以及大注入条件下的 BJT 建模，可以搭建 IGBT 的机理模型。应用这一建模方法，针对 FZ600R65KF1 型高压 IGBT 器件进行建模分析，并通过仿真与实验的对比，确定集射极电容模型与集栅极电容模型相关的参数值见表 8.3。

表 8.3　FZ600R65KF1 型高压 IGBT 机理模型典型参数

参数	数值
介电常数 ε/(F/cm)	1.08×10^{-12}
掺杂浓度 N_B/cm^{-3}	1.2×10^{14}
集射极电容面积 A_{ds}/cm^2	15
集栅极电容面积 A_{gd}/cm^2	4.3
阈值电压 V_{lim}/V	61.5
氧化层电容 C_{oxd}/nF	77.87

根据提取的器件参数，结合式（8-9）与式（8-11），可以得到集射极电容 C_{dsj} 与集栅极电容 C_{gd} 的定量关系，如图 8.17 与图 8.18 所示。

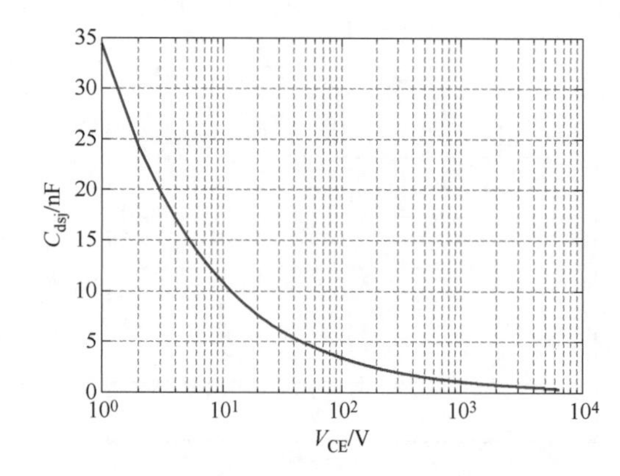

图 8.17　集射极电容与集射极电压关系曲线

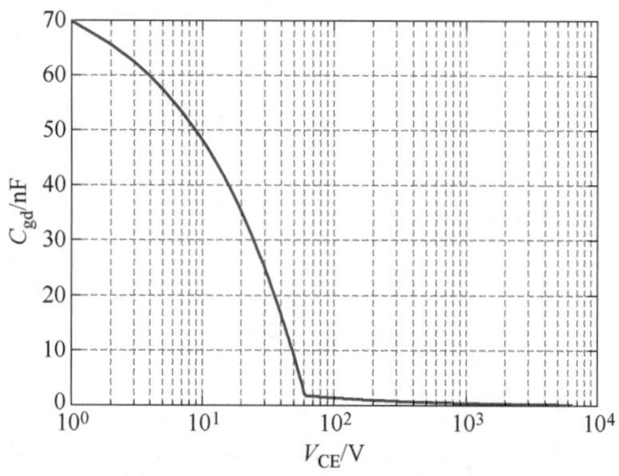

图 8.18　集栅极电容与集射极电压关系曲线

对于电容元件来说，其电压电流满足以下关系式：

$$i = C\frac{\mathrm{d}u}{\mathrm{d}t} \tag{8-12}$$

式中，i 为电容充电电流，u 为电容端电压。

对于 IGBT 器件中的等效可变电容来说，其集栅极电容与集射极电容均随电压值变化而变化，设其函数为 $C_{(u)}$，并认为在充放电的过程中这一函数关系保持不变。假设可变电容从电压为 0 时开始充电，至 t 时刻其端电压达到 U，则可推导出可变电容储存能量与端电压 U 的关系表达式，如下所示：

$$E_C(U) = \int_0^t ui\mathrm{d}t = \int_0^t uC_{(u)}\frac{\mathrm{d}u}{\mathrm{d}t}\mathrm{d}t = \int_0^U C_{(u)}u\mathrm{d}u \tag{8-13}$$

结合式（8-13）推导可得 IGBT 器件集射极电容储存能量表达式，如下所示：

$$E_{C\mathrm{dsj}}(U) = \frac{2}{3}A_{\mathrm{ds}}\sqrt{\frac{\varepsilon q N_{\mathrm{B}}}{2}}U^{\frac{3}{2}} \tag{8-14}$$

结合式（8-11）推导可得 IGBT 器件集栅极电容储存能量表达式，如下所示：

$$E_{Cgd}(U)=\begin{cases}\dfrac{1}{2}\left(C_{\mathrm{oxd}}+A_{\mathrm{gd}}\sqrt{\dfrac{\varepsilon qN_{\mathrm{B}}}{2V_{\mathrm{lim}}}}\right)U^{2}-\dfrac{2}{5}\dfrac{C_{\mathrm{oxd}}}{\sqrt{V_{\mathrm{lim}}}}U^{\frac{5}{2}},U<V_{\mathrm{lim}}\\ \dfrac{2}{3}A_{\mathrm{gd}}\sqrt{\dfrac{\varepsilon qN_{\mathrm{B}}}{2}}U^{\frac{3}{2}}-\dfrac{1}{6}A_{\mathrm{gd}}\sqrt{\dfrac{\varepsilon qN_{\mathrm{B}}}{2}}V_{\mathrm{lim}}^{\frac{3}{2}}+\dfrac{1}{10}C_{\mathrm{oxd}}V_{\mathrm{lim}}^{2},U\geqslant V_{\mathrm{lim}}\end{cases}\tag{8-15}$$

将高压 IGBT 器件模型参数与瞬态过程的电压、电流外特性相结合，可以得到器件的能量模型，其表达式如下：

$$e_{\mathrm{IGBT}}=\left(E_{C\mathrm{dsj}}(V_{\mathrm{ce0}})+E_{C\mathrm{gd}}(V_{\mathrm{ce0}})+\frac{1}{2}L_{\mathrm{IGBT}}I_{0}^{2}+\int_{t_0}^{t}v_{\mathrm{ce}}i_{\mathrm{T}}\mathrm{d}t\right)/l_{\mathrm{ce}}\tag{8-16}$$

式中，l_{ce}为 IGBT 器件模块集电极端子与发射极端子间的空间距离；V_{ce0}为初始时刻 IGBT 器件的集射极电压；I_0 为初始时刻流经 IGBT 器件的电流；e_{IGBT}即为 IGBT 器件一维化后在 t 时刻的能量线密度。

8.2.3　能量分布及变化表征

通过 8.2.1 节中的基本假设与坐标构建思想，以及 8.2.2 节参与瞬态过程能量变化的各元器件能量模型的搭建，可以对基本换流拓扑在时间与空间上的能量分布进行描述。本节以两电平高压 IGBT 串联实验平台为例对这一动力学表征方法进行具体说明。

两电平高压 IGBT 串联实验平台的基本拓扑如图 8.19 所示，IGBT 器件仍采用 FZ600R65KF1 型高压 IGBT 器件，其额定电压电流为 6500V/600A。在 T_1、T_2 管主动关断的瞬态换流过程中，由于感性负载电感值较大，认为在此过程中负载电流保持不变，器件关断过程中其电流迅速下降，而负载电流通过 T_3、T_4 管的反并联二极管续流。直至 T_1、T_2 管电流下降至零、T_3、T_4 管的反并联二极管电流上升至负载电流时，瞬态换流过程结束。

在直流母线电压 5kV、负载电流 580A 的工况下，当高压 IGBT 串联支路电压均衡时，主动动作器件的关断瞬态过程波形如图 8.20 所示。

根据 8.2.2 节的瞬态过程能量模型，部分单元的能量线密度为 W_s/l，W_s 可由式（8-1）~式（8-3）计算，器件一维化后的能量线密度可由式（8-16）计算。通过 PEEC 方法提取实验平台连接母排的杂散参数，结合高压 IGBT 机理模型仿真提取的器件内部参数，以及高压 IGBT 串联支路实际的关断电压、电流波形，代入上述公式计算得到空间各点位各时间的能量线密度，可得到这一瞬态过程中换流回路上能量随时间与空间的分布图，如图 8.21 所示。

根据 8.2.1 节的假设，以母线电容正极作为起点，负极作为终点，以第一维度（即 x 轴）表征空间位置信息。换流回路一维化后，实际装置中的每一个空间点均与 x 轴上的点一一对应，T_1、T_2、T_3 和 T_4 管在 x 轴上的对应位置已标出，这一维度表征的是实际装置的空间尺度。y 轴表示起始时刻至当前时刻所经过的时间，这一维度表征的是所关注的时间尺度。z 轴表示换流回路中各个空间位置在瞬态过程中各个时间点的线能量密度，从而表征出短时间尺度下能量的空间分布以及随时间变化的规律。

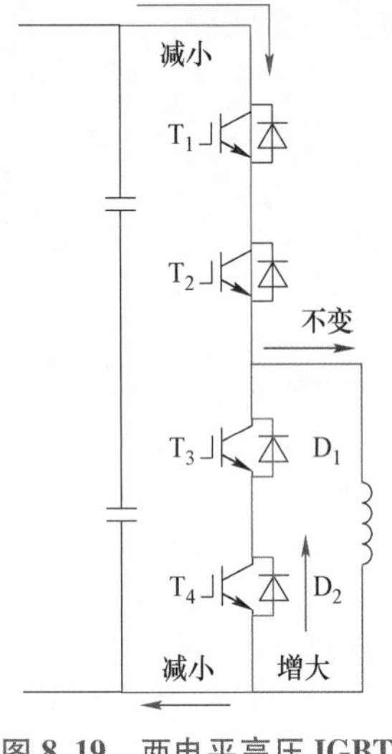

图 8.19　两电平高压 IGBT 串联实验平台拓扑

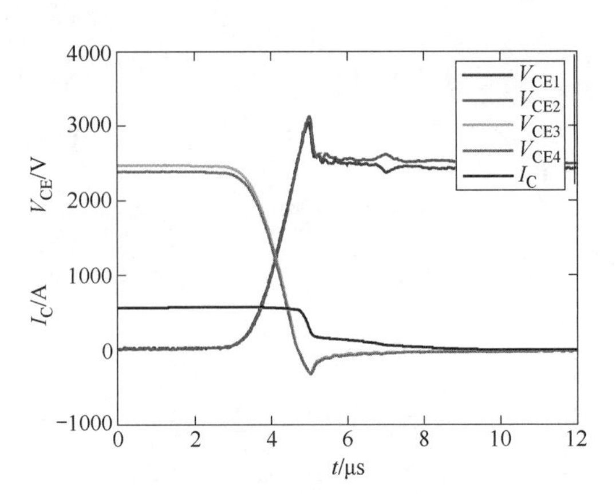

图 8.20　电压均衡时高压 IGBT 串联支路关断瞬态实验波形

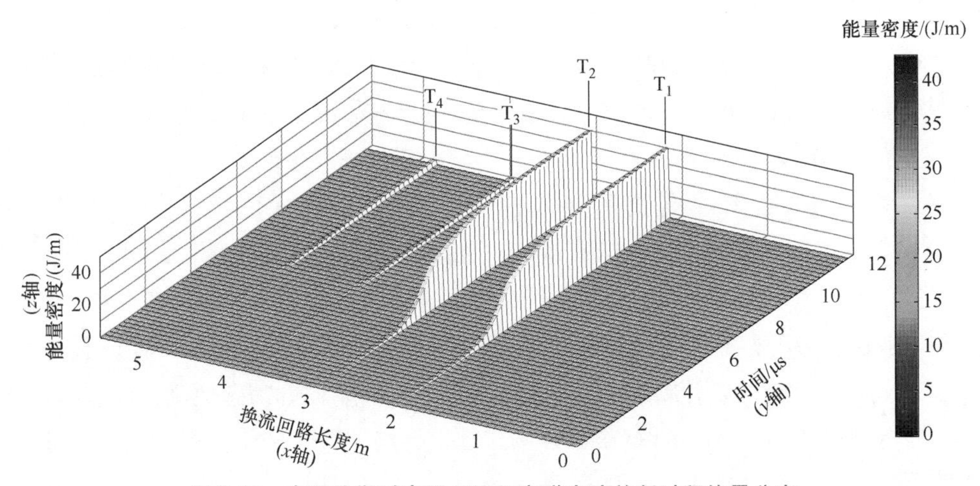

图 8.21　电压均衡时高压 IGBT 串联支路关断过程能量分布

可见，在瞬态过程中，换流回路上的能量主要集中于主动动作的开关器件上，其中的一部分储存在了器件内部的等效电容与寄生电感中，大部分转化为了热量，将在关断过程结束后的较长一段时间内由散热器消耗掉；同时，反并联二极管上也会有一些能量转化为热量。当高压 IGBT 串联支路电压均衡时，各 IGBT 器件上的能量也基本相同。

在直流母线电压 5kV、负载电流 580A 的工况下，当高压 IGBT 串联支路电压不均衡时，主动动作器件的关断瞬态过程波形如图 8.22 所示。

采用相同的动力学表征方法，对电压不均衡时瞬态过程中换流回路上能量随时间与空间的分布进行描述，如图 8.23 所示。

可见，当高压 IGBT 串联支路电压不均衡时，关断瞬态过程中能量在串联支路各 IGBT 器件上的分布也不均衡，能量将更集中在承受较高关断电压的 IGBT 器件上。如果不均衡程度过于严重，超过了器件在关断过程中所能承受的最大能量，器件将发生突变失效。即使不

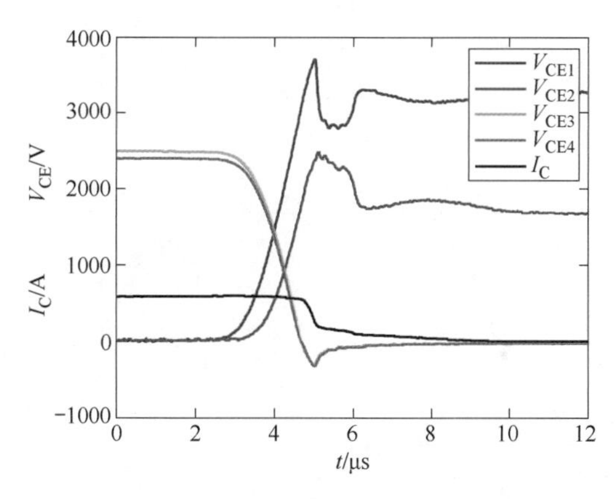

图 8.22　电压不均衡时高压 IGBT 串联支路关断瞬态实验波形

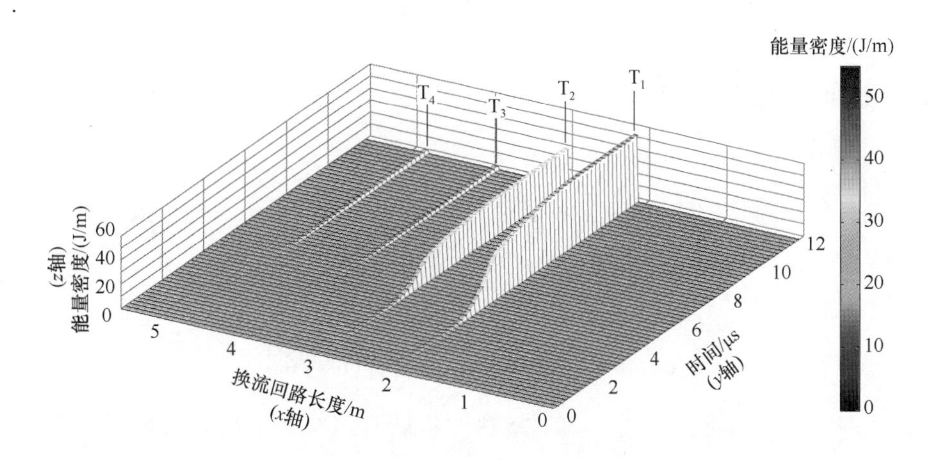

图 8.23　电压不均衡时高压 IGBT 串联支路关断过程能量分布

均衡能量未达到导致突变失效的临界值，瞬态过程中能量密度较高的 IGBT 器件损耗较大，长时间在此工况下工作会导致结温升高，热应力的累积效应更加严重，更容易引发大时间尺度的耗损失效，降低系统运行的可靠性。

在瞬态过程中，分布在 IGBT 器件处的能量密度很高，换流回路母排上的能量分布随空间与时间的变化被弱化和掩盖。当不考虑开关器件处的能量分布后，可以观察到瞬态过程中连接母排上的能量变化，如图 8.24 所示。

可见，在空间尺度上，连接母排在大部分位置具有较好的结构一致性，因此在瞬态过程中能量分布比较均衡，但在直流母线电容正极、负极端子附近无法将连接母排完全设计为层叠结构，而在高压 IGBT 器件端子附近的连接母排与模块间的连接母排在结构上有所区别，因此呈现出了不同的能量密度。在时间尺度上，随着换流回路上电压、电流值的变化，空间各点上的能量密度也随之变化，可以看到实时通过较大电流的连接母排具有较高的能量密度，而电流对应的能量为杂散电感中储存的磁场能量，说明针对这一高压 IGBT 串联实验平台来说，在瞬态换流过程中杂散电感参数在能量的分布与变化中与杂散电容相比处于主导地位，起到了决定性的影响。

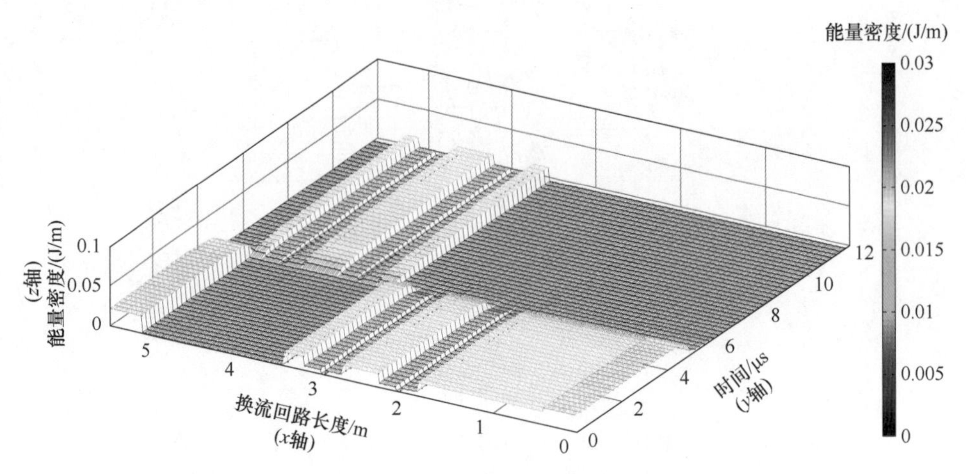

图 8.24　高压 IGBT 串联支路连接母排能量分布

8.2.4　通过能量分布及变化表征

将 8.2.3 节能量分布图中的能量线密度记为 $a(t, x)$。其中 t 是时间（图中的 y 轴），x 是换流回路长度（图中的 x 轴）。认为能量在换流回路起点为最大值，通过换流回路过程中逐渐减少，考虑 t 时刻时通过换流回路上 x 位置的能量 $E(t, x)$（记为"通过能量"），则 $E(t, x)$ 用公式表示为

$$E(t,x) = \int_0^l a(t,x)\,\mathrm{d}x - \int_0^x a(t,x)\,\mathrm{d}x \tag{8-17}$$

其中，l 表示换流回路总长度。同时将感性负载支路与换流回路的能量交换（负载电压、电流对时间的积分）纳入考虑范围，即可描述瞬态过程中换流回路上的"通过能量" E 随时间和空间的分布。以电压不均衡时高压 IGBT 串联支路关断过程为例，"通过能量" E 的分布及变化表征如图 8.25 所示。

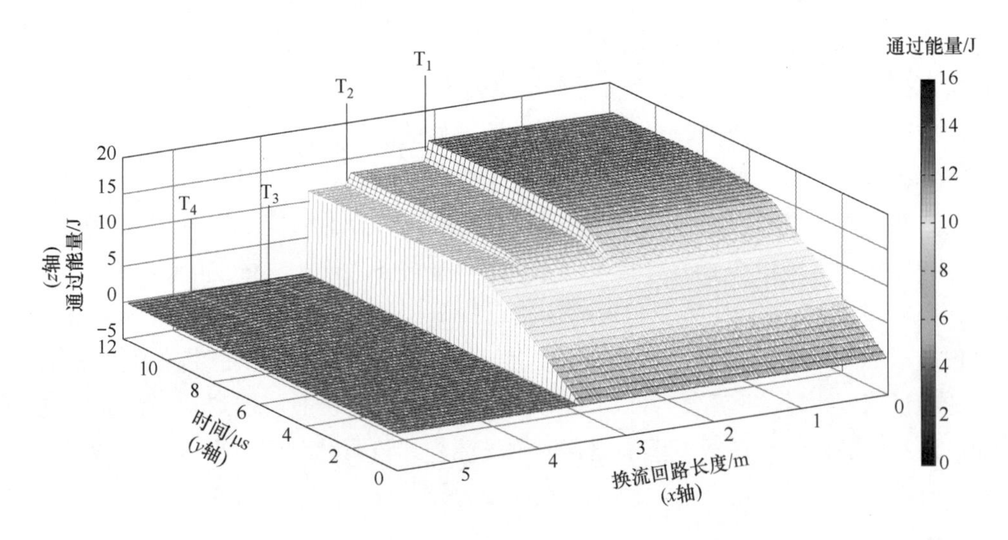

图 8.25　电压不均衡时高压 IGBT 串联支路关断过程"通过能量" E 的分布及变化图

从图中可看到能量随着换流回路的变化，体现出“能量流动”的概念，故图 8.25 也可称为“能流图”。可见，在高压 IGBT 器件从导通到关断的过程中，能流的最大落差出现在负载处，但负载处理能量的能力远远超过了开关器件，一般不会出现故障。器件对能流的阻碍作用体现在了能流随空间尺度的变化上，当能流通过正在关断的 IGBT 器件时，其阻碍作用带来了能量的消耗，从而使得通过器件后的能流较通过器件前明显减小。当高压 IGBT 串联支路在瞬态过程中各器件上的电压不均衡时，各器件对于能流的阻碍作用也有相应的区别，体现为能量通过器件后的减小量不同。

在能流图中，能量对于换流回路长度的偏导数 $\partial E/\partial x$ 即为 8.2.3 节中描述的能量线密度 a 的空间分布及变化；能量对于时间的偏导数 $\partial E/\partial t$ 为瞬态过程中“通过能量” E 的变化率（或称能流的变化率）。求取图 8.25 中电压不均衡时高压 IGBT 串联支路关断过程能流对于时间的偏导数，可得到这一瞬态过程中的能流变化率，如图 8.26 所示。

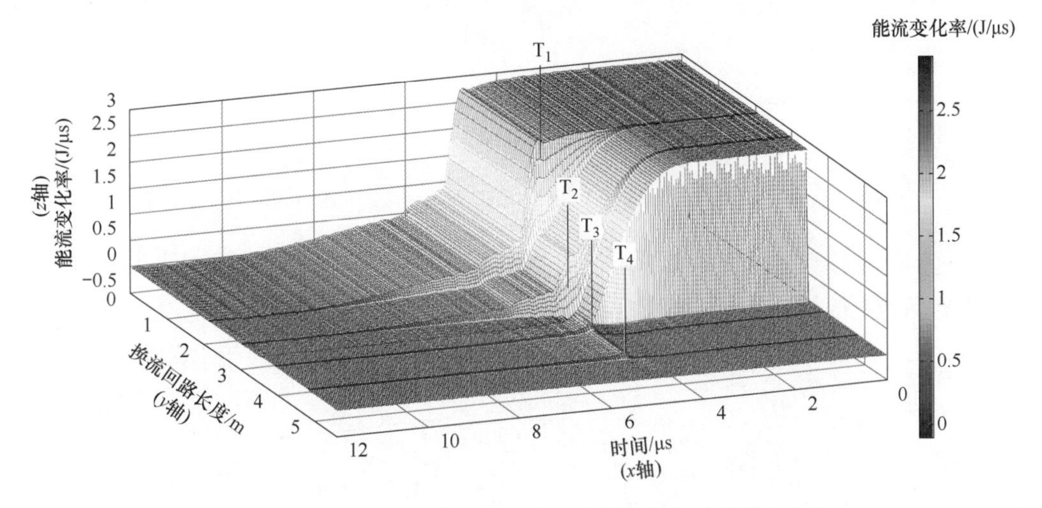

图 8.26　电压不均衡时高压 IGBT 串联支路关断过程能流变化率

在图 8.26 中，在时刻 t 的时间截面上的能流变化率曲线可以理解为是起始时刻为 t、终止时刻为 $t+dt$ 这一段时间微分中换流回路上的能流变化率。由于负载处理的能量的绝对值比器件大很多，因此在能流图中，IGBT 器件对于能流变化的影响表现得并不明显，相比较而言，能流变化率的描述更能体现出 IGBT 器件的这一特征。

8.2.5　系统故障能量变化表征分析举例

在两电平高压 IGBT 串联实验中的一次故障过程波形如图 8.27 所示。实验平台的基本拓扑见图 8.19，IGBT 器件采用 FZ600R65KF1 型高压 IGBT 器件，额定电压电流为 6500V/600A。

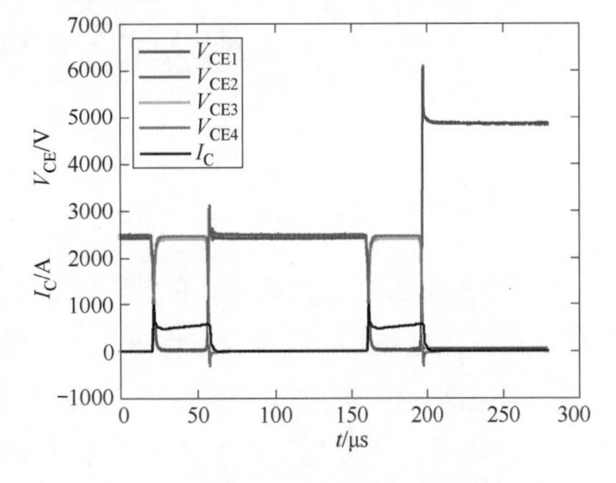

图 8.27　高压 IGBT 串联实验故障波形

在这次实验过程中，母线电压为5kV、负载电流为600A，控制周期T为140μs，占空比D=0.25，两串联的IGBT器件驱动信号保持同步。可见，在第一个控制周期内，两IGBT器件的集射极电压基本一致；在第二个控制周期的开通过程中，两IGBT器件基本同时开通，电压变化保持一致，而在关断过程中，由于控制信号故障，只发出了T_1管的关断信号，T_2管关断信号丢失，从而导致T_1管承受了全部的母线电压和关断瞬态的电压尖峰，造成两串联的IGBT电压不一致。由于实验采用的IGBT器件额定电压为6500V，留有足够的裕量，因此未造成器件损坏，但关断过程的电压尖峰达到了6100V左右，若应用于串联的IGBT器件不能承受全部的母线电压，则会在本次故障中发生失效。

在对整个控制周期的换流回路能量分布与流动进行描述时，器件有较长时间处于通态与阻态，需要考虑这一过程中与外界的热量交换。当系统稳定运行时，在一个完整的控制周期内，流入IGBT器件的能量应与散热量保持平衡，因此散热功率可以表示为

$$P=\frac{\int_0^T v_{\mathrm{ce}} i_{\mathrm{T}} \mathrm{d}t}{T} \tag{8-18}$$

考虑散热功率的IGBT能量模型可以表示为

$$e_{\mathrm{IGBT}}=\left[E_{C\mathrm{dsj}}(V_{\mathrm{ce0}})+E_{C\mathrm{gd}}(V_{\mathrm{ce0}})+\frac{1}{2}L_{\mathrm{IGBT}}I_0^2+\int_{t_0}^{t} v_{\mathrm{ce}} i_{\mathrm{T}} \mathrm{d}t-P(t-t_0)\right]/l_{\mathrm{ce}} \tag{8-19}$$

应用这一能量模型，结合8.2.3节提出的能量密度分布及变化表征方法，可对这一故障过程中换流回路上的能量分布进行描述，如图8.28所示。

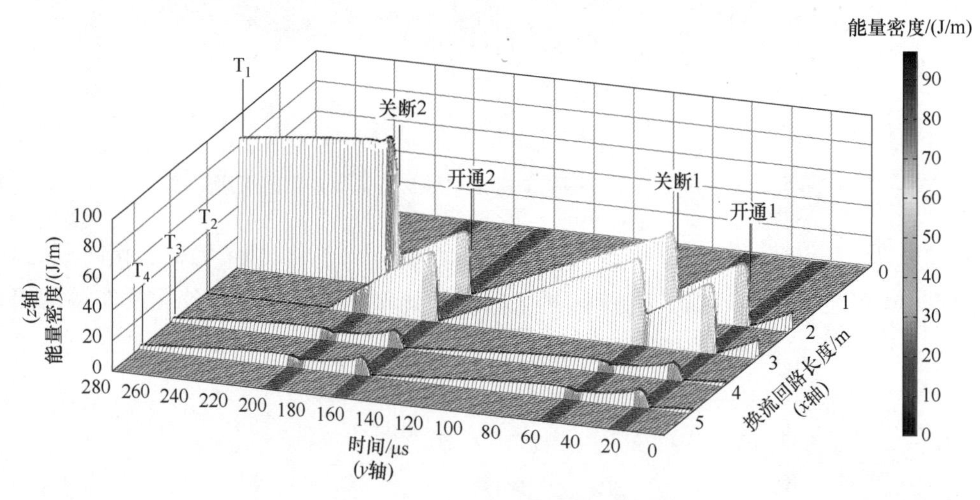

图8.28 高压IGBT串联实验故障过程能量分布

从IGBT串联实验故障过程的能量分布情况可以看出，在第一控制周期内，两串联IGBT器件电压一致性较好，能量分布均衡，直至第二控制周期关断过程出现故障，只有T_1管进行了主动关断动作，在此过程中的全部能量集中在了T_1管中，能量出现了极度不均衡的情况。由于T_1管在关断后仍然承受着全部母线电压，其阻态损耗增加，而散热功率在较短时间内基本保持不变，因此能量的消散过程与第一控制周期内能量均衡时的工况相比变得缓

慢；而 T_2 管由于没有承受电压，基本处于无损耗状态，而散热功率基本保持不变，随着时间推移，其内能减小，结温下降。

根据故障过程的能量分布，结合 8.2.4 节提出的“通过能量” E 分布及变化表征方法，可以对这一过程中的“通过能量”（即能流）及其时间变化率进行表征，如图 8.29 和图 8.30 所示。如 8.2.4 节分析，能流时间变化率对于器件对能流影响的描述相对明显一些，图 8.30 中所标注的位置即为第二控制周期关断过程 T_2 管控制信号故障未能正常关断的位置。

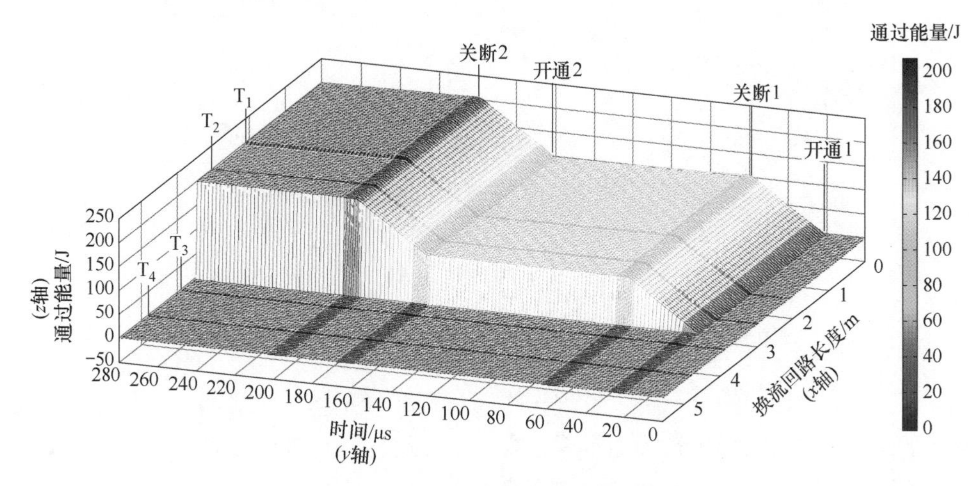

图 8.29　高压 IGBT 串联实验故障过程能流图

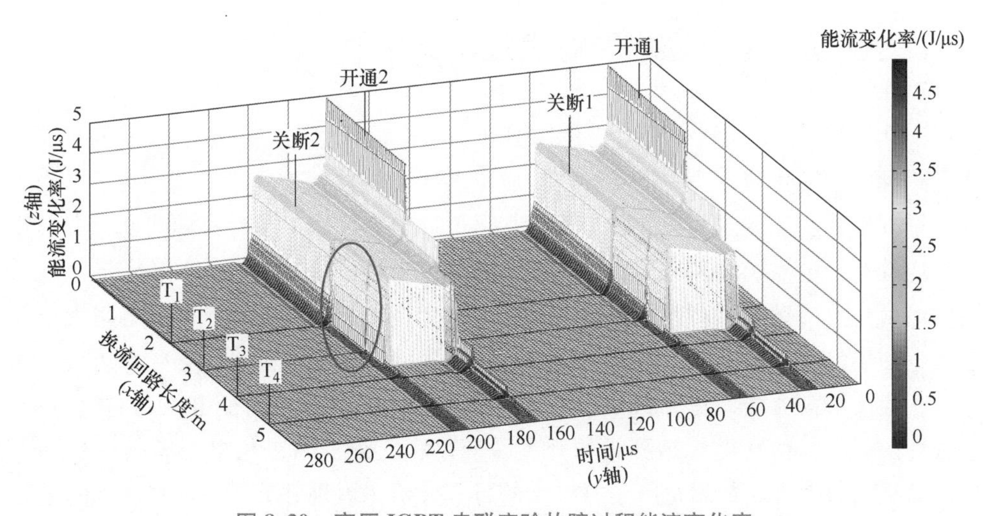

图 8.30　高压 IGBT 串联实验故障过程能流变化率

短时间尺度下发生故障的关断瞬态过程能流变化率如图 8.31 所示。在短时间尺度的故障瞬态过程能流变化率的描述中，可以较明显地看到，T_1 管对能流起到了明显的阻碍作用，而关断控制信号故障的 T_2 管在这一过程中对能流基本没有起到作用。与图 8.26 中对电压不一致时关断瞬态过程能流变换率的描述相比，故障过程的能量不均衡程度更加严重，导致器件发生突变失效或发生较长时间尺度的累积失效机率更大。另外，图 8.31 考虑了散热功率的影响，可以看到短时间尺度下，在关断过程前后，其与图 8.26 忽略散热功率时对能流变化率的描述基本没有区别，说明在瞬态过程能流变化描述中不考虑散热影响的基本假设是合理的。

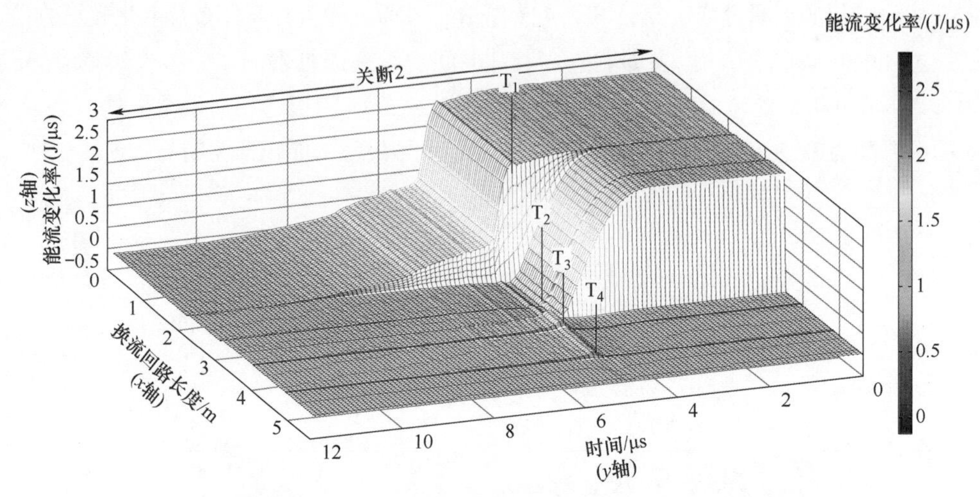

图 8.31 高压 IGBT 串联实验故障瞬态过程能流变化率

综合上述对故障过程的分析可以发现，线能量密度分布图、能流图，以及能流变化率图可表征和分析短时间尺度瞬态过程能量变化规律，能够比较准确的发现故障发生的时间与空间位置，从而进行有针对性的设计与控制。

8.3 开关过程瞬变电磁场能量表征与分析

8.1 节和 8.2 节中的能流分析主要是基于电路理论。虽然电路能够解决很多问题，但是其毕竟是一种等效简化的方法；电磁场则构成更加底层的分析手段，尤其是对于揭示小时间尺度开关过程中瞬变能量流如何分布、流动和量值如何变化这一基础科学问题，有必要研究和发展相应的基于电磁场的瞬态仿真分析方法和能流表征方法。

具体而言，本节针对一对互锁开关组成的基本变换单元进行建模，研究如何表征其关断过程空间电磁场的分布和变化，进而分析开关过程瞬变电磁能流。延续第 4 章仿真解算的思路并拓展相应的解耦方法，建立多时间尺度-多物理域解耦的开关瞬变电磁场建模仿真方法，解决收敛性的问题，仿真得到纳秒级的开关瞬变过程。仿真结果与电磁场测量结果进行对比，验证结果的有效性。最后进行仿真结果的可视分析，展现并分析关断过程空间电磁能量流的瞬变现象。

8.3.1 基本假设

本节针对一对互锁开关，即一个 SiC MOSFET 和一个二极管组成的基本换流单元进行建模，研究如何对 SiC MOSFET 关断过程周围空间电磁场进行建模解算。一对互锁开关构成的变换单元是大容量电力电子系统最基本的变换模块，对这一对象电磁现象的建模仿真可以为更复杂系统的电磁分析打下前期基础。

所研究的变换单元的电路图如图 8. 32 所示，也可以将其视为一个最基本的半桥 DC-DC 变换器。具体而言，其包括了 1200V/43A 的 SiC MOSFET 作为主动开关，1200V/42A 的 SiC SBD 作为被动开关。考虑到 SiC 器件日益广泛的应用和其快速开关过程给系统电磁环境带来的挑战，SiC MOSFET 可以作为一个比较合适的对象来进行瞬变电磁场建模仿真研究。

在后文的仿真中和电磁实验测试中，该电路均工作在双脉冲模式（Double-Pulse Test, DPT）下，以研究 SiC MOSFET 的关断瞬态过程。双脉冲测试的驱动波形如图 8. 33 所示。具体而言，在 t_1 时刻，驱动给出开通信号，S_1 开始导通，电流路径如图 8. 32 中虚线所示，负载电感充电。如果忽略负载电阻，则负载电感的电流近似以 V_{DC}/L 的变化率上升。在这一过程中，能量由直流电压源传递给负载，二极管承受反压关断。

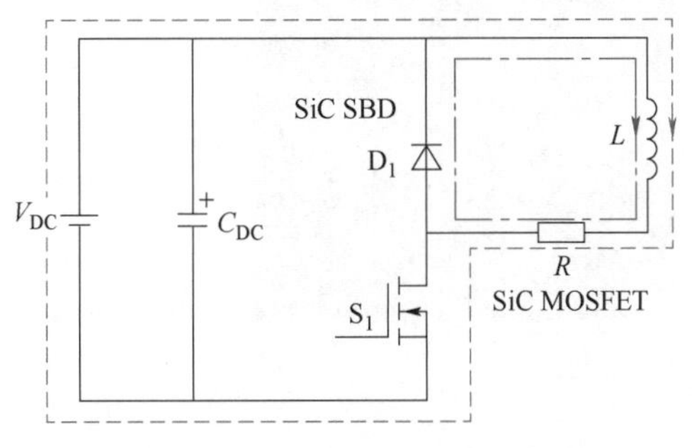

图 8. 32　所研究的变换单元电路

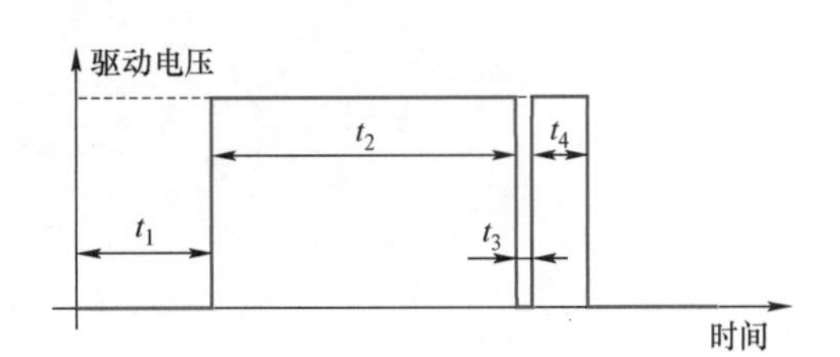

图 8. 33　双脉冲测试的驱动电压波形

在 t_1+t_2 时刻，电感电流达到 I_0，应满足

$$I_0 L t_2 = V_{DC} \tag{8-20}$$

此时关断 S_1，则在 V_{DC} 和 I_0 的工况下发生一次关断瞬态过程。由于负载电感电流不能突变，其产生的反电势将使得二极管导通，此后的电流路径如图 8. 32 中点划线所示。接下来在 $t_1+t_2+t_3$ 时刻，再令 S_1 导通。如果假设 $t_3 \ll t_2$，则在 V_{DC} 和 I_0 的工况下又发生了一次开通瞬态过程。

这里聚焦于 t_1+t_2 时刻发生的关断瞬态过程。在下文的仿真和实验中，选择 $V_{DC}=500V$，$I_0=18A$。

对应于上述变换单元电路的真实印制电路板（Printed Circuit Board, PCB）结构如图 8. 34 所示。除了电路图中标出的直流母线电容、SiC MOSFET、SiC SBD，和与直流电源、负载相连接的端子以外，真实 PCB 中还包括了驱动电源端子、驱动电源调理电路和驱动电路（驱动板，位于图 8. 34 的背面，MOSFET 的正下方）。同时，在直流母线中间还有一块代表中点电位的铜，在正电位与中点电位、中点电位与负电位之间连接有直流母线的平衡电阻。PCB 中主要元器件的参数与型号见表 8. 4。

从图 8. 34 中可以看出，实际 PCB 的结构和元器件比较复杂，另外实际双脉冲测试时实验系统也比较复杂。因此，在建立电磁场的数学模型之前，有必要对建模对象先做一些基本假设。

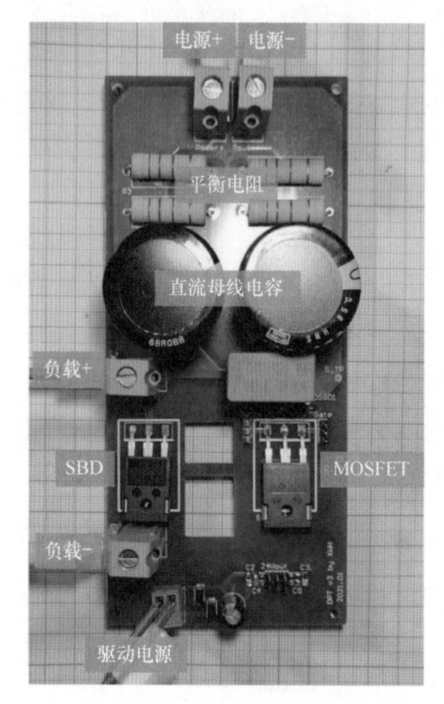

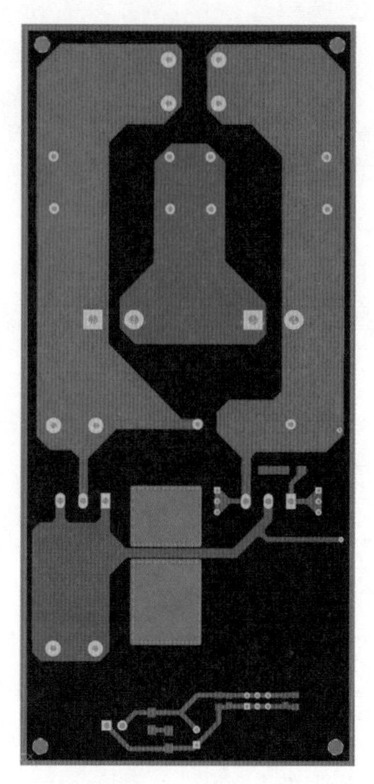

图 8.34　变换单元电路的真实 PCB 结构

表 8.4　变换单元 PCB 主要元器件参数和型号

元器件	符号	参数和型号
SiC MOSFET	S_1	CMF20120D
SiC SBD	D_1	C4D10120D
直流母线电容	C_{DC}	两个 470μF 串联
负载电感	L	1mH
直流母线电压	V_{DC}	500V

本节讨论的瞬变电磁场建模方法定位于支撑开关瞬变过程的瞬态能流变化分析和研究。在这一目标下，为了模型简便起见，做出如下假设：

（1）在 PCB 结构中，平衡电阻和直流母线中点电位的铜远离开关器件，可以在建模中忽略；由于主要关注开关器件附近的瞬变电磁场，因此可以认为这一假设是合理的。

（2）在 PCB 结构中，驱动电源调理电路和驱动电路（驱动板）功率较小，其 PCB 走线对周围电磁场影响相对较小，可以忽略；由于驱动电路能量等级远小于功率回路能量等级，其产生的电磁场也较小，因此可以认为这一假设是合理的。

（3）在 PCB 元器件中，为简单起见，忽略直流母线电容以及负载电感的封装和具体结构；由于直流母线电容和负载电感远离开关器件，而主要关注开关器件附近的瞬变电磁场，因此可以认为假设合理。

（4）在 PCB 元器件中，为简单起见，忽略 SiC MOSFET 和 SiC SBD 的封装和引脚；这一封装对器件周围电磁场有一定影响，但是作为原理性的初步研究，可以首先忽略它们的影响。

（5）在实验系统中，忽略各元器件和端子之间的连接导线；这些导线与开关器件相距较远，可以认为假设合理。

（6）假设直流电源、负载电感是理想器件，没有内电阻；实际内电阻对空间电磁场变化影响较小，因此可以认为假设合理。

（7）假设空间中没有传导电流，即空气的电导率 $\sigma_{air}=0$；由于空气的电导率远小于导体，因此假设合理。

（8）假设 PCB 绝缘介质中没有漏电流；实际 PCB 中的绝缘介质采用的是 FR-4 耐燃等级的环氧树脂，其电导率记为 $\sigma_{FR4}=0$；由于绝缘介质的电导率也远小于导体，因此假设合理。

经过上述假设后，与数值模型对应的 PCB 结构如图 8.35 所示。

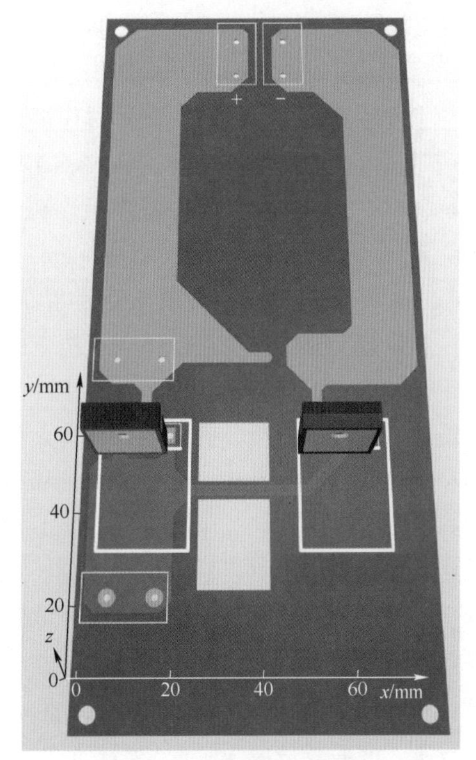

图 8.35　经过简化假设之后的 PCB 结构（与数值模型对应）

简化后的 PCB 结构相较实际系统更加简单，有助于提高模型的求解速度和收敛性，但是尽可能保留了开关器件附近对瞬变电磁场影响较大的 PCB 布线和结构，有助于仿真结果与实际实验测量的对比。同时，上述假设忽略了空气和绝缘介质的电导率，有助于降低模型刚性，提高收敛性。

8.3.2　建模方法

本节讨论建模方法和模型求解方法。首先简述如何基于解耦思想建立开关瞬变电磁场数值模型，然后给出模型的具体数学形式，最后介绍模型的求解算法。

8.3.2.1　基本思想

理论上来说，只要求解经典电动力学（electrodynamics）中，包含四个偏微分方程（Partial Differential Equation，PDE）和三组本构关系的麦克斯韦方程组，就可以描述所有的宏观电磁现象：

$$\nabla\cdot\boldsymbol{D}=\rho \tag{8-21}$$

$$\nabla\times\boldsymbol{E}=-\frac{\partial\boldsymbol{B}}{\partial t} \tag{8-22}$$

$$\nabla\cdot\boldsymbol{B}=0 \tag{8-23}$$

$$\nabla\times\boldsymbol{H}=\boldsymbol{J}+\frac{\partial\boldsymbol{D}}{\partial t} \tag{8-24}$$

$$J=\sigma E, D=\varepsilon E, B=\mu H \tag{8-25}$$

式中，$\boldsymbol{E}$ 是电场强度矢量；$\boldsymbol{D}$ 是电通密度矢量（电位移矢量，也称作电感应强度矢量）；$\boldsymbol{H}$ 是磁场强度矢量；$\boldsymbol{B}$ 是磁通密度矢量（磁感应强度矢量）；$\boldsymbol{J}$ 是电流密度矢量；ρ 是电荷体密度标量；σ 是电导率；ε 是介电常数；μ 是磁导率。

上面的公式中，式（8-21）称作高斯定理（Gauss's law），式（8-22）称作法拉第电磁感应定律（Faraday's law of electromagnetic induction），式（8-23）称作磁通连续定理（law of magnetic flux continutiy），也称高斯磁定理（Gauss's law for magnetism），式（8-24）称作麦克斯韦-安培定理（Maxwell-Ampère's law），式（8-25）是三组本构关系（constitutive equations），描述了电磁介质的物理性质。

尽管麦克斯韦方程已经描述了所有的宏观电磁现象，但是在数值分析中几乎无法直接对以上形式的 PDE 方程组进行数值求解，需要根据具体应用场景建立相应的数值模型。例如，在输电线路电磁分析、变压器设计等大部分电气工程研究领域中，如果关心电场，只要基于高斯定理式（8-21）建立电势 V 的泊松方程（无源区）或者拉普拉斯方程（有源区）即可，即只考虑静电效应；如果关心磁场，只要基于麦克斯韦-安培定理式（8-24）建模即可，并在绝大多数情况下可以忽略位移电流，只考虑静磁效应。这是因为这些应用场景的特点是：处于近场区，存在场源电荷和电流，电磁场变化速度较慢，电场和磁场耦合不强。相反地，在无线电发射、天线研究等领域，电磁场变化速度快，频率高，必须考虑电磁场之间的相互耦合、相互激发并形成电磁波效应。但是这些应用场景通常没有场源电荷，只解算远场区的场分布；或者场源电荷结构和形式简单，可以等效为偶极子天线，容易解算。

然而，对于本节所研究的电力电子变换系统开关瞬态过程，既由于建模对象和空间处于近场区，存在大量分布复杂的场源电荷和电流（由 PCB 铜的走线决定），又是一个纳秒级瞬变问题，电磁波的波长与建模对象的尺寸可比，所以必须完整考虑式（8-21）~式（8-24）描述的静电、静磁和电磁相互感应（电磁波）的多种相互耦合效应，即建立完整麦克斯韦电磁效应的数值模型（full Maxwell model），这给数值建模和解算带来极大的难度。同时，由于 PCB 的结构复杂，不具对称性，所研究的问题难以简化为二维问题，必须在三维空间中解算，求解难度更大。

为此，本节基于解耦思想，建立考虑完整麦克斯韦效应的多时间尺度-多物理域解耦建模方法。其主要思路为，在多物理域解耦方面，将整个建模对象按照物理域的不同划分为空间静电场域、空间感应电场和磁场域、导体电流场域和器件半导体域四个部分，每一部分根据其机理的不同用麦克斯韦方程的不同子部分进行建模，再利用合适的耦合方式将不同物理场域进行有效耦合；所述耦合方式包括两类，一是边界条件方式，二是耦合变量方式。因此，各个物理场域考虑了麦克斯韦方程的不同物理效应，再通过接口连接形成完整的数值模型，降低求解计算量和提高收敛性。

另一方面，在多时间尺度解耦方面，由于所求解的问题首先需要经过一段开关处于导通状态下的稳态过程，以建立空间稳定的电磁场和电磁能量传输，然后在图 8.33 所示的 t_1+t_2 时刻发生关断开关事件，所以在仿真中需要同时进行这两个时间尺度的仿真。在稳态仿真

中，忽略麦克斯韦方程数值模型中的所有时间导数项，首先得到稳定的电磁场仿真结果，然后在发生关断事件后，将所有物理域（空间、导体、半导体等）切换为瞬态模型，进行瞬态模型仿真。两个时间尺度之间通过求解状态量的量值来连接，即稳态求解的结果作为瞬态求解的初值。这种方式避免了多时间尺度求解的刚性问题。

下面推导瞬变电磁场模型的具体数学形式。

8.3.2.2　数值模型

首先推导空间电磁场数值模型。根据亥姆霍兹定理，对于一个足够光滑、快速衰减的三维矢量场 $\boldsymbol{F}$，可以分解为无旋分量 $\boldsymbol{F}_1$ 和无散分量 $\boldsymbol{F}_2$ 之和

$$\boldsymbol{F}=\boldsymbol{F}_1+\boldsymbol{F}_2 \tag{8-26}$$

其中

$$\begin{cases}\nabla\times\boldsymbol{F}_1=0\\ \nabla\cdot\boldsymbol{F}_2=0\end{cases} \tag{8-27}$$

对电场应用亥姆霍兹定理，可得

$$\boldsymbol{E}=\boldsymbol{E}_{\mathrm{c}}+\boldsymbol{E}_{\mathrm{i}} \tag{8-28}$$

其中

$$\begin{cases}\nabla\times\boldsymbol{E}_{\mathrm{c}}=0\\ \nabla\cdot\boldsymbol{E}_{\mathrm{i}}=0\end{cases} \tag{8-29}$$

在电场 $\boldsymbol{E}$ 的旋度与散度已知的情况下，亥姆霍兹定理给出了 $\boldsymbol{E}_{\mathrm{c}}$ 和 $\boldsymbol{E}_{\mathrm{i}}$ 的表达式，即

$$\boldsymbol{E}_{\mathrm{c}}=-\nabla\int\frac{\nabla'\cdot\boldsymbol{E}(\boldsymbol{r}')}{4\pi|\boldsymbol{r}-\boldsymbol{r}'|}\mathrm{d}V' \tag{8-30}$$

$$\boldsymbol{E}_{\mathrm{i}}=\nabla\times\int\frac{\nabla'\times\boldsymbol{E}(\boldsymbol{r}')}{4\pi|\boldsymbol{r}-\boldsymbol{r}'|}\mathrm{d}V' \tag{8-31}$$

但是由于需要对全空间进行积分，在数值计算中难以直接利用式（8-30）和式（8-31）的积分形式方程进行解算。下面通过引入势函数的方法推导可以解算的电磁场数值模型。

对磁场，根据高斯磁定律式（8-23），磁场散度恒为零，因此可以定义矢量磁势 $\boldsymbol{A}$，满足

$$\boldsymbol{B}=\nabla\times\boldsymbol{A} \tag{8-32}$$

需注意的是，这里的 $\boldsymbol{A}$ 不能被唯一确定。对给定的磁场 $\boldsymbol{B}$，有无数组矢量磁势 $\boldsymbol{A}$ 满足式（8-32）。确定势函数的准则称为规范（gauge）。给一组矢量势函数加上一个无旋场的规范变换，即 $\boldsymbol{A}\rightarrow\boldsymbol{A}+\nabla\chi$，将不改变磁场 $\boldsymbol{B}$，其中 χ 是标量场。

将式（8-32）代入式（8-22），可得

$$\nabla\times\boldsymbol{E}=-\frac{\partial}{\partial t}(\nabla\times\boldsymbol{A}) \tag{8-33}$$

整理可得

$$\nabla\times\left(\boldsymbol{E}+\frac{\partial\boldsymbol{A}}{\partial t}\right)=0 \tag{8-34}$$

从式（8-33），可以再引入标量势 V，满足

$$\nabla V=-\left(\boldsymbol{E}+\frac{\partial \boldsymbol{A}}{\partial t}\right) \tag{8-35}$$

从而

$$\boldsymbol{E}=-\nabla V-\frac{\partial \boldsymbol{A}}{\partial t} \tag{8-36}$$

式（8-36）示出了电场 $\boldsymbol{E}$ 的一种分解，但该分解不一定满足亥姆霍茨分解式（8-28）和式（8-29），因为式（8-36）等号右边的第一项是一个无旋场，但是第二项不一定是无散场。由于上述推导尚未给出确定矢量势 $\boldsymbol{A}$ 的规范，为方便起见，这里可以采用库仑规范（Coulomb gauge）

$$\nabla \cdot \boldsymbol{A}=0 \tag{8-37}$$

即，假设 $\boldsymbol{A}$ 是一个无散场，则 $\boldsymbol{A}$ 对时间的偏导也是一个无散场，从而式（8-36）构建了一组亥姆霍兹分解。令

$$\begin{cases}\boldsymbol{E}_{\mathrm{c}}=-\nabla V \\ \boldsymbol{E}_{\mathrm{i}}=-\dfrac{\partial \boldsymbol{A}}{\partial t}\end{cases} \tag{8-38}$$

式中，$\boldsymbol{E}_{\mathrm{c}}$ 定义为库仑电场；$\boldsymbol{E}_{\mathrm{i}}$ 定义为感生电场。

下面的推导将看到，由于对电场实施了亥姆霍兹分解，解耦了电场的有源部分和有旋部分，将极大地方便建立一个解耦的数值模型。

利用高斯定理式（8-21）、本构关系式（8-26）和电场的亥姆霍兹分解式（8-36），可得

$$\nabla^2 V=-\rho/\varepsilon \tag{8-39}$$

此即为求解库仑电场的方程。上述推导完全是基于完整的麦克斯韦方程，没有利用任何准静态假设。所以，从中可以看出，库仑规范下，即便是面对瞬变电磁场，代表着电场散度分量的标量势 V 和库仑电场 $\boldsymbol{E}_{\mathrm{c}}$ 都与时间无关，它们随电荷分布 ρ 瞬时变化。这当然不符合对电磁波的物理认识：电磁场的传播需要时间（以光速传播），电磁场是一种物质而非超距作用。这说明上述推导和分解仅仅是一种数学处理，所述的库仑电场本身也没有物理意义；当电荷发生运动时，电场的波的效应（用通俗的话说，远处电场将延迟一段时间变化）并不体现在库仑电场 $\boldsymbol{E}_{\mathrm{c}}$ 这一分量中，而是体现在感生电场 $\boldsymbol{E}_{\mathrm{i}}$ 的分量中。恰恰是因此，这种数学上的分解和处理给数值解算带来了便利，体现在 V 的解算仅与电荷分布有关，不受其他量耦合；电场的散度源和旋度源在数值上解耦。

需要再次强调的是，式（8-39）仅在库仑规范条件式（8-37）下成立。如果选用其他规范，例如洛伦兹规范

$$\nabla \cdot \boldsymbol{A}+\mu\varepsilon\frac{\partial V}{\partial t}=0 \tag{8-40}$$

将给出标量势 V 的非齐次波动方程

$$\nabla^2 V-\mu\varepsilon\frac{\partial^2 V}{\partial t^2}=-\frac{\rho}{\varepsilon} \tag{8-41}$$

这里即直观地包含了波动效应。本章模型不采用洛伦兹规范。

下面再推导矢量势 $\boldsymbol{A}$ 的方程。利用麦克斯韦-安培定理式（8-24）、本构关系式（8-25）和电场的亥姆霍兹分解式（8-37），可得

$$\nabla\times\nabla\times\boldsymbol{A}=\mu\left(\boldsymbol{J}+\frac{\partial}{\partial t}\varepsilon\left(-\nabla V-\frac{\partial\boldsymbol{A}}{\partial t}\right)\right) \tag{8-42}$$

整理并利用库仑规范条件式（8-36），可得

$$\nabla^2\boldsymbol{A}-\mu\varepsilon\frac{\partial^2\boldsymbol{A}}{\partial t^2}=-\mu\boldsymbol{J}+\mu\varepsilon\,\nabla\frac{\partial V}{\partial t} \tag{8-43}$$

此即为求解矢量势 $\boldsymbol{A}$ 的方程，也是相应地求解感生电场 $\boldsymbol{E}_i$ 和磁场 $\boldsymbol{B}$ 的方程。因为由式（8-38）和式（8-32），感生电场和磁场都可以由矢量势唯一确定。

因此，空间电磁场的求解被分为两个物理方程：①利用式（8-39）求解标量势，从而得到库仑电场；②利用式（8-43）求解矢量势，从而得到感生电场和磁场。进一步考虑到，空间中没有自由电荷和传导电流，上述两式简化为

$$\nabla^2 V=0 \tag{8-44}$$

$$\nabla^2\boldsymbol{A}-\mu\varepsilon\frac{\partial^2\boldsymbol{A}}{\partial t^2}=\mu\varepsilon\,\nabla\frac{\partial V}{\partial t} \tag{8-45}$$

其中，式（8-44）是三维标量场的泊松方程，可以直接求解；对于三维矢量场A，在求解式（8-45）时，需要附加库仑规范约束式（8-37）。

对导体电流场，理论上仍可以用上面推导得到的标量势方程式（8-39）和矢量势方程式（8-43）再加上导体的本构关系式（8-25）直接求解。但是，对于所研究的问题，PCB 上面的导体很薄，基本呈现面电流分布，因此可以做一些简化。

首先假设导体中的电流均平行于 PCB 表面流动。这是因为 PCB 上的铜很薄，垂直于 PCB 表面方向的导体电流将导致电荷在两侧积累，在垂直于 PCB 表面方向迅速产生一个反向电场，达到静电平衡。因此，可以合理地认为导体电流平行于 PCB 表面流动。在这样的假设下，PCB 上的铜可以被视为没有厚度的电流壳，即建模为二维的平面电流。

接下来假设沿着导体薄层的厚度方向，磁矢势 $\boldsymbol{A}$ 处处相等。这可以由库仑规范下磁矢势 $\boldsymbol{A}$ 的边值关系得到

$$\boldsymbol{A}_2=\boldsymbol{A}_1 \tag{8-46}$$

即两介质的分界面上矢势 $\boldsymbol{A}$ 是连续的。由于已经假定导体厚度很薄，则导体中任意一点的 $\boldsymbol{A}$ 与其上方和下方临近点的 $\boldsymbol{A}$ 完全相同。因此，在导体物理域内不需要求解 $\boldsymbol{A}$，导体中的 $\boldsymbol{A}$ 直接由空间电磁场给出。导体中只需要求解标量势 V。

下面推导导体中的数值模型方程。对麦克斯韦-安培定理式（8-24）两边求散度（实际得到的就是电荷守恒方程），并代入导体中电场的表达式式（8-36）、导体的本构关系式（8-25）和库仑规范约束式（8-37），可得

$$\boldsymbol{J}=\sigma\left(-\nabla V-\frac{\partial\boldsymbol{A}}{\partial t}\right) \tag{8-47}$$

$$\nabla\cdot\left(\sigma\left(-\nabla V-\frac{\partial \boldsymbol{A}}{\partial t}\right)+\varepsilon\frac{\partial}{\partial t}\left(-\nabla V-\frac{\partial \boldsymbol{A}}{\partial t}\right)\right)=0 \tag{8-48}$$

整理式（8-48）并利用库仑规范条件（8-37）可得

$$\nabla^2\left(V+\frac{\varepsilon}{\sigma}\frac{\partial V}{\partial t}\right)=0 \tag{8-49}$$

此即导体中求解的标量势方程。

对于半导体器件，可以建立两类数值模型。第一类是，如果关心其内部载流子分布、电场分布、电流分布等关系，可以建立基于载流子输运方程的载流子场模型，与外部电磁场模型相互耦合；但这一方法将极大地增大模型计算和收敛难度。第二类是，如果只关心开关器件外部、空间中的电磁能量传输特性，可以利用第 3 章论述的分段解析瞬态模型，即 PAT 模型描述半导体器件。PAT 模型只关注器件的外特性，将换流单元对建模为电压-电流源对，可以用来准确分析变换器周围电磁场和电磁能量的分布和变化，但是丢失了器件内部的信息。

如果使用第一类模型，可基于电流守恒定律，建立如下的载流子输运方程

$$q\frac{\partial n}{\partial t}=\nabla\cdot\boldsymbol{J}_{\mathrm{n}} \tag{8-50}$$

$$q\frac{\partial p}{\partial t}=-\nabla\cdot\boldsymbol{J}_{\mathrm{p}} \tag{8-51}$$

式中，q 是电子电荷量；n 是电子浓度；p 是空穴浓度；$\boldsymbol{J}_{\mathrm{n}}$ 是电子电流密度矢量；$\boldsymbol{J}_{\mathrm{p}}$ 是空穴电流密度矢量，它们之间的关系由漂移-扩散方程描述

$$\boldsymbol{J}_{\mathrm{n}}=qn\mu_{\mathrm{n}}\nabla E_{\mathrm{c}}+\mu_{\mathrm{n}}k_{\mathrm{B}}T\nabla n \tag{8-52}$$

$$\boldsymbol{J}_{\mathrm{p}}=qp\mu_{\mathrm{p}}\nabla E_{\mathrm{v}}-\mu_{\mathrm{p}}k_{\mathrm{B}}T\nabla p \tag{8-53}$$

上面两式中，第一项代表漂移电流，其中 μ_{n} 和 μ_{p} 分别是电子和空穴的漂移系数；E_{c} 和 E_{v} 分别为导带和价带的能级；T 为温度；k_{B} 为玻尔兹曼常数。

能级的表达式为

$$E_{\mathrm{c}}=-(V+\chi_0)-\alpha\Delta E_{\mathrm{g}} \tag{8-54}$$

$$E_{\mathrm{v}}=-(V+\chi_0+E_{\mathrm{g},0})-(1-\alpha)\Delta E_{\mathrm{g}} \tag{8-55}$$

式中，χ_0 是电子亲和势，α 和 ΔE_{g} 是能隙变窄系数。为了解算能级，还需要求解电势的拉普拉斯方程

$$\nabla^2 V=-(p-n+N_{\mathrm{d}}-N_{\mathrm{a}})/\varepsilon \tag{8-56}$$

式中，N_{d} 和 N_{a} 分别为施主离子浓度和受主离子浓度。

如果使用 PAT 模型，则 MOSFET 和二极管分别建模为电压电流源，根据 PAT 模型表达式给出瞬态过程的电压电流波形即可。下面一节将介绍模型各部分之间如何耦合，包括 PAT 模型如何与电磁模型相连接。

8.3.2.3 耦合方式

对上述模型的总结如图 8.36 所示。首先说明各个物理场模型的作用域。对于空间电磁场，划分为“库伦电场”和“感生电场和磁场”两部分，均作用在三维体域中，包括空气

和 PCB 中的绝缘介质两部分。对于导体里的电流场，作用在二维面域上，包括 PCB 上的所有铜导体。对于半导体场，如果应用载流子输运方程解算，则作用在半导体器件内部；如果应用 PAT 模型解算，则只作为边界条件给出。

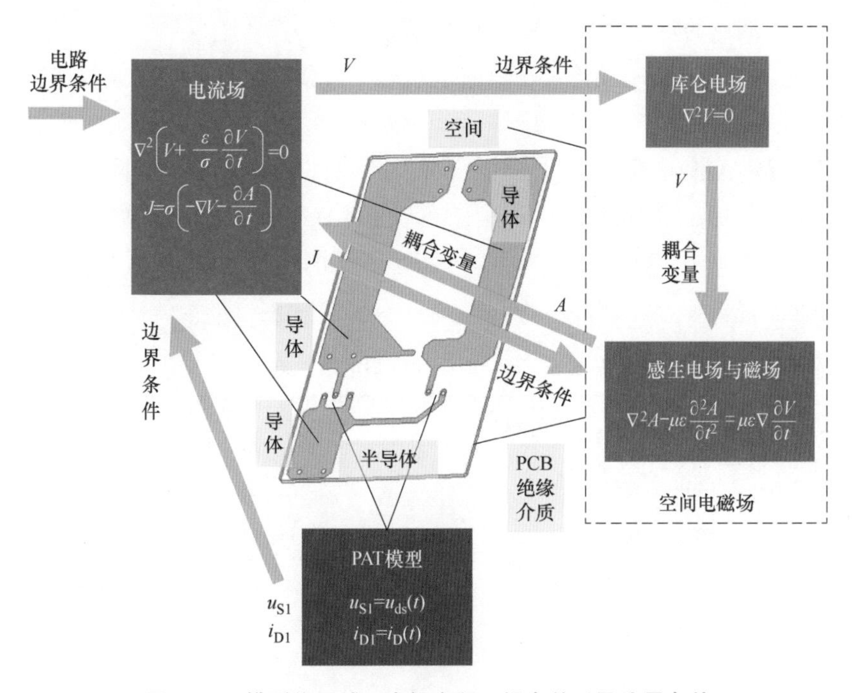

图 8.36　模型作用域、求解方程、耦合关系及边界条件

不同物理场域之间的耦合方式分为两类，一是边界条件，二是耦合变量。边界条件指的是当两种物理场域的作用域不同，一种是另一种的边界时，前者的变量出现在后者的边界条件中。耦合变量指的是当两种物理场域的作用域相同，或者一种包含了另一种时，前者的变量作为耦合变量出现在后者的方程中。

对于库仑电场，其耦合边界条件是，在电流场的作用域（导体）上，库仑电场的 V 等于电流场的 V。

对于感生电场和磁场，其耦合边界条件是，在电流场的作用域（导体）上，磁场满足

$$\boldsymbol{n}\times(\boldsymbol{H}_2-\boldsymbol{H}_1)=\boldsymbol{J} \tag{8-57}$$

式中，$\boldsymbol{H}_2$ 和 $\boldsymbol{H}_1$ 分别是电流场作用平面两侧的磁场强度；$\boldsymbol{n}$ 是面的法向。

对于感生电场和磁场，其耦合变量条件由库伦电场给出，即库仑电场的变量 V 作为感生电场和磁场方程中的外部耦合变量。

对于电流场，其耦合变量条件由感生电场和磁场给出，即感生电场和磁场的变量 $\boldsymbol{A}$ 作为电流场电流 $\boldsymbol{J}$ 方程中的外部耦合变量。

对于电流场，其耦合边界条件由 PAT 模型给出。由于 PAT 模型给出了器件的电压电流，以 VSC 模式为例，在二极管连接节点上满足

$$\int\boldsymbol{J}\cdot\boldsymbol{n}\mathrm{d}\tau=i_D \tag{8-58}$$

式中，$\mathrm{d}\tau$ 是面积元；$\boldsymbol{n}$ 是面积元的法向；i_D 由 PAT 模型给出。

在 MOSFET 连接节点上满足

$$V=u_{\mathrm{S1ground}} \tag{8-59}$$

式中，u_{S1ground}是该节点的对地电压，由 PAT 模型给出。

对于电流场，由于电路中还连接了直流电压源、负载等电路元件，这些连接节点的边界条件与 PAT 模型类似。

如上所述，为了避免两个时间尺度仿真的刚性问题，将开关稳态和瞬态的两个仿真解耦进行。MOSFET 处于稳态（导通态）时，忽略时间导数项；为了建立初始电磁场，直接给定负载电流（建模为恒定电流源）。两个时间尺度的方程如表 8.5 所示。其中 u_{dson} 是 MOSFET 的导通压降。

表 8.5　两个时间尺度下的数值模型

电磁场域	稳态方程	瞬态方程	变量继承
库仑电场	$\nabla^2 V=0$	$\nabla^2 V=0$	V
感生电场与磁场	$\nabla^2 \boldsymbol{A}=0$	$\nabla^2 \boldsymbol{A}-\mu\varepsilon\dfrac{\partial^2 \boldsymbol{A}}{\partial t^2}=\mu\varepsilon\nabla\dfrac{\partial V}{\partial t}$	$\boldsymbol{A}$
电流场	$\nabla^2 V=0$ $\boldsymbol{J}=-\sigma\nabla V$	$\nabla^2\left(V+\dfrac{\varepsilon}{\sigma}\dfrac{\partial V}{\partial t}\right)=0$ $\boldsymbol{J}=\sigma\left(-\nabla V-\dfrac{\partial \boldsymbol{A}}{\partial t}\right)$	V
PAT 模型	$u_{\mathrm{ds}}=u_{\mathrm{dson}}$ $i_\mathrm{D}=0$	$u_{\mathrm{ds}}=u_{\mathrm{ds}}(t)$ $i_\mathrm{D}=i_\mathrm{D}(t)$	u_{ds} i_D

8.3.2.4　求解方法

上述模型在商用软件 COMSOL Multiphysics 5.4a 中实现，采用有限元（finite element method，FEM）方法解算空间物理量的分布，使用隐式后向差分公式（BDF）解算时间瞬变过程。整个几何采用了二次四面体网格单元进行离散化，并使用 COMSOL 软件自带的并行稀疏直接求解器（Multifrontal Massively Parallel Sparse Direct Solver，MUMPS）进行整个问题的解算。

模型在超算平台上进行了解算，使用 16 个节点并行求解，每个节点配置为 Intel® Xeon® CPU E5-2680 v4 芯片，28 核，132GB 内存。如果半导体部分采用载流子输运模型，求解一次 100ns 的关断瞬态过程需要 3 天左右的时间。如果半导体部分采用 PAT 模型，求解一次 100ns 的关断瞬态过程需要约 14h。

为了从数值上验证解算结果是稳定的，进行了网格一致性分析。采取了两组不同疏密程度的网格 T_0 和 T_1，其中 T_0 是初始网格，较稀疏，网格自由度（Degree Of Freedom，DOF）为 1155580；T_1 是更精细的网格，其网格自由度为 4074595。定义两组网格计算结果的平均相对误差（Average Relative Error，ARE）为

$$\mathrm{ARE}=\frac{\sum_{i\in SP}\frac{|x_i^1-x_i^0|}{\max(|x_i^1|,|x_i^0|)}}{N} \tag{8-60}$$

式中，SP 是选取的采样点集合；ARE 计算的就是 SP 集合中每一个采样点相对误差的平均值；N 是 SP 集合的元素个数；x_i^1 和 x_i^0 分别是第 i 个采样点在两套网格 T_1 和 T_0 下的解算结果。经 ARE 计算，T_0 和 T_1 网格结果误差较小，解算是数值稳定的。

8.3.3 电磁实验量测与验证

为了说明所提瞬变电磁场建模仿真方法的正确性，需要进行物理实验测试，通过实验测量结果与数值仿真结果的对比来进行正确性验证。

对电力电子变换器进行开关瞬变电磁场的物理测试是非常困难的：①开关过程速度快（纳秒级），对传感器的瞬态响应速度（时间分辨率）要求高；②PCB 结构复杂，对传感器空间分辨率要求高；③需要测量一个三维空间体内的电磁场分布，而非仅仅探测一个点的电磁场；④需要得到电磁场的大小和方向，即电场、磁场加在一起一共六个分量；⑤需要测量一次脉冲型开关过程中的电磁变化，而非重频稳态下的电磁场，因此需要在时域而非频域下测量。

受到种种限制，目前尚未找到完全满足上述要求的测量仪器和方案。因此，这里的电磁实验总体目标定位为验证式实验，即在一定的容许误差范围内，在若干选定的关键测量点上，以电磁测量的结果来验证数值仿真结果，后续仍基于数值仿真结果进行分析。

8.3.3.1 电磁实验探头及校准方案

电磁实验测量方案中，最关键的部分就是电磁传感器，也称电磁探头（electromagnetic probe）。使用近场探头组 PBS2 作为电磁场测量探头，其中既包括电场探头 PBS E1，也包括四组不同线圈大小的磁场探头 PBS H1 至 H4，如图 8.37 所示。

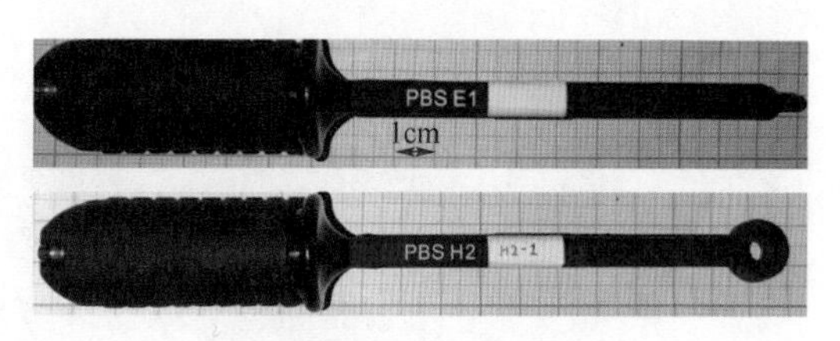

图 8.37 近场探头组

在传统电磁实验中，此类电场和磁场探头用于在频域下测量电子元器件的电磁发射频谱，分析系统的电磁兼容（Electro Magnetic Compatibility，EMC）特性。因此，探头输出一般连接频谱分析仪或者接收机。探头的主要参数也均在频域下给出，例如 PBS2 探头组的频率响应为直流到 6GHz。理论上来说，这一频率响应也可以满足 SiC MOSFET 开关瞬态过程的瞬态时域测试。

在本节的测试系统中，通过将探头输出与示波器进行连接，可以将电磁场探头用于开关瞬态过程的时域测试。由于上述电磁探头在设计之初是用于频域测试的，能否直接用于时域测量尚不能完全确定。另外，探头的输出波形（电信号）与待测电磁场之间的换算关系，也需要进行校准。因此，在进行电磁测量实验之前，首先需要进行探头时域校准实验，目的一是验证所提实验方案可以在时域下准确测量瞬变电磁场，二是得到探头输出电信号与待测电磁场的关系。

为了达到上述校准的目的，需要构建一个标准可控的电磁环境，在该电磁环境中电场和磁场均已知，才能进一步将已知电磁场与探头输出的电信号进行对比。为达到这一目的，构建了基于吉赫兹横电磁波（Gigahertz Transverse Electromagnetic，GTEM）小室的探头校准实验平台。在 GTEM 小室内部，可以产生封闭的横电磁波场分布，因此其电场和磁场可以被准确预测。在 GTEM 小室中部，电场和磁场近似与匀强场，适合用于电磁探头校准。通过校准实验，还可以得到探头系数。根据电磁感应原理，电场探头的输出 V_{outE} 和磁场探头的输出 V_{outH} 与电场强度 E、磁场强度 H 的幅值关系为

$$\frac{\partial E}{\partial t}=K_{\text{E}}V_{\text{outE}} \tag{8-61}$$

$$\frac{\partial H}{\partial t}=K_{\text{H}}V_{\text{outH}} \tag{8-62}$$

式中，K_{E} 和 K_{H} 即为探头系数。经校准实验，得到探头系数为：$K_{\text{E}}=1.12\times10^{12}\ \text{s}^{-1}\text{m}^{-1}$，$K_{\text{H}}=1.72\times10^{10}\text{s}^{-1}\ \text{m}^{-1}\Omega^{-1}$。

8.3.3.2 电磁实验测量方案

通过校准实验证明，所选用的探头可以在一个空间点测量脉冲形式的电磁场信号。基于此，设计电磁测量实验，实验平台照片如图 8.38 所示。利用移动支架，可以将探头固定在 PCB 周围某一个空间点位上，进而测量该点电场（三个方向分量）和磁场（三个方向分量），并读取该点的空间三维坐标。通过移动探头的位置，可以测量不同空间点位的电磁场。这些不同组别测量波形之间需要一个共同的同步信号，因此还需要利用示波器的第二个通道测量 MOSFET 栅极电压 v_{gs} 以产生同步信号。

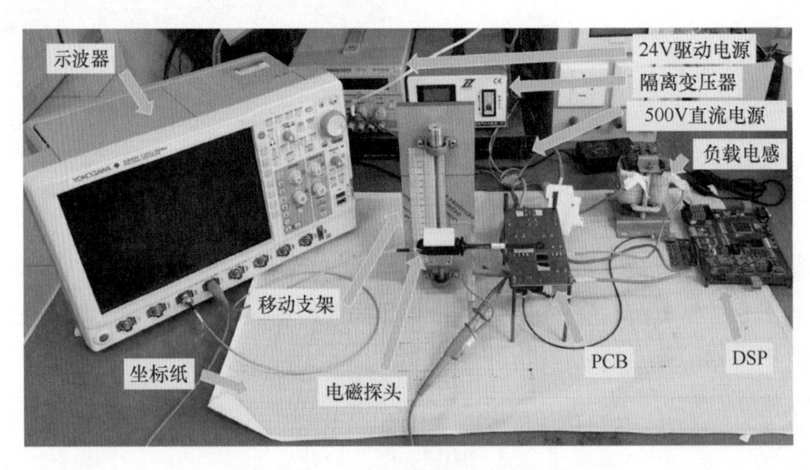

图 8.38 电磁测量实验平台照片

实验中，选择 $x=0$，10mm，20mm，30mm，40mm，50mm，60mm，70mm 八组坐标，选择 $y=20$mm，30mm，40mm，50mm，60mm 五组坐标，选择 $z=0$，10mm，20mm，30mm

四组坐标。这些坐标组合起来，共形成 160 个空间点，每个空间点测量 3 个电场分量和 3 个磁场分量，共计 960 组数据。在 x-y 平面俯视观察测量点，如图 8.39 所示。

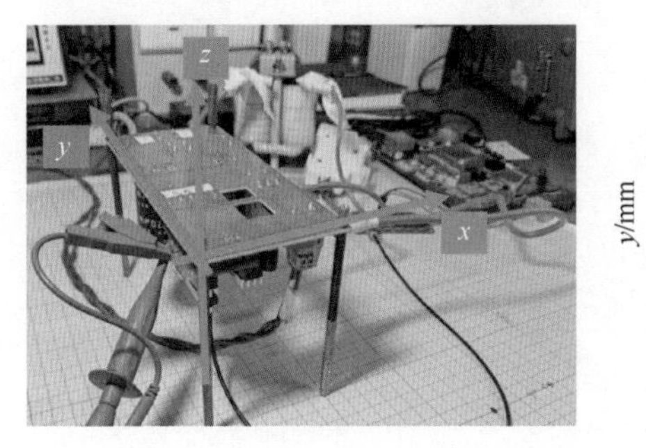

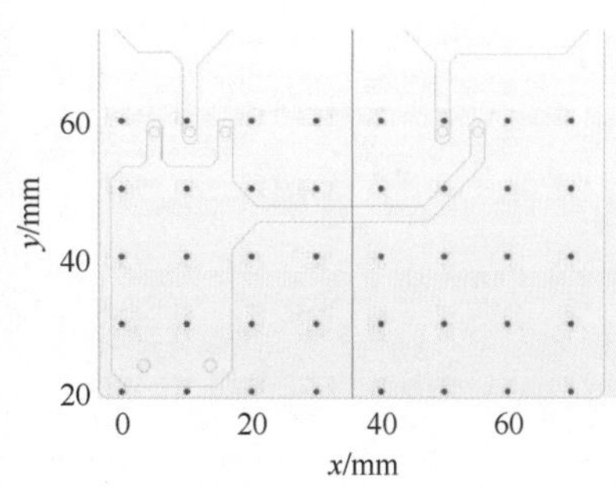

图 8.39　电磁测量实验坐标轴及测量点

8.3.3.3　实验与仿真结果对比

在实验测量结果与仿真结果的对比验证方面，有两种比较方式，一是单点的波形对比，二是全局的误差对比。首先展示一个典型位置的波形对比。图 8.40 和图 8.41 示出了在 x=20mm，y=40mm，z=10mm 坐标点的电场和磁场时间导数对比图，蓝色是仿真结果，红色是实验结果。二者基本吻合。

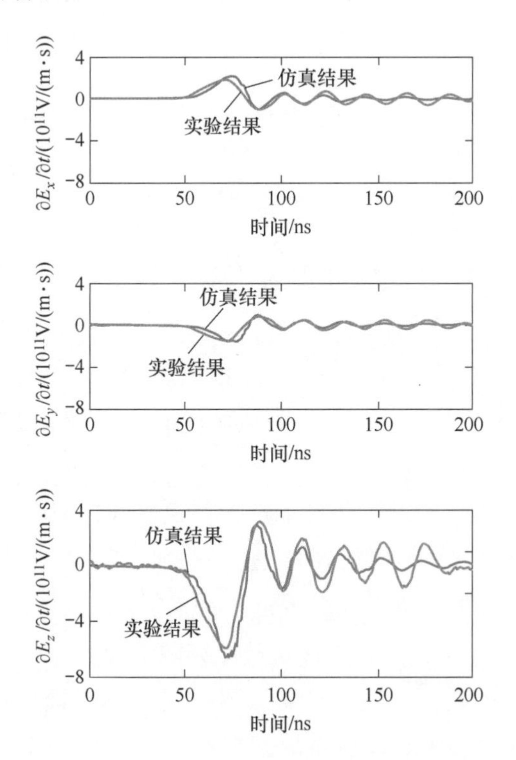

图 8.40　在（20mm，40mm，10mm）坐标点的仿真与实验结果对比（电场）

另外，为了进行更具有全局观的比较，可以在每个测量点上定义仿真和实验的归一化相对误差（Normalized Relative Error，NRE）

$$\mathrm{NRE}=\frac{\int_0^{t_{\max}}\left|f_{\exp}(t)-f_{\mathrm{sim}}(t)\right|\mathrm{d}t}{\max(f_{\exp})} \tag{8-63}$$

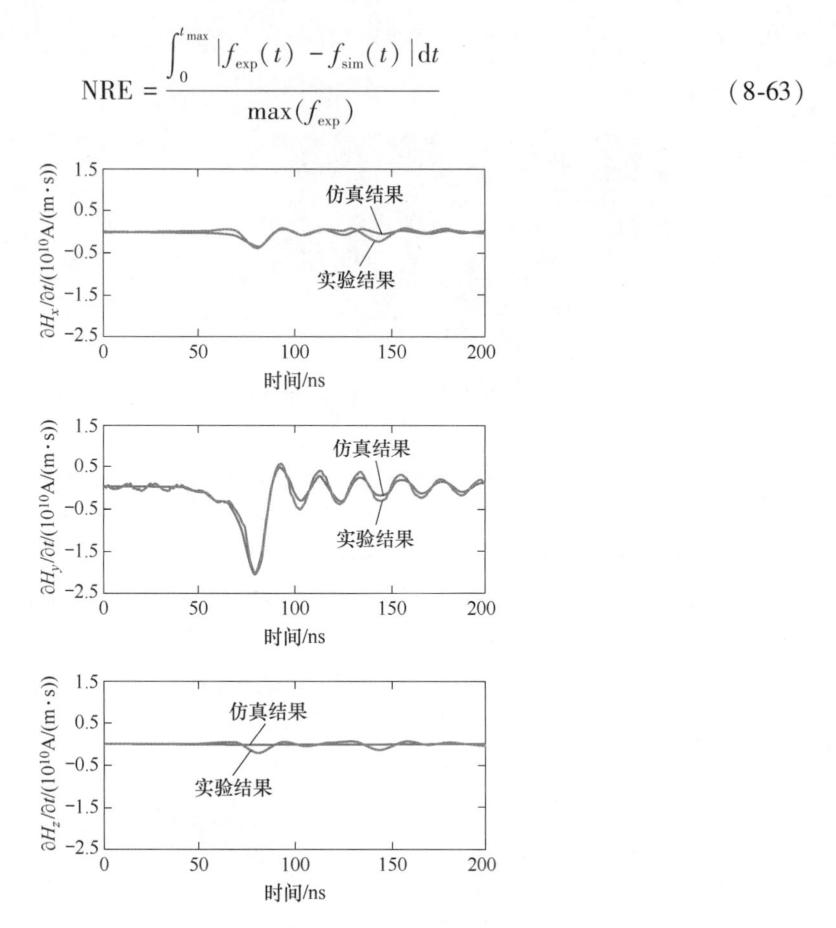

图 8.41　在（20mm，40mm，10mm）坐标点的仿真与实验结果对比（磁场）

其中 NRE 为归一化相对误差，$f_{\exp}$和f_{sim}分别是在某一测量点上得到的仿真和实验结果的时间序列，他们被插值到同样的时间点上，$t_{\max}$是时间序列的最大时刻。定义 NRE 后，可以绘制出某个平面上 NRE 随空间坐标的分布。这里选择 $z=40\mathrm{mm}$ 平面，画出电场的三个方向分量 E_x、E_y、E_z 和磁场的三个方向分量 H_x、H_y、H_z 的时间偏导数的 NRE 分布，如图 8.42 所示。

从图中可以看出，整体而言平面上各个点误差大部分在 10%以内，实验与仿真吻合程度较好。有一些测试点和区域的误差较大，达到了 30%左右。根据误差分布图和坐标的对应关系，可以分析这些区域的误差来源。例如，观察 E_x 的误差分布图可以看出，在 $x=0$ 处误差较大，这可能是因为在 $x=0$ 处有连接负载电感的线缆，在仿真中未建模。该线缆中的电流在瞬态过程中基本保持不变（负载电流），但是其电压迅速变化，因此会产生较大的瞬变电场。另外，驱动电路主要位于 $x=40\mathrm{mm}$ 到 70mm、$y=40\mathrm{mm}$ 到 70mm 区域内，这一区域的误差可能主要来自仿真中未建模的驱动电路因素。

整体而言，实验结果显示，仿真与实验吻合程度较好，误差较大的区域可能主要来自仿真未建模因素。因此，上述分析验证了仿真结果的有效性，可以基于仿真结果进行分析。

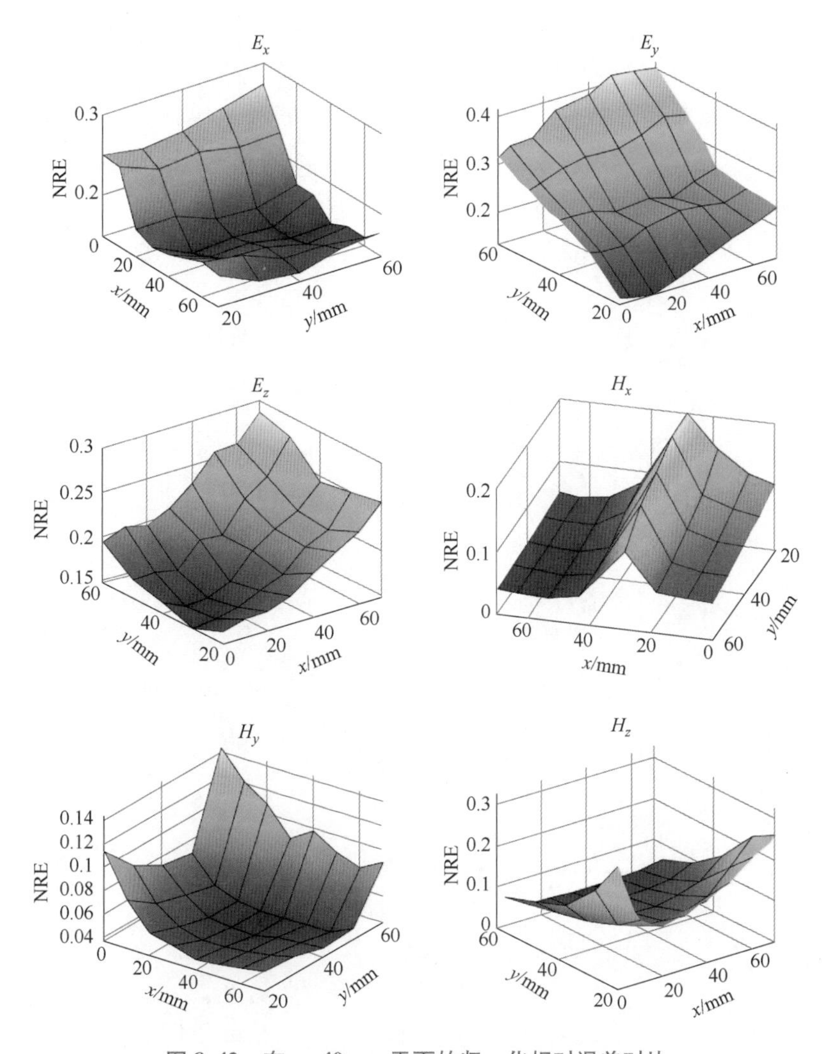

图 8.42　在 $z=40\text{mm}$ 平面的归一化相对误差对比

8.3.4　开关瞬变过程电磁能量可视化方法

基于仿真结果，可以展现和分析开关瞬态过程中电磁能流的变化情况。电磁能流可以用坡印亭矢量 $\boldsymbol{S}$ 表征

$$\boldsymbol{S}=\boldsymbol{E}\times\boldsymbol{H} \tag{8-64}$$

其物理含义是单位时间流过单位面积的能量，表征了电磁能量流的流向和大小。电力电子变换系统的目的是实施有效的能量变换和传输，因此相比于电场和磁场，能量流具有更直观的物理意义。

对仿真结果的可视化是仿真分析的重要步骤。如果缺少有效的可视化手段，仿真结果就不能被有效呈现。坡印亭矢量是一个三维矢量场，对其进行可视化的一种有效手段是流线。流线定义为曲线上每一点的切线都与矢量场在该点的矢量方向一致，数学表述为

$$\frac{dx}{u(x,y,z)}=\frac{dy}{v(x,y,z)}=\frac{dz}{w(x,y,z)} \tag{8-65}$$

式中，u、v、w 是矢量场在某一点（x，y，z）的三个分量。

通过对仿真结果电磁能流的可视分析可以发现，与已有研究中开关瞬态过程电压电流波形的阶段相对应，电磁能流的变化也可以划分为不同阶段，每一阶段呈现出不同的能量特征。仿真得到的 MOSFET 电压电流波形及其吸收功率波形如图 8.43 所示。通常该波形可以被划分为损耗阶段（电压电流快速变化）和振荡阶段（电压电流振荡）。在瞬变能流可视分析中，也观察到这两个阶段具有不同能量特征，分别在下文总结。

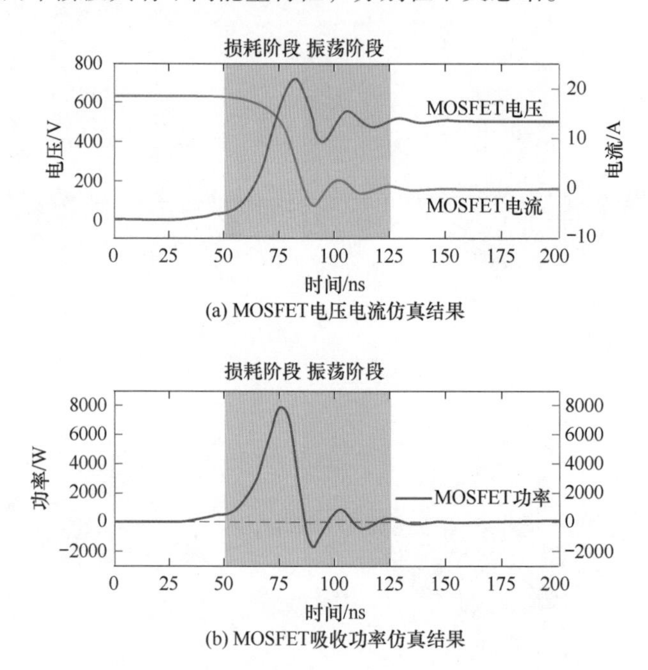

(a) MOSFET电压电流仿真结果

(b) MOSFET吸收功率仿真结果

图 8.43　MOSFET 电量波形仿真结果

为了辅助下文的分析，在 PCB 上标注了不同视角的位置和一些关键说明，如图 8.44 所示。

8.3.5　电磁能流瞬变可视分析

图 8.45 示出了初始状态下稳定的电磁能流分布（0ns，MOSFET 导通），和这一分布在损耗阶段是如何变化的。流线的颜色代表了流线上的点对应的坡印亭矢量的幅值。在初始状态，电磁能量稳定地从电源输送给负载，即代表了电源向负载充电的稳定状态。在大约 50ns 前后（见图 8.43），MOSFET 的电压和电流开始快速变化，关断过程的损耗阶段开始。在这一阶段，从 63ns 到 73ns，周围能流被逐渐吸入 MOSFET 中，如图 8.45 所示。这部分能量被定义为开关损耗，但是需要说明的是，这些能量并非都以热的形式耗散。已有研究表明，这部分吸入的能量一部分转变为热损耗，一部分转变为 MOSFET pn 结存储的能量。但是尚未有研究从电磁能流的角度揭示这一过程是如何发生、如何变化。

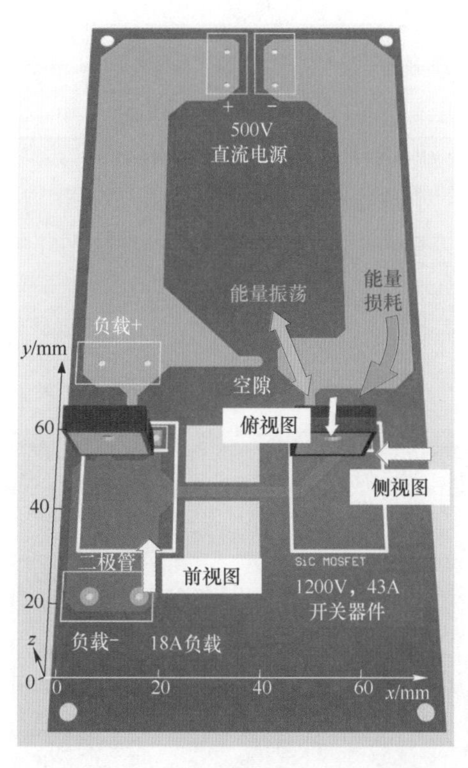

图 8.44　PCB 不同视图的位置标注和关键说明

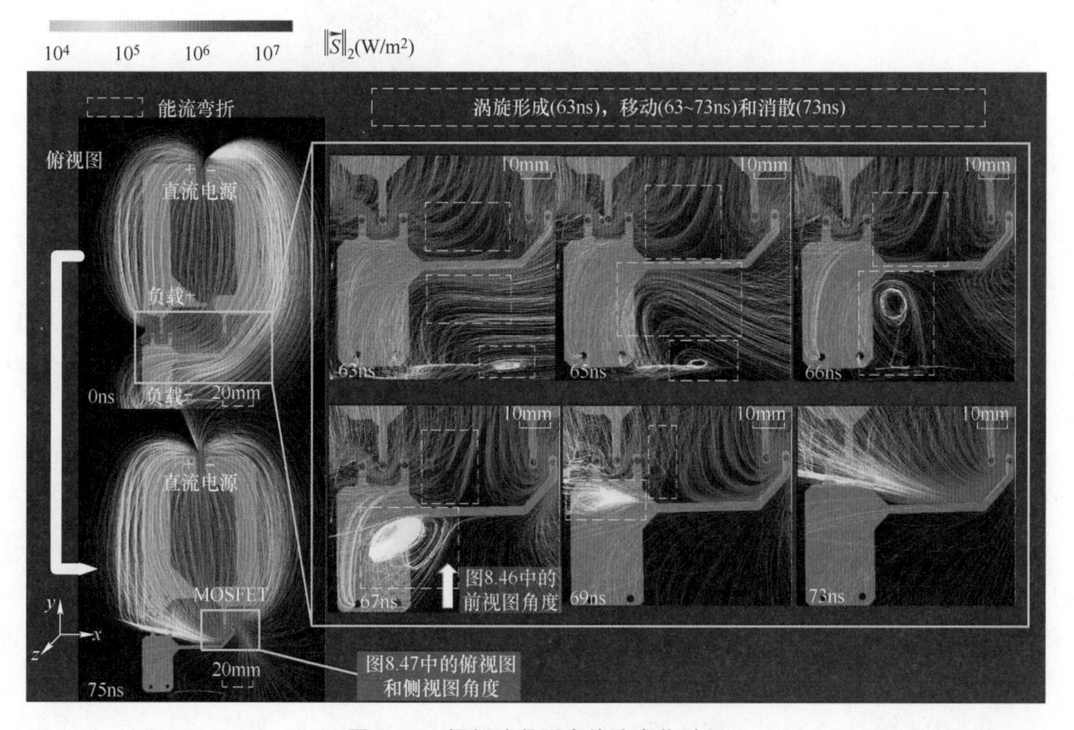

图 8.45　损耗阶段瞬态能流变化过程

在图 8.45 中可以清晰观察到，靠近 MOSFET 的能流首先被吸引，然后是远离的能流被逐渐吸引。靠近 MOSFET 的能流发生了明显的弯折，如图中黄色方框所示。在这一弯折的过程中，一个涡旋状的电磁能流逐渐形成（起始于 63ns 左右），如图中白色方框所示。与能流的弯折变化相呼应和对应，涡旋在弯折能流线的边缘不断移动，直至 71ns 附近消失。图 8.46 示出了在 67ns 时该涡旋状能流的放大的前视图（关于视图的定义见图 8.44 和图 8.45），从中可以看出，在涡旋附近的能量流以一种自循环的方式流动，不参与电源和负载的能量传递和变换。从涡旋的生命周期和演变过程中似乎可以推断，这一涡旋的产生是由一种能量稳定状态（电源向负载传输能量）到另一种稳定状态（MSOFET 吸收能量）的瞬变过程中，能流移动、弯折、重新分布产生的一种中间形态。

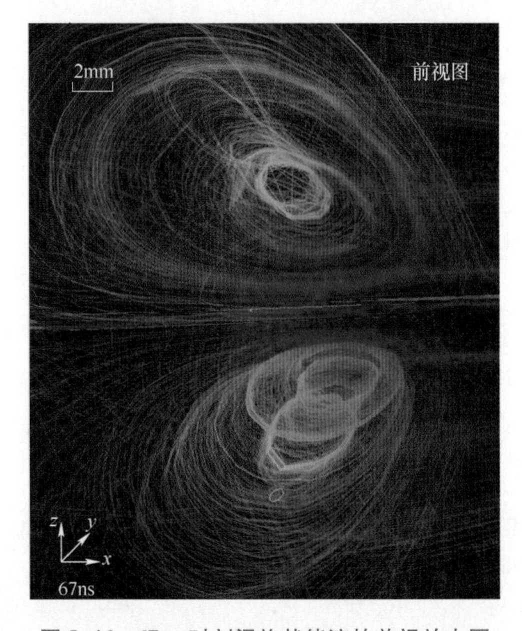

图 8.46　67ns 时刻涡旋状能流的前视放大图

另外，观察 MOSFET 附近的电磁能流可以发现，由于 MOSFET 对周围电磁能量的吸收作用，逐渐形成了一个漏斗状分布的电磁能量流动，如图 8.47 所示，图中展示的是在 MOSFET 周围的侧视和俯视观察，参见图 8.44。漏斗状能量流动在 75ns 左右完全形成，此即为 MOSFET 吸收功率达到峰值的时刻，如图 8.43 所示。从图 8.47 的俯视图中可以看出，漏斗状能流呈现逆时针方向旋转。图中同时用箭头标注了坡印廷矢量的方向，证实了空间电磁能量流入 MOSFET 器件。

总体而言，在损耗阶段的能流变化特征是，整体能流从电源向负载传输（见图 8.45 中的 0ns）转变为电源向开关器件传输（见图 8.45 中的 75ns），在这一瞬变过程中，MOSFET 吸引周围能量以一种旋转漏斗的形态流入器件本体，并在能流弯折的边缘形成一个涡旋状能流。该涡旋随着能流的运动而发生产生、移动和消散。

紧随损耗阶段，振荡阶段约在 80ns 附近开始。在这一阶段内，整体能量流动从电源向开关器件传输（损耗阶段的结束，75ns）转变为一种振荡形式的能量流动。这一过程的能

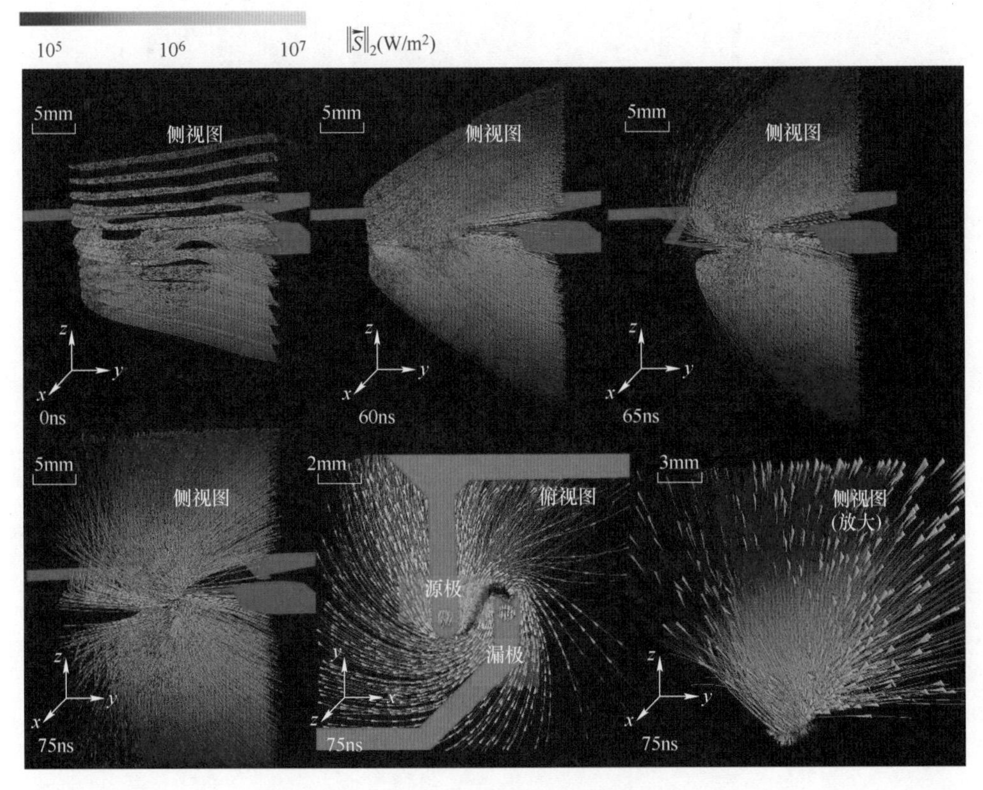

图 8.47　损耗阶段的漏斗状电磁能量分布

流变化情况如图 8.48 所示。其中，为了更好地展示空间能量的增减和变化，流线的颜色取为电磁场能量密度 u 的时间变化率，u 的定义式为

$$u=\frac{1}{2}\varepsilon_0E^2+\frac{1}{2}\mu_0H^2 \tag{8-66}$$

在这一颜色选取模式下，红色代表 u 增加，即该区域电磁能量增加；蓝色代表 u 减少，即该区域电磁能量减少。

在振荡阶段的前几个纳秒（80~86ns），PCB 左下区域的能流向 PCB 回路的空隙弯折，如图 8.48 所示（PCB 的回路空隙也在图 8.44 中进行了标注）。以这一回路空隙作为通道，空间能量涌入 PCB 铜导体包围的回路区域中。在传统分析中，铜导体包围的回路通常构成瞬态分析中的杂散电感，可以用电路理论进行分析；这里，通过电磁场仿真，可以直观展现与杂散电感效应相对应的能量特征和能量分布。

随着时间的推移，PCB 回路包围的区域中，能量增加的区域逐渐扩大，并形成一个 U 形边界。这一 U 形边界不断向上移动（图 8.48，85.8ns 和 86.3ns），这一过程构成了振荡的半个周期。上述结果指出，在这段时间内，铜回路包围的区域能量增加。为了更好地分析这一现象，绘制了 MOSFET 周围的能量传输情况，如图 8.49 所示，其中颜色代表坡印廷矢量的强度。其中可以看出，88ns 时，能量从开关器件传输到空间区域中。

接下来，在图 8.48 中可以看出，从 93.3ns 开始，回路区域的颜色转为蓝色，说明其能量

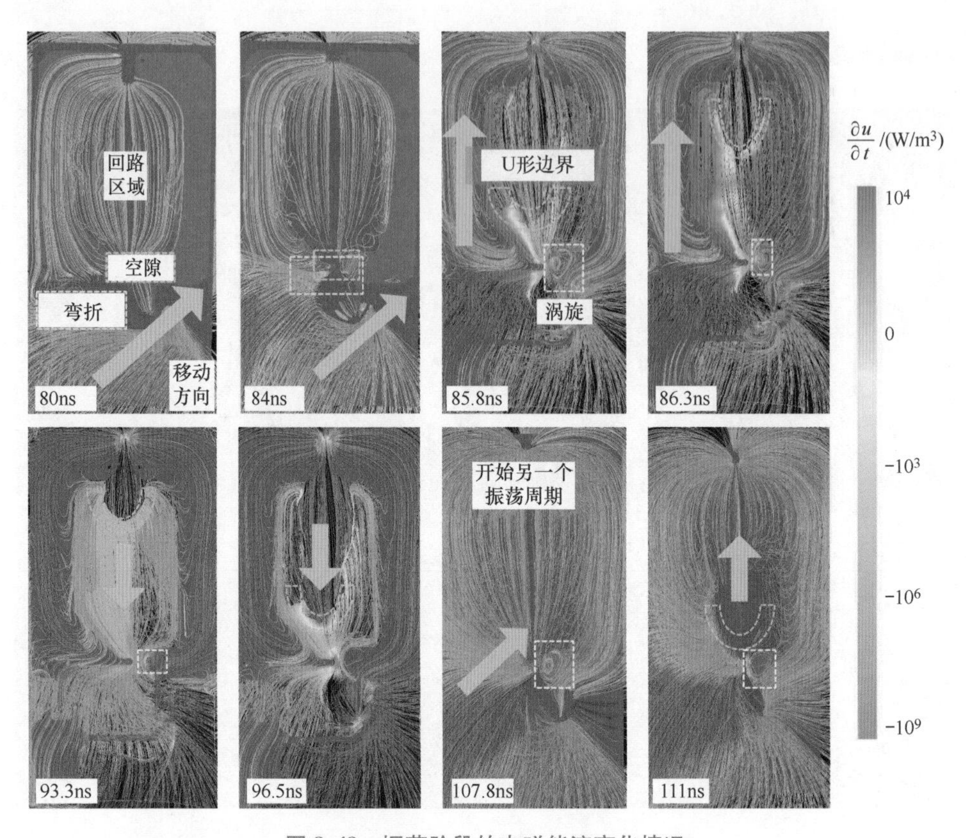

图 8.48 振荡阶段的电磁能流变化情况

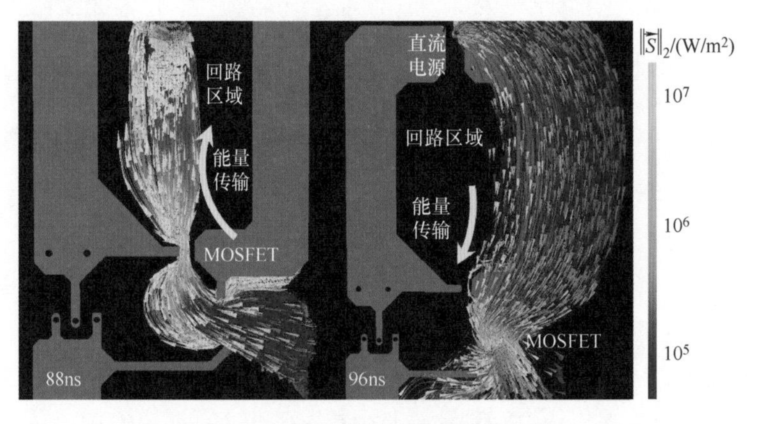

图 8.49 振荡阶段的电磁能流传输情况

开始减少。该区域的边界开始向下移动（见图 8.48，93.3ns 和 96.5ns），空间电磁能量传输到 MOSFET 中（见图 8.49，96ns），从而构成振荡的后半个周期。在 107.8ns（见图 8.48），另一个振荡周期开始，能流展现出与之前类似的移动和颜色分布（代表能量的增加/减少）。

在图 8.48 中同样可以观察到不同的涡旋状能流，如白色虚线方框所示。为了更好地展现涡旋现象，增加了流线的透明度，如图 8.50 所示。在图 8.50 中，起初（80ns 以前）没有出现涡旋状能流；随着电磁能流的弯折，小的、分布式的、无规则的涡旋状能流开始出

现，并展现出局部的振荡特性。这一阶段的涡旋特点与损耗阶段中出现的集中式的、大尺度的涡旋不同。同时，图 8.50 中的大部分涡旋展现出一半红色、一半蓝色的颜色分布，说明该处呈现一种局部的能量流动，一半能量增加，一半能量减少。随着整体能流的振荡，这些涡旋周期性地生成、移动、收缩、消散和重新出现，直至振荡阶段结束。从能流的弯折区域和出现涡旋的区域可以看出，与损耗阶段类似，振荡阶段同样在能流弯折的边缘处伴随涡旋的产生。但是一个区别是，损耗阶段的能流瞬变主要发生在器件附近，而振荡阶段则发生在变换电路周围较大的区域内。这可能是涡旋呈现数量多、分布式的原因。

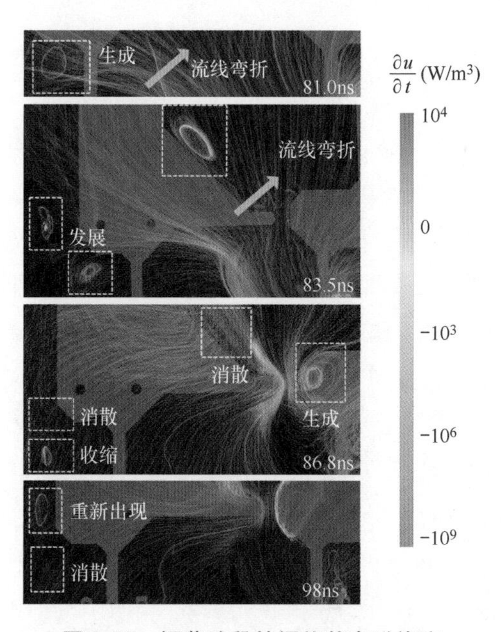

图 8.50　振荡阶段的涡旋状电磁能流

展现开关瞬态过程的电磁能流变化是从能量的角度理解和分析电力电子系统电磁瞬变过程的第一步。通过有效的瞬变电磁场建模仿真方法和上述可视分析结果，这里展现了瞬变过程的电磁能流分布和变化情况，并呈现了涡旋状电磁能流等以前缺乏关注的电磁现象。进一步，可以基于定量方法和手段，分析纳秒级开关瞬变过程能量的交换、传输、变换和平衡规律，建立电磁涡旋与瞬变过程能量变化的定量关系，并基于此研究小时间尺度能量平衡规律。在这些理论认知和研究的基础上，有可能进一步发展出基于小时间尺度能量平衡的控制方法，在开关过程中间直接以电磁能量为控制目标，为解决电磁干扰等小时间尺度瞬态问题提供新的思路。

第9章　电磁能量平衡的协同控制

对于大规模电力电子混杂系统，多种复杂的连续和离散变量相互作用，系统多变量的协同控制成为保障安全可靠运行、提升变换能力的重要技术手段。如第2章所述，目前电力电子控制技术中最经典的方法是PID控制，它根据目标与实际量之间的误差来对输入量进行反馈控制，进而对输出进行调节。但是，PID控制的主要问题在于：①提升动态响应时间与抑制超调量之间存在矛盾，二者相互制约，不能同时实现；②控制参数与工况有关，难以调节；③当系统中存在多组储能元件或者多个控制目标时，传统电压或电流闭环控制策略难以做到统筹兼顾。因此，PID控制应用于多模块组合的大容量复杂电力电子系统中存在着种种局限。

由于电力电子系统本质上是在实施能量变换，尽管整体系统中包含了多个时间常数不同的回路，但它们都始终遵循瞬时能量平衡的原则：即在任意一段时间内，都满足系统的输入能量等于损耗、储能能量和输出能量之和的关系。因此，直接以能量为控制目标可以对电力电子系统中的多时间尺度过程和相互约束关系进行统一刻画，从而可以契合电力电子系统的多时间尺度特性，提升控制性能。

在第8章论述的电磁能量动力学表征与分析的基础上，本章论述基于电磁能量平衡的协同控制方法（Energy Balancing Control，EBC）。直接以电磁能量为变量推导控制律，将系统中的复杂多类型变量统一为电磁能量，依据能量平衡控制律实施协同控制，提升电力电子混杂系统控制性能。本章首先对基于能量平衡的控制方法进行概述，然后论述针对复杂多变量多端口变换系统的能量平衡控制方法，分别解析针对多时间尺度过程的能量平衡控制方法，最后，论述基于能量平衡的协同控制应用案例。

9.1　基于能量平衡的控制方法概述

电力电子变换器的主要目的是实现电磁能量特征（电量波形、特征参数等）的有效变换。为得到所期望的变换特性，利用功率开关器件的开关及其组合模式来得到所需的电力特性，输出的电磁能量表现为脉冲及脉冲序列形式。这种脉冲能量也是电磁能量瞬态变换过程的一种基本形式，其时间常数通常在微秒或纳秒之内：一方面它是电量波形变换的基础；另一方面，若控制不好，它将直接导致器件失效和装置损坏。当然，不管这种电磁瞬态过程多

么复杂，它们都必须遵循电磁能量守恒和能量不能突变定律。正是基于这样一种认识，产生了基于能量平衡的电力电子混杂系统控制方法。

能量平衡控制是从能量角度出发而提出的一种控制策略，将电感电流归结为电感中的能量，电容电压归结为电容中的能量，电压和电流可以通过储能元件中的能量而达到协调统一，从而控制多个控制目标。根据能量守恒定律，电力电子变换器在任意一段时间内应保持能量平衡，即输入、输出、损耗和储能之间的能量平衡。以一个控制周期 T_s 为例，其能量分布和流动如图 9.1 所示。一个控制周期内输入能量的流向均可分为四部分：第一部分转换为变换器中各电阻（包括等效电阻）上的损耗，第二部分转换为感性元件中存储的磁场能，第三部分转换为容性元件中存储的电场能，第四部分输出到变换器的负载。这里输入能量、输出能量和流向储能元件的能量都可以是双向流动的。

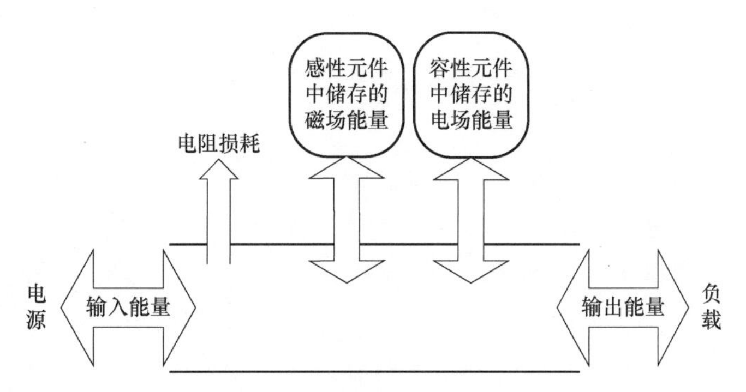

图 9.1　变换器中能量分布和流动

能量平衡控制实现的主要步骤为：①首先根据功率/能量平衡建立功率/能量模型；②然后以某段时间之后的某个状态量为目标，计算控制量或者某个状态量指令值应该是多少；③最后可能结合某种响应速度较快的内环，实现该状态量的指令值。

从形式上，能量平衡控制是一种带有负载信息前馈的比例控制，根据系统数学模型由能量/功率控制目标计算控制信号脉冲，可以达到控制性能的协调提升。功率平衡即瞬时能量平衡，功率平衡控制属于能量平衡控制。

以一个三电平整流器为例，基于瞬态能量平衡的系统控制框图如图 9.2 所示。

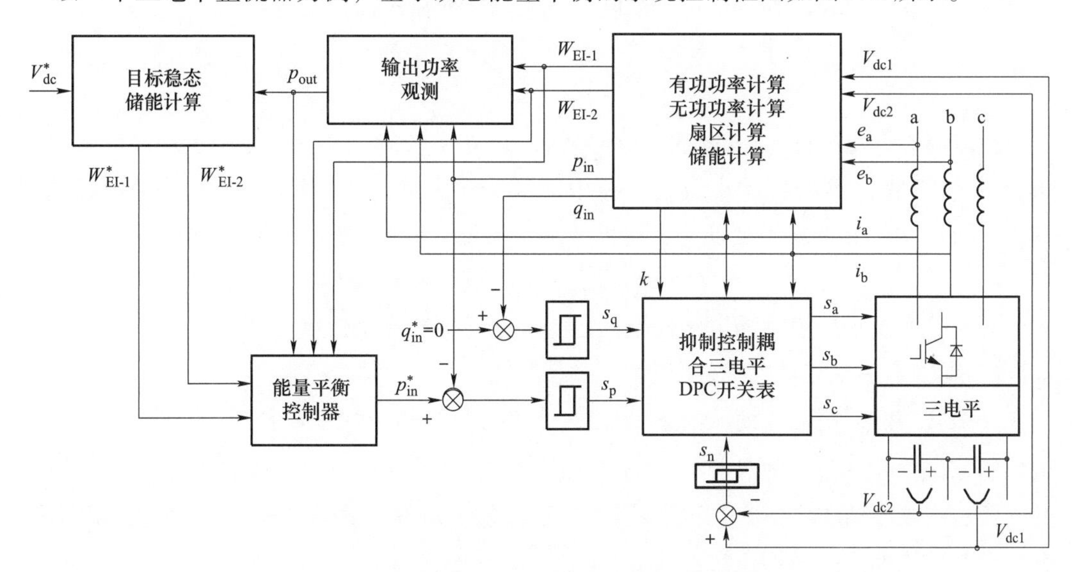

图 9.2　瞬态能量平衡控制策略的控制框图

如图 9.2 所示，瞬态能量平衡控制策略可以理解为一种双闭环控制结构：外环为能量控制环，通过比例控制器控制电容、电感储能元件的能量达到目标稳态能量，并采用了前馈补偿，用于消除稳态误差；内环为功率控制环，采用直接功率控制（DPC）算法，其本质为电流环。能量平衡控制方法即为已找到了固定的最优开关组合，与能量平衡原理后的量值有一一对应关系。

9.2 多端口多级联变换的能量平衡控制

多端口多级联电力电子变换系统（本章称之为电能路由器）在大规模新能源发电、高渗透分布式发电、新能源交通工具及大规模储能系统等应用场景中可发挥重要作用。此类系统具有多端口、多级联、多流向、多形态的“四多”特征，系统规模大、变量多、耦合强、控制复杂，如何统一多控制变量、实施协同控制成为一个难题。对于此类系统，以能量平衡为基础的协同控制方法可在提升系统控制性能、降低成本、减小设计冗余、提升可靠性等方面发挥重要作用。

例如，电能路由器中直流母线电压的稳定非常关键，它决定系统能否稳定可靠运行，而能量在各级变换器之间的传输过程中会引起直流母线电压波动，严重时会影响系统输出的交流电能质量和直流并网装置的工作稳定性；相反，稳定的母线电压可以保证良好的输出电能质量，同时减小母线电容的设计余量，减小系统的体积和重量，减轻电压大幅波动对电容寿命的影响。采用级间能量平衡的控制方法，可以避免各级独立控制时的不协调，改善母线电压的动态性能，即降低电容电压波动和减小瞬态过程的恢复时间。

本节重点针对多端口多级联变换系统建立电磁能量平衡的协同控制方法，具体包括各级母线电压的能量平衡控制和多端口多级联系统的总体能量平衡控制等。

9.2.1 系统能量模型

以图 9.3 所示的三端口电能路由器为例，建立系统能量模型。其中，整流器采用四个 H 桥模块级联，提供高压交流端口，中间部分为 4 个 DAB 模块并联，提供低压直流端口，逆变器为三相两电平变换器，提供低压交流端口，另外直流母线处还并联 DC-DC 变换器。

首先建立基于平均模型的电路模型，在此基础上推导能量模型。

9.2.1.1 电能路由器的平均电路模型

单相级联整流器由输入滤波电感 L_s 和四个相同的 H 桥模块级联构成，每个 H 桥采用相等的调制方式，$d_{r1} \sim d_{r4}$分别对应第 1~4 个 H 桥发出的占空比，$U_{H1} \sim U_{H4}$分别为四个级联模块的直流母线电压值，$C_{H1} \sim C_{H4}$分别为四个级联模块的母线电容值，u_S 和 i_S 为输入电压和电流在一个开关周期内的平均值。

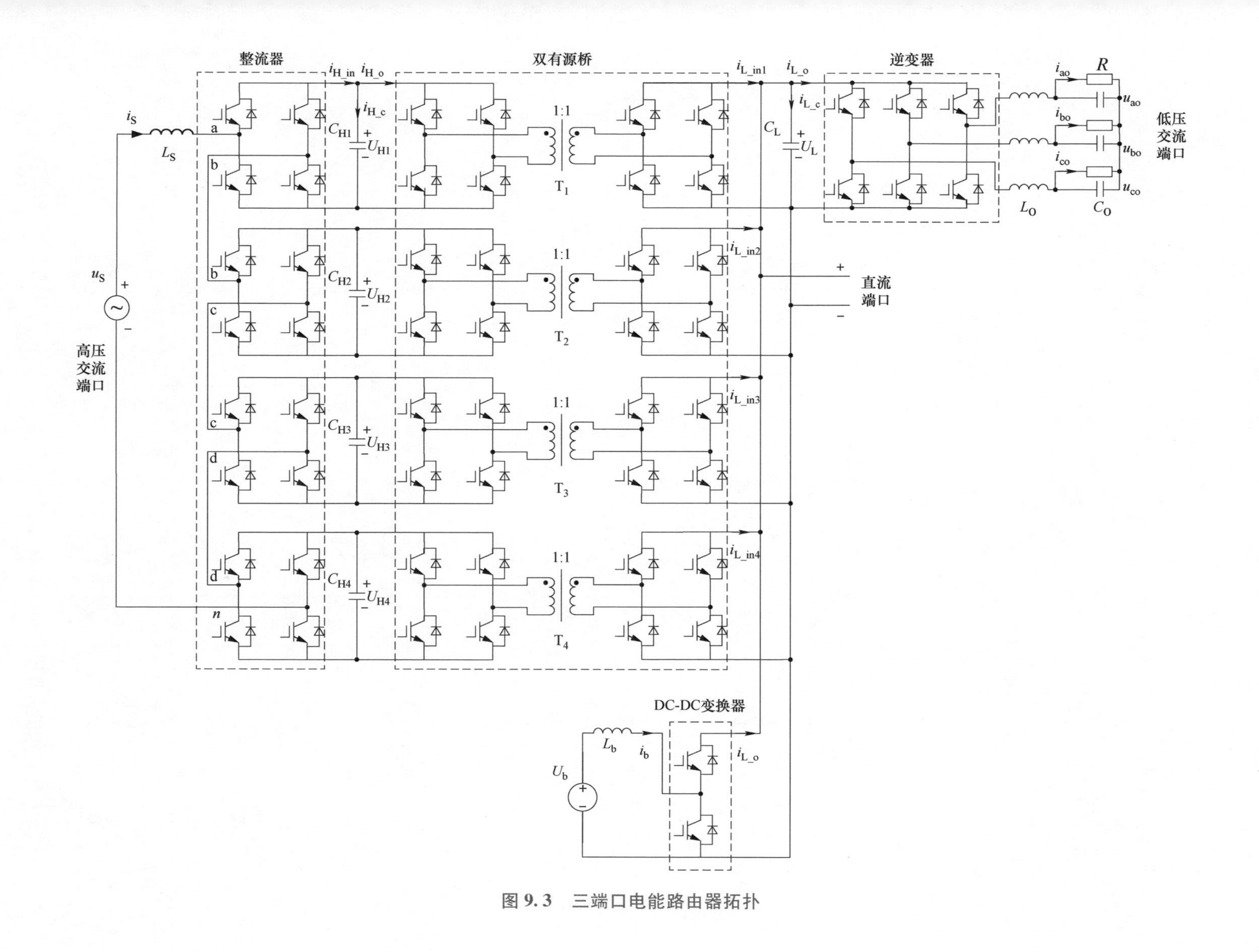

图 9.3　三端口电能路由器拓扑

忽略滤波电感的内阻和变换器的损耗，级联整流器在开关周期内的平均电路模型为

$$\begin{cases} L_S \dfrac{di_S}{dt} = u_S - d_{r1}U_{H1} - d_{r2}U_{H2} - d_{r3}U_{H3} - d_{r4}U_{H4} \\ C_{H1}\dfrac{dU_{H1}}{dt} = d_{r1}i_S - \dfrac{U_{H1}}{Z_1} \\ C_{H2}\dfrac{dU_{H2}}{dt} = d_{r2}i_S - \dfrac{U_{H2}}{Z_2} \\ C_{H3}\dfrac{dU_{H3}}{dt} = d_{r3}i_S - \dfrac{U_{H3}}{Z_3} \\ C_{H4}\dfrac{dU_{H4}}{dt} = d_{r4}i_S - \dfrac{U_{H4}}{Z_4} \end{cases} \tag{9-1}$$

式中，$Z_1 \sim Z_4$为四个级联整流器各自的等效阻抗。

其平均等效电路如图 9.4 所示。

中间级的每个 DAB 均由两个 H 桥和高频变压器构成，采用移相控制。对于其中一个 DAB，忽略其内阻损耗后，其输出的平均功率为

$$P_{DAB1} = \frac{nU_{H1}U_L d(1-d)}{2f_S L_{k1}} = k_1 U_{H1} U_L \tag{9-2}$$

式中，L_{k1} 是高频变压器的漏感；U_{H1} 是输入直流电压；U_L 是输出直流电压；n 是高频变压器的变比；f_S 是开关频率；d 是占空比。

当 $d=0.5$ 时，输出功率达到最大，当 $d=0$ 或 1 时，输出功率为 0。其平均等效电路如图 9.5 所示。

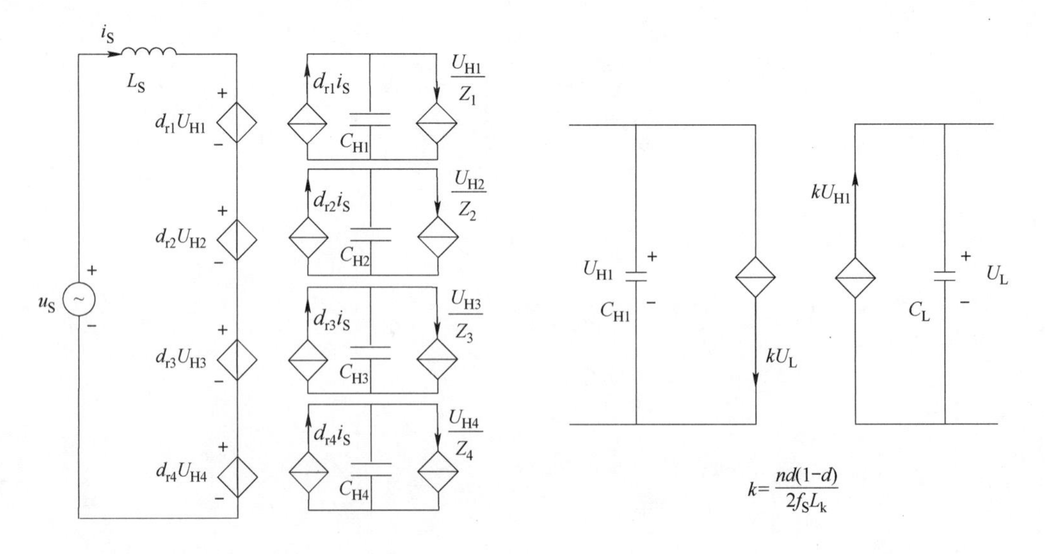

图 9.4　单相级联整流器平均等效电路

图 9.5　DAB 平均等效电路

输出电路由三相逆变器、滤波电感 L_a、L_b、L_c 和滤波电容 C_a、C_b、C_c 组成。u_{ao}、u_{bo}、u_{co}分别为三相输出相电压，i_{ao}、i_{bo}、i_{co}分别为三相输出相电流，d_i 为三相 H 桥的占空比。三相逆变器在开关周期内的平均电路模型为

$$\begin{cases} L_a \dfrac{di_{ao}}{dt} = d_i U_L - u_{ao} \\ L_b \dfrac{di_{bo}}{dt} = d_i U_L - u_{bo} \\ L_c \dfrac{di_{co}}{dt} = d_i U_L - u_{co} \\ C_a \dfrac{du_{ao}}{dt} = d_i i_{DAB} - i_{ao} \\ C_b \dfrac{du_{bo}}{dt} = d_i i_{DAB} - i_{bo} \\ C_c \dfrac{du_{co}}{dt} = d_i i_{DAB} - i_{co} \end{cases} \tag{9-3}$$

其平均等效电路如图 9.6 所示。

直流端口的 DC-DC 电路由一个输入电感 L_b 和一个半桥组成，d_{b1} 为其下管输出的占空比，U_L 为输出母线电压值，C_L 为输出母线电容值。忽略电感的内阻和半桥电路的损耗，DC-DC 电路的平均电路模型为

$$\begin{cases} L_b \dfrac{di_b}{dt} = U_b - d_{b1} U_L \\ C_L \dfrac{dU_L}{dt} = d_{b1} i_b - \dfrac{U_L}{Z_5} \end{cases} \tag{9-4}$$

式中，Z_5为等效阻抗，其对应的平均等效电路如图 9.7 所示。

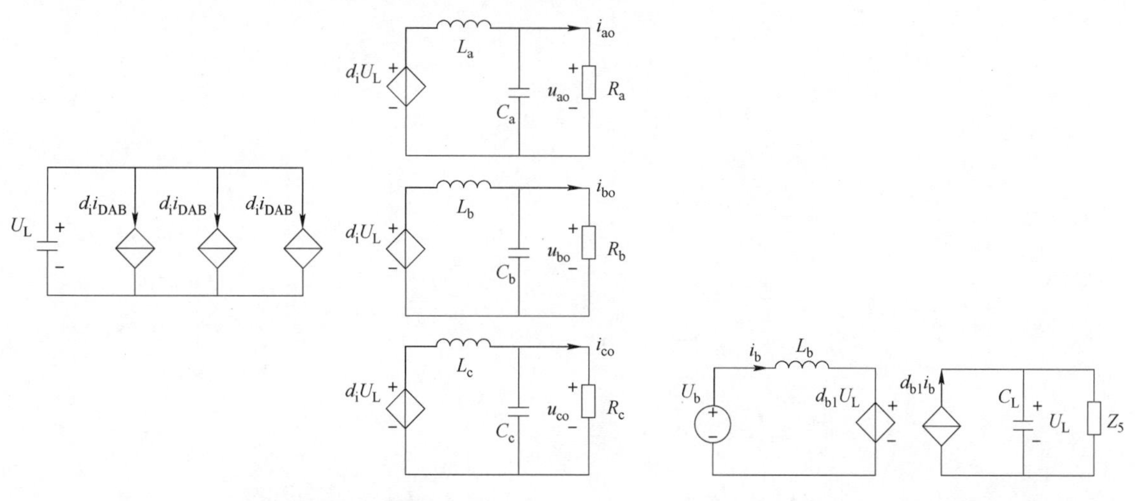

图 9.6　三相逆变器平均等效电路

图 9.7　Boost 电路的平均等效电路

由于三相逆变器及输出 LC 滤波器的控制已有大量文献对其进行过研究，这里主要研究的是电能路由器中的前两级变换器的协调控制，因此在接下来的研究中简化对三相逆变器的控制，将三相逆变器和输出 LC 滤波器统一用一个等效阻抗进行代替，得到电能路由器的简化平均等效电路如图 9.8所示。

综合级联整流器、并联 DAB 和 DC-DC 电路的平均电路模型得到电能路由器的平均电路模型为式 (9-5)，其中包括 10 个电压电流状态变量，9 个控制变量，7 个系统参数，共 11 个方程，反映了电能路由器稳定工作时的伏安关系。

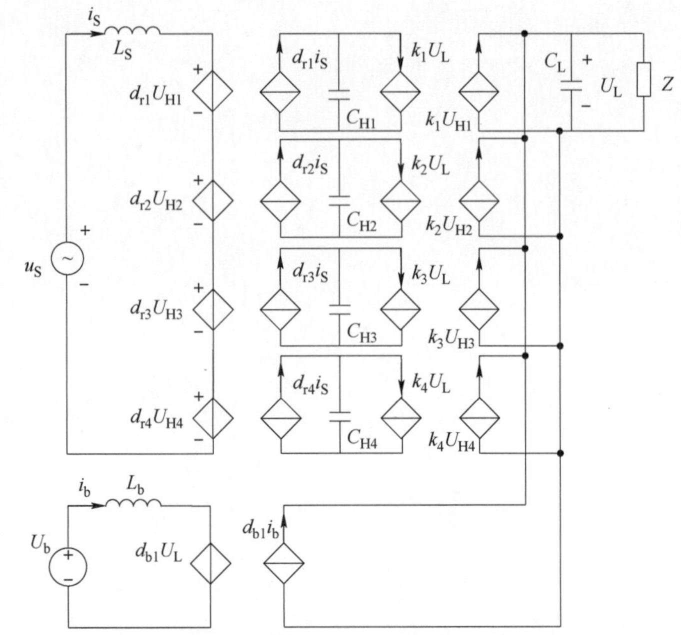

图 9.8　电能路由器的简化平均等效电路

$$
\begin{cases}
L_S\dfrac{di_S}{dt}=u_S-d_{r1}U_{H1}-d_{r2}U_{H2}-d_{r3}U_{H3}-d_{r4}U_{H4}\\
C_{H1}\dfrac{dU_{H1}}{dt}=d_{r1}i_S-k_1U_L\\
C_{H2}\dfrac{dU_{H2}}{dt}=d_{r2}i_S-k_2U_L\\
C_{H3}\dfrac{dU_{H3}}{dt}=d_{r3}i_S-k_3U_L\\
C_{H4}\dfrac{dU_{H4}}{dt}=d_{r4}i_S-k_4U_L\\
k_1=\dfrac{nd(1-d)}{2f_SL_{k1}}\\
k_2=\dfrac{nd(1-d)}{2f_SL_{k2}}\\
k_3=\dfrac{nd(1-d)}{2f_SL_{k3}}\\
k_4=\dfrac{nd(1-d)}{2f_SL_{k4}}\\
L_b\dfrac{di_b}{dt}=U_b-d_{b1}U_L\\
C_L\dfrac{dU_L}{dt}=k_1U_{H1}+k_2U_{H2}+k_3U_{H3}+k_4U_{H4}+d_{b1}i_b-\dfrac{U_L}{Z}
\end{cases}
\tag{9-5}
$$

9.2.1.2　电能路由器的系统能量模型

在电能路由器平均电路模型的基础上，对各端口功率进行一定时间内积分，得到各端口的能量与内部储能元件中的能量变化的关系，即能量模型为式（9-6），其中包括 3 个端口能量和 7 个储能变化组成的共 8 个方程，反映了电能路由器稳定工作时的各个端口的能量与内部储能之间的能量关系。

根据能量拓扑的制定规则，用“能流开关”等效开关器件组成的变换器单元，作用表现为对能量通路的控制；用“能量端子”等效电路中的耗能和储能单元，如电阻、电感、电容和电源等。如图 9.9 表示电能路由器的能量拓扑，其中 E_{SW_Rec}、E_{SW_DAB1}、E_{SW_DAB2}、E_{SW_DAB3}、E_{SW_DAB4}、$E_{SW_DC\text{-}DC}$分别等效级联整流器、第 1~4 级 DAB、DC-DC 变换器的“能流开关”；E_S、E_b、E_{Load}则分别等效交流电网、直流电源、低压侧负载的“能量端子”，ΔE_{Ls}、ΔE_{Lb}、ΔE_{CH1}、ΔE_{CH2}、ΔE_{CH3}、ΔE_{CH4}、ΔE_{CL}则分别等效交流电感、直流电感、4 级级联母线电容、低压母线电容的“能量端子”。

$$
\begin{cases}
E_S+E_b=\Delta E_{Ls}+\Delta E_{Lb}+\Delta E_{CH1}+\Delta E_{CH2}+\Delta E_{CH3}+\Delta E_{CH4}+\Delta E_{CL}+E_{Load} \\
\Delta E_{Ls}=\dfrac{1}{2}L_S(I_S^{*2}-I_S^2) \\
\Delta E_{CH1}=\dfrac{1}{2}C_{H1}(U_H^{*2}-U_{H1}^2) \\
\Delta E_{CH2}=\dfrac{1}{2}C_{H2}(U_H^{*2}-U_{H2}^2) \\
\Delta E_{CH3}=\dfrac{1}{2}C_{H3}(U_H^{*2}-U_{H3}^2) \\
\Delta E_{CH4}=\dfrac{1}{2}C_{H4}(U_H^{*2}-U_{H4}^2) \\
\Delta E_{Lb}=\dfrac{1}{2}L_b(I_b^{*2}-I_b^2) \\
\Delta E_{CL}=\dfrac{1}{2}C_L(U_L^{*2}-U_L^2)
\end{cases}
\tag{9-6}
$$

由于前后两级直流母线中的瞬态能量波动会相互影响，为了从控制中解耦互相的影响，不影响瞬态的控制性能，利用不同的能量积分时间长度对两级母线的能量控制进行了划分，根据控制对象的能量变换特点，划分了两条时间尺度相差百倍的能量支路。具体是：DAB 之后的能量传输通道，包括低压母线电容中的储能变化、三相逆变器及负载中的能量传输、直流端口的能量传输和直流电感的储能变化构成了一条能量支路，计算能量的时间尺度为控制周期量级；DAB 之前的能量传输通道，包括 4 个级联母线电容中的储能变化和交流电网中的能量传输构成另一条能量支路，计算能量的时间尺度为电网工频周期量级。

当采用 DAB 控制低压母线电压时，直流端口的变换器控制为功率源，为进一步简化控制模型，将直流端口的变换器和直流电感同样用等效阻抗代替，且与三相交流负荷的等效阻抗合并，以此作为母线功率扰动的来源，来分析能量平衡控制方法对母线电压瞬态性能的优化效果。

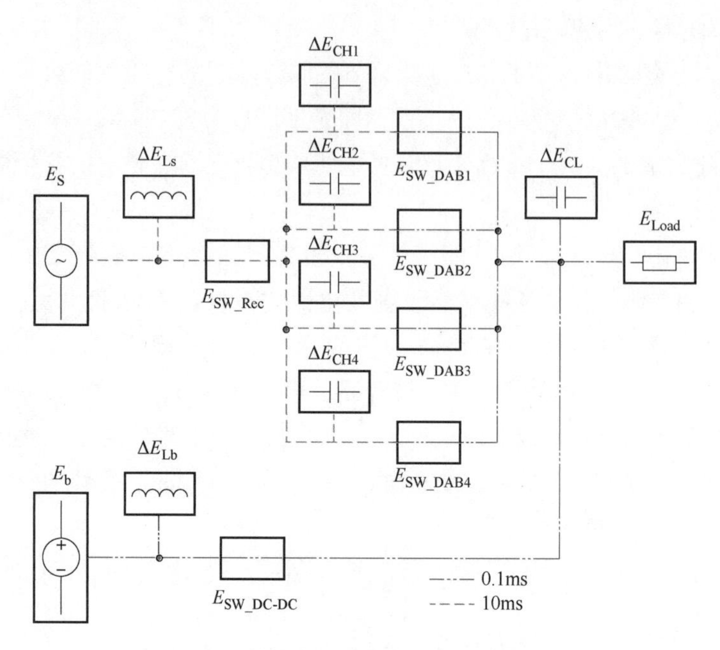

图 9.9　电能路由器能量拓扑与能量支路

在该简化条件下，电能路由器的能量模型为

$$
\begin{cases}
E_{S}=\Delta E_{Ls}+\Delta E_{CH1}+\Delta E_{CH2}+\Delta E_{CH3}+\Delta E_{CH4}+\Delta E_{CL}+E_{Load} \\
\Delta E_{Ls}=\dfrac{1}{2}L_{S}(I_{S}^{*2}-I_{S}^{2}) \\
\Delta E_{CH1}=\dfrac{1}{2}C_{H1}(U_{H}^{*2}-U_{H1}^{2}) \\
\Delta E_{CH2}=\dfrac{1}{2}C_{H2}(U_{H}^{*2}-U_{H2}^{2}) \\
\Delta E_{CH3}=\dfrac{1}{2}C_{H3}(U_{H}^{*2}-U_{H3}^{2}) \\
\Delta E_{CH4}=\dfrac{1}{2}C_{H4}(U_{H}^{*2}-U_{H4}^{2}) \\
\Delta E_{CL}=\dfrac{1}{2}C_{L}(U_{L}^{*2}-U_{L}^{2})
\end{cases}
\tag{9-7}
$$

该模型包括 2 个端口能量和 6 个储能变化组成的共 7 个方程，对应的简化能量拓扑如图 9. 10所示。

9.2.2　开关调制策略

为减小电网侧的电感和改善电网电流的谐波特性，对 4 个级联 H 桥组成的整流器采用载波移相调制技术，可以提高级联整流器的输出方波电压的等效开关频率，从而降低电网电流总谐波失真（Total Harmonic Distortion，THD）。采用三角载波的周期 T_s 的 1/4 和 1/8 作为

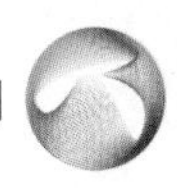

移相角时，得到的对比波形如图 9.11 所示，其中第 1、2 通道波形分别为四个级联 H 桥的左、右桥臂的四个三角载波和参考波；第 3、4 通道波形分别为第 1 级 H 桥和 4 级 H 桥级联得到输出方波电压；第 5 通道为电网电流。对比得知其等效开关频率分别为开关频率的 4 倍和 8 倍，同时，采用 $T_s/4$ 载波移相得到的电网电流 THD = 5.49%，而采用 $T_s/8$ 载波移相得到的电网电流 THD = 3.80%。

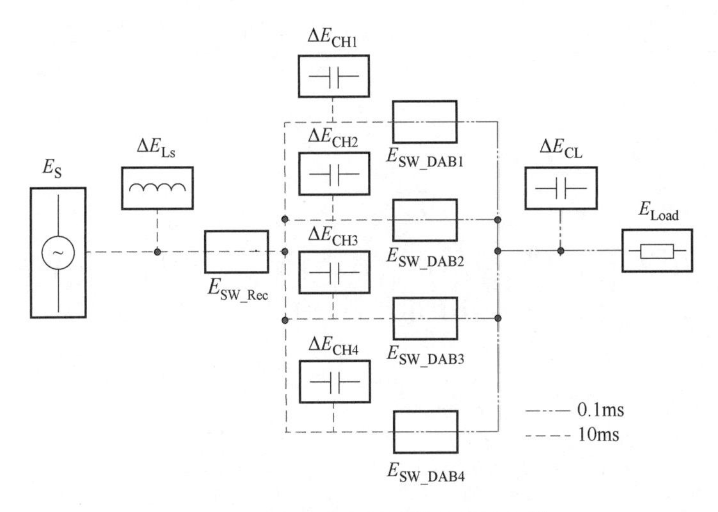

图 9.10　电能路由器的简化能量拓扑

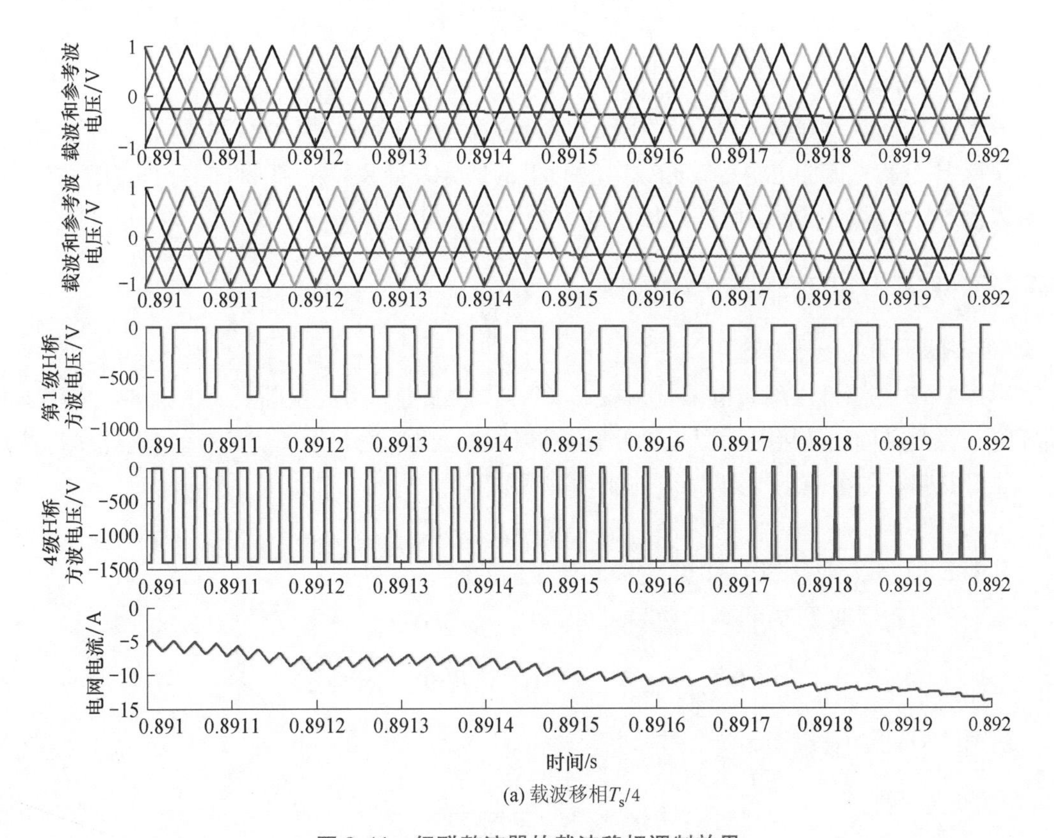

(a) 载波移相 $T_s/4$

图 9.11　级联整流器的载波移相调制效果

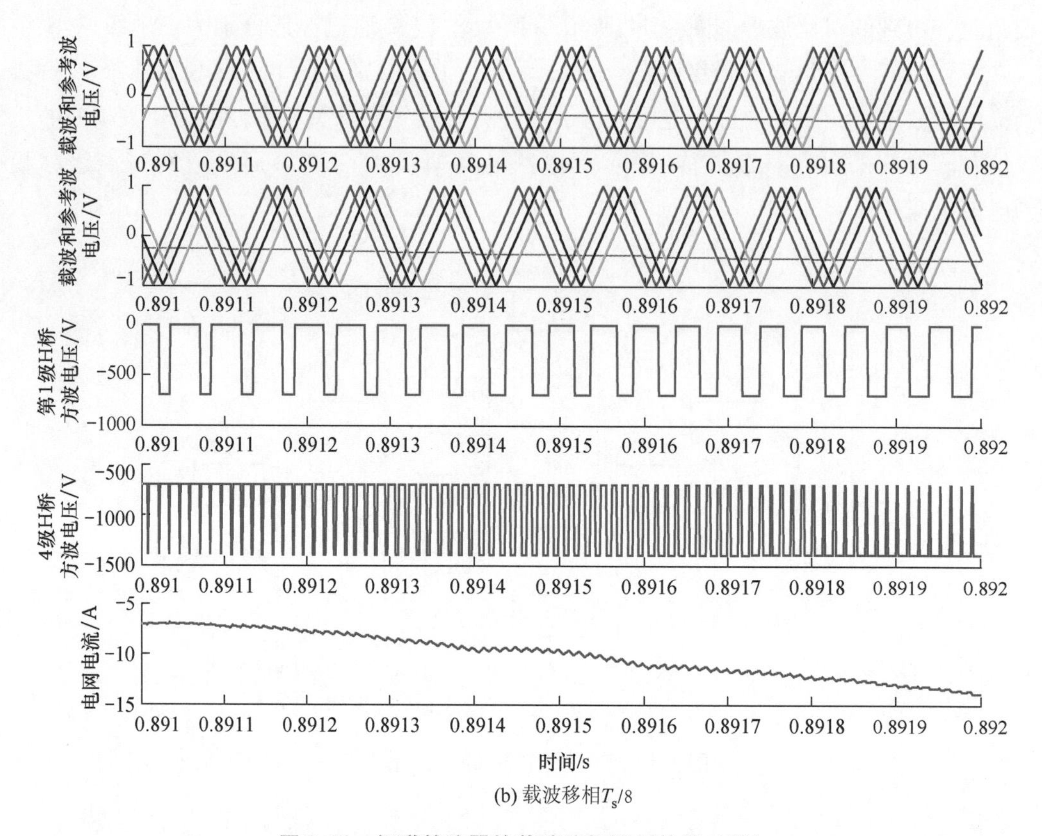

(b) 载波移相$T_s/8$

图 9.11 级联整流器的载波移相调制效果（续）

级联 H 桥的载波在移相后存在相位的差异，使得各个 H 桥的 PWM 脉冲也存在差异，进而使得 H 桥的直流侧电容存在充放电时间上的差异，导致各个 H 桥的直流电压存在不平衡。因此，还需要在控制层面进行母线电压的平衡控制。

9.2.3 母线电压的能量平衡控制

9.2.3.1 低压母线电压能量平衡控制

采用 DAB 控制低压母线电压时，在式（9-7）的能量模型的基础上，考虑各级变换器的损耗时，将低压母线连接的无源元件及开关器件的总损耗之和用 E_{Loss1} 表示，则低压母线所在的能量支路在一个控制周期 T_s 内的能量关系如下：

$$E_{4\_\text{DAB}}=\Delta E_{\text{CL}}+E_{\text{Load}}+E_{\text{Loss1}} \tag{9-8}$$

其中 E_{4_DAB} 为经过 4 级 DAB 后传输到低压侧的能量。

在一个控制周期 T_s 内的平均功率关系如下：

$$P_{4\_\text{DAB}}=\frac{1}{2}C_{\text{L}}(U_{\text{L}}^{*2}-U_{\text{L}}^{2})/T_s+P_{\text{Load}}+P_{\text{Loss1}} \tag{9-9}$$

而单级 DAB 的传输功率为

$$P_{\text{DAB}}=\frac{nU_{\text{H\_s}}U_{\text{L\_s}}d\,(1-d)}{2f_{\text{S}}L_{\text{k}}} \tag{9-10}$$

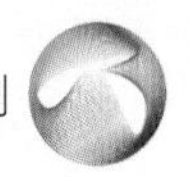

其中 U_{H_s} 和 U_{L_s} 为 DAB 原、副边的稳态电压值。在均压、均功率控制的作用下，认为 4 级并联 DAB 中的功率相等，则式（9-9）可写成

$$4\times\frac{nU_{H\_s}U_{L\_s}d(1-d)}{2f_S L_k}=\frac{1}{2}C_L(U_L^{*2}-U_L^2)/T_s+P_{Load}+P_{Loss1} \tag{9-11}$$

近似简化后，DAB 的占空比表达式如下：

$$d=\frac{\left(\frac{1}{2}C_L(U_L^{*2}-U_L^2)f_S+P_{Load}+P_{Loss1}\right)\times 2f_S L_k}{4nU_{H\_s}U_{L\_s}} \tag{9-12}$$

考虑 DAB 控制器的延迟，将其看作一个一阶惯性环节，时间常数为 T_d，其控制框图如图 9.12。其中方框内为 DAB 的模型，传输系数为 $k_{d1}=nU_{H1\_s}/2f_s L_{k1}$，$k_i=1/U_L$，$\square^2$ 表示平方运算。

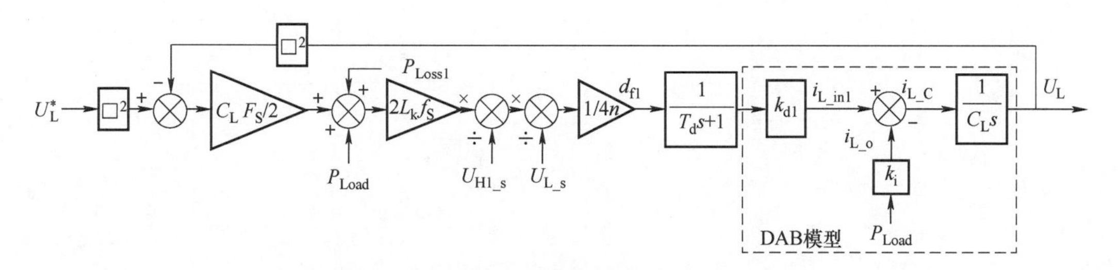

图 9.12　基于 EBC 的低压母线电压控制框图

图 9.12 包含非线性控制部分，建立小信号模型，分析 EBC 方法的系统稳定性。对图 9.12的变量进行小信号分解，得到

$$\begin{cases} U_L^*=\overline{U}_L^*+\widetilde{u}_L^* \\ U_L=\overline{U}_L+\widetilde{u}_L \\ P_{Load}=\overline{P}_{Load}+\widetilde{P}_{Load} \\ P_{Loss1}=\overline{P}_{Loss1}+\widetilde{P}_{Loss1} \end{cases} \tag{9-13}$$

其中 $\overline{U}_L^*$ 是低压母线电压参考值，$\overline{U}_L$ 是低压母线电压实际值，$\overline{P}_{Load}$ 是负载功率的实际值，$\overline{P}_{Loss1}$ 是损耗功率的实际值，它们都是大信号分量，$\widetilde{u}_L^*$、$\widetilde{u}_L$、$\widetilde{P}_{Load}$ 和 $\widetilde{P}_{Loss1}$ 是对应的小信号分量。其中小信号分量的平方项小到可以忽略，则占空比的小信号表达式为

$$\widetilde{d}=\frac{\left[C_L(\overline{U}_L^*\widetilde{u}_L^*-\overline{U}_L\widetilde{u}_L)f_S+\widetilde{P}_{Load}+\widetilde{P}_{Loss1}\right]\times 2f_S L_k}{4nU_{H\_s}U_{L\_s}} \tag{9-14}$$

相应的小信号控制框图如图 9.13 所示。

基于能量平衡的低压母线电压的闭环控制传递函数为

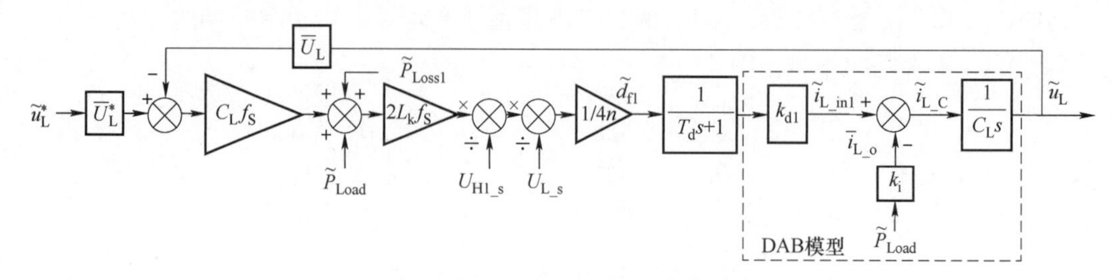

图 9.13　基于 EBC 的低压母线电压小信号控制框图

$$G_{\mathrm{dc\_L}}(s)=\frac{\tilde{u}_{\mathrm{L}}}{\tilde{u}_{\mathrm{L}}^{*}}=\frac{f_{\mathrm{S}}\overline{U}_{\mathrm{L}}^{*}U_{\mathrm{H1\_s}}}{8\pi(T_{\mathrm{d}}s+1)s+U_{\mathrm{H1\_s}}f_{\mathrm{S}}\overline{U}_{\mathrm{L}}}\tag{9-15}$$

当采用 PI 控制器时，其小信号控制框图如图 9.14 所示。

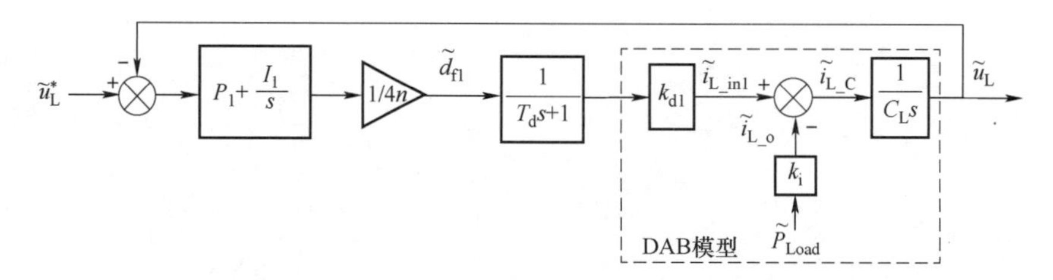

图 9.14　基于 PI 的低压母线电压小信号控制框图

其闭环控制传递函数为

$$G_{\mathrm{dc\_L}}(s)=\frac{\tilde{u}_{\mathrm{L}}}{\tilde{u}_{\mathrm{L}}^{*}}=\frac{(P_{1}s+I_{1})U_{\mathrm{H1\_s}}}{8\pi f_{\mathrm{S}}L_{\mathrm{k}}C_{\mathrm{L}}s^{2}(T_{\mathrm{d}}s+1)+(P_{1}s+I_{1})U_{\mathrm{H1\_s}}}\tag{9-16}$$

从上述闭环传递函数的表达式和控制框图的比较可以看出，采用 EBC 时，低压母线电压值与低压母线电容 C_{L} 无关，且在 DAB 模型中负载功率的波动 $\tilde{P}_{\mathrm{Load}}$ 被 EBC 中引入的前馈项抵消掉。因此对于 EBC 而言，系统参数的扰动能够被消除。在采用 PI 控制器时，从传递函数看，低压母线电压受到母线电容 C_{L} 的影响，从控制框图看，在 DAB 模型中带入的负载功率的波动 $\tilde{P}_{\mathrm{Load}}$ 也会影响到母线电压的控制，其闭环传递函数为

$$G_{\mathrm{dp\_L}}(s)=\frac{\tilde{u}_{\mathrm{L}}}{\tilde{P}_{\mathrm{Load}}}=\frac{8\pi f_{\mathrm{S}}L_{\mathrm{k}}(T_{\mathrm{d}}s+1)s}{8\pi f_{\mathrm{S}}L_{\mathrm{k}}C_{\mathrm{L}}s^{2}(T_{\mathrm{d}}s+1)U_{\mathrm{L\_s}}+(P_{1}s+I_{1})U_{\mathrm{H1\_s}}U_{\mathrm{L\_s}}}\tag{9-17}$$

这两种控制方式的比较表明采用 EBC 可使得控制系统的鲁棒性增强。

对式（9-15）中所列的基于 EBC 的闭环传递函数进行稳定性分析。设定 DAB 的控制周期为 $T_{\mathrm{s}}=5\times10^{-5}\mathrm{s}$，考虑采样和控制延迟的影响，$T_{\mathrm{d}}=2T_{\mathrm{s}}$，低压母线电压参考值为 700V，级联母线电压稳态值为 700V。当低压母线电压从 400V 逐渐增至 1000V 时，式（9-15）有两个极点，这两个极点都位于复平面的左半平面，且随着电压的增加远离原点，如图 9.15a 所

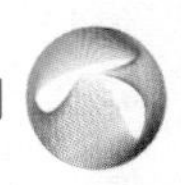

示。这说明随着电压的变化，系统是稳定的。

当实际低压母线电容值的误差范围在 0.5~2 倍时，或者 DAB 中高频变压器的漏感值误差范围在 0.5~2 倍时，闭环传递函数中极点变化的趋势如图 9.15b 所示。因此，当系统参数在一定范围内变化，控制系统仍能够保持稳定。

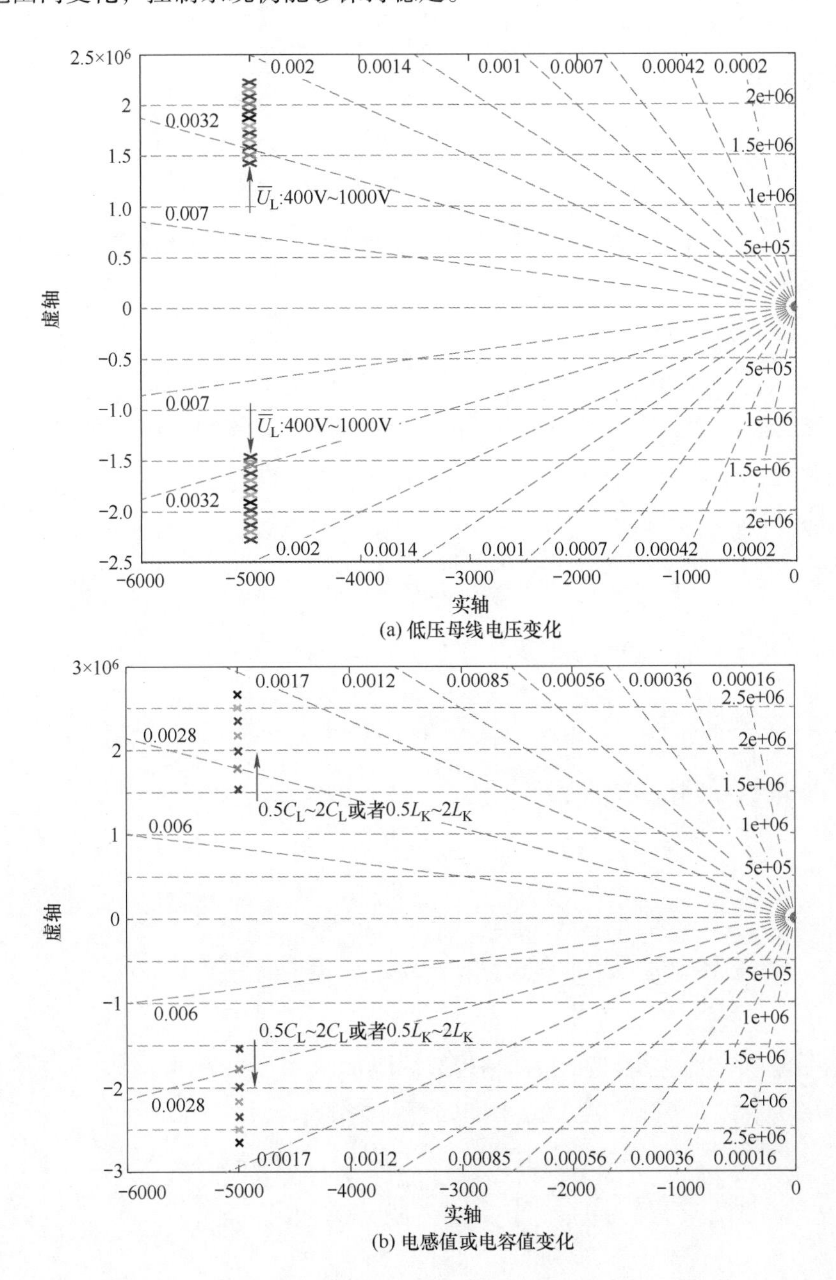

图 9.15　基于 EBC 的低压母线电压控制系统极点分布图

9.2.3.2　级联母线电压能量平衡控制

根据式（9-7）中列出的能量关系，考虑变换器的功率损耗 p_{Loss} 时，得到电能路由器中

的瞬时功率关系如下

$$p_{\mathrm{S}}=p_{\mathrm{Ls}}+p_{\mathrm{CH1}}+p_{\mathrm{CH2}}+p_{\mathrm{CH3}}+p_{\mathrm{CH4}}+p_{\mathrm{CL}}+p_{\mathrm{Load}}+p_{\mathrm{Loss}} \tag{9-18}$$

稳态时，认为各个级联电容中的瞬时功率都相等，即 $P_{\mathrm{CH1}}=P_{\mathrm{CH2}}=P_{\mathrm{CH3}}=P_{\mathrm{CH4}}=P_{\mathrm{CH}}$，则式（9-18)可以简化为

$$p_{\mathrm{S}}=p_{\mathrm{Ls}}+4p_{\mathrm{CH}}+p_{\mathrm{CL}}+p_{\mathrm{Load}}+p_{\mathrm{Loss}} \tag{9-19}$$

假设电网电压和电网电流为

$$\begin{cases}u_{\mathrm{S}}=\sqrt{2}\,U_{\mathrm{S}}\sin(\omega t)\\ i_{\mathrm{S}}=\sqrt{2}\,I_{\mathrm{S}}\sin(\omega t+\theta)\end{cases} \tag{9-20}$$

式中，U_{S} 和 I_{S} 是电网电压和电流的有效值；ω 是电网角频率；θ 是电网电压和电流的相角差。

则电网的瞬时功率为

$$p_{\mathrm{S}}=u_{\mathrm{S}}\cdot i_{\mathrm{S}}=U_{\mathrm{S}}I_{\mathrm{S}}[\cos\theta-\cos(2\omega t+\theta)]=P_{\mathrm{S}}-U_{\mathrm{S}}I_{\mathrm{S}}\cos(2\omega t+\theta) \tag{9-21}$$

其中直流部分 p_{S} 为电网的平均功率，用于负载消耗；2 倍频的功率 $U_{\mathrm{S}}I_{\mathrm{S}}\cos(2\omega t+\theta)$ 导致直流母线电压上的 2 次波动。

输入电感的瞬时功率为

$$p_{\mathrm{Ls}}=L_{\mathrm{S}}\frac{\mathrm{d}i_{\mathrm{S}}}{\mathrm{d}t}i_{\mathrm{S}}=L_{\mathrm{S}}I_{\mathrm{S}}^{2}\sin(2\omega t+2\theta)\omega \tag{9-22}$$

4 个级联母线电容的总瞬时功率为

$$4p_{\mathrm{CH}}=4C_{\mathrm{H}}\frac{\mathrm{d}U_{\mathrm{H}}}{\mathrm{d}t}U_{\mathrm{H}} \tag{9-23}$$

低压侧母线电容的瞬时功率为

$$p_{\mathrm{CL}}=C_{\mathrm{L}}\frac{\mathrm{d}U_{\mathrm{L}}}{\mathrm{d}t}U_{\mathrm{L}} \tag{9-24}$$

稳态时，认为低压母线电压 U_{L} 不变，则 $p_{\mathrm{CL}}=0$。

这样电网的平均功率就等于负载功率和总损耗功率之和

$$P_{\mathrm{S}}=p_{\mathrm{Load}}+p_{\mathrm{Loss}} \tag{9-25}$$

通常电网电压和电流控制为单位功率因数，即 $\theta=0$。

将式（9-20）~式（9-25）代入式（9-19），得到

$$4C_{\mathrm{H}}\frac{\mathrm{d}U_{\mathrm{H}}}{\mathrm{d}t}U_{\mathrm{H}}+A\cos(2\omega t-\varphi)=0 \tag{9-26}$$

其中

$$\begin{cases}A=I_{\mathrm{S}}\sqrt{U_{\mathrm{S}}^{2}+(L_{\mathrm{S}}I_{\mathrm{S}}\omega)^{2}}\\ \varphi=\arctan\dfrac{L_{\mathrm{S}}I_{\mathrm{S}}\omega}{U_{\mathrm{S}}}\end{cases} \tag{9-27}$$

对式（9-26）进行积分运算，得到带有二次纹波电压的母线电压参考值为

$$U_{H}^{*}=\sqrt{U_{Have}^{*\ 2}-B}=\sqrt{U_{Have}^{*\ 2}-\frac{A}{4C_{H}\cdot\omega}\sin(2\omega t-\varphi)} \tag{9-28}$$

其中 U_{Have}^{*} 表示级联母线电压参考值的平均值。

在式（9-7）中的能量关系的基础上，考虑电能路由器的总损耗，即所有的无源元件及开关器件损耗之和用 E_{Loss} 表示，包含整流级的能量平衡关系如下：

$$E_{S}=\Delta E_{Ls}+4\Delta E_{CH}+\Delta E_{CL}+E_{Load}+E_{Loss} \tag{9-29}$$

对于单相 PWM 整流器而言，当系统处于稳态时，电网电流的绝对值在 1/2 个工频周期 $T_g/2$ 前后相等，则网侧滤波电感中的储能在 $T_g/2$ 前后也相等，即 $\Delta E_{Ls}=0$。这样，包含级联母线在内的能量支路在半个工频周期内的能量平衡关系为

$$U_{S}I_{S}^{*}\ \frac{T_{g}}{2}=\frac{1}{2}\cdot 4C_{H}(U_{H}^{*\ 2}-U_{H}^{2})+\frac{1}{2}C_{L}(U_{L}^{*\ 2}-U_{L}^{2})+\frac{T_{g}}{2}P_{Load}+\frac{T_{g}}{2}P_{Loss} \tag{9-30}$$

进而推导电网电流的指令值为

$$I_{S}^{*}=\frac{P_{Load}+P_{Loss}+4C_{H}f_{g}(U_{H}^{*\ 2}-U_{H}^{2})+C_{L}\ f_{g}(U_{L}^{*\ 2}-U_{L}^{2})}{U_{S}} \tag{9-31}$$

考虑整流器控制器的延迟，时间常数为 T_R，将其等效为一个一阶惯性环节，根据式（9-28）和式（9-31），PWM 整流器的 EBC 框图如图 9.16 所示，其中 $k_g=4C_Hf_g$，$k_T=1/U_S$，$P_R=L_S/T_R$，$u_r=4dU_H$，$k_R=U_S/4U_H$。

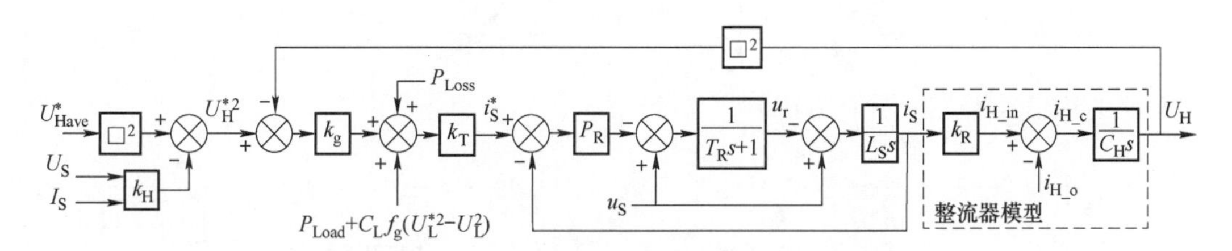

图 9.16　基于 EBC 的级联母线电压控制框图

认为计算得到的二次波动电压与实际母线电压中的二次波动分量一致，将级联整流器模型中的负载功率用低压侧负载功率等效替换，控制框图简化为如图 9.17 所示。

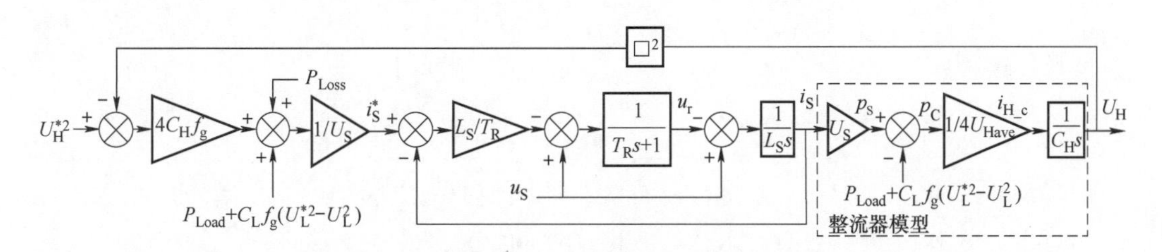

图 9.17　基于 EBC 的级联母线电压控制简化图

其中包含非线性控制部分，建立小信号模型，分析 EBC 方法的系统稳定性。对系统中各变量进行小信号分解，得到

$$\begin{cases} I_{\mathrm{S}}^{*}=\overline{I}_{\mathrm{S}}^{*}+\widetilde{i}_{\mathrm{S}}^{*} \\ U_{\mathrm{H}}^{*}=\overline{U}_{\mathrm{H}}^{*}+\widetilde{u}_{\mathrm{H}}^{*} \\ U_{\mathrm{H}}=\overline{U}_{\mathrm{H}}+\widetilde{u}_{\mathrm{H}} \\ U_{\mathrm{L}}^{*}=\overline{U}_{\mathrm{L}}^{*}+\widetilde{u}_{\mathrm{L}}^{*} \\ U_{\mathrm{L}}=\overline{U}_{\mathrm{L}}+\widetilde{u}_{\mathrm{L}} \\ P_{\mathrm{Load}}=\overline{P}_{\mathrm{Load}}+\widetilde{P}_{\mathrm{Load}} \\ P_{\mathrm{Loss}}=\overline{P}_{\mathrm{Loss}}+\widetilde{P}_{\mathrm{Loss}} \end{cases} \tag{9-32}$$

其中$\overline{I}_{\mathrm{S}}^{*}$、$\overline{U}_{\mathrm{H}}^{*}$、$\overline{U}_{\mathrm{H}}$、$\overline{U}_{\mathrm{L}}^{*}$、$\overline{U}_{\mathrm{L}}$、$\overline{P}_{\mathrm{Load}}$和$\overline{P}_{\mathrm{Loss}}$分别表示电网电流、级联母线电压指令值、级联母线电压实际值、低压母线电压指令值、低压母线电压实际值、负载功率和损耗功率在稳态时的值，属于大信号分量；而$\bar{i}_{\mathrm{S}}^{*}$、$\widetilde{u}_{\mathrm{H}}^{*}$、$\widetilde{u}_{\mathrm{H}}$、$\widetilde{u}_{\mathrm{L}}^{*}$、$\widetilde{u}_{\mathrm{L}}$、$\widetilde{P}_{\mathrm{Load}}$和$\widetilde{P}_{\mathrm{Loss}}$分别表示上述各变量在系统动态过程中的变化量，属于小信号分量。通常认为小信号分量的平方项很小，可以近似忽略。式（9-31）表示的能量平衡关系式的小信号表达式为

$$\bar{i}_{\mathrm{S}}^{*}=\frac{\widetilde{P}_{\mathrm{Load}}+\widetilde{P}_{\mathrm{Loss}}+8C_{\mathrm{H}}f_{\mathrm{g}}(\overline{U}_{\mathrm{H}}^{*}\widetilde{u}_{\mathrm{H}}^{*}-\overline{U}_{\mathrm{H}}\widetilde{u}_{\mathrm{H}})+2C_{\mathrm{L}}f_{\mathrm{g}}(\overline{U}_{\mathrm{L}}^{*}\widetilde{u}_{\mathrm{L}}^{*}-\overline{U}_{\mathrm{L}}\widetilde{u}_{\mathrm{L}})}{U_{\mathrm{S}}} \tag{9-33}$$

对应的小信号控制框图如图 9. 18 所示。

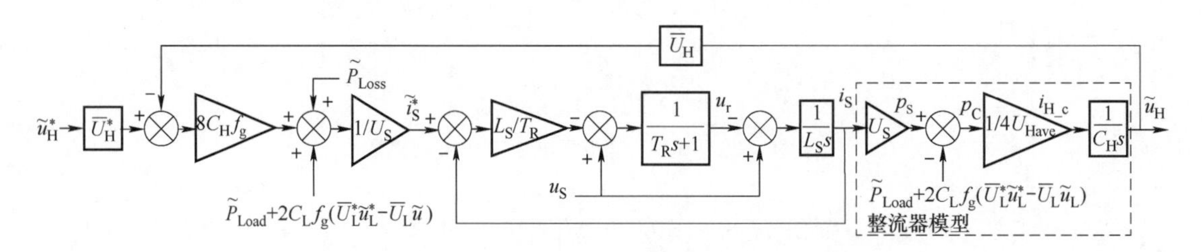

图 9. 18　基于 EBC 的级联母线电压小信号控制框图

闭环传递函数为

$$G_{\mathrm{dc\_H}}(s)=\frac{\widetilde{u}_{\mathrm{H}}}{\widetilde{u}_{\mathrm{H}}^{*}}=\frac{f_{\mathrm{g}}\overline{U}_{\mathrm{H}}^{*}}{[T_{\mathrm{R}}s(T_{\mathrm{R}}s+1)+1]U_{\mathrm{Have}}s+f_{\mathrm{g}}\overline{U}_{\mathrm{H}}} \tag{9-34}$$

当整流器采用 PI 控制器时，小信号控制框图如图 9. 19 所示。

对应的闭环传递函数为

$$G_{\mathrm{dc\_H}}(s)=\frac{\widetilde{u}_{\mathrm{H}}}{\widetilde{u}_{\mathrm{H}}^{*}}=\frac{(Ps+I)U_{\mathrm{S}}}{4s^{2}U_{\mathrm{Have}}C_{\mathrm{H}}[T_{\mathrm{R}}s(T_{\mathrm{R}}s+1)+1]+(Ps+I)U_{\mathrm{S}}} \tag{9-35}$$

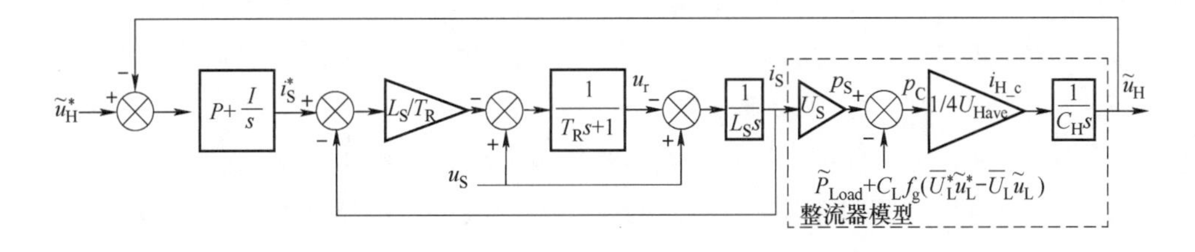

图 9.19　基于 PI 的级联母线电压小信号控制框图

$$G_{dp\_H}(s)=\frac{\tilde{u}_H}{\tilde{P}_{Load}}=\frac{[T_Rs(T_Rs+1)+1]s}{4s^2U_{Have}C_H[T_Rs(T_Rs+1)+1]+(Ps+I)U_S} \tag{9-36}$$

$$G_{di\_H}(s)=\frac{\tilde{u}_H}{\tilde{u}_L^*}=\frac{C_Lf_g\bar{U}_L^*[T_Rs(T_Rs+1)+1]s}{4s^2U_{Have}C_H[T_Rs(T_Rs+1)+1]+(Ps+I)U_S} \tag{9-37}$$

从 EBC 和 PI 控制器的控制框图和闭环传递函数来看，采用 PI 控制器的控制性能会受到级联母线电容 C_H的影响，在电网电压幅值不变的情况下，由于整流级模型中引入负载功率 $\tilde{P}_{Load}$，低压侧电容参数 C_L 和低压母线电压 $\tilde{u}_L^*$ 的波动在采用 PI 控制时控制性能会受到影响。而 EBC 控制中通过前馈项抵消这些参数波动对控制性能的影响。因此采用 EBC 时，系统的鲁棒性得到增强。

对式（9-34）中所列的基于 EBC 的闭环传递函数进行稳定性分析。设定整流器的控制周期为 $T_s=1\times10^{-4}$s，考虑采样和控制延迟的影响，$T_R=2T_s$，电网频率 $f_g=50$Hz，级联母线电压指令值直流分量为 700V。当级联母线电压从 400V 逐渐增至 1000V 时，式（9-34）有 3 个极点，其中 2 个在远离原点的位置，另 1 个是主导极点，随着电压值的增大向远离原点的位置移动，如图 9.20a 所示。从图中看出，所有极点均位于复平面的左半平面，系统的稳定性能够保证。当实际级联母线电容值的误差范围在 0.5~2 倍时，或者低压母线电容值的误差范围在 0.5~2 倍时，闭环传递函数中极点变化的趋势如图 9.20b 所示。因此，当系统参数在一定范围内变化，控制系统仍能够保持稳定。

9.2.4　参数适应性分析

对低压母线电压和级联母线电压采用 EBC 时，无源元件的实际值出现偏差对母线电压的控制效果影响有限。采用仿真方法分析 EBC 的参数适应性，在 0.7s 时，负载功率由 1.4kW 突增至 28kW，图 9.21a 为两级母线电容值出现同向偏差±30%时的母线电压的仿真波形。从波形看出，级联母线电压在动态过程基本没有超调，稳态过程中级联母线电压的最大差值在 2V 之内，这与式（9-28）中级联电容值与二次电压纹波幅值的关系一致，同时电容值的差异会影响到母线电压的平均值。低压母线电压在动态过程几乎没有超调，稳态时式（9-12）中 U_{H_s}和 U_{L_s}的微小波动，使得母线电压随着功率增加也会出现微小的波动，但

该波动值很小，可以忽略。图 9.21b 为两级母线电容值出现反向偏差±30%时的母线电压的仿真波形，电压波形与出现同向偏差的波形类似。上述结果说明 EBC 对电容参数偏差的适应性很好，只是稳态过程的纹波受到影响，动态性能几乎没有受到影响。如图 9.21c 为网侧电感值出现偏差±30%时的母线电压的仿真波形，其中级联母线电压和低压母线电压在动态过程中几乎没有超调，说明 EBC 对电感参数的适应性很好，电感参数的变化对稳态和动态控制效果均几乎没有影响。

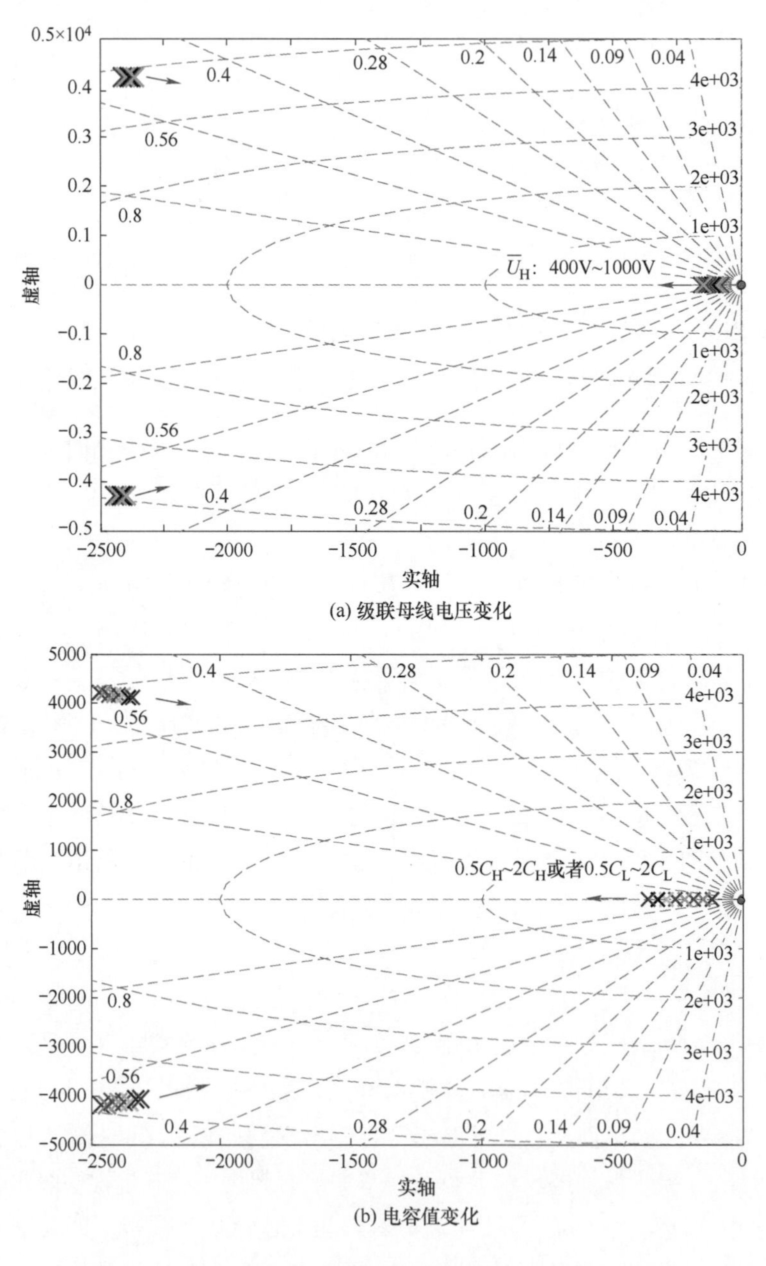

图 9.20　基于 EBC 的级联母线电压控制系统极点分布图

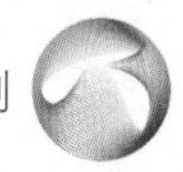

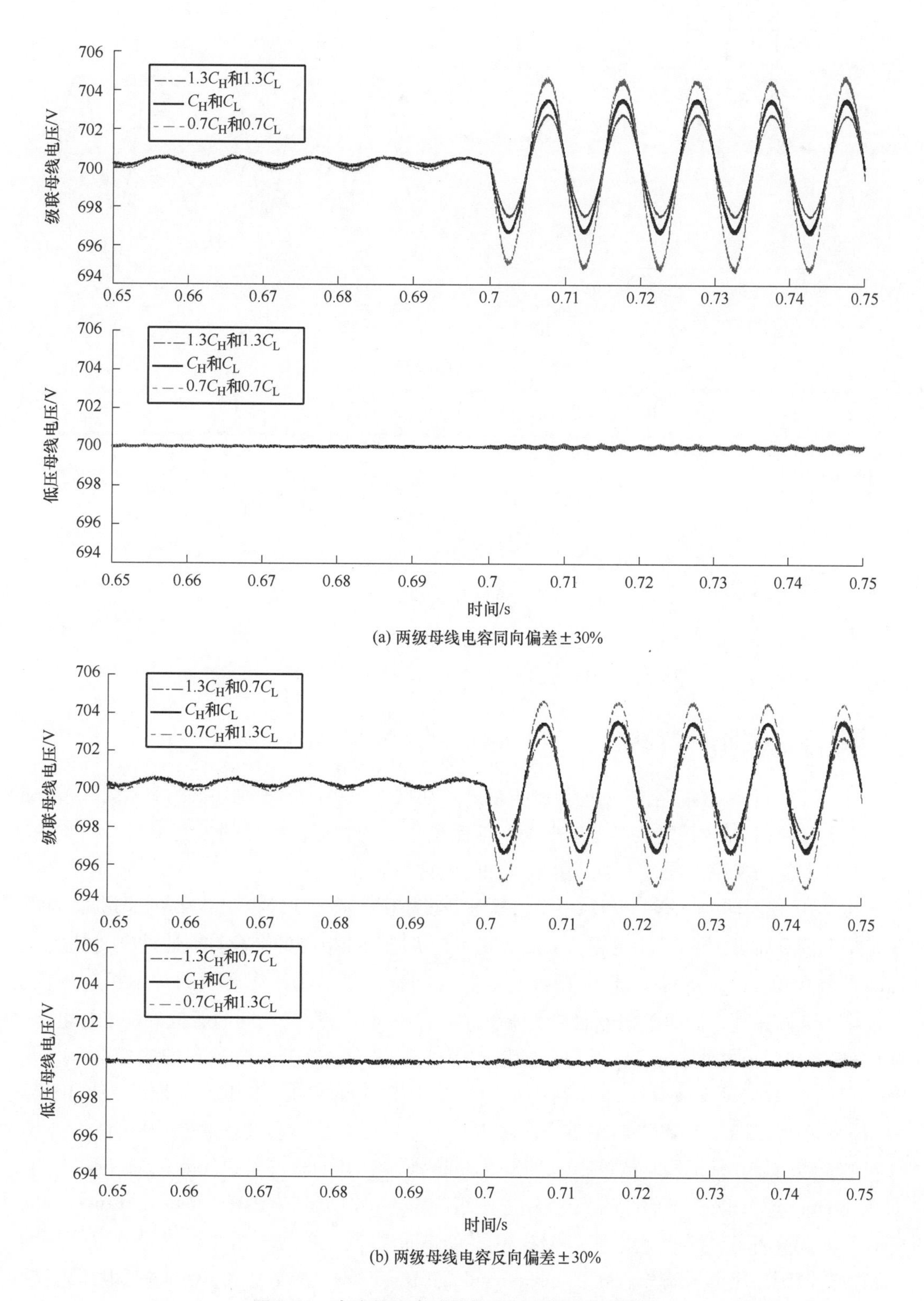

(a) 两级母线电容同向偏差±30%

(b) 两级母线电容反向偏差±30%

图 9.21　电容值和电感值偏差对母线电压的影响

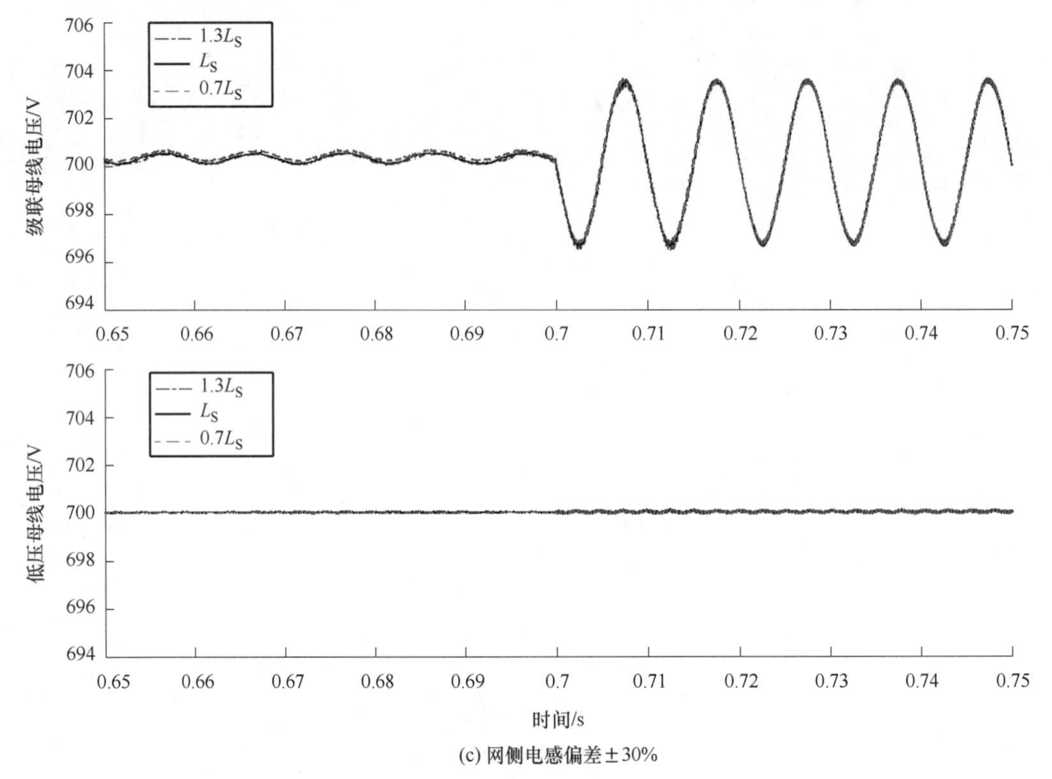

(c) 网侧电感偏差±30%

图 9.21 电容值和电感值偏差对母线电压的影响（续）

9.2.5 多级能量平衡控制

对于级联拓扑，除了各部分的控制策略外，还要考虑级联母线的电压平衡和级联模块的功率平衡。采用 DAB 控制级联电压平衡、整流模块采用相同占空比的控制策略可以实现在均压基础上的均功率，同时不需要增加额外的硬件成本。

在 DAB 控制器中，第 1 级 DAB 控制低压母线电压，其余 3 级控制 DAB 的原边母线电压跟踪第 1 级 DAB 的原边母线电压，从而实现 4 个级联母线电压的平衡。即通过改变其余3 级 DAB 的移相角，匹配各级 DAB 中高频变压器的漏感差异，使得在期望的功率相等的前提下，输入电压相等，而功率相等通过整流级保证。利用各级联模块间的能量关系进行电压平衡控制，控制框图如图 9.22。在 PI 控制中，第 2～4 级 DAB 调整各自的占空比（Δd_{f2}，Δd_{f3}，Δd_{f4}）后与第 1 级 DAB 的占空比 d_{f1}叠加后调节各自的输入电压。在 EBC 控制中，利用能量关系得出四级 DAB 各自的占空比（d_{f1}，d_{f2}，d_{f3}，d_{f4}），保证级联电压平衡。

电能路由器并网运行时的控制框图如图 9.23 所示，其中整流器中的能量调节器（Automatic Energy Regulator，AER）用于控制总的级联电压，电流调节器（Automatic Current Regulator，ACR）用于控制网侧电流；DAB 中的 AER 负责低压母线电压和级联母线电压平衡；三相逆变器则采用电压调节器（Automatic Voltage Regulator，AVR）和 ACR 进行电压电流的双环控制；Boost 变换器在电能路由器交流侧并网时采用 ACR 控制输出电流，或者采用下垂控制输出功率。

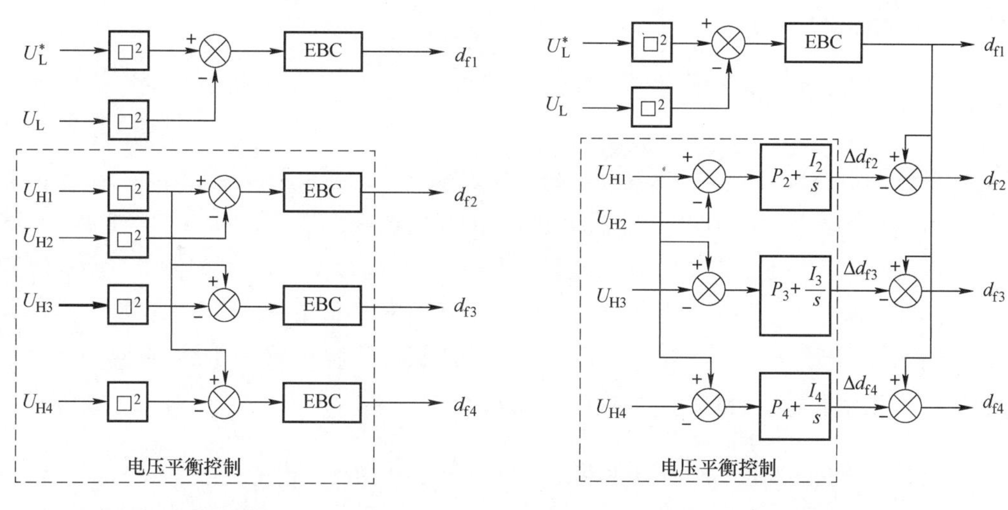

(a) 基于EBC的均压控制框图　　(b) 基于PI的均压控制框图

图 9.22　级联母线电压均压控制框图

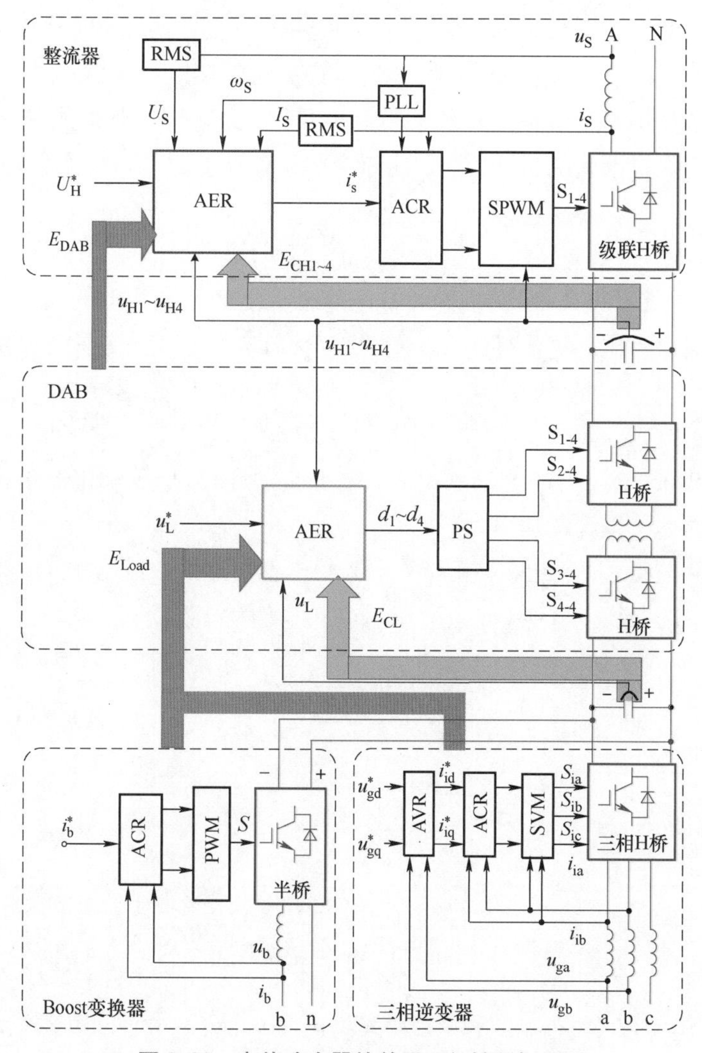

图 9.23　电能路由器的并网运行控制框图

9.3 面向多时间尺度的能量平衡控制

能量平衡控制是从能量角度出发提出的一种控制策略，不仅可以控制多个目标，还可以协调提升动态性能。针对电力电子混杂系统多时间尺度特性，本节分别详述三种能量平衡控制方法：考虑小时间尺度亚开关周期的能量平衡控制、考虑大时间尺度的能量平衡控制和考虑多时间尺度的能量平衡控制，将上述方法统一为“外环滑模面+内环为某种响应较快的功率/电流控制”的形式。在此基础上，定量分析稳态误差，提出基于功率/能量平衡的全局稳定性分析，并提供能量平衡控制参数的设置方法。

9.3.1 考虑小时间尺度亚开关周期的能量平衡控制

亚开关周期的能量平衡控制是考虑时间尺度小于一个开关周期的能量平衡控制方法。这种控制方法可以根据能量平衡规律设计电压-电流相平面上的轨迹或滑模面，通过内环控制器件的开通关断使变换器运行在这条轨迹或滑模面上，从而减小控制目标（如母线电压）的波动并缩短过渡时间。这种能量平衡控制与考虑大时间尺度和考虑多时间尺度的能量平衡控制不太相同，该算法本身就是“外环滑模面+内环”的通用控制形式。本节以 Boost 变换器为例，解析基于能量平衡的轨迹控制，定量分析稳态误差，基于功率平衡模型分析全局稳定性。

9.3.1.1 控制策略解析

对于如图 9.24 所示的 Boost 变换器的基于能量平衡的轨迹控制，其控制框架如图 9.25 所示，由外环滑模面和内环电流环组成。首先对 Boost 变换器建立功率平衡模型

$$U_{in}i_L - P_{Load} = Cu_o\frac{du_o}{dt} + Li_L\frac{di_L}{dt} \tag{9-38}$$

式中，C 和 L 为 Boost 变换器的电容和电感；u_o 和 i_L 为输出电压和电感电流；U_{in} 为输入电压；P_{Load} 为负载功率，以消耗功率为正。

i_{L_r} 为由负载和电源之间的功率平衡计算出来的电感电流指令值见式（9-39），如（u_o，i_L）相平面图 9.26a 中的曲线 1 $i_L = g(u_o)$ 所示，本节称之为负载线。

$$i_{L\_r} = \frac{P_{Load}}{U_{in}} = \frac{u_o^2}{RU_{in}} = g(u_o) \tag{9-39}$$

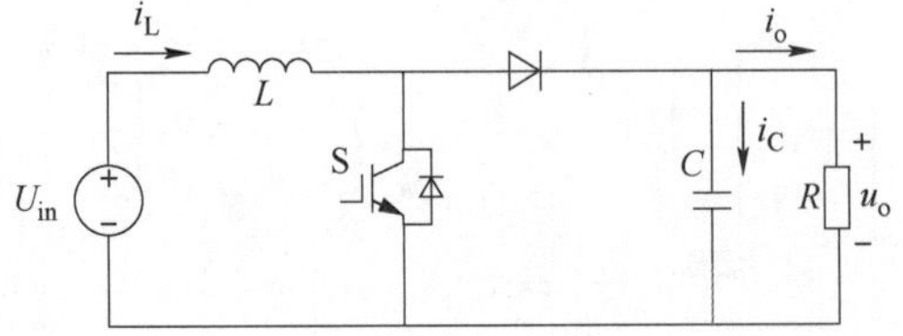

图 9.24 Boost 变换器

为了兼顾输出电压的动态响应和电压波动，在（u_o，i_L）相平面上设计了一个基于能量

平衡的滑模面见式（9-40），其中控制参数 k 决定滑模面的形状。将其改为式（9-41），外环滑模面采用式（9-41）计算得到内环电感电流指令值 i_{Lr}；内环采用无差拍电流控制调节电感电流 i_{L}。若不考虑内环执行时间且忽略内环静差，则有 $i_{\mathrm{L}}=i_{\mathrm{Lr}}$，因此在该能量平衡控制下，系统运行在式（9-40）所示的滑模面上，本节将该滑模面称为运行线 $i_{\mathrm{L}}=f(u_{\mathrm{o}})$，如图 9. 26a中的曲线 2 所示。

$$\frac{1}{2}kCu_{\mathrm{o}}^2+\frac{1}{2}Li_{\mathrm{L}}^2=\frac{1}{2}kCu_{\mathrm{o\_r}}^2+\frac{1}{2}Li_{\mathrm{L\_r}}^2 \tag{9-40}$$

$$i_{\mathrm{Lr}}=\sqrt{\frac{kC}{L}(u_{\mathrm{o\_r}}^2-u_{\mathrm{o}}^2)+i_{\mathrm{L\_r}}^2}=f(u_{\mathrm{o}}) \tag{9-41}$$

式中，$u_{\mathrm{o_r}}$为电容电压指令值。

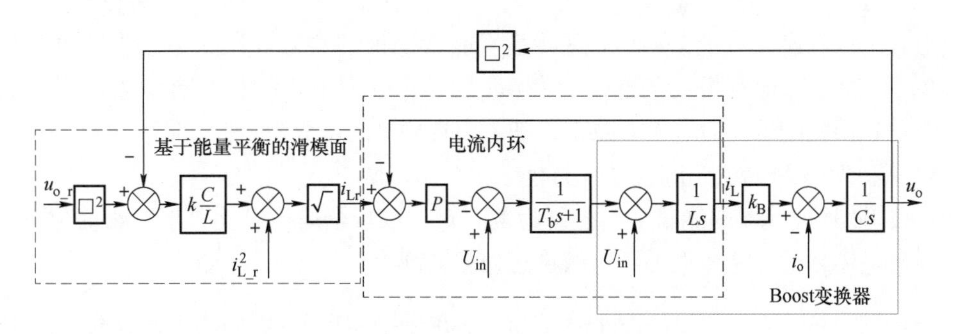

图 9. 25　Boost 变换器基于能量平衡的轨迹控制

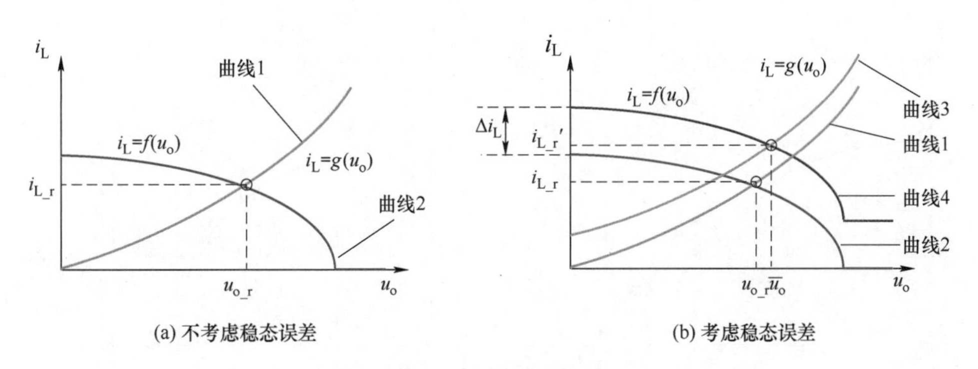

图 9. 26　能量平衡控制的相平面

9. 3. 1. 2　定量分析稳态误差

能量平衡控制中的稳态误差可能由三个因素导致：①能量平衡控制包含很多电路参数，控制算法中的参数和实际电路参数存在偏差；②损耗被忽略或不准确估计；③内环的执行存在静差。在不考虑这三个因素的情况下，图 9. 26a 中负载线（即曲线 1）和运行滑模面（即曲线 2）之间的交点即为稳态点，可计算出交点恰为（$u_{\mathrm{o\_r}}$，$i_{\mathrm{L\_r}}$），因而实际不存在稳态误差。

下面考虑参数、损耗的不准确和内环的执行静差。设真实的电容和电感值分别为 C_0 和 L_0，考虑到损耗 P_{Loss}，负载线由式（9-39）变为式（9-42），如图 9. 26b 所示的曲线 3 所示。

$$i_{\mathrm{L}}=\frac{u_{\mathrm{o}}^{2}}{RU_{\mathrm{in}}}+\frac{P_{\mathrm{Loss}}}{U_{\mathrm{in}}} \tag{9-42}$$

内环的无差拍电流控制没有考虑一差拍延迟，相当于比例控制器，因而存在静差 $\Delta i_{\mathrm{L}}=\bar{i}_{\mathrm{L}}-i_{\mathrm{Lr}}$，运行线由式（9-40）变为式（9-43），如图 9.26b 的曲线 4 所示。

$$\frac{1}{2}kCu_{\mathrm{o}}^{2}+\frac{1}{2}L\left(i_{\mathrm{L}}-\Delta i_{\mathrm{L}}\right)^{2}=\frac{1}{2}kCu_{\mathrm{o\_r}}^{2}+\frac{1}{2}Li_{\mathrm{L\_r}}^{2} \tag{9-43}$$

运行线和负载线的交点（$\bar{u}_{\mathrm{o}}$，$\bar{i}_{\mathrm{L}}$）即为稳态工作点，$\bar{u}_{\mathrm{o}}$ 和 $u_{\mathrm{o_r}}$之间存在偏差从而导致稳态误差。稳态误差表达式为

$$\Delta u_{\mathrm{o}}\approx\frac{\partial g^{-1}(i_{\mathrm{L}})}{\partial i_{\mathrm{L}}}\Bigg|_{\substack{u_{\mathrm{o}}=u_{\mathrm{o\_r}}\\ i_{\mathrm{L}}=i_{\mathrm{L\_r}}}}\Delta i_{L}+\frac{\partial f^{-1}(i_{\mathrm{L}})}{\partial i_{\mathrm{L}}}\Bigg|_{\substack{u_{\mathrm{o}}=u_{\mathrm{o\_r}}\\ i_{\mathrm{L}}=i_{\mathrm{L\_r}}}}\frac{P_{\mathrm{Loss}}}{U_{\mathrm{in}}}=\frac{RU_{\mathrm{in}}}{2u_{\mathrm{o\_r}}}\Delta i_{\mathrm{L}}-\frac{Li_{\mathrm{L\_r}}}{kCu_{\mathrm{o\_r}}}\frac{P_{\mathrm{Loss}}}{U_{\mathrm{in}}} \tag{9-44}$$

由上式可以看出，对于 Boost 变换器基于能量平衡的轨迹控制，稳态误差产生的原因是：①P_{Loss}的存在，即对损耗的忽略；②Δi_{L} 的存在，即内环的执行有静差。当 P_{Loss} 很小时，一般稳态误差随着 k 的增大而减小，随着内环静差的增大而增大。

9.3.1.3 基于功率平衡的全局稳定性分析

同样以 Boost 变换器的能量平衡控制为例，对其进行全局稳定性分析。为简化分析，暂不考虑内环电流环的静差和损耗导致的稳态误差，则有 $i_{\mathrm{L}}=i_{\mathrm{L\,r}}$，$\bar{u}_{\mathrm{o}}=u_{\mathrm{o\_r}}$。

设 $W=\frac{1}{2}Li_{\mathrm{L}}^{2}+\frac{1}{2}Cu_{\mathrm{o}}^{2}-\frac{1}{2}Li_{\mathrm{L\_r}}^{2}-\frac{1}{2}Cu_{\mathrm{o\_r}}^{2}$，$W=0$ 在相平面上的曲线如图 9.27 的能量环（即曲线 1）所示，曲线 1、曲线 2、曲线 3 都经过稳态点 A($u_{\mathrm{o\_r}}$，$i_{\mathrm{L\_r}}$)。

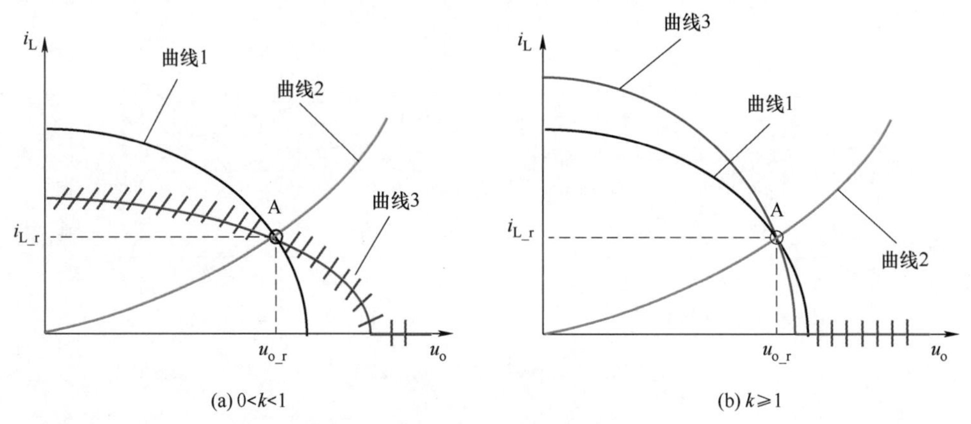

图 9.27 Lyapunov 全局稳定性分析

下面分析在能量平衡控制下，运行点在运行线上滑动时，最终稳定在稳态点 A($u_{\mathrm{o\_r}}$，$i_{\mathrm{L\_r}}$) 的条件。设 Lyapunov 函数为

$$W^{2}=\left(\frac{1}{2}Li_{\mathrm{L}}^{2}+\frac{1}{2}Cu_{\mathrm{o}}^{2}-\frac{1}{2}Li_{\mathrm{L\_r}}^{2}-\frac{1}{2}Cu_{\mathrm{o\_r}}^{2}\right)^{2} \tag{9-45}$$

而

$$\frac{\mathrm{d}W}{\mathrm{d}t}=Cu_{\mathrm{o}}\frac{\mathrm{d}u_{\mathrm{o}}}{\mathrm{d}t}+Li_{\mathrm{L}}\frac{\mathrm{d}i_{\mathrm{L}}}{\mathrm{d}t} \tag{9-46}$$

结合功率平衡模型式（9-38）和式（9-46）可知，运行线 $i_L=f(u_o)$ 上的运行点在曲线2之上和之下有着不同的 $\mathrm{d}W/\mathrm{d}t$ 符号如式（9-47）所示。

$$\begin{cases}\dfrac{\mathrm{d}W}{\mathrm{d}t}>0 & f(u_o)>i_{L\_r}\\ \dfrac{\mathrm{d}W}{\mathrm{d}t}=0 & f(u_o)=i_{L\_r}\\ \dfrac{\mathrm{d}W}{\mathrm{d}t}<0 & f(u_o)<i_{L\_r}\end{cases} \tag{9-47}$$

当运行线上的运行点满足下式（9-48）时，根据 Lyapunov 稳定性判据，则运行点最终稳定于使得 $W=0$ 的点 $\mathrm{A}(u_{o\_r},\ i_{L\_r})$。

$$\begin{cases}W<0 & f(u_o)>i_{L\_r}\\ W=0 & f(u_o)=i_{L\_r}\\ W>0 & f(u_o)<i_{L\_r}\end{cases} \tag{9-48}$$

考虑曲线1和曲线3之间的相对位置关系,关键在于在相交点 $\mathrm{A}(u_{o\_r},\ i_{L\_r})$ 处两者的斜率 $\partial i_L/\partial u_o$ 之比。

当控制参数 k 满足 $0<k<1$ 时，能量环在A处的斜率绝对值大于运行线，得到图9.26a所示线1和曲线3的位置关系。由式（9-48）可得，运行点需要在斜线部分滑动，Lyapunov 稳定性才能够满足。因此，当运行点在曲线3全范围内滑动时，可以保证最终稳定在 $\mathrm{A}(u_{o\_r},\ i_{L\_r})$。

当 $k\geqslant1$ 时，能量环在A处的斜率绝对值小于运行线，得到图9.26b所示线1和曲线3的位置关系，同样运行点需要在斜线部分滑动，Lyapunov 稳定性才能够满足。而斜线部分不包括A，因此不可能稳定在 $\mathrm{A}(u_{o\_r},\ i_{L\_r})$。

9.3.2　考虑大时间尺度的能量平衡控制

大时间尺度能量平衡控制考虑在开关周期或者工频周期时间尺度下的能量平衡。在大时间尺度的能量平衡控制中，外环控制器根据开关周期或者工频周期时间尺度下的能量平衡模型得到内环指令值，内环控制器实现该指令值。

本节通过解析9.2节论述的电能路由器双直流母线的能量平衡控制，将其统一为“外环滑模+内环”的控制形式，在此基础上定量分析其稳态误差，基于能量平衡模型分析其全局稳定性。

9.3.2.1　控制策略解析

以9.2.1节中图9.3所示的电能路由器为例，研究能量平衡控制方法及其稳态误差与稳定性。

由9.2节中的分析可知，从低压直流母线处看，DAB的能量流向包括负载、线路等其他损耗和低压直流母线电容，基于单个开关周期 T_s 内的能量平衡建立能量平衡模型如式（9-49）所示。其中 P_{4_DAB} 为DAB变换器的输出功率，P_{Load} 为负载消耗功率，P_{Loss} 为其他

损耗功率，ΔE_{CL} 为低压直流母线电容在一个开关周期内的能量变化，$f_s=1/T_s$，d 为 DAB 的占空比，U_H为前级的级联直流母线电压，U_L 为低压直流母线电压，L_k 为高频变压器的漏感。

$$P_{4\_DAB}T_s=\Delta E_{CL}+P_{Load}T_s+P_{Loss}T_s=4\frac{nU_HU_Ld(1-d)}{2f_sL_k}T_s \tag{9-49}$$

然后以一个开关周期后 U_L 到达 U_L^* 为目标，将式（9-49）改写为式（9-50），并由此反算控制量 $d_f=d(1-d)$。其中，C_L 为低压直流母线电容。整个 DAB 的能量平衡控制如图 9.28 所示。

$$\frac{1}{2}\frac{C_L(U_L^{*2}-U_L^2)}{T_s}+P_{Load}+P_{Loss}=4\frac{nU_HU_Ld(1-d)}{2f_sL_k} \tag{9-50}$$

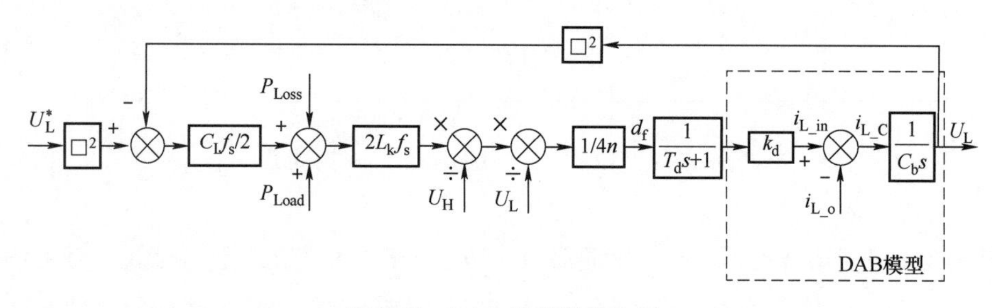

图 9.28　DAB 能量平衡控制

为了协调改善级联直流母线的动态性能，针对级联 H 桥设计基于工频周期的能量平衡控制。网侧电源的能量 E_S 等于流向电感的能量 ΔE_{Ls}、级联母线电容的能量 ΔE_{CH}、低压直流母线电容的能量 ΔE_{CL}、负载的能量 E_{Load}和其余损耗 E_{Loss}之和。根据能量平衡关系建立能量平衡模型

$$E_S=4\Delta E_{Ls}+4\Delta E_{CH}+\Delta E_{CL}+E_{Load}+E_{Loss} \tag{9-51}$$

由于半个工频周期 T_g前后电感的能量变化 $\Delta E_{Ls}=0$，则由式（9-51）得到半个工频周期的能量平衡模型

$$U_SI_S\frac{T_g}{2}=4\Delta E_{CH}+\Delta E_{CL}+\frac{T_g}{2}P_{Load}+\frac{T_g}{2}P_{Loss} \tag{9-52}$$

式中，I_S 和 U_S 为网侧电流和电压的有效值，P_{Load} 和 P_{Loss} 分别为负载和其余损耗元件的消耗功率。

在半个工频周期后 U_H和 U_L 达到目标值 U_H^* 和 U_L^*，式（9-52）改写为

$$U_SI_S^*\frac{T_g}{2}=\frac{4}{2}C_H(U_H^{*2}-U_H^2)+\frac{1}{2}C_L(U_L^{*2}-U_L^2)+\frac{T_g}{2}P_{Load}+\frac{T_g}{2}P_{Loss} \tag{9-53}$$

式中，C_H为级联直流母线电容。

进而推导电网电流有效值的指令值为

$$I_S^*=[P_{Load}+P_{Loss}+4C_Hf_g(U_H^{*2}-U_H^2)+C_L f_g(U_L^{*2}-U_L^2)]/U_S \tag{9-54}$$

最后结合内环的 PR 控制器调节电网电流 $I_S=I_S^*$。整个控制框图如图 9.29 所示。

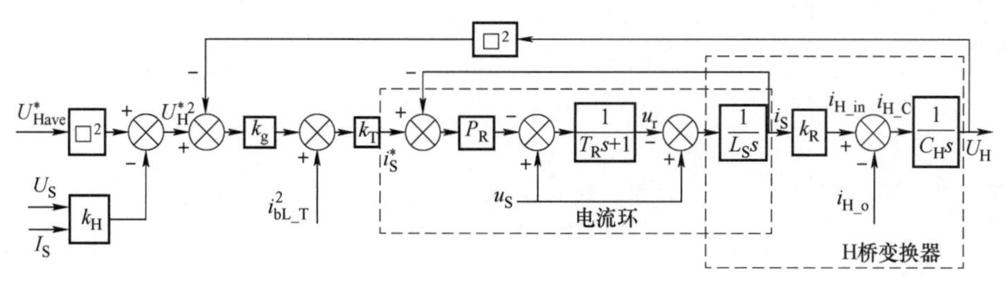

图 9.29　级联 H 桥的能量平衡控制

9.3.2.2　“外环滑模+内环”通用形式解析

在 DAB 的能量平衡控制中，式（9-50）可以看作 $U_{\rm L}$ 和 $d_{\rm f}$ 的函数

$$d_{\rm f}=h(U_{\rm L}) \tag{9-55}$$

其中

$$\begin{aligned} h(U_{\rm L})&=\frac{f_{\rm s}^2L_{\rm k}}{4nU_{\rm H}}\frac{U_{\rm L}^{*2}-U_{\rm L}^2}{U_{\rm L}}+\frac{f_sL_k(P_{\rm Load}+P_{\rm Loss})}{2nU_{\rm H}U_{\rm L}} \\ &=\left[\frac{f_{\rm s}^2L_{\rm k}U_{\rm L}^{*2}}{4nU_{\rm H}}+\frac{f_{\rm s}L_{\rm k}(P_{\rm Load}+P_{\rm Loss})}{2nU_{\rm H}}\right]\frac{1}{U_{\rm L}}-\frac{f_{\rm s}^2L_{\rm k}}{4nU_{\rm H}}U_{\rm L} \end{aligned} \tag{9-56}$$

因此图 9.28 所示 DAB 的能量平衡控制的控制效果使得（$U_{\rm L}$，$d_{\rm f}$）运行在如式（9-55）所示的滑模面上。若在 $U_{\rm L}$- $d_{\rm f}$ 相平面设计一个如式（9-55）所示的滑模面，用以根据 $U_{\rm L}$ 输出相应的控制量 $d_{\rm f}$，则运行点（$U_{\rm L}$，$d_{\rm f}$）同样在式（9-55）所示的滑模面上运行。因此，该能量平衡控制等效于没有内环的“外环滑模面+内环”控制形式。

在级联 H 桥的能量平衡控制中，由于级联 H 桥能够直接控制的量为 $U_{\rm H}$和 $i_{\rm S}$，而 $U_{\rm L}$ 是由后一级控制的，假设后一级控制使得在半个工频周期后有 $U_{\rm L}=U_{\rm L}^*$。若忽略内环电流环的执行时间，且电流环不存在静差，有 $I_{\rm S}=I_{\rm S}^*$，则式（9-54）可以改写为 $U_{\rm H}$-$I_{\rm S}$ 相平面的抛物线滑模面，如式（9-57）所示。因此，原级联 H 桥的能量平衡控制的控制效果使得运行点（$U_{\rm H}$，$I_{\rm S}$）在式（9-57）所示的滑模面上运行。

$$I_{\rm S}=h(U_{\rm H})=-\frac{4C_{\rm H}f_{\rm g}U_{\rm H}^2}{U_{\rm S}}+\frac{4C_{\rm H}f_{\rm g}U_{\rm H}^{*2}}{U_{\rm S}}+\frac{P_{\rm Load}+P_{\rm Loss}+C_{\rm L}f_{\rm g}(U_{\rm L}^{*2}-U_{\rm L}^2)}{U_{\rm S}} \tag{9-57}$$

若在 $U_{\rm H}$- $I_{\rm S}^*$ 相平面设计一个如式（9-54）所示的滑模面，用以输出电流指令 $I_{\rm S}^*$，内环电流环执行这一电流指令使得 $I_{\rm S}=I_{\rm S}^*$，则运行点（$U_{\rm H}$，$I_{\rm S}$）同样在式（9-57）所示的滑模面上运行。综上所述，原级联 H 桥的能量平衡控制等效成为“外环滑模面输出电流指令且内环电流环执行指令”这一通用形式。

9.3.2.3　定量分析稳态误差

下面以如图 9.29 所示的电能路由器中级联 H 桥的能量平衡控制为例，定量分析稳态误差。由于控制内环采用 PR 控制器，因而内环没有静差，只需定量分析电路参数误差和损耗不准确导致的能量平衡控制的稳态误差。首先在相平面上画出滑模面 $I_{\rm S}=h(U_{\rm H})$ 式（9-57）如图 9.30 中曲线 1 所示，称为能量平衡控制的运行线，在能量平衡控制下，运行点（$U_{\rm H}$，$I_{\rm S}$）在该运行线上滑动。

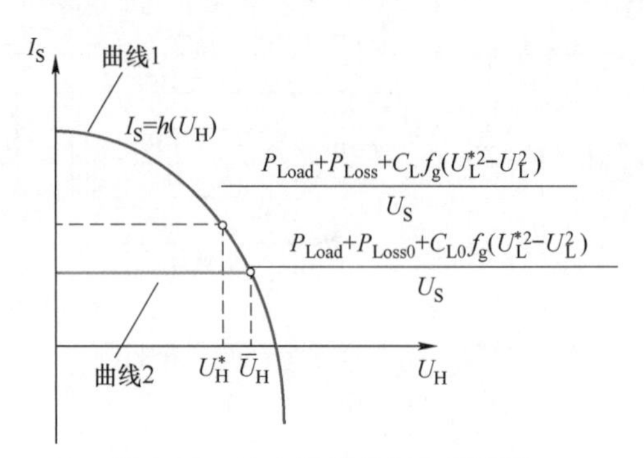

图 9.30　稳态误差分析相平面图

系统达到稳定时，考虑到所控制的状态量 U_H稳定，电容 C_H前后达到功率平衡状态。令能量平衡模型式（9-52）中的 $\Delta E_{CH}=0$，得到式（9-58），在本节中称之为负载线。

$$I_S=\frac{P_{Load}+P_{Loss}+C_L f_g(U_L^{*2}-U_L^2)}{U_S} \tag{9-58}$$

由负载线和运行线相交的点，即为最终稳态点。将式（9-58）代入到运行线式（9-57），可以得到稳态点为$\left(U_H^*,\ \frac{P_{Load}+P_{Loss}+C_L f_g\ (U_L^{*2}-U_L^2)}{U_S}\right)$，$U_H$不存在稳态误差。

但考虑到 P_{Loss}的误差和电容 C_L、C_H参数误差，稳态点会发生偏差。设真实的损耗功率为 P_{Loss0}，真实的电容参数为 C_{L0} 和 C_{H0}，则半个工频周期的能量平衡模型式（9-52）可更改为

$$U_S I_S\frac{T_g}{2}=4\Delta E_{CH}+\frac{1}{2}C_{L0}(U_L^{*2}-U_L^2)+\frac{T_g}{2}P_{Load}+\frac{T_g}{2}P_{Loss0} \tag{9-59}$$

由式（9-59）使得 $\Delta E_{CH}=0$ 得到真正的负载线如图 9.30 曲线 1 及式（9-60）所示。

$$I_S=\frac{P_{Load}+P_{Loss0}+C_{L0} f_g(U_L^{*2}-U_L^2)}{U_S} \tag{9-60}$$

再求稳态点，即式（9-60）负载线与式（9-57）运行线的交点，联立两式得到真正的稳态点电压为

$$\overline{U}_H=\sqrt{U_H^{*2}+\frac{P_{Loss}-P_{Loss0}+(C_L-C_{L0})f_g(U_L^{*2}-U_L^2)}{4C_H f_g}} \tag{9-61}$$

稳态误差如式（9-62）所示，对于电能路由器级联 H 桥的能量平衡控制，稳态误差由两部分原因造成：①C_L 和 C_{L0}的偏差，即能量平衡控制中的参数与实际电路参数之间的偏差；②P_{Loss}与 P_{Loss0}的偏差，即损耗不准确估计。

$$\overline{U}_H-U_H^*=\sqrt{U_H^{*2}+\frac{P_{Loss}-P_{Loss0}+(C_L-C_{L0})f_g(U_L^{*2}-U_L^2)}{4C_H f_g}}-U_H^* \tag{9-62}$$

9.3.2.4　基于能量平衡的全局稳定性分析

对于非线性控制的全局稳定性分析，采用 Lyapunov 稳定性来分析级联 H 桥在工频周期 $T_g(T_g=1/f_g)$ 下的能量平衡控制。选择 Lyapunov 函数为

$$W^2=(C_H U_H^2-C_H\overline{U}_H^2)^2 \tag{9-63}$$

其中 W 以及 W 在一个工频周期 T_g 中的变化量 ΔW 为

$$\begin{cases} W = C_H U_H^2 - C_H \overline{U}_H^2 \\ \Delta W|_{T_g} = \Delta(C_H U_H^2) \propto \Delta E_{CH} \end{cases} \tag{9-64}$$

由能量平衡模型（9-59）可以得到

$$\Delta E_{CH} = U_S I_S \frac{T_g}{2} - \frac{1}{2} C_{L0}(U_L^{*2} - U_L^2) - \frac{T_g}{2} P_{Load} - \frac{T_g}{2} P_{Loss0} \tag{9-65}$$

对照式（9-64），式（9-60）与（9-65）可知，当运行点在红色运行上滑动时，在绿色负载线之上有 $\Delta W>0$，在绿色负载线之下有 $\Delta W<0$。同时由图 9.30 可以看出当运行点在绿色负载线之上有 $W<0$，在绿色负载线之下有 $W>0$，可见满足 Lyapunov 稳定性判据 $W\Delta W<0$，故电能路由器级联 H 桥的能量平衡控制在工频周期时间尺度下是全局稳定的。

9.3.3　考虑多时间尺度的能量平衡控制

多时间尺度的能量平衡控制采用同时考虑开关周期和工频周期的分布式补偿能量平衡控制策略。在多时间尺度能量平衡控制中，外环控制器根据开关周期和工频周期时间尺度下的能量平衡模型得到内环指令值，内环控制器实现该指令值。

本节以 MMC 变换器和双 PWM 变换器为例，解析考虑多时间尺度的能量平衡控制方法，将其统一为“外环滑模+内环”的通用形式，在此基础上定量分析其稳态误差，基于能量平衡模型分析其全局稳定性。

9.3.3.1　控制策略解析

1. MMC 的能量平衡控制

MMC 变换器典型结构如图 9.31 所示。建立基于工频周期和开关周期的分布补偿能量平衡控制策略如图 9.32 所示，通过注入二次环流 i_{cira} 来降低模块电容电压 v_{ca} 波动同时取得较好的暂态性能。该控制策略包括外环的能量平衡控制和内环的 P+RC 控制。外环能量平衡控制律计算二次环流指令值 i_{cira_ref}，内环 P+RC 控制器实现 $i_{cira} = i_{cira\_ref}$。

对于 MMC，输入能量的流向包括两部分：电感电容等储能元件；负载以及其他耗能元件。相对应在能量平衡控制律中，将 i_{cira_ref} 分为两部分：一部分考虑开关周期尺度内达到补偿储能元件需要的能量；另一部分考虑工频周期尺度内达到负载及其他耗能元件需要的能量。

首先在工频周期 T_g 下，不考虑电感电容储能元件中的能量变化，根据输入输出的能量平衡建立工频周期下的能量平衡模型以计算 i_{cira1}^*：

$$V_{dc} i_{cira1}^* T_g = v_{ag} i_a T_g + 2 I_{arm}^2 R_{arm} T_g \tag{9-66}$$

然后考虑电感电容储能元件中的能量，建立 n 个开关周期 T_s 的能量平衡模型计算 i_{cira2}^*

$$nT_s V_{dc} i_{cira2}^* = NC(V_{ca\_ref}^2 - v_{ca}^2) + \frac{1}{2} L_{arm}\left[\left(i_{cira1}^* + \frac{1}{2} i_a\right)^2 - \left(i_{cira} + \frac{1}{2} i_a\right)^2\right] + \frac{1}{2} L_{arm}\left[\left(i_{cira1}^* - \frac{1}{2} i_a\right)^2 - \left(i_{cira} - \frac{1}{2} i_a\right)^2\right] \tag{9-67}$$

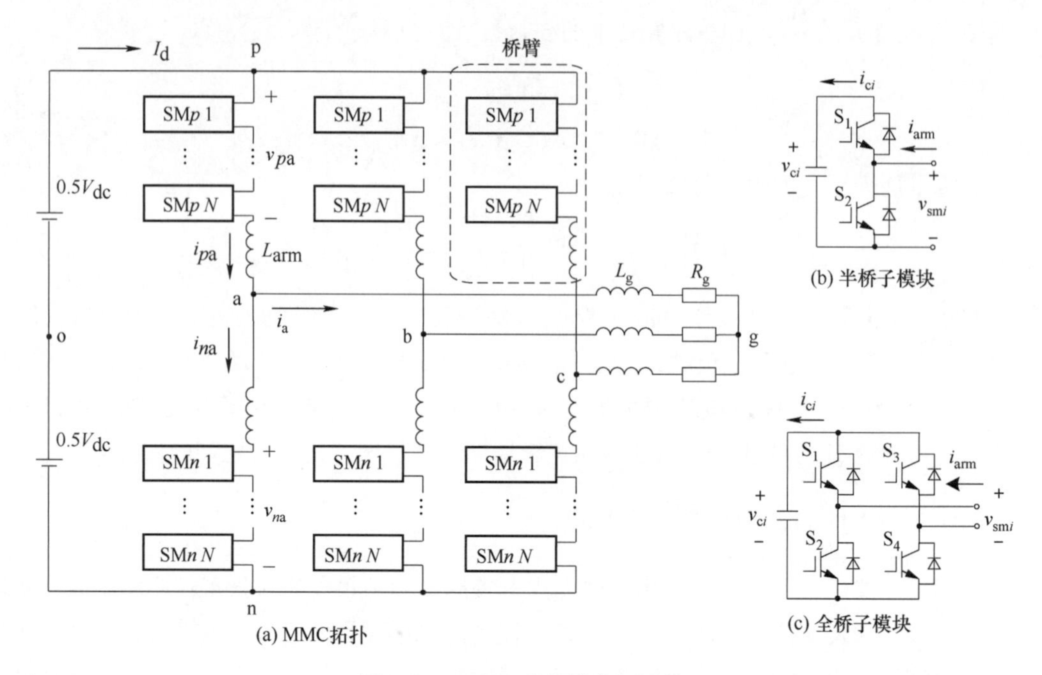

图 9.31 MMC 变换器典型结构

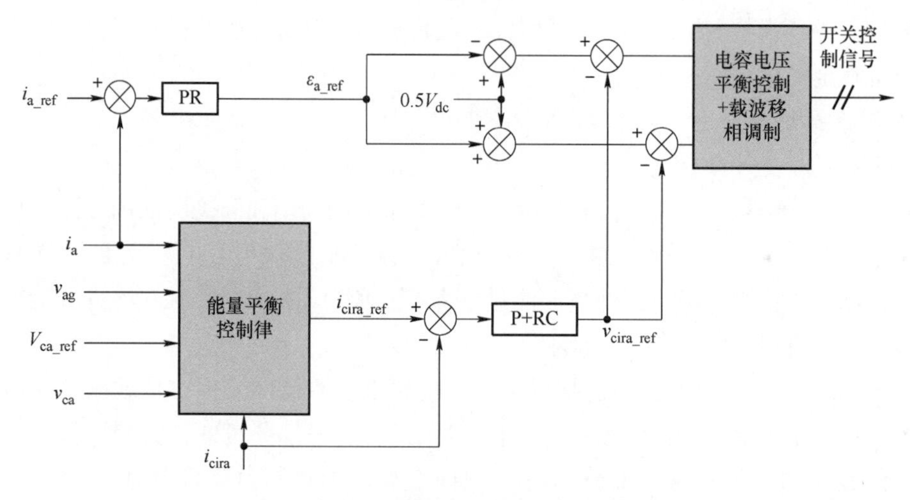

图 9.32 基于能量平衡的注入二次环流控制

将式（9-66）中的 i^*_{cira1} 和式（9-67）中的 i^*_{cira2} 叠加，得到二次环流的指令值 i_{cira_ref}

$$i_{cira\_ref}=\frac{v_{ag}i_a+2I^2_{arm}R_{arm}}{V_{dc}}+\frac{NC(V^2_{ca\_ref}-v^2_{ca})+L_{arm}\left[\left(\frac{v_{ag}i_a+2I^2_{arm}R_{arm}}{V_{dc}}\right)^2-i^2_{cira}\right]}{nT_sV_{dc}} \tag{9-68}$$

式中，V_{dc} 为 MMC 直流侧电压；v_{ag} 为交流侧输出相电压；R_{arm} 和 L_{arm} 分别为桥臂等效电阻和桥臂电感；v_{ca} 为模块电容电压；V_{ca_ref} 为模块电容电压指令值；N 为每个桥臂的模块个数。

2. 双 PWM 变换器的能量平衡控制

双 PWM 变换器如图 9.33 所示，为了协调改善母线电压的动态性能，能量平衡控制被

用在前级的整流器控制器中用以控制直流母线。这同样是一种分布补偿的能量平衡控制策略，包括大时间和小时间尺度：一部分考虑开关周期时间尺度下达到系统需要的能量；另一部分考虑工频周期时间尺度下达到系统需要的能量。

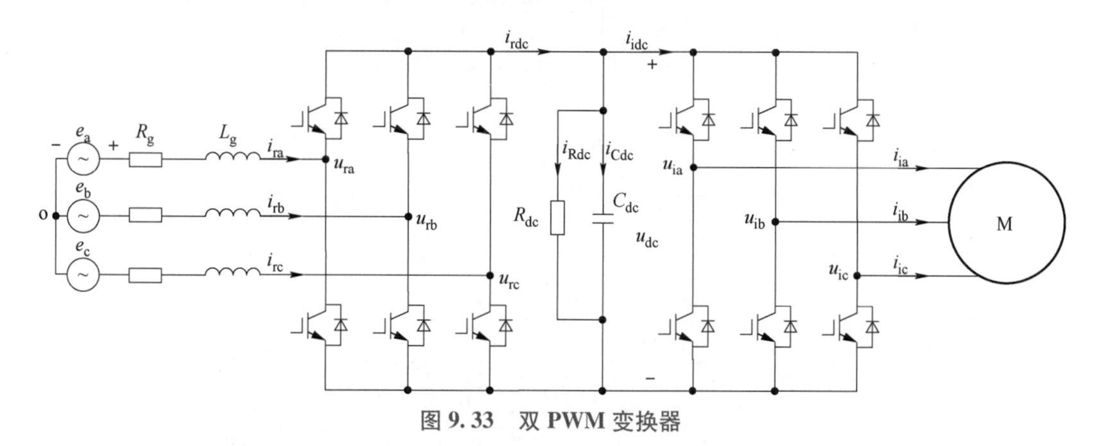

图 9.33　双 PWM 变换器

对双 PWM 变换器在任意时间间隔内建立能量平衡模型为

$$\Delta W_g = W_R + \Delta W_{Lg} + \Delta W_{Cdc} + W_{inv} \tag{9-69}$$

式中，W_g为电网输入的能量；W_R为线路、电感等效电阻、电容等效电阻等耗能元件造成的损耗；$\Delta W_{Lg}=\Delta\left(\frac{3}{4}L_g i_{rd}{}^2\right)$为网侧电感 L_g的储能变化量；$\Delta W_{Cdc}=\Delta\left(\frac{1}{2}C_{dc}u_{dc}^2\right)$为直流母线电容 C_{dc}的储能变换量；W_{inv}为逆变器以及负载消耗的能量；i_{rd}和 i_{rd}^*分别为 d 轴网侧电流及其指令值；u_{dc}和 u_{dc}^*分别为直流母线电压及其指令值。

在该能量平衡模型的基础上，将系统需要的能量分为两个部分：在能量消耗元件中消耗的能量，包括 W_R和 W_{inv}；与储能元件之间交换的能量，包括 ΔW_{Lg}和 ΔW_{Cdc}。对应将电网电流指令值 i_{rd}^*分为两部分：考虑工频周期能量平衡的 i_{rd1}^*和考虑开关时间尺度能量平衡的 i_{rd2}^*。

首先在工频周期下不考虑储能元件的能量变化，建立能量平衡模型如式（9-70）所示，i_{rd1}^*用来补偿在能量消耗元件中消耗的能量，负载消耗能量时 P_{inv}为正。

$$\frac{3}{2}e_d i_{rd1}^* T_g = \frac{3}{2}R_g i_{rd1}^{*2} T_g + P_{inv} T_g \tag{9-70}$$

式中，e_d为 d 轴电网电压，R_g为网侧电感等效电阻。

i_{rd2}^*用来补偿网侧电感和直流母线电容等储能元件中的能量，建立 n 个开关周期 T_s 下的能量平衡模型，有

$$\frac{3}{2}e_d n T_s i_{rd2}^* = \frac{3}{4}L_g(i_{rd1}^{*2} - i_{rd}^2) + \frac{1}{2}C_{dc}(u_{dc}^{*2} - u_{dc}^2) \tag{9-71}$$

将式（9-71）中的 i_{rd2}^*和式（9-70）中的 i_{rd1}^*叠加，就可以得到有功电流指令值

$$\begin{aligned} i_{rd}^* = &\frac{R_g}{e_d}\left(\frac{2P_{inv}}{3e_d}\right)^2 + \frac{2P_{inv}}{3e_d} + \\ &\frac{2}{3e_d n T_s}\left\{\frac{3}{4}L_g\left[\left(\frac{2P_{inv}}{3e_d}\right)^2 - i_{rd}^2\right] + \frac{1}{2}C_{dc}(u_{dc}^{*2} - u_{dc}^2)\right\} \end{aligned} \tag{9-72}$$

结合内环无差拍控制实现电流指令值的跟随，可设计内外环控制器如图 9. 34 所示。

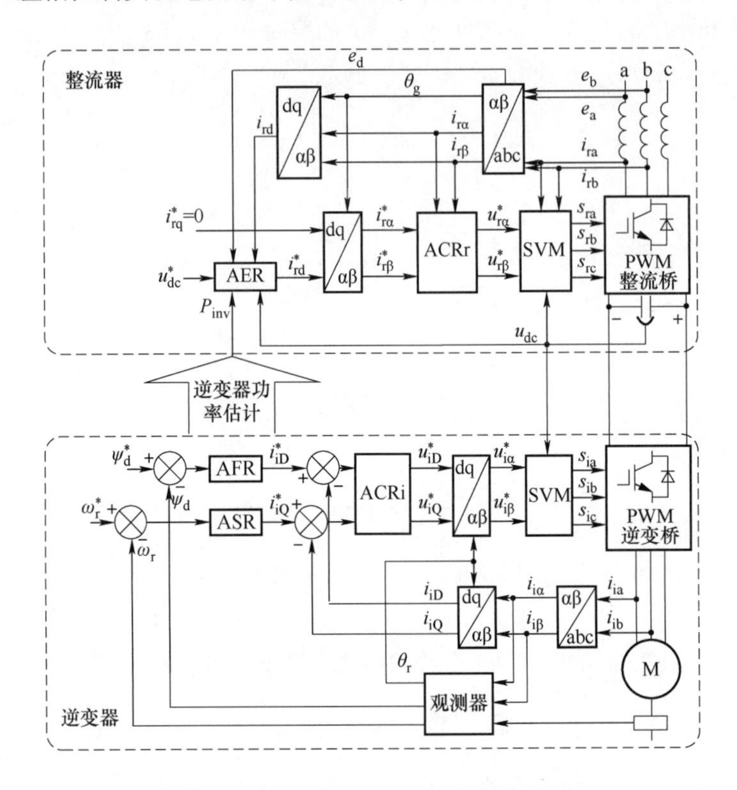

图 9. 34　双 PWM 变换器能量平衡控制

9. 3. 3. 2　“外环滑模+内环”通用形式解析

1. MMC 的能量平衡控制

若忽略内环的执行时间和静差则有 $i_{cira}=i_{cira\_ref}$，因此原 MMC 能量平衡控制的外环式（9-68）可更改为

$$i_{cira}+\frac{L_{arm}i_{cira}^{2}}{nT_{s}V_{dc}}+\frac{NCv_{ca}^{2}}{nT_{s}V_{dc}}=\frac{v_{ag}i_{a}+2I_{arm}^{2}R_{arm}}{V_{dc}}+\frac{NCV_{ca\_ref}^{2}+L_{arm}\left(\frac{v_{ag}i_{a}+2I_{arm}^{2}R_{arm}}{V_{dc}}\right)^{2}}{nT_{s}V_{dc}} \tag{9-73}$$

由上式可以看出，原 MMC 的能量平衡控制效果等价于使得（v_{ca}，i_{cira}）运行在 $v_{ca}-i_{cira}$ 相平面上的椭圆滑模面。若在 $v_{ca}-i_{cira}$ 上设计一个相同的滑模面，用以输出电流指令 i_{cira_ref}，内环电流环执行这一电流指令使得 $i_{cira}=i_{cira\_ref}$，则运行点（u_{dc}，i_{rd}）运行在相同的滑模面上。因此，原 MMC 的能量平衡控制等价为“外环滑模面计算电流指令值且内环电流环执行指令”的通用形式。

2. 双 PWM 变换器的能量平衡控制

若忽略内环的执行时间和静差则有 $i_{rd}^{*}=i_{rd}$，原式（9-72）可更改为

$$i_{rd}+\frac{L_g}{2e_dnT_s}i_{rd}^2+\frac{C_{dc}}{3e_dnT_s}u_{dc}^2=\frac{R_g}{e_d}\left(\frac{2P_{inv}}{3e_d}\right)^2+\frac{2P_{inv}}{3e_d}+\frac{2}{3e_dnT_s}\left[\frac{3}{4}L_g\left(\frac{2P_{inv}}{3e_d}\right)^2+\frac{1}{2}C_{dc}u_{dc}^{*2}\right] \quad (9\text{-}74)$$

根据上式，原双PWM变换器的能量平衡控制效果等价于使得（u_{dc}，i_{rd}）运行在u_{dc}-i_{rd}相平面上的椭圆滑模面。若在u_{dc}-i_{rd}上设计一个相同的滑模面，用以输出电流指令i_{rd}^*，内环电流环执行这一电流指令使得$i_{rd}=i_{rd}^*$，则运行点（u_{dc}，i_{rd}）运行在相同的滑模面上。因此原能量平衡控制等效成为“外环滑模面输出电流指令且内环电流环执行指令”这一通用形式。

9.3.3.3　定量分析稳态误差

以双PWM变换器能量平衡控制说明。由于R_g很小，因此忽略，则式（9-74）可以变为

$$i_{rd}+\frac{L_g}{2e_dnT_s}i_{rd}^2+\frac{C_{dc}}{3e_dnT_s}u_{dc}^2=\frac{2P_{inv}}{3e_d}+\frac{2}{3e_dnT_s}\left[\frac{3}{4}L_g\left(\frac{2P_{inv}}{3e_d}\right)^2+\frac{1}{2}C_{dc}u_{dc}^{*2}\right] \quad (9\text{-}75)$$

1. 若内环电流环没有静差且不存在损耗问题

首先在相平面图9.35上画出滑模面$i_{rd}=i_{rd}^*=h(u_{dc})$，如曲线2所示，是一个以$\left(0,\ -\frac{e_dnT_s}{L_g}\right)$为中心的椭圆曲线，称作能量平衡控制的运行线。在能量平衡控制下，运行点（u_{dc}，i_{rd}）在该运行线上滑动。

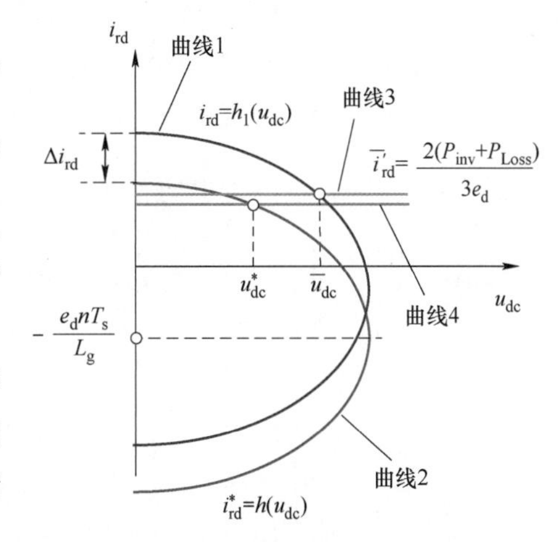

图9.35　稳态误差分析相平面图

然后在不考虑线路、电感等效电阻、电容等效电阻等造成的损耗W_R后，由能量平衡模型式（9-69），建立某个时间段Δt内的能量平衡模型

$$\frac{3}{2}e_di_{rd}\Delta t=\Delta W_{Lg}+\Delta W_{Cdc}+P_{inv}\Delta t \quad (9\text{-}76)$$

系统稳定时，考虑到储能元件里的能量保持稳定，即可认为$\Delta W_{Lg}=\Delta W_{Cdc}=0$，由式（9-76）得到

$$\bar{i}_{rd}=\frac{2P_{inv}}{3e_d} \quad (9\text{-}77)$$

本节将上式称为负载线，如图9.35中曲线4所示。负载线和运行线的交点即为最终稳态点。将式（9-77）代入到式（9-75），可得负载线和运行线的交点（u_{dc}^*，$\bar{i}_{rd}$），即u_{dc}与指令值u_{dc}^*之间不存在静差。

2. 若考虑损耗问题和内环电流环静差

由于在双PWM变换器能量平衡控制中，内环采用无差拍控制，极易因为参数不匹配使得内环电流环产生静差，设内环电流环误差为$\Delta i_{rd}=i_{rd}-i_{rd}^*$，则真正的运行线为$i_{rd}=h_1(u_{dc})$如图9.35曲线1所示，该滑膜面的表达式如下。

$$i_{rd}-\Delta i_{rd}+\frac{L_g}{2e_dnT_s}(i_{rd}-\Delta i_{rd})^2+\frac{C_{dc}}{3e_dnT_s}u_{dc}^2=\frac{2P_{inv}}{3e_d}+\frac{2}{3e_dnT_s}\left[\frac{3}{4}L_g\left(\frac{2P_{inv}}{3e_d}\right)^2+\frac{1}{2}C_{dc}u_{dc}^{*2}\right] \quad (9\text{-}78)$$

此外，由于损耗问题，能量平衡式（9-76）需要加入损耗 P_{Loss} 项，则负载线应从式（9-77）改为下式，如图 9.35 中的曲线 3 所示。

$$i_{rd}=\bar{i}'_{rd}=\frac{2(P_{inv}+P_{Loss})}{3e_d} \tag{9-79}$$

此时负载线的交点（$\bar{u}_{dc}$，$\bar{i}'_{rd}$）为真正的稳态点，明显与之前不存在静差的交点（u_{dc}^*，$\bar{i}_{rd}$）产生了偏差。电压偏差表达式为

$$\Delta u_{dc}=-\frac{\partial u_{dc}}{\partial i_{rd}}\Bigg|_{\substack{u_{dc}=u_{dc}^*\\ i_{rd}=\bar{i}_{rd}}}\Delta i_{rd}+\frac{\partial u_{dc}}{\partial i_{rd}}\Bigg|_{\substack{u_{dc}=u_{dc}^*\\ i_{rd}=\bar{i}_{rd}}}\frac{2P_{Loss}}{3e_d}=\frac{P_{inv}L_g}{C_{dc}e_d u_{dc}^*}\left(\Delta i_{rd}-\frac{2P_{Loss}}{3e_d}\right) \tag{9-80}$$

由上式可以看出，对于双 PWM 变换器能量平衡控制，稳态误差由以下两部分导致：①P_{Loss}的存在，即损耗被忽略；②Δi_{rd}的存在，即内环的执行有静差。

9.3.3.4 基于能量平衡的全局稳定性分析

以双 PWM 变换器的能量平衡控制为例，为简化分析，暂不考虑内环电流环的静差问题和损耗问题。由 Δt 内网侧电感的能量变化 $\Delta W_{Lg}=\Delta\left(\frac{3}{4}L_g i_{rd}^2\right)$，直流母线电容的能量变化为 $\Delta W_{Cdc}=\Delta\left(\frac{1}{2}C_{dc}u_{dc}^2\right)$，将式（9-76）的能量平衡修改为

$$\frac{3}{2}e_d i_{rd}-P_{inv}=\frac{\Delta\left(\frac{3}{4}L_g i_{rd}^2+\frac{1}{2}C_{dc}u_{dc}^2\right)}{\Delta t} \tag{9-81}$$

设 $W=\frac{3}{4}L_g i_{rd}^2+\frac{1}{2}C_{dc}u_{dc}^2-\frac{3}{4}L_g\bar{i}_{rd}^2-\frac{1}{2}C_{dc}\bar{u}_{dc}^2$，$W=0$ 在相平面上的曲线如图 9.36 中黑色曲线所示，负载线（即曲线 2）、能量环（即曲线 1）、运行线（即曲线 3）都经过点（$\bar{u}_{dc}$，$\bar{i}_{rd}$），而且 $W=0$ 曲线 1 在（$\bar{u}_{dc}$，$\bar{i}_{rd}$）处的斜率小于运行线曲线 3 的斜率（该结论由式（9-82）可知成立）。

$$-\frac{2C_{dc}\bar{u}_{dc}}{3L_g\bar{i}_{rd}}<-\frac{2C_{dc}\bar{u}_{dc}}{3L_g\left(\bar{i}_{rd}+\frac{e_d nT_s}{L_g}\right)} \tag{9-82}$$

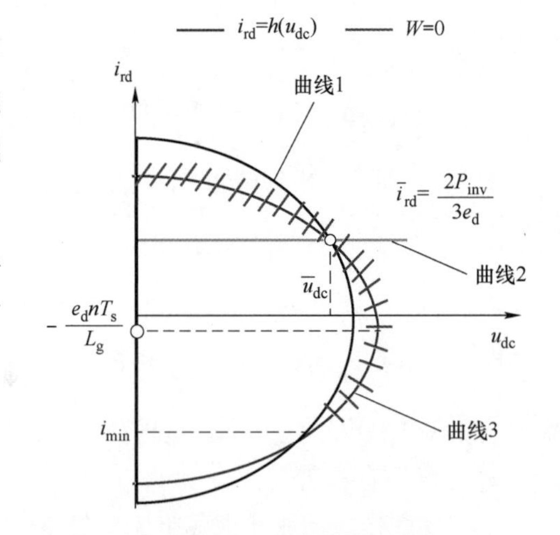

图 9.36 Lyapunov 稳定性分析 $P_{inv}\geq 0$

设 Lyapunov 函数为

$$W^2=\left(\frac{3}{4}L_g i_{rd}^2+\frac{1}{2}C_{dc}u_{dc}^2-\frac{3}{4}L_g\bar{i}_{rd}^2-\frac{1}{2}C_{dc}\bar{u}_{dc}^2\right)^2 \tag{9-83}$$

dW/dt 对应式（9-81）等号的左式，由式（9-81）可知运行点在负载线（即曲线 2）之上和之下时有不同的 dW/dt 符号如下式所示。

$$\begin{cases}\dfrac{\mathrm{d}W}{\mathrm{d}t}>0 & i_{\mathrm{rd}}>\dfrac{2P_{\mathrm{inv}}}{3e_{\mathrm{d}}}\\ \dfrac{\mathrm{d}W}{\mathrm{d}t}=0 & i_{\mathrm{rd}}=\dfrac{2P_{\mathrm{inv}}}{3e_{\mathrm{d}}}\\ \dfrac{\mathrm{d}W}{\mathrm{d}t}<0 & i_{\mathrm{rd}}<\dfrac{2P_{\mathrm{inv}}}{3e_{\mathrm{d}}}\end{cases} \tag{9-84}$$

为了满足 Lyapunov 稳定性即 $W\dfrac{\mathrm{d}W}{\mathrm{d}t}\leqslant 0$，当运行点在运行线（即曲线 3）上时，需保证在负载线（即曲线 2）之上有 $W<0$，在负载线之下有 $W>0$，则系统能够稳定在$\left(\overline{u}_{\mathrm{dc}}，\overline{i}_{\mathrm{rd}}=\dfrac{2P_{\mathrm{inv}}}{3e_{\mathrm{d}}}\right)$。

若 $P_{\mathrm{inv}}\geqslant 0$，负载线与运行线交于运行线的上半周，结合式（9-82）可知，负载线（即曲线 2）、能量环（即曲线 1）、运行线（即曲线 3）的相对位置关系如图 9.36 所示，由上面的稳定性判据知，需要运行点在负载线之上时 $W<0$，在负载线之下时 $W>0$，即对应在如图 9.36的斜线标注的部分之内运动，系统才能够向（$\overline{u}_{\mathrm{dc}}$，$\overline{i}_{\mathrm{rd}}$）收敛。因此，只需保证初始点电流不小于 $i_{\min}$，系统便能够稳定在（$\overline{u}_{\mathrm{dc}}$，$\overline{i}_{\mathrm{rd}}$）。

若 $P_{\mathrm{inv}}<0$，则分 2 种情况：

1）能量平衡控制考虑的平衡时间 $t_{\mathrm{c}}=nT_{\mathrm{s}}$ 比较小，使得$-\dfrac{e_{\mathrm{d}}nT_{\mathrm{s}}}{L_{\mathrm{g}}}\geqslant\dfrac{2P_{\mathrm{inv}}}{3e_{\mathrm{d}}}$，导致负载线与运行线交点在运行线的下半圆周上，如图 9.37 所示。运行线上的运行点必须在如图 9.37 中斜线标注的部分之内运动，系统才能够向（$\overline{u}_{\mathrm{dc}}$，$\overline{i}_{\mathrm{rd}}$）收敛。而在（$\overline{u}_{\mathrm{dc}}$，$\overline{i}_{\mathrm{rd}}$）附近的部分都不处于斜线标注范围之内，因此无论初始点在哪里，系统都不可能稳定在（$\overline{u}_{\mathrm{dc}}$，$\overline{i}_{\mathrm{rd}}$）。

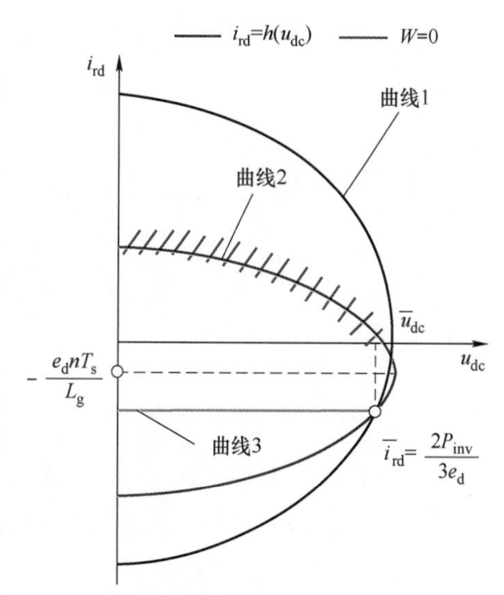

图 9.37　nT_{s} 较小时的 Lyapunov 稳定性分析 $P_{\mathrm{inv}}<0$

2）$t_{\mathrm{c}}=nT_{\mathrm{s}}$ 比较大，使得$-\dfrac{e_{\mathrm{d}}nT_{\mathrm{s}}}{L_{\mathrm{g}}}<\dfrac{2P_{\mathrm{inv}}}{3e_{\mathrm{d}}}$，导致负载线与运行线交点在运行线的上半圆周上，如图 9.38所示。此时，运行线上的运行点必须在图 9.38斜线标注的部分之内运动，系统就能够向（$\overline{u}_{\mathrm{dc}}$，$\overline{i}_{\mathrm{rd}}$）收敛。因此只要保证初始点电流不小于 $i_{\min}$，最终系统便能够稳定在（$\overline{u}_{\mathrm{dc}}$，$\overline{i}_{\mathrm{rd}}$）。

综上所述，为了保证 P_{inv} 在任何情况下都能有 Lyapunov 稳定于（$\overline{u}_{\mathrm{dc}}$，$\overline{i}_{\mathrm{rd}}$），设 $P_{\mathrm{inv\_min}}$ 为最小的负载功率（即最大的发出功率），需要有能量平衡控制中考虑的平衡时间 t_{c} 满足

$$t_{\mathrm{c}}=nT_{\mathrm{s}}>-\frac{2P_{\mathrm{inv\_min}}L_{\mathrm{g}}}{3e_{\mathrm{d}}^{2}} \tag{9-85}$$

且初始点电流大于 $i_{\min}$ 的最大值 $i_{\min\_\max}$ 即可。当 $P_{\mathrm{inv}}=P_{\mathrm{inv\_min}}$ 时，$i_{\min}$ 最大，此时可以通过

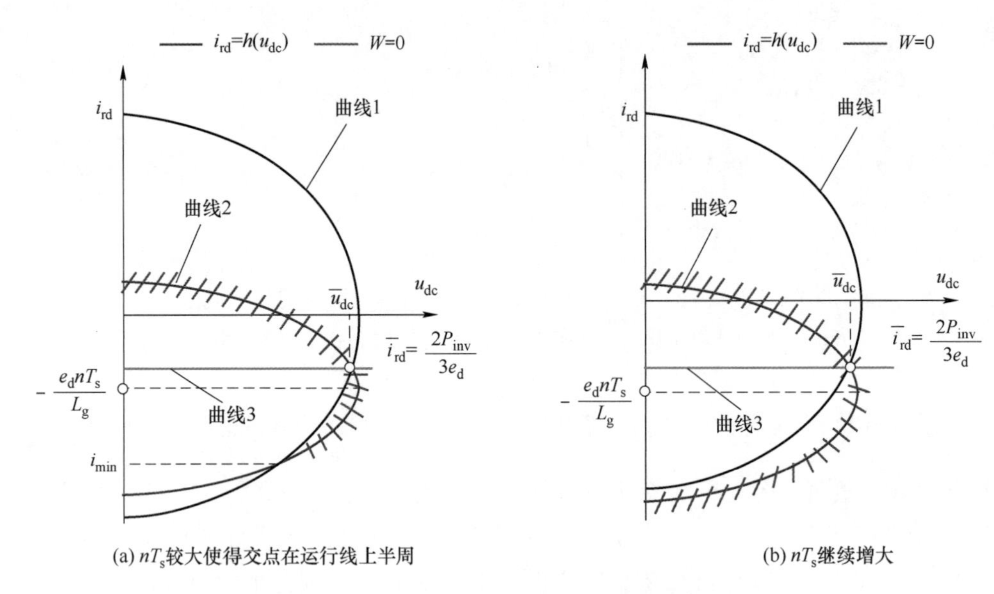

图 9.38　nT_s 较大的 Lyapunov 稳定性分析 $P_{inv}<0$

求解图 9.36 和图 9.38 中曲线 1 和曲线 2 之间的交点，求得 i_{min_max} 为

$$(u_{dc},i_{min\_max})=\begin{cases}W=0\cap i_{rd}=h(u_{dc})\mid P_{inv}=P_{inv\_min} & W=0\cap(i_{rd}=h(u_{dc}))\neq\varnothing\\(u_{dc},-\infty) & W=0\cap(i_{rd}=h(u_{dc}))=\varnothing\end{cases}\tag{9-86}$$

9.4　基于能量平衡的协同控制应用案例

以 9.2 节讨论的三端口电能路由器为例，本节综合展示基于能量平衡的协同控制应用案例与应用效果。

9.4.1　仿真分析

采用仿真分析验证 EBC 方法，并与 PI 控制进行性能对比，验证在稳态过程和功率变化、指令变化的瞬态过程中，EBC 控制方法的有效性。仿真电路参数见表 9.1。

表 9.1　仿真电路参数

参数	数值	参数	数值
级联母线电容 C_H	4700μF	级联母线电压 U_H	700V
低压母线电容 C_L	9400μF	低压母线电压 U_L	700V
输入电感 L_S	5mH	DAB 开关频率 f_d	20kHz
输出电感 L_O	3mH	整流器开关频率 f_r	10kHz
输出电容 C_O	47μF	逆变器开关频率 f_i	10kHz
高频变压器漏感 L_k	328μH	DC-DC 开关频率 f_b	10kHz
高频变压器变压比 n	1∶1	交流输入电压 u_s	1732V

当级联母线电压采用 EBC，低压母线电压采用 PI 控制时，仿真电路各变量的波形如图 9.39所示，其中 U_{Hx_ave}代表级联母线电压 U_{Hx}的平均值。

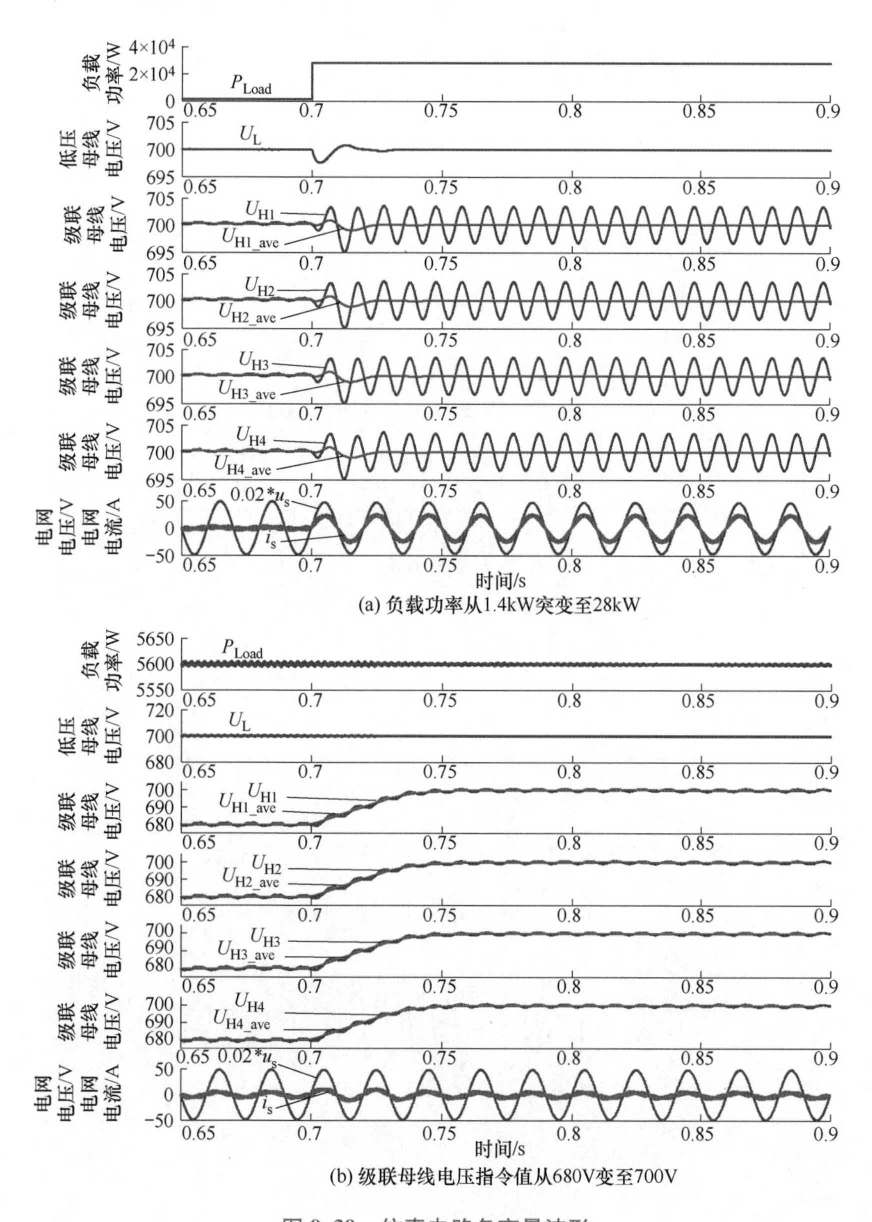

(a) 负载功率从1.4kW突变至28kW

(b) 级联母线电压指令值从680V变至700V

图 9.39　仿真电路各变量波形

从上述波形可以看出电网电流的稳态性能良好，级联母线电压的稳态性能良好，4 个级联母线电压达到平衡。

为了对比 EBC 和 PI 控制对瞬态性能的控制效果，分别对级联母线电压（Cascaded Bus Voltage，CBV）和低压母线电压（Low Bus Voltage，LBV）采用 EBC 控制器和 PI 控制器，对比结果如图 9.40 所示。在 0.7s 时，负载功率从 1.4kW 变到 28kW，从图 9.40a 中看到，CBV 和 LBV 都有一定程度的波动和超调，这是 PI 控制器不可避免的；从图 9.40b 和

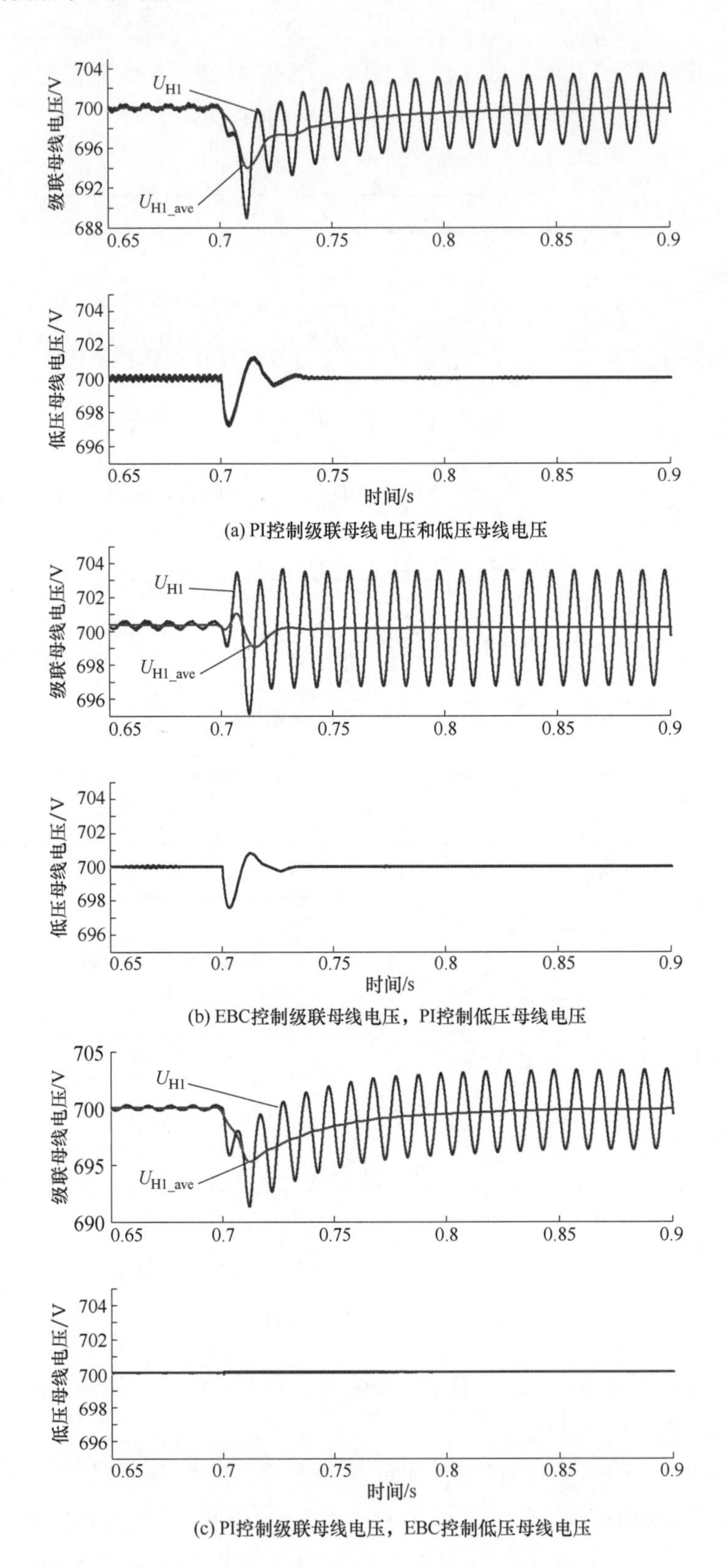

图 9.40　级联母线电压和低压母线电压波形比较（负载功率从 1.4kW 突变至 28kW）

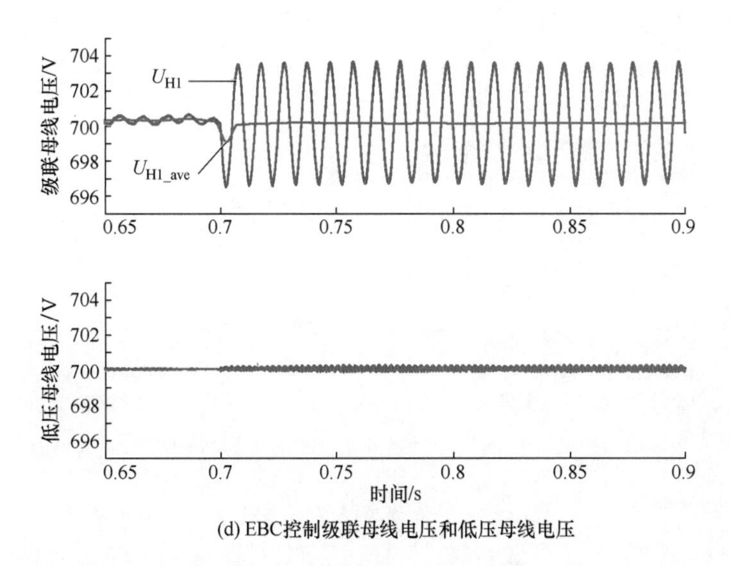

(d) EBC控制级联母线电压和低压母线电压

图 9.40　级联母线电压和低压母线电压波形比较（负载功率从 1.4kW 突变至 28kW）（续）

图 9.40c可以看出，CBV 和 LBV 分别应用 EBC 时能够取得较 PI 控制改善的动态性能，但没有解耦两级母线能量波动对控制的影响，使得瞬态过程不能做到完全无超调；当 CBV 和 LBV 同时采用 EBC 时，从图 9.40d 可以看出，两者都同时进一步优化了瞬态性能，稳态时 U_{H_s}和 U_{L_s}的微小波动使得低压母线电压随着功率增加会出现微小的波动，但该波动值很小，可以忽略不计。画出图 9.40 的时域波形在级联母线电压平均值和低压母线电压组成的相平面中的对应轨迹，如图 9.41 所示，横轴为第 1 级 CBV 的平均值，纵轴为 LBV。图中轨迹包围的面积越小，意味着两级母线电容的储能在动态过程中的变化越小，也就是电压波动越小，对比看出，同时采用 EBC 能够有效改善两级直流母线电压的动态性能。

进一步，采用 EBC 时，负载功率突变的时刻会对 CBV 的动态性能有一定影响。如图 9.42a所示，在 0.7s 时，电网电流处于过零时刻，负载功率从 1.4kW 突变至 28kW，在图 9.42b中，在 0.705s 时，电网电流等于峰值电流，负载功率发生同样突变。对比两个时刻

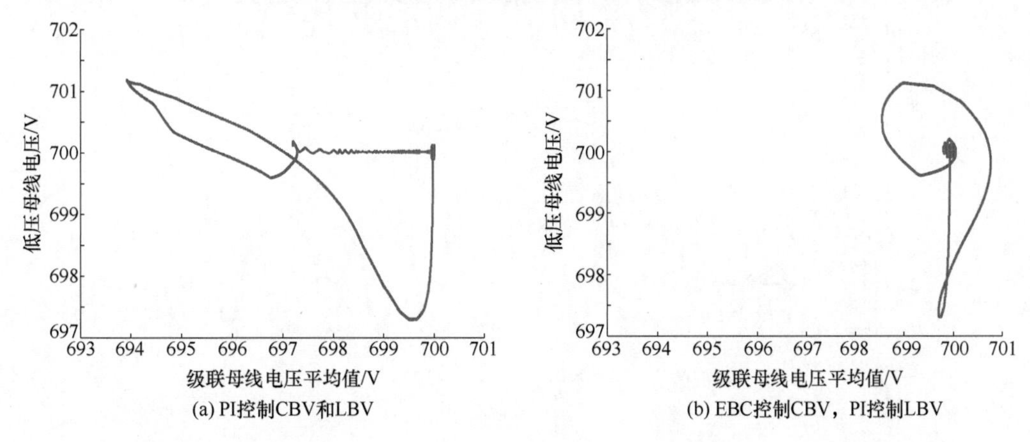

(a) PI控制CBV和LBV

(b) EBC控制CBV，PI控制LBV

图 9.41　级联母线电压（CBV）平均值和低压母线电压（LBV）的相平面图

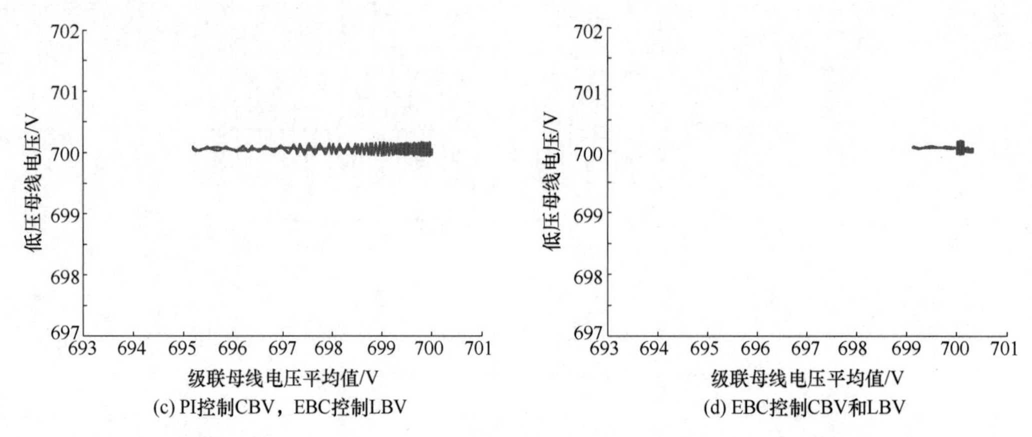

图 9.41　级联母线电压（CBV）平均值和低压母线电压（LBV）的相平面图（续）

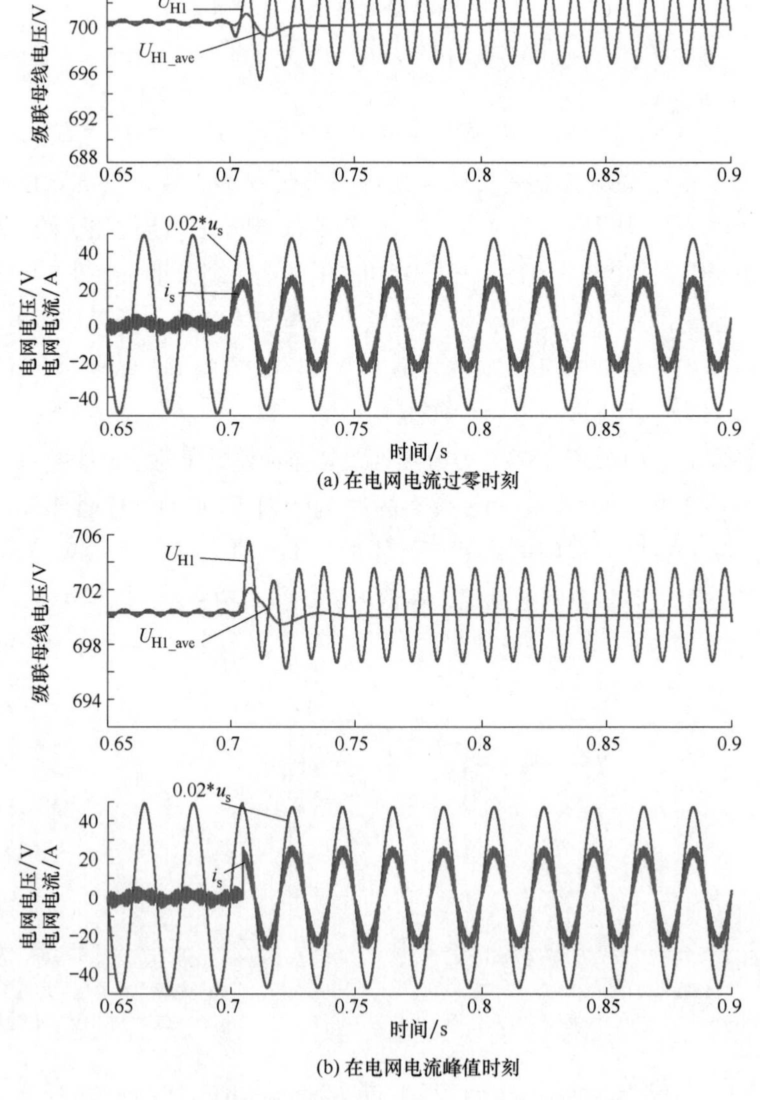

图 9.42　负载功率在不同时刻突变对 CBV 的影响比较波形

下的 CBV 的峰值电压，发现在电网电流等于峰值电流时的 CBV 峰值要高于电网电流过零时刻的 CBV 峰值，在电网电流为其他值时，CBV 峰值位于这两者之间。原因是采用 EBC 控制时认为电网电流在半个工频周期前后相等，当电网电流处于过零点时，负载突变后的半个周期后的电网电流还是零，该设定对瞬态控制效果没有影响；当电网电流等于峰值电流时，在负载功率突变之后的电网电流的峰值已经发生改变，使得根据 EBC 得到的指令值有偏差，从而使得 CBV 较电网电流过零时的有增大的趋势，但该时间段很短，使得负载切换时刻对 CBV 的峰值影响有限，后面仿真分析和实验中不再区分。

当两级母线电容值在较大范围内变化时，对各自母线电压的瞬态波动峰值是有影响的。如图 9.43a 所示，当级联母线电容值增大时，级联母线电压的瞬态波动值会逐渐减小，这是

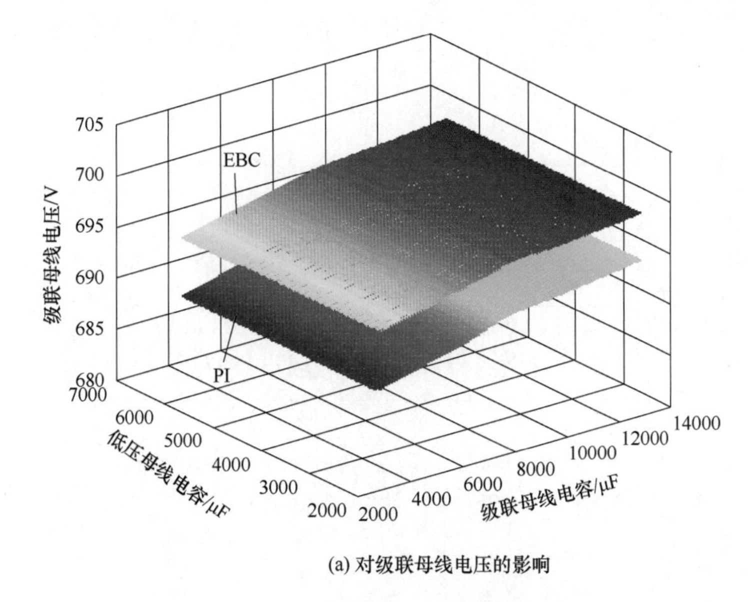

(a) 对级联母线电压的影响

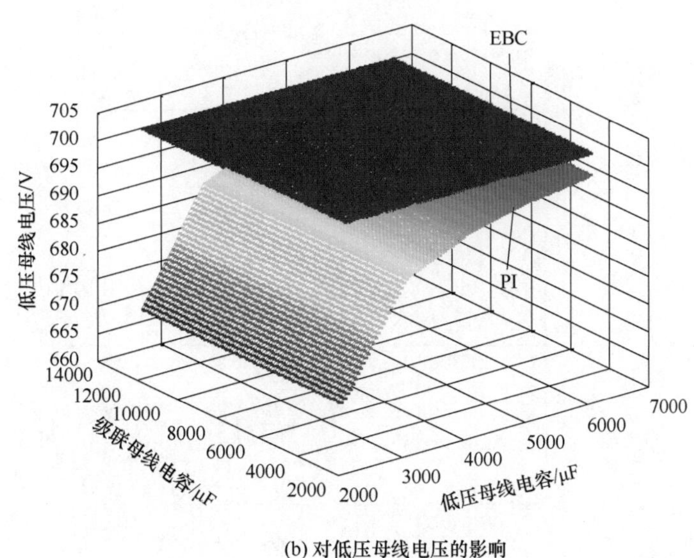

(b) 对低压母线电压的影响

图 9.43　两级母线电容值变化对母线电压的影响比较波形

受级联母线中二次纹波幅值的影响。而低压母线电容值的变化几乎对级联母线电压没有影响。与此同时，采用 EBC 控制方式时电压波动值整体都小于 PI 控制时的峰值。如图 9.43b 所示，在 PI 控制下，低压母线电压的瞬态波动值随着低压母线电容值的增大而减小，在采用 EBC 控制方式时几乎不变。这与之前得到的 EBC 控制方法不受电容参数影响的结论一致。

上图表明在限定的母线电压瞬态波动差值的前提下，采用 EBC 控制可以减少母线电容的设计余量，进而减小系统的体积和重量。

母线电压的波动较大时，会影响输出的交流电能质量和直流端的敏感用电设备。如图 9.44所示，在功率突变的瞬态过程中，低压母线电压由于控制参数不合适出现较大波动时，会直接影响连接在低压母线上的负载和其他设备，同时也会影响经过三相逆变器后输出的交流电能质量。当采用 EBC 控制时，由于控制参数确定，母线电压的瞬态波动几乎没有，不会影响输出的电能质量。

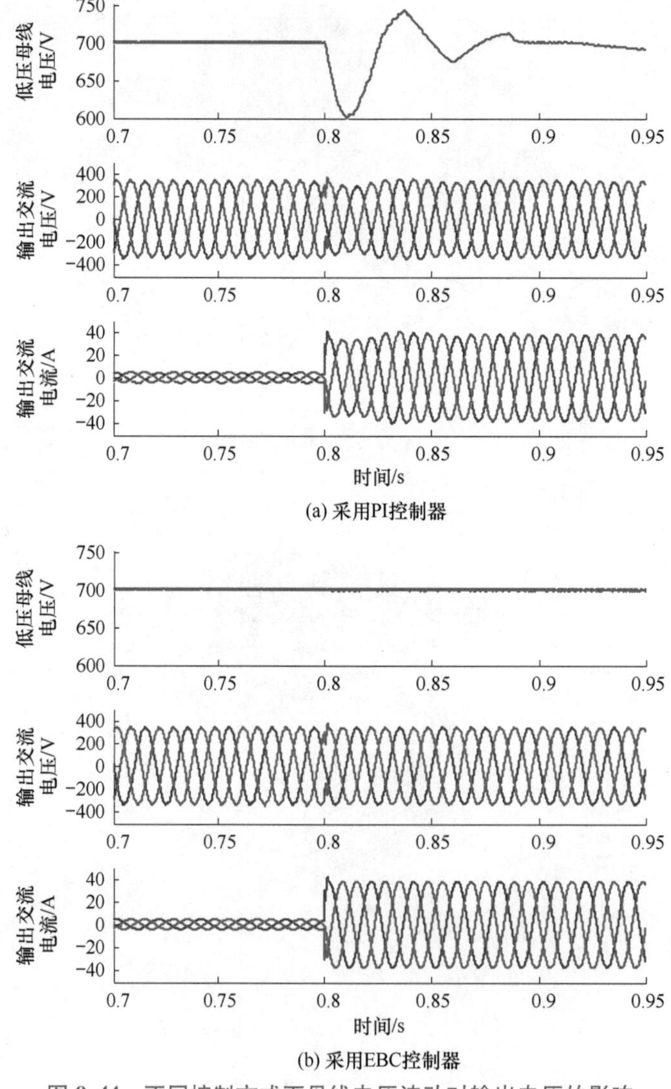

图 9.44　不同控制方式下母线电压波动对输出电压的影响

上图除了说明控制母线电压瞬态波动性能的重要性，还体现了相比于 PI 控制器，EBC 控制在控制参数设计上的优势。

为了说明均压控制策略的有效性，仿真中设定第 4 级 DAB 中的高频变压器的漏感比其他 3 级中的漏感增加 10%，即为 $L_{k1}=L_{k2}=L_{k3}=328\text{uH}$，$L_{k4}=360\text{uH}$。仿真波形如图 9.45 所示，不采用均压控制时，在传输功率增加时，第 4 级的母线电压已经失控；采用 PI 进行均压控制时，在经过一段时间后能够实现 4 级 CBV 的电压和功率平衡；采用 EBC 均压控制后，4 级 CBV 的均压速度加快，而且 4 级 DAB 中的功率也能快速平衡。

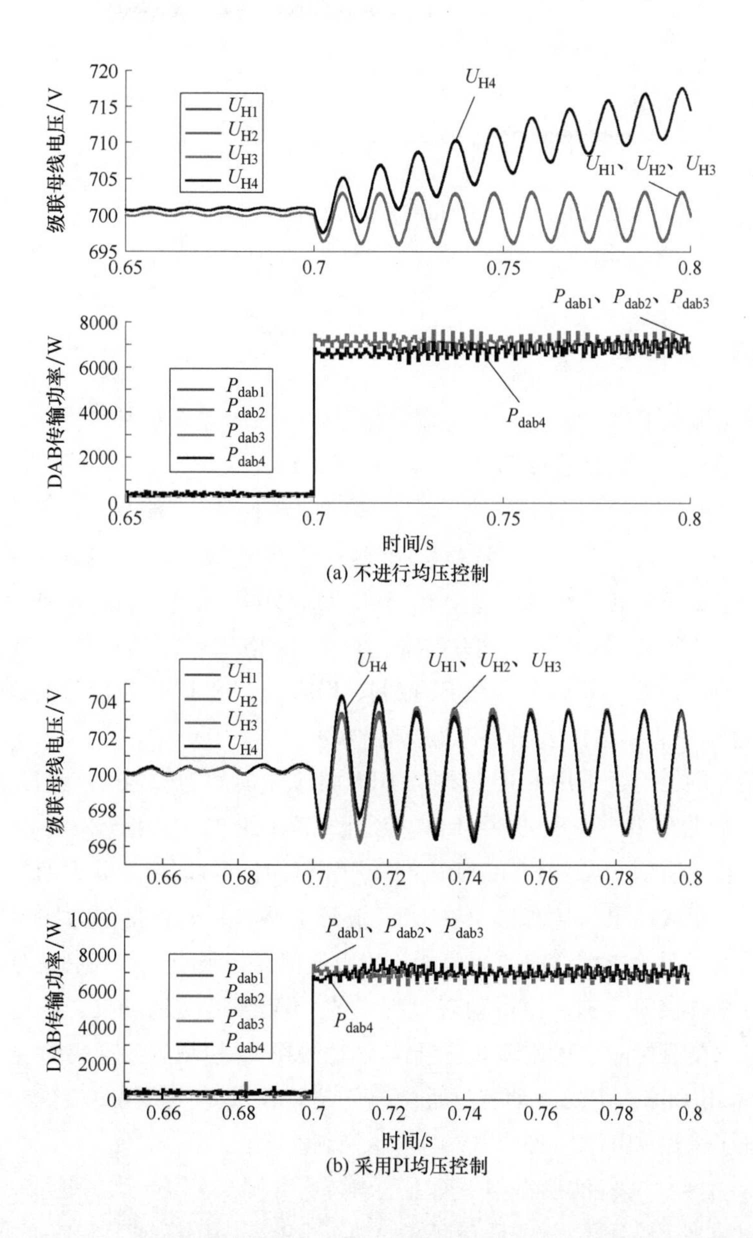

图 9.45　均压和均功率性能比较（负载功率从 1.4kW 突变至 28kW）

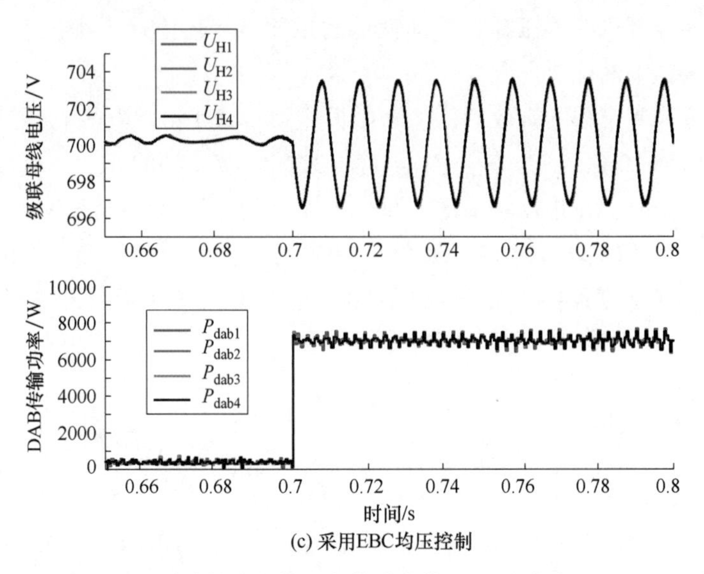

(c) 采用EBC均压控制

图 9.45 均压和均功率性能比较（负载功率从 1.4kW 突变至 28kW）（续）

9.4.2 实验验证

为验证控制策略的有效性，采用与仿真电路参数一致的实验电路和装置，考虑实验室负载功率的限制，负载功率的切换改为从 5.2kW 到 9.7kW。

图 9.46 所示为在 PI 控制和 EBC 控制下实验波形的比较，各个通道从上到下分别为：四级 CBV(U_{H4}，U_{H3}，U_{H2}，U_{H1})，LBV(U_L)，输入电网电流（i_S），电网电压（u_S），输出线电压（u_{ab}），输出三相电流（i_a，i_b，i_c）。其中 U_{H4}(500V/格)，U_{H3}(500V/格)，U_{H2}(2V/格，ac 耦合)，U_{H1}(500V/格)，U_L(200V/格)，i_S(5A/格)，u_S(1kV/格)，u_{ab}(400V/格)，i_{abc}(20A/格)。分别对 CBV 和 LBV 应用 PI 控制、EBC 控制和 EBC 均压控制，为了更好地显示 CBV 在动态过程中的变化，U_{H2}采用交流耦合方式。

随着负载功率的突增，采用 EBC 控制的 CBV 的恢复时间为 200ms，明显小于采用 PI 控制的时间 1.0s，如图 9.46a 和 b；采用 EBC 控制的 CVB 的波动要小于采用 PI 控制的电压波动，如图 9.46b 和 c 所示；当 CBV 和 LBV 都采用 EBC 时，如图 9.46d 中所示，电压波动和恢复时间都变小。实验结果与仿真结果在 CBV 波形上略有不同，是因为实验中所带的负载功率在级联母线上引起的二次纹波的幅值相比于直流值而言很小，在控制中计算二次电压纹波的幅值时受到采样误差影响，使得动态过程中的 CBV 波形受到影响，不过从实际波形来看，即使控制效果受到影响，采用 EBC 控制依然比采用 PI 控制的波动幅值要小。即在 CBV 和 LBV 中同时采用 EBC，实现了动态过程中电压超调和恢复时间同时最优的控制效果。同时，实现还验证了采用 EBC 对四级 CBV 的均压控制性能。

画出图 9.46 中 4 个实验波形在相平面中的轨迹，如图 9.47 所示，采用 EBC 控制得到的轨迹包围的面积最小，验证了 EBC 具有良好的动态性能。图中横轴为 LBV 的值 U_L，纵轴为第 2 级 CBV 的交流耦合值 U_{H2}。

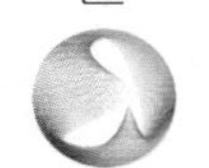

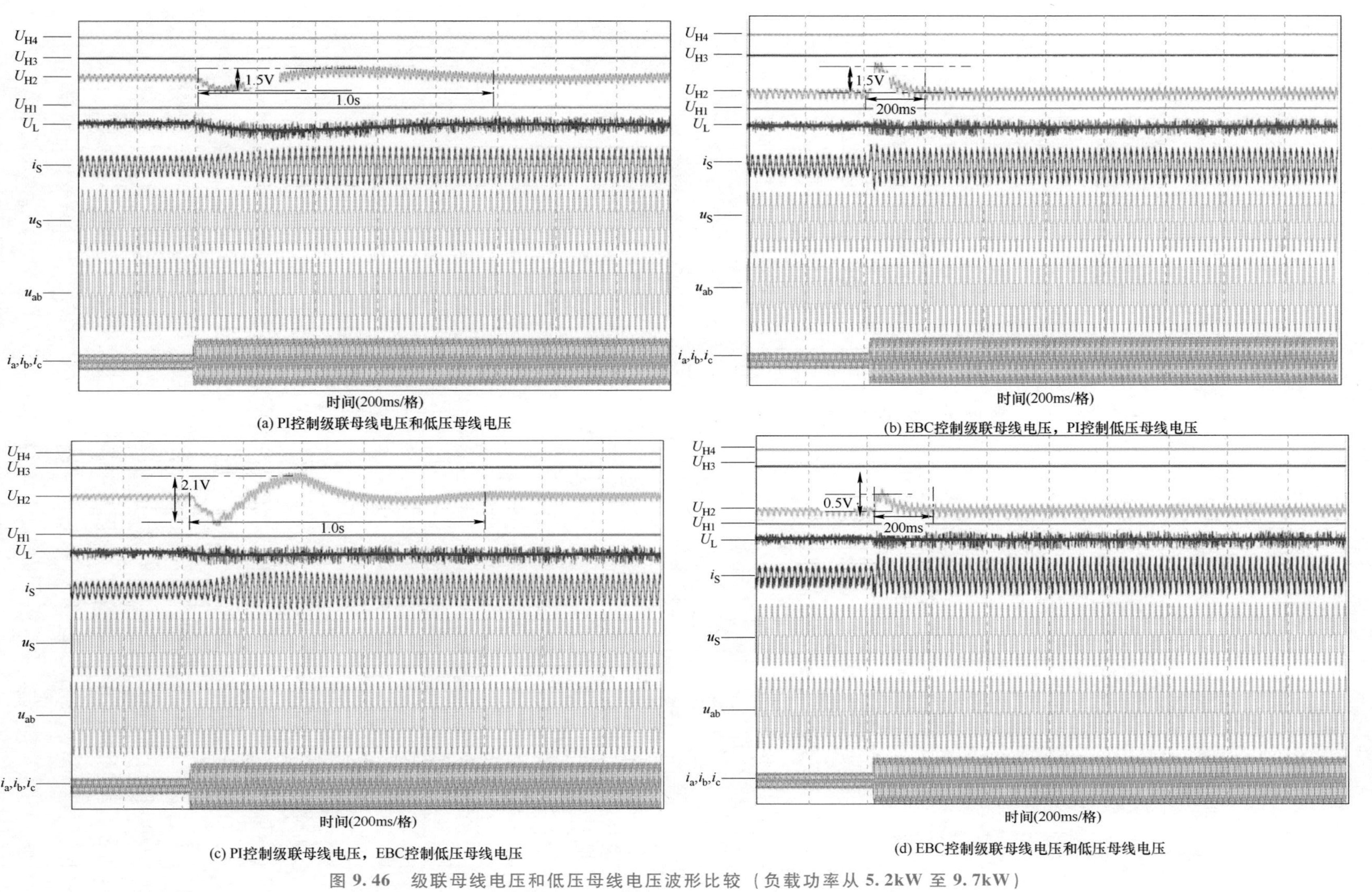

(a) PI控制级联母线电压和低压母线电压

(b) EBC控制级联母线电压，PI控制低压母线电压

(c) PI控制级联母线电压，EBC控制低压母线电压

(d) EBC控制级联母线电压和低压母线电压

图 9.46　级联母线电压和低压母线电压波形比较（负载功率从 5.2kW 至 9.7kW）

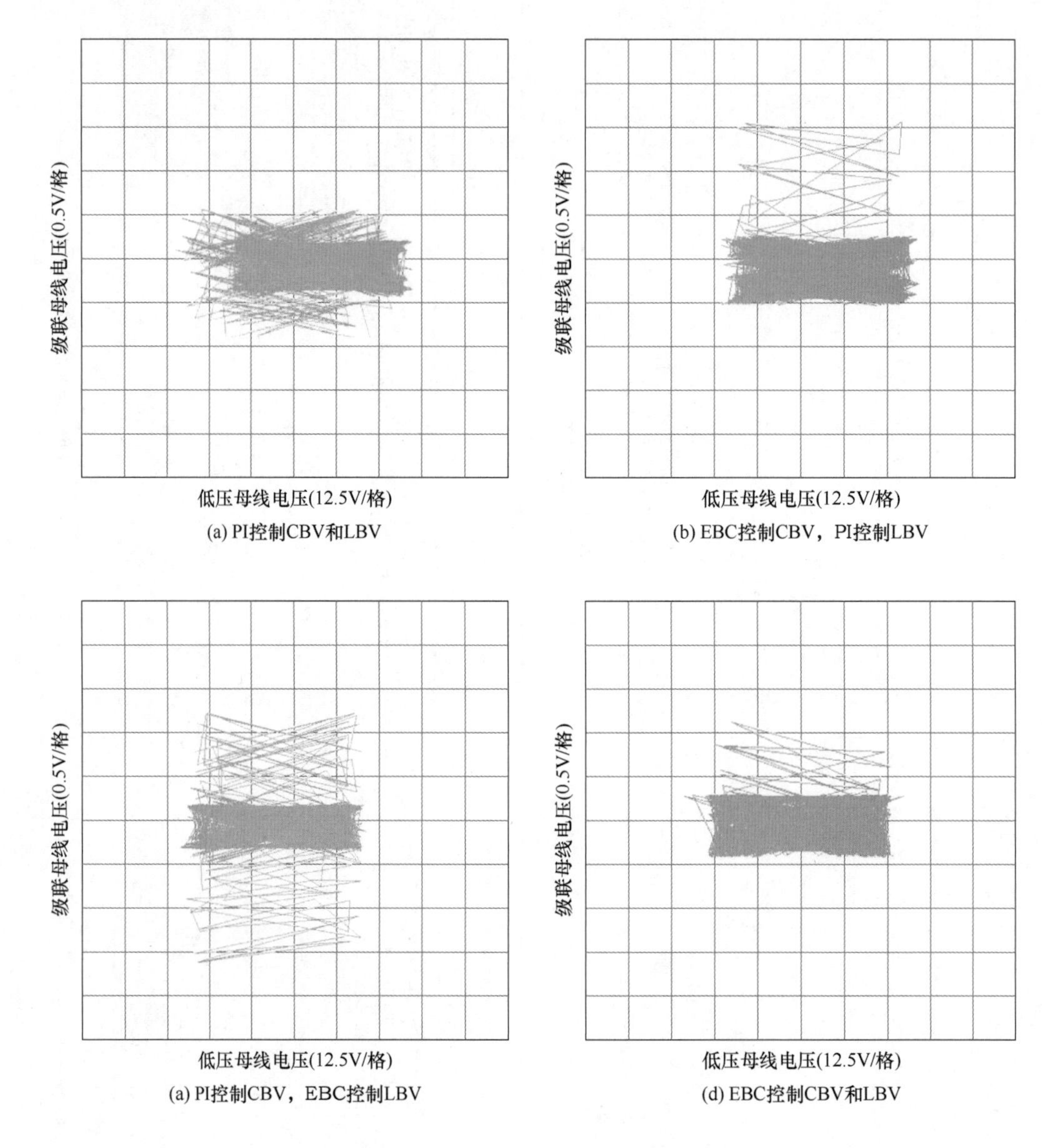

图 9.47　级联母线电压（CBV）平均值和低压母线电压（LBV）的相平面图

实验中还验证了在 EBC 控制下 CBV 指令值突变时的跟随性能。图 9.48 为实验波形，电压指令值从 680V 变到 700V，从上到下依次为指令突变标识，四级 CBV（U_{H4}，U_{H3}，U_{H2}，U_{H1}），LBV（U_L），电网电流（i_S），电网电压（u_S），输出线电压（u_{ab}），输出三相电流（i_a，i_b，i_c）。其中 U_{H4}（500V/格），U_{H3}（500V/格），U_{H2}（25V/格），U_{H1}（200V/格），U_L（200V/格），i_S（5A/格），u_S（1kV/格），u_{ab}（400V/格），i_{abc}（20A/格）。分别采用 PI 控制器和 EBC 控制器对 CBV 进行控制，如图 9.48a 中，电流指令限值是 10A，输入电流在 PI 控制下上升至 10A 后逐渐下降，给母线充电，使得母线电压逐渐上升至指令值，过渡时间为 500ms。在图 9.48b 中，电流指令限值是 10A，输入电流在 EBC 控制下幅值迅速上升至 10A

后保持不变给母线充电直至母线电压上升至指令值，所用过渡时间为100ms。如果在系统安全阈值范围内，增大电流指令的限值，如从10A增至30A，如图9.48c所示，CBV能够实现更快地跟随电压指令值，过渡时间进一步缩短为50ms。因此，在电流安全阈值范围内，EBC能够实现母线电压更好的动态性能。

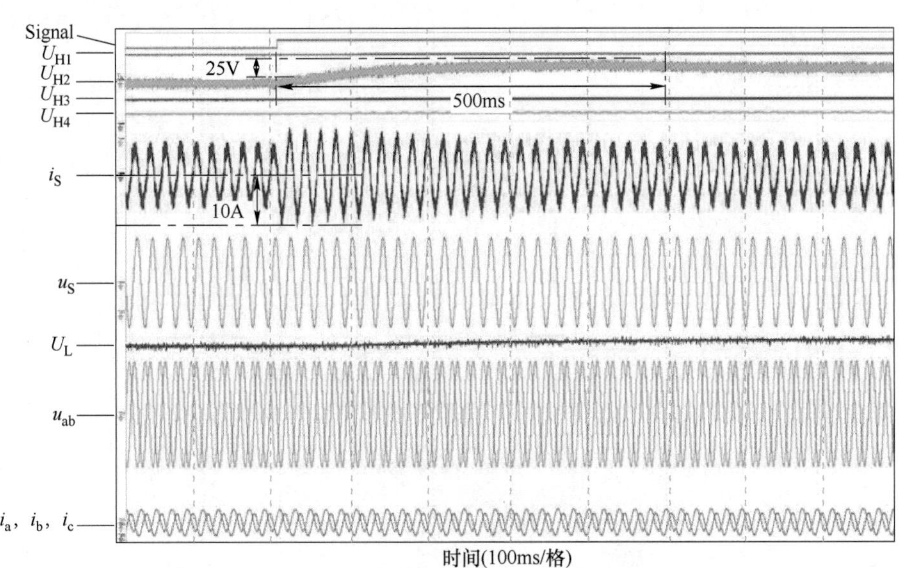

(a) PI控制级联母线电压，电流限值10A

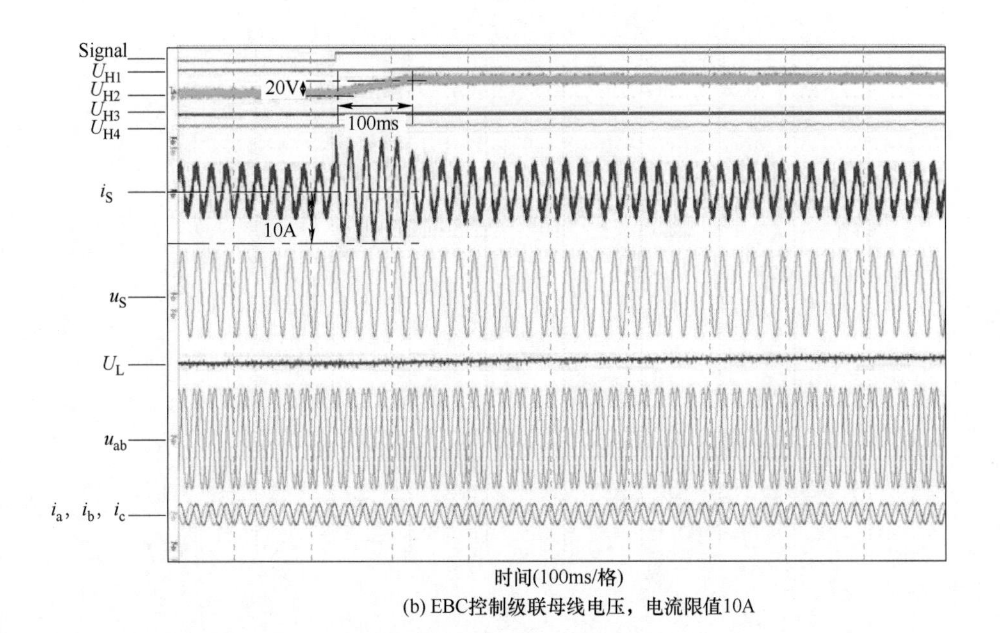

(b) EBC控制级联母线电压，电流限值10A

图9.48　CBV的实验波形对比（电压指令值从680V到700V）

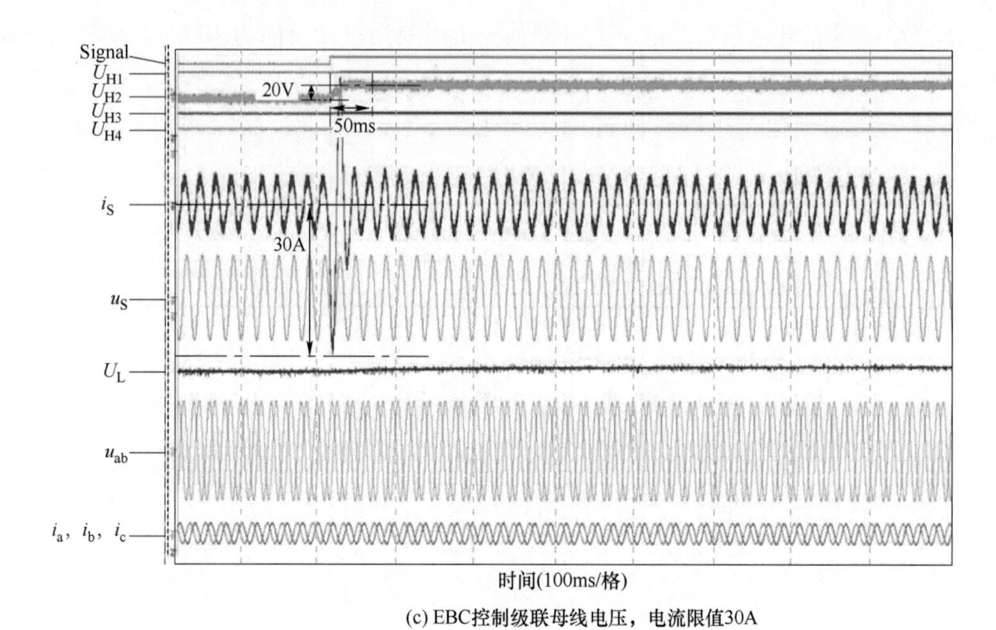

(c) EBC控制级联母线电压，电流限值30A

图 9.48　CBV 的实验波形对比（电压指令值从 680V 到 700V）（续）

第 10 章 动力学表征与控制的应用

前文主要介绍了动力学表征与控制的理论基础和关键技术。本章则从应用出发，介绍这些理论技术的应用实例，包括了一项工业仿真软件和两项硬件装置。其中，工业仿真软件也为硬件装置的设计实现提供了基础和支撑。

首先介绍综合第 3~5 章的建模、仿真和计算机自动化技术所形成的面向电力电子系统仿真的工业软件 DSIM；其次，分别介绍电力电子高频功率放大器和兆瓦级多端口电力电子变压器两项应用，它们的设计、分析与控制综合应用了第 6~9 章的电磁脉冲与电磁能量技术，并基于 DSIM 软件开展了仿真解算验证和仿真分析。

10.1 工业仿真软件 DSIM

10.1.1 DSIM 简介

DSIM 采用了离散状态事件驱动仿真方法，解算速度快和收敛性好是它的明显特点，可以实现大规模复杂电力电子系统的多时间尺度表征（秒级动态到微纳秒级开关瞬态）。

DSIM 可用于模拟和分析电力电子器件、装备与系统运行场景，实现设计（拓扑、参数与控制设计等）、评估（开关瞬态评估、损耗与系统效率分析等）和优化（控制策略、电路参数和拓扑结构优化等）等功能，可以应用于电力系统、电力传动、工业电源、新能源发电、航空航天、高校教学与科研等领域。

10.1.1.1 软件特点

1. 仿真速度快

DSIM 采用离散状态事件驱动的仿真方法，在软件内部提供 DSED 与 BDSED 等求解算法，仿真速度得到了大幅提升。与目前在用的几款相关商用软件进行性能比较，包括大规模电力电子系统仿真性能测试、高频电力电子系统仿真性能测试和开关瞬态过程仿真性能测试，比较结果如图 10.1 所示，可以看到：平均提速比达到两个数量级以上，仿真结果平均相对误差小于千分之一。

变换系统	2MW电力电子变压器，578开关，0.2s启动过程	
对比对象	软件A(瑞士)	DSIM
仿真耗时	6h 12min	17.7s
对比结果	提速1217倍，相对误差0.016%	

变换系统	50kVA电力电子变压器，24开关，0.5s动态过程，开关物理模型	
对比对象	软件B(美国)	DSIM
仿真耗时	57分20s	4.8s
对比结果	提速717倍，相对误差0.092%	

变换系统	交直流混联微网系统，132开关，1s动态过程	
对比对象	软件C(美国)	DSIM
仿真耗时	4h 10min	30s
对比结果	提速500倍，相对误差0.021%	

变换系统	80kHz无线充电系统，8开关，20毫秒动态过程，开关物理模型	
对比对象	软件D(美国)	DSIM
仿真耗时	2小时8s	18s
对比结果	提速400倍，相对误差0.57%	

图 10.1　仿真速度与仿真结果对比图

2. 在大规模系统中实现开关瞬态仿真

DSIM 中采用第 3 章论述的开关器件分段解析瞬态模型，可以在大规模系统中实现开关瞬态仿真，用于分析开关瞬态过程中的电压、电流与损耗等多项参数。DSIM 软件内置了百余种型号的 IGBT 和 SiC MOSFET 器件模型，并且支持用户通过查阅器件手册在软件中的器件数据库编辑器中自主添加自定义开关瞬态模型，如图 10.2 所示。

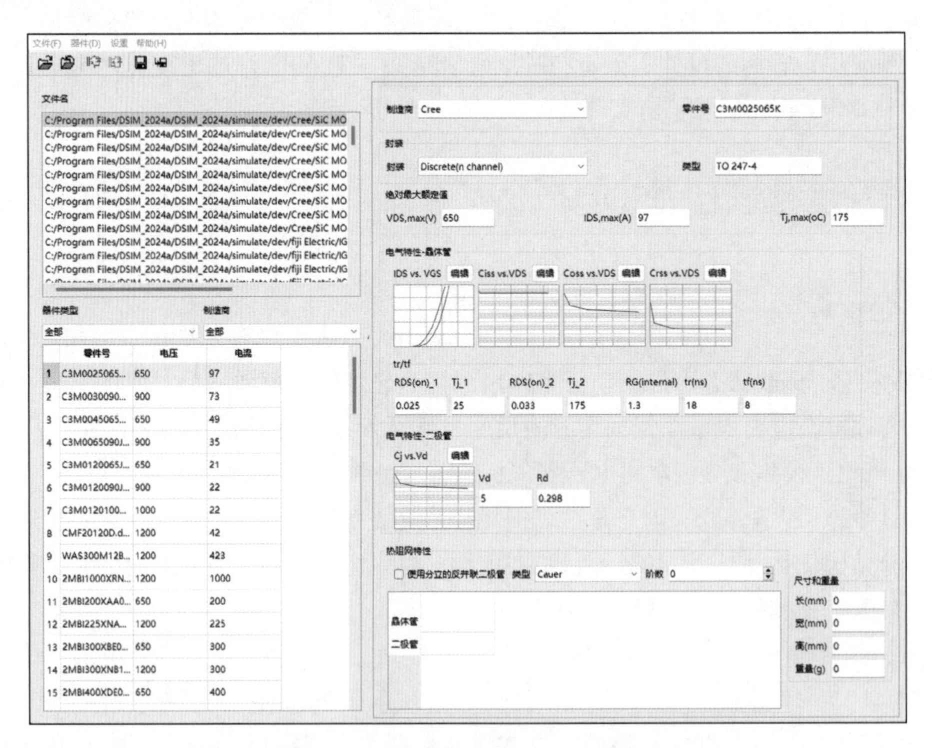

图 10.2　DSIM 中的器件数据库编辑器

10.1.1.2　软件功能

1. 开关器件瞬态仿真

DSIM 中提供开关器件瞬态仿真功能，能够仿真开关器件的开关瞬态行为及其对装置与

系统的影响。

2. 电热耦合仿真分析

DSIM 基于器件开关瞬态仿真的电流电压波形，可以计算出器件的功率损耗和结温变化情况，用于进一步研究器件的运行状态。

3. 脚本调用

DSIM 中提供了脚本调用功能，用户可以通过在脚本中编写程序运行仿真，从而自定义仿真研究的流程，满足不同研究的需求。例如，用户可以编写脚本，采用不同参数多次调用仿真，从而实现自定义的参数扫描功能。

4. 频率扫描分析

DSIM 中提供了频率扫描分析功能，可以获得电路或控制回路的频率响应。DSIM 中的频率扫描分析通过在系统中注入一个小的交流激励信号作为扰动，在输出端提取同频信号，最终获得电路的幅频响应和相频响应特征曲线。

5. 自定义控制代码

DSIM 提供了 C 代码模块和动态链接库模块，通过这些模块，用户可以通过编写代码实现自定义功能的控制模块。对于 DSIM 尚未提供或者用户高度定制化的控制模型，用户可以通过自定控制代码功能构建相应模型。

6. 联合仿真

DSIM 中提供 DSIM 和 MATLAB/Simulink 之间的联合仿真功能。系统中的功率回路和开关信号生成部分可以在 DSIM 中实现，而其余部分的控制计算则可以在 MATLAB/Simulink 中实现。因此可充分利用 DSIM 和 MATLAB/Simulink 的优势，满足用户的仿真需求。

综上所述，DSIM 可以对电力电子设备同时进行装置级和器件级的高效仿真，并具有很强的通用性和用户友好性。因此，DSIM 为电力电子系统的多时间尺度建模、仿真、分析和设计提供了有效的数值实验平台。

10.1.2　DSIM 仿真应用案例：轨道交通无线供电系统

本节通过一个轨道交通无线供电系统（wireless power transfer，WPT）的仿真案例，展示 DSIM 的实际应用效果。受到工艺因素和列车动态运行的影响，WPT 装置实际工作过程中的元件参数可能与设计值有所偏差；而装置采用了谐振结构，本身性能就对参数偏移较为敏感。因此，该系统是一个典型的对运行参数设计优化要求较高的例子，需要充分考虑参数偏差进行迭代和验证。

10.1.2.1　系统拓扑与主要参数

磁耦合谐振式无线电能传输技术可以实现列车的非接触式供电，提升轨道交通的供电可靠性，降低运行噪音，提高列车运行速度。而轨道交通应用场景下对装置大功率、轻量化、高效率的要求以及复杂运行工况下参数偏移带来的影响给 WPT 技术的应用带来了较大挑战，需要应用高效的仿真工具辅助参数设计优化和设计方案验证。

所仿真的算例为一个 350kW 储能式列车无线充电系统，其样机实物图如图 10.3 所示，整体拓扑结构如图 10.4 所示。装置采用模块化设计，整体为 2 发射 4 接收结构，共包含 3 个环节。

图 10.3　轨道交通无线充电系统样机实物图

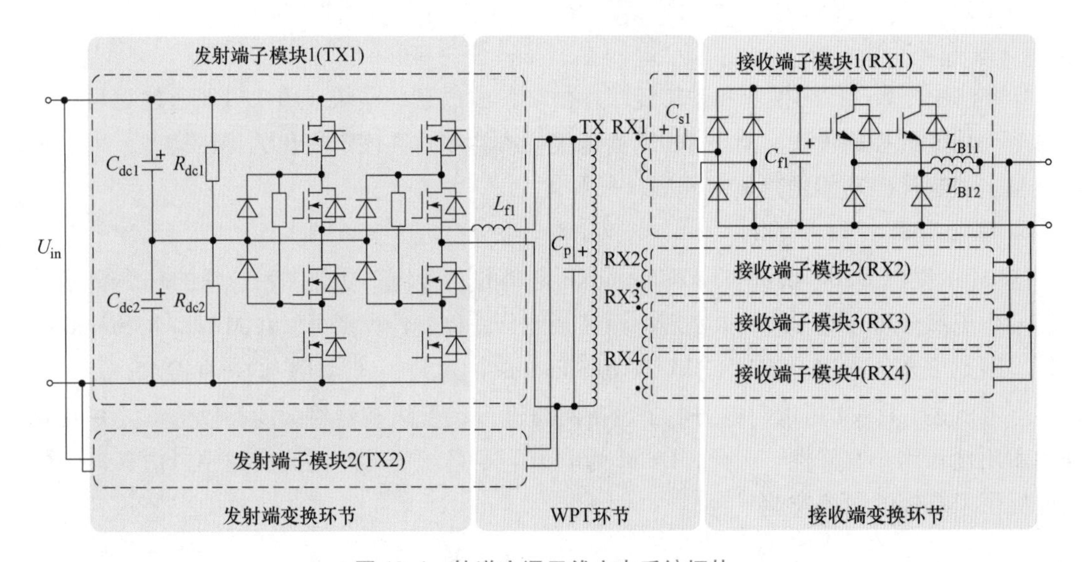

图 10.4　轨道交通无线充电系统拓扑

在 WPT 环节中，磁耦合机构采用同轴 M 型线圈和 LCL/S 谐振拓扑。基于 LCL/S 拓扑的单发射单接收结构的等效简化电路如图 10.5a 所示。L_p，L_s 分别代表发射和接收端线圈自感，M 为发射和接收端线圈互感，L_f 为 LCL/S 谐振网络中的串联补偿电感，C_p为原边电容，C_s 为副边谐振电容。完全谐振的情况下各电气相量的相位关系如图 10.5b 所示。

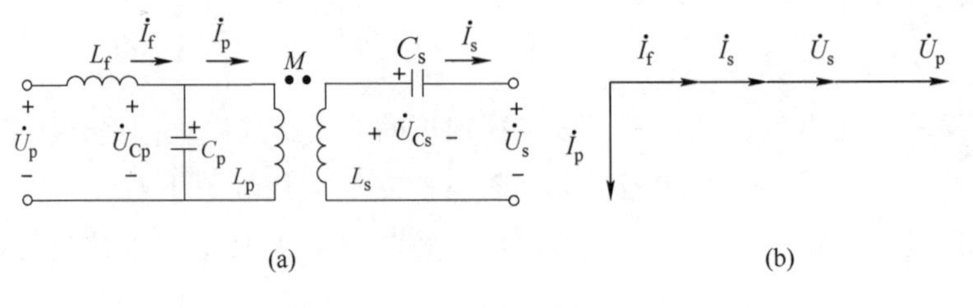

图 10.5　LCL/S 谐振拓扑原理

发射端变换环节由 2 个发射端子模块并联得到，LCL/S 谐振网络中的补偿电感 L_f 被拆分纳入每个子模块中。发射端变换器的输入侧为标准的 1500V 直流电压，采用中点钳位式三电平拓扑和准三电平调制方式，开关频率在 40kHz 附近。

接收端变换环节由 4 个子模块构成，每个子模块包含 LCL/S 谐振网络中接收端的谐振电容 C_s、不控整流桥和 2 个交错并联的 Buck 电路，采用多重移相控制以减小输出电流纹波。4 个子模块共同并联为负载超级电容供电。

实际工作时负载的电压范围为 500~950V，在 500~900V 区间内采用恒流充电模式，在 900~950V 区间内采用恒压充电模式，系统的额定功率为 350kW。

在 DSIM 软件中搭建了该系统模型，如图 10.6 所示。

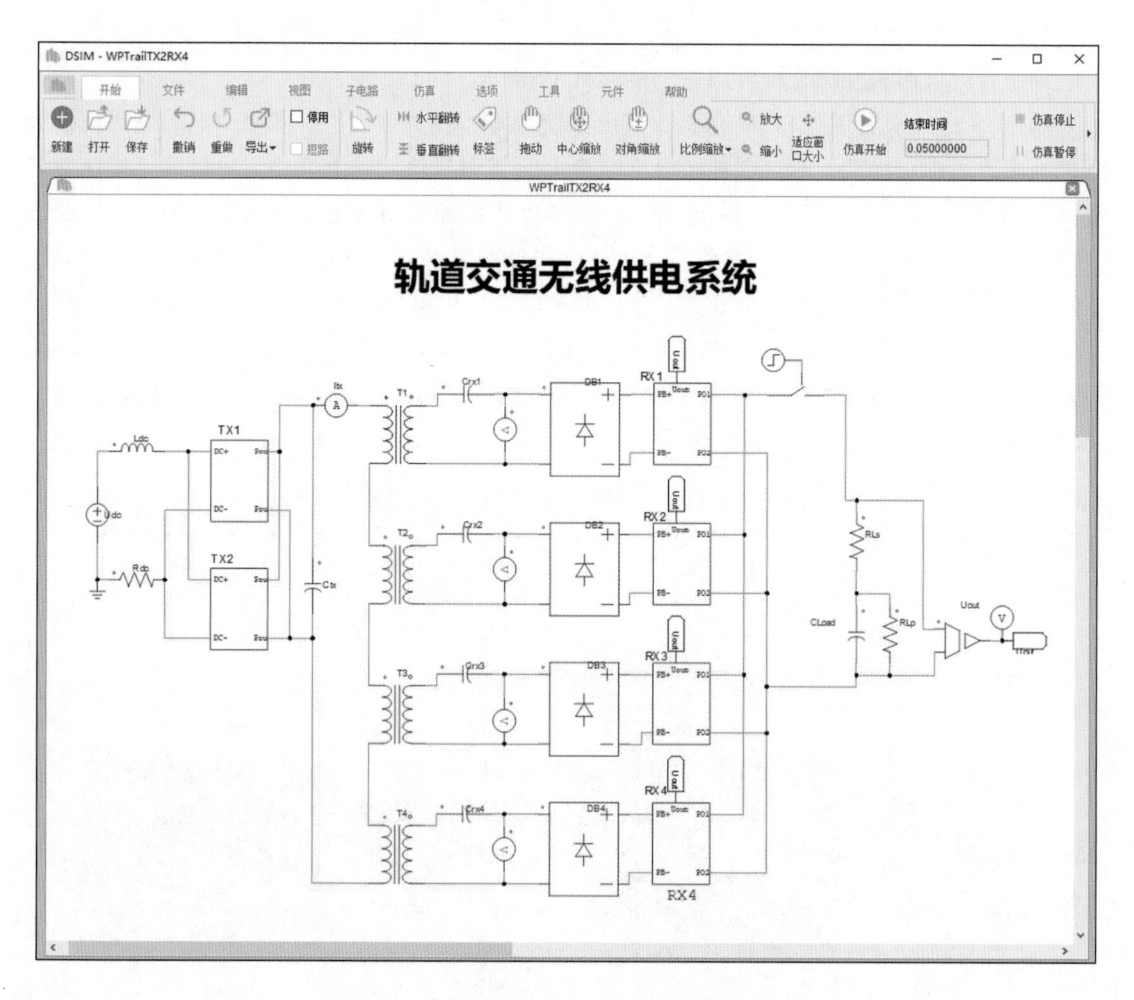

图 10.6　轨道交通无线供电系统 DSIM 仿真模型

10.1.2.2　仿真应用 1：系统稳态性能验证

该装置中，WPT 环节中的电气参数依赖于同轴 M 型线圈的实际结构，因此主要设计难点为磁耦合机构的几何参数，设计时需要在有限元仿真和电路仿真之间进行多次迭代。

DSIM 软件在整个设计流程中可以完成电路仿真部分，其快速仿真能力可以有效降低单次迭代的总耗时。已有文献提出了面向接收端轻量化目标的设计方法，按照一定顺序完成几何参数的选取和调整，可以实现多参数之间的解耦设计，从而减少迭代次数。该迭代策略和DSIM 软件相结合，极大地提升了设计效率。可以直接按照以上流程进行几何参数设计和材料加工之后的装置实测参数，并通过仿真验证系统能否正常运行。

仿真的工况为超级电容的恒流充电模式，超级电容的电压初值设置为 800V，控制 Buck 电路共输出 400A 电流，即充电总功率的参考值设定为 320kW。共仿真 0. 1s 的动态过程，其中 0~0. 01s 内原边三电平变换器通过移相启动，副边 Buck 电路保持闭锁状态。0. 01s 之后原边保持满移相工作，副边 Buck 电路正常投入运行。

软件 S 在本算例中被选为对标软件。图 10. 7 给出了软件 S 和 DSIM 的仿真结果对比，可以看到二者的波形相互吻合，可以进一步验证 DSIM 软件的准确性。

图 10. 8 进一步展现了 DSIM 仿真得到的系统稳态特性关键波形。图 10. 8a 中主要包括谐振网络中发射端子模块 1 的串联补偿电感电流 I_{f1}、发射导轨的总电流 I_p，发射端子模块 1 谐振网络的输入电压 U_{p1}。其中，在设计时，图 10. 5 中的原副边自感以及电容应当在设计的谐振频率 f_0 处完全谐振，而 L_{f1} 的取值应略大于原边谐振电感 L_p，使得整体谐振网络呈弱感性，从而可以方便调节原边工作于软开关状态。从图 10. 8a 中可以看到，各个关键电气量的相位关系符合设计目标。图 10. 8b 则给出了系统的总输出电流以及接收端子模块 1 里两个 Buck 桥臂的输出电流。可以看到，多个 Buck 电路的移相控制方式则有效降低了输出电流的纹波，总输出电流在 400A 左右，达到控制目标。

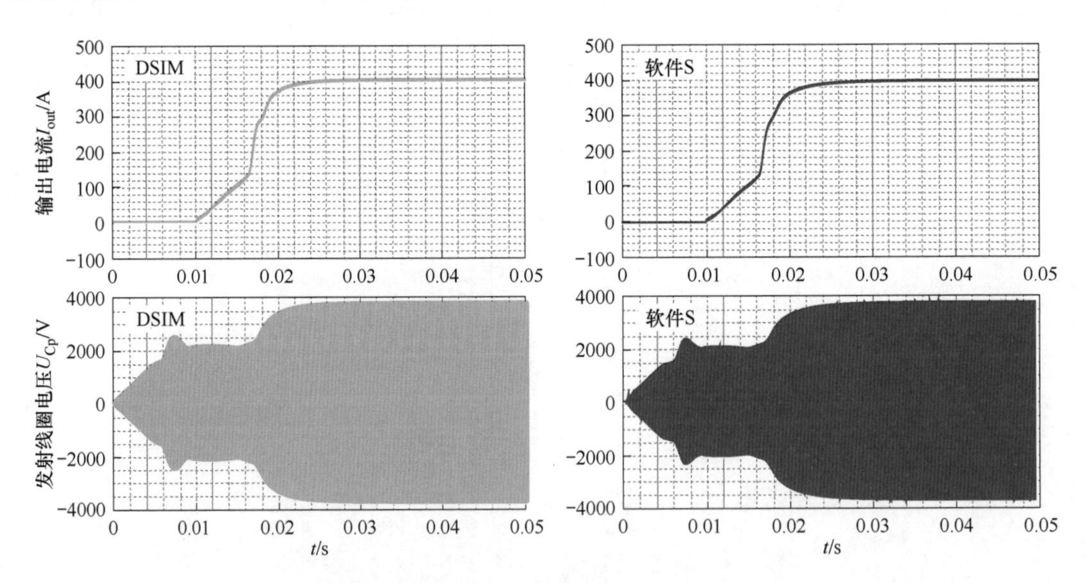

图 10. 7 轨道交通无线供电系统仿真波形对比

图 10. 9 则给出了 WPT 谐振网络的原边输入总功率 P_p 和副边输出总功率 P_s 波形。功率波形通过计算瞬时功率在给定周期内的平均功率得到，平均的周期为 $1/f_0$。定义 η 为谐振网络的传输效率，即 P_s 和 P_p 的比值。从图 10. 9 可以看出，谐振网络接收端的总功率在

320kW 左右，与控制目标一致。通过计算可知，达到稳态之后谐振网络的整体传输效率为 96.7%。总体而言，整个无线充电系统可以稳定运行，性能良好。

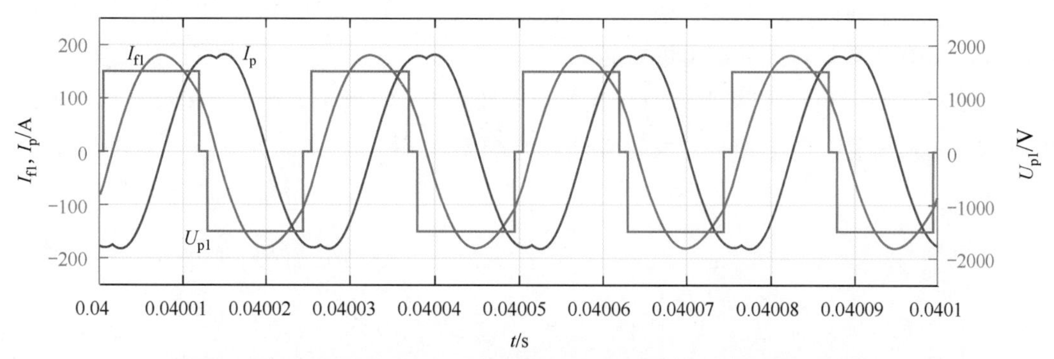

(a) 发射端子模块1补偿电感电流I_{f1}，发射导轨电流I_p及发射端子模块1谐振网络输入端电压U_{p1}

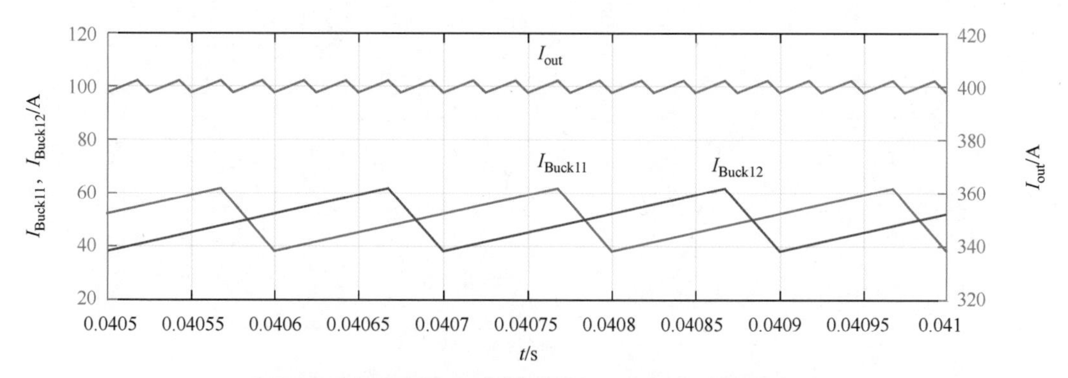

(b) 接收端子模块1两个Buck桥臂输出电流I_{Buck11}和I_{Buck12}，总输出电流I_{out}

图 10.8　轨道交通无线供电系统稳态特性仿真结果

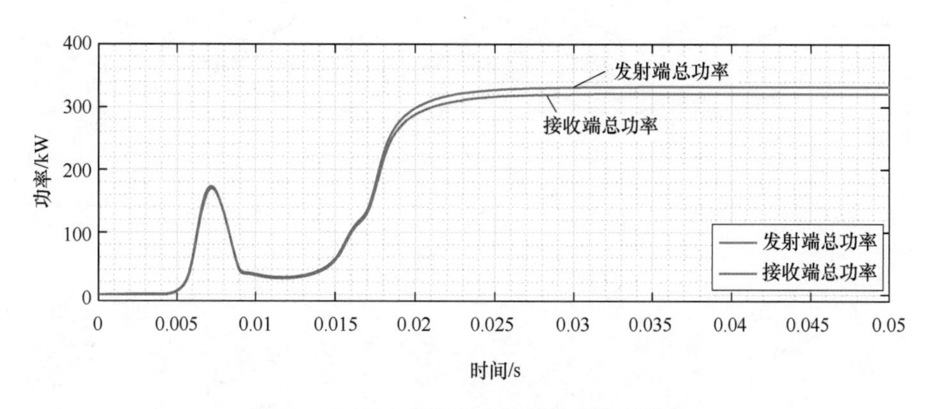

图 10.9　WPT 谐振网络传输功率仿真结果

综上，通过 DSIM 软件的仿真对所设计系统的稳态特性进行了验证，从而可以为实验调试提供参考。由于实验室条件下缺少大功率负载，因此在实际调试的时候采用的是功率环运行模式，即将接收端子模块 1 和 2 并联接回三电平变换器的上半母线，接收端子模块 3 和 4

并联接回三电平变换器的下半母线。此时接收端各个模块的输出电压等于一半的电源电压，即 750V。每个接收端模块中单个 Buck 桥臂的电流控制参考值改为 58A，使得系统传输总功率达到额定功率 350kW。DSIM 的仿真算例也随之进行了修改，DSIM 仿真结果与软件 S 的对比情况和图 10.8 类似，此处不再重复展示。

该工况下的实验测量结果与仿真结果的对比如图 10.10 所示。相关测量量包括发射端子模块 1 的串联补偿电感电流 I_{f1}、发射导轨的总电流 I_p 以及接收端各个子模块的输出电流 $I_{\mathrm{Buck}\,i}$，$i=1$，2，3，4（$I_{\mathrm{Buck}\,i}$ 等于第 i 个接收子模块中两个 Buck 桥臂的输出电流之和）。从

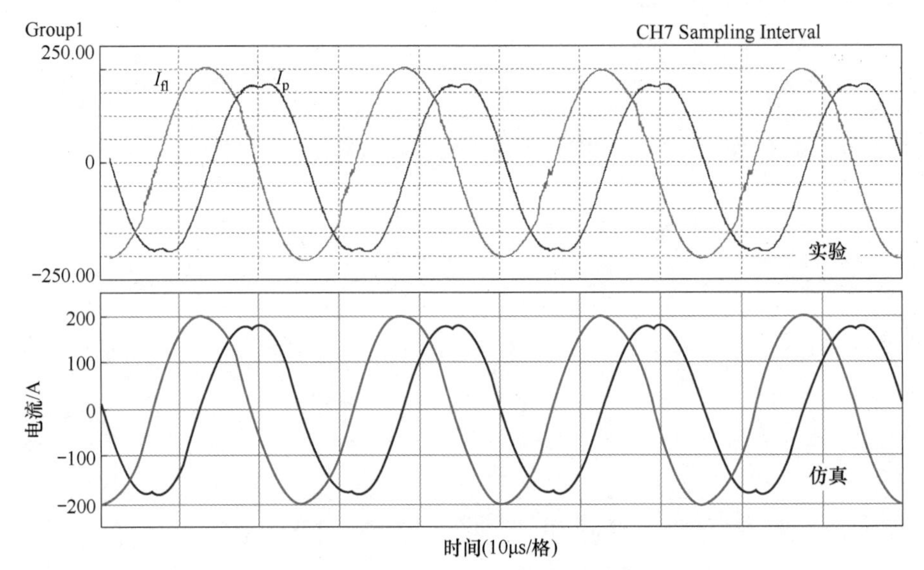

(a) 发射端子模块1补偿电感电流I_{f1}，发射导轨电流I_p波形对比

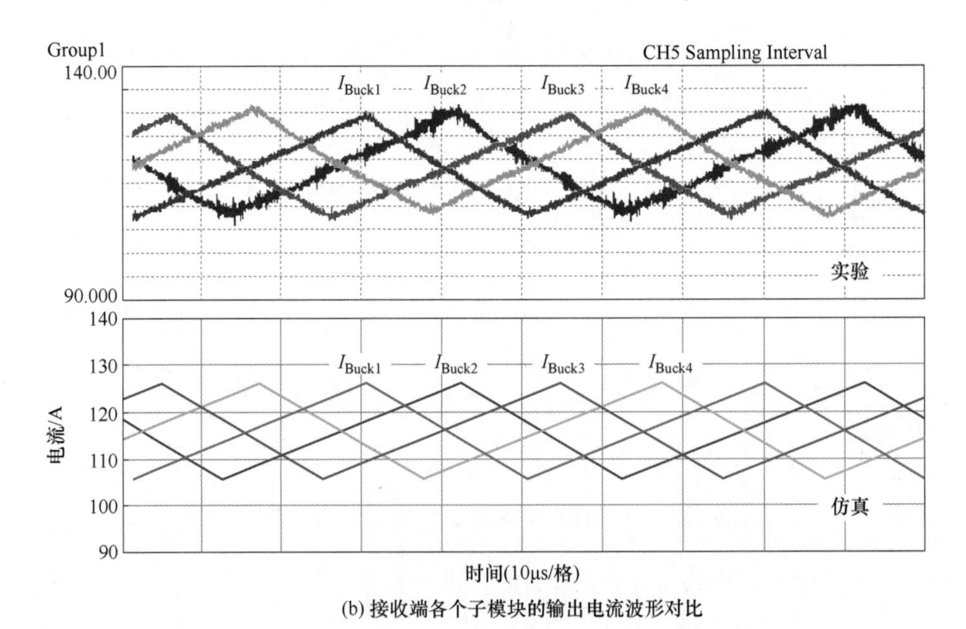

(b) 接收端各个子模块的输出电流波形对比

图 10.10 轨道交通无线供电系统功率环测试工况下实验和仿真结果对比图

图 10.10 中可以看出，该工况下的实测波形与仿真波形在相位、幅值上都基本吻合。在系统的发射侧，I_{f1}峰峰值的实测和仿真结果均为 400A，I_p峰峰值的实测和仿真结果均为 356A。在接收侧，各个子模块的输出电流 $I_{Buck\,i}$ 的平均值和纹波值实测结果分别为 119A 和 21A，仿真结果分别为 116A 和 20A，误差在合理范围内。该项对比表明 DSIM 的仿真结果能够与实验结果相互印证，从而可以作为数值实验平台对装置设计进行指导。

而在仿真效率方面，表 10.1 给出了软件 S 和 DSIM 的仿真设置和仿真速度对比。其中，由于模块的编译限制，软件 S 只能采用 Discrete 模式进行仿真。在采用 $1e^{-7}$s 步长时，仿真结果有较大误差，因此需减小到 $1e^{-8}$s 的步长才能得到较为准确的结果。而 DSIM 采用离散状态事件驱动机制，计算步长天然与离散点相匹配，可以灵活进行步长变化，因此只需要设置最大步长和误差容限即可得到精度较高的结果。该算例共包含 56 个开关，算例规模中等，但开关频率较高（40kHz），DSIM 在该算例中相较于软件 S 可以达到接近百倍提速，大幅节省了仿真时间。在后文所介绍的运行参数设计优化场景中，需要进行大量的参数扫描仿真，此时 DSIM 的性能优势就更加凸显。

表 10.1 轨道交通无线供电系统算例不同仿真工具效率对比

	软件 S		DSIM
仿真过程	0.05s 动态过程		
仿真设置	离散模式，ode45 求解器 （前向数值积分算法）		最大步长 $1e^{-3}$s，相对误差 $1e^{-3}$， 绝对误差 $1e^{-6}$，自适应求解器
	离散步长 $1e^{-8}$s	离散步长 $1e^{-7}$s	
仿真耗时	932s	123s	10s
归一化仿真耗时	93.2	12.3	1

10.1.2.3 仿真应用 2：运行参数设计优化

在磁耦合机构中，谐振电容和串联补偿电感可能因为工艺因素与设计值有所不同，产生元件参数的静态偏差。在列车动态运行的过程中，列车行进和晃动会导致磁耦合机构位置发生变化，使得线圈的电感参数发生动态偏移。以上两种情况都会导致实际谐振网络的谐振频率f_0 偏离设计值，影响无线充电的传输效率。因此在该装置中需要充分考虑参数偏移情况进行扫描分析，从而为运行参数的设计优化提供依据，提升系统的鲁棒性。

考虑参数的动态偏移对轨道无线充电系统性能的影响，展示 DSIM 软件在参数扫描等面向实际设计优化场景中的应用。线圈接收端的自感值 L_s 几乎不发生变化，主要是发射端自感值 L_p和互感 M 会受到磁耦合机构位置偏移的影响。尤其是列车在行进过程中遇到动态供电区间切换，则发射端自感和互感会发生较大变化，互感甚至可以下降到 0，可能会影响系统的正常运行。此处使用 DSIM 中的脚本调用功能，对 L_p和 M 参数变化时的装置动态行为进行扫描分析，从而可以为运行参数设计优化以及区间切换策略的制定提供依据，相关结果列于图 10.11 中。其中，列车进行区间切换时，发射端自感 L_p 以及四组互感的变化情况如图 10.11a所示。相应地，使用相关数据进行参数扫描仿真，观察在不同位置处系统的稳态

特性变化。图 10.11b 和图 10.11c 均为使用 DSIM 的脚本功能进行批量仿真和数据处理之后直接输出得到的分析结果。

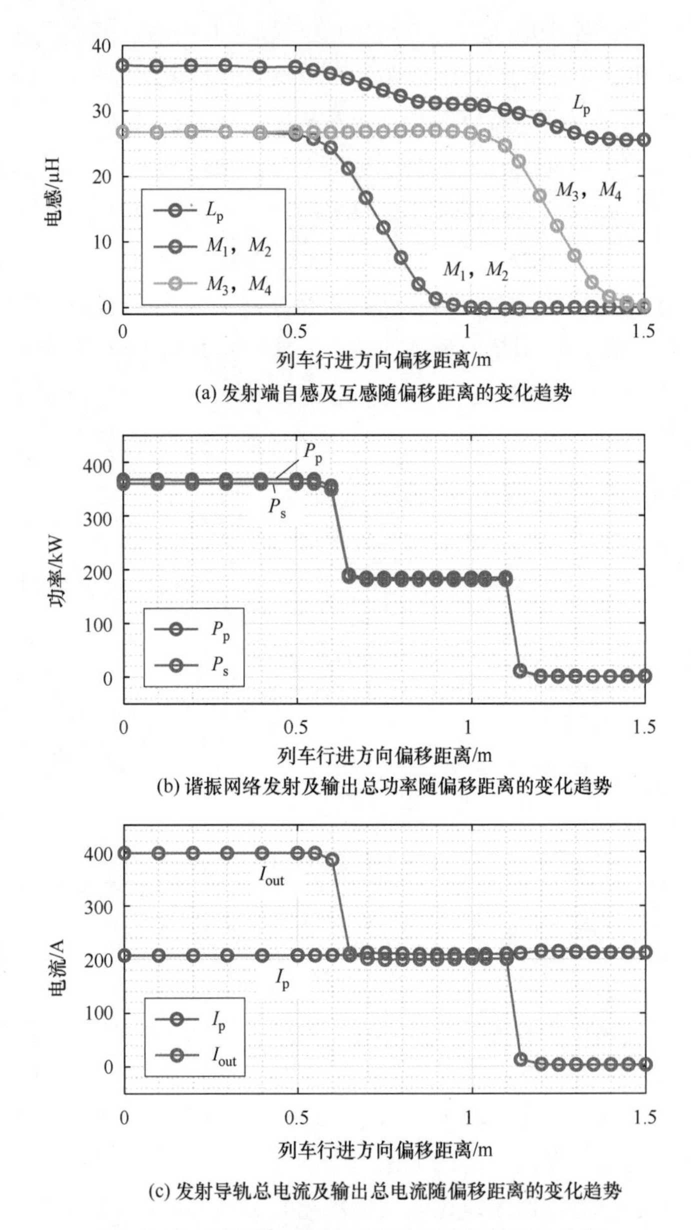

(a) 发射端自感及互感随偏移距离的变化趋势

(b) 谐振网络发射及输出总功率随偏移距离的变化趋势

(c) 发射导轨总电流及输出总电流随偏移距离的变化趋势

图 10.11　列车区间切换时系统稳态特性变化趋势

从图 10.11a 中可以看到，当列车逐渐驶出充电区间时，在列车行进方向靠前的两个接收端的互感首先下降，靠后的两个接收端互感随之下降，最终互感从起始的 26μH 左右降为 0。该过程中发射端自感也有所下降，从 37μH 降至 25μH 左右。由于感值下降，输出功率受到了较大的影响。从图 10.11b 和图 10.11c 中可以看到，在列车相对于起始坐标驶出 0.6m 时，谐振网络的副边输出功率和输出电流就已经无法达到设定值。而当互感下降到 21μH 左右时，相对应的接收端已经完全无法输出功率，因此可以看到在列车相对于起始坐标驶出

0.65m 和 1.14m 时，输出功率和输出总电流出现了两次骤降。不过，在该过程中，发射导轨的总电流保持稳定，基本没有出现过流现象。根据以上仿真结果，可以进一步研究在区间切换时的控制策略，适当降低输出功率指令，或者停止充电，以维持系统的正常运行。

总之，应用 DSIM 软件可以快速高效地进行各种工况、各种参数情况下的装置仿真，从而有效地为控制策略的制定和设计参数的优化提供依据，具有重要的应用价值。

10.2 电力电子高频功率放大器

功率放大器是电力电子向高频方向发展的代表性应用之一。相较于模拟功率放大器，电力电子功率放大器的优点在于效率高，适用于大功率场合，而缺点在于保真度低。提高系统的开关频率能够有效提高电力电子功放保真度，如采用宽禁带功率半导体器件以及采用脉冲组合的方法提高系统等效开关频率等。

本节在第 6 章介绍的电磁脉冲分析技术的基础上，通过对电磁脉冲组合规律的分析来设计电力电子高频功率放大器。首先，介绍了桥臂并联型功放的工作原理，并分析了脉冲组合规律应用在电力电子功放中的优势；接着，分析了系统中非理想因素对脉冲组合规律的影响，重点分析了桥臂输出电感偏差对功放电感电流纹波的影响规律；最后，通过仿真和实验，对提出的功放电感电流纹波的分析方法进行了验证，指导对输出滤波器的设计和选型。

10.2.1 电磁脉冲组合规律与设计

10.2.1.1 单一器件的最高开关频率

提高系统的开关频率是提高电力电子功率放大器输出保真度的有效方法。从器件角度上，与传统的 Si 器件相比，使用宽禁带器件（如 SiC MOSFET），可以实现更高的开关速度。但其最大开关速度受两方面因素限制。一方面是器件的开通和关断时间，在器件手册中通常用电压下降和上升时间来表征，分别表示为 t_{fv} 和 t_{rv}。由此可得受时间约束的器件最高开关频率 $f_{max(1)}$ 为

$$f_{max(1)}=\frac{1}{\pi(t_{fv}+t_{rv})} \tag{10-1}$$

另一方面，器件的开关频率也受器件的最大耗散功率 P_{tot} 限制。器件最大耗散功率与受损耗约束的最高开关频率 $f_{max(2)}$ 的关系为

$$P_{tot}=f_{max(2)}E_{sw}+i_o^2R_{ds(on)}D \tag{10-2}$$

于是，器件的最高开关频率 f_{max} 可取 $f_{max(1)}$ 和 $f_{max(2)}$ 的最小值。通常情况下，$f_{max(1)}>f_{max(2)}$，即 $f_{max}=f_{max(2)}$。以 SiC MOSFET（CMF20120D）为例，根据数据手册可得其典型电压下降和上升时间分别为 $t_{fv}=24\text{ns}$，$t_{rv}=38\text{ns}$。根据式（10-1）可得，$f_{max(1)}=5.13\text{MHz}$。数据手册中也提供了器件在 800V，20A 下的开关损耗 $E_{sw}=625\mu\text{J}$。另外，器件的导通电阻 $R_{ds(on)}$ 典型值为 80mΩ，占空比 D 设为平均值 50%。根据数据手册中提供的器件耗散功率与器件壳温 T_c 的关系（见图 10.12a），可得 $f_{max(2)}$ 与 T_c 的关系，如图 10.12b 所示。

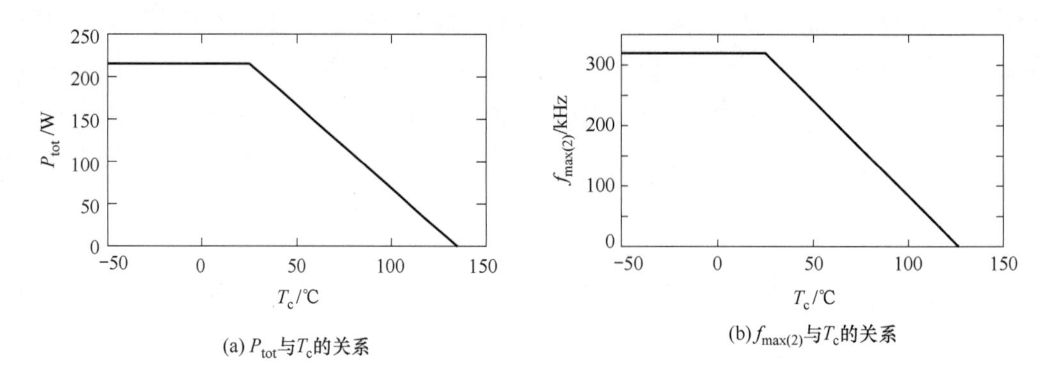

(a) P_{tot}与T_c的关系

(b) $f_{max(2)}$与T_c的关系

图 10.12　SiC MOSFET（CMF20120D）中 P_{tot}及$f_{max(2)}$与 T_c 的关系曲线

可见 SiC MOSFET 的最高工作频率与系统工况及器件壳温有关。以系统运行在 800V，20A 的工况下为例，当器件壳温控制在 25 ℃以下时，SiC MOSFET（CMF20120D）的最高开关频率为 320kHz，但这在实际中难以做到。当壳温高于 25℃时，器件最高开关频率随壳温的增加而降低。因此需考虑实际装置的散热情况，来确定器件的最高开关频率。

10.2.1.2　桥臂并联型功率放大器的工作原理

考虑到单一器件的开关频率受系统散热条件限制，为了进一步提高系统的开关频率，以满足宽频带范围内的高保真输出，可通过脉冲组合的方法提高系统等效开关频率。

交错并联技术被广泛用于 DC-DC 变换器中，以提高系统的等效开关频率，降低输出电流纹波。该思路同样可应用于电力电子功率放大器中，即桥臂并联型功率放大器，其半桥形式的一般性拓扑如图 10.13a 所示，当桥臂数 N 为偶数时，可采用全桥形式拓扑，如图 10.13b 所示。与半桥形式相比，全桥形式无需中性点电位，电路结构更加简单。且在同样输出负载电压下，全桥形式的母线电压是半桥形式的一半，对器件的耐压要求更低。因此，这里主要采用全桥形式拓扑。

桥臂并联型功放的调制方法为载波移相调制，具体的调制波和载波的相位关系如图 10.14 所示。对于半桥形式拓扑，调制波相位与参考波同相，各桥臂载波相位差为 $2\pi/N$。对于全桥形式拓扑，其调制策略分上桥臂组和下桥臂组两种情况。这里上桥臂组指图 10.13b 中的桥臂 0，2，…，$N-2$，下桥臂组指图 10.13b 中的桥臂 1，3，…，$N-1$。为了实现同半桥形式相一致的调制效果，上桥臂组的调制波相位与参考波相位一致，而下桥臂组的调制波相位则与参考波反相。在载波分配方面，上桥臂组中桥臂 k（$k=0$，2，…，$N-2$）的载波相位与半桥形式拓扑中对应的桥臂 k 的载波相位一致。而下桥臂组中桥臂 l（$l=1$，3，…，$N-1$）的载波相位则与半桥形式拓扑中对应的桥臂 l 的载波相位相差 π。这样，在同样的参考信号和开关频率下，即可满足全桥形式拓扑和半桥形式拓扑对应桥臂的开关动作时刻保持一致。

为了更好地说明两种拓扑的调制方法，图 10.15 比较了四桥臂半桥形式和全桥形式功放的调制波形示意图。图中 $V_{r(h)}$ 和 $V_{r(f)}$ 分别为半桥形式拓扑和全桥形式拓扑的参考波信号，其中下标 h 和 f 分别表示半桥形式和全桥形式。$V_{tri\,x(h)}$ 和 $V_{pwm\,x(h)}$ 分别为半桥形式拓扑下桥臂 x 的载波信号和 PWM 信号。同理，$V_{tri\,x(f)}$ 和 $V_{pwm\,x(f)}$ 分别表示全桥形式拓扑下桥臂 x 的载波信

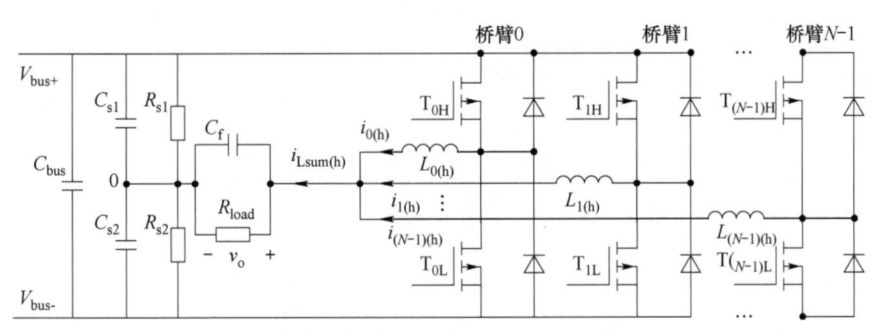

(a) 桥臂并联型功放半桥形式的一般拓扑

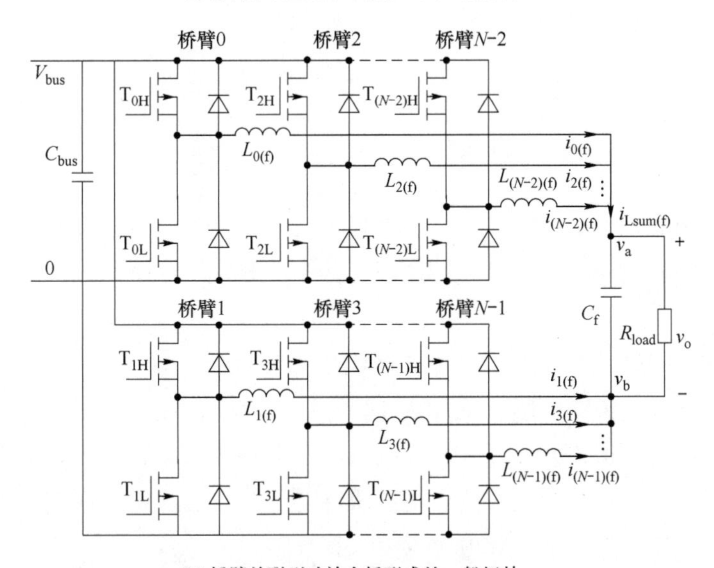

(b) 桥臂并联型功放全桥形式的一般拓扑

图 10.13　桥臂并联型功放的一般拓扑

号和PWM 信号。而 $V_{pwmo(h)}$ 和 $V_{pwmo(f)}$ 则分别表示半桥形式和全桥形式拓扑的等效输出 PWM 信号。对比图 10.15 中的 $V_{pwmx(h)}$ 和 $V_{pwmx(f)}$ 可知，在同一参考波下，两种拓扑对应桥臂的开关动作时刻保持一致。同时，图 10.14 所示的调制方法也保证了两种拓扑具有相同的等效输出 PWM 信号。

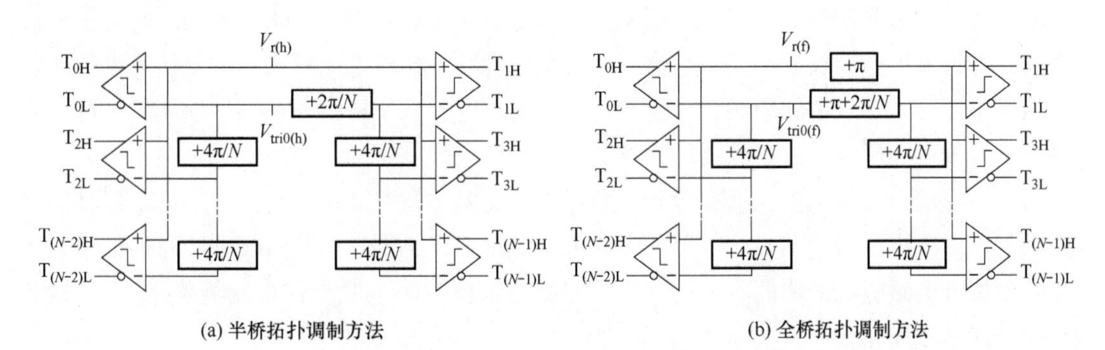

(a) 半桥拓扑调制方法　　(b) 全桥拓扑调制方法

图 10.14　桥臂并联型功放的调制方法示意图

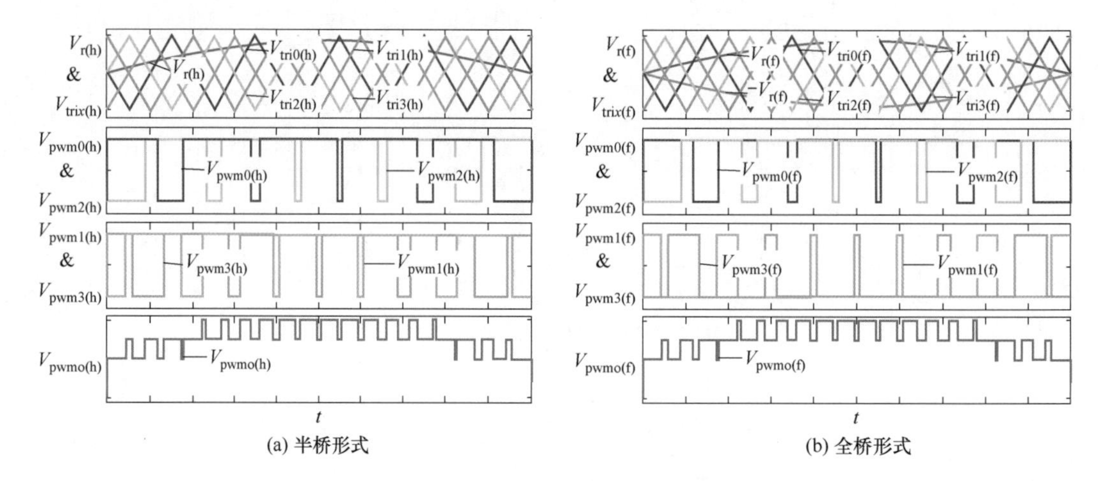

图 10.15　桥臂并联型功放的调制波形示意图

载波移相调制的一个主要优点是可以提高等效开关频率。通过双边傅里叶级数分析可以得到载波移相调制后的等效开关频率为 Nf_s，其中 N 为并联桥臂数，f_s 为单个器件的开关频率。

载波移相调制的另一个优点是可以抑制输出电流纹波。以 N 桥臂半桥形式功率放大器为例进行分析。假设各桥臂电感感值均为 L，$V_{bus+}=V_{DC}/2$，$V_{bus-}=-V_{DC}/2$，可推导得到此条件下电感电流纹波的表达式如式（10-3）所示。其中 D 为桥臂输出 PWM 的占空比，f_s 为单个器件的开关频率。而总的电流纹波，即各桥臂电感电流纹波叠加后的表达如式（10-4）所示，可见总的电流纹波为每个桥臂电感电流纹波的 $1/N$。

$$\Delta i_L=\frac{V_{DC}D(1-D)}{Lf_s} \tag{10-3}$$

$$\Delta i_{Lsum}=\frac{V_{DC}D(1-D)}{LNf_s} \tag{10-4}$$

10.2.2　无源器件非理想因素的影响和分析

基于载波移相调制的脉冲组合应用于桥臂并联型功率放大器中，可以提高系统等效开关频率，并降低输出电流纹波。然而，这些优点会受到系统非理想因素的影响。研究系统非理想因素对于脉冲组合规律的影响，对于设计者在电力电子功率放大器的实际应用中对脉冲组合规律进行分析和研究，具有重要的指导意义。

系统中非理想因素主要包括有源和无源器件的偏差和非线性特性。其中，有源器件的非理想因素，主要体现为功率半导体器件的开关过渡过程，主要影响桥臂间移相角的偏差，进而导致各桥臂电感电流平均值不平衡。对该问题的解决方法主要是从控制策略上进行补偿，相应的研究已较为充分。

对于桥臂并联型功率放大器，无源器件的非理想因素主要体现为桥臂滤波电感的偏差。电感的偏差主要由制造工艺和磁材料的偏差所引起，其偏差值最大可达±15%。对于无气隙

电感，其偏差主要来源于磁芯材料的磁导率的偏差以及绕线过程中的偏差（如机械压力和绕线分布等）；对于气隙电感，其偏差受气隙尺寸偏差影响较大。当桥臂电感存在偏差时，桥臂电感电流纹波的幅值也会出现偏差，进而导致总电感电流纹波的抑制效果变差。这里总电感电流是指各并联的桥臂电感电流之和。

图 10.16 通过仿真比较了桥臂电感匹配时和电感存在±15%偏差时，4 桥臂半桥形式功放总电感电流的波形及谐波分量。可以看出，与电感匹配时的结果相比，当桥臂电感存在偏差时，不仅总电感电流的纹波幅值增加，而且也出现了 f_s 和 $3f_s$ 次谐波分量。进一步，也会影响系统输出的保真度。针对电感偏差对电感电流纹波的影响这一问题，已有研究主要关注的是交错并联型 DC-DC 变换器，没有考虑桥臂并联型功放及逆变器等应用场合，特别是全桥形式拓扑。因此，本小节主要论述电感偏差对桥臂并联型功放电感电流纹波的影响规律。

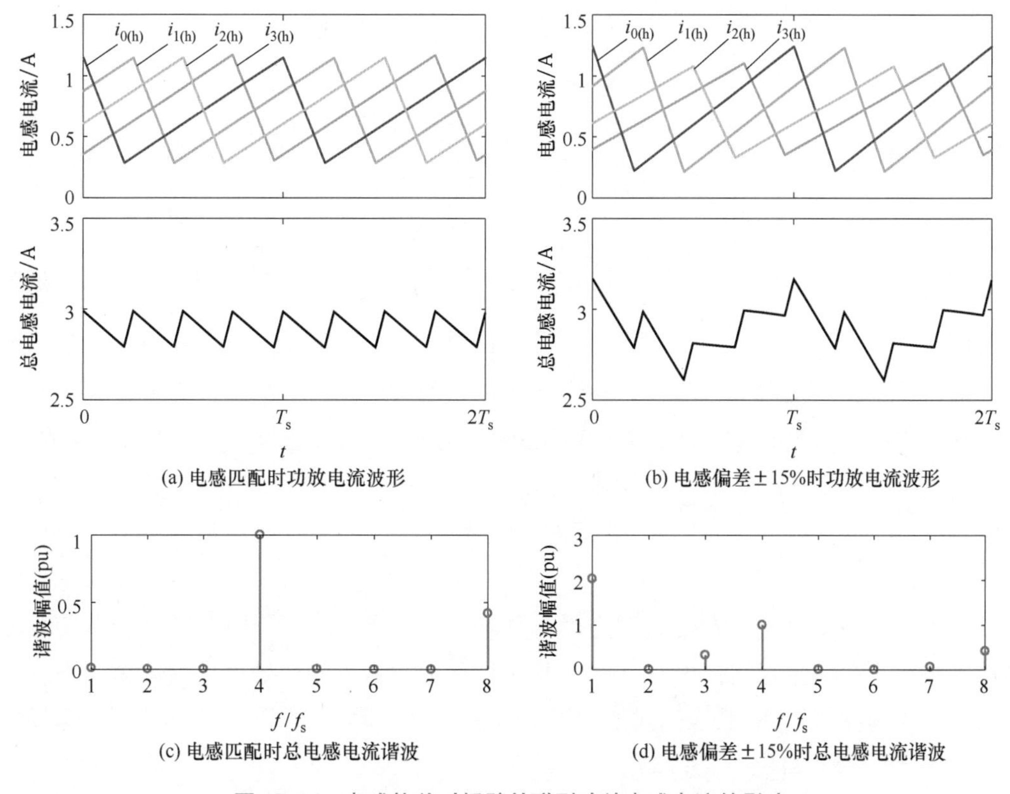

图 10.16 电感偏差对桥臂并联型功放电感电流的影响

10.2.2.1 半桥形式功放的电感电流纹波表征

对于桥臂并联型半桥形式功率放大器，其电感电流纹波的表征可参照交错并联型DC-DC变换器的分析方法。假设：

（1）变换器运行在稳态及电流连续模式下。

（2）各桥臂的占空比保持一致。

（3）各桥臂的电感电流可以分段线性近似。

（4）桥臂间移相角为 $2\pi/N$。

在以上假设条件下，对于交错并联型 DC-DC 变换器（或半桥形式下桥臂并联型功放），每个桥臂电感电流纹波可以用三角波来表征：

$$r_x(t)=A_x f(t)=\frac{L_{\text{nom(h)}}}{L_{x(\text{h})}}f(t) \tag{10-5}$$

式中，A_x 反映了桥臂电感偏差对电感电流纹波幅值的影响，且 $A_x=L_{\text{nom(h)}}/L_{x(\text{h})}$；$L_{\text{nom(h)}}$ 是桥臂电感的额定值，$L_{x(\text{h})}$ 是桥臂 x 的实际电感值；而 $f(t)$ 是一个周期为 T_s、幅值为±1 的归一化三角波。

总电感电流纹波是各桥臂电感电流纹波之和，同样可以分段线性表达。因此，总电感电流纹波可通过其峰值和谷值及对应的时刻来表征。根据叠加关系，可以推导得到归一化后总电感电流纹波的峰值 $P^+_{x(D)}$ 和谷值 $P^-_{x(D)}$，分别为

$$\begin{aligned}P^+_{x(D)}&=\sum_{k=0}^{N-1}A_{x-k}f^+_k\\&=\sum_{k=0}^{N-1}A_{x-k}\left[1-\frac{2k}{N(1-D)}\right]+\sum_{k>N(1-D)}^{N-1}A_{x-k}\left[\frac{2k}{ND(1-D)}-\frac{2}{D}\right]\end{aligned} \tag{10-6}$$

$$\begin{aligned}P^-_{x(D)}&=\sum_{k=0}^{N-1}A_{x-k}f^-_k\\&=-\sum_{k=0}^{N-1}A_{x-k}\left[1-\frac{2k}{ND}\right]-\sum_{k>ND}^{N-1}A_{x-k}\left[\frac{2k}{ND(1-D)}-\frac{2}{1-D}\right]\end{aligned} \tag{10-7}$$

式中，$P^+_{x(D)}$ 和 $P^-_{x(D)}$ 下标中的 x 表示该峰值（或谷值）发生的时刻对应于桥臂 x 的电感电流达到峰值（或谷值）的时刻；D 表示占空比；f^+_k 和 f^-_k 为三角函数 $f(t)$ 的采样值，采样时刻分别对应于桥臂 k 的电感电流纹波出现峰值和谷值的时刻；而和 $P^+_{x(D)}$ 和 $P^-_{x(D)}$ 对应的时刻，可根据载波移相关系和占空比计算得到，表示为

$$t^+_x=xT/N \tag{10-8}$$

$$t^-_x=xT/N-DT \tag{10-9}$$

于是，即可根据 $P^+_{x(D)}$，$P^-_{x(D)}$ 及对应的时刻 t^+_x，t^-_x 对半桥形式下桥臂并联功放的总电感电流纹波进行表征。注意此时 $P^+_{x(D)}$，$P^-_{x(D)}$ 均为标幺值，要得到纹波电流实际值，需乘以电感电流纹波的标称值 I_{nom}，其表达式如式（10-10）所示，其中 V_{DC} 是半桥形式下的母线电压值（即 $V_{\text{bus+}}=V_{\text{DC}}/2$，$V_{\text{bus-}}=-V_{\text{DC}}/2$）。

$$i_{\text{nom}}=\frac{V_{\text{DC}}(1-D)DT_s}{2L_{\text{nom (h)}}} \tag{10-10}$$

10.2.2.2 全桥形式功放的电感电流纹波表征

全桥形式下桥臂并联型功放的电感电流纹波无法直接通过已有的分析方法进行表征。其原因是不同于半桥形式拓扑，全桥形式下，负载两端电压会随桥臂开关顺序的改变而改变，进而导致全桥形式下桥臂电感电流无法通过统一的三角波来表征。

图 10.17 以 4 桥臂全桥形式桥臂并联型功放为例，仿真比较了不同占空比下的电感电流波形，验证了上述分析，即无法通过简单且统一的波形对全桥形式下的电感电流纹波进行表征。

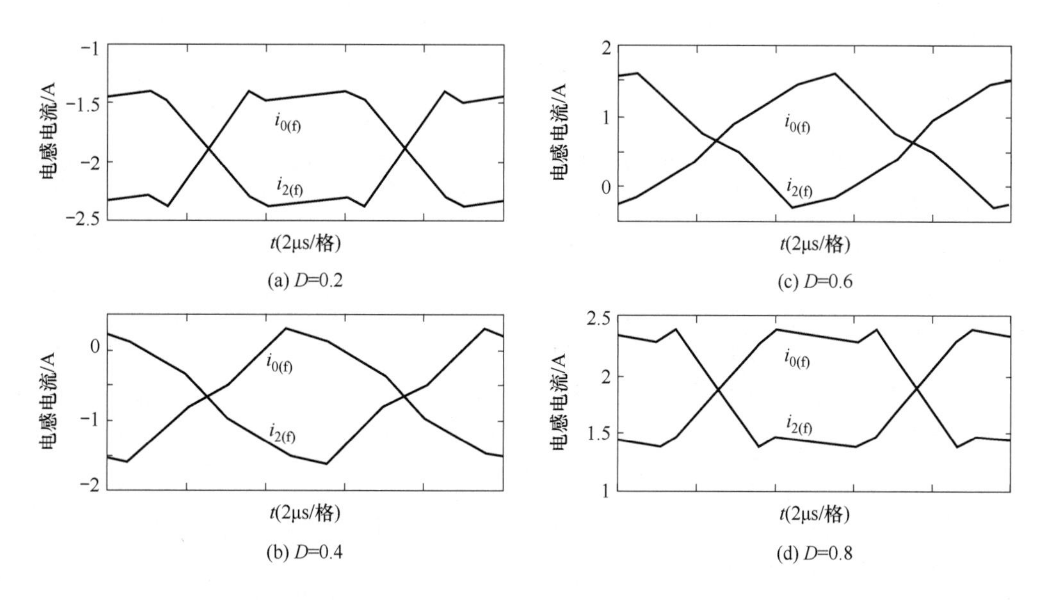

图 10.17　桥臂全桥形式桥臂并联型功放电感电流的仿真波形（$V_{bus}=200V$，$R_{load}=30\Omega$，$T_s=10\mu s$）

1. 全桥与半桥电感电流纹波关系推导

解决该问题的思路在于将全桥形式下的电感电流与半桥形式下的电感电流联系起来。根据“桥臂并联型功率放大器的工作原理”中介绍的桥臂并联型功放的调制策略得知，在同一参考信号下，全桥形式拓扑和半桥形式拓扑的对应桥臂的开关动作时刻保持一致。因此考虑所有桥臂的开关动作，在两个相邻的开关动作时刻之间，全桥形式的电感电流纹波 $i_{x(f)rip}$ 和半桥形式的电感电流纹波 $i_{k(h)rip}$ 均线性变化，即 $di_{x(f)rip}/dt$ 和 $di_{k(h)rip}/dt$ 均为常量。其中下标 x 和 k 分别表示全桥形式和半桥形式下的桥臂号，取值范围均为 0 ~$N-1$。因此在两个相邻的开关动作时刻之间，$i_{x(f)rip}$ 可表示为 $i_{k(h)rip}$ 的线性组合，即

$$i_{x(f)rip}=\sum_{k=0}^{N-1}\alpha_{xk}i_{k(h)rip} \tag{10-11}$$

于是，只要找到参数 α_{xk} 使得式（10-11）在整个开关周期内均成立，即可将全桥形式下电感电流纹波转换为半桥形式下的电感电流纹波进行求解。接下来，对 α_{xk} 的主要推导过程进行介绍。

推导过程的假设条件与半桥形式功放的电感电流纹波表征中的假设条件一致。另外，为了将全桥形式拓扑与半桥形式拓扑建立起联系，还需定义相关参数的对应关系如下：

（1）半桥形式的母线电压是全桥形式的两倍，即半桥形式下 $V_{bus+}=V_{DC}/2$，$V_{bus-}=-V_{DC}/2$，全桥形式下 $V_{bus}=V_{DC}/2$。

（2）半桥形式与全桥形式的对应桥臂的电感感值成比例，即 $L_{k(h)}/L_{k(f)}=m$，$k=0$，1,…，$N-1$。进一步，如果半桥形式拓扑下所有桥臂电感感值等于标称值 $L_{nom(h)}$，其等效输出电感的标称值为 $L_{nom(h)}/N$。对于全桥形式拓扑，等效输出电感标称值为 $4L_{nom(f)}/N$。因此，为了使二者相等，取 m 为 4。

接下来，求解满足式（10-11）的α_{xk}的解。分别用$S_{k(\mathrm{h})}(t)$和$S_{k(\mathrm{f})}(t)$来表示半桥和全桥形式功放中桥臂k的开关函数。对于半桥形式功放，$S_{k(\mathrm{h})}(t)=1$表示桥臂k的输出对地电压为$V_{\mathrm{bus+}}(V_{\mathrm{DC}}/2)$，反之$S_{k(\mathrm{h})}(t)=0$表示桥臂$k$的输出对地电压为$V_{\mathrm{bus-}}(-V_{\mathrm{DC}}/2)$。对于全桥形式功放，$S_{k(\mathrm{f})}(t)=1$表示桥臂$k$的输出对地电压为$V_{\mathrm{bus}}(V_{\mathrm{DC}}/2)$，而$S_{k(\mathrm{f})}(t)=0$表示桥臂$k$的输出对地电压为0。

设t_m为开关函数$S_{k(\mathrm{h})}(t)$从0变为1的时刻，t_{m-1}和t_{m+1}分别是所有桥臂中在t_m之前和之后最近的一次开关动作时刻。根据两种拓扑的调制策略，在同一参考信号下，时间区间为$t_{m-1}<t<t_{m+1}$，半桥和全桥形式拓扑均只有桥臂k在t_m时刻发生了开关动作。换言之，在$t_{m-1}<t<t_{m+1}$时，除桥臂k外，其余桥臂的开关函数保持不变。于是，在$t_{m-1}<t<t_{m+1}$时，设p和$N-1-p$(q和$N-1-q$）分别为半桥（全桥）形式下开关函数保持为0和1的桥臂数。

（1）当$k=2j$（$j=0，1，\cdots，N/2-1$）时

对于全桥拓扑而言，桥臂k位于上桥臂组。根据调制策略可知，在t_m时刻，$S_{k(\mathrm{f})}$与$S_{k(\mathrm{h})}$的改变方向一致，即均从0变为1。这里，定义$\mathrm{S_{LH}}$和$\mathrm{S_{RH}}$分别为式（10-11）等号左边和右边的部分。则在$t_{m-1}<t<t_m$时，有$S_{k(\mathrm{f})}=0$，$S_{k(\mathrm{h})}=0$。因此，在该时间区间内，$\mathrm{S_{LH}}$的导数为

$$\frac{\mathrm{dS_{LH}}}{\mathrm{d}t}=\frac{\dfrac{V_{\mathrm{DC}}}{2}\lambda_1(x,t)+(v_{\mathrm{b}}-v_{\mathrm{a}})\lambda_2(x)-v_{\mathrm{b}}}{L_{x(\mathrm{f})}} \tag{10-12}$$

其中v_{a}和v_{b}分别为全桥形式拓扑中负载两侧的电位，参数λ_1和λ_2分别为

$$\lambda_1(x,t)=\begin{cases}1,\text{当 } S_{x(\mathrm{f})}(t)=1\\0,\text{当 } S_{x(\mathrm{f})}(t)=0\end{cases} \tag{10-13}$$

$$\lambda_2(x)=\begin{cases}1,\text{当 } x=2j(j=0,1,\cdots,N/2-1)\\0,\text{当 } x=2j+1(j=0,1,\cdots,N/2-1)\end{cases} \tag{10-14}$$

对于全桥形式功放，根据图10.14定义的正方向，各桥臂电感电流之和为0，即

$$\sum_{j=0}^{N-1} i_{j(\mathrm{f})}=0 \tag{10-15}$$

对式（10-15）求导，得到

$$\sum_{j=0}^{N/2-1}\left(\frac{1}{L_{(2j)(\mathrm{f})}}\right)v_{\mathrm{a}}+\sum_{j=0}^{N/2-1}\left(\frac{1}{L_{(2j+1)(\mathrm{f})}}\right)v_{\mathrm{b}}=\sum_{j=1}^{N-q-1}\left(\frac{1}{L\,q_{j(\mathrm{f})}}\right)\frac{V_{\mathrm{DC}}}{2} \tag{10-16}$$

其中$Lq_{j(\mathrm{f})}$是$t_{m-1}<t<t_m$时全桥形式拓扑下开关函数为1的桥臂的桥臂电感值。同时电压v_{a}和v_{b}满足

$$v_{\mathrm{a}}-v_{\mathrm{b}}=v_{\mathrm{o}} \tag{10-17}$$

则根据式（10-12），式（10-16）和式（10-17），可得

$$\frac{\mathrm{dS_{LH}}}{\mathrm{d}t}=\frac{\lambda_1(x,t)V_{\mathrm{DC}}}{2L_{x(\mathrm{f})}}+\frac{L_{\mathrm{eq}}}{L_{x(\mathrm{f})}}\left[\frac{(1-\lambda_2(x))v_{\mathrm{o}}}{L_{\mathrm{eq1}}}-\frac{\lambda_2(x)v_{\mathrm{o}}}{L_{\mathrm{eq2}}}-\frac{V_{\mathrm{DC}}}{2L_{\mathrm{eq3}}}\right] \tag{10-18}$$

其中L_{eq}，L_{eq1}，L_{eq2}和L_{eq3}分别为

$$\begin{cases} L_{eq} = \dfrac{1}{\sum\limits_{j=0}^{N-1} \dfrac{1}{L_{j(f)}}} \\ L_{eq1} = \dfrac{1}{\sum\limits_{j=0}^{N/2-1} \dfrac{1}{L_{(2j)(f)}}} \\ L_{eq2} = \dfrac{1}{\sum\limits_{j=0}^{N/2-1} \dfrac{1}{L_{(2j+1)(f)}}} \\ L_{eq3} = \dfrac{1}{\sum\limits_{j=1}^{N-q-1} \dfrac{1}{L\, q_{j(f)}}} \end{cases} \tag{10-19}$$

在 $t_{m-1}<t<t_m$ 时，对 S_{RH}求导，得到

$$\frac{dS_{RH}}{dt}=\left(-\frac{V_{DC}}{2}-v_o\right)\left[\sum_{j=1}^{p}\left(\frac{\alpha_{x_{aj}}}{L_{a_j(h)}}\right)+\frac{\alpha_{xk}}{L_{k(h)}}\right]+\left(\frac{V_{DC}}{2}-v_o\right)\sum_{j=p+2}^{N}\left(\frac{\alpha_{x_{aj}}}{L_{a_j(h)}}\right) \tag{10-20}$$

其中 a_j（j=1，2，…，p）表示半桥形式中开关函数保持为 0 的桥臂，a_j(j=p+2，p+3，…，N）表示半桥形式中开关函数保持为 1 的桥臂。

在 $t_m<t<t_{m+1}$时，有 $S_{k(f)}=1$，$S_{k(h)}=1$。因此，类似上述的推导过程，可得到在该时间区间内

$$\frac{dS_{LH}}{dt}=\frac{\lambda_1(x,t)V_{DC}}{2L_{x(f)}}+\frac{L_{eq}}{L_{x(f)}}\left[\frac{(1-\lambda_2(x))v_o}{L_{eq1}}-\frac{\lambda_2(x)v_o}{L_{eq2}}-\left(\frac{1}{L_{eq3}}+\frac{1}{L_{k(f)}}\right)\frac{V_{DC}}{2}\right] \tag{10-21}$$

$$\frac{dS_{RH}}{dt}=\left(-\frac{V_{DC}}{2}-v_o\right)\sum_{j=1}^{p}\left(\frac{\alpha_{x_{aj}}}{L_{a_j(h)}}\right)+\left(\frac{V_{DC}}{2}-v_o\right)\left[\sum_{j=p+2}^{N}\left(\frac{\alpha_{x_{aj}}}{L_{a_j(h)}}\right)+\frac{\alpha_{xk}}{L_{k(h)}}\right] \tag{10-22}$$

根据 $dS_{LH}/dt=dS_{RH}/dt$ 可得

$$\left.\frac{dS_{LH}}{dt}\right|_{t_{m-1}<t<t_m}-\left.\frac{dS_{LH}}{dt}\right|_{t_m<t<t_{m+1}}=\left.\frac{dS_{RH}}{dt}\right|_{t_{m-1}<t<t_m}-\left.\frac{dS_{RH}}{dt}\right|_{t_m<t<t_{m+1}} \tag{10-23}$$

将式（10-18），式（10-20）~式（10-22）代入式（10-23），得到

$$\alpha_{xk}=\begin{cases}-2L_{eq}/L_{x(f)}, x\neq k \\ 2(1-L_{eq}/L_{x(f)}), x=k\end{cases} \tag{10-24}$$

（2）当 $k=2j+1$（j=0，1，…，$N/2-1$）时

根据调制策略可知，在 t_m 时刻 $S_{k(f)}(t)$ 与 $S_{k(h)}(t)$ 的变化方向相反。即在 $t_{m-1}<t<t_m$ 时，有 $S_{k(f)}=1$，$S_{k(h)}=0$，而在 $t_m<t<t_{m+1}$时，有 $S_{k(f)}=0$，$S_{k(h)}=1$。与（1）的推导过程类似，通过分别推导在 $t_{m-1}<t<t_m$ 及 $t_m<t<t_{m+1}$时 dS_{LH}/dt 和 dS_{RH}/dt 的表达式，再代入式（10-23）求解，可得

$$\alpha_{xk}=\begin{cases}-2L_{eq}/L_{x(f)}, x\neq k \\ 2(1-L_{eq}/L_{x(f)}), x=k\end{cases} \tag{10-25}$$

因此，联立式（10-24）和式（10-25），可得参数 α_{xk}使得式（10-11）在时间区间 $t_{m-1}<t_m<t_{m+1}$内成立，其中 t_m 为桥臂 k 开关动作的时刻。则当 k 从 0 取值到 $N-1$ 时，即可得到使

（10-11）在整个开关周期 T 内均成立的参数 α_{xk}，表示为

$$\alpha_{xk}=\begin{cases}-2L_{\mathrm{eq}}/L_{x(\mathrm{f})},k=0,2,\cdots,N-2\text{ 且 }x\neq k\\2(1-L_{\mathrm{eq}}/L_{x(\mathrm{f})}),k=0,2,\cdots,N-2\text{ 且 }x=k\\2L_{\mathrm{eq}}/L_{x(\mathrm{f})},k=1,3,\cdots,N-1\text{ 且 }x\neq k\\-2(1-L_{\mathrm{eq}}/L_{x(\mathrm{f})}),k=1,3,\cdots,N-1\text{ 且 }x=k\end{cases}\tag{10-26}$$

2. 全桥形式下总电感电流纹波表征

根据式（10-11）可得全桥形式下总电感电流纹波为

$$i_{\mathrm{tot\,(f)\,rip}}=\sum_{j=0}^{N/2-1}i_{(2j)(\mathrm{f})\,\mathrm{rip}}=\sum_{k=0}^{N-1}\left(\sum_{j=0}^{N/2-1}\alpha_{(2j)k}\right)i_{k(\mathrm{h})\mathrm{rip}}\tag{10-27}$$

将式（10-5）代入到式（10-27）中的 $i_{k(\mathrm{h})\mathrm{rip}}$，可得

$$i_{\mathrm{tot(f)\,rip}}=\sum_{k=0}^{N-1}A_k'f(t)\tag{10-28}$$

其中 A_k' 为

$$A_k'=A_k\sum_{k=0}^{N/2-1}\alpha_{(2j)k}=\frac{L_{\mathrm{nom(f)}}}{L_{k(\mathrm{f})}}\sum_{k=0}^{N/2-1}\alpha_{(2j)k}\tag{10-29}$$

其中 $L_{\mathrm{nom(f)}}$ 和 $L_{k(\mathrm{f})}$ 分别为全桥形式下桥臂 k 的电感标称值和实际值。将式（10-6），式（10-7）中的 A_k 用 A_k' 代替，可得全桥形式下总电感电流纹波峰值和谷值的标幺值为

$$P_{x\mathrm{f}(D)}^{+}=\sum_{k=0}^{N-1}A_{x-k}'f_k^{+}=\sum_{k=0}^{N-1}A_{x-k}'\left[1-\frac{2k}{N(1-D)}\right]+\sum_{k>N(1-D)}^{N-1}A_{x-k}'\left[\frac{2k}{ND(1-D)}-\frac{2}{D}\right]\tag{10-30}$$

$$P_{x\mathrm{f}(D)}^{-}=\sum_{k=0}^{N-1}A_{x-k}'f_k^{-}=-\sum_{k=0}^{N-1}A_{x-k}'\left[1-\frac{2k}{ND}\right]-\sum_{k>ND}^{N-1}A_{x-k}'\left[\frac{2k}{ND(1-D)}-\frac{2}{1-D}\right]\tag{10-31}$$

与 $P_{x\mathrm{f}(D)}^{+}$ 和 $P_{x\mathrm{f}(D)}^{-}$ 对应的时刻与式（10-8）和式（10-9）一致，纹波电流标称值 I_{nom} 可改写为

$$i_{\mathrm{nom}}=\frac{V_{\mathrm{DC}}(1-D)DT_{\mathrm{s}}}{8L_{\mathrm{nom(f)}}}\tag{10-32}$$

3. 总电感电流纹波的谐波分析

桥臂电感的偏差对总电感电流纹波的谐波分量影响较大，通过对总电感电流纹波进行表征，可以定量地分析电流纹波的谐波分量。以全桥形式功放为例进行分析，将总电感电流纹波表示为傅里叶级数式（10-33），其中 $h_m=\sqrt{a_m^2+b_m^2}$，a_m 和 b_m 的表达如式（10-34）所示。

$$i_{\mathrm{tot(f)\,rip}}(t)=\sum_{m=1}^{\infty}\left[h_m\cos\left(m\omega t+\varphi_m\right)\right]\tag{10-33}$$

$$\begin{cases}a_m=\dfrac{2}{T}\displaystyle\int_0^T i_{\mathrm{tot(f)\,rip(t)}}\cos(mwt)\,\mathrm{d}t\\b_m=\dfrac{2}{T}\displaystyle\int_0^T i_{\mathrm{tot(f)\,rip(t)}}\sin(mwt)\,\mathrm{d}t\end{cases}\tag{10-34}$$

总电感电流纹波 $i_{\mathrm{tot(f)\,rip}}$ 可以分段线性表示为

$$r_j(t)=\frac{P_{j+1}-P_j}{t_{j+1}-t_j}(t-t_j)+P_j,t_j<t<t_{j+1}\tag{10-35}$$

其中在 t_j 时刻，$i_{\text{tot(f)rip}}$达到峰值（或谷值）P_j，而在 t_{j+1}时刻，$i_{\text{tot(f)rip}}$达到与 P_j 相邻的谷值（或峰值）P_{j+1}，如图 10.18 所示。

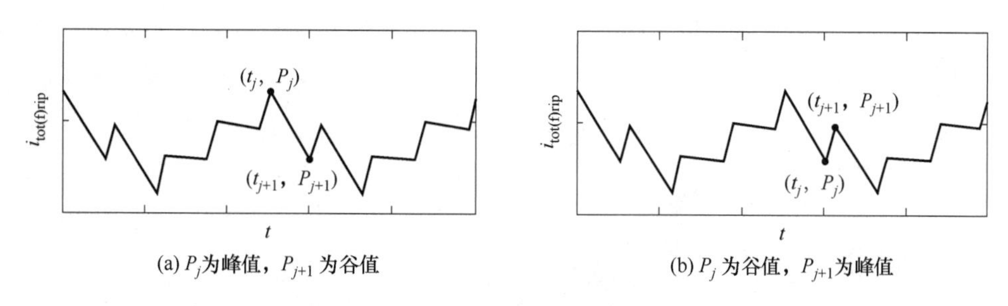

(a) P_j为峰值，P_{j+1} 为谷值　　(b) P_j 为谷值，P_{j+1}为峰值

图 10.18　总电感电流纹波的分段线性表示

于是可对式（10-34）分段进行计算，每段电流的表达式用式（10-35）代入，最终求和得到 a_m 和 b_m 表达式如式（10-36）所示，其中 $K_j=(P_{j+1}-P_j)/(t_{j+1}-t_j)/m/\omega$。

$$\begin{cases} a_m=\dfrac{1}{m\pi}\displaystyle\sum_{j=0}^{2N-1}\left[P_{j+1}\sin(m\omega t_{j+1})-P_j\sin(m\omega t_j)+K_j\cos(m\omega t_{j+1})-K_j\cos(m\omega t_j)\right] \\ b_m=\dfrac{1}{m\pi}\displaystyle\sum_{j=0}^{2N-1}\left[P_j\cos(m\omega t_j)-P_{j+1}\cos(m\omega t_{j+1})+K_j\sin(m\omega t_{j+1})-K_j\sin(m\omega t_j)\right] \end{cases} \tag{10-36}$$

10.2.3　基于 DSIM 的仿真解算

在 DSIM 软件中搭建了上述功率放大器主电路和控制模型，进行仿真分析。DSIM 中的仿真电路主电路部分如图 10.19 所示。

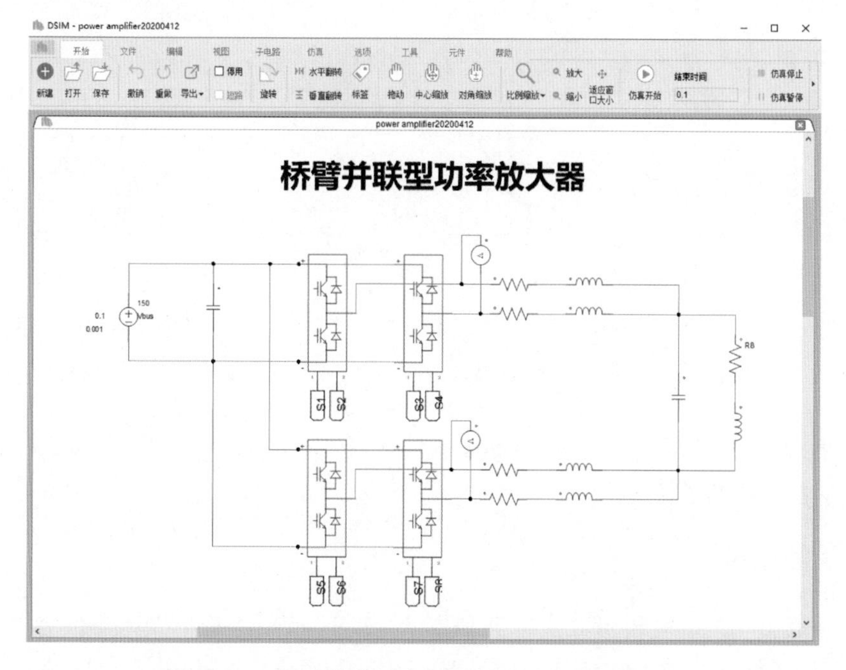

图 10.19　桥臂并联型功率放大器 DSIM 仿真电路

图 10.20 与图 10.21 分别展示了桥臂电流 i_{L1} 与输出电压 u_O 的 DSIM 软件的 DSED 算法仿真波形与实验波形对比图，从图中可以观察到 DSIM 仿真波形与实验波形吻合良好，DSIM 不仅能够准确地仿真如图 10.20a 与图 10.21a 所示的系统级动态过程，还能够准确地仿真 i_{L1} 上如图 10.20b 所示的开关纹波。

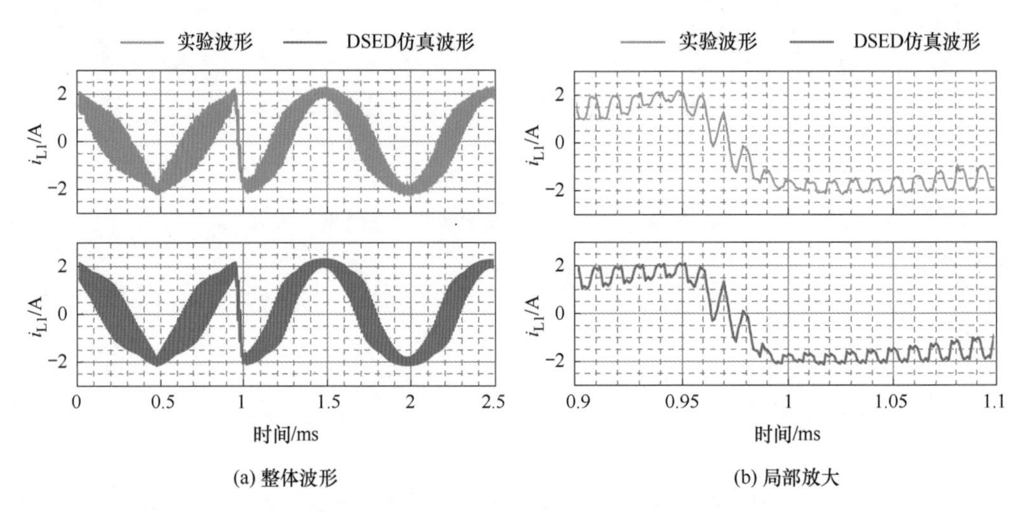

图 10.20 桥臂电流 i_{L1} 的 DSED 仿真波形（下）与实验波形（上）对比

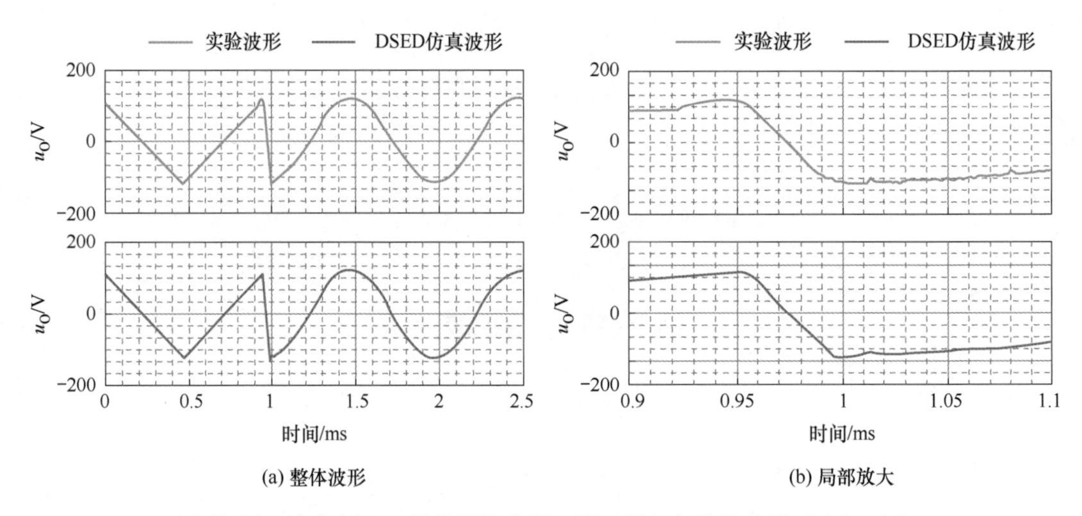

图 10.21 输出电压 u_O 的 DSED 仿真波形（下）与实验波形（上）对比

对于上述功放 0.2s 的仿真过程，DSIM 耗时约为 1s 左右，相较其余两软件（分别耗时 10s 和 80s 左右）得到了较大提升。

10.2.4 实验验证

4 桥臂并联型功放的全桥形式主电路如图 10.22 所示。功率半导体器件为 SiC MOSFET（型号为 CMF20120D）和 SiC SBD（型号为 C4D30120D）。实验测试参数与表 10.2 所示一致。

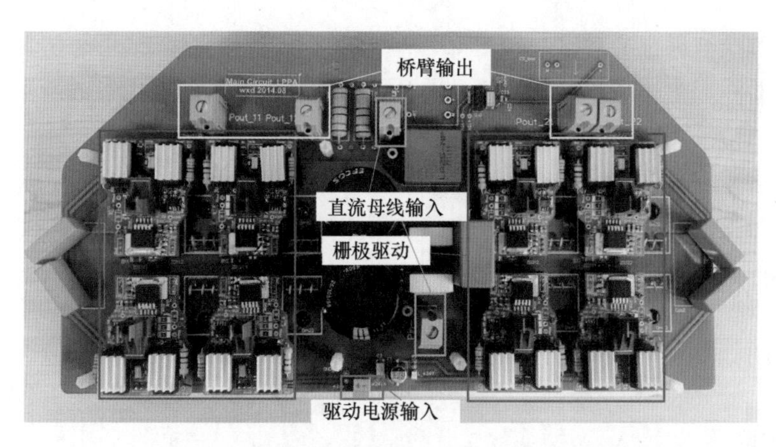

图 10.22　桥臂并联型功放全桥形式主电路

表 10.2　4 桥臂全桥形式及半桥形式功放的仿真参数

仿真拓扑	4 桥臂全桥形式		4 桥臂半桥形式	
描述	变　量	数　值	变　量	数　值
直流母线电压	V_{bus}/V	200	V_{bus+}/V	200
			V_{bus-}/V	-200
开关周期	T /μs	10	T /μs	10
调制周期	T_0/ms	1	T_0/ms	1
调制比	M	0.9	M	0.9
输出电容	C_f/nF	180	C_f/nF	180
负载电阻	R_{load}/Ω	30	R_{load}/Ω	30
桥臂电感额定值	$L_{n(f)}$/μH	190	$L_{n(f)}$/μH	760
桥臂电感实际值	$L_{0(f)}$/μH	219.4	$L_{0(h)}$/μH	877.6
	$L_{2(f)}$/μH	163.4	$L_{2(h)}$/μH	653.6
	$L_{1(f)}$/μH	163.1	$L_{1(h)}$/μH	652.4
	$L_{3(f)}$/μH	217.9	$L_{3(h)}$/μH	871.6

实验分别对两个电感分布案例进行了研究。案例 1 的电感分布见表 10.2，对应于桥臂数 $N=4$，电感偏差±15%的最坏情况。案例 2 对桥臂电感进行了重排，即上桥臂组电感 $L_{0(f)}=219.4\mu H$，$L_{3(f)}=217.9\mu H$，下桥臂组电感 $L_{1(f)}=163.1\mu H$，$L_{2(f)}=163.4\mu H$。式（10-28）中的 A'_k 反映了各桥臂电感电流幅值的不均衡度。对于案例 1，有 $A'_0=0.868$，$A'_1=1.163$，$A'_2=1.165$，$A'_3=0.870$。对于案例 2，有 $A'_0=0.992$，$A'_1=0.996$，$A'_2=0.998$，$A'_3=0.994$。这表明桥臂间电感电流纹波幅值的偏差主要是由同一桥臂组内电感偏差所引起。对于案例 2，尽管所有电感偏差仍为±15%，但同一桥臂组内电感感值相近，导致桥臂间电流纹波偏差很小，可以视为理想情况进行对比分析。

对两种案例下的总电感电流进行了测量，并与仿真得到的总电感电流及分析方法计算得到的总电感电流纹波进行了对比，如图 10.23 所示。可以看到计算结果与仿真及实验结果吻合得很好。实验波形中的高频毛刺主要是由开关器件及变换器的寄生参数所引起。

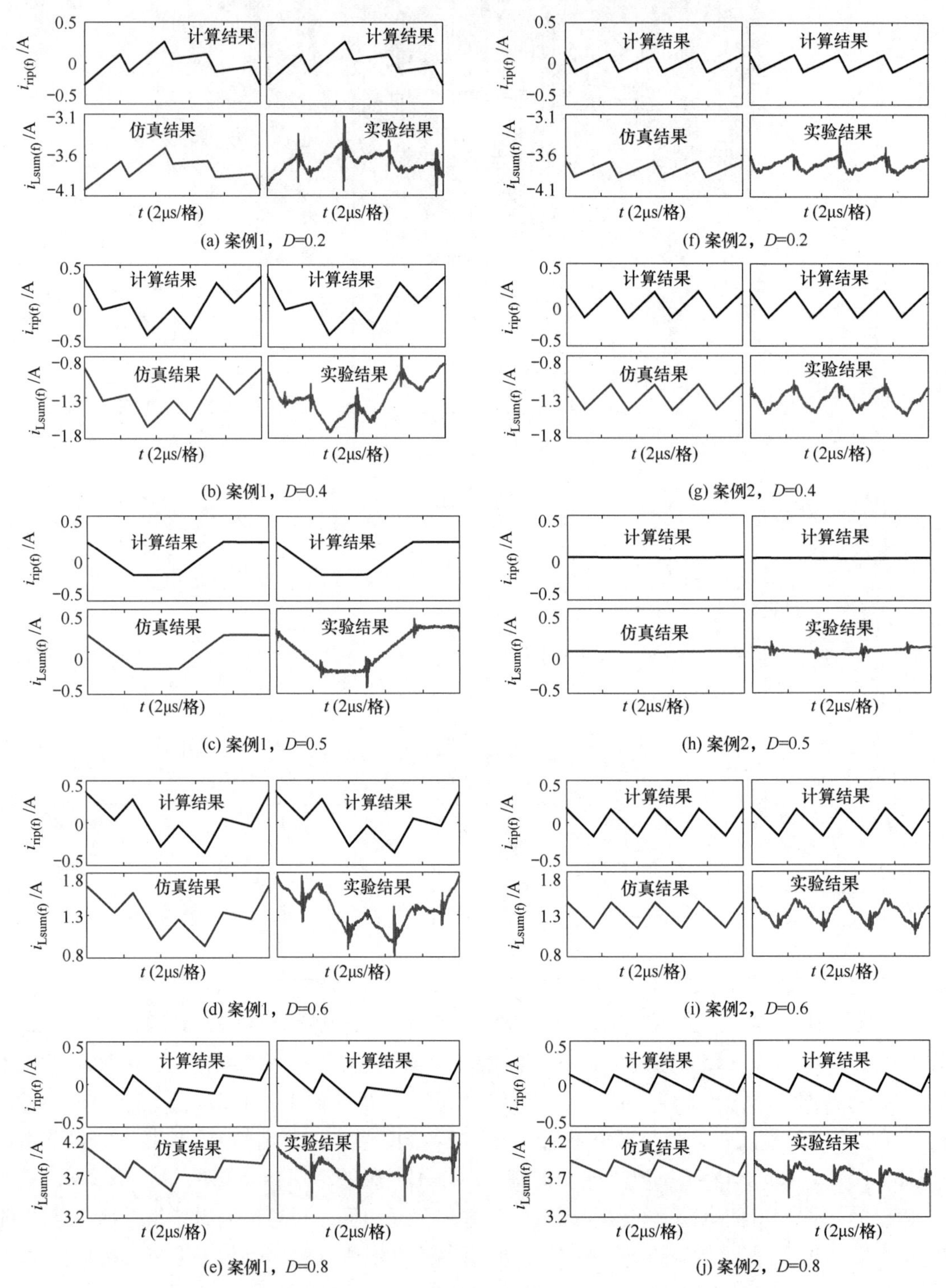

图 10.23　桥臂并联型功放全桥形式总电流纹波的计算，仿真和实验结果对比

（图 10.23a～e 为案例 1，图 10.23f～j 为案例 2）

图 10.24 对比了案例 1 和案例 2 总电流纹波谐波分量的实验值和根据式（10-36）得到的计算值。谐波次数为开关次及其倍数次谐波（$f_s \sim Nf_s$）。从图中可以看出，计算结果与实验值相吻合。两者的幅值偏差主要由实验及测量噪声引起。另外，对比案例 1 和案例 2，在等效开关频率 $4f_s$ 处，两者的谐波分量在同一占空比 D 下几乎一致。而在开关频率 f_s 处，同一占空比 D 下，案例 1 的谐波分量远高于案例 2 的谐波分量。这也进一步影响了输出电压的波形质量。图 10.25 对比了案例 1 和案例 2 的输出电压 v_o 以及总电感电流 $i_{Lsum(f)}$ 在 1kHz 正弦波调制下的实验波形。根据实验波形，计算各自的 THD。以电流为例，计算公式如式（10-37）所示。其中 I_1 和 I_n 分别是基波分量和 n 次谐波分量的有效值。这里，最高谐波频率选为 $4f_s$，即 400kHz。

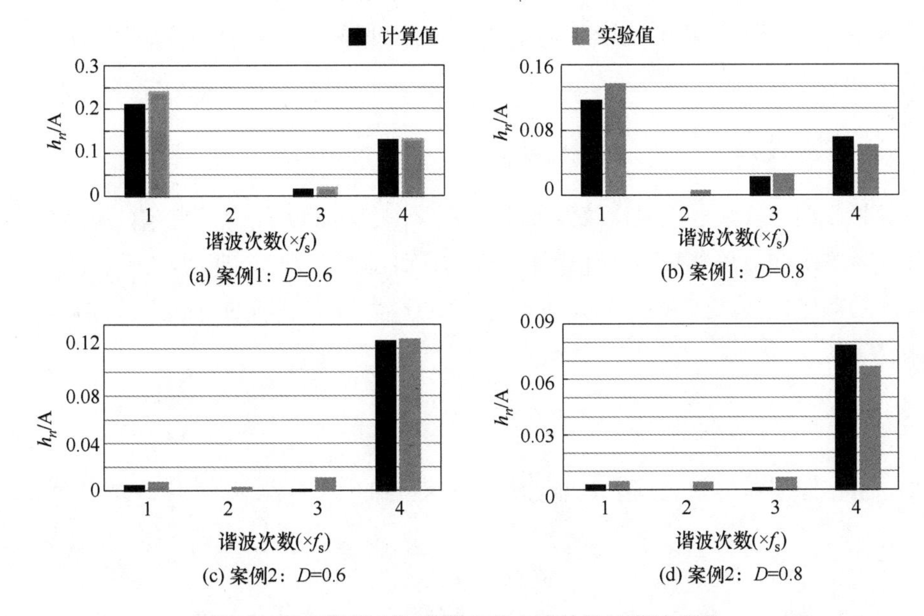

图 10.24　案例 1 和案例 2 总电流纹波的谐波分量

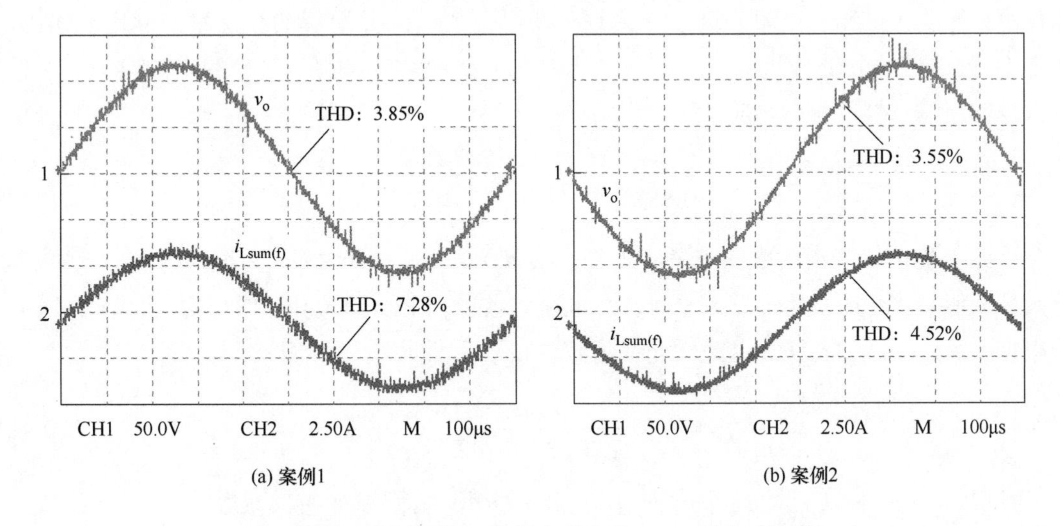

图 10.25　输出电压 v_o 和总电感电流 $i_{Lsum(f)}$ 的实验波形

$$\mathrm{THD}=\sqrt{I_2^2+I_3^2+\cdots+I_n^2}/I_1 \tag{10-37}$$

由于桥臂电感偏差使上（下）桥臂组电感电流纹波的抑制效果变差，案例 1 的 $i_{\mathrm{Lsum(f)}}$ 的 THD 为 7.28%，是案例 2 的 1.6 倍。对于输出电压，案例 1 的 THD 为 3.85%，稍高于案例 2（v_{o}的 THD 为 3.55%）。

值得说明的是，输出滤波器的截止频率为 27.2kHz。因此 $i_{\mathrm{Lsum(f)}}$ 的开关次及其倍数次谐波分量经滤波器后有-10dB 以下的衰减，进而在输出电压的 THD 上，案例 1 和案例 2 相差不明显。然而，如果滤波器按照等效开关频率为 Nf_{s} 来设计时，其截止频率可以设为接近开关频率 f_{s} 处以降低输出滤波器的体积。在这种情况下，$i_{\mathrm{Lsum(f)}}$ 的开关次及其低倍数次谐波分量经滤波器后的衰减效果有限，进而会对输出电压 THD 产生较大影响。换而言之，桥臂间电感的偏差加剧了桥臂并联型功放在降低输出电压 THD 和减小输出滤波器体积之间的矛盾。

10.2.5 滤波器设计

对桥臂并联型功放总电感电流纹波的定量分析，有利于从理论上指导对输出滤波器的设计和选型。对输出滤波器参数的设计遵循一般的设计流程，即首先根据电感纹波电流大小确定滤波电感的额定值，如式（10-38）所示。其中 σ_{i} 为最大允许的电感电流纹波，I_{o}为稳态负载电流有效值。

$$L_{\mathrm{nom\,(f)}} \geqslant \frac{V_{\mathrm{bus}}}{16Nf_{\mathrm{s}}\,\sigma_{\mathrm{i}}I_{\mathrm{o}}} \tag{10-38}$$

然后，根据滤波器的截止频率 f_{c} 来选择滤波电容的大小。滤波电容 C_{f} 的计算公式为

$$C_{\mathrm{f}}=\frac{N}{16\,\pi^2 f_{\mathrm{c}}^2 L_{\mathrm{nom\,(f)}}} \tag{10-39}$$

对于 N 桥臂并联型功放，f_{c} 选择在最高调制频率 f_0 和等效开关频率 Nf_{s} 之间。而其具体取值可根据输出电压 v_{o}高频分量（开关频率及以上的谐波分量）的衰减量来确定。输出电压在 kf_{s} 处的谐波分量为 $h_kR_{\mathrm{load}}\alpha_{\mathrm{v}}(kf_{\mathrm{s}})$，其中 h_k 是总电流纹波在 kf_{s} 处的谐波分量，$\alpha_{\mathrm{v}}(f)$ 可根据输出滤波器的幅频响应计算

$$\alpha_{\mathrm{v}}(f)=1/\sqrt{1+\frac{N^2f^2\,R_{\mathrm{load}}^2}{64\,\pi^2 f_{\mathrm{c}}^4 L_{\mathrm{nom(f)}}^2}} \tag{10-40}$$

因此，截止频率 f_{c} 的取值应满足 $h_kR_{\mathrm{load}}\alpha_{\mathrm{v}}(kf_{\mathrm{s}})\leqslant h_{\mathrm{vlim}}$，其中 h_{vlim}为给定的输出电压高频分量最大值。当忽略桥臂电感偏差时，总电流纹波的高频分量集中在 Nf_{s} 附近，表示为 h_N。则根据 $h_NR_{\mathrm{load}}\alpha_{\mathrm{v}}(kf_{\mathrm{s}})\leqslant h_{\mathrm{vlim}}$，最大允许的截止频率为

$$f_{\mathrm{c1}}=Nf_{\mathrm{s}}\sqrt{\frac{\alpha_{\mathrm{vlim}}(Nf_{\mathrm{s}})R_{\mathrm{load}}}{8\pi f_{\mathrm{s}}L_{\mathrm{nom(f)}}\sqrt{1-\alpha_{\mathrm{vlim}}^2(Nf_{\mathrm{s}})}}} \tag{10-41}$$

其中 $\alpha_{\mathrm{vlim}}(Nf_{\mathrm{s}})=h_{\mathrm{vlim}}/(h_NR_{\mathrm{load}})$，是 Nf_{s} 处的输出电压的最大衰减系数。

然而当考虑电感偏差时，总电流纹波在开关频率 f_{s} 处的谐波分量更为显著。因此

式（10-41）需修正为式（10-42），以保证功放输出电压的所有高频分量在 h_{vlim} 以下。需要说明的是，$\alpha_{vlim}(Nf_s)$ 和 $\alpha_{vlim}(f_s)$ 需要在满足最坏情况的电感分布时进行计算。

$$f_{c2}=\min\left(Nf_s\sqrt{\frac{\alpha_{vlim}(Nf_s)R_{load}}{8\pi f_s L_{nom(f)}\sqrt{1-\alpha_{vlim}^2(Nf_s)}}},Nf_s\sqrt{\frac{\alpha_{vlim}(f_s)R_{load}}{8\pi Nf_s L_{nom(f)}\sqrt{1-\alpha_{vlim}^2(f_s)}}}\right) \tag{10-42}$$

接下来通过仿真验证桥臂电感偏差对输出滤波器截止频率及输出滤波电容取值的影响。同样以 4 桥臂全桥形式功放为例，仿真参数与表 10. 2 所示一致。图 10. 26 比较了理想情况（电感取值一致）和最坏情况（电感偏差±15%）时的总电感电流纹波的谐波分量计算值。因此，在给定输出电压高频分量幅值的最大值 h_{vlim} 时，有

$$\alpha_{vlim}(f_s)/\alpha_{vlim}(Nf_s)=h_N/h_1=0.5645 \tag{10-43}$$

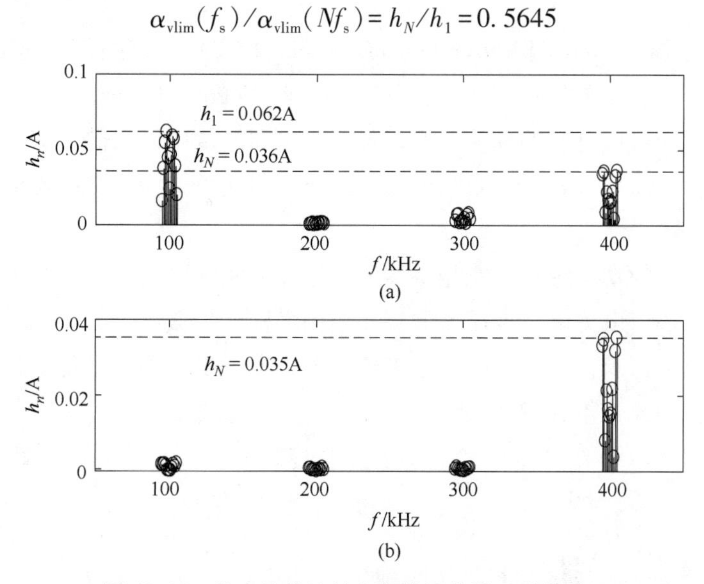

图 10. 26　总电流纹波的高频谐波分量（计算值）

以 $\alpha_{vlim}(Nf_s)=0.1$ 为例，可根据式（10-41）和式（10-42）分别计算出不考虑电感偏差时的截止频率 $f_{c1}=31.8$kHz，而考虑电感偏差且电感分布处于最坏情况时的截止频率 $f_{c2}=11.9$kHz。图 10. 27 比较了输出滤波器的截止频率 $f_c=f_{c1}$ 及 $f_c=f_{c2}$ 时功放输出电压的高频谐波

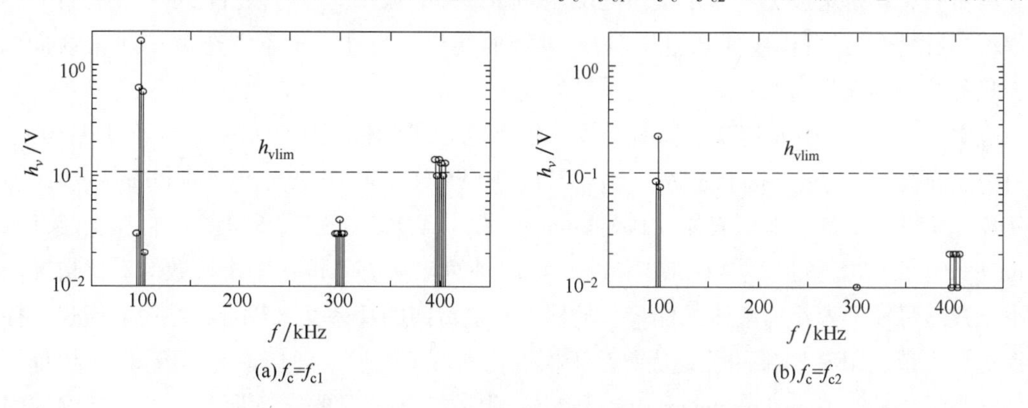

图 10. 27　输出电压的高频谐波分量（仿真结果）

分量。从图中可以看出，未考虑电感偏差计算得到的截止频率f_{c1}并不能保证所有高频分量在h_{vlim}以下，其中开关频率处的谐波分量甚至比h_{vlim}高出一个数量级。而考虑电感偏差后，按截止频率f_{c2}设计的滤波器，则可保证输出电压所有高频分量在设定值h_{vlim}以下或附近。这验证了上述分析方法可有效地指导输出滤波器的设计。同样，式（10-42）也可用于在截止频率f_c给定时，选择最大可允许的电感偏差，从而帮助设计者对桥臂电感的设计或选型。

10.3 兆瓦级多端口电力电子变压器

电力电子变压器（Power Electronic Transformer，PET），又称固态变压器（Solid State Transformer，SST），也有称之为电能路由器（Electric Energy Router，EER）。多端口电力电子变压器可以实现交直流电能的灵活转换，各端口之间能量可以双向流动，端口之间相互隔离，支持接入光伏、储能等各种分布式可再生能源，因此被认为是交直流混合配电系统中的关键枢纽设备。

由于各端口之间的功率等级可能相差甚大，彼此之间既要满足隔离要求又可能需要进行协同控制，因此多端口电力电子变压器的拓扑结构多样、参数设计复杂，对其进行准确快速的仿真分析成为重大需求；同时，兆瓦级多端口电力电子变压器能量传输路径复杂、控制变量多，如何协同控制成为重大挑战。

本节简单介绍运用第2~9章的动力学表征与控制方法，设计实现一种兆瓦级多端口电力电子变压器。

10.3.1 电力电子变压器拓扑

如图10.28所示，是采用一种基于高频母线的多端口（High-Frequency-Bus-Based Power Electronic Transformer，HFB-PET）拓扑的PET。其核心是模块化多有源桥（Modular Multi-Active Bridge，MMAB），每个MMAB子模块由1个高频变压器（High Frequency Transformer，HFT）和1个H桥组成。这些子模块的交流侧通过公共低压高频母线并联在一起，直流侧通过串/并联组合方式可构成任意电压/功率等级的端口。另外，理论上还可扩展任意多个端口，且各端口相互隔离。

表10.3列出了HFB-PET与共直流母线隔离型PET的性能比较结果。对于具备10 kV/1 MW中压交流（Medium-Voltage AC，MVAC）、10 kV/1 MW中压交流（Medium-Voltage DC，MVDC）、750 V/1 MW低压直流（Low-Voltage DC，LVDC）和380 V/1 MW低压交流（Low-Voltage AC，LVAC）的四端口PET来说，表10.4列出所需半桥功率模块数的对比情况。这里由于缺乏母线电容作为潮流的能量缓冲器，其端口间的功率交叉耦合特性明显增强，控制变得更加复杂。HFB-PET的关键优势在于模块化和可扩展性，任何带有HFT的H桥都可以连接到高频母线（High-Frequency Bus，HFB）上，扩展端口非常方便，通过直流侧的串联和并联，还可以分别调整电压和功率等级。

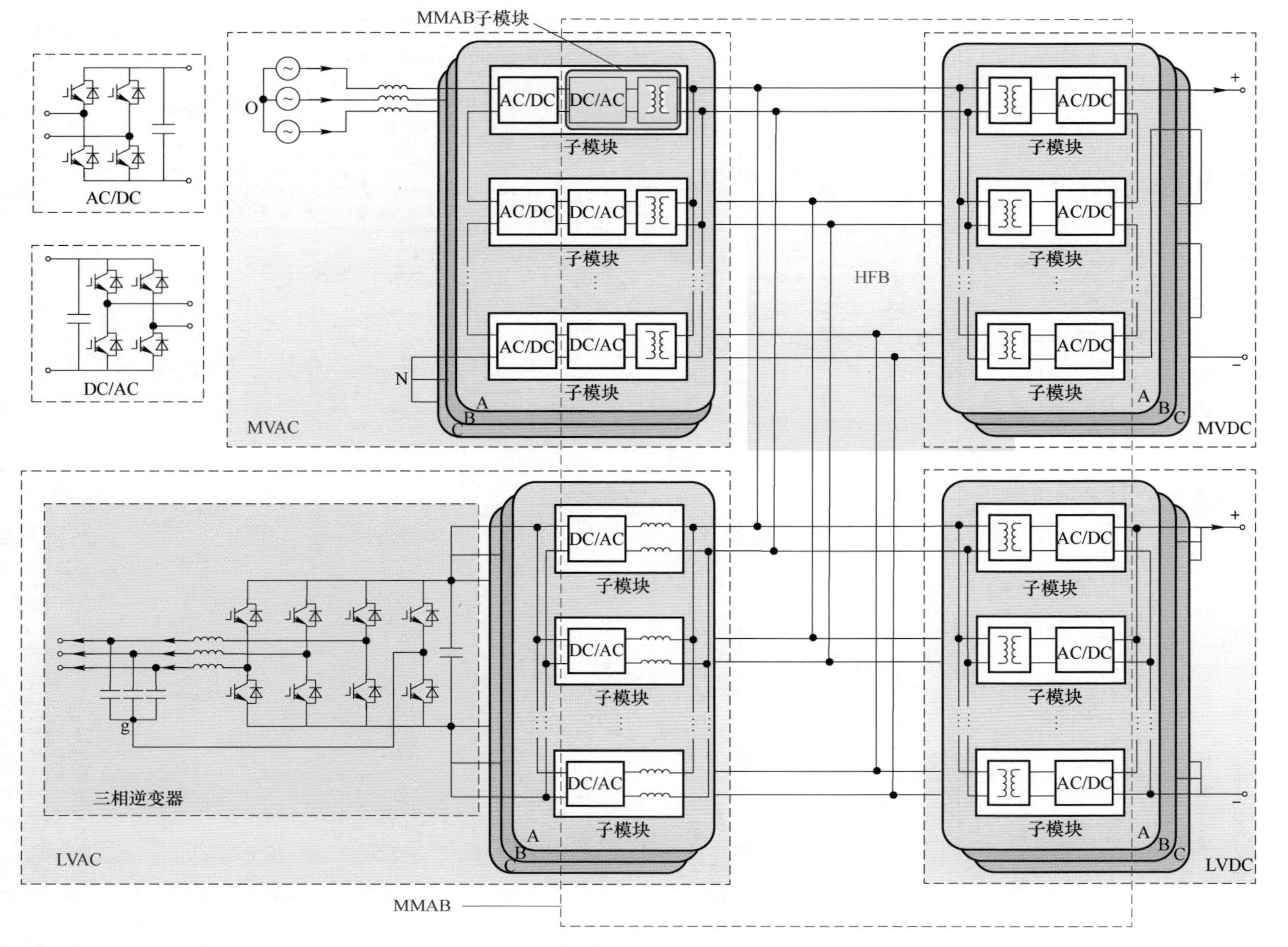

图 10.28　四端口 HFB-PET 拓扑

表 10.3 HFB-PET 与共直流母线隔离型 PET 的性能比较

拓扑	HFB-PET	共直流母线隔离型 PET
功率变换级数	相对较少	相对较多
端口间功率耦合	耦合程度较高	相对较低
控制策略	相对复杂	相对简单

表 10.4 两种方案下的功率半导体器件（半桥模块）数目比较

拓扑	10kV/1MW MVAC 端口	10kV/1MW MVDC 端口	750V/1MW LVDC 端口	380V/1MW LVAC 端口
共直流母线隔离型 PET	252	60	60	0
HFB-PET	168	30	30	30

10.3.2 基于 DSIM 的高频母线电压振荡机理分析与抑制

共高频母线的核心结构是模块化多有源桥，在 10kV 电力电子变压器拓扑中的对应位置如图 10.29 所示。

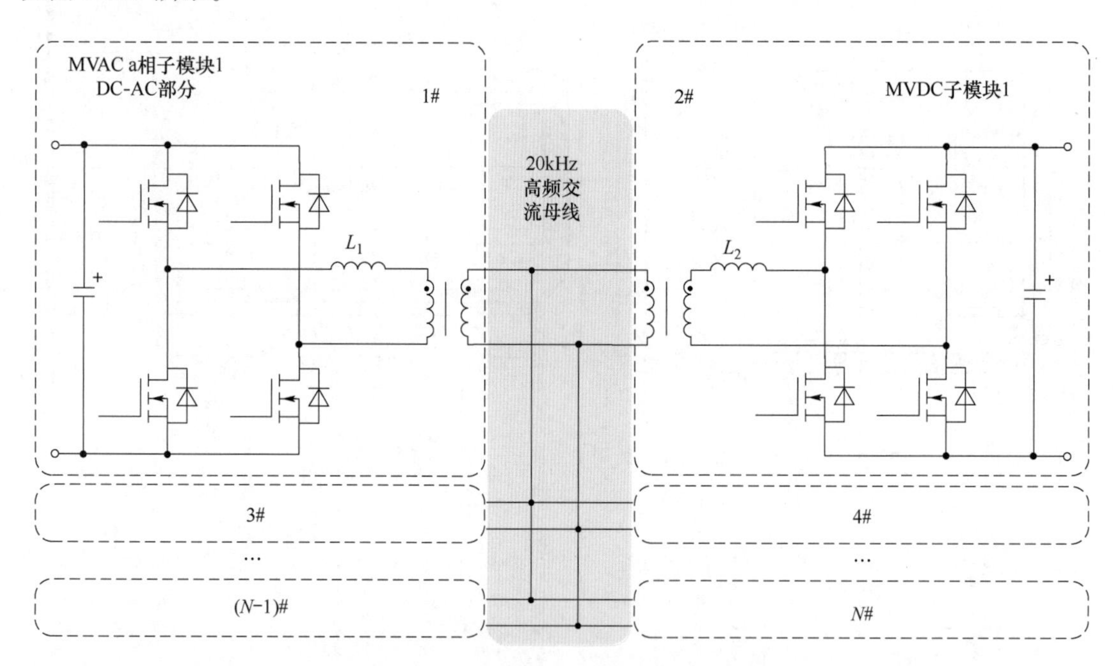

图 10.29 模块化多有源桥的拓扑示意图

但是相比于常规的共交流母线结构，高频交流母线运行在方波模式下，电压变化率高，因此很容易受到杂散参数的影响，控制策略较为复杂。在实际装置中，在高频母线和 MMAB 的 H 桥出口电压波形上观察到兆赫兹级别的高频振荡。这种电压高频振荡现象很容易导致电磁干扰现象，引起弱电设备的误动作，影响装置可靠运行，因此有必要对高频振荡的成因进行深入仿真分析，并探究相应的抑制办法。

对 MMAB 的基本单元——双有源桥（DAB）进行阻抗网络和振荡回路分析。分析结果表明，当 DAB 工作在不同模式下的时候，会产生性质和频率不同的振荡。其中 I 型振荡在 DAB 模块的二次侧整流桥工作在不控模式下时出现（对应于启动或故障闭锁工况），振荡回路主要由二次侧 H 桥器件结电容与高频变压器的漏感组成。Ⅱ型振荡发生在 DAB 模块的二次侧工作在全控模式的情况下，振荡回路主要由 HFT 的分布电容与 HFT 的杂散电感组成。本小节主要以 I 型振荡为例进行仿真分析。

以 MMAB 的基本单元 DAB 为例，发生 I 型振荡时的等效电路图如图 10.30 所示。

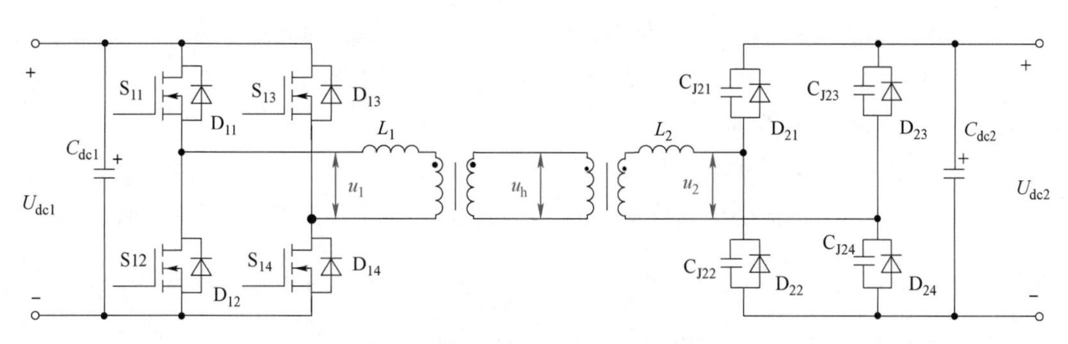

图 10.30　双有源桥二次侧 H 桥闭锁时的等效拓扑

在该 HFB-PET 中，开关器件采用了高压 SiC MOSFET，由于电压和功率等级高，因此开关器件的输出结电容 C_{oss} 值也较大，结电容已经达到 nF 量级，远大于高频变压器的杂散电容，因此在进行机理分析时忽略高频变压器杂散电容作用。

此时，一次侧的开关出口电压可以近似为一个方波，忽略漏阻、励磁电感和励磁电阻，从一次侧的输出端口到二次侧 H 桥的通路可以简化为如下形式（见图 10.31）：

假设一次侧的输出电压 u_1 在 t_0 时刻从 $-U_{dc1}$ 上升到了 U_{dc1}。由于电容电压不能突变，因此二次侧 H 桥的出口电压 u_2 在 t_0 时刻保持不变。不妨假设 $u_2(t_0^+)<u_1(t_0^+)$，则后续电路的动态过程如下：

阶段 1（见图 10.32）：整流桥截止，由于 $u_1=U_{dc1}>u_2$，因此电感电流上升，结电容 C_{J21} 和 C_{J24} 放电，电压下降，结电容 C_{J22} 和 C_{J23} 充电，电压上升。该过程中二次侧出口电压 u_2 逐渐上升，直流母线电容电压维持不变。

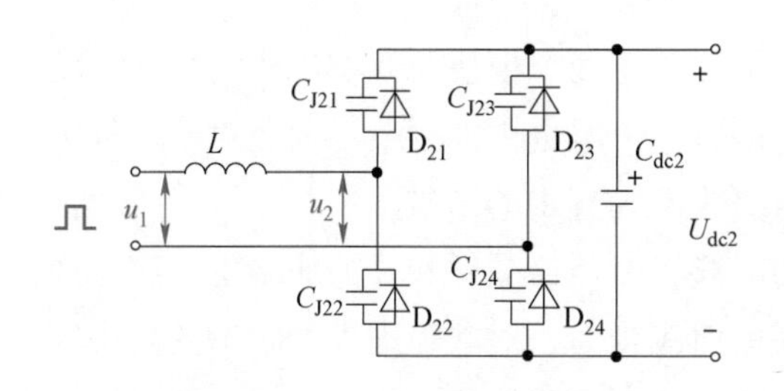

图 10.31　双有源桥二次侧 H 桥闭锁时的简化等效电路图

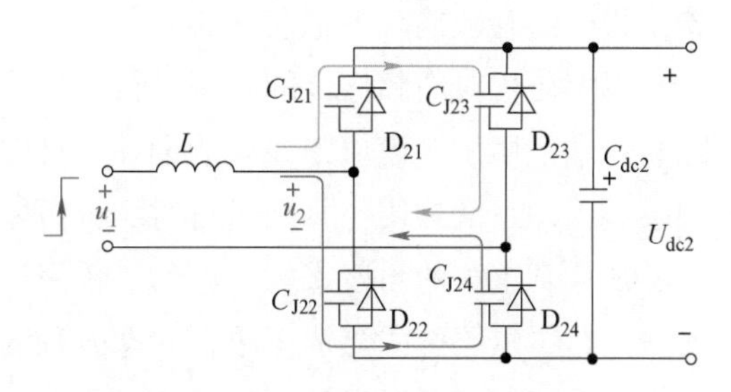

图 10.32　阶段 1 的电流路径

阶段2（见图10.33）：当结电容 C_{J21} 和 C_{J24} 的电压下降到0之后，二极管 D_{21} 和 D_{24} 开始导通；结电容 C_{J22} 和 C_{J23} 的电压为正，二极管 D_{22} 和 D_{23} 承受反压，保持关断状态，此时由于二极管 D_{21} 和 D_{24} 的导通电阻很小，电流会迅速从四个结电容换流至二极管。该过程中电感电流仍然为正，通过整流桥给直流母线电容电压充电。

阶段3（见图10.33）：整流桥完全导通，结电容电压被二极管钳位，电流接近于0，二次侧的开关状态为1001。在忽略导通压降的情况下，出口电压 $u_2=U_{dc2}$。此时如果一次侧出口电压高于 $u_1=U_{dc1}>u_2=U_{dc2}$，则电感电流继续上升，整流桥直流母线电容充电，电压也不断上升。如果 $u_1<u_2$，由于电感电流仍然为正，不会发生突变，因此在该阶段即使二次侧直流母线电压更高，电感电流仍然会通过整流桥续流，给母线电容充电，使得二次侧母线电压继续上升，而电感电流值逐渐变小。

阶段4（见图10.34）：如果在阶段3中 $u_1<u_2$，则电感电流会逐渐下降到0。由于二极管不能反向导通，此后整流桥会维持截止状态，二次侧母线电压不变，而电感和结电容形成谐振回路。在谐振起点时，电感电流为0但 $L\dfrac{\mathrm{d}i}{\mathrm{d}t}=u_1-u_2\neq 0$，因此电感和电容不停交换能量，高频母线和二次侧H桥出口电压波形上出现高频振荡。

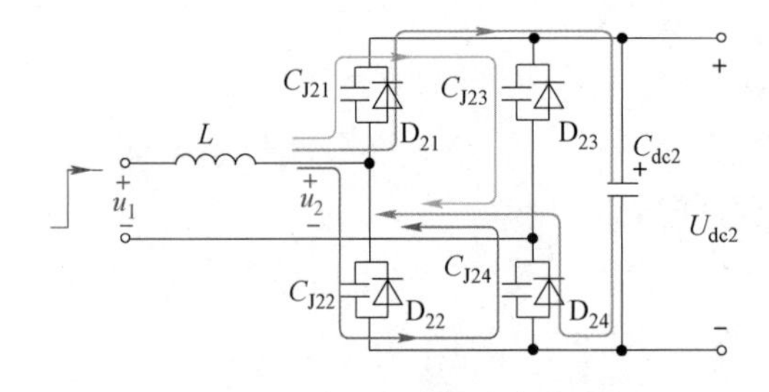

图10.33 阶段2和3的电流途径

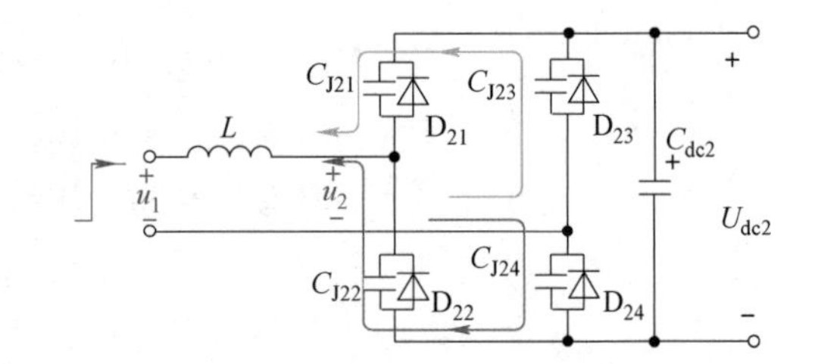

图10.34 阶段4的电流路径

根据以上分析，结合实验可以看到，在该HFB-PET中开关寄生电容的存在以及双有源桥的方波运行机制会导致二次侧直流母线电压不断升高，当二次侧直流母线电压过高之后，在高频母线上还会产生高频振荡。前者会引发闭锁端口直流电容过压击穿，后者会影响母线波形，进而影响其他端口的正常运行，还会导致电磁干扰、影响弱电装置。因此，在这种场景中将杂散参数纳入考虑非常必要。

以上分析对高频振荡的原因进行了理论解释，但仅限于两个模块、双有源桥的情况。实际装置中采用了多模块串并联的设计，且包含四个端口，工况也更加复杂，因此对于这种大规模装置，只能采用仿真来进行时域分析才能获得更为准确直观的结果。

从仿真求解的角度来看，当整流桥完全截止的时候，变压器漏感和开关的寄生电容形成谐振回路，电路中的阻尼很小，状态方程的主导特征值应当为一对共轭虚根，状态变量中存在高频振荡且衰减较慢的分量，此时应当采用非刚性算法刻画其快速变化；当整流桥导通的时候，SiC MOSFET的寄生电容和二极管的导通电阻并联，会形成RC回路，使得方程中出现一个实部绝对值很大的特征值，容易引发刚性问题，此时应当使用DSIM软件中的后向算

法 BDSED 来对刚性系统进行求解。

使用 DSIM 软件仿真该 HFB-PET 单端口闭锁运行工况，用以模拟发生故障时需要闭锁端口的情况。在 $t=0$s 之前，所有端口都已经运行至稳态，$t=0$s 时，假设 MVDC 端口发生了某种故障，此时应当闭锁模块中所有端口，切除直流负载，其他端口保持正常运行。仿真观察该过程中高频母线的电压波形及 MVDC 子模块中直流母线的电压变化情况。

本小节将 DSIM 的仿真结果与商业仿真软件进行对比，二者采用了完全相同的电路模型。由于商业仿真软件采用了定步长求解器，最大步长的设置会对精确度有比较大的影响，因此分别使用了 $1e^{-6}$s、$1e^{-7}$s、$1e^{-8}$s 的步长进行仿真以确定合适的步长。仿真结果的对比如图 10.35 所示。

从仿真的波形图可以看到，商业仿真软件采用 $1e^{-6}$s、$1e^{-7}$s 步长的时候与采用更小步长时的仿真结果相比差异较大，因此选用 $1e^{-8}$s 的步长才能在商业仿真软件中得到较为准确的结果。而 DSIM 的仿真结果与商业仿真软件采用 $1e^{-8}$s 的仿真结果几乎完全相同，可以验证 DSIM 仿真结果的准确性。

用上述策略对实际装置进行仿真，MVDC 子模块电压参考值为 700V，其余端口中子模块的电压参考值为 600V。仿真和实验的对比结果如图 10.36 所示。可以看到，实验中高频母线电压的变化模式，即先接近于直线，后以正弦模式进行振荡的现象与仿真分析得到的结果是一致的。在振荡频率上，仿真结果与实验结果也基本吻合。

10.3.3　多端口协同解耦控制

HFB-PET 的各 MMAB 子模块分布于不同端口内，由公共低压高频母线连在一起，改变它们之间的相移比偏差可实现有功调节。因此，和常规的共直流母线型 PET 相比，由于缺少中间储能和解耦的电容元件，HFB-PET 各端口间的功率/电流呈现相互交叉耦合的特点。而在大容量应用领域，这一现象变得更为突出。首先，子模块数量规模增大，且各模块内部往往存在附加损耗不一致、HFT 漏感感值差异等，容易导致模块间出现环流或功率/电压不均衡，需对端口内各子模块的相移比进行单独调节以实现功率均衡。其次，端口内子模块的数量增加及其相移比的差异性会进一步加大端口间功率/电流耦合的复杂性，使得任意两个端口间的有功功率流需用更多不同的相移比表示，表现出强非线性耦合关系。另外，电网的非理想特性（不平衡、谐波等）和三相分裂式高频母线结构（引发有功负载不平衡问题）也会增强 HFB-PET 的 MVAC 端口和电网、其他端口间的功率/电流耦合程度。显然，常规控制方法中对各变换部分进行单独优化控制的方案并不适用于多端口 HFB-PET，需要统筹分析模块、端口及电网之间，以及多级变换单元之间的功率/电流耦合关系，从解耦及协同控制的角度进行控制策略设计。

10.3.3.1　端口多形态的多维解耦控制

图 10.37 所示为 HFB-PET 的 MVAC 端口拓扑，采用三相分裂式母线结构，三组低压高频母线 HFB-a、HFB-b 和 HFB-c 相互独立，分别与网侧 a、b 和 c 相对应。为兼顾电能质量治理能力，HFB-PET 的 MVAC 端口需同时具备有功跟随（grid-following）模式、无功补偿和滤波等功能形态。

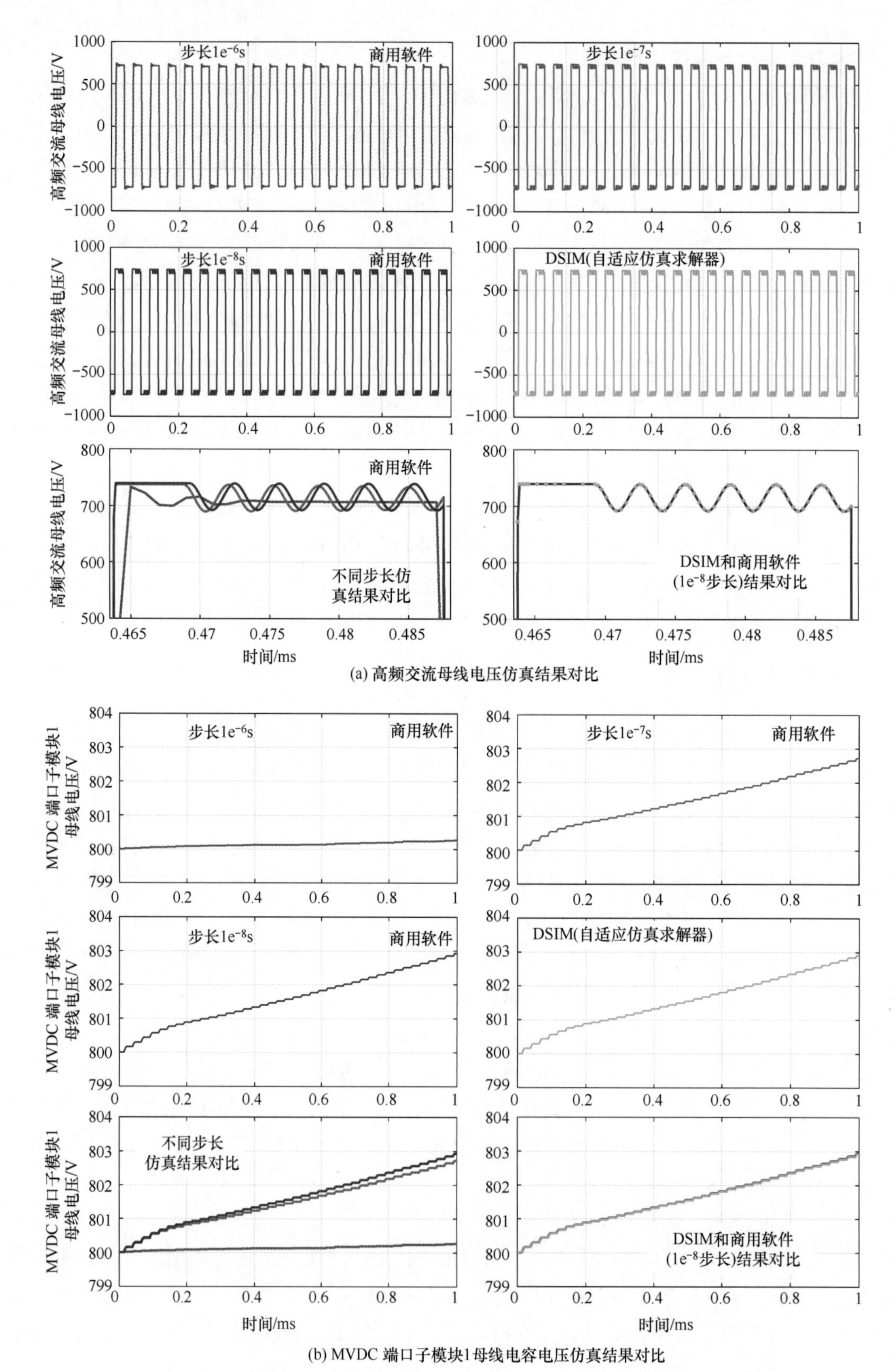

图 10.35 DSIM 软件和商用软件仿真结果对比——高频母线电压振荡机理分析

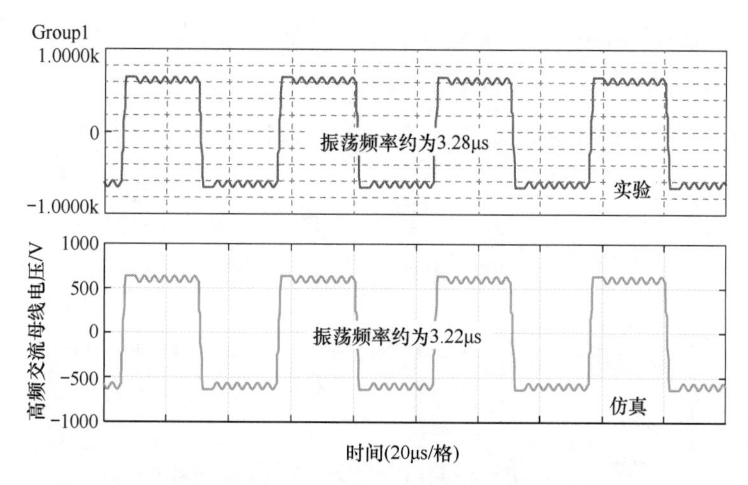

图 10.36　实验和仿真结果对比——高频母线电压振荡机理分析

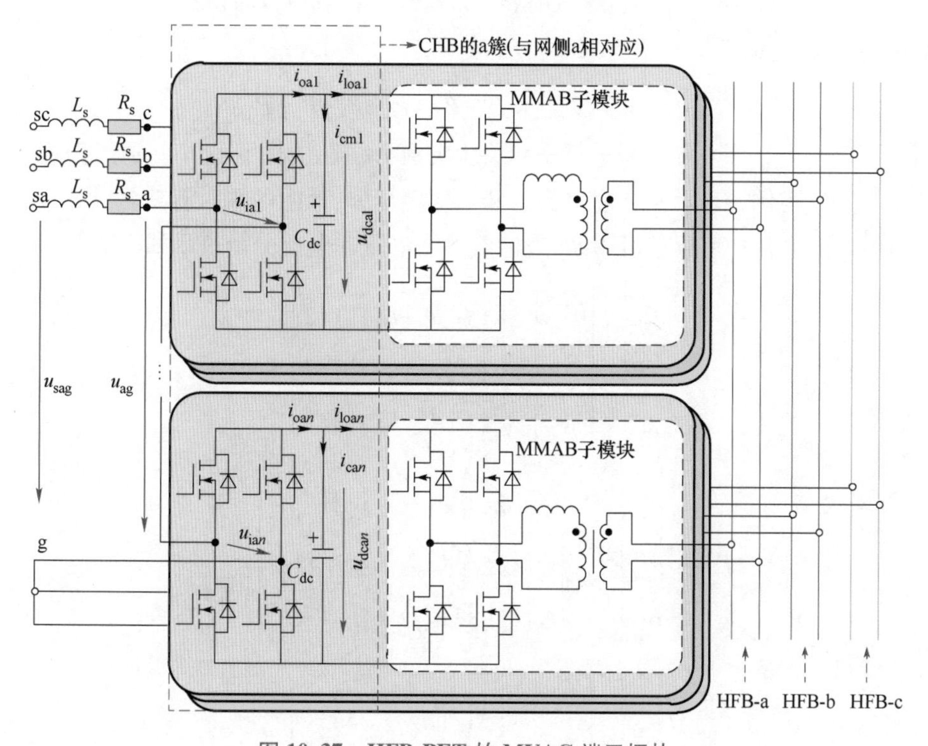

图 10.37　HFB-PET 的 MVAC 端口拓扑

1. 功率维度的解耦分析和控制策略

（1）有功功率解耦原理

如图 10.37 所示，CHB 的相电压（u_{sag}，u_{sbg}和 u_{scg}）和输入电流可分别定义为

$$\boldsymbol{u}_{s}=\boldsymbol{u}_{s}^{+}+\boldsymbol{u}_{s}^{-}+\boldsymbol{u}_{s}^{th}=\boldsymbol{u}_{s}^{+}+\boldsymbol{u}_{s}^{-}+\sum_{\substack{h=6k\pm1\\k=1,2,3\cdots}}\boldsymbol{u}_{s}^{h} \tag{10-44}$$

$$\boldsymbol{i}=\boldsymbol{i}^{+}+\boldsymbol{i}^{-}+\boldsymbol{i}^{th}=\boldsymbol{i}^{+}+\boldsymbol{i}^{-}+\sum_{\substack{h=6k\pm1\\k=1,2,3\cdots}}\boldsymbol{i}^{h} \tag{10-45}$$

其中，$\boldsymbol{u}_{\mathrm{s}}^{+}$ 和 $\boldsymbol{u}_{\mathrm{s}}^{-}$ 分别为基波正序和负序电压分量，i^{+}和 i^{-}分别表示基波正序和负序电流分量，$\boldsymbol{u}_{\mathrm{s}}^{\mathrm{th}}$ 和 $\boldsymbol{i}^{\mathrm{th}}$为高次谐波分量，$h=6k\pm1$ 是谐波阶数。

忽略高次谐波分量，CHB 的相电压 $\boldsymbol{u}_{\mathrm{s}}$ 和输入电流 $\boldsymbol{i}$ 可用正序和负序 dq 坐标系下的分量表示如下：

$$\boldsymbol{u}_{\mathrm{s}}=\boldsymbol{u}_{\mathrm{s}}^{+}+\boldsymbol{u}_{\mathrm{s}}^{-}=\boldsymbol{T}_{\alpha\beta/\mathrm{abc}}\cdot\left(\boldsymbol{T}_{dq/\alpha\beta}^{+}\cdot\begin{bmatrix}\boldsymbol{U}_{sd}^{+}\\ \boldsymbol{U}_{sq}^{+}\end{bmatrix}+\boldsymbol{T}_{dq/\alpha\beta}^{-}\cdot\begin{bmatrix}\boldsymbol{U}_{sd}^{-}\\ \boldsymbol{U}_{sq}^{-}\end{bmatrix}\right) \tag{10-46}$$

$$\boldsymbol{i}=\boldsymbol{i}^{+}+\boldsymbol{i}^{-}=\boldsymbol{T}_{\alpha\beta/\mathrm{abc}}\cdot\left(\boldsymbol{T}_{dq/\alpha\beta}^{+}\cdot\begin{bmatrix}\boldsymbol{I}_{d}^{+}\\ \boldsymbol{I}_{q}^{+}\end{bmatrix}+\boldsymbol{T}_{dq/\alpha\beta}^{-}\cdot\begin{bmatrix}\boldsymbol{I}_{d}^{-}\\ \boldsymbol{I}_{q}^{-}\end{bmatrix}\right) \tag{10-47}$$

其中，旋转变换矩阵为

$$\boldsymbol{T}_{dq/\alpha\beta}^{+}=\begin{bmatrix}\cos\hat{\theta}^{+} & -\sin\hat{\theta}^{+}\\ \sin\hat{\theta}^{+} & \cos\hat{\theta}^{+}\end{bmatrix},\boldsymbol{T}_{dq/\alpha\beta}^{-}=\begin{bmatrix}\cos\hat{\theta}^{+} & \sin\hat{\theta}^{+}\\ -\sin\hat{\theta}^{+} & \cos\hat{\theta}^{+}\end{bmatrix} \tag{10-48}$$

MVAC 端口的三相平均有功功率可表示为

$$\overline{\boldsymbol{P}}=[\overline{P}_{\mathrm{a}}\overline{P}_{\mathrm{b}}\overline{P}_{\mathrm{c}}]^{\mathrm{T}}=\overline{\boldsymbol{P}}^{+}+\overline{\boldsymbol{P}}^{-}=\overline{\boldsymbol{P}}_{\mathrm{p}}^{+}+\overline{\boldsymbol{P}}_{\mathrm{n}}^{+}+\overline{\boldsymbol{P}}_{\mathrm{n}}^{-}+\overline{\boldsymbol{P}}_{\mathrm{p}}^{-} \tag{10-49}$$

其中，上标“+”和“−”分别表示正序和负序电流分量，下标 p 和 n 分别代表正序和负序电压分量。以 $\boldsymbol{P}_{\mathrm{n}}^{+}$ 为例，表示由正序电流 $\boldsymbol{i}^{+}$和负序电压 $\boldsymbol{u}_{-s}$产生的瞬时有功。

式（10-49）中各功率分量可用 dq 坐标系下的电压、电流分量表示如下：

$$\overline{\boldsymbol{P}}_{\mathrm{p}}^{+}=\begin{bmatrix}\overline{P}_{\mathrm{pa}}^{+}\\ \overline{P}_{\mathrm{pb}}^{+}\\ \overline{P}_{\mathrm{pc}}^{+}\end{bmatrix}=\begin{bmatrix}(U_{sd}^{+}I_{d}^{+}+U_{q}^{+}I_{q}^{+})/2\\ (U_{sd}^{+}I_{d}^{+}+U_{sq}^{+}I_{q}^{+})/2\\ (U_{sd}^{+}I_{d}^{+}+U_{sq}^{+}I_{q}^{+})/2\end{bmatrix} \tag{10-50}$$

$$\overline{\boldsymbol{P}}_{\mathrm{n}}^{+}=\begin{bmatrix}\overline{P}_{\mathrm{na}}^{+}\\ \overline{P}_{\mathrm{nb}}^{+}\\ \overline{P}_{\mathrm{nc}}^{+}\end{bmatrix}=\frac{1}{4}\begin{bmatrix}2U_{sd}^{-} & -2U_{sq}^{-}\\ -U_{sd}^{-}-\sqrt{3}U_{sq}^{-} & U_{sq}^{-}-\sqrt{3}U_{sd}^{-}\\ -U_{sd}^{-}+\sqrt{3}U_{sq}^{-} & U_{sq}^{-}+\sqrt{3}U_{sd}^{-}\end{bmatrix}\begin{bmatrix}I_{d}^{+}\\ I_{q}^{+}\end{bmatrix} \tag{10-51}$$

$$\overline{\boldsymbol{P}}_{\mathrm{n}}^{-}=\begin{bmatrix}\overline{P}_{\mathrm{na}}^{-}\\ \overline{P}_{\mathrm{nb}}^{-}\\ \overline{P}_{\mathrm{nc}}^{-}\end{bmatrix}=\begin{bmatrix}(U_{sd}^{-}I_{d}^{-}+U_{sq}^{-}I_{q}^{-})/2\\ (U_{sd}^{-}I_{d}^{-}+U_{sq}^{-}I_{q}^{-})/2\\ (U_{sd}^{-}I_{d}^{-}+U_{sq}^{-}I_{q}^{-})/2\end{bmatrix} \tag{10-52}$$

$$\overline{\boldsymbol{P}}_{\mathrm{p}}^{-}=\begin{bmatrix}\overline{P}_{\mathrm{pa}}^{-}\\ \overline{P}_{\mathrm{pb}}^{-}\\ \overline{P}_{\mathrm{pc}}^{-}\end{bmatrix}=\frac{1}{4}\begin{bmatrix}2U_{sd}^{+} & -2U_{sq}^{+}\\ -U_{sd}^{+}-\sqrt{3}U_{sq}^{+} & U_{sq}^{+}-\sqrt{3}U_{sd}^{+}\\ -U_{sd}^{+}+\sqrt{3}U_{sq}^{+} & U_{sq}^{+}+\sqrt{3}U_{sd}^{+}\end{bmatrix}\begin{bmatrix}I_{d}^{-}\\ I_{q}^{-}\end{bmatrix} \tag{10-53}$$

其中，下标 sd 和 d 代表 d 轴分量；下标 sq 和 q 代表 q 轴分量。

根据式（10-46）~式（10-53）可得输入有功功率的分布规律，如图 10.38 所示。对于

相间平衡平均有功功率 $\overline{\boldsymbol{P}}_{\mathrm{p}}^{+}$ 和 $\overline{\boldsymbol{P}}_{\mathrm{n}}^{-}$，各功率元素始终保持相等，调整正序或负序电流可改变有功大小但不会影响相间有功平衡性能；对于相间不平衡平均有功功率 $\overline{\boldsymbol{P}}_{\mathrm{n}}^{+}$ 和 $\overline{\boldsymbol{P}}_{\mathrm{p}}^{-}$，各功率元素之和为零，调节正序或负序电流可改变相间有功平衡性能。

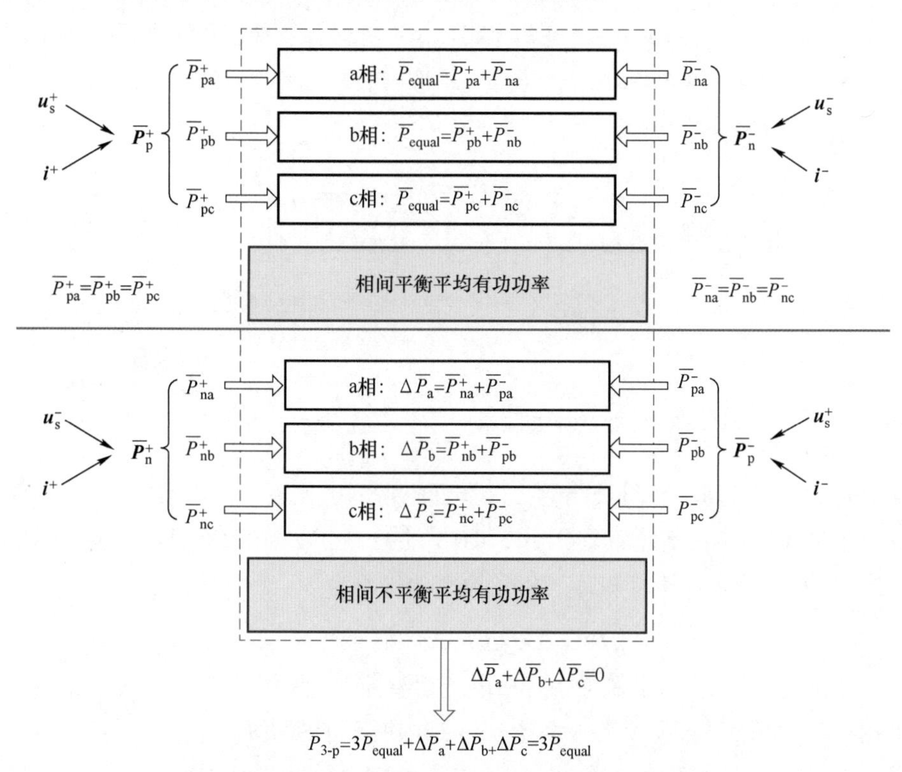

图 10.38　解耦后的平均有功功率分布规律

（2）功率控制策略

CHB 的平均簇电压（所有子模块的平均直流母线电压）随有功功率流的改变而波动，需要实时控制确保输入和输出有功平衡才能稳定。CHB 三相总输入有功为

$$\overline{P}_{\mathrm{in}}=\overline{P}_{\mathrm{p}}^{+}+\overline{P}_{\mathrm{n}}^{-}=(\boldsymbol{u}_{\mathrm{s}}^{+})^{\mathrm{T}}\cdot\boldsymbol{i}^{+}+(\boldsymbol{u}_{\mathrm{s}}^{-})^{\mathrm{T}}\cdot\boldsymbol{i}^{-}\tag{10-54}$$

由于 $\boldsymbol{u}_{\mathrm{s}}^{-}$ 一般较小，可主要通过注入正序有功电流来实现有功平衡，即

$$I_{d}^{+*}=\overline{P}_{\mathrm{p}}^{+*}/(1.5U_{sd}^{+})\tag{10-55}$$

另外，在各模块的直流侧有

$$\bar{i}_{\mathrm{c}}=C_{\mathrm{dc}}\frac{\mathrm{d}\overline{u}_{\mathrm{c}}}{\mathrm{d}t}=\bar{i}_{\mathrm{ci}}-\bar{i}_{\mathrm{co}}\tag{10-56}$$

式中 $\overline{u}_{\mathrm{c}}$，$\bar{i}_{\mathrm{ci}}$ 和 $\bar{i}_{\mathrm{co}}$ 为所有子模块的直流母线处电压、电流的平均值，即

$$\begin{cases}\overline{u}_{\mathrm{c}}=\dfrac{1}{3n}\displaystyle\sum_{m=1}^{3}\sum_{j=1}^{n}u_{\mathrm{c}mj},\ \bar{i}_{\mathrm{c}}=\dfrac{1}{3n}\displaystyle\sum_{m=1}^{3}\sum_{j=1}^{n}i_{\mathrm{c}mj}\\ \bar{i}_{\mathrm{ci}}=\dfrac{1}{3n}\displaystyle\sum_{m=1}^{3}\sum_{j=1}^{n}i_{\mathrm{ci}mj},\ \bar{i}_{\mathrm{co}}=\dfrac{1}{3n}\displaystyle\sum_{m=1}^{3}\sum_{j=1}^{n}i_{\mathrm{co}mj}\end{cases}\tag{10-57}$$

稳态时，CHB 各子模块的直流母线电压相等，则有

$$\begin{cases}\bar{i}_{ci}=\overline{P}_{in}/(3n\cdot\bar{u}_c)\\ \bar{i}_{co}=\overline{P}_{out}/(3n\cdot\bar{u}_c)\end{cases}\tag{10-58}$$

根据式（10-55）~式（10-58），可得 CHB 的三相总有功功率控制框图，如图 10.39 所示。其中，$\overline{P}_p^{+*}$ 为 PI 调节器的输出值，$\overline{P}_{out}$ 为总输出有功功率，$G_{iloop}^{+}(s)$ 为电流内环传递函数，$\overline{P}_{out}-\overline{P}_n^-$ 为引入的功率前馈项。

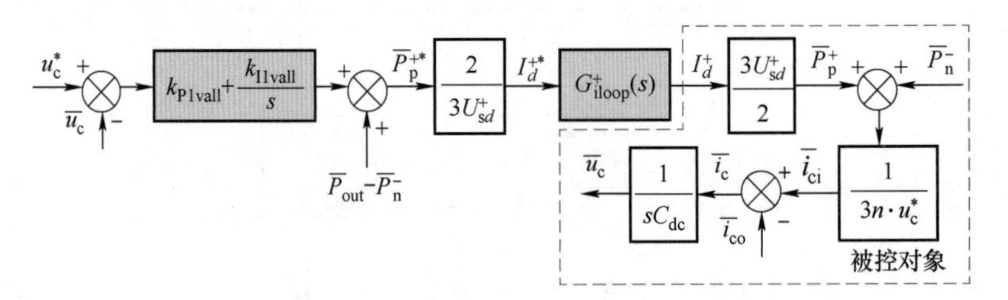

图 10.39　CHB 三相总平均有功功率控制框图

由于采用分裂式低压高频母线结构，除了面临电网电压不平衡因素的影响，MVAC 端口的三相有功负载也会存在不均衡，因此，CHB 的控制还要克服相间电压不均衡问题。由图 10.38所示的有功分布规律可知，三相平均有功偏差为

$$\Delta\overline{\boldsymbol{P}}=[\Delta\overline{P}_a\Delta\overline{P}_b\Delta\overline{P}_c]^T=\overline{\boldsymbol{P}}_p^-+\overline{\boldsymbol{P}}_n^+\tag{10-59}$$

显然，若按式（10-55）注入正序有功电流以稳定平均簇电压，则可通过注入负序电流来调节单相有功功率，从而平衡各个簇电压（相内所有子模块的平均直流母线电压）。

由式（10-51）、式（10-53）和式（10-59）可建立单相平均有功功率的控制框图，如图 10.40所示。其中，负序参考电流满足下式：

$$\begin{bmatrix}I_d^{-*}\\ I_q^{-*}\end{bmatrix}=\frac{1}{U_{sd}^+}\cdot\left\{\begin{bmatrix}2\Delta\overline{P}_a^*\\ \frac{-2(\Delta\overline{P}_a^*+2\Delta\overline{P}_b^*)}{\sqrt{3}}\end{bmatrix}-\begin{bmatrix}U_{sd}^-I_d^+-U_{sq}^-I_q^+\\ U_{sq}^-I_d^++U_{sd}^-I_q^+\end{bmatrix}\right\}\tag{10-60}$$

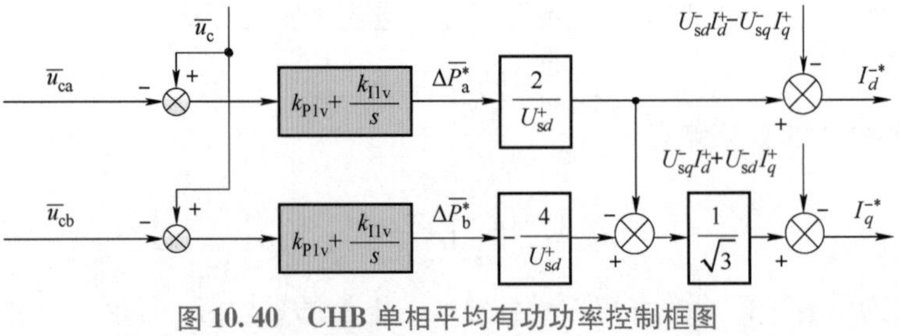

图 10.40　CHB 单相平均有功功率控制框图

另外，MVAC 端口的三相平均无功功率可表述为

$$\overline{Q}=\overline{Q}^++\overline{Q}^-=(\boldsymbol{u}_{s\perp}^+)^T\cdot\boldsymbol{i}^++(\boldsymbol{u}_{s\perp}^-)^T\cdot\boldsymbol{i}^-\tag{10-61}$$

式中，$\boldsymbol{u}_{s\perp}$ 为 $\boldsymbol{u}_s$ 的正交矢量。

考虑负序分量影响，若设定的补偿功率为$\overline{Q}^*$，则所需注入的正序无功电流为

$$I_q^{+*}=-\frac{\overline{Q}^{+*}}{(1.5U_{sd}^+)} \tag{10-62}$$

$$\overline{Q}^{+*}=\overline{Q}^*-\overline{Q}^-=\overline{Q}^*-\frac{3(-U_{sd}^-I_q^-+U_{sq}^-I_d^-)}{2} \tag{10-63}$$

式中，$\overline{Q}^-$由实测的负序电压、电流分量计算获得。

2. 电流维度的解耦分析和控制策略

（1）锁相环的实现及电压解耦原理

系统电压 $\boldsymbol{u}_\mathrm{s}$ 如式（10-44）所示，采用 abc/dq 变换会导致高次谐波分量 $\boldsymbol{u}_\mathrm{s}^\mathrm{th}$ 由 $h=6k\pm1$ 次变为 $h=6k$ 次，基波负序分量 $\boldsymbol{u}_\mathrm{s}^-$ 转变为 2 次谐波。对于 dq 坐标系下的谐波可采用陷波滤波器（Notch Filter，NF）进行选择性提取，NF 的传递函数为

$$F_{\mathrm{N}h}(s)=\frac{s^2+(h\omega_0)^2}{s^2+Qs+(h\omega_0)^2} \tag{10-64}$$

式中，$h\omega_0$ 为陷波器中心频率；Q 为品质因数。

$F_{\mathrm{N2}}(h=2)$ 用于提取 2 次谐波，而提取高次谐波时可采用多个 NF 串联，即

$$F_{\mathrm{Nth}}(s)=\prod_{\substack{h=6k\\k=1,2,3,\cdots}}F_{\mathrm{N}h}(s) \tag{10-65}$$

基于传统锁相环（SRF-PLL），结合 NF 和坐标变换提出了一种新的锁相环（NFSRF-PLL），同时实现对系统电压的检测、解耦和提取，如图 10.41 所示。ω 为给定的理想频率。在前向通道上增加 F_{N2}和 F_{Nth}可消除基波负序和高次谐波分量，稳态时，NFSRF-PLL 等效成一个二阶线性系统，可检测出网侧电压的基波正序分量为

$$U_{sd}^+=U_m^+,U_{sq}^+=0,\hat{\theta}^+=\theta^+ \tag{10-66}$$

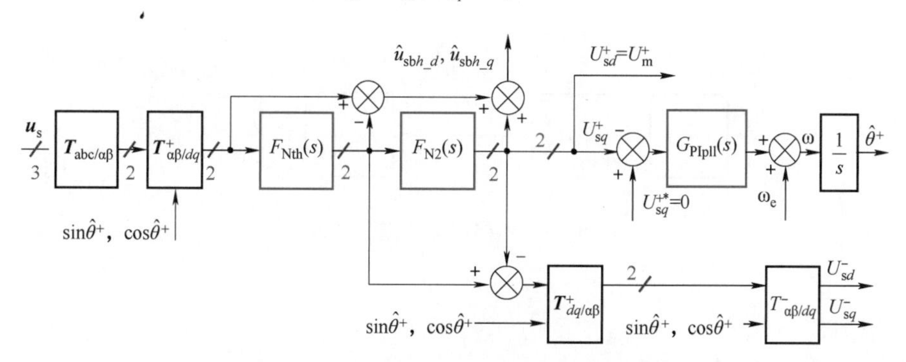

图 10.41　NFSRF-PLL 及电压解耦原理框图

所用 PI 控制器的传递函数为

$$G_{\mathrm{PIpll}}(s)=k_{\mathrm{p1}}+k_{\mathrm{i1}}/s \tag{10-67}$$

高次谐波和基波正序分量在正序 dq 坐标系下被统一控制。记统一分量 $\boldsymbol{u}_\mathrm{sbh}$为 $\boldsymbol{u}_\mathrm{s}^-$ 和 $\boldsymbol{u}_\mathrm{s}^\mathrm{th}$ 之和，则系统电压 $\boldsymbol{u}_\mathrm{s}$ 可被重新写为

$$\boldsymbol{u}_{\mathrm{s}}=\boldsymbol{u}_{\mathrm{sbh}}+\boldsymbol{u}_{\mathrm{s}}^{-} \tag{10-68}$$

图 10.41 中的变量$\hat{u}_{\mathrm{sbh}_d}$和$\hat{u}_{\mathrm{sbh}_q}$为$\boldsymbol{u}_{\mathrm{sbh}}$在正序 dq 坐标系下的提取值。负序 dq 坐标系下的基波分量 $u_{\mathrm{s}d}^{-}$和 $u_{\mathrm{s}q}^{-}$由 F_{N2}的输入和输出偏差经两次旋转变换后得到。

（2）电流解耦原理

为了实现 MVAC 端口的滤波能力，还应考虑高次谐波电流的控制问题。记统一分量 $\boldsymbol{i}_{\mathrm{bh}}$为 $\boldsymbol{i}^{+}$和 $\boldsymbol{i}^{\mathrm{th}}$之和，则 MVAC 端口的输入电流可重新写为

$$i=i_{\mathrm{bh}}+i^{-} \tag{10-69}$$

与图 10.41 相似，对于基波正序电流和高次谐波电流进行统一控制，图 10.42 所示为 MVAC 端口输入电流的解耦原理框图，$\hat{i}_{\mathrm{bh}_d}$和$\hat{i}_{\mathrm{bh}_q}$为$\boldsymbol{i}_{\mathrm{bh}}$的提取值。

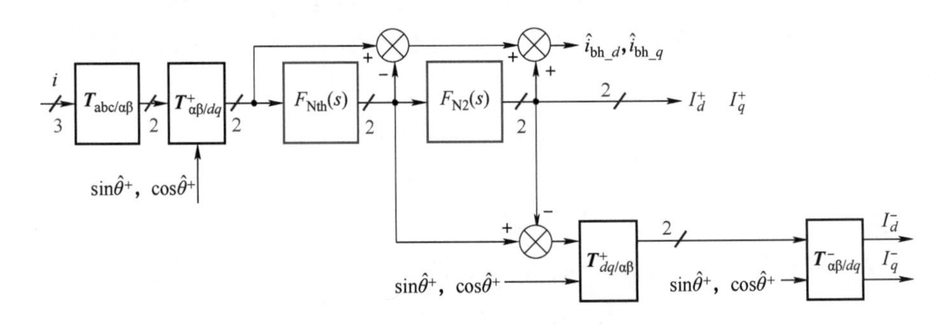

图 10.42 输入电流解耦原理框图

图 10.43 所示为系统负载电流 $\boldsymbol{i}_{\mathrm{l}}$ 的解耦原理框图。这里，只对 $\boldsymbol{i}_{\mathrm{l}}$ 的谐波分量进行补偿，$\hat{i}_{\mathrm{lh}_d}$和$\hat{i}_{\mathrm{lh}_q}$为高次谐波分量的提取值。由于它们将作为电流参考值的组成部分，需要引入相位角 $\Delta\hat{\theta}_{\mathrm{s}}$ 对环路延迟进行补偿，以提高其检测精度。

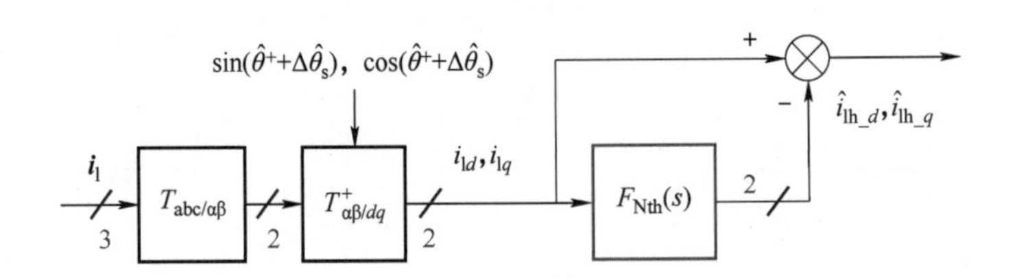

图 10.43 负载电流解耦原理框图

（3）电流控制策略

网侧 CHB 的状态方程可写为

$$\begin{cases}R_{\mathrm{s}}\cdot i_{\mathrm{bh}}+L_{\mathrm{s}}\dfrac{\mathrm{d}i_{\mathrm{bh}}}{\mathrm{d}t}+\boldsymbol{u}_{\mathrm{bh}}=u_{\mathrm{sbh}}\\ R_{\mathrm{s}}\cdot i^{-}+L_{\mathrm{s}}\dfrac{\mathrm{d}i^{-}}{\mathrm{d}t}+\boldsymbol{u}^{-}=u_{\mathrm{s}}^{-}\end{cases} \tag{10-70}$$

其中，$\boldsymbol{u}=\boldsymbol{u}_{\mathrm{bh}}+\boldsymbol{u}^{-}=[u_{\mathrm{ag}},u_{\mathrm{bg}},u_{\mathrm{cg}}]^{\mathrm{T}}$ 为 CHB 电压向量。

1）正序 dq 坐标系下的电流控制。

记 i_{bh_d} 和 i_{bh_q}、u_{sbh_d} 和 u_{sbh_q}、u_{bh_d} 和 u_{bh_q} 分别为 $\boldsymbol{i}_{bh}$、$\boldsymbol{u}_{sbh}$、$\boldsymbol{u}_{bh}$ 的 d 轴和 q 轴分量，根据式（10-70），正序 dq 坐标系下被控对象的数学模型可写为

$$\begin{cases} R_s \cdot i_{bh\_d} + L_s \dfrac{\mathrm{d}i_{bh\_d}}{\mathrm{d}t} = u_{sbh\_d} - u_{bh\_d} + \omega L_s i_{bh\_q} \\ R_s \cdot i_{bh\_q} + L_s \dfrac{\mathrm{d}i_{bh\_q}}{\mathrm{d}t} = u_{sbh\_q} - u_{bh\_q} - \omega L_s i_{bh\_d} \end{cases} \tag{10-71}$$

由式（10-71）可建立正序 dq 坐标系下电流内环控制框图，如图 10.44 所示。采用 PI+VPIs 的控制器结构，其中，VPI 用于对高次谐波电流的零稳态误差控制。各控制器的传递函数描述如下：

$$G_{\mathrm{PIi}}^{+}(s) = k_{\mathrm{Pi}}^{+} + k_{\mathrm{Ii}}^{+}/s \tag{10-72}$$

$$G_{\mathrm{VPI}}^{h}(s) = (k_{\mathrm{Ph}}s^2 + k_{\mathrm{Rh}}s)/(s^2 + (h\omega_0)^2) \tag{10-73}$$

$$G_{\mathrm{VPI}}^{\mathrm{th}}(s) = \sum_{\substack{h=6k \\ k=1,2,3\cdots}} G_{\mathrm{VPI}}^{h}(s) \tag{10-74}$$

式中，h 表示谐波的阶数。

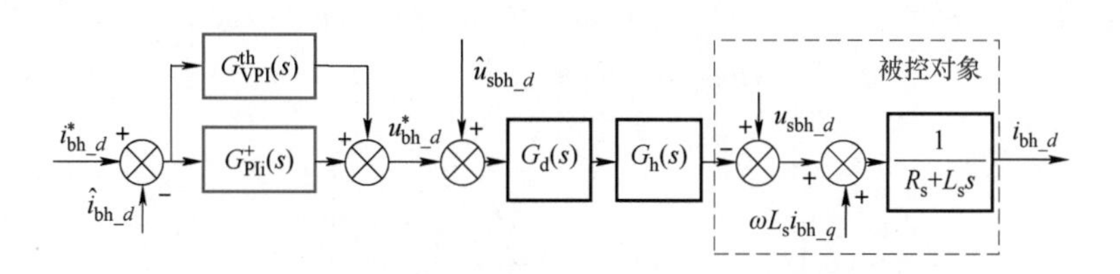

图 10.44　正序 dq 坐标系下基波正序和高次谐波电流控制框图

2）负序 dq 坐标系下的电流控制。

记 i_d^- 和 i_q^-，u_{sd}^- 和 u_{sq}^-，u_d^- 和 u_q^- 分别为负序 dq 坐标系下 $\boldsymbol{i}^-$，$\boldsymbol{u}_s^-$，$\boldsymbol{u}^-$ 的 d 轴和 q 轴分量，根据式（10-70），负序 dq 坐标系下的被控对象模型可写为

$$\begin{cases} R_s \cdot i_d^- + L_s \dfrac{\mathrm{d}i_d^-}{\mathrm{d}t} = u_{sd}^- - u_d^- - \omega L_s i_q^- \\ R_s \cdot i_q^- + L_s \dfrac{\mathrm{d}i_q^-}{\mathrm{d}t} = u_{sq}^- - u_q^- + \omega L_s i_d^- \end{cases} \tag{10-75}$$

由式（10-75）可建立图 10.45 所示的负序 dq 坐标系下电流内环控制框图，采用单一的 PI 控制器，其传递函数为

$$G_{\mathrm{PIi}}^{-}(s) = k_{\mathrm{Pi}}^{-} + k_{\mathrm{Ii}}^{-}/s \tag{10-76}$$

3）电流控制环路参考值的给定。

基波正序及负序电流参考值可由图 10.39、图 10.40 及式（10-62）获得。特别地，在正序 dq 坐标系下还需对高次谐波电流进行控制，图 10.44 所示的电流环参考值除含基波正序电流外，还包括检测到的负载电流高次谐波 $\hat{i}_{lh\_d}$ 和 $\hat{i}_{lh\_q}$，即

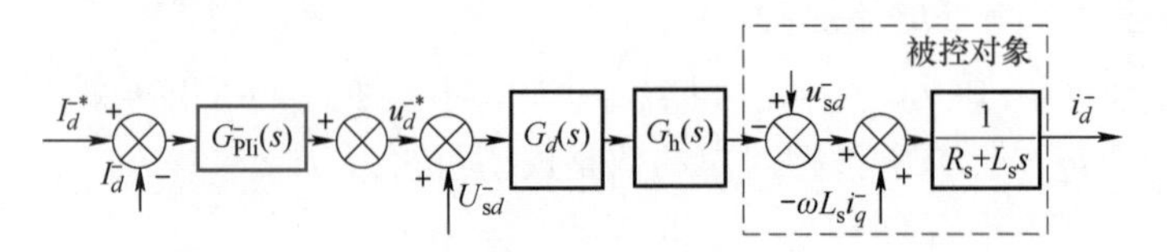

图 10.45　负序 dq 坐标系下基波负序电流控制框图

$$\begin{cases} i_{\text{bh}\_d}^* = I_d^{+*} - \hat{i}_{\text{lh}\_d} \\ i_{\text{bh}\_q}^* = I_q^{+*} - \hat{i}_{\text{lh}\_q} \end{cases} \tag{10-77}$$

4）基于超前校正的统一电压前馈控制。

为了改善启动过程和减小电流谐波，电流环的前馈电压应在幅值、相位及谐波分量上与系统电压保持一致。然而，若前馈电压项按照图 10.44 和图 10.45 所示的方式进行选取，则需要对系统电压进行解耦和分解，极易引起幅值尤其是相位偏差。这里，首先将电流控制器的输出量进行 dq/abc 转换，再引入系统电压进行前馈补偿，如图 10.46a 所示。$\boldsymbol{u}_{\text{c}}$ 为前馈电压，$G_d(s)$和 $G_{\text{h}}(s)$ 分别代表采样延迟、保持延迟环节。$G_{\text{com}}(s)$ 为引入的超前校正因子，且为

$$G_{\text{com}}(s) = (G_d(s) \cdot G_{\text{h}}(s))^{-1} = \mathrm{e}^{(T_{\text{sd}}+0.5T_{\text{hd}})s} \tag{10-78}$$

由于系统电压比较稳定，在实际应用中通过相位校正可以实现对前馈电压的超前检测，其原理如图 10.46b 所示，θ_{c} 为补偿相角，满足

$$\theta_{\text{c}} = \omega_0(T_{\text{sd}}+0.5T_{\text{hd}}) = \omega_0 T_d \tag{10-79}$$

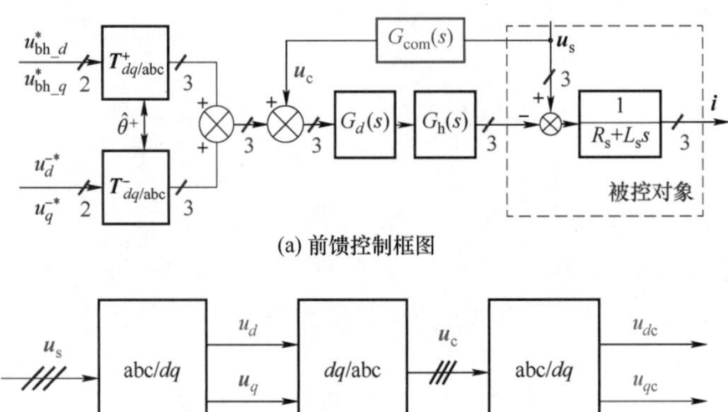

(a) 前馈控制框图

(b) 相位超前校正框图

图 10.46　基于超前校正的统一电压前馈控制原理框图

10.3.3.2　多端口功率交叉解耦控制

1. 模块化多有源桥（Modular Multi-Active Bridge，MMAB）的等效模型

为不失一般性，本节以 MMAB-m（m=a，b 或 c）为例来分析其数学等效模型，其电路拓扑如图 10.47 和图 10.48 所示，其中下标 R 表示端口索引，m 表示 MMAB 索引，j 表示子模块索引。采用单相移（Single Phase Shift，SPS）的控制方法，任意子模块 j 的 MMAB H 桥

桥臂中点电压 u_{h_Rmj} 表现为高频方波信号（占空比 50%），通过改变该电压的相移比（或相移角）即可调整任意两个子模块之间的双向功率流。

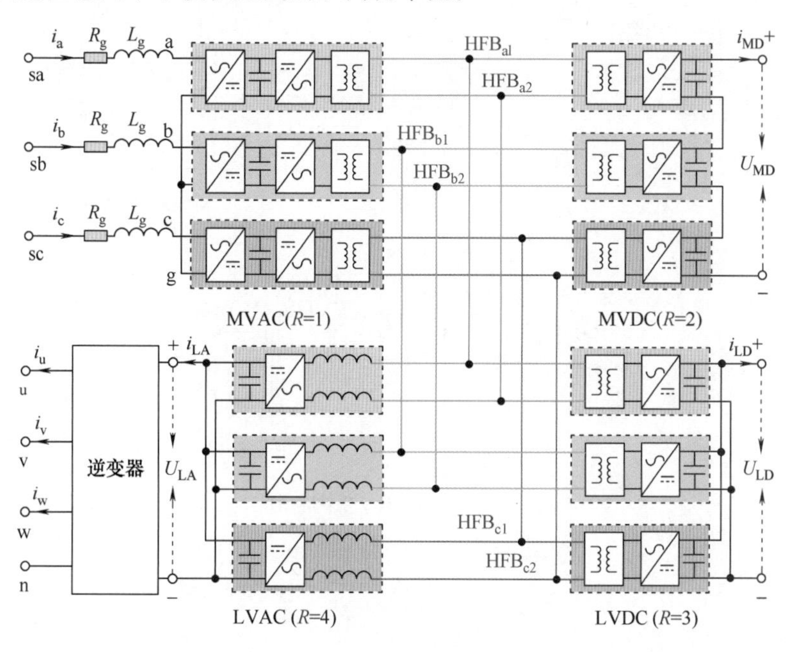

a) 三相结构

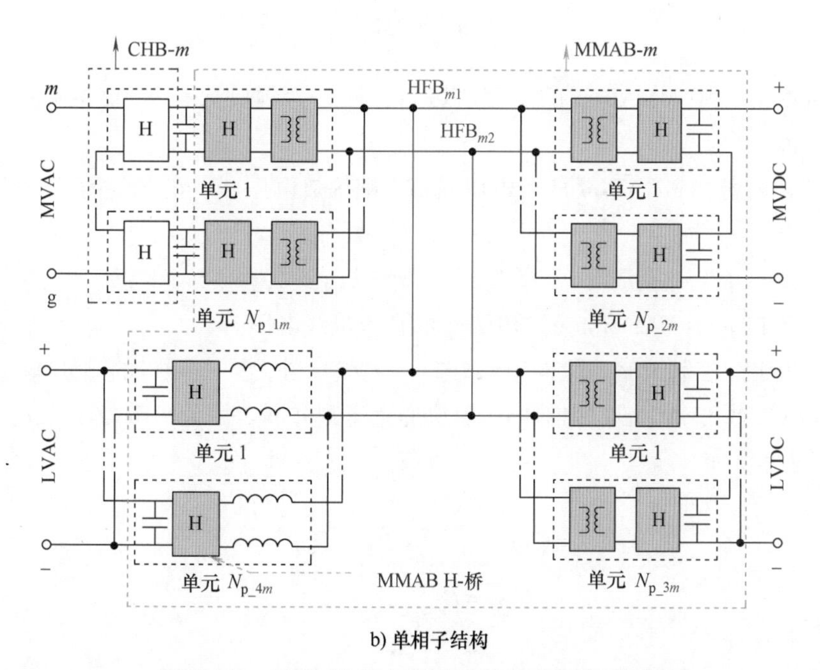

b) 单相子结构

图 10.47　10kV/2MVA 四端口 HFB-PET 拓扑结构

将各子模块 MMAB 的 H 桥等效为一个方波电压源，根据戴维南定理，可以得到 MMAB-m 的“Y”型等效模型，如图 10.47a 所示。其中，端口 R 的戴维南等效电感和电压（$R=1$，2，3 或 4）可以表示为

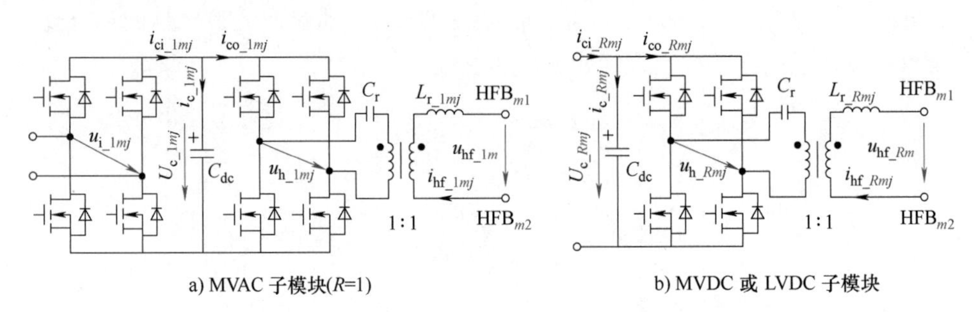

a) MVAC 子模块(R=1)　　b) MVDC 或 LVDC 子模块

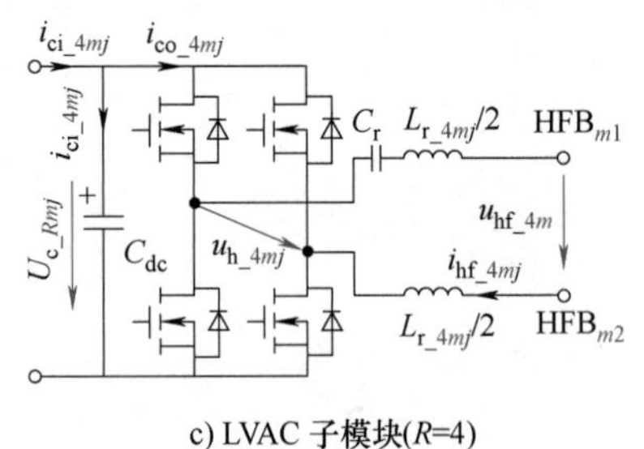

c) LVAC 子模块(R=4)

图 10.48　各端口子模块主电路拓扑

$$L_{\mathrm{r\_}Rm}=\left(\sum_{j=1}^{N_{\mathrm{p\_}Rm}}\frac{1}{L_{\mathrm{r\_}Rmj}}\right)^{-1} \tag{10-80}$$

$$u_{\mathrm{s\_}Rm}=L_{\mathrm{r\_}Rm}\sum_{j=1}^{N_{\mathrm{p\_}Rm}}\frac{u_{\mathrm{h\_}Rmj}}{L_{\mathrm{r\_}Rmj}} \tag{10-81}$$

式中，$N_{\mathrm{p_}Rm}$为端口 R 中 MMAB-m 的子模块数目；$L_{\mathrm{r_}Rmj}$为端口 R 中 MMAB-m 的子模块 j 的 HFT 集成漏感值。

如果端口 R 内所有 MMAB-m H 桥电压同相，则等效电压 $u_{\mathrm{s_}Rm}$的幅值为

$$U_{\mathrm{s\_}Rm}=L_{\mathrm{r\_}Rm}\sum_{j=1}^{N_{\mathrm{p\_}Rm}}\frac{U_{\mathrm{c\_}Rmj}}{L_{\mathrm{r\_}Rmj}} \tag{10-82}$$

式中，$U_{\mathrm{c_}Rmj}$为端口 R 中 MMAB-m 的子模块 j 的直流母线电压。

根据本文提出的控制策略，除 MVDC 端口（$g=2$）外，同一端口的 MMAB H 桥的相移比相同，且 LVDC 或 LVAC 端口内部各子模块的直流侧并联。因此，等效电压 $u_{\mathrm{s\_1}m}$、$u_{\mathrm{s_3}m}$和 $u_{\mathrm{s_4}m}$的幅值可表示为

$$\begin{cases}U_{\mathrm{s\_1}m}=\dfrac{1}{N_{p\mathrm{\_1}m}}\displaystyle\sum_{j=1}^{N_{\mathrm{p\_1}m}}U_{\mathrm{c\_1}mj}\\U_{\mathrm{s\_3}m}=U_{\mathrm{LD}}\\U_{\mathrm{s\_4}m}=U_{\mathrm{LA}}\end{cases} \tag{10-83}$$

式中，U_{LD}和 U_{LA}分别为 LVDC 和 LVAC 端口的直流母线电压。

然而，由于 HFB 的电压 $u_{\mathrm{hf}m}$由每个 MMAB-m H 桥电压 $u_{\mathrm{h_}Rmj}$的相位和幅值共同决定，它表现为一个不规则变量。因此，“Y” 型等效模型不适用于分析各端口与 HFB 之间的潮流关系。基于图 10.49a，可进一步采用戴维南等效原理建立 MMAB 的 “Δ” 型等效模型，

如图 10.49b 所示。其中，端口 g（$g=1$、3 或 4）到端口 k 中子模块 j 的戴维南等效电感为

$$L_{kmj\text{-}gm}=L_{\mathrm{r}\_kmj}L_{\mathrm{r}\_gm}\cdot\sum_{R=1}^{4}\frac{1}{L_{\mathrm{r}\_Rm}} \tag{10-84}$$

从端口 g（$g=1$、3 或 4）流向端口 k 中子模块 j 的平均有功功率为

$$P_{kmj\text{-}gm}=\frac{U_{s\_gm}\cdot U_{\mathrm{c}\_kmj}\cdot(d_{\mathrm{h}\_kmj}-d_{\mathrm{h}\_gm})(1-|d_{\mathrm{h}\_kmj}-d_{\mathrm{h}\_gm}|)}{2f_s\cdot L_{kmj\text{-}gm}} \tag{10-85}$$

式中，d_{h_gm}（$d_{\mathrm{h}\_gm}=d_{\mathrm{h}\_gmj}$）是端口 g 的相移比；d_{h_kmj}为端口 k 中子模块 j 的相移比。

进一步地，可以推导出从端口 g 到端口 k 的平均功率流，即

$$P_{km\text{-}gm}=\sum_{j=1}^{N_{p\_km}}P_{kmj\text{-}gm} \tag{10-86}$$

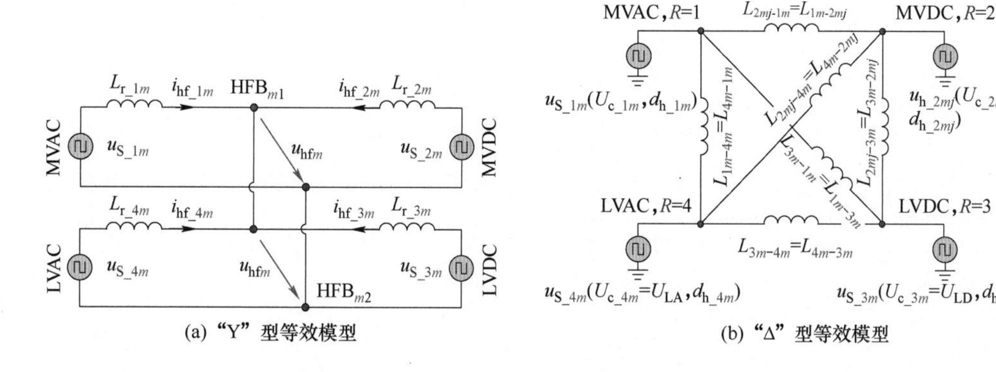

(a) “Y”型等效模型　　(b) “Δ”型等效模型

图 10.49　MMAB-m 的等效模型

假设端口 k 中每个子模块的 MMAB-m H 桥的相移比均为 d_{h_km}，即 $d_{\mathrm{h}\_km}=d_{\mathrm{h}\_kmj}$，且各子模块的直流母线电压相等，即 $U_{\mathrm{s}\_km}=U_{\mathrm{c}\_kmj}$，式（10-86）就可改写为

$$P_{km\text{-}gm}=\frac{U_{s\_gm}U_{s\_km}(d_{h\_km}-d_{h\_gm})(1-|d_{h\_km}-d_{h\_gm}|)}{2f_s\cdot L_{km\text{-}gm}} \tag{10-87}$$

$$L_{km\text{-}gm}=L_{\mathrm{r}\_gm}L_{\mathrm{r}\_km}\cdot\sum_{R=1}^{4}\frac{1}{L_{\mathrm{r}\_Rm}} \tag{10-88}$$

其中，$L_{km\text{-}gm}$代表端口 g 和端口 k 之间的戴维南等效电感。

通过式（10-85）和式（10-87）可以看出，只要两者相移比不一致，不同的端口或模块间就存在有功流。因此，MMAB 内端口、模块间的有功功率呈强交叉耦合特性。

2. MMAB 的功率交叉解耦控制策略

MMAB 各端口间的有功潮流控制通过调整相移比来实现。在实际应用中，MVAC、LVDC 或 LVAC 端口中各模块的 MMAB H 桥相移比可保持一致，即

$$d_{\mathrm{h}\_Rm}=d_{\mathrm{h}\_Rmj} \tag{10-89}$$

其中，下标 $R=1$、3 或 4 表示 MVAC、LVDC 或 LVAC 的端口索引。

由于要考虑模块的功率均衡问题，MVDC 端口中各子模块的 MMAB H 桥相移比需要单独调节，因此，其相移比不满足式（10-89）。

（1）MVAC 端口中的 MMAB H 桥的控制

为了保证各端口协调一致工作，各端口 MMAB H 桥的相移比基于统一基准而定义。如图 10.50 所示，控制系统中设有同步时钟，同步时钟频率、各端口 MMAB H 桥输出电压 u_{s_Rm}的频率、MMAB 开关频率三者保持一致，u_{s_Rm}与同步时钟之间的相位差定义为相移角 ϕ_{Rm}（超前同步时钟为正），而相移比满足下式

$$d_{h\_Rm}=\frac{\phi_{Rm}}{\pi} \tag{10-90}$$

在正常情况下，MVAC 端口工作于 Grid-following 模式，其内部 MMAB-m H 桥输出电压 u_{s_1m}与同步时钟始终保持同相，即

$$d_{h\_1m}=d_{h\_1mj}=0 \tag{10-91}$$

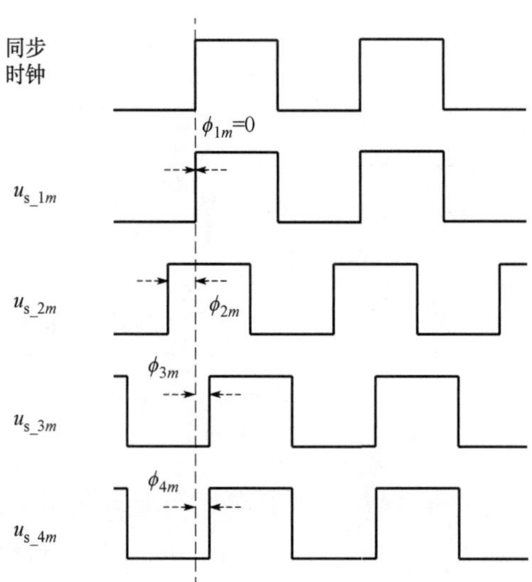

图 10.50　MMAB-m 中各端口的相移角定义

（2）其他端口中的 MMAB H 桥的控制

仅考虑 MMAB-m，从端口 g（g=1、2、3 或 4）到其他端口的有功功率流可以表示为

$$\begin{cases}-P_{all\_1m}=P_{1m-2m}+P_{1m-3m}+P_{1m-4m}\\-P_{all\_2m}=P_{2m-1m}+P_{2m-3m}+P_{2m-4m}\\-P_{all\_3m}=P_{3m-1m}+P_{3m-2m}+P_{3m-4m}\\-P_{all\_4m}=P_{4m-1m}+P_{4m-2m}+P_{4m-3m}\end{cases} \tag{10-92}$$

$$P_{all\_gm}=U_{s\_gm}\sum_{j=1}^{N_{p\_gm}}i_{co\_gmj} \tag{10-93}$$

忽略变换器的功率损耗，假设 MMAB-a、MMAB-b 和 MMAB-c 中对应端口的有功功率流

相互平衡，则功率流 $P_{\mathrm{all\_2}m}$、$P_{\mathrm{all\_3}m}$ 和 $P_{\mathrm{all\_4}m}$ 可以写为

$$\begin{cases} P_{\mathrm{all\_2}m}=-\dfrac{\overline{P}_{\mathrm{2out}}}{3}=-\dfrac{U_{\mathrm{MD}}\cdot i_{\mathrm{MD}}}{3} \\ P_{\mathrm{all\_3}m}=-\dfrac{\overline{P}_{\mathrm{3out}}}{3}=-\dfrac{U_{\mathrm{LD}}\cdot i_{\mathrm{LD}}}{3} \\ P_{\mathrm{all\_4}m}=-\dfrac{\overline{P}_{\mathrm{4out}}}{3}=-\dfrac{(u_{\mathrm{un}}i_{\mathrm{u}}+u_{\mathrm{vn}}i_{\mathrm{v}}+u_{\mathrm{wn}}i_{\mathrm{w}})}{3} \end{cases} \tag{10-94}$$

式中，U_{MD} 和 i_{MD}、U_{LD} 和 i_{LD} 分别是 MVDC、LVDC 的端口电压和输出电流；u_{un}、u_{vn}、u_{wn} 和 i_{u}、i_{v}、i_{w} 是 LVAC 端口逆变器的相电压和输出电流。

如图 10.48 所示，根据基尔霍夫电流定律有

$$\begin{cases} N_{\mathrm{p\_}gm}\,\overline{i}_{\mathrm{ci\_}gm}=\sum\limits_{j=1}^{N_{\mathrm{p\_}gm}} i_{\mathrm{ci\_}gmj} \\ N_{\mathrm{p\_}gm}\,\overline{i}_{\mathrm{co\_}gm}=\sum\limits_{j=1}^{N_{\mathrm{p\_}gm}} i_{\mathrm{co\_}gmj} \\ N_{\mathrm{p\_}gm}\,\overline{i}_{\mathrm{c\_}gm}=\sum\limits_{j=1}^{N_{\mathrm{p\_}gm}} i_{\mathrm{c\_}gmj} \end{cases} \tag{10-95}$$

$$\overline{i}_{\mathrm{c\_}gm}=C_{\mathrm{dc}}\frac{\mathrm{d}U_{\mathrm{s\_}gm}}{\mathrm{d}t}=\overline{i}_{\mathrm{ci\_}gm}-\overline{i}_{\mathrm{co\_}gm} \tag{10-96}$$

根据式（10-92），式（10-93），式（10-94）和式（10-95）有

$$\begin{cases} -\overline{i}_{\mathrm{co\_2}m}=\dfrac{1}{N_{\mathrm{p\_2}m}U_{\mathrm{s\_2}m}}\left(P_{2m-1m}+P_{3m-1m}+P_{4m-1m}-\dfrac{\overline{P}_{\mathrm{3out}}}{3}-\dfrac{\overline{P}_{\mathrm{4out}}}{3}\right) \\ -\overline{i}_{\mathrm{co\_3}m}=\dfrac{1}{N_{\mathrm{p\_3}m}U_{\mathrm{s\_3}m}}\left(P_{3m-1m}+P_{2m-1m}+P_{4m-1m}-\dfrac{\overline{P}_{\mathrm{2out}}}{3}-\dfrac{\overline{P}_{\mathrm{4out}}}{3}\right) \\ -\overline{i}_{\mathrm{co\_4}m}=\dfrac{1}{N_{\mathrm{p\_4}m}U_{\mathrm{s\_4}m}}\left(P_{4m-1m}+P_{2m-1m}+P_{3m-1m}-\dfrac{\overline{P}_{\mathrm{2out}}}{3}-\dfrac{\overline{P}_{\mathrm{3out}}}{3}\right) \end{cases} \tag{10-97}$$

由式（10-96）和式（10-97）可建立端口 g（$g=2$、3 或 4）的 MMAB 功率交叉解耦控制框图，如图 10.51 所示。

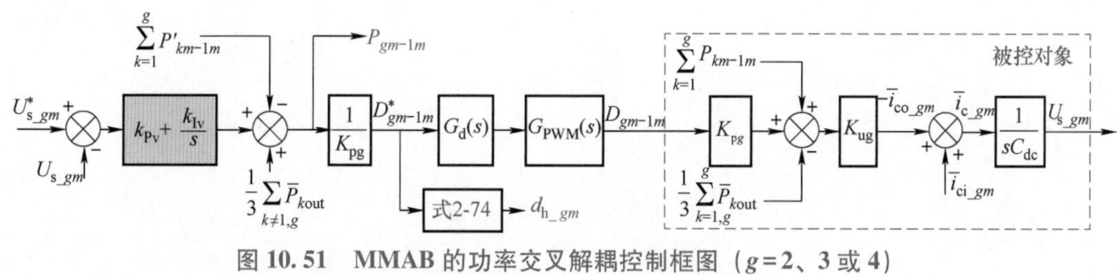

图 10.51　MMAB 的功率交叉解耦控制框图（$g=2$、3 或 4）

$U^*_{\mathrm{s\_}gm}$ 是端口 g 的直流母线电压参考值，P'_{km-1m} 是控制器前一个周期的输出值，G_{d} 表示包括采

样和计算过程的数字延迟，PWM 处理环节可视为零阶保持（ZOH）环节，它们的传递函数为

$$\begin{cases} G_d(s)=\mathrm{e}^{-sT_s} \\ G_{\mathrm{PWM}}(s)=\dfrac{(1-\mathrm{e}^{-sT_s})}{s} \end{cases} \tag{10-98}$$

此外，变量 K_{ug}、K_{pg} 和 $D_{gm\text{-}1m}$ 定义为

$$\begin{cases} K_{\mathrm{ug}}=\dfrac{1}{(N_{\mathrm{p}\_gm}U_{\mathrm{s}\_gm})} \\ K_{\mathrm{pg}}=\dfrac{U_{\mathrm{s}\_1m}U_{\mathrm{s}\_gm}}{2f_{\mathrm{s}}L_{\mathrm{r}\_1m}L_{\mathrm{r}\_gm}\sum\limits_{R=1}^{4}\dfrac{1}{L_{\mathrm{r}\_Rm}}} \\ D_{gm-1m}=(d_{\mathrm{h}\_gm}-d_{\mathrm{h}\_1m})(1-|d_{\mathrm{h}\_gm}-d_{\mathrm{h}\_1m}|)=d_{\mathrm{h}\_gm}(1-|d_{\mathrm{h}\_gm}|) \end{cases} \tag{10-99}$$

如图 10.49 所示，根据 D^{*}_{gm-1m} 和式（10-99）即可计算出各端口 MMAB H 桥的相移比。特殊地，对于 MVDC 来说，图中 d_{h_gm} 表示该端口的等效相移比。

本章结合实际应用，介绍了前面所论述理论与技术的相关典型应用实例，包括面向电力电子系统的建模仿真解算、电力电子高频功率放大器和兆瓦级多端口电力电子变压器的设计、分析与控制等。可以看到，采用基于电力电子混杂系统的动力学表征和控制方法，可以有效地表征和解算开关微纳秒级电磁瞬态过程，也可以有效地实施协同控制多状态变量的多时间尺度电磁瞬态过程。随着该理论与技术的继续深入研究，将展现出更多的实际应用。

参考文献

[1] 赵争鸣，袁立强，鲁挺. 电力电子系统电磁瞬态过程 [M]. 北京：清华大学出版社，2017.

[2] 赵争鸣，施博辰，朱义诚. 对电力电子学的再认识——历史、现状及发展 [J]. 电工技术学报，2017，32 (12)：5-15.

[3] 赵争鸣，虞竹珺，施博辰. 电力电子混杂系统多时间尺度分析控制与应用（一）：理论部分 [J]. 中国电机工程学报，2023，43 (01)：236-250.

[4] 赵争鸣，施博辰，朱义诚. 高压大容量电力电子混杂系统控制技术综述 [J]. 高电压技术，2019，45 (07)：2017-2027.

[5] 施博辰. 电力电子混杂系统解耦型离散状态事件驱动建模仿真方法 [D]. 北京：清华大学，2022.

[6] 朱义诚. SiC MOSFET 开关瞬态过程分析与控制研究 [D]. 北京：清华大学，2020.

[7] 鞠佳禾. 基于事件驱动仿真的非线性建模与刚性算法研究 [D]. 北京：清华大学，2021.

[8] 虞竹珺. 电力电子混杂系统建模仿真的计算机自动化实现 [D]. 北京：清华大学，2023.

[9] 王旭东. 基于碳化硅 MOSFET 的电力电子系统电磁脉冲规律研究 [D]. 北京：清华大学，2018.

[10] 凌亚涛. 绝缘栅功率半导体器件自调节栅极驱动研究 [D]. 北京：清华大学，2021.

[11] 顾小程. 基于能量平衡的多端多级变换器能流图可视化分析与设计 [D]. 北京：清华大学，2019.

[12] 于华龙. 基于能量平衡的高压 IGBT 串联主动均压方法 [D]. 北京：清华大学，2016.

[13] 冯高辉. 面向配电网的能量路由器多模式能量变换控制研究 [D]. 北京：清华大学，2017.

[14] 石冰清. 基于能量平衡的光储系统分析与控制研究 [D]. 北京：清华大学，2020.

[15] 聂金铜. 多端口多级联变换器能量平衡与综合控制研究 [D]. 北京：清华大学，2020.

[16] 文武松. 兆瓦级四端口电力电子变压器协同控制研究 [D]. 北京：清华大学，2022.

[17] 李凯. 面向可靠性的模块化多电平变换器控制策略研究 [D]. 北京：清华大学，2017.

[18] 蒋烨. 轨道交通无线供电系统设计优化方法研究 [D]. 北京：清华大学，2021.

[19] HEWITT P C. Vapor electric apparatus：US 989259 A [P]. 1904-04-05.

[20] SHOCKLEY W. The theory of p-n，junctions in semiconductors and p-n junction transistors [J]. Bell System Technical Journal，1949，28 (3)：435.

[21] 张为佐. 略论电力电子学 [C]. 中国电机工程学会电子计算机在线应用论文选集，大连，1981，2：1-12.

[22] NEWELL W E. Power electronics-emerging from Limbo [C]. IEEE Power Electronics Specialists Conference，California，USA，1973：6-12.

[23] 马克刚. 现代电力电子器件及其应用 [J]. 世界电子元器件，2000 (7)：39-40.

[24] 虞竹珺，赵争鸣，施博辰. 电力电子混杂系统多时间尺度分析控制与应用（二）：应用部分 [J]. 中国电机工程学报，2023，43 (02)：677-693.

[25] MIDDLEBROOK R D，CUK S. Power electronics：an emerging displine [C]. Advances in Switched-Mode Power Conversion，Pasadena，CA，1981：11-15.

[26] 钱照明，盛况. 大功率半导体器件的发展与展望 [J]. 大功率变流技术，2010 (1)：1-9.

[27] LEVIS A. Challenges to control：a collective view——report of the workshop held at the University of Santa Clara on September 18-19，1986 [J]. IEEE Transactions on Automatic Control，1987，32 (4)：275-285.

[28] ANTSAKLIS P J. A brief introduction to the theory and applications of hybrid systems [C]. Proceedings of the IEEE Special Issue on Hybrid Systems: Theory and Applications, 2000.

[29] VAN DER SCHAFT A J, SCHUMACHER J M. An introduction to hybrid dynamical systems [M]. London: Springer, 2000.

[30] ERICKSON R W, MAKSIMOVIC D. Fundamentals of power electronics [M]. New York: Springer Science & Business Media, 2007.

[31] 袁立强. 基于IGCT的多电平变换器若干关键问题研究 [D]. 北京：清华大学，2004.

[32] 白华. 电力电子变换器中电磁脉冲功率瞬态过程研究 [D]. 北京：清华大学，2007.

[33] HEFNER A R, DIEBOLT D M. An experimentally verified IGBT model implemented in the saber circuit simulator [J]. IEEE Transactions on Power Electronics, 1994, 9 (5): 532-542.

[34] SHENG K, WILLIAMS B W, FINNEY S J. A review of IGBT models [J]. IEEE Transactions on Power Electronics, 2000, 15 (6): 1250-1266.

[35] MIDDLEBROOK R D, CUK S. A general unified approach to modelling switching-converter power stages [C]. IEEE Power Electronics Specialists Conference, 1976: 18-34.

[36] JIN H. Behavior-mode simulation of power electronic circuits [J]. IEEE Transactions on Power Electronics, 1997, 12 (3): 443-452.

[37] FERREIRA J A. Application of the Poynting vector for power conditioning and conversion [J]. IEEE Transactions on Education, 1988, 31 (4): 257-264.

[38] FERREIRA J A, VAN WYK J D. Electromagnetic energy propagation in power electronic converters: Toward future electromagnetic integration [J]. Proceedings of the IEEE, 2001, 89 (6): 876-889.

[39] ANTSAKLIS P J. A brief introduction to the theory and applications of hybrid systems [C]. Proceedings of the IEEE Special Issue on Hybrid Systems: Theory and Applications, 2000.

[40] BATESON R N. Introduction to control system technology [M]. Upper Saddle River, New Jersey: Prentice Hall PTR, 1989.

[41] HOLMES D G, LIPO T A. Pulse width modulation for power converters: principles and practice [M]. New York: John Wiley & Sons, 2003.

[42] IRWIN J D. Control in power electronics: selected problems [M]. Amsterdam: Elsevier, 2002.

[43] HOLTZ J. Pulsewidth modulation for electronic power conversion [J]. Proceedings of the IEEE, 1994, 82 (8): 1194-1214.

[44] BAI H, ZHAO Z, MI C. Framework and research methodology of short-timescale pulsed power phenomena in high-voltage and high-power converters [J]. IEEE Transactions on Industrial Electronics, 2009, 56 (3): 805-816.

[45] SHI B, ZHAO Z, ZHU Y, et al. A numerical convex lens for the state-discretized modeling and simulation of megawatt power electronics systems as generalized hybrid systems [J]. Engineering, 2021, 7 (12): 1766-1777.

[46] HUA G, LEE F C. Soft-switching techniques in PWM converters [J]. IEEE Transactions on Industrial Electronics, 1995, 42 (6): 595-603.

[47] KOURO S, CORTÉS P, VARGAS R, et al. Model predictive control—a simple and powerful method to control power converters [J]. IEEE Transactions on Industrial Electronics, 2009, 56 (6): 1826-1838.

[48] CORTÉS P, KAZMIERKOWSKI M P, KENNEL R, et al. Predictive control in power electronics and drives [J]. IEEE Transactions on Industrial Electronics, 2008, 55 (12): 4312-4324.

[49] HUNG J Y, GAO W, HUNG J C. Variable structure control: a survey [J]. IEEE Transactions on Industrial Electronics, 1993, 40 (1): 2-22.

[50] TAN S C, LAI Y M, CHEUNG M K H, et al. On the practical design of a sliding mode voltage controlled buck converter [J]. IEEE Transactions on Power Electronics, 2005, 20 (2): 425-437.

[51] TAN S C, LAI Y M, TSE C K. General design issues of sliding-mode controllers in DC-DC converters [J]. IEEE Transactions on Industrial Electronics, 2008, 55 (3): 1160-1174.

[52] JI S, LU T, ZHAO Z, et al. Series-connected HV-IGBTs using active voltage balancing control with status feedback circuit [J]. IEEE Transactions on Power Electronics, 2015, 30 (8): 4165-4174.

[53] SHI B, ZHAO Z, TAN D, et al. Integral control of megawatt power electronic systems as generalized hybrid systems [J]. IEEE Journal of Emerging and Selected Topics in Power Electronics, 2022, 10 (4): 4254-4274.

[54] MIDDLEBROOK R D. Small-signal modeling of pulse-width modulated switched-mode power converters [J]. Proceedings of the IEEE, 1988, 76 (4): 343-354.

[55] 徐德鸿. 电力电子系统建模及控制 [M]. 北京：机械工业出版社，2006.

[56] 黄昆，谢希德. 半导体物理学 [M]. 北京：科学出版社，2012.

[57] YUAN L, YU H, WANG X, et al. The large-size low-stray-parameter planar bus bar for high power IGBT-based inverters [C]. IEEE 15th International Conference on Electrical Machines and Systems (ICEMS), 2012: 1-5.

[58] Mitsubishi Electric. CM1200 HC-90R HVIGBT Modules Datasheet [EB/OL]. (2022-01-15) [2022-01-17]. https://www.mitsubishielectric.com/semiconductors/content/product/powermod/powmod/hvigbtmod/hvigbt/cm1200hc-90r-e.pdf.

[59] PALMER P R, SANTI E, HUDGINS J L, et al. Circuit simulator models for the diode and IGBT with full temperature dependent features [J]. IEEE Transactions on Power Electronics, 2003, 18 (5): 1220-1229.

[60] TAN T, CHEN K, JIANG Y, et al. A bidirectional wireless power transfer system control strategy independent of real-time wireless communication [J]. IEEE Transactions on Industry Applications, 2019, 56 (2): 1587-1598.

[61] SHI B, ZHAO Z, ZHU Y. Piecewise analytical transient model for power switching device commutation unit [J]. IEEE Transactions on Power Electronics, 2019, 34 (6): 5720-5736.

[62] SHI B, CHEN Y, CHEN K, et al. Event-driven approach with time-scale hierarchical automaton for switching transient simulation of SiC-based high-frequency converter [J]. IEEE Transactions on Circuits and Systems Ⅰ: Regular Papers, 2021, 68 (11): 4746-4759.

[63] 施博辰，赵争鸣，蒋烨，等. 功率开关器件多时间尺度瞬态模型（Ⅰ）——开关特性与瞬态建模 [J]. 电工技术学报，2017，32（12）：16-24.

[64] 蒋烨，赵争鸣，施博辰，等. 功率开关器件多时间尺度瞬态模型（Ⅱ）——应用分析与模型互联 [J]. 电工技术学报，2017，32（12）：25-32.

[65] 朱义诚，赵争鸣，王旭东，等. SiC MOSFET 与 SiC SBD 换流单元瞬态模型 [J]. 电工技术学报，2017，32（12）：58-69.

[66] HARIER E, WANNER G. Springer series in computational mathematics: solving ordinary differential equations Ⅱ: stiff and differential-algebraic problems [M]. Berlin: Springer-Verlag, 1991.

[67] ADBY P R. Applied circuit theory: matrix and computer methods [M]. New York: Halsted Press, 1980.

[68] CONSIDINE S. Modified linear multi-step methods for the numerical integration of stiff initial value problems [D]. London: Imperial College of Science and Technology, 1988.

[69] KROGH F T. Algorithms for changing the step size [J]. SIAM Journal on Numerical Analysis, 1973, 10 (5): 949-5964.

[70] WANG G, HUANG H, YAN J, et al. An integration-implemented newton-raphson iterated algorithm with noise suppression for finding the solution of dynamic sylvester equation [J]. IEEE Access, 2020, 8: 34492-34499.

[71] CHUA L O. Computer-aided analysis of electronic circuits: algorithms and computational techniques [M]. Upper Saddle River, NewJersey: Prentice-Hall, 1975.

[72] BEDROSIAN D, VLACH J. Time-domain analysis of networks with internally controlled switches [J]. IEEE Transactions on Circuits and Systems Ⅰ: Fundamental Theory and Applications, 1992, 39 (3): 199-212.

[73] MASSARINI A, REGGIANI U, KAZIMIERCZUK M K. Analysis of networks with ideal switches by state equations [J]. IEEE Transactions on Circuits and Systems Ⅰ: Fundamental Theory and Applications, 1997, 44 (8): 692-697.

[74] KATO T, INOUE K, FUKUTANI T, et al. Multirate analysis method for a power electronic system by circuit partitioning [J]. IEEE Transactions on Power Electronics, 2009, 24 (12): 2791-2802.

[75] TINNEY W F, WALKER J W. Direct solutions of sparse network equations by optimally ordered triangular factorization [J]. Proceedings of the IEEE, 1967, 55 (11): 1801-1809.

[76] HOPCROFT J, TARJAN R. Algorithm 447: efficient algorithms for graph manipulation [J]. Communications of the ACM, 1973, 16 (6): 372-378.

[77] GRAHAM R L, HELL P. On the history of the minimum spanning tree problem [J]. Annals of the History of Computing, 1985, 7 (1): 43-57.

[78] DOYLE J, RIVEST R L. Linear expected time of a simple union-find algorithm [J]. Information Processing Letters, 1976, 5 (5): 146-148.

[79] 赵争鸣，白华，袁立强. 电力电子学中的脉冲功率瞬态过程及其序列 [J]. 中国科学 E 辑，2007，37 (1): 60-69.

[80] AHMED M R, TODD R, FORSYTH A J. Predicting SiC MOSFET behaviour under hard-switching, soft-switching and false turn-on conditions [J]. IEEE Transactions on Industrial Electronics, 2017, 64 (11): 9001-9011.

[81] SUN K, WU H, LU J, et al. Improved Modeling of medium voltage SiC MOSFET within wide temperature range [J]. IEEE Transactions on Power Electronics, 2014, 29 (5): 2229-2237.

[82] CHIERCHIE F, STEFANAZZI L, PAOLINI E E, et al. Frequency analysis of PWM inverters with dead-time for arbitrary modulating signals [J]. IEEE Transactions on Power Electronics, 2014, 29 (6): 2850-2860.

[83] SONG Z, SARWATE D V. The frequency spectrum of pulse width modulated signals. Amsterdam: Elsevier North-Holland, Inc., 2003: 2227-2258.

[84] 刘卫东. 信号与系统分析基础 [M]. 北京：清华大学出版社，2008.

[85] LOBSIGER Y, KOLAR J W. Closed-loop di/dt and dv/dt IGBT gate driver [J]. IEEE Transactions on Power Electronics, 2015, 30 (6): 3402-3417.

[86] WITTIG B, FUCHS F. Analysis and comparison of turn-off active gate control methods for low-voltage power mosfets with high current ratings [J]. IEEE Transactions on Power Electronics, 2012, 27 (3): 1632-1640.

[87] HEER D, BAYOUMI A K. Switching characteristics of modern 6. 5kV IGBT/diode [C]. Proceedings of the International Power Conversion on Intelligence Motion (PCIM) Conference, 2014: 881-888.

[88] ONOZAWA Y, OTSUKI M, SEKI Y. Investigation of carrier streaming effect for the low spike fast IGBT turn-off [C]. Proceedings of IEEE International Symposium on Power Semiconductor Devices ICs, 2006: 1-4.

[89] ANTHON A, ZHANG Z, ANDERSEN M A E, et al. The benefits of SiC MOSFETs in a T-type inverterfor grid-tie applications [J]. IEEE Transactions on Power Electronics, 2017, 32 (4): 2808-2821.

[90] VECHALAPU K, BHATTACHARYA S, VAN BRUNT E, et al. Comparative evaluation of 15kV SiC MOSFET and 15kV SiC IGBT for medium-voltage converter under the same d*v*/d*t* conditions [J]. IEEE Journal of Emerging and Selected Topics in Power Electronics, 2017, 5 (1): 469-489

[91] 王旭东，朱义诚，赵争鸣，等. 驱动回路参数对碳化硅 MOSFET 开关瞬态过程的影响 [J]. 电工技术学报，2017，32 (13): 23-30.

[92] 胡亮灯，肖明恺，楼徐杰. 中高压大功率 IGBT 数字有源门极开环分级驱动技术 [J]. 电工技术学报，2018，33 (10): 2365-2375.

[93] ROSADO S, PRASAI A, WANG F, et al. Study of the energy flow characteristics in power electronic conversion systems [C]. IEEE Electric Ship Technologies Symposium, 2005: 333-339.

[94] 顾小程，赵争鸣，冯高辉，李婧. 基于能量流图的电力电子系统可视化设计与分析 [J]. 电工技术学报，2017，32 (13): 60-68.

[95] JI S, ZHAO Z, LU T, et al. HVIGBT physical model analysis during transient [J]. IEEE Transactions on Power Electronics, 2013, 28 (5): 2616-2624.

[96] YI P, CUI Y, VANG A, et al. Investigation and evaluation of high power SiC MOSFETs switching performance and overshoot voltage [C]. IEEE Applied Power Electronics Conference and Exposition (APEC), 2018: 2589-2592.

[97] 姜云升，孟萃，吴平，等. 瞬态电磁场传感器的校准方法 [J]. 现代应用物理，2019，10 (4): 51-54.

[98] POYNTING J H. On the transfer of energy in the electromagnetic field [J]. Proceedings of the Royal Society of London, 1883, 36 (228-231): 186-187.

[99] FERREIRA J A, CRONJE W A, VAN WYK J D. Using poynting vector theory to model and optimise power electronic switching [J]. Transactions of the South African Institute of Electrical Engineers, 1992, 3 (83): 193-198.

[100] 郭硕鸿. 电动力学 [M]. 3 版. 北京：高等教育出版社，2008.

[101] GE J, YUAN L, ZHAO Z, et al. Tradeoff between the output voltage deviation and recovery time of Boost converters [J]. Journal of Power Electronics, 2015, 15 (2): 338-345.

[102] CHEN J, PRODIC A, ERICKSON R W, et al. Predictive digital current programmed control [J]. IEEE Transactions on Power Electronics, 2003, 18 (12): 411-419.

[103] MAO X, FALCONES S, AYYANAR R. Energy-based control design for a solid state transformer [C]. Pro-

ceedings of IEEE PES General Meeting, 2010: 1-7.

[104] 鲁挺. 大容量电力电子系统非理想功率脉冲特性及其控制方法 [D]. 北京: 清华大学, 2010.

[105] 尹璐. 基于能量平衡的四象限双 PWM 变频器控制策略研究 [D]. 北京: 清华大学, 2013.

[106] ZHAO Z, TAN D, SHI B, et al. A breakthrough in design verification of megawatt power electronic systems [J]. IEEE Power Electronics Magazine, 2020, 7 (3): 36-43.

[107] 赵争鸣, 冯高辉, 袁立强, 等. 电能路由器的发展及其关键技术 [J]. 中国电机工程学报, 2017, 37 (13): 3823-3834.

[108] LI K, WEN W, ZHAO Z, et al. Design and implementation of four-port megawatt-level high-frequency-bus based power electronic transformer [J]. IEEE Transactions on Power Electronics, 2021, 36 (6): 6429-6442.

[109] YEPES A G, FREIJEDO F D, LOPEZ Ó, et al. High-performance digital resonant controllers implemented with two integrators [J]. IEEE Transactions on Power Electronics, 2011, 26 (2): 563-576.

[110] DARUS R, POU J, KONSTANTINOU G, et al. A modified voltage balancing algorithm for the modular multilevel converter: evaluation for staircase and phase-disposition PWM [J]. IEEE Transactions on Power Electronics, 2015, 30 (8): 4119-4127.